CATIA V5 工程应用精解丛书

CATIA V5-6 R2016 数控加工教程

北京兆迪科技有限公司 编著

机 械 工 业 出 版 社

本书以 CATIA V5-6 R2016 为对象，全面、系统地介绍了 CATIA 数控加工编程的方法和技巧，内容包括数控加工概论、数控工艺概述、CATIA 数控加工入门、2.5 轴铣削加工、曲面铣削加工、车削加工以及数控加工综合范例等。

在内容安排上，本书紧密结合实例对 CATIA 数控编程加工的流程、方法与技巧进行讲解和说明，这些实例都是实际生产一线中具有代表性的例子，这样的安排可增加本书的实用性和可操作性，还能使读者较快地进入数控加工编程实战状态；在写作方式上，本书紧贴 CATIA V5-6 R2016 软件的实际操作界面，使初学者能够直观、准确地操作软件进行学习，从而尽快地上手，提高学习效率。

本书可作为工程技术人员学习 CATIA 数控加工编程的自学教程和参考书，也可作为大中专院校学生和各类培训学校学员的 CAD/CAM 课程上课及上机练习的教材。

为方便读者学习使用，本书附赠学习资源，包括本书所有的教案文件、实例文件及练习素材文件，还包括大量 CATIA 应用技巧和具有针对性实例的教学视频，并进行了详细的语音讲解。读者可在本书导读中按照提示步骤下载使用。

图书在版编目（CIP）数据

CATIA V5-6R2016 数控加工教程 / 北京兆迪科技有限公司编著. —5 版. —北京：机械工业出版社，2017.11
(CATIA V5 工程应用精解丛书)
ISBN 978-7-111-58092-8

Ⅰ.①C… Ⅱ.①北… Ⅲ.①数控机床—加工—计算机辅助设计—应用软件—教材 Ⅳ.①TG659-39

中国版本图书馆 CIP 数据核字（2017）第 235457 号

机械工业出版社（北京市百万庄大街 22 号 邮政编码 100037）
策划编辑：丁 锋 责任编辑：丁 锋
责任校对：张 薇 封面设计：张 静
责任印制：李 飞
北京铭成印刷有限公司印刷
2018 年 1 月第 5 版第 1 次印刷
184mm×260 mm • 24.25 印张 • 441 千字
0001—3000 册
标准书号：ISBN 978-7-111-58092-8
定价：69.90 元

凡购本书，如有缺页、倒页、脱页，由本社发行部调换

电话服务 网络服务
服务咨询热线：010-88361066 机 工 官 网：www.cmpbook.com
读者购书热线：010-68326294 机 工 官 博：weibo.com/cmp1952
010-88379203 金 书 网：www.golden-book.com
封面无防伪标均为盗版 教育服务网：www.cmpedu.com

前　言

CATIA 是法国达索（Dassault）系统公司的大型高端 CAD/CAE/CAM 一体化应用软件，在世界 CAD/CAE/CAM 领域中处于优势地位。2012 年，Dassault Systemes 推出了全新的 CATIA V6 平台。但作为经典的 CATIA 版本——CATIA V5 在国内外仍然拥有较多的用户，并且已经过渡到 V6 版本的用户仍然需要在内部或外部继续使用 V5 版本进行团队协同工作。为了使 CATIA 各版本之间具有高度兼容性，Dassault Systemes 随后推出了 CATIA V5-6 版本，对现有 CATIA V5 的功能系统进行加强与更新，同时用户还能够继续与使用 CATIA V6 的内部各部门、客户和供应商展开无缝协作。

本书以 CATIA V5-6 R2016 为写作蓝本，全面、系统地介绍了 CATIA 数控编程加工的方法和技巧，其特色如下。

- 内容全面，与其他的同类书籍相比，包括更多的 CATIA 数控加工内容。
- 范例丰富，对软件中的主要命令和功能，先结合简单的范例进行讲解，然后安排一些较复杂的实际综合实例帮助读者深入理解、灵活运用。
- 讲解详细，条理清晰，保证自学的读者能独立学习。
- 写法独特，采用 CATIA V5-6 R2016 软件中真实的对话框、操控板和按钮等进行讲解，使初学者能够直观、准确地操作软件，从而大大提高学习效率。
- 附加值高，本书附赠学习资源，包含大量 CATIA 数控编程技巧和具有针对性的实例教学视频并进行了详细的语音讲解，可以帮助读者轻松、高效地学习。

本书由北京兆迪科技有限公司编著，参加编写的人员有詹友刚、王焕田、刘静、雷保珍、刘海起、魏俊岭、任慧华、詹路、冯元超、刘江波、周涛、段进敏、赵枫、邵为龙、侯俊飞、龙宇、施志杰、詹棋、高政、孙润、李倩倩、黄红霞、尹泉、李行、詹超、尹佩文、赵磊、王晓萍、陈淑童、周攀、吴伟、王海波、高策、冯华超、周思思、黄光辉、党辉、冯峰、詹聪、平迪、管璇、王平、李友荣。本书难免存在疏漏之处，恳请广大读者予以指正。

电子邮箱：zhanygjames@163.com。　咨询电话：010-82176248，010-82176249。

编　者

读者购书回馈活动

活动一：本书“附赠资源”中含有本书“读者意见反馈卡”的电子文档，请认真填写本反馈卡，并 E-mail 给我们。E-mail: 兆迪科技 zhanygjames@163.com，丁锋 fengfener@qq.com。

活动二：扫一扫右侧二维码，关注兆迪科技官方公众微信（或搜索公众号 zhaodikeji），参与互动，也可进行答疑。

凡参加以上活动，即可获得兆迪科技免费奉送的价值 48 元的在线课程一门，同时有机会获得价值 780 元的精品在线课程。在线课程网址见本书“随书学习资源”中的“读者意见反馈卡”电子文档。

本书导读

为了能更好地学习本书的知识，请您仔细阅读下面的内容。

读者对象

本书可作为工程技术人员学习 CATIA V5-6 R2016 数控编程加工技术的自学教程和参考书，也可作为大中专院校学生和各类培训学校学员的 CAD/CAM 课程上课及上机练习的教材。

写作环境

本书使用的操作系统为 Windows 7，对于其他 Windows 操作系统，本书的内容和实例也同样适用。

本书采用的写作蓝本是 CATIA V5-6 R2016 中文版。

附赠学习资源的使用

为方便读者练习，特将本书所有素材文件、已完成的实例文件、配置文件和视频语音讲解文件等放入本书的随书附赠资源中，读者在学习过程中可以打开相应素材文件进行操作和练习。

建议读者在学习本书前，先将随书附赠资源中的所有文件复制到计算机硬盘的 D 盘中。在 D 盘上 cat2016.9 目录下共有 2 个子目录：

（1）work 子目录：包含本书的全部已完成的实例文件。

（2）video 子目录：包含本书讲解中的视频录像文件（含语音讲解）。读者学习时，可在该子目录中按顺序查找所需的视频文件。

附赠资源中带有“ok”扩展名的文件或文件夹表示已完成的范例。

相比于老版本的软件，CATIA V5-6R2016 在功能、界面和操作上变化极小，经过简单的设置后，几乎与老版本完全一样（书中已介绍设置方法）。因此，对于软件新老版本操作完全相同的内容部分，学习资源中仍然使用老版本的视频讲解，对于绝大部分读者而言，并不影响软件的学习。

本书的随书学习资源领取方法：

1. 扫下面的二维码获得下载地址，下载密码为：khdy。

2. 通过电话索取，电话：010-82176248，010-82176249。

本书约定

- 本书中有关鼠标操作的简略表述说明如下：
  - ☑ 单击：将鼠标指针移至某位置处，然后按一下鼠标的左键。
  - ☑ 双击：将鼠标指针移至某位置处，然后连续快速地按两次鼠标的左键。
  - ☑ 右击：将鼠标指针移至某位置处，然后按一下鼠标的右键。
  - ☑ 单击中键：将鼠标指针移至某位置处，然后按一下鼠标的中键。
  - ☑ 滚动中键：只是滚动鼠标的中键，而不能按中键。
  - ☑ 选择（选取）某对象：将鼠标指针移至某对象上，单击以选取该对象。
  - ☑ 拖移某对象：将鼠标指针移至某对象上，然后按下鼠标的左键不放，同时移动鼠标，将该对象移动到指定的位置后再松开鼠标的左键。
- 本书中的操作步骤分为 Task、Stage 和 Step 三个级别，说明如下：
  - ☑ 对于一般的软件操作，每个操作步骤以 Step 字符开始。例如，下面是草绘环境中绘制样条曲线操作步骤的表述：

    Step1. 选择命令。选择下拉菜单 插入(I) → 轮廓(P) ▸ → 样条(S) ▸ → 样条线 命令。

    Step2. 定义样条曲线的控制点。单击一系列点，可观察到一条“橡皮筋”样条附着在鼠标指针上。

    Step3. 按两次 Esc 键结束样条线的绘制。
  - ☑ 每个 Step 操作视其复杂程度，其下面可含有多级子操作。例如 Step1 下可能包含（1）、（2）、（3）等子操作，（1）子操作下可能包含①、②、③等子操作，①子操作下可能包含 a)、b)、c）等子操作。
  - ☑ 如果操作较复杂，需要几个大的操作步骤才能完成，则每个大的操作冠以 Stage1、Stage2、Stage3 等，Stage 级别的操作下再分 Step1、Step2、Step3 等操作。
  - ☑ 对于多个任务的操作，则每个任务冠以 Task1、Task2、Task3 等，每个 Task 操作下则可包含 Stage 和 Step 级别的操作。
- 由于已建议读者将随书附赠资源中的所有文件复制到计算机硬盘的 D 盘中，书中在要求设置工作目录或打开附赠资源文件时，所述的路径均以“D:”开始。

目　　录

第 1 章 CATIA 数控加工基础

本章提要 本章主要介绍 CATIA 数控加工的基础知识，内容包括数控编程以及加工工艺基础等。

1.1 数控加工概论

数控技术即数字控制技术（Numerical Control Technology，NC 技术），通常指用计算机以数字指令方式控制机床动作的技术。

数控加工具有产品精度高、自动化程度高、生产效率高以及生产成本低等特点。在制造业及航天工业领域中，数控加工是所有生产技术中相当重要的一环。尤其是汽车或航天产业零部件，其几何外形复杂且精度要求较高，更突出了 NC 加工制造技术的优点。

数控加工技术集传统的机械制造、计算机、信息处理、现代控制、传感检测等光机电技术于一体，是现代机械制造技术的基础。它的广泛应用，给机械制造业的生产方式及产品结构带来了深刻的变化。

近年来，由于计算机技术的迅速发展，数控技术的发展相当迅速。数控技术的水平和普及程度，已经成为衡量一个国家综合国力和工业现代化水平的重要标志。

1.2 数控编程简述

数控编程一般可以分为手工编程和自动编程。手工编程是指从零件图样分析、工艺处理、数值计算、编写程序单直到程序校核等各步骤的数控编程工作均由人工完成。该方法适用于零件形状不太复杂、加工程序较短的情况。而复杂形状的零件，如具有非圆曲线、列表曲面和组合曲面的零件，或形状虽不复杂但是程序很长的零件，则比较适合于自动编程。

自动数控编程是从零件的设计模型（即参考模型）直接获得数控加工程序，其主要任务是计算加工进给过程中的刀位点（Cutter Location Point，CL 点），从而生成 CL 数据文件。采用自动编程技术不仅可以帮助人们解决复杂零件的数控加工编程问题，其大部分工作由计算机来完成，编程效率大大提高，还能解决手工编程无法解决的许多复杂形状零件的加工编程问题。

CATIA 数控模块提供了多种加工类型，可用于各种复杂零件的粗、精加工。用户可以根据零件结构、加工表面形状和加工精度要求选择合适的加工类型。

数控编程的主要内容有分析零件图样、工艺处理、数值处理、编写加工程序单、输入数控系统、程序检验及试切。

（1）分析零件图样及工艺处理。在确定加工工艺过程时，编程人员首先应根据零件图样对工件的形状、尺寸和技术要求等进行分析，然后选择合适的加工方案，确定加工顺序和路线、装夹方式、刀具以及切削参数。为了充分发挥机床的功用，还应该考虑所用机床的指令功能，选择最短的加工路线、合适的对刀点和换刀点，以减少换刀次数。

（2）数值处理。根据图样的几何尺寸、确定的工艺路线及设定的坐标系，计算工件粗、精加工的运动轨迹，得到刀位数据。零件图样坐标系与编程坐标系不一致时，需要对坐标进行换算。形状比较简单的零件的轮廓加工，需要计算出几何元素的起点、终点及圆弧的圆心、两几何元素的交点或切点的坐标值，有的还需要计算刀具中心运动轨迹的坐标值。对于形状比较复杂的零件，需要用直线段或圆弧段逼近，根据要求的精度计算出各个节点的坐标值。

（3）编写加工程序单。确定加工路线、工艺参数及刀位数据后，编程人员可以根据数控系统规定的指令代码及程序段格式，逐段编写加工程序单。此外，还应填写有关的工艺文件，如数控刀具卡片、数控刀具明细表和数控加工工序卡片等。随着数控编程技术的发展，现在大部分的机床已经直接采用自动编程。

（4）输入数控系统。即把编制好的加工程序，通过某种介质传输到数控系统。过去我国数控机床的程序输入一般使用穿孔纸带，穿孔纸带的程序代码通过纸带阅读器输入数控系统。随着计算机技术的发展，现代数控机床主要利用键盘将程序输入到计算机中。随着网络技术进入工业领域，通过计算机辅助制造（Computer Aided Manufacturing,，CAM）生成的数控加工程序，可以通过数据接口直接传输到数控系统中。

（5）程序检验及试切。程序单必须经过检验和试切才能正式使用。检验的方法是直接将加工程序输入到数控系统中，让机床空运转，即以笔代刀，以坐标纸代替工件，画出加工路线，以检查机床的运动轨迹是否正确。若数控机床有图形显示功能，可以采用模拟刀具切削过程的方法进行检验。但这些过程只能检验出运动是否正确，不能检查被加工零件的精度，因此必须进行零件的首件试切。首件试切时，应该以单程序段的运行方式进行加工，监视加工状况，调整切削参数和状态。

从以上内容来看，作为一名数控编程人员，不但要熟悉数控机床的结构、功能及标准，而且必须熟悉零件的加工工艺、装夹方法、刀具以及切削参数的选择等方面的知识。

1.3 数控机床

1.3.1 数控机床的组成

数控机床的种类很多，但是任何一种数控机床都主要由数控系统、伺服系统和机床主体三大部分以及辅助控制系统等组成。

1. 数控系统

数控系统是数控机床的核心，是数控机床的“指挥系统”，其主要作用是对输入的零件加工程序进行数字运算和逻辑运算，然后向伺服系统发出控制信号。现代数控系统通常是一台带有专门系统软件的计算机系统。开放式数控系统就是将 PC 机配以数控系统软件而构成的。

2. 伺服系统

伺服系统（也称驱动系统）是数控机床的执行机构，由驱动和执行两大部分组成。它包括位置控制单元、速度控制单元、执行电动机和测量反馈单元等部分，主要用于实现数控机床的进给伺服控制和主轴伺服控制。它接受数控系统发出的各种指令信息，经功率放大后，严格按照指令信息的要求控制机床运动部件的进给速度、方向和位移。目前数控机床的伺服系统中，常用的位移执行机构有步进电动机、电液电动机、直流伺服电动机和交流伺服电动机，后两者均带有光电编码器等位置测量元件。一般来说，数控机床的伺服系统，要求有良好的快速响应功能和灵敏而准确的跟踪指令功能。

3. 机床主体

机床主体是加工运动的实际部件，除了机床基础件以外，还包括主轴部件、进给部件、实现工件回转与定位的装置和附件、辅助系统和装置（如液压、气压、防护等装置）、刀库和自动换刀装置（Automatic Tools Changer，ATC）、托盘自动交换装置（Automatic Pallet Changer，APC）。机床基础件通常是指床身或底座、立柱、横梁和工作台等，它是整台机床的基础和框架。加工中心则还应具有 ATC，有的还有双工位 APC 等。数控机床的主体结构与传统机床相比，发生了很大变化，普遍采用了滚动丝杠、滚动导轨，传动效率更高。由于现代数控机床减少了齿轮的使用数量，使得传动系统更加简单。数控机床可根据自动化程度、可靠性要求和特殊功能需要，选用各种类型的刀具破损监控系统、机床与工件精度检测系统、补偿装置和其他附件等。

1.3.2 数控机床的特点

科学技术和市场经济的不断发展，对机械产品的质量、生产率和新产品的开发周期提出了越来越高的要求。为了满足上述要求，适应科学技术和经济的不断发展，数控机床应运而生。20 世纪 50 年代，美国麻省理工学院成功地研制出第一台数控铣床。1970 年首次展出了第一台用计算机控制的数控机床（CNC 机床）。图 1.3.1 所示为数控铣床，图 1.3.2 所示为数控加工中心。

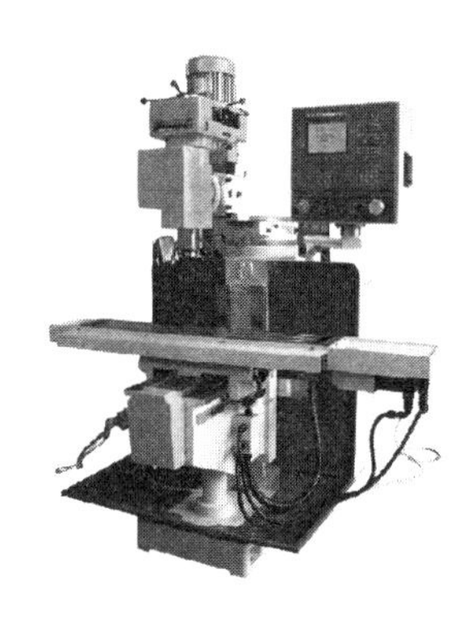

图 1.3.1 数控铣床

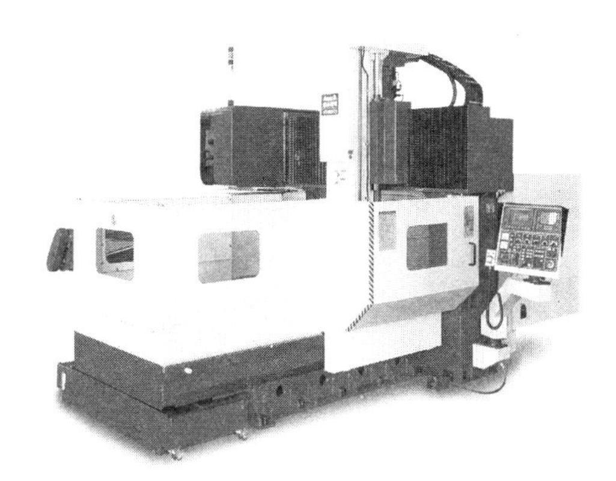

图 1.3.2 数控加工中心

数控机床自问世以来得到了高速发展，并逐渐为各国生产组织和管理者接受，这与它在加工中表现出来的特点是分不开的。数控机床具有以下主要特点：

（1）高精度，加工重复性高。目前，普通数控加工的尺寸精度通常可达到±0.005mm。数控装置的脉冲当量（即机床移动部件的移动量）一般为 0.001mm，高精度的数控系统可达 0.0001mm。数控加工过程中，机床始终都在指定的控制指令下工作，消除了工人操作所引起的误差，不仅提高了同一批加工零件尺寸的统一性，而且产品质量能得到保证，废品率也大为降低。

（2）高效率。机床自动化程度高，工序、刀具可自行更换、检测。例如，加工中心在一次装夹后，除定位表面不能加工外，其余表面均可加工。生产准备周期短，加工对象变化时，一般不需要专门的工艺装备设计制造时间；切削加工中可采用最佳切削参数和走刀路线。数控铣床一般不需要使用专用夹具和工艺装备。在更换工件时，只需调用储存于计算机的加工程序、装夹工件和调整刀具数据即可，可大大缩短生产周期。更主要的是数控铣床的万能性带来的高效率，如一般的数控铣床都具有铣床、镗床和钻床的功能，工序高度集中，提高了劳动生产率，并减少了工件的装夹误差。

（3）高柔性。数控机床的最大特点是高柔性，即通用、灵活、万能，可以适应加工不同形状工件。如数控铣床一般能完成铣平面、铣斜面、铣槽、铣削曲面、钻孔、镗孔、铰孔、攻螺纹和铣削螺纹等加工，而且一般情况下，可以在一次装夹中完成所需的所有加工工序。加工对象改变时，除相应地更换刀具和改变工件装夹方式外，只调整相应的加工程序即可，特别适应于目前多品种、小批量和变化快的生产特征。

（4）大大减轻了操作者的劳动强度。数控铣床对零件加工是根据加工前编好的程序自动完成的。操作者除了操作键盘、装卸工件、中间测量及观察机床运行外，不需要进行繁重的重复性手工操作，大大地减轻了劳动强度。

（5）易于建立计算机通信网络。数控机床使用数字信息作为控制信息，易于与计算机辅助设计（Computer Aided Design，CAD）系统连接，从而形成CAD/CAM一体化系统，它是FMS（柔性制造系统）、CIMS（计算机一体化制造系统）等现代制造技术的基础。

（6）初期投资大，加工成本高。数控机床的价格一般是普通机床的若干倍，且机床备件的价格也高；另外，加工首件需要进行编程、程序调试和试加工，时间较长，因此使零件的加工成本也大大高于普通机床。

1.3.3 数控机床的分类

数控机床的分类有多种方式。

1. 按工艺用途分类

按工艺用途分类，数控机床可分为数控钻床、车床、铣床、磨床和齿轮加工机床等，还有压床、冲床、电火花切割机、火焰切割机和点焊机等也都采用数字控制。加工中心是带有刀库及自动换刀装置的数控机床，它可以在一台机床上实现多种加工。工件只需一次装夹，就可以完成多种加工，这样既节省了工时，又提高了加工精度。加工中心特别适用于箱体类和壳类零件的加工。车削加工中心可以完成所有回转体零件的加工。

2. 按机床数控运动轨迹分类

（1）点位控制数控机床（PTP）：指在刀具运动时，不考虑两点间的轨迹，只控制刀具相对于工件位移的准确性。这种控制方法用于数控冲床、数控钻床及数控点焊设备，还可以用在数控坐标镗铣床上。

（2）点位直线控制数控机床：就是要求在点位准确控制的基础上，还要保证刀具运动轨迹是一条直线，并且刀具在运动过程中还要进行切削加工。采用这种控制的机床有数控车床、数控铣床和数控磨床等，一般用于加工矩形和台阶形零件。

（3）轮廓控制数控机床（CP）：轮廓控制（亦称连续控制）是对两个或两个以上的坐标运动进行控制（多坐标联动），刀具运动轨迹可为空间曲线。它不仅能保证各点的位置，

而且还要控制加工过程中的位移速度，即刀具的轨迹。要保证尺寸的精度，还要保证形状的精度。在运动过程中，同时要向两个坐标轴分配脉冲，使它们能走出要求的形状来，这就叫插补运算。它是一种软仿形加工，而不是硬（靠模）仿形，并且这种软仿形加工的精度比硬仿形加工的精度高很多。这类机床主要有数控车床、数控铣床、数控线切割机和加工中心等。在模具行业中，对于一些复杂曲面的加工，多使用这类机床，如三坐标以上的数控铣或加工中心。

3．按伺服系统控制方式分类

（1）开环控制是无位置反馈的一种控制方法，它采用的控制对象、执行机构多半是步进式电动机或液压转矩放大器。因为没有位置反馈，所以其加工精度及稳定性差，但其结构简单，价格低廉，控制方法简单。对于精度要求不高且功率需求不大的情况，这种数控机床还是比较适用的。

（2）半闭环控制是在丝杠上装有角度测量装置作为间接的位置反馈。因为这种系统未将丝杠螺母副和齿轮传动副等传动装置包含在反馈系统中，因而称之为半闭环控制系统。它不能补偿传动装置的传动误差，但却因此获得稳定的控制特性。这类系统介于开环与闭环之间，精度没有闭环高，调试比闭环方便。

（3）闭环控制系统是对机床移动部件的位置直接用直线位置检测装置进行检测，再把实际测量出的位置反馈到数控装置中去，与输入指令比较看是否有差值，然后把这个差值经过放大和变换，最后使驱动工作台向减少误差的方向移动，直到差值符合精度要求为止。这类控制系统，因为把机床工作台纳入了位置控制环，故称为闭环控制系统。该系统可以消除包括工作台传动链在内的运动误差，因而定位精度高，调节速度快。但由于该系统受到进给丝杠的拉压刚度、扭转刚度、摩擦阻尼特性和间隙等非线性因素的影响，给调试工作造成较大的困难。如果各种参数匹配不当，将会引起系统振荡，造成系统不稳定，影响定位精度。由于闭环伺服系统复杂和成本高，故适用于精度要求很高的数控机床，如超精密数控车床和精密数控镗铣床等。

4．按联动坐标轴数分类

（1）两轴联动数控机床。主要用于 3 轴以上控制的机床，其中任意两轴作插补联动，第三轴作单独的周期进给，常称 2.5 轴联动。

（2）3 轴联动数控机床。X、Y、Z 3 轴可同时进行插补联动。

（3）4 轴联动数控机床。

（4）5 轴联动数控机床。除了同时控制 X、Y、Z 3 个直线坐标轴联动以外，还同时控制围绕这些直线坐标轴旋转的 A、B、C 坐标轴中的两个坐标，即同时控制 5 个坐标轴联动。

这时刀具可以被定位在空间的任何位置。

1.3.4 数控机床的坐标系

数控机床的坐标系统包括坐标系、坐标原点和运动方向，对于数控加工及编程，它是一个十分重要的概念。每一个数控编程员和操作者，都必须对数控机床的坐标系有一个很清晰的认识。为了使数控系统规范化及简化数控编程，ISO 对数控机床的坐标系统作了若干规定。关于数控机床坐标和运动方向命名的详细内容，可参阅 GB/T 19660—2005 的规定。

机床坐标系是机床上固有的坐标系，是机床加工运动的基本坐标系。它是考察刀具在机床上的实际运动位置的基准坐标系。对于具体机床来说，有的是刀具移动工件不动，有的则是刀具不动而工件移动。然而不管是刀具移动还是工件移动，机床坐标系永远假定刀具相对于静止的工件而运动，同时运动的正方向是增大工件和刀具之间距离的方向。为了编程方便，一律规定为工件固定，刀具运动。

标准的坐标系是一个右手直角坐标系，如图 1.3.3 所示。拇指指向为 X 轴，食指指向为 Y 轴，中指指向为 Z 轴。一般情况下，主轴的方向为 Z 坐标，而工作台的两个运动方向分别为 X、Y 坐标。

若有旋转轴时，规定绕 X、Y、Z 轴的旋转轴分别为 A、B、C 轴，其方向为右旋螺纹方向，如图 1.3.4 所示。旋转轴的原点一般定在水平面上。

图 1.3.5 是典型的单立柱立式数控铣床加工运动坐标系示意图。刀具沿与地面垂直的方向上下运动，工作台带动工件在与地面平行的平面内运动。机床坐标系的 Z 轴是刀具的运动方向，并且刀具向上运动为正方向，即远离工件的方向。当面对机床进行操作时，刀具相对工件的左右运动方向为 X 轴，并且刀具相对工件向右运动（即工作台带动工件向左运动）时为 X 轴的正方向。Y 轴的方向可用右手法则确定。若以 X′、Y′、Z′ 表示工作台相对于刀具的运动坐标轴，而以 X、Y、Z 表示刀具相对于工件的运动坐标轴，则显然有 X′ = - X、Y′ = - Y、Z′ = - Z。

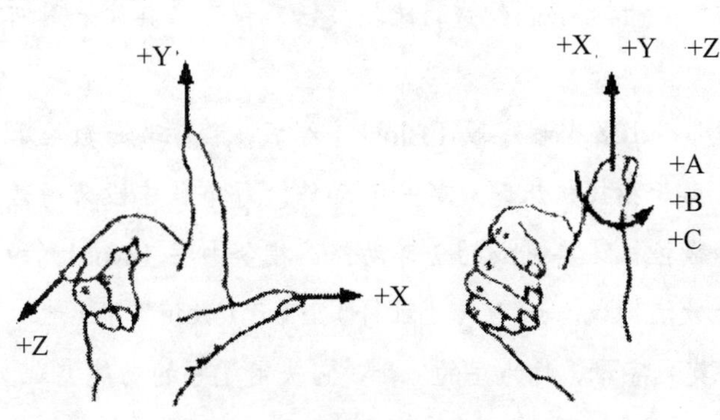

图 1.3.3 右手直角坐标系　　图 1.3.4 旋转坐标系

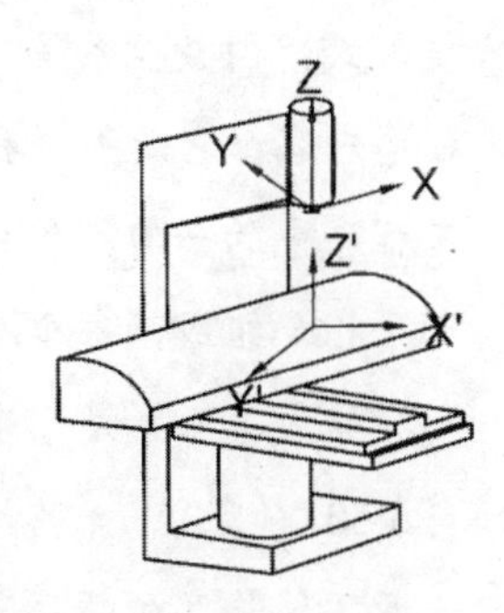

图 1.3.5 铣床加工运动坐标系示意图

1.4 数控加工程序

1.4.1 数控加工程序结构

数控加工程序由为使机床运转而给与数控装置的一系列指令的有序集合所构成。一个完整的程序由起始符、程序号、程序内容、程序结束和程序结束符五部分组成。例如：

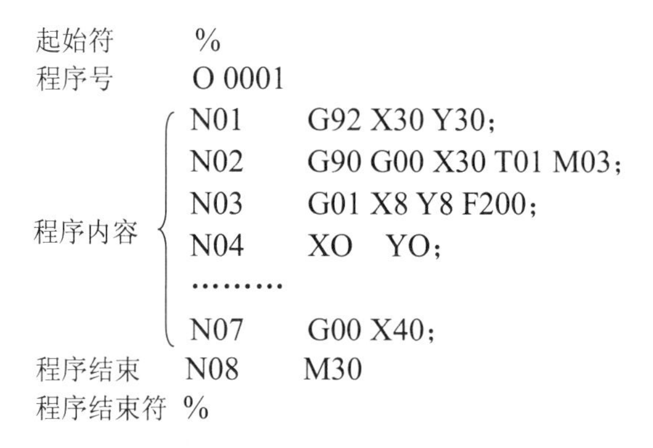

```
起始符      %
程序号      O 0001
          ┌ N01     G92 X30 Y30;
          │ N02     G90 G00 X30 T01 M03;
          │ N03     G01 X8 Y8 F200;
程序内容  ┤ N04     XO   YO;
          │ ………
          └ N07     G00 X40;
程序结束    N08     M30
程序结束符  %
```

根据系统本身的特点及编程的需要，每种数控系统都有一定的程序格式。对于不同的机床，其程序的格式也不同。因此编程人员必须严格按照机床说明书规定的格式进行编程，靠这些指令使刀具按直线、圆弧或其他曲线运动，控制主轴的回转和停止、切削液的开关，以及自动换刀装置和托盘自动交换装置等的动作。

- 程序起始符。程序起始符位于程序的第一行。一般是“%”“$”等，数控机床不同，起始符也有可能不同，应根据具体的数控机床说明书使用。
- 程序号也可称为程序名，是每个程序的开始部分。为了区别存储器中的程序，每个程序都要有程序编号。程序号单列一行，一般有两种形式：一种是以规定的英文字母（通常为 O）为首，后面接若干位数字（通常为 2 位或 4 位），如 O 0001；另一种是以英文字母、数字和符号“_”混合组成，比较灵活。程序名具体采用何种形式，由数控系统决定。
- 程序内容。它是整个程序的核心，由多个程序段（Block）组成，程序段是数控加工程序中的一句，单列一行，用于指挥机床完成某一个动作。每个程序段又由若干个指令组成，每个指令表示数控机床要完成的全部动作。指令由字（word）和“;”组成。而字是由地址符和数值构成，如 X（地址符）100.0（数值）Y（地址符）50.0（数值）。字首是一个英文字母，称为字的地址，它决定了字的功能类别。一般字的长度和顺序不固定。

- 程序结束。在程序末尾一般有程序结束指令，如M30或M02，用于停止主轴、冷却液和进给，并使控制系统复位。M30还可以使程序返回到开始状态，一般在换件时使用。
- 程序结束符。程序结束的标记符，一般与程序起始符相同。

1.4.2 数控指令

数控加工程序的指令由一系列的程序字组成，而程序字通常由地址（address）和数值（number）两部分组成，地址通常是某个大写字母。数控加工程序中地址代码的意义见表1.4.1。

一般的数控机床可以选择米制单位毫米（mm）或英制单位英寸（in）为数值单位。米制可以精确到 0.001mm，英制可以精确到 0.0001in，这也是一般数控机床的最小移动量。表 1.4.2 列出了一般数控机床能输入的指令数值范围，而数控机床实际使用范围受到机床本身的限制。例如，表 1.4.2 中的 X 轴可以移动±99999.999mm，但实际上数控机床的 X 轴行程可能只有 650mm；进给速率 F 最大可输入 10000.0mm/min，但实际上值可能限制在 3000mm / min 以下。因此在编制数控加工程序时，一定要参照数控机床的使用说明书。

表 1.4.1 编码字符的意义

功　　能	地　　址	意　　义
程序号	O(EIA)	程序序号
顺序号	N	顺序号
准备功能	G	动作模式
尺寸字	X、Y、Z	坐标移动指令
	A、B、C、U、V、W	附加轴移动指令
	R	圆弧半径
	I、J、K	圆弧中心坐标
主轴旋转功能	S	主轴转速
进给功能	F	进给速率
刀具功能	T	刀具号、刀具补偿号
辅助功能	M	辅助装置的接通和断开
补偿号	H、D	补偿序号
暂停	P、X	暂停时间
子程序重复次数	L	重复次数
子程序号指定	P	子程序序号
参数	P、Q、R	固定循环

表 1.4.2 编码字符的数值范围

功 能	地 址	米制单位	英制单位
程序号	：(1SO)O(ETA)	1～9999	1～9999
顺序号	N	1～9999	1～9999
准备功能	G	0～99	0～99
尺寸	X、Y、Z、Q、R、I、J、K	±99999.999mm	±9999.9999in
	A、B、C	±99999.999°	±9999.9999°
进给速率	F	1～10000.0mm/min	0.01～400.0in/min
主轴转速功能	S	0～9999	0～9999
刀具功能	T	0～99	0～99
辅助功能	M	0～99	0～99
子程序号	P	1～9999	1～9999
暂停	X、P	0～99999.999s	0～99999.999s
重复次数	L	1～9999	1～9999
补偿号	D、H	0～32	0～32

下面简要介绍各种数控指令的意义。

1. 语句号指令

语句号指令也称程序段号，是用以识别程序段的编号。在程序段之首，以字母 N 开头，其后为一个 2～4 位的数字。需要注意的是，数控加工程序是按程序段的排列次序执行的，与顺序段号的大小次序无关，即程序段号实际上只是程序段的名称，而不是程序段执行的先后次序。

2. 准备功能指令

准备功能指令以字母 G 开头，后接一个两位数字，因此又称为 G 代码，它是控制机床运动的主要功能类别。G 指令从 G00～G99 共 100 种，见表 1.4.3。

表 1.4.3 GB/T 19660—2005 准备功能 G 代码

G 代码	功 能	G 代码	功 能
G00	点定位	G06	抛物线插补
G01	直线插补	G07	不指定
G02	顺时针方向圆弧插补	G08	加速
G03	逆时针方向圆弧插补	G09	减速
G04	暂停	G10～G16	不指定
G05	不指定	G17	XY 平面选择

（续）

G代码	功　能	G代码	功　能
G18	ZX平面选择	G56	直线偏移z
G19	YZ平面选择	G57	直线偏移xy
G20～G32	不指定	G58	直线偏移xz
G33	螺纹切削，等螺距	G59	直线偏移yz
G34	螺纹切削，增螺距	G60	准确定位1（精）
G35	螺纹切削，减螺距	G61	准确定位2（中）
G36～G39	永不指定	G62	准确定位3（粗）
G40	刀具补偿/刀具偏置注销	G63	攻螺纹
G41	刀具半径左补偿	G64～G67	不指定
G42	刀具半径右补偿	G68	刀具偏置，内角
G43	刀具右偏置	G69	刀具偏置，外角
G44	刀具负偏置	G70～G79	不指定
G45	刀具偏置+/+	G80	固定循环注销
G46	刀具偏置+/-	G81～G89	固定循环
G47	刀具偏置-/-	G90	绝对尺寸
G48	刀具偏置-/+	G91	增量尺寸
G49	刀具偏置0/+	G92	预置寄存
G50	刀具偏置0/-	G93	时间倒数，进给量
G51	刀具偏置+/0	G94	每分钟进给
G52	刀具偏置-/+	G95	主轴每转进给
G53	直线偏移，注销	G96	横线速度
G54	直线偏移x	G97	每分钟转数
G55	直线偏移y	G98～G99	不指定

3. 辅助功能指令

辅助功能指令也称作M功能或M代码，一般由字符M及随后的两位数字组成。它是控制机床或系统辅助动作及状态的功能。GB/T19660—2005标准中规定的M代码从M00～M99共100种。部分辅助功能的M代码，见表1.4.4。

表 1.4.4 部分辅助功能的 M 代码

M 代码	功　能	M 代码	功　能
M00	程序停止	M01	计划停止
M04	主轴逆时针旋转	M05	主轴停止旋转
M06	换刀	M08	冷却液开
M09	冷却液关	M30	程序结束并返回
M74	错误检测功能打开	M75	错误检测功能关闭
M98	子程序调用	M99	子程序调用返回

4. 其他常用功能指令

- 尺寸指令——主要用来指令刀位点坐标位置。如 X、Y、Z 主要用于表示刀位点的坐标值，而 I、J、K 用于表示圆弧刀轨的圆心坐标值。
- F 功能——进给功能。以字符 F 开头，因此又称为 F 指令，用于指定刀具插补运动（即切削运动）的速度，称为进给速度。在只有 X、Y、Z 三坐标运动的情况下，F 代码后面的数值表示刀具的运动速度，单位是 mm/min（对数控车床还可为 mm/r）。如果运动坐标有转角坐标 A、B、C 中的任何一个，则 F 代码后的数值表示进给量，即 F=1/Δt，Δt 为走完一个程序段所需要的时间，F 的单位为 1/min。
- T 功能——刀具功能。用字符 T 及随后的号码表示，因此也称为 T 指令。用于指定采用的刀具号，该指令在加工中心上使用。Tnn 代码用于选择刀具库中的刀具，但并不执行换刀操作，M06 用于启动换刀操作。Tnn 不一定要放在 M06 之前，只要放在同一程序段中即可。T 指令只有在数控车床上才具有换刀功能。
- S 功能——主轴转速功能。以字符 S 开头，因此又称为 S 指令。用于指定主轴的转速，其后的数字给出，要求为整数，单位是转 / 分（r / min）。速度范围从 1 r / min 到最大的主轴转速。对于数控车床，可以指定恒表面切削速度。

1.5 数控工艺概述

1.5.1 数控加工工艺的特点

数控加工工艺与普通加工工艺基本相同，在设计零件的数控加工工艺时，首先要遵循普通加工工艺的基本原则与方法，同时还需要考虑数控加工本身的特点和加工编程的要求。数控机床本身自动化程度较高，控制方式不同，设备费用也高，使数控加工工艺相应形成了以下 6 个特点。

1. 工艺内容具体、详细

数控加工工艺与普通加工工艺相比，在工艺文件的内容和格式上都有较大区别。如加工顺序、刀具的配置及使用顺序、刀具轨迹和切削参数等方面，都要比普通机床加工工艺中的工序内容更详细。在用通用机床加工时，许多具体的工艺问题，如工艺中各工步的划分与顺序安排、刀具的几何形状、走刀路线及切削用量等，在很大程度上都是由操作工人根据自己的实践经验和习惯自行考虑而决定的，一般无需工艺人员在设计工艺规程时进行过多的规定。而在数控加工时，上述这些具体工艺问题，必须由编程人员在编程时给予预先确定。也就是说，在普通机床加工时，本来由操作工人在加工中灵活掌握并可通过适时调整来处理的许多具体工艺问题和细节，在数控加工时就转变为必须由编程人员事先设计和安排的内容。

2. 工艺要求准确、严密

数控机床虽然自动化程度较高，但自适性差。它不能像通用机床那样在加工时根据加工过程中出现的问题，可以自由地进行人为调整。例如，在数控机床上进行深孔加工时，它不知道孔中是否已挤满了切屑，何时需要退一下刀，待清除切屑后再进行加工，而是一直到加工结束为止。所以在数控加工的工艺设计中，必须注意加工过程中的每一个细节，尤其是对图形进行数学处理、计算和编程时，一定要力求准确无误，以使数控加工顺利进行。在实际工作中，由于一个小数点或一个逗号的差错就可能酿成重大机床事故和质量事故。

3. 应注意加工的适应性

由于数控加工自动化程度高，可多坐标联动，质量稳定，工序集中，但价格昂贵，操作技术要求高等特点均比较突出，因此要注意数控加工的特点，在选择加工方法和对象时更要特别慎重，有时还要在基本不改变工件原有性能的前提下，对其形状、尺寸和结构等做适应数控加工的修改，这样才能既充分发挥出数控加工的优点，又获得较好的经济效益。

4. 可自动控制加工复杂表面

在进行简单表面的加工时，数控加工与普通加工没有太大的差别。但是对于一些复杂曲面或有特殊要求的表面，数控加工就表现出与普通加工根本不同的加工方法。例如，对于一些曲线或曲面的加工，普通加工是通过划线、靠模、钳工和成形加工等方法进行加工，这些方法不仅生产效率低，而且还很难保证加工精度；而数控加工则采用多轴联动进行自动控制加工，这种方法的加工质量是普通加工方法所无法比拟的。

5. 工序集中

由于现代数控机床具有精度高、切削参数范围广、刀具数量多、多坐标及多工位等特点，因此在工件的一次装夹中可以完成多道工序的加工，甚至可以在工作台上装夹几个相同的工件进行加工，这样就大大缩短了加工工艺路线和生产周期，减少了加工设备和工件的运输量。

6. 采用先进的工艺装备

数控加工中广泛采用先进的数控刀具和组合夹具等工艺装备，以满足数控加工中高质量、高效率和高柔性的要求。

1.5.2 数控加工工艺的主要内容

工艺安排是进行数控加工的前期准备工作，它必须在编制程序之前完成，因为只有在确定工艺设计方案以后，编程才有依据，否则如果加工工艺设计考虑不周全，往往会成倍增加工作量，有时甚至出现加工事故。可以说，数控加工工艺分析决定了数控加工程序的质量。因此，编程人员在编程之前，一定要先把加工工艺设计做好。

概括起来，数控加工工艺主要包括如下内容：

- 选择适合在数控机床上加工的零件，并确定零件的数控加工内容。
- 分析零件图样，明确加工内容及技术要求。
- 确定零件的加工方案，制定数控加工工艺路线，如工序的划分及加工顺序的安排等。
- 数控加工工序的设计，如零件定位基准的选取、夹具方案的确定、工步的划分、刀具的选取及切削用量的确定等。
- 数控加工程序的调整，对刀点和换刀点的选取，确定刀具补偿，确定刀具轨迹。
- 分配数控加工中的误差。
- 处理数控机床上的部分工艺指令。
- 数控加工专用技术文件的编写。

数控加工专用技术文件不仅是进行数控加工和产品验收的依据，也是操作者遵守和执行的规程，同时还为产品零件重复生产积累了必要的工艺资料，并进行了技术储备。这些由工艺人员做出的工艺文件，是编程人员在编制加工程序单时依据的相关技术文件。

不同的数控机床，其工艺文件的内容也有所不同。一般来讲，数控铣床的工艺文件应包括如下几项：

- 编程任务书。
- 数控加工工序卡片。
- 数控机床调整单。
- 数控加工刀具卡片。

- 数控加工进给路线图。
- 数控加工程序单。

其中最为重要的是数控加工工序卡片和数控加工刀具卡片。前者说明了数控加工顺序和加工要素；后者是刀具使用的依据。

为了加强技术文件管理，数控加工工艺文件也应向标准化、规范化方向发展，但目前尚无统一的国家标准，各企业可根据本部门的特点制订上述有关工艺文件。

1.6 数控工序的安排

1. 工序划分的原则

在数控机床上加工零件，工序可以比较集中，尽量一次装夹完成全部工序。与普通机床加工相比，加工工序划分有其自身的特点，常用的工序划分有以下两项原则。

- 保证精度的原则：数控加工要求工序尽可能集中，通常粗、精加工在一次装夹下完成，为减少热变形和切削力变形对工件的形状精度、位置精度、尺寸精度和表面粗糙度的影响，应将粗、精加工分开进行。对轴类或盘类零件，将各处先粗加工，留少量余量精加工，来保证表面质量要求。同时，对一些箱体工件，为保证孔的加工精度，应先加工表面而后加工孔。
- 提高生产效率的原则：数控加工中，为减少换刀次数，节省换刀时间，应将需用同一把刀加工的加工部位全部完成后，再换另一把刀来加工其他部位；同时应尽量减少空行程，用同一把刀加工工件的多个部位时，应以最短的路线到达各加工部位。

实际的工序安排中，数控加工工序要根据具体零件的结构特点和技术要求等情况综合考虑。

2. 工序划分的方法

在数控机床上加工零件，工序应比较集中，在一次装夹中应该尽可能完成尽量多的工序。首先应根据零件图样，考虑被加工零件是否可以在一台数控机床上完成整个零件的加工工作。若不能，则应该选择哪一部分零件表面需要用数控机床加工。根据数控加工的特点，一般工序划分可按如下方法进行：

- 按零件装卡定位方式进行划分。对于加工内容很多的零件，可按其结构特点将加工部位分成几个部分，如内形、外形、曲面或平面等。一般加工外形时，以内形定位；加工内形时，以外形定位。因而可以根据定位方式的不同来划分工序。

- 以同一把刀具加工的内容划分。为了减少换刀次数，压缩空程时间，减少不必要的定位误差，可按刀具集中工序的方法加工零件。虽然有些零件在一次安装中能加工出很多待加工面，但考虑到程序太长，会受到某些限制，如控制系统的限制（主要是内存容量）、机床连续工作时间的限制（如一道工序在一个班内不能结束）等，一道工序的内容不能太多。此外，程序太长会增加出错率，查错与检索也相应比较困难，因此程序不能太长。
- 以粗、精加工划分。根据零件的加工精度、刚度和变形等因素来划分工序时，可按粗、精加工分开的原则来进行工序划分，即先粗加工再进行精加工。特别对于易发生加工变形的零件，由于粗加工后可能发生较大的变形而需要进行校形，因此一般来说，凡要进行粗、精加工的工件都要将工序分开。此时可用不同的机床或不同的刀具进行加工。通常在一次装夹中，不允许将零件某一部分表面加工完后，再加工零件的其他表面。

综上所述，在划分工序时，一定要根据零件的结构与工艺性、机床的功能、零件数控加工的内容、装夹次数及本单位生产组织状况等来灵活协调。

对于加工顺序的安排，还应根据零件的结构和毛坯状况，以及定位安装与夹紧的需要来考虑，重点是工件的刚性不被破坏。顺序安排一般应按下列原则进行：

（1）要综合考虑上道工序的加工是否影响下道工序的定位与夹紧，中间穿插有通用机床加工工序等因素。

（2）先安排内形加工工序，后安排外形加工工序。

（3）在同一次安装中进行多道工序时，应先安排对工件刚性破坏小的工序。

（4）在安排以相同的定位和夹紧方式或用同一把刀具加工工序时，最好连续进行，以减少重复定位次数、换刀次数与挪动压板次数。

1.7　加工刀具的选择和切削用量的确定

加工刀具的选择和切削用量的确定是数控加工工艺中的重要内容，它不仅影响数控机床的加工效率，而且直接影响加工质量。CAD/CAM 技术的发展，使得在数控加工中直接利用 CAD 的设计数据成为可能，特别是微机与数控机床的连接，使得设计、工艺规划及编程的整个过程可以全部在计算机上完成，一般不需要输出专门的工艺文件。

现在，许多 CAD/CAM 软件包都提供自动编程功能，这些软件一般是在编程界面中提示工艺规划的有关问题，比如刀具选择、加工路径规划和切削用量设定等。编程人员只要设置了有关的参数，就可以自动生成 NC 程序并传输至数控机床完成加工。因此，数控加工中的刀具选择和切削用量的确定是在人机交互状态下完成的，这与普通机床加工形成鲜明的对比，同时也要求编程人员必须掌握刀具选择和切削用量确定的基本原则，在编程时充分考虑数控加工的特点。

1.7.1 数控加工常用刀具的种类及特点

数控加工刀具必须适应数控机床高速、高效和自动化程度高的特点，一般应包括通用刀具、通用连接刀柄及少量专用刀柄。刀柄要连接刀具并装在机床动力头上，因此已逐渐标准化和系列化。数控刀具的分类有多种方法。根据切削工艺可分为车削刀具（分外圆、内孔、螺纹和切割刀具等多种）、钻削刀具（包括钻头、铰刀和丝锥等）、镗削刀具、铣削刀具等。根据刀具结构可分为整体式、镶嵌式、采用焊接和机夹式连接，机夹式又可分为不转位和可转位两种。根据制造刀具所用的材料可分为高速钢刀具、硬质合金刀具、金刚石刀具及其他材料刀具，如陶瓷刀具、立方氮化硼刀具等。为了适应数控机床对刀具耐用、稳定、易调、可换等的要求，近几年机夹式可转位刀具得到广泛的应用，在数量上达到全部数控刀具的30%～40%，金属切除量占总数的80%～90%。

数控刀具与普通机床上所用的刀具相比，有许多不同的要求，主要有以下特点：

- 刚性好，精度高，抗振及热变形小。
- 互换性好，便于快速换刀。
- 寿命高，加工性能稳定、可靠。
- 刀具的尺寸便于调整，以减少换刀调整时间。
- 刀具应能可靠地断屑或卷屑，以利于切屑的排除。
- 系列化、标准化，以利于编程和刀具管理。

1.7.2 数控加工刀具的选择

刀具的选择是在数控编程的人机交互状态下进行的。应根据机床的加工能力、加工工序、工件材料的性能、切削用量以及其他相关因素正确选用刀具和刀柄。刀具选择的总原则是适用、安全和经济。适用是要求所选择的刀具能达到加工的目的，完成材料的去除，并达到预定的加工精度。安全指的是在有效去除材料的同时，不会产生刀具的碰撞和折断等，要保证刀具及刀柄不会与工件相碰撞或挤擦，造成刀具或工件的损坏。经济指的是能以最小的成本完成加工。在同样可以完成加工的情形下，应选择相对综合成本较低的方案，而不仅是选择最便宜的刀具；在满足加工要求的前提下，尽量选择较短的刀柄，以提高刀具加工的刚性。

选取刀具时，要使刀具的尺寸与被加工工件的表面结构相适应。生产中，平面零件周边轮廓的加工，常采用立铣刀；铣削平面时，应选用硬质合金刀片铣刀；加工凸台、凹槽时，选高速钢立铣刀；加工毛坯表面或粗加工孔时，可选取镶硬质合金刀片的玉米铣刀；对一些立体型面和变斜角轮廓外形的加工，常采用球头铣刀、环形铣刀、盘形铣刀和锥形铣刀。

在生产过程中，铣削零件周边轮廓时，常采用立铣刀，所用的立铣刀的刀具半径一定要小于零件内轮廓的最小曲率半径。一般取最小曲率半径的 0.8～0.9 倍即可。零件的加工高度（Z 方向的背吃刀量）最好不要超过刀具的半径。

平面铣削时，应选用不重磨硬质合金端铣刀、立铣刀或可转位面铣刀。一般采用二次进给，第一次进给最好用端铣刀粗铣，沿工件表面连续进给。选好每次进给的宽度和铣刀的直径，使接痕不影响精铣精度。因此，加工余量大且不均匀时，铣刀直径要选小些。精加工时，一般用可转位密齿面铣刀，铣刀直径要选得大些，最好能够包容加工面的整个宽度，可以设置 6～8 个刀齿，密布的刀齿使进给速度大大提高，从而提高切削效率，同时可以达到理想的表面加工质量，甚至可以实现以铣代磨。

加工凸台和凹槽时，选高速钢立铣刀、镶硬质合金刀片的端铣刀和立铣刀。在加工凹槽时应采用直径比槽宽小的铣刀，先铣槽的中间部分，然后再利用刀具半径补偿（或称直径补偿）功能对槽的两边进行铣加工，这样可以提高槽宽的加工精度，减少铣刀的种类。

加工毛坯表面时，最好选用硬质合金波纹立铣刀，它在机床、刀具和工件系统允许的情况下，可以进行强力切削。对一些立体型面和变斜角轮廓外形的加工，常采用球头铣刀、锥形铣刀和盘形铣刀。加工孔时，应该先用中心钻刀打中心孔，用以引正钻头。然后再用较小的钻头钻孔至所需深度，之后用扩孔钻头进行扩孔，最后加工至所需尺寸并保证孔的精度。在加工较深的孔时，特别要注意钻头的冷却和排屑问题，可以利用深孔钻削循环指令 G83 进行编程，即让钻头工进一段后，快速退出工件进行排屑和冷却；再次进给，再进行冷却和排屑，循环直至深孔钻削完成。

在进行自由曲面加工时，由于球头刀具的端部切削速度为零，因此为保证加工精度，切削行距一般取得很密，故球头刀具常用于曲面的精加工。而平头刀具在表面加工质量和切削效率方面都优于球头刀，因此只要在保证不过切的前提下，无论是曲面的粗加工还是精加工，都应优先选择平头刀。另外，刀具的耐用度和精度与刀具价格关系极大，必须引起注意的是，在大多数情况下，虽然选择好的刀具增加了刀具成本，但由此带来的加工质量和加工效率的提高，则可以使整个加工成本大大降低。

在加工中心上，各种刀具分别装在刀库上，按程序规定随时进行选刀和换刀动作，因此必须采用标准刀柄，以便使钻、镗、扩、铣削等工序用的标准刀具迅速、准确地装到机床主轴或刀库上去。编程人员应了解机床上所用刀柄的结构尺寸、调整方法以及调整范围，以便在编程时确定刀具的径向和轴向尺寸。目前我国的加工中心采用TSG工具系统，其刀柄有直柄（3种规格）和锥柄（4种规格）两类，共包括16种不同用途的刀柄。

在经济型数控加工中，由于刀具的刃磨、测量和更换多为人工手动进行，占用辅助时间较长，因此必须合理安排刀具的排列顺序。一般应遵循以下原则：尽量减少刀具数量；一把刀具装夹后，应完成其所能进行的所有加工部位；粗、精加工的刀具应分开使用，即使是相同尺寸规格的刀具；先铣后钻；先进行曲面精加工，后进行二维轮廓精加工；在可能的情况下，应尽可能利用数控机床的自动换刀功能，以提高生产效率等。

1.7.3　铣削刀具

铣刀是一种在回转体表面上或端面上分布有多个刀齿的多刃刀具。铣刀在金属切削加工中是应用很广泛的一种刀具。它的种类很多，主要用于卧式铣床、立式铣床、数控铣床、加工中心机床上加工平面、台阶面、沟槽、切断、齿轮和成形表面等。铣刀是多齿刀具，每一个刀齿相当于一把刀，因此采用铣刀加工工件的效率高。目前铣刀是属于粗加工和半精加工刀具，其加工精度为IT8、IT9，表面粗糙度Ra1.6～6.3μ m。

按用途分类，铣刀大致可分为面铣刀、立铣刀、键槽铣刀、盘形铣刀、锯片铣刀、角度铣刀、模具铣刀和成形铣刀。下面对部分常用的铣刀进行简要的说明，供读者参考。

1．面铣刀

面铣刀主要用于在立式铣床上加工平面以及台阶面等。面铣刀的主切削刃分布在铣刀的圆锥面上或圆柱面上，副切削刃分布在铣刀的端面上。

面铣刀按结构可以分为硬质合金整体焊接式面铣刀、硬质合金机夹焊接式面铣刀、硬质合金可转位式面铣刀以及整体式面铣刀等形式。图1.7.1所示是硬质合金整体焊接式面铣刀。这种铣刀是由合金钢刀体与硬质合金刀片经焊接而成，其结构紧凑，切削效率高，并且制造比较方便，但是刀齿损坏后很难修复，所以这种铣刀应用不多。

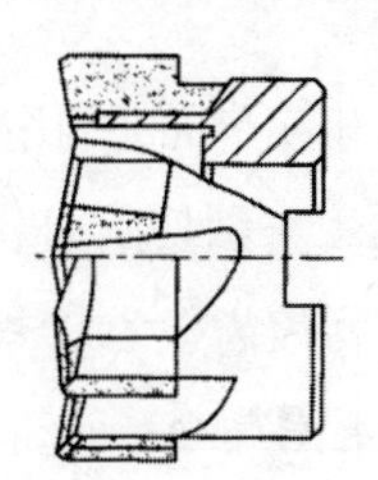
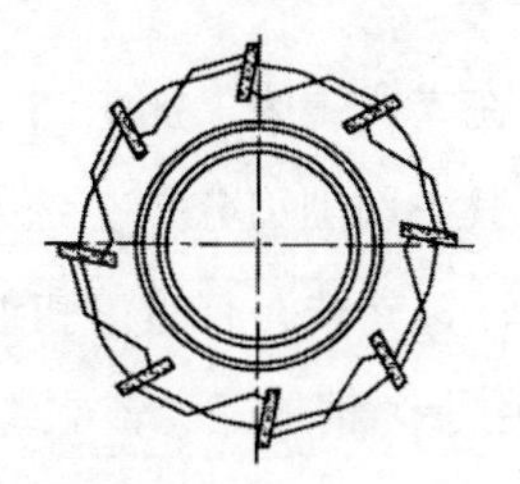

图1.7.1　硬质合金整体焊接式面铣刀

2．圆柱铣刀

圆柱铣刀主要用于卧式铣床加工平面，圆柱铣刀一般为整体式，材料为高速钢，主切削刃分布在圆柱上，无副切削刃，如图 1.7.2 所示。该铣刀有粗齿和细齿之分。粗齿铣刀齿数少，刀齿强度大，容屑空间大，重磨次数多，适用于粗加工；细齿铣刀齿数多，工作较平稳，适用于精加工，也可在刀体上镶焊硬质合金刀条。

圆柱铣刀直径范围为 Ø50～Ø 100mm，齿数 z=6～14，螺旋角β =30° ～45° 。当螺旋角β =0° 时，螺旋刀齿即为直刀齿，目前很少应用于生产。

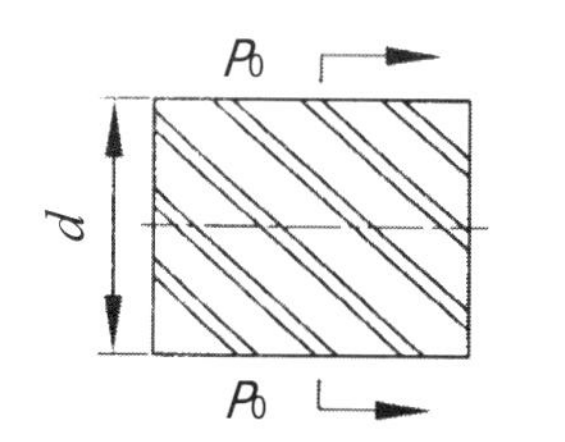

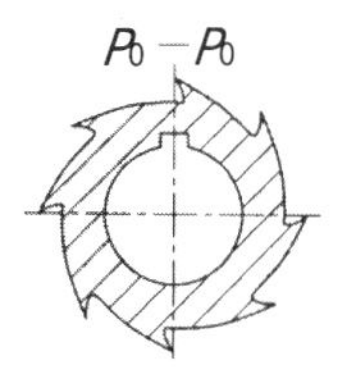

图 1.7.2 圆柱铣刀

3. 键槽铣刀

键槽铣刀主要用于立式铣床上加工圆头封闭键槽等，如图 1.7.3 所示。该铣刀只有两个刀瓣，端面无顶尖孔，端面刀齿从外圆开至轴心，且螺旋角较小，增强了端面刀齿强度。加工键槽时，每次先沿铣刀轴向进给较小的量，此时端面刀齿上的切削刃为主切削刃，圆柱面上的切削刃为副切削刃。然后再沿径向进给，此时端面刀齿上的切削刃为副切削刃，圆柱面上的切削刃为主切削刃，这样反复多次，就可完成键槽的加工。这种铣刀加工键槽精度较高，铣刀寿命较长。键槽铣刀的直径范围为 Ø2～Ø63mm，柄部有直柄和莫氏锥柄两种形式。

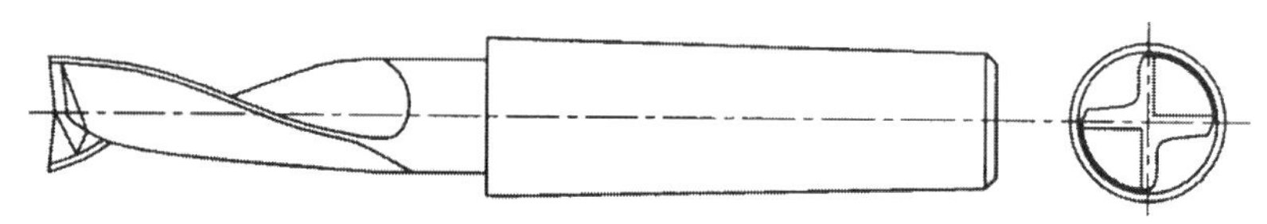

图 1.7.3 键槽铣刀

4. 立铣刀

立铣刀主要用于在立式铣床上加工凹槽、台阶面和成形面（利用靠模）等。图 1.7.4 所示为高速钢立铣刀，其主切削刃分布在铣刀的圆柱面上，副切削刃分布在铣刀的端面上，且端面中心有顶尖孔。该立铣刀有粗齿和细齿之分，粗齿齿数为 3～6，适用于粗加工；细齿齿数为 5～10，适用于半精加工。该立铣刀的直径范围是 Ø2～Ø80mm，其柄部有直柄、莫氏锥柄和 7∶24 锥柄等多种形式。立铣刀应用较广，但切削效率较低。

加工中心所用的立铣刀主要有 3 种形式：球头刀（$R=D/2$）、端铣刀（$R=0$）和 R 刀（$R<D/2$）（俗称“牛鼻刀”或“圆鼻刀”），其中 D 为刀具的直径、R 为刀角半径。某些刀具还可能带有一定的锥度 A。

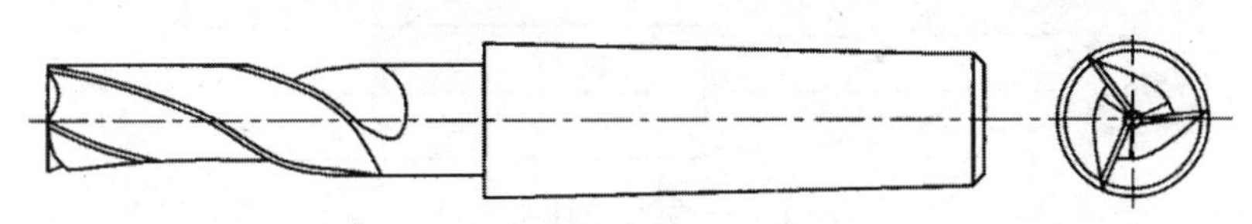

图 1.7.4 高速钢立铣刀

5. 盘形铣刀

盘形铣刀包括槽铣刀、两面刃铣刀和三面刃铣刀。槽铣刀仅在圆柱表面上有刀齿，此种铣刀只适用于加工浅槽。两面刃铣刀在圆柱表面和一个侧面上做有刀齿，适用于加工台阶面。三面刃铣刀在两侧面都有刀齿，主要用于在卧式铣床上加工槽和台阶面等。三面刃铣刀的主切削刃分布在铣刀的圆柱面上，副切削刃分布在两端面上。该铣刀按刀齿结构可分为直齿、错齿和镶齿三种形式。图 1.7.5 所示是直齿三面刃铣刀。该铣刀结构简单，制造方便，但副切削刃前角为 0°，切削条件较差。该铣刀直径范围是 Ø50～Ø200mm，宽度 B=4～40mm。

6. 角度铣刀

角度铣刀主要用于在卧式铣床上加工各种斜槽和斜面等。根据本身外形不同，角度铣刀可分为单角铣刀、不对称双角铣刀和对称双角铣刀 3 种。图 1.7.6 所示是单角铣刀。圆锥面上的切削刃是主切削刃，端面上的切削刃是副切削刃。该铣刀直径范围是 Ø40～Ø100mm，角度 $\theta = 18^\circ \sim 90^\circ$。角度铣刀的材料一般是高速钢。

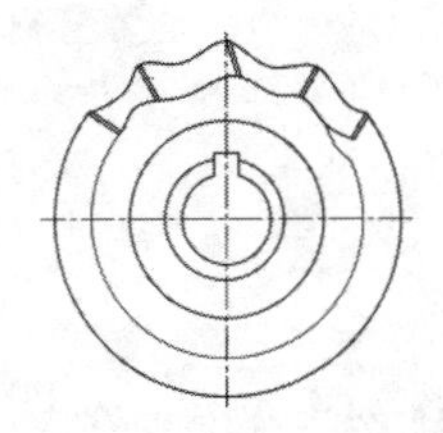

图 1.7.5 直齿三面刃铣刀

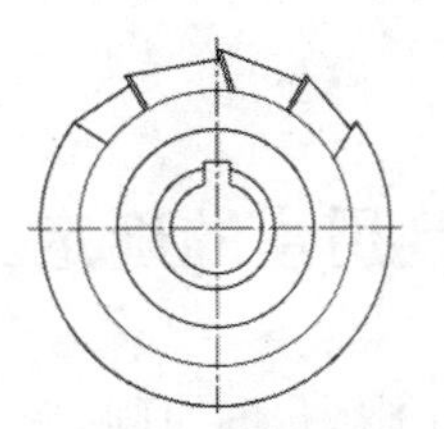

图 1.7.6 单角铣刀

7. 模具铣刀

模具铣刀主要用于在立式铣床上加工模具型腔。按工作部分形状不同，模具铣刀可分为圆柱形球头铣刀（图 1.7.7）、圆锥形球头铣刀（图 1.7.8）和圆锥形立铣刀（图 1.7.9）3 种形式。在前两种铣刀的圆柱面、圆锥面和球面上的切削刃均为主切削刃，铣削时不仅能沿铣刀轴向作进给运动，也能沿铣刀径向作进给运动，而且球头与工件接触往往为一点，这样在数控铣床的控制下，该铣刀就能加工出各种复杂的成形表面，所以其用途独特，很有发展前途。

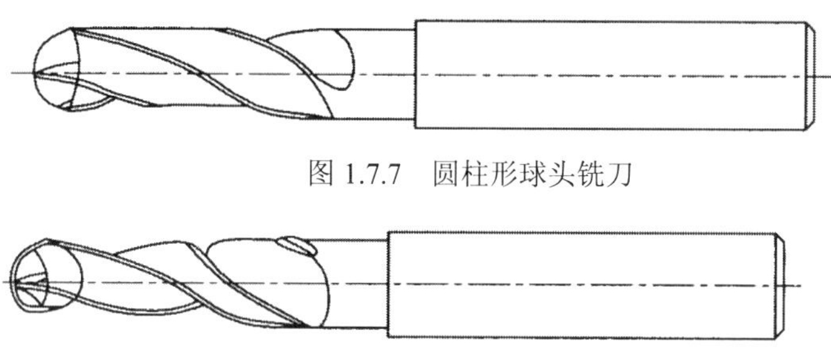

图 1.7.7　圆柱形球头铣刀

图 1.7.8　圆锥形球头铣刀

圆锥形立铣刀的作用与立铣刀基本相同，只是该铣刀可以利用本身的圆锥体，方便地加工出模具型腔的拔模斜度。

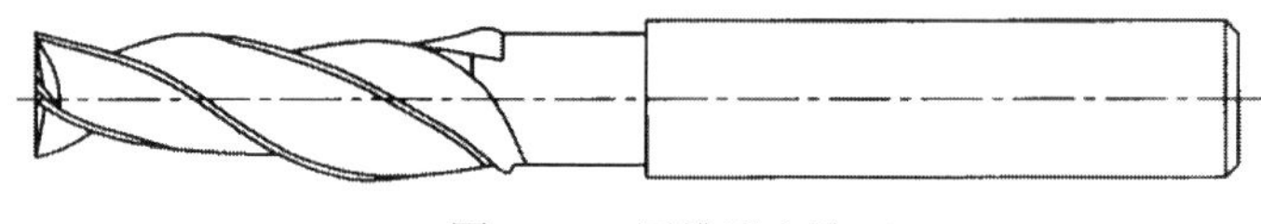

图 1.7.9　圆锥形立铣刀

8．成形铣刀

成形铣刀的切削刃廓形是根据工件轮廓形状来设计的，它主要在通用铣床上用于工件形状复杂表面的加工，成形铣刀还可用来加工直沟和螺旋沟成形表面。使用成形铣刀加工可保证加工工件尺寸和形状的一致性，生产效率高，使用方便，目前广泛应用于生产加工中。常见的成形铣刀（如凸半圆铣刀和凹半圆铣刀）已有通用标准，但大部分成形铣刀属于专用刀具，需自行设计。

1.7.4　切削用量的确定

合理选择切削用量的原则：粗加工时，一般以提高生产率为主，但也应考虑加工成本；半精加工和精加工时，应在保证加工质量的前提下，兼顾切削效率、加工成本。具体数值应根据机床说明书和切削用量手册，并结合经验而定。

1．背吃刀量 a_p

背吃刀量 a_p 也称切削深度，在机床、工件和刀具刚度允许的情况下，a_p 就等于加工余量，这是提高生产率的一个有效措施。为了保证零件的加工精度和表面粗糙度，一般应留一定的余量进行精加工。数控机床的精加工余量可略小于普通机床。

2．切削宽度 L

切削宽度称为步距，一般切削宽度 L 与刀具直径 D 成正比，与背吃刀量成反比。在经济型数控加工中，一般 L 的取值范围为：$L=$（0.6～0.9）d。在粗加工中，大步距有利于加工效率的提高。使用圆鼻刀进行加工，刀具直径应扣除刀尖的圆角部分，即 $d=D-2r$（D 为刀具直径，r 为刀尖圆角半径），L 可以取为（0.8～0.9）d。使用球头刀进行精加工时，步距的确定应首先考虑所能达到的精度和表面粗糙度。

3．切削速度 v_c

切削速度 v_c 也称单齿切削量，单位为 m / min。提高 v_c 值也是提高生产率的一个有效措施，但 v_c 与刀具寿命的关系比较密切。随着 v_c 的增大，刀具寿命急剧下降，故 v_c 的选择主要取决于刀具寿命。另外，切削速度与加工材料也有很大关系，例如用立铣刀铣削合金钢 30CrNi2MoVA 时，v_c 可采用 8m/min 左右；而用同样的立铣刀铣削铝合金时，v_c 可选 200m/min 以上。一般好的刀具供应商都会在其手册或刀具说明书中提供刀具的切削速度推荐参数 v_c。

此外，在确定精加工、半精加工的切削速度时，应注意避开积屑瘤和毛刺产生的区域；在易发生振动的情况下，切削速度应避开自激振动的临界速度；在加工带硬皮的铸锻件时，加工大件、细长件和薄壁件，以及断切屑时，应选用较低的切削速度。

4．主轴转速 n

主轴转速的单位是 r / min，一般应根据切削速度 v_c、刀具或工件直径来选定。计算公式为

$$n=\frac{1000v_c}{\pi D_c}$$

式中，D_c 为刀具直径（mm）。在使用球头刀时要做一些调整，球头铣刀的计算直径 D_{eff} 要小于铣刀直径 D_c，故其实际转速不应按铣刀直径 D_c 计算，而应按计算直径 D_{eff} 计算。

$$D_{eff}=\left[D_c^2-\left(D_c-2t\right)^2\right]\times 0.5$$

$$n=\frac{1000v_c}{\pi D_{eff}}$$

数控机床的控制面板上一般备有主轴转速修调（倍率）开关，可在加工过程中对主轴转速进行整倍数调整。

5. 进给速度 v_f

进给速度 v_f 是指机床工作台在做插位时的进给速度，单位为 mm / min。v_f 应根据零件的加工精度和表面粗糙度要求以及刀具和工件材料来选择。v_f 的增加可以提高生产效率，但是刀具寿命也会降低。加工表面粗糙度要求低时，v_f 可选择得大些。在加工过程中，v_f 也可通过机床控制面板上的修调开关进行人工调整，但是最大进给速度要受到设备刚度和进给系统性能等的限制。进给速度可以按以下公式进行计算：

$$v_f = nzf_z$$

式中，v_f 为进给速度，单位为 mm / min；n 为主轴转速，单位为 r/min；z 为刀具齿数；f_z 为进给量，单位为 mm / 齿，f_z 值由刀具供应商提供。

在数控编程中，还应考虑在不同情形下选择不同的进给速度。如在初始切削进给时，特别是在 Z 轴下刀时，因为进行端铣，受力较大，同时考虑程序的安全性问题，所以应以相对较慢的速度进给。

随着数控机床在生产实际中的广泛应用，数控编程已经成为数控加工中的关键问题之一。在数控加工程序的编制过程中，要在人机交互状态下及时选择刀具，确定切削用量。因此，编程人员必须熟悉刀具的选择方法和切削用量的确定原则，从而保证零件的加工质量和加工效率，充分发挥数控机床的优点，提高企业的经济效益和生产水平。

1.8 高度与安全高度

安全高度是为了避免刀具碰撞工件或夹具而设定的高度，即在 Z 轴上的偏移值。在铣削过程中，如果刀具需要转移位置，将会退到这一高度，然后再进行 G00 插补到下一个进刀位置。一般情况下这个高度应大于零件的最大高度（即高于零件的最高表面）。起止高度是指在程序开始时，刀具将先到达这一高度，同时在程序结束后，刀具也将退回到这一高度。起止高度大于或等于安全高度，如图 1.8.1 所示。

刀具从起止高度到接近工件开始切削，需要经过快速进给和慢速下刀两个过程。刀具先以 G00 快速进给到指定位置，然后慢速下刀到加工位置。如果刀具不是经过先快速再慢速的过程接近工件，而是以 G00 的速度直接下刀到加工位置，就会很不安全。因为假使该加工位置在工件内或工件上，在采用垂直下刀方式的情况下，刀具很容易与工件相碰，这在数控加工中是不允许的。即使是在空的位置下刀，如果不采用先快后慢的方式下刀，由于惯性的作用也很难保证下刀所到位置的准确性。但是慢速下刀的距离不宜取得太大，因为此时的速度往往比较慢，太长的慢速下刀距离将影响加工效率。

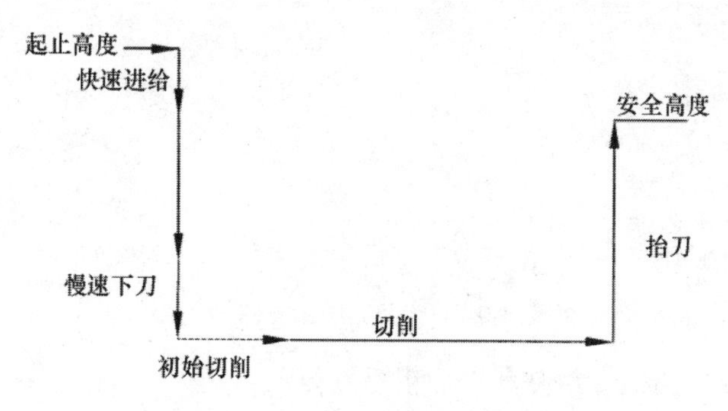

图 1.8.1 起止高度与安全高度示意图

在加工过程中，当刀具在两点间移动而不切削时，如果设定为抬刀，刀具将先提高到安全高度平面，再在此平面上移动到下一点，这样虽然延长了加工时间，但比较安全。特别是在进行分区加工时，可以防止两区域之间有高于刀具移动路线的部分与刀具碰撞事故的发生。一般来说，在进行大面积粗加工时，通常建议使用抬刀，以便在加工时可以暂停，对刀具进行检查；在精加工或局部加工时，通常不使用抬刀以提高加工速度。

1.9 走刀路线的选择

在数控加工中，刀具（严格说是刀位点）相对于工件的运动轨迹和方向称为加工路线，即刀具从对刀点开始运动起，直至结束加工程序所经过的路径，包括切削加工的路径及刀具引入、返回等非切削空行程。走刀路线是刀具在整个加工工序中相对于工件的运动轨迹，不但包括了工序的内容，而且也反映出工序的顺序。走刀路线是编写程序的依据之一。确定加工路线时首先必须保证被加工零件的尺寸精度和表面质量，其次应考虑数值计算简单、走刀路线尽量短、效率较高等。

工序顺序是指同一道工序中各个表面加工的先后次序。工序顺序对零件的加工质量、加工效率和数控加工中的走刀路线有直接影响，应根据零件的结构特点和工序的加工要求等合理安排。工序的划分与安排一般可随走刀路线来进行，在确定走刀路线时，主要考虑以下几点：

（1）对点位加工的数控机床，如钻床、镗床，要考虑尽可能使走刀路线最短，减少刀具空行程时间，提高加工效率。

如图 1.9.1a 所示，按照一般习惯，总是先加工均布于外圆周上的 8 个孔，再加工内圆周上的 4 个孔。但是对点位控制的数控机床而言，要求定位精度高，定位过程应该尽可能快，因此这类机床应按空程最短来安排走刀路线，以节省时间，如图 1.9.1b 所示。

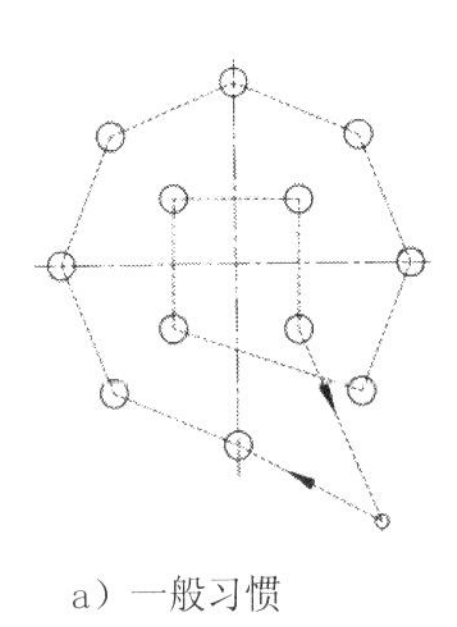

a）一般习惯

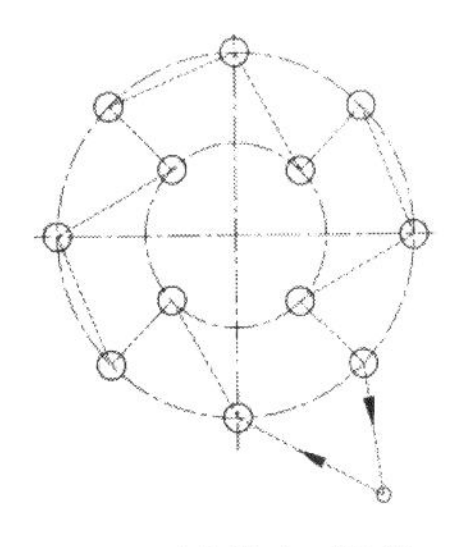

b）正确的走刀路线

图 1.9.1　走刀路线示意图

（2）应能保证零件的加工精度和表面粗糙度要求。

当铣削零件外轮廓时，一般采用立铣刀侧刃切削。刀具切入工件时，应沿外廓曲线延长线的切向切入，避免沿零件外廓的法向切入，以免在切入处产生刀具的刻痕而影响表面质量，保证零件外廓曲线平滑过渡。同理，在切离工件时，应该沿零件轮廓延长线的切向逐渐切离工件，避免在工件的轮廓处直接退刀影响表面质量，如图 1.9.2 所示。

铣削封闭的内轮廓表面时，如果内轮廓曲线允许外延，则应沿切线方向切入或切出。若内轮廓曲线不允许外延，则刀具只能沿内轮廓曲线的法向切入或切出，此时刀具的切入切出点应尽量选在内轮廓曲线两几何元素的交点处。若内部几何元素相切无交点时，刀具切入切出点应远离拐角，以防止刀补取消时在轮廓拐角处留下凹口，如图 1.9.3 所示。

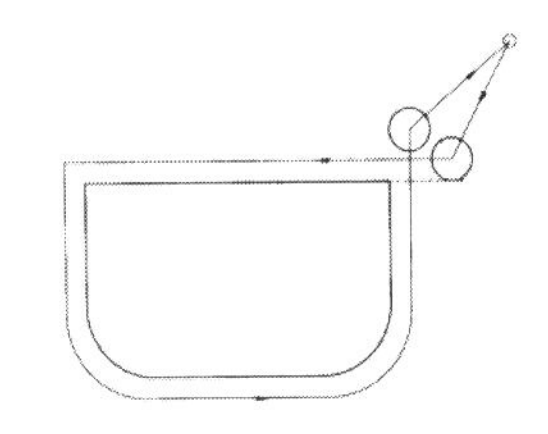

图 1.9.2　外轮廓铣削走刀路线

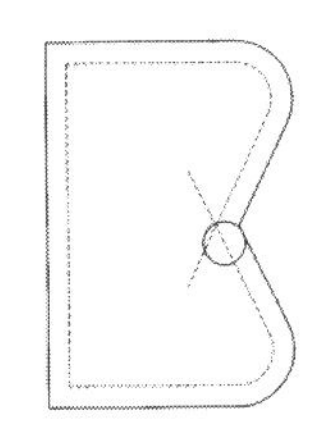

图 1.9.3　内轮廓铣削走刀路线

对于边界敞开的曲面加工，可采用两种走刀路线。第一种走刀路线如图 1.9.4a 所示，每次沿直线加工，刀位点计算简单，程序少，加工过程符合直纹面的形成，以保证母线的直线度。第二种走刀路线如图 1.9.4b 所示，便于加工后检验，曲面的准确度较高，但程序较多。由于曲面零件的边界是敞开的，没有其他表面限制，所以边界曲面可以延伸，球头刀应由边界外开始加工。

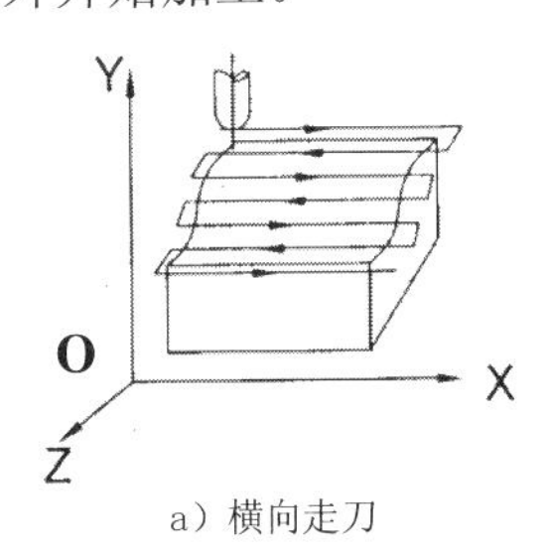

a）横向走刀

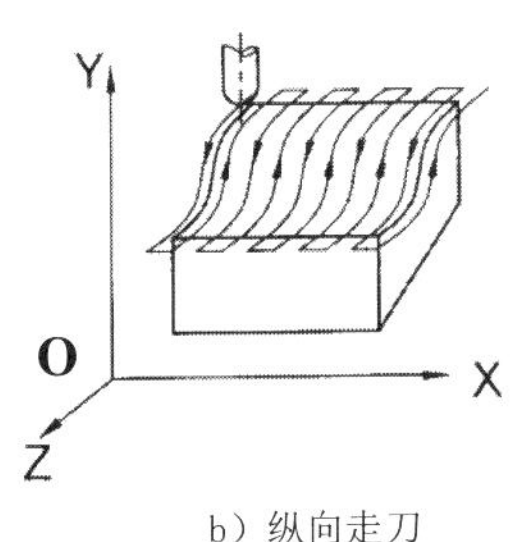

b）纵向走刀

图 1.9.4　曲面铣削走刀路线

图 1.9.5a 和图 1.9.5b 所示分别为用行切法加工和环切法加工凹槽的走刀路线，而图 1.9.5c 是先用行切法，最后环切一刀光整轮廓表面。所谓行切法是指刀具与零件轮廓的切点轨迹是一行一行的，而行间的距离是按零件加工精度的要求确定的；环切法则是指刀具与零件轮廓的切点轨迹是一圈一圈的。这 3 种方案中，图 1.9.5a 方案在周边留有大量的残余，表面质量最差；图 1.9.5b 方案和图 1.9.5c 方案都能保证精度，但 1.9.5b 图方案走刀路线稍长，程序计算量大。

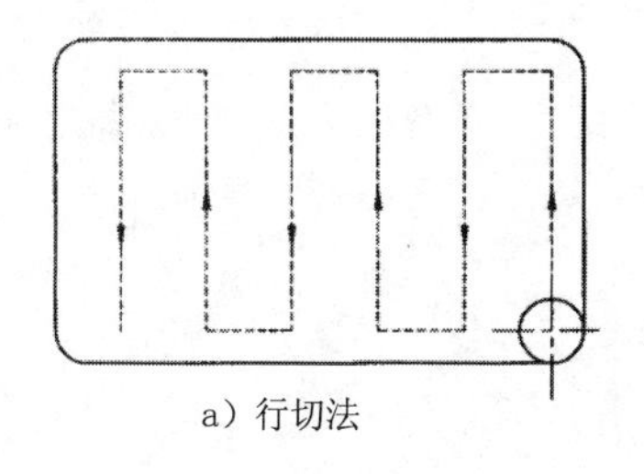
a）行切法

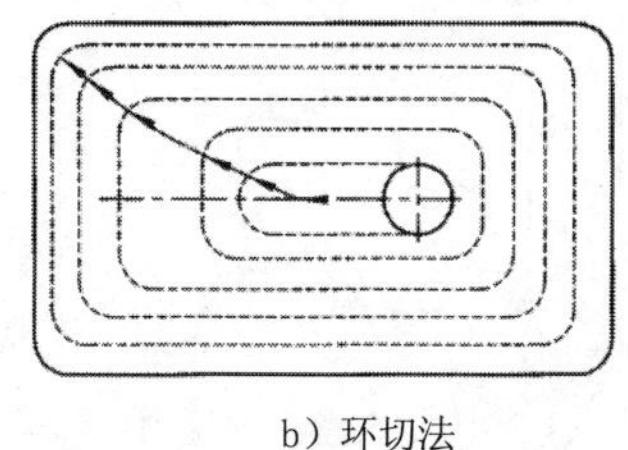
b）环切法

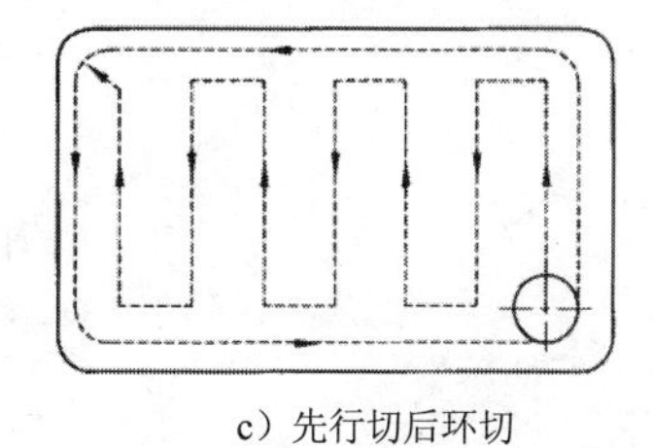
c）先行切后环切

图 1.9.5 凹槽的走刀路线

此外，轮廓加工中应避免进给停顿。因为加工过程中的切削力会使工艺系统产生弹性变形并处于相对平衡状态，进给停顿时，切削力突然减小会改变系统的平衡状态，刀具会在进给停顿处的零件轮廓上留下刻痕。为提高工件表面的精度和减小表面粗糙度，可以采用多次走刀的方法，精加工余量一般以 0.2～0.5mm 为宜。而且精铣时宜采用顺铣，以减小零件被加工表面粗糙度的值。

1.10 对刀点与换刀点的选择

“对刀点”是数控加工时刀具相对零件运动的起点，又称“起刀点”，也是程序的开始。在加工时，工件可以在机床加工尺寸范围内任意安装，要正确执行加工程序，必须确定工件在机床坐标系的确切位置。确定对刀点的位置，也就确定了机床坐标系和零件坐标系之间的相互位置关系。对刀点是工件在机床上定位装夹后，再设置在工件坐标系中的。对于数控车床、加工中心等多刀具加工的数控机床，在加工过程中需要进行换刀，所以在编程时应考虑不同工序之间的换刀位置，即“换刀点”。换刀点应选择在工件的外部，避免换刀时刀具与工件及夹具发生干涉，以免损坏刀具或工件。

对刀点的选择原则，主要是考虑对刀方便，对刀误差小，编程方便，加工时检查方便、可靠。对刀点的设置没有严格规定，可以设置在工件上，也可以设置在夹具上，但在编程坐标系中必须有确定的位置，如图 1.10.1 所示的 X_1 和 Y_1。对刀点既可以与编程原点重合，也可以不重合，主要取决于加工精度和对刀的方便性。当对刀点与编程原点重合时，$X_1=0$，$Y_1=0$。

为了提高零件的加工精度，对刀点要尽可能选择在零件的设计基准或工艺基准上。例如，零件上孔的中心点或两条相互垂直的轮廓边的交点都可以作为对刀点，有时零件上没有合适的部位，可以加工出工艺孔来对刀。生产中常用的对刀工具有百分表、中心规和寻边器等，对刀操作一定要仔细，对刀方法一定要与零件的加工精度相适应。

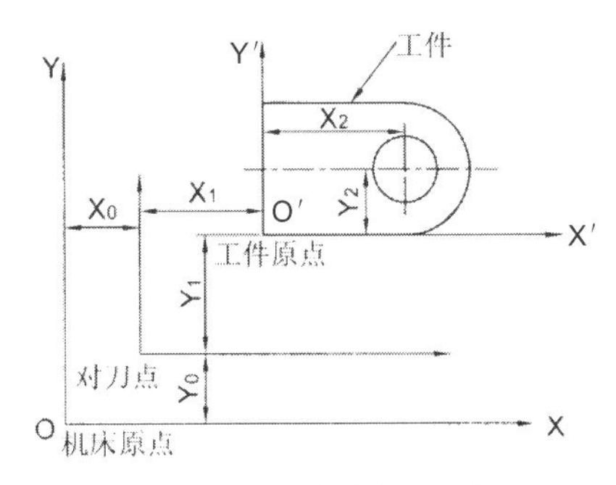

图 1.10.1　对刀点选择示意图

1.11　数控加工的补偿

在 20 世纪六七十年代的数控加工中没有补偿的概念，所以编程人员不得不围绕刀具的理论路线和实际路线的相对关系来进行编程，这样容易产生错误。补偿的概念出现以后，大大地提高了编程的工作效率。

在数控加工中有刀具半径补偿、刀具长度补偿和夹具偏置补偿。这 3 种补偿基本上能解决在加工中因刀具形状而产生的轨迹问题。下面简单介绍一下这 3 种补偿在一般加工编程中的应用。

1.11.1　刀具半径补偿

在数控机床进行轮廓加工时，由于刀具有一定的半径（如铣刀半径），因此在加工时，刀具中心的运动轨迹必须偏离实际零件轮廓一个刀具半径值，否则实际需要的尺寸将与加工出的零件尺寸相差一个刀具半径值或一个刀具直径值。此外，在零件加工时，有时还需要考虑加工余量和刀具磨损等因素的影响。有了刀具半径补偿后，在编程时就可以不过多考虑刀具直径的大小了。刀具半径补偿一般只用于铣刀类刀具，当铣刀在内轮廓加工时，刀具中心向零件内偏离一个刀具半径值；在外轮廓加工时，刀具中心向零件外偏离一个刀具半径值。当数控机床具备刀具半径补偿功能时，数控编程只需按工件轮廓进行，然后再加上刀具半径补偿值，此值可以在机床上设定。程序中通常使用 G41 / G42 指令来执行，其中 G41 为刀具半径左补偿，G42 为刀具半径右补偿。根据 ISO 标准，沿刀具前进方向看去，当刀具中心轨迹位于零件轮廓右边时，称为刀具半径右补偿；反之，称为刀具半径左补偿。

在使用 G41、G42 进行半径补偿时，应采取如下步骤：设置刀具半径补偿值；让刀具移动来使补偿有效（此时不能切削工件）；正确地取消半径补偿（此时也不能切削工件）。当然要注意的是，在切削完成且刀具补偿结束时，一定要用 G40 使补偿无效。G40 的使用同样遇到和使补偿有效相同的问题，一定要等刀具完全切削完毕并安全地退出工件后，才能执行 G40 命令来取消补偿。

1.11.2 刀具长度补偿

根据加工情况，有时不仅需要对刀具半径进行补偿，还要对刀具长度进行补偿。程序员在编程的时候，首先要指定零件的编程中心，才能建立工件编程的坐标系，而此坐标系只是一个工件坐标系，零点一般在工件上。长度补偿只是和 Z 坐标有关，因为刀具是由主轴锥孔定位而不改变，对于 Z 坐标的零点就不一样了。每一把刀的长度都是不同的，例如，要钻一个深为 60mm 的孔，然后攻螺纹长度为 55mm，分别用一把长为 250mm 的钻头和一把长为 350mm 的丝锥进行加工。先用钻头钻得深 60mm 的孔，此时机床已经设定工件零点。当换上丝锥攻螺纹时，如果两把刀都设定从零点开始加工，丝锥因为比钻头长而攻螺纹过长，会损坏刀具和工件。这时就需要进行刀具长度补偿，铣刀的长度补偿与控制点有关。一般用一把标准刀具的刀头作为控制点，则该刀具称为零长度刀具。长度补偿的值等于所换刀具与零长度刀具的长度差。另外，当把刀具长度的测量基准面作为控制点，则刀具长度补偿始终存在。无论用哪一把刀具都要进行刀具的绝对长度补偿。

在进行刀具长度补偿前，必须先进行刀具参数的设置。设置的方法有机内试切法、机内对刀法和机外对刀法。对数控车床来说，一般采用机内试切法和机内对刀法。对数控铣床而言，采用机外对刀法为宜。不管采用哪种方法，所获得的数据都必须通过手动数据输入方式将刀具参数输入数控系统的刀具参数表中。

程序中通常使用指令 G43（G44）和 H3 来执行刀具长度补偿。使用指令 G49 可以取消刀具长度补偿，其实不必使用这个指令，因为每把刀具都有自己的长度补偿。当换刀时，利用 G43（G44）和 H3 指令同样可以赋予刀具自身刀长补偿而自动取消了前一把刀具的长度补偿。在加工中心机床上，使用刀具长度补偿，一般是将刀具长度数据输入到机床的刀具数据表中，当机床调用刀具时，自动进行长度的补偿。刀具的长度补偿值也可以在设置机床工作坐标系时进行补偿。

1.11.3 夹具偏置补偿

如使用刀具半径补偿和长度补偿一样，编程人员可以不用考虑刀具的长短和大小，不考虑工件夹具的位置而使用夹具偏置补偿。当用加工中心加工小的工件时，工装上一次可以装夹几个工件，编程人员可以不用考虑每一个工件在编程时的坐标零点，而只需按照各自的编程零点进行编程，然后使用夹具偏置来移动机床在每一个工件上的编程零点。夹具偏置是使用夹具偏置指令 G54~G59 来执行或使用 G92 指令设定坐标系的。当一个工件加工完成之后，加工下一个工件时使用 G92 来重新设定新的工件坐标系。

上述 3 种补偿是在数控加工中常用的，它给编程和加工带来很大的方便，能大大地提高工作效率。

1.12 轮廓控制

在数控编程中，不少时候需要通过轮廓来限制加工范围，而在某些刀路轨迹中，轮廓也是必不可少的因素，缺少轮廓将无法生成刀路轨迹。轮廓线需要设定其偏置补偿的方向，对于轮廓线会有三种参数选择，即刀具在轮廓上、轮廓内或轮廓外。这些参数可以在创建铣削窗口时，在“加工窗口：窗口”对话框中重定义“刀具侧面”(Tool Side）处进行设置。

（1）刀具在轮廓上（On)：刀具中心线始终完全处于窗口轮廓上，如图 1.12.1a 所示。

（2）刀具在轮廓内（To)：刀具轴将触到轮廓，相差一个刀具半径，如图 1.12.1b 所示。

（3）刀具在轮廓外（Past)：刀具完全越过轮廓线，超过轮廓线一个刀具半径，如图 1.12.1c 所示。

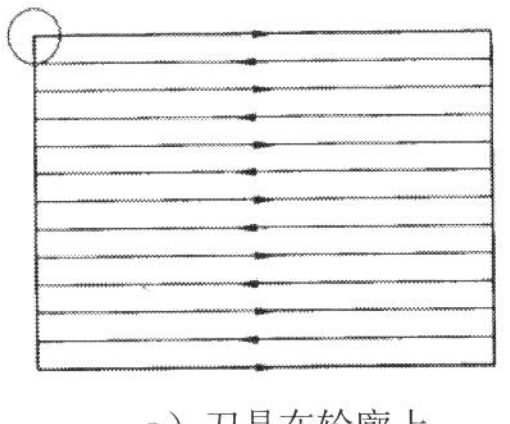
a）刀具在轮廓上

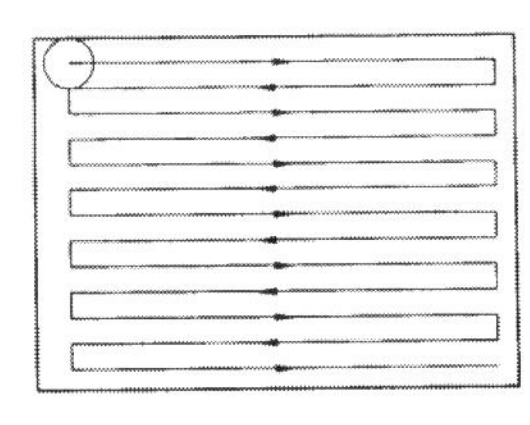
b）刀具在轮廓内

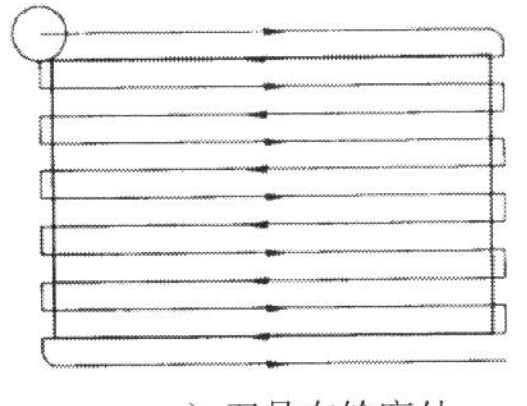
c）刀具在轮廓外

图 1.12.1 轮廓控制

1.13 顺铣与逆铣

在加工过程中，铣刀的进给方向有两种，即顺铣和逆铣。对着刀具的进给方向看，如果工件位于铣刀进给方向的左侧，则进给方向称为顺时针，当铣刀旋转方向与工件进给方向相同，即为顺铣，如图 1.13.1a 所示。如果工件位于铣刀进给方向的右侧时，则进给方向定义为逆时针，当铣刀旋转方向与工件进给方向相反，即为逆铣，如图 1.13.1b 所示。顺铣时，刀齿开始和工件接触时切削厚度最大，且从表面硬质层开始切入，刀齿受很大的冲击载荷，铣刀变钝较快，刀齿切入过程中没有滑移现象。逆铣时，切削由薄变厚，刀齿从已加工表面切入，对铣刀的磨损较小。逆铣时，铣刀刀齿接触工件后不能马上切入金属层，而是在工件表面滑动一小段距离，且在滑动过程中，由于强烈的摩擦产生大量的热量，同时在待加工表面易形成硬化层，降低了刀具的耐用度，影响工件表面粗糙度，给切削带来不利因素。因此一般情况下应尽量采用顺铣加工，以降低被加工零件表面粗糙度，保证尺寸精度，并且顺铣的功耗要比逆铣时小，在同等切削条件下，顺铣功耗要低 5%～15%，同时顺铣也更有利于排屑。但是在切削面上有硬质层、积渣、工件表面凹凸不平较显著时的情况下，应采用逆铣法，例如加工锻造毛坯。

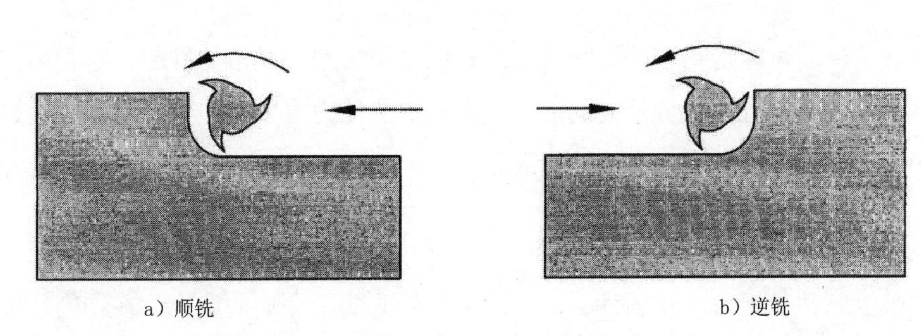

a）顺铣　　b）逆铣

图 1.13.1　顺铣和逆铣示意图

1.14 切 削 液

合理地选用切削液，可以带走大量的切屑，降低切削温度，减少刀具磨损，抑制积屑瘤和毛刺产生，降低功耗，提高加工表面的质量。因而合理选用切削液是提高金属切削效率既经济又简单的一种方法。

1.14.1 切削液的作用

1. 润滑作用

切削液的润滑作用是通过切削液渗入到刀具、切屑和加工表面之间而形成一层薄薄的润滑膜，以减少它们之间的摩擦力。润滑效果主要取决于切削液的渗透能力、吸附成膜的能力和润滑膜的强度。在切削液中可以通过加入不同成分和比例的添加剂，来改变其润滑能力。另外，切削液的润滑效果还与切削条件有关。切削速度越高，厚度越大，工件材料强度越高，切削液的润滑效果就越差。

2. 冷却作用

切削液的冷却作用是指切削液能从切削区带走切削热，从而使切削温度降低。切削液进入切削区后，一方面减小了刀具与工件切削界面上的摩擦，减少了摩擦热的产生；另一方面通过传导、对流和汽化作用将切削区的热量带走，因而起到了降低切削温度的作用。

切削液的冷却作用取决于它的传导系数、比热容、汽化热、汽化温度、流量、流速及本身温度等。一般来说，三大类切削液中，水溶液的冷却性能最好，乳化液其次，切削油较差。当刀具的耐热性能较差、工件材料的热导率较低、热膨胀系数较大时，对切削液的冷却作用的要求就较高。

3. 清洗作用

切削液的流动可冲走切削区域和机床导轨的细小切屑及脱落的磨粒，这对磨削、深孔加工、自动线加工来说是十分重要的。切削液的清洗能力主要取决于它的渗透性、流动性及使用压力，同时还受表面活性剂性能的影响。

4. 防锈作用

切削液的防锈作用可防止工件、机床和刀具受到周围介质的腐蚀。在切削液中加入防锈剂以后，可在金属材料表面上形成附着力很强的一层保护膜，或与金属化合物形成钝化膜，对工件、机床和刀具能起到很好的防锈作用。

1.14.2 切削液的种类

切削液主要可分为水溶液、乳化液和切削油三大类。

1. 水溶液

水溶液的主要成分是水，加入防锈剂即可，主要用于磨削。

2. 乳化液

乳化液是在水中加入乳化油搅拌而成的乳白色液体。乳化油由矿物油与表面油乳化剂配制而成。乳化液具有良好的冷却作用，加入一定比例的油性剂和防锈剂，则可以成为既能润滑又能防锈的乳化液。

3. 切削油

切削油的主要成分是各种矿物油、动物油和植物油，或由它们组成的复合油，并可根据需要加入各种添加剂，如极压添加剂、油性添加剂等。对于普通车削、攻螺纹可选用煤油；在加工有色金属和铸铁时，为了保证加工表面质量，常用煤油或煤油与矿物油的混合油；在加工螺纹时，常采用蓖麻油或豆油等。矿物油的油性差，不能形成牢固的吸附膜，润滑能力差。在低速时，可加入油性剂；在高速或重切削时，可加入硫、磷、氯等极压添加剂，能显著地提高润滑效果和冷却作用。

1.14.3 切削液的开关

在切削加工中加入切削液，可以降低切削温度，同时起到减少断屑与增强排屑的作用，但也存在着许多弊端。例如，一个大型的切削液系统需花费很多资金和很多时间，并且有些切削液中含有有害物质，对工人的健康不利，这也使切削液的使用受到限制。切削液开关在数控编程中可以自动设定，对自动换刀的数控加工中心，可以按需要开启切削液。对于一般的数控铣或者使用人工换刀进行加工的情况，应该关闭切削液开关。通常在程序初始阶段，程序错误或者调校错误等会暴露出来，由于加工时有一定的危险性，需要机床操作人员观察以确保安全，同时为了保持机床及周边环境整洁，因此应关闭切削液开关。机床操作人员在确认程序无错误、可以正常加工后，再打开机床控制面板上的切削液开关。

1.15 加 工 精 度

机械加工精度是指零件加工后的实际几何参数（尺寸、形状及相互位置）与零件理想几何参数符合的程度，符合程度越高，精度愈高。两者之间的差异即加工误差。加工误差是指加工后得到零件的实际几何参数偏离理想几何参数的程度（图 1.15.1），加工后的实际型面与理论型面之间存在着一定的误差。“加工精度”和“加工误差”是评定零件几何参数准确程度这一问题的两个方面。加工误差越小，则加工精度越高。实际生产中，加工精度的高低往往是以加工误差的大小来衡量的。在生产过程中，任何一种加工方法所能达到的加工精度和表面粗糙度都是有一定范围的，不可能也没必要把零件做得绝对准确，只要把这种加工误差控制在性能要求的允许（公差）范围之内即可，通常称之为“经济加工精度”。

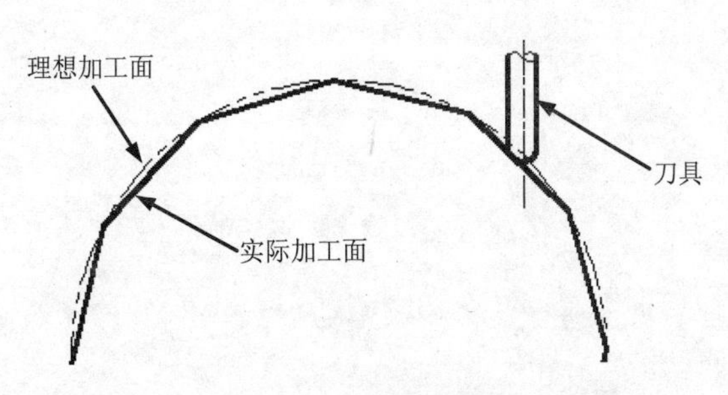

图 1.15.1　加工精度示意图

零件的加工精度包括尺寸精度、形状精度和位置精度 3 个方面。通常形状公差应限制在位置公差之内，而位置公差也应限制在尺寸公差之内。当尺寸精度高时，相应的位置精度、形状精度也高。但是当形状精度要求高时，相应的位置精度和尺寸精度不一定高，这需要根据零件加工的具体要求来决定。一般情况下，零件的加工精度越高，则加工成本相应地也越高，生产效率则会相应地越低。

数控加工的特点之一就是具有较高的加工精度，因此对于数控加工的误差必须加以严格控制，以达到加工要求。首先要了解在数控加工中可能造成加工误差的因素及其影响。

由机床、夹具、刀具和工件组成的机械加工工艺系统（简称工艺系统）会有各种各样的误差产生，这些误差在各种不同的具体工作条件下都会以各种不同的方式（或扩大、或缩小）反映为工件的加工误差。工艺系统的原始误差主要有工艺系统的原理误差、几何误差、调整误差、装夹误差、测量误差、夹具的制造误差与磨损、机床的制造误差、安装误差及磨损、工艺系统的受力变形引起的加工误差、工艺系统的受热变形引起的加工误差以及工件内应力重新分布引起的变形等。

在交互图形自动编程中，一般仅考虑两个主要误差：插补计算误差和残余高度。

刀轨是由圆弧和直线组成的线段集合，它近似地取代刀具的理想运动轨迹，两者之间存在着一定的误差，称为插补计算误差。插补计算误差是刀轨计算误差的主要组成部分，它与插补周期成正比，插补周期越大，插补计算误差越大。一般情况下，在 CAM 软件上通过设置公差带来控制插补计算误差，即实际刀轨相对理想刀轨的偏差不超过公差带的范围。

残余高度是指在数控加工中相邻刀轨间所残留的未加工区域的高度，它的大小决定了所加工表面的表面粗糙度，同时决定了后续的工序工作量，是评价加工质量的一个重要指标。在利用 CAM 软件进行数控编程时，对残余高度的控制是刀轨行距计算的主要依据。在控制残余高度的前提下，以最大的行间距生成数控刀轨是高效率数控加工所追求的目标。

第2章 CATIA V5-6 R2016数控加工入门

本章提要 CATIA V5-6 R2016的加工模块为我们提供了非常方便、实用的数控加工功能。本章将通过一个简单的零件说明CATIA V5-6 R2016数控加工的一般过程。通过本章的学习，希望读者能够清楚地了解数控加工的一般流程及操作方法，并理解其中的原理。

2.1 CATIA V5-6 R2016数控加工流程

CATIA V5-6 R2016中数控加工的一般流程如下（图2.1.1）：

（1）创建零件模型（包括目标加工零件以及毛坯零件）。

（2）加工工艺分析及规划。

（3）零件操作定义（包括选择加工机床、设置夹具、创建加工坐标系和定义零件等）。

（4）设置加工参数（包括几何参数、刀具参数、进给量以及刀具路径参数等）。

（5）生成数控刀路。

（6）检验数控刀路。

（7）利用后处理器生成数控程序。

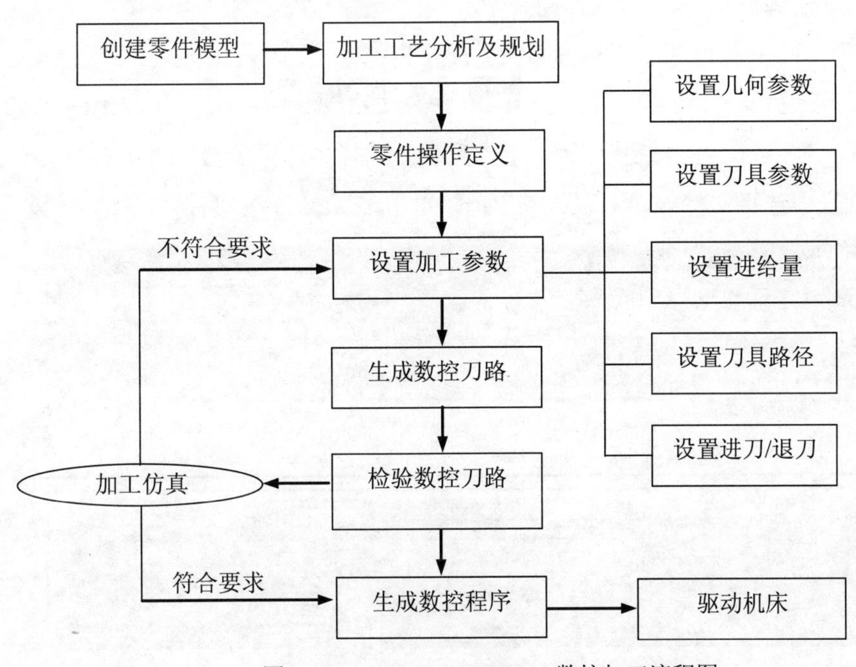

图2.1.1 CATIA V5-6 R2016数控加工流程图

2.2 进入加工模块

在进入 CATIA V5-6 数控加工工作台之前，应先进行如下设置：

选择下拉菜单 工具 → 选项... 命令，系统弹出“选项”对话框。在对话框左侧选择 加工 选项，然后单击 General 选项卡，选中 Create a CATPart to store geometry. 复选框，如图 2.2.1 所示。

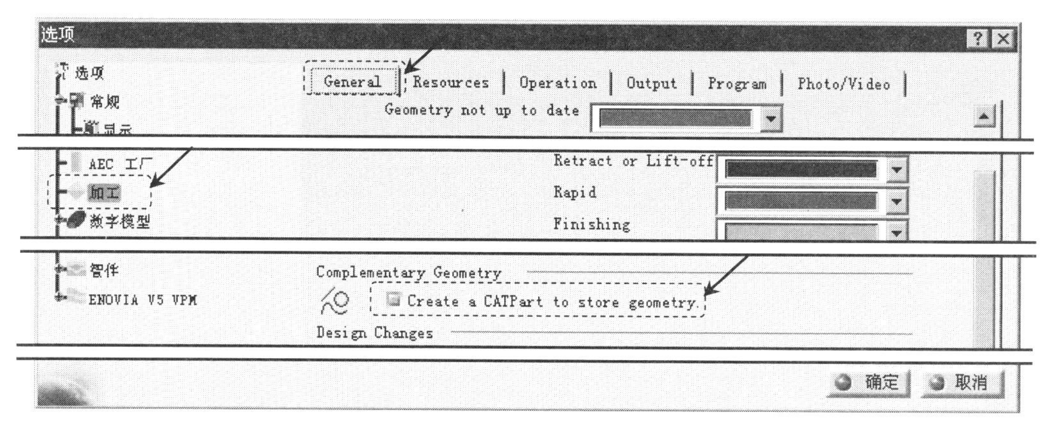

图 2.2.1 “选项”对话框

说明：在“选项”对话框中选中 Create a CATPart to store geometry. 复选框后，系统会自动创建一个毛坯文件。如果在进行加工前，已经将目标加工零件和毛坯零件装配在一起，则应取消选中该复选框。

进入 CATIA V5-6 数控加工工作台的一般操作步骤如下。

Step1. 打开模型文件。选择下拉菜单 文件 → 打开... 命令，系统弹出图 2.2.2 所示的“选择文件”对话框。在“查找范围”下拉列表中选择文件目录 D:\cat2016.9\work\ch02，然后在文件列表中选择文件 pocketing.CATPart，单击 打开(O) 按钮打开模型。

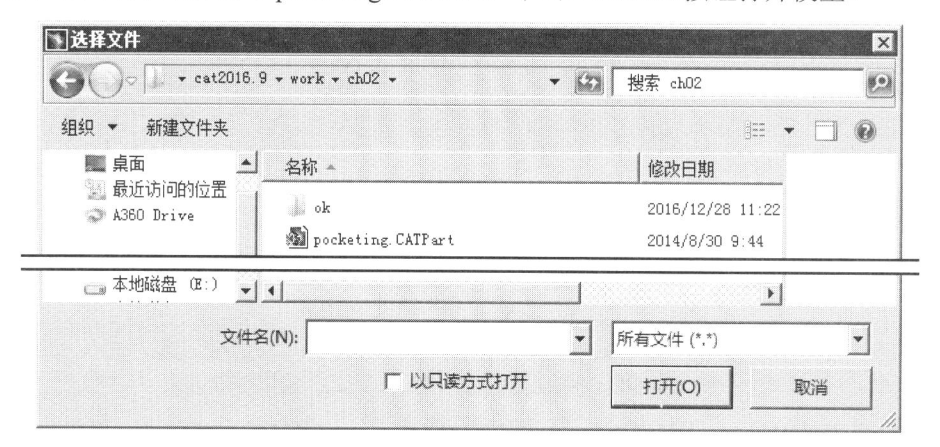

图 2.2.2 “选择文件”对话框

Step2. 进入加工模块。选择下拉菜单 开始 → 加工 ▸ → Surface Machining 命令，系统进入“曲面铣削加工”工作台。

说明：

- 本章将以一个简单的型腔铣削为例，向读者介绍 CATIA V5-6 数控加工的一般过程。型腔铣削是 2.5 轴铣削加工，这里进入“Surface Machining（曲面铣削加工）”工作台是为了创建毛坯零件模型。
- 进入加工模块还可以采用另外一种方法，选择下拉菜单 文件 → 新建... 命令，在弹出的“新建”对话框中选择 Process 类型后，单击 确定 按钮，系统进入加工模块，然后引入加工零件即可。

2.3 建立毛坯零件

在进行 CAITA V5 加工制造流程的各项规划之前，应该先建立一个毛坯零件。常规的制造模型由一个目标加工零件和一个装配在一起的毛坯零件组成。在加工过程结束时，毛坯零件的几何参数应与目标加工零件的几何参数一致。一般地，如果不涉及分析加工余量和过切，则不必定义毛坯零件。因此，加工组件的最低配置为一个参照零件。

毛坯零件可以通过创建或者装配的方法来引入，下面介绍手动创建毛坯的一般操作步骤。

Step1. 选择命令。在图 2.3.1 所示的“Geometry Management”工具栏中单击“Creates rough stock”按钮，系统弹出图 2.3.2 所示的“Rough Stock”对话框。

图 2.3.1 “Geometry Management”工具栏

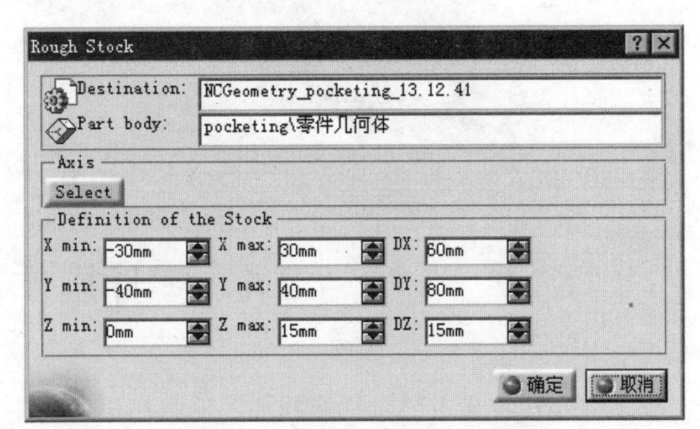

图 2.3.2 “Rough Stock”对话框

Step2. 选取毛坯参照零件。在图形区选取图 2.3.3 所示的目标加工零件作为参照，系统自动创建一个毛坯零件，且在“Rough Stock”对话框中显示毛坯零件的尺寸参数，如图 2.3.2 所示。

Step3. 单击“Rough Stock”对话框中的 确定 按钮，完成毛坯零件的创建，如图 2.3.4

所示。

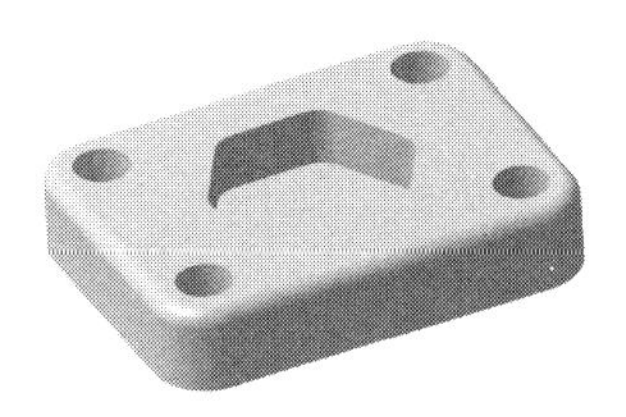

图 2.3.3　毛坯参照

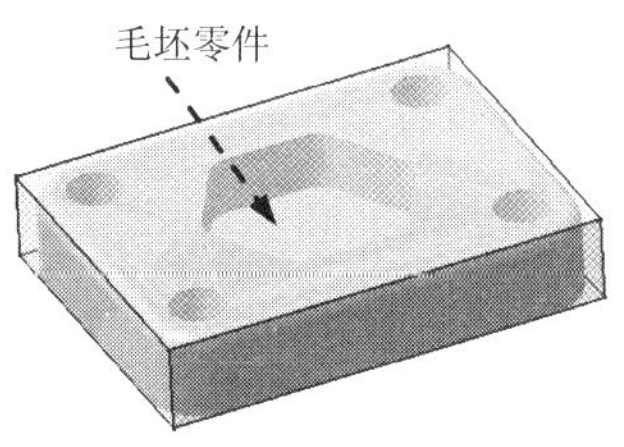

图 2.3.4　毛坯零件

Step4. 创建图 2.3.5 所示的点。

说明：创建的点在定义加工坐标系时作为坐标系的原点。

（1）切换工作台。在特征树中双击图 2.3.6 所示的 pocketing 节点，系统进入“创成式外形设计”工作台（如果系统进入的不是“创成式外形设计”工作台，则需切换到该工作台）。

（2）选择下拉菜单 插入 → 线框 → 点 命令，在系统弹出的“点定义”对话框的 点类型： 下拉列表中选择 之间 选项，在 点 1： 文本框中右击，在弹出的快捷菜单中选择 创建中点 选项，然后在图形区选择图 2.3.5 所示的边线 1；在 点 2： 文本框中右击，在弹出的快捷菜单中选择 创建中点 选项，然后在图形区选择图 2.3.5 所示的边线 2。

（3）在“点定义”对话框中，单击 中点 按钮。

（4）单击 确定 按钮，完成点的创建。

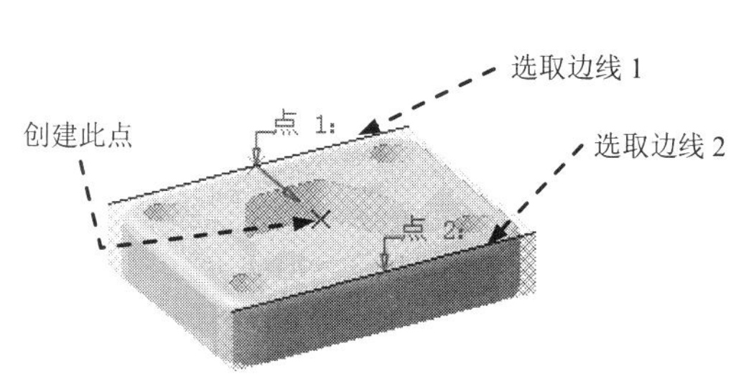

图 2.3.5　创建点

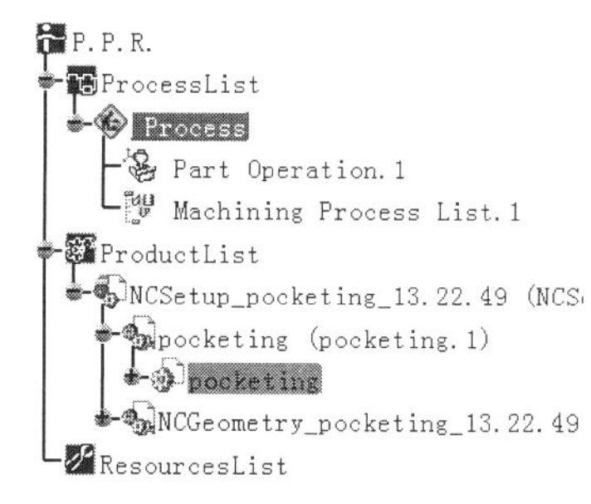

图 2.3.6　特征树

2.4　零件操作定义

零件操作定义主要包括选择加工的数控机床、创建加工坐标系、确定加工零件的毛坯及加工的目标零件和设定安全平面等内容。零件操作定义的一般操作步骤如下。

Step1. 切换工作台。在图 2.4.1 所示的特征树中双击 Process 节点，系统进入“2.5 轴铣削加工”工作台。

Step2. 在 P.P.R 特征树中，双击图 2.4.1 所示的“Part Operation.1”节点，系统弹出图

2.4.2 所示的“Part Operation”对话框。

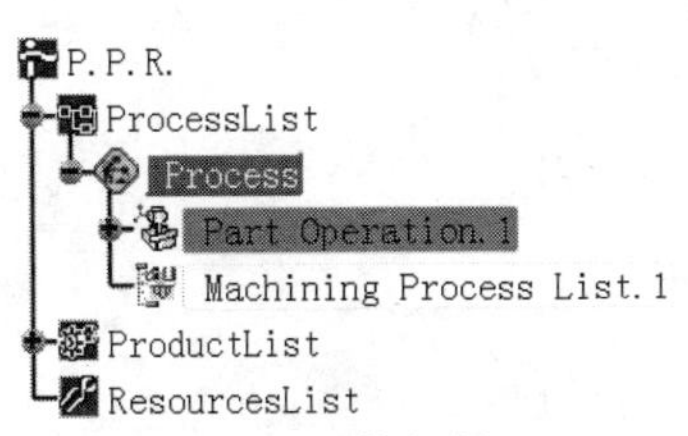

图 2.4.1 特征树

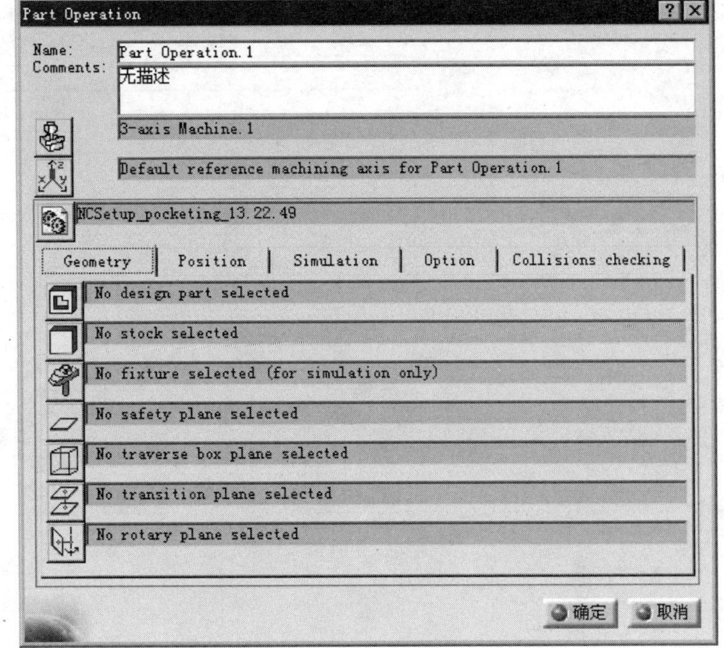

图 2.4.2 “Part Operation”对话框

图 2.4.2 所示的“Part Operation”对话框中选项按钮的说明如下。

- 按钮：单击该按钮后，可在弹出的对话框中定义数控加工机床的参数。
- 按钮：单击该按钮后，可建立一个加工坐标系。
- 按钮：用于添加一个装配模型或一个目标加工零件。
- 按钮：单击该按钮后，选择目标加工零件。
- 按钮：单击该按钮后，选择毛坯零件。
- 按钮：单击该按钮后，选择夹具。
- 按钮：单击该按钮后，创建安全平面。
- 按钮：单击该按钮后，选择 5 个平面定义一个整体的阻碍体。
- 按钮：单击该按钮后，选择一个平面作为零件整体移动平面。
- 按钮：单击该按钮后，选择一个平面作为零件整体旋转平面。

Step3. 机床设置。单击“Part Operation”对话框中的按钮，系统弹出图 2.4.3 所示的“Machine Editor”对话框，单击其中的“3-axis Machine”按钮，然后单击 确定 按钮，完成机床的选择。

图 2.4.3 所示的“Machine Editor”对话框中各项的说明如下。

- 按钮：3 轴机床。
- 按钮：带旋转工作台的 3 轴机床。

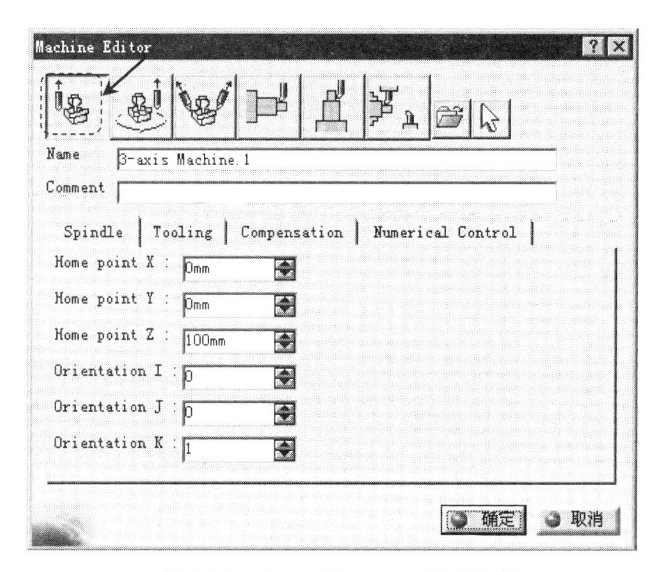

图 2.4.3 “Machine Editor”对话框

- 按钮：5 轴机床。
- 按钮：卧式车床。
- 按钮：立式车床。
- 按钮：多滑座车床。
- 按钮：单击该按钮后，在弹出的“选择文件”对话框中选择所需要的机床文件。
- 按钮：单击该按钮后，在特征树上选择用户创建的机床。

Step4. 加工坐标系设置。

（1）单击“Part Operation”对话框中的按钮，系统弹出图 2.4.4 所示的“Default reference machining axis for Part Operation.1”对话框。

（2）单击“Default reference machining axis for Part Operation.1”对话框中的加工坐标系原点感应区，然后在图形区选取图 2.4.5 所示的点作为加工坐标系的原点（选取后“Default reference machining axis for Part Operation.1”对话框中的基准面、基准轴和原点均由红色变为绿色，表明已定义加工坐标系），系统创建图 2.4.6 所示的加工坐标系。

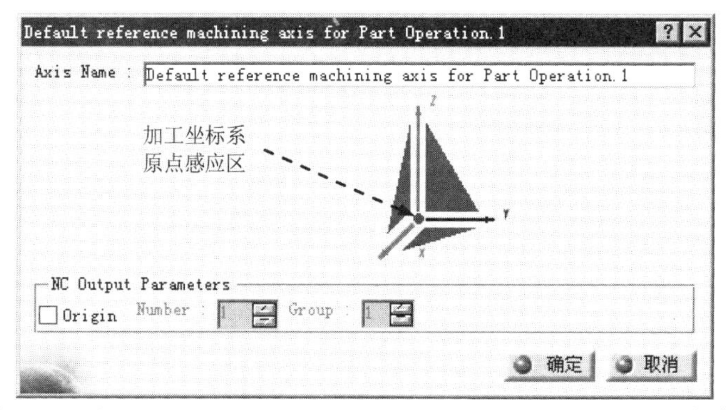

图 2.4.4 “Default reference machining axis for Part Operation.1”对话框

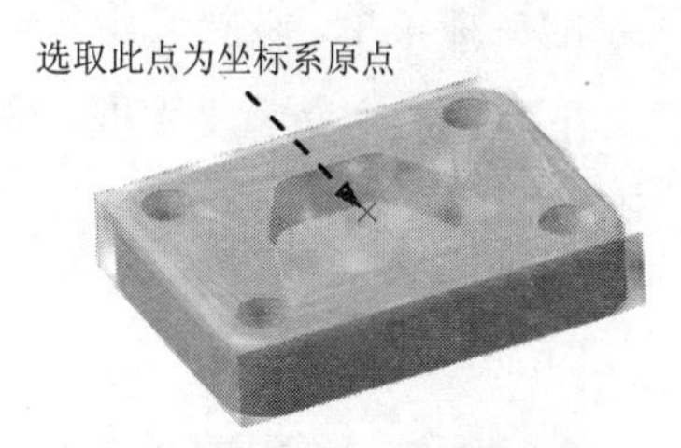

图 2.4.5 选取点

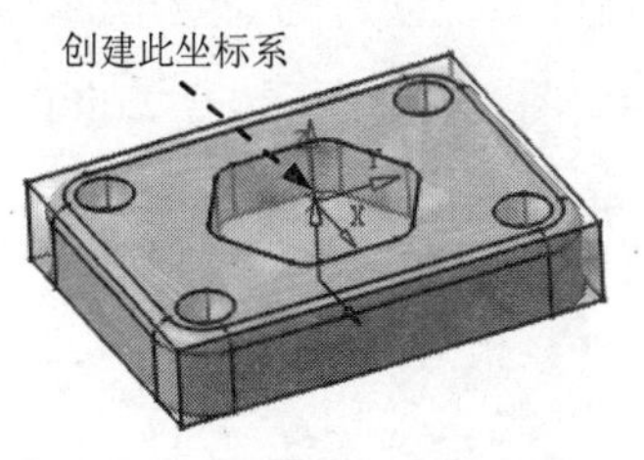

图 2.4.6 创建加工坐标系

（3）单击“Default reference machining axis for Part Operation.1”对话框中的 确定 按钮，完成加工坐标系的设置。

Step5. 选择目标加工零件。单击“Part Operation”对话框中的按钮，在图 2.4.7 所示的特征树（一）中选取“零件几何体”作为目标加工零件（也可以在图形区中选取）。在图形区的空白位置双击鼠标左键，系统回到“Part Operation”对话框。

Step6. 选择毛坯零件。单击“Part Operation”对话框中的按钮，在图 2.4.8 所示的特征树（二）中选取“Rough Stock.1”作为毛坯零件（也可以在图形区中选取）。在图形区的空白位置双击鼠标左键，系统回到“Part Operation”对话框。

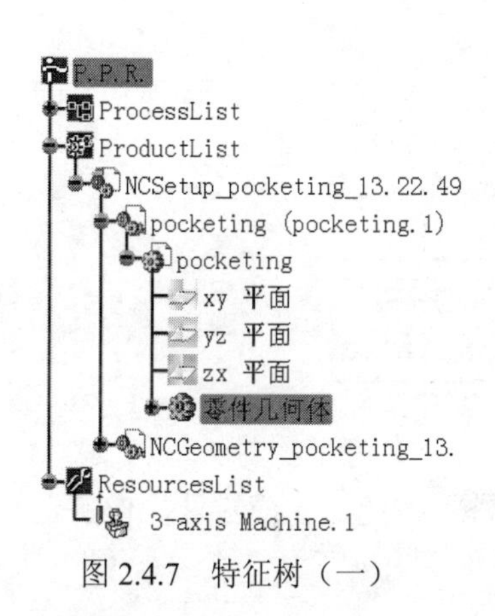

图 2.4.7 特征树（一）

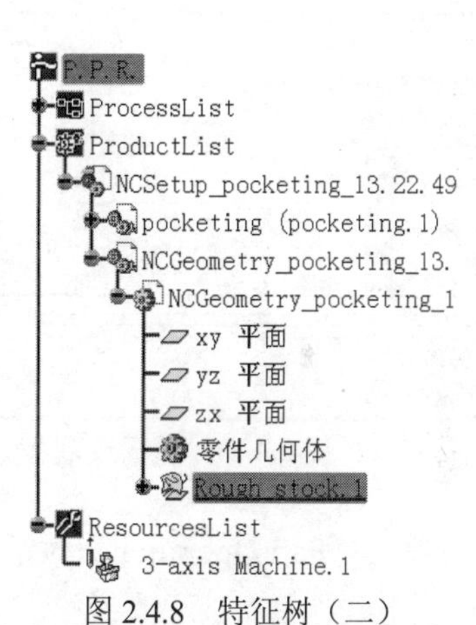

图 2.4.8 特征树（二）

Step7. 设置安全平面。

（1）单击“Part Operation”对话框中的按钮，在图形区选取图 2.4.9 所示的面（毛坯零件的上表面）为安全平面参照，系统创建图 2.4.10 所示的安全平面。

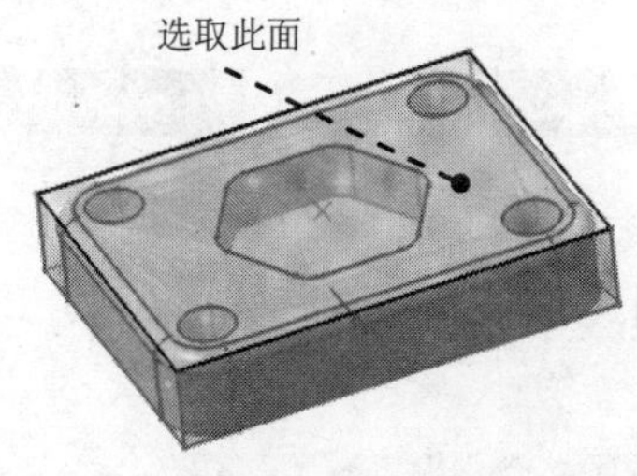

图 2.4.9 选取参照平面

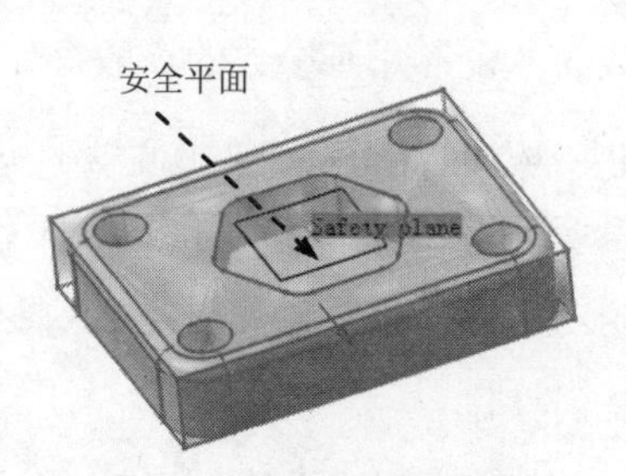

图 2.4.10 创建安全平面

（2）右击系统创建的安全平面，弹出图 2.4.11 所示的快捷菜单，选择其中的 Offset... 命令，系统弹出图 2.4.12 所示的“Edit Parameter”对话框，在其中的 Thickness 文本框中输入值 5。

（3）单击“Edit Parameter”对话框中的 确定 按钮。

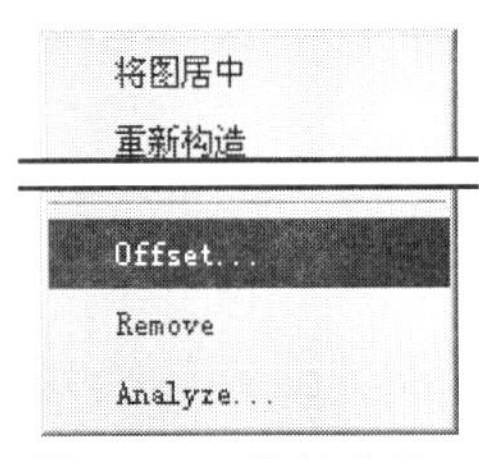

图 2.4.11　快捷菜单

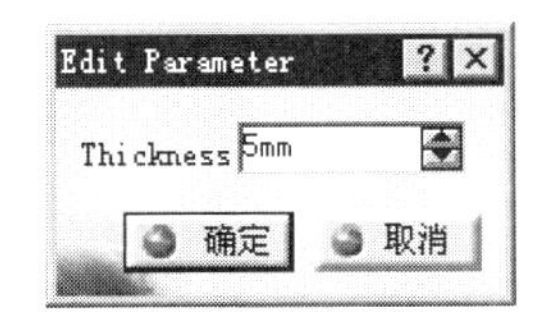

图 2.4.12　“Edit Parameter”对话框

Step8. 设置换刀点。在“Part Operation”对话框中单击 Position 选项卡，然后在 Tool Change Point 区域的 X：、Y：和 Z：文本框中分别输入值 0、0 和 20（图 2.4.13），设置的换刀点显示在图 2.4.14 中。

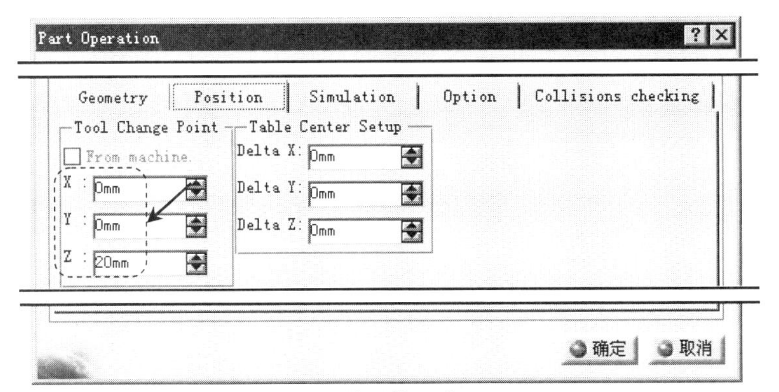

图 2.4.13　设置换刀点

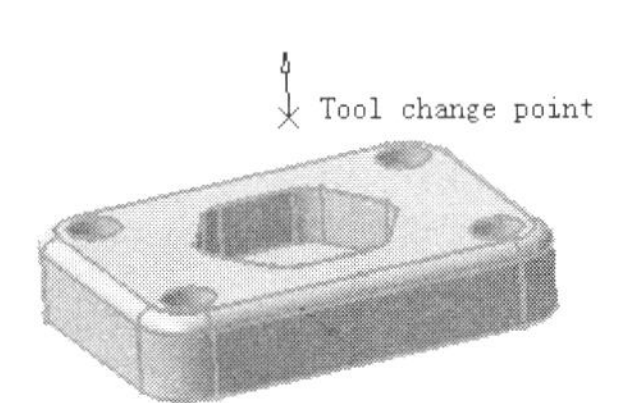

图 2.4.14　显示换刀点

Step9. 单击“Part Operation”对话框中的 确定 按钮，完成零件操作的定义。

2.5　定义几何参数

定义几何参数是通过“Pocketing”对话框中的几何参数选项卡设置需要加工的区域及相关参数的。设置几何参数的一般操作步骤如下。

Step1. 切换工作台。选择下拉菜单 开始 → 加工 → Prismatic Machining 命令，系统进入“2.5 轴铣削加工”工作台。

说明：本例中的型腔铣削是 2.5 轴铣削加工，因此需要在“2.5 轴铣削加工”工作台中进行型腔铣削操作。

Step2. 在特征树中选中图 2.5.1 所示的 Manufacturing Program.1 节点，选择下拉菜

单 插入 → Machining Operations ▸ → Pocketing 命令，系统弹出图 2.5.2 所示的“Pocketing.1”对话框（一）。

Step3. 单击“Pocketing.1”对话框（一）中的选项卡，然后单击 Open Pocket （Open Pocket）字样，此时“Pocketing.1”对话框（二）如图 2.5.3 所示。

P. P. R.
ProcessList
Process
Part Operation. 1
Manufacturing Program. 1
Machining Process List. 1
ProductList
ResourcesList

图 2.5.1 特征树

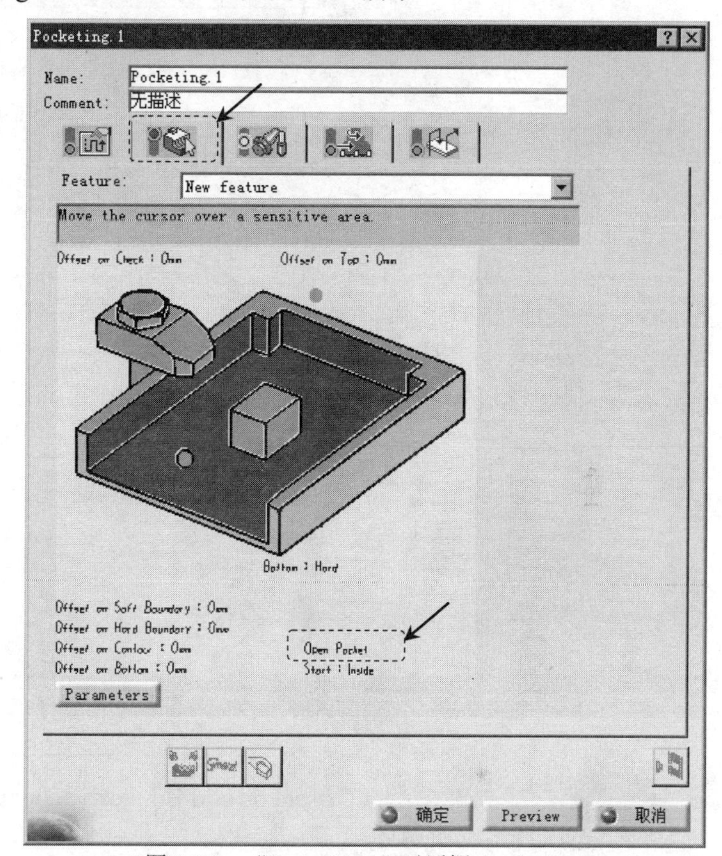

图 2.5.2 “Pocketing.1”对话框（一）

图 2.5.2 所示的“Pocketing.1”对话框（一）中部分选项的说明如下。

- 选项卡：刀具路径参数选项卡。
- 选项卡：几何参数选项卡。
- 选项卡：刀具参数选项卡。
- 选项卡：进给量选项卡。
- 选项卡：进给/退刀路径选项卡。

图 2.5.3 所示的“Pocketing.1”对话框（二）中各选项的说明如下。

- Offset on Check : 0mm （Offset on Check：0mm）：双击该图标后，在弹出的对话框中可以设置阻碍元素或夹具的偏置量。
- Offset on Top : 0mm （Offset on Top：0mm）：双击该图标后，在弹出的对话框中可以设置顶面的偏置量。

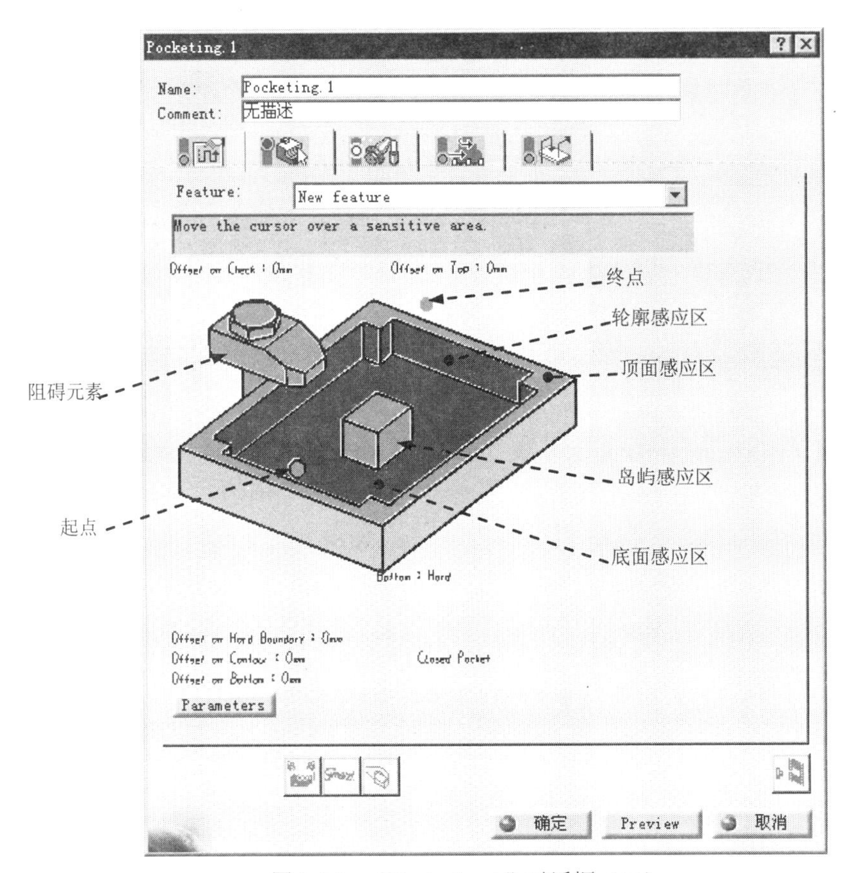

图 2.5.3 “Pocketing.1”对话框（二）

- Offset on Hard Boundary : 0mm（Offset on Hard Boundary: 0mm）：双击该图标后，在弹出的对话框中可以设置硬边界的偏置量。
- Offset on Contour : 0mm（Offset on Contour: 0mm）：双击该图标后，在弹出的对话框中可以设置软边界、硬边界或孤岛的偏置量。
- Offset on Bottom : 0mm（Offset on Bottom: 0mm）：双击该图标后，在弹出的对话框中可以设置底面的偏置量。
- Bottom : Hard（Bottom: Hard）：单击该图标可以在软底面及硬底面之间切换。

Step4. 定义加工底面。

（1）移动光标到“Pocketing.1”对话框（一）中的底面感应区上，该区域的颜色从深红色变为橙黄色，单击该区域，对话框消失，系统要求用户选取一个平面作为型腔加工的区域。

（2）隐藏毛坯。在图 2.5.4 所示的特征树中右击“NCGeometry_pocketing_13.22.49”节点，在弹出的快捷菜单中选择 隐藏/显示 命令。

（3）在图形区选取图 2.5.5 所示的零件底平面，系统返回到“Pocketing.1”对话框（一），此时图 2.5.2 所示的“Pocketing.1”对话框（一）中底面感应区和轮廓感应区的颜色变为深绿色，表明已定义了底面和轮廓。

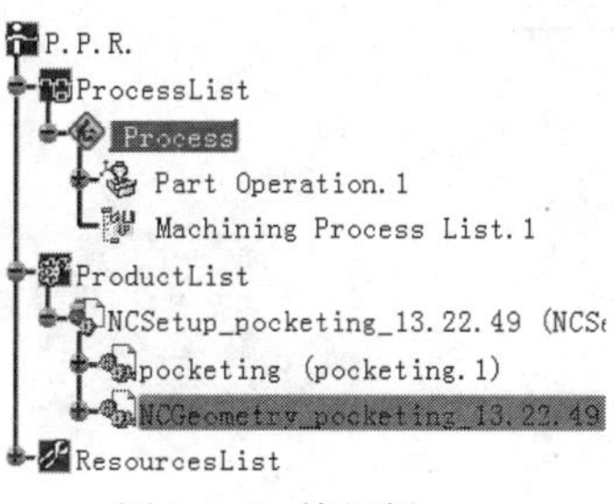

图 2.5.4 特征树

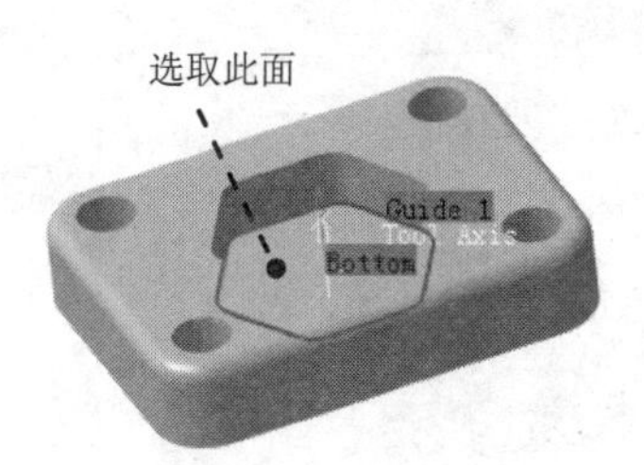

图 2.5.5 选取零件底面

说明：

- 由于系统默认开启岛屿探测（Island Detection）和轮廓探测（Contour Detection）功能，在定义型腔底面后，系统自动判断型腔的轮廓。关闭岛屿探测（Island Detection）和轮廓探测（Contour Detection）的方法是在“Pocketing.1”对话框中的感应区上右击，在弹出的图 2.5.6 所示的快捷菜单（一）中取消选择 Island Detection 和 Contour Detection 命令。
- 如果开启了岛屿探测（Island Detection）功能，则系统会将选择的底面上的所有孔和凸台判断为岛屿。

Step5. 定义加工顶面。单击“Pocketing.1”对话框（一）中的顶面感应区，然后在图形区选取图 2.5.7 所示的零件上表面，系统返回到“Pocketing.1”对话框（一），此时图 2.5.2 所示的“Pocketing.1”对话框（一）中顶面感应区的颜色变为深绿色。

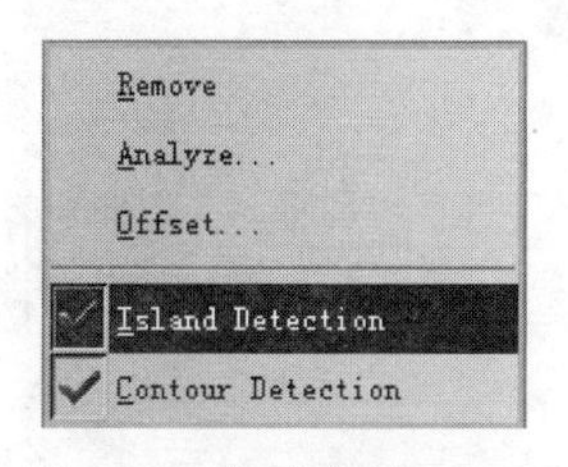

图 2.5.6 快捷菜单（一）

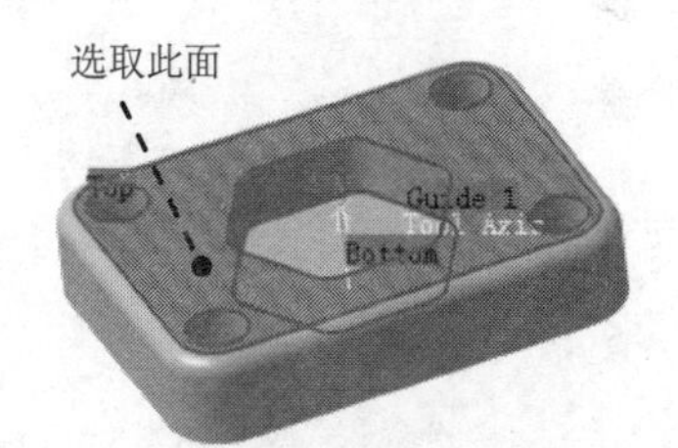

图 2.5.7 选取零件顶面

说明：在加工图 2.5.8 所示的型腔时，系统自动判断底面上的凸台和孔为岛屿，此时加工的刀具路径（一）如图 2.5.9 所示。对于系统判断的两个岛屿，第一个是孔，刀具路径不应该跳过，因此需要将这个岛屿移除。移除岛屿的方法为，在图形区中的“Island 1(0mm)”字样上右击，系统弹出图 2.5.10 所示的快捷菜单（二），选择其中的 Remove Island 1 命令，即可将岛屿 1 移除，移除岛屿 1 后的刀具路径（二）如图 2.5.11 所示。

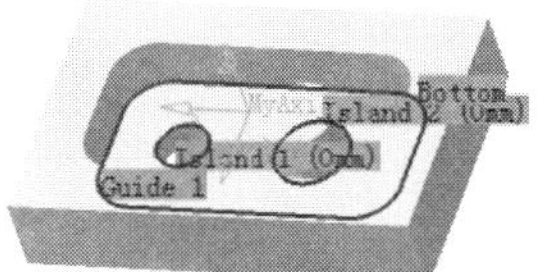

图 2.5.8　型腔加工

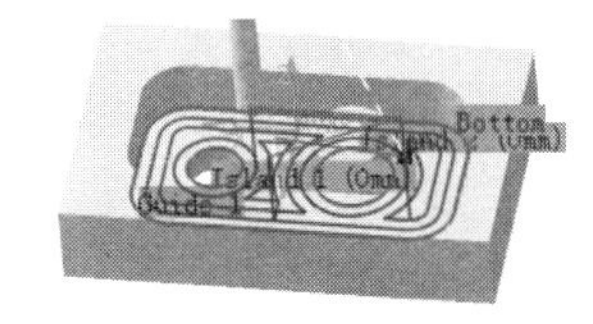

图 2.5.9　刀具路径（一）

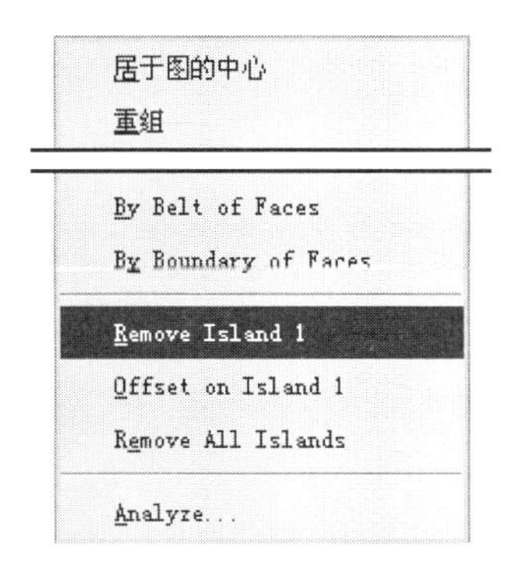

图 2.5.10　快捷菜单（二）

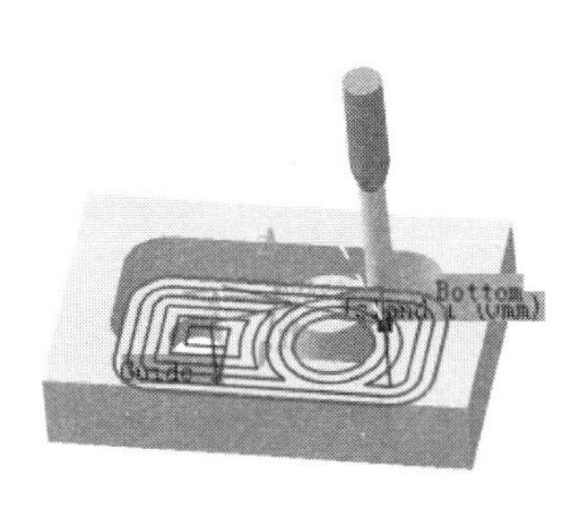

图 2.5.11　刀具路径（二）

2.6　定义刀具参数

定义刀具的参数在整个加工过程中起着非常重要的作用，需要根据加工方法及加工区域来确定刀具的参数。刀具参数的设置是通过“Pocketing.1”对话框中的 （刀具参数）选项卡来完成的。定义刀具参数的一般操作步骤如下。

Step1．进入刀具参数选项卡。在“Pocketing.1”对话框中单击 （刀具参数）选项卡（图 2.6.1）。

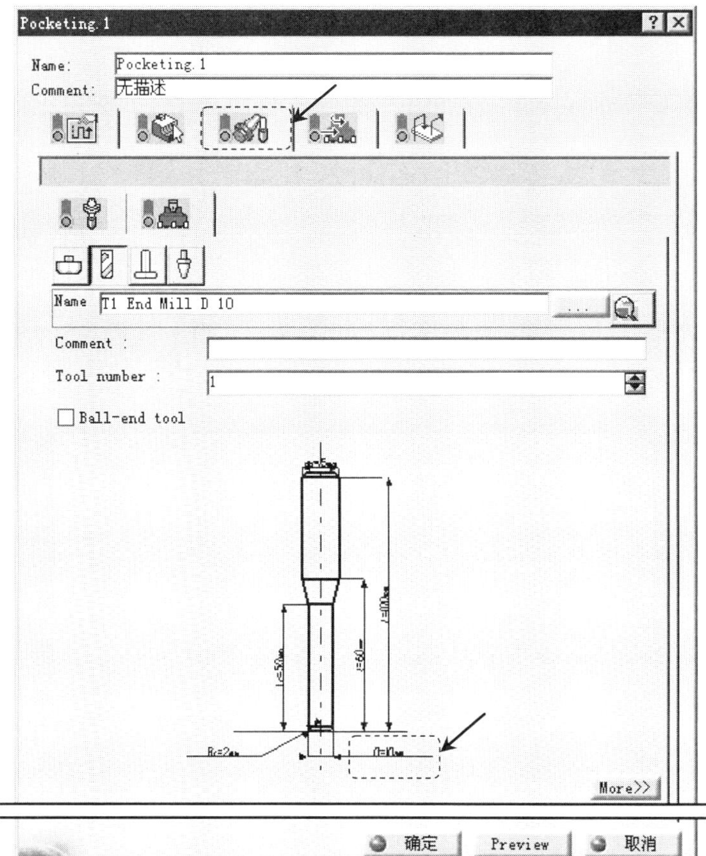

图 2.6.1　“刀具参数”选项卡

说明：双击图 2.6.1 中的刀具参数字样（如“D=10mm”），在系统弹出的“Edit Parameter”对话框中可以改变其数值。

图 2.6.1 所示的刀具参数选项卡中各选项的说明如下。

- 选项卡：用于从刀具库调用已有的刀具。
- 选项卡：用于自定义加工刀具。
  - ☑ 按钮：面铣刀。
  - ☑ 按钮：端铣刀。
  - ☑ 按钮：T 形铣刀。
  - ☑ 按钮：圆锥形铣刀。
  - ☑ Name 文本框：在该文本框中输入刀具的名称。
  - ☑ Comment : 文本框：在该对话框中对刀具进行注释。
  - ☑ Tool number : 文本框：在该对话框中输入刀具的编号。
  - ☑ Ball-end tool 复选框：选中该选项则选用球形铣刀。

Step2. 选择刀具类型。在“Pocketing.1”对话框中单击按钮，选择立铣刀为加工刀具。

Step3. 刀具命名。在“Pocketing.1”对话框的 Name 文本框中输入“T1 End Mill D6”。

Step4. 设置刀具参数。

（1）在“Pocketing.1”对话框中单击 More>> 按钮，单击 Geometry 选项卡，然后设置图 2.6.2 所示的刀具参数。

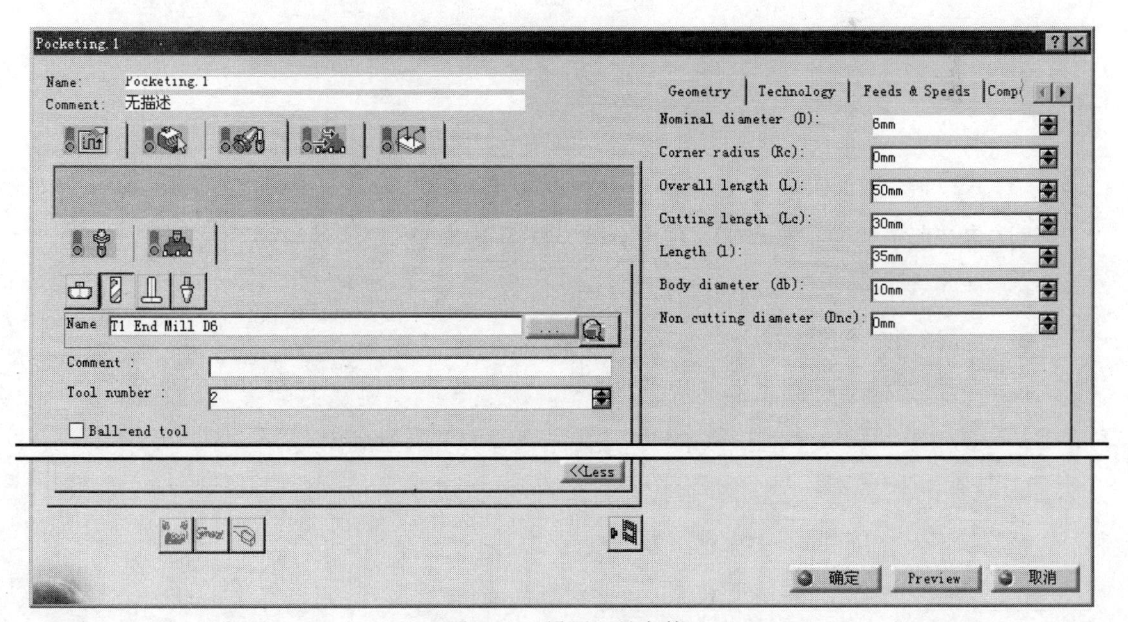

图 2.6.2 设置刀具参数

图 2.6.2 所示的 Geometry （几何）选项卡中各选项的说明如下。

- Nominal diameter (D): 文本框：刀具公称直径。
- Corner radius (Rc): 文本框：刀具圆角半径。
- Overall length (L): 文本框：刀具总长度。
- Cutting length (Lc): 文本框：刀刃长度。
- Length (l): 文本框：刀具长度。
- Body diameter (db): 文本框：刀柄直径。
- Non cutting diameter (Dnc): 文本框：刀具去除切削刃后的直径。

（2）单击 Technology 选项卡，然后设置图 2.6.3 所示的参数。

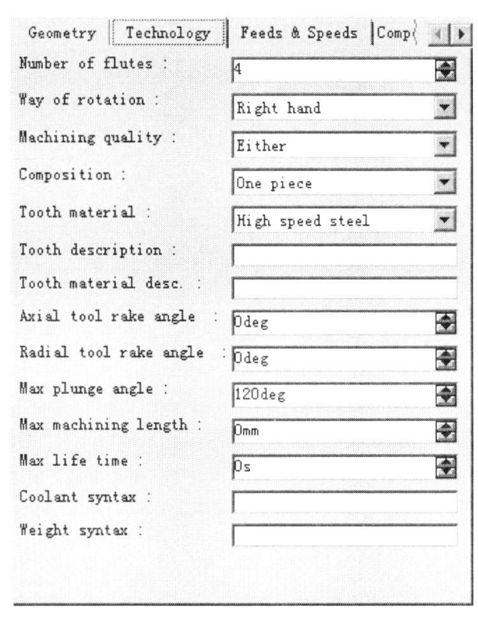

图 2.6.3 “Technology”选项卡

图 2.6.3 所示的 Technology （技术参数）选项卡中各选项的说明如下。

- Number of flutes : 文本框：刀具刃数。
- Way of rotation : 文本框：刀具的旋转方向。
- Machining quality : 文本框：加工质量。
- Composition : 文本框：该下拉列表用于选择刀具的组成方式。
- Tooth material : 文本框：刀刃材料。
- Tooth description : 文本框：刀刃描述信息。
- Tooth material desc. : 文本框：刀具材料描述信息。
- Axial tool rake angle : ：刀具轴向倾斜角度。

- Radial tool rake angle :文本框：刀具径向倾斜角度。
- Max plunge angle :文本框：最大倾入角度。
- Max machining length :文本框：最大加工长度。
- Max life time :文本框：最长使用时间。
- Coolant syntax :文本框：该文本框用于描述有关切削液的设置。
- Weight syntax :文本框：该文本框用于描述刀具的重量。

（3）其他选项卡中的参数均采用默认的设置值。

2.7 定义进给量

进给量是在“Pocketing.1”对话框的选项卡中进行定义的，包括进给速度、切削速度、退刀速度和主轴转速等参数。定义进给量的一般操作步骤如下。

Step1. 进入进给量设置选项卡。在“Pocketing.1”对话框中单击（进给量）选项卡（图 2.7.1）。

Step2. 设置进给量。在“Pocketing.1”对话框的（进给量）选项卡中设置图 2.7.1 所示的参数。

图 2.7.1 所示的进给量选项卡中各选项的说明如下。

- 用户可通过 Feedrate 区域设置刀具进给量的一些参数。
  - ☑ 选中 Automatic compute from tooling Feeds and Speeds 复选框后，系统将自动设置刀具进给量的所有参数。
  - ☑ Approach: 文本框：输入接近速度，即刀具从安全平面移动到工件表面时的速度，单位通常为 mm_min（毫米/分钟）。
  - ☑ Machining: 文本框：输入刀具切削工件时的速度，单位通常为 mm_min（毫米/分钟）。
  - ☑ Retract: 文本框：输入退刀速度，单位通常为 mm_min（毫米/分钟）。
  - ☑ Finishing: 文本框：当取消选中 Automatic compute from tooling Feeds and Speeds 复选框后，Finishing: 后的文本框被激活，用于设置精加工时的进刀速度。
  - ☑ Transition: ：选中该复选框后，其后的下拉列表被激活，用于设置区域间的跨越时的进给速度。
  - ☑ Slowdown rate: 文本框：用于设置降速比率。
  - ☑ Unit: 下拉列表：用于选择进给速度的单位。
- 在 Feedrate reduction in corners 区域中可设置加工拐角时降低进给量的一些参数。

☑ Feedrate reduction in corners 复选框：选中后，Feedrate reduction in corners 区域中的参数被激活。

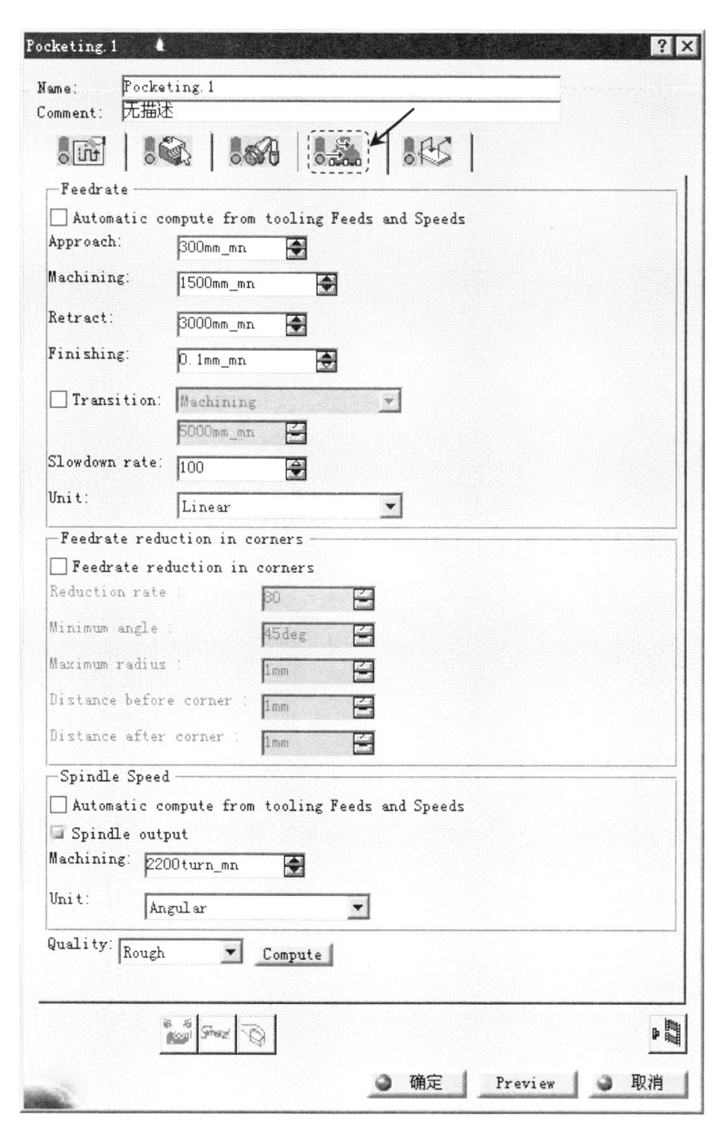

图 2.7.1 “进给量”选项卡

☑ Reduction rate : 文本框：输入降低进给速度的比率值。

☑ Minimum angle : 文本框：输入降低进给速度的最小角度值。

☑ Maximum radius : 文本框：输入降低进给速度的最大半径值。

☑ Distance before corner : 文本框：输入的距离值表示加工拐角前多远开始降低进给速度。

☑ Distance after corner : 文本框：输入的距离值表示加工拐角后多远开始恢复进给速度。

- 在 Spindle Speed 区域中可设置主轴参数。
  - ☑ Automatic compute from tooling Feeds and Speeds 复选框：选中该复选框后，系统将自动设置主轴的转速。
  - ☑ Spindle output 复选框：选中该复选框后，用户可自定义主轴参数。
  - ☑ Machining: 文本框：输入主轴的转速。
  - ☑ Unit: 下拉列表：用于选择主轴转速的单位。

2.8 定义刀具路径参数

刀具路径参数就是用来规定刀具在加工过程中所走的轨迹。选择不同的加工方法，刀具的路径参数也有所不同。定义刀具路径参数的一般操作步骤如下。

Step1. 进入刀具路径参数选项卡。在“Pocketing.1”对话框中单击 （刀具路径参数）选项卡（图 2.8.1）。

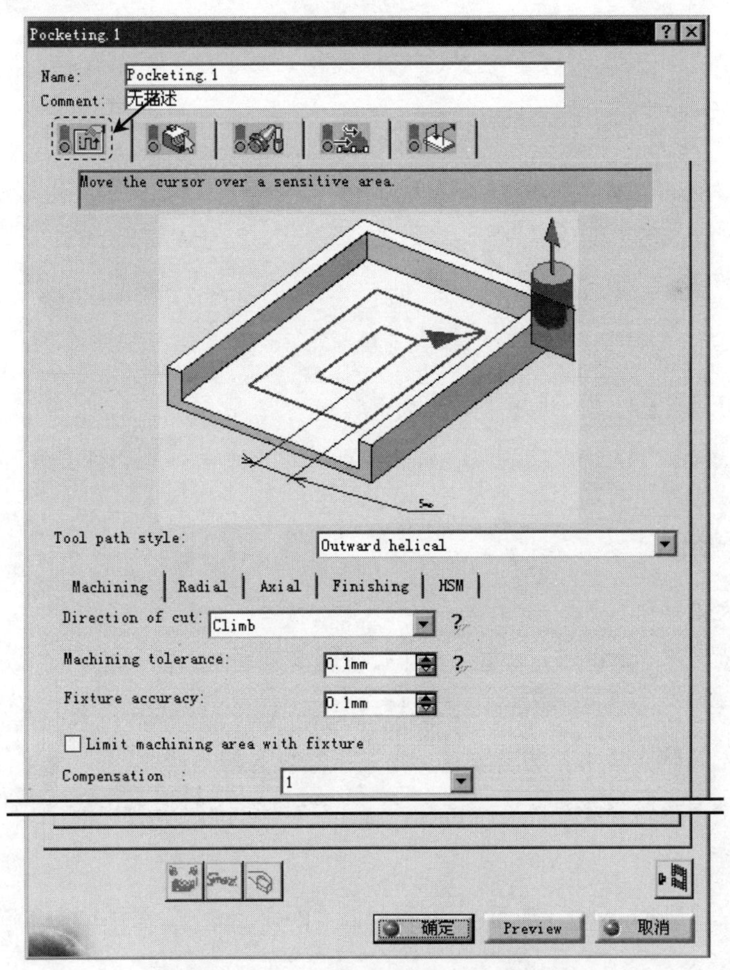

图 2.8.1 “刀具路径参数”选项卡

图 2.8.1 所示的刀具路径参数选项卡中各选项的说明如下。

- Tool path style: 下拉列表中提供了 5 种刀具的切削类型。
  - ☑ Outward helical 选项：由里向外螺旋铣削。选择该选项时的刀具路径如图 2.8.2 所示。
  - ☑ Inward helical 选项：由外向里螺旋铣削。选择该选项时的刀具路径如图 2.8.3 所示。
  - ☑ Back and forth 选项：往复铣削。选择该选项时的刀具路径如图 2.8.4 所示。
  - ☑ Offset on part One-Way 选项：沿部件偏移单方向铣削。选择该选项时的刀具路径如图 2.8.5 所示。
  - ☑ Offset on part Zig-Zag 选项：沿部件偏移往复铣削。选择该选项时的刀具路径如图 2.8.6 所示。

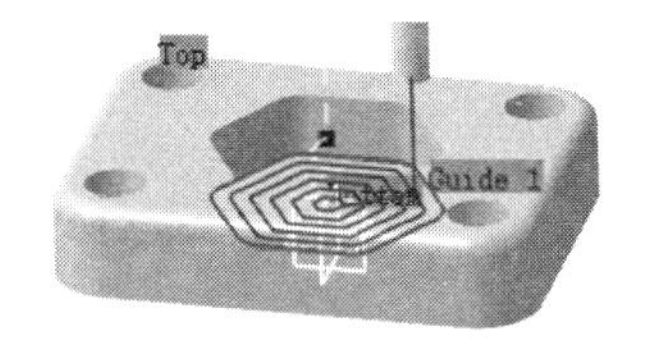

图 2.8.2　刀具路径（一）

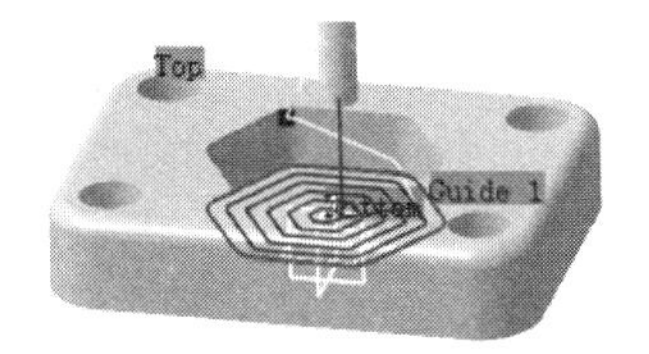

图 2.8.3　刀具路径（二）

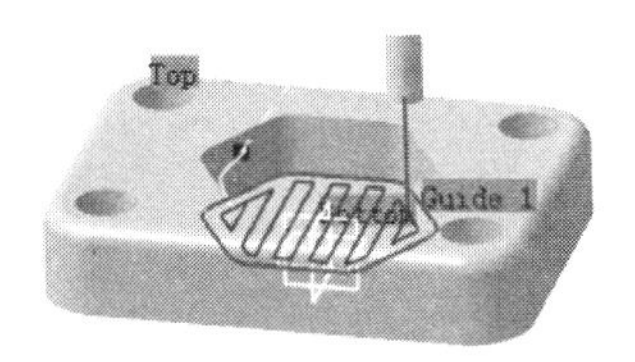

图 2.8.4　刀具路径（三）

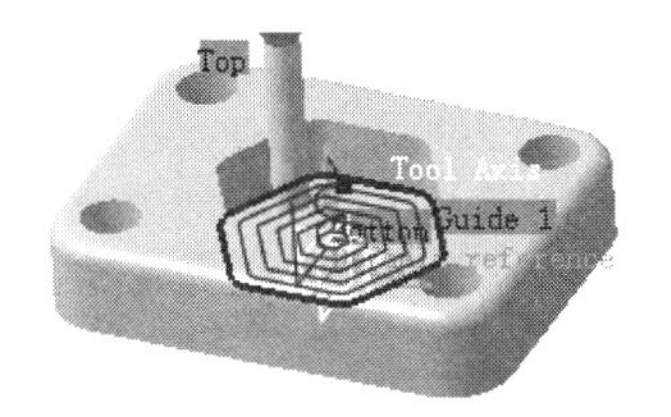

图 2.8.5　刀具路径（四）

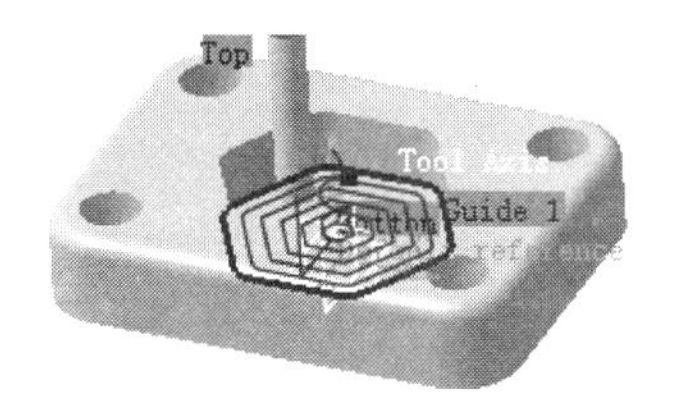

图 2.8.6 刀具路径（五）

- Machining（加工）选项卡的参数说明如下。
  - ☑ Direction of cut: 下拉列表：提供了两种铣削方向：Climb（顺铣）和 Conventional（逆铣）。
  - ☑ Machining tolerance: 文本框：用于设置刀具理论轨迹相对于计算轨迹允许的最大偏差值。
  - ☑ Fixture accuracy: 文本框：用于设置夹具准确度。
  - ☑ Limit machining area with fixture 复选框：选中后，设置用夹具来限制加工区域。
  - ☑ Compensation ：刀具补偿。用于设置刀具的补偿号。

Step2. 定义刀具路径类型。在“Pocketing.1”对话框的 Tool path style: 下拉列表中选择 Outward helical 选项。

Step3. 定义“Machining（加工）”参数。在“Pocketing.1”对话框中单击 Machining 选

项卡，然后在 Direction of cut: 下拉列表中选择 Climb 选项，其他选项采用系统默认设置（图 2.8.1）。

Step4. 定义“Radial（径向）”参数。单击 Radial 选项卡，然后在 Mode: 下拉列表中选择 Tool diameter ratio 选项，在 Percentage of tool diameter: 文本框中输入值 50，其他选项采用系统默认设置（图 2.8.7）。

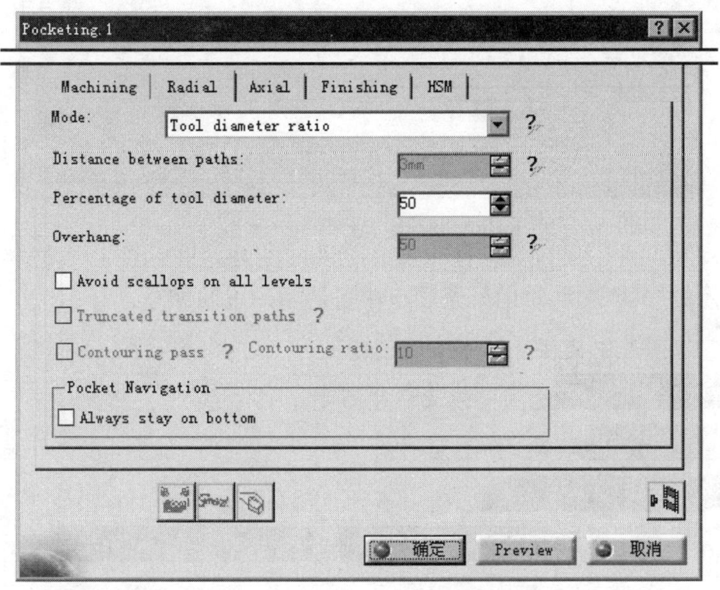

图 2.8.7 定义“径向”参数

图 2.8.7 所示的 Radial （径向）选项卡中各选项的说明如下。

- Mode: 下拉列表：用于设置两个连续轨迹之间的距离，系统提供了以下 3 种模式。
  - ☑ Maximum distance 选项：最大距离。
  - ☑ Tool diameter ratio 选项：刀具直径比例。
  - ☑ Stepover ratio 选项：步进比例。
- Distance between paths: 文本框：用于输入两条轨迹之间的距离。
- Mode: 下拉列表：选择 Tool diameter ratio 或 Stepover ratio 选项时，Percentage of tool diameter: 文本框被激活，该文本框用于用刀具直径的比例来设置两条轨迹之间的距离。
- Overhang: 文本框：用于设置当加工到边界时刀具处于加工面之外的部分，使用刀具的直径比例表示。

Step5. 定义“Axial（轴向）”参数。单击 Axial 选项卡，然后在 Mode: 下拉列表中选择 Number of levels 选项，在 Number of levels: 文本框中输入值 4，其他选项采用系统默认设置（图 2.8.8）。

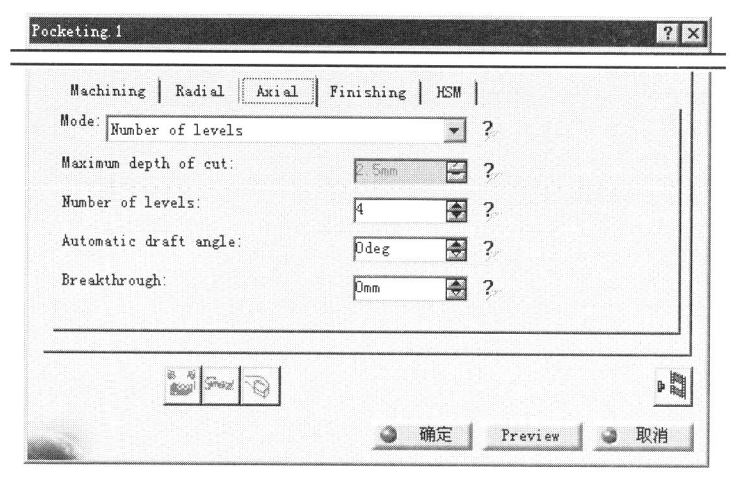

图 2.8.8　定义“轴向”参数

图 2.8.8 所示的 Axial （轴向）选项卡中各选项的说明如下。

- Mode: 下拉列表中提供了以下 3 个选项。
  - ☑ Maximum depth of cut 选项：最大背吃刀量。
  - ☑ Number of levels 选项：分层切削。
  - ☑ Number of levels without top 选项：不计算顶层的分层切削。
- Mode: 下拉列表：选择 Maximum depth of cut 或 Number of levels without top 选项时，Maximum depth of cut: 文本框被激活，该文本框用于每次的最大背吃刀量或顶层的最大背吃刀量。
- Mode: 下拉列表：选择 Number of levels 或 Number of levels without top 选项时 Number of levels: 文本框被激活，该文本框用于设置分层数。
- Automatic draft angle: 文本框：自动拔模角度。
- Breakthrough: 文本框：在软底面时，刀具在轴向超过零件的长度。

Step6. 定义“Finishing（精加工）”参数。单击 Finishing 选项卡，然后在 Mode: 下拉列表中选择 No finish pass 选项（图 2.8.9）。

图 2.8.9 所示的 Finishing （精加工）选项卡中各选项的说明如下。

- Mode: ：下拉列表中提供了以下几种模式。
  - ☑ No finish pass 选项：无精加工进给。
  - ☑ Side finish last level 选项：侧面精加工最后一层。
  - ☑ Side finish each level 选项：每层都精加工。
  - ☑ Finish bottom only 选项：仅加工底面。
  - ☑ Side finish at each level & bottom 选项：每层都精加工侧面及底面。
  - ☑ Side finish at last level & bottom 选项：精加工侧面的最后一层及底面。

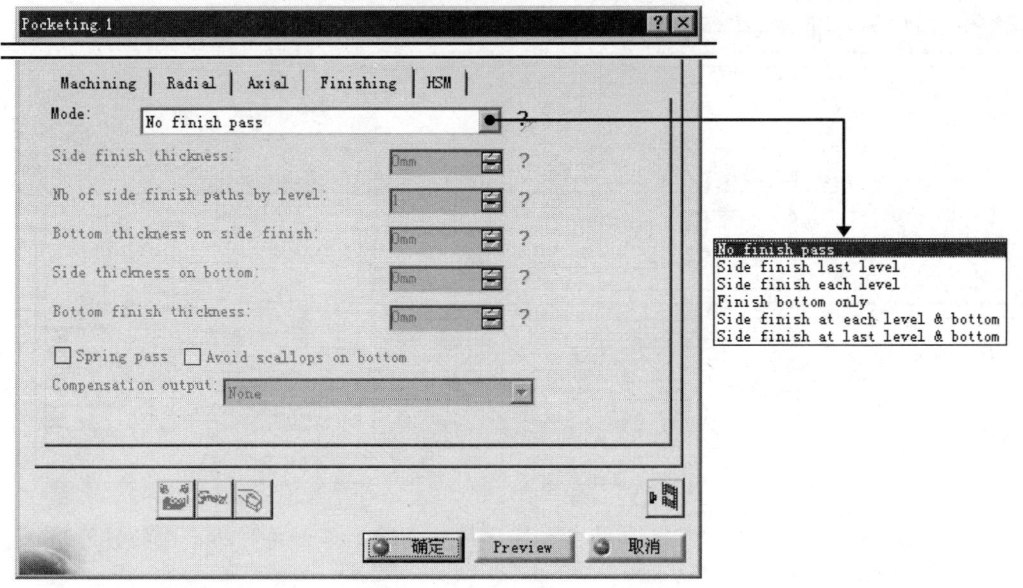

图 2.8.9 定义“精加工”参数

- Side finish thickness: 文本框：该文本框用来设置保留侧面精加工的厚度。
- Nb of side finish paths by level: 文本框：在分层进给加工时用于设置每层粗加工进给包括的侧面精加工进给的分层数。
- Bottom thickness on side finish: 文本框：用来设置保留底面精加工的厚度。
- Side thickness on bottom: 文本框：用来设置在底面上的侧面厚度。
- Bottom finish thickness: 文本框：用来设置底面精加工厚度。
- Spring pass 复选框：用于设置有无进给。
- Avoid scallops on bottom 复选框：用于设置是否防止底面残料。
- Compensation output: 下拉列表：用于设置侧面精加工刀具补偿指令的创建。
  - ☑ None 选项：无补偿。
  - ☑ 2D radial profile 选项：2D 径向轮廓补偿。
  - ☑ 2D radial tip 选项：2D 径向刀尖补偿。

Step7. 定义“HSM（高速铣削）”参数。单击 HSM 选项卡，然后取消选中 High speed milling 复选框（图 2.8.10）。

图 2.8.10 所示的 HSM （高速铣削）选项卡中各选项的说明如下。

- High Speed Milling 复选框：选中则说明启用高速加工。
- Corner 选项卡：在该选项卡中可以设置关于拐角的一些参数。
  - ☑ Corner radius: 文本框：用于设置高速加工拐角的圆角半径。
  - ☑ Limit angle: 文本框：用于设置高速加工圆角的最小角度。

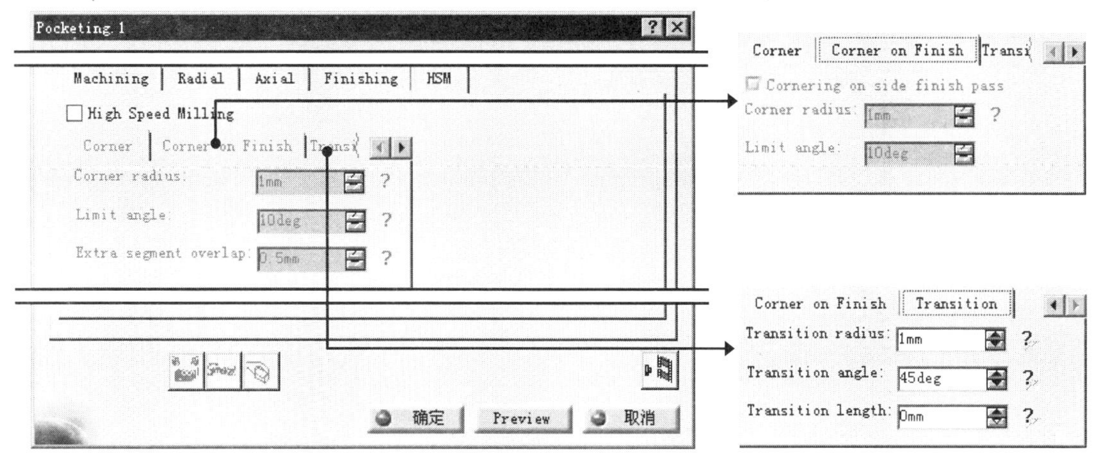

图 2.8.10 定义“高速铣削”参数

- ☑ Extra segment overlap: 文本框：用于设置高速加工圆角时所产生的额外路径的重叠长度。
- Corner on Finish 选项卡：在该选项卡中可以设置关于拐角精加工的一些参数。
  - ☑ Cornering on side finish pass 复选框：选中则指定在侧面精加工的轨迹上应用圆角加工轨迹。
  - ☑ Corner radius: 文本框：用于设置圆角的半径。
  - ☑ Limit angle: 文本框：用于设置圆角的最小角度。
- Transition 选项卡：在该选项卡中可以设置关于圆角过渡的一些参数。
  - ☑ Transition radius: 文本框：用于设置当由结束轨迹移动到新轨迹时的开始及结束过渡圆角的半径值。
  - ☑ Transition angle: 文本框：用于设置当由结束轨迹移动到新轨迹时的开始及结束过渡圆角的角度值。
  - ☑ Transition length: 文本框：用于设置两条轨迹间过渡直线的最短长度。

2.9 定义进刀/退刀路径

进刀/退刀路径的定义在加工中是非常重要的。进刀/退刀路径设置正确与否，对刀具的使用寿命以及所加工零件的质量都有着极大的影响。定义进刀/退刀路径的一般操作步骤如下。

Step1. 进入进刀/退刀路径选项卡。在“Pocketing.1”对话框（一）中单击 选项卡（图 2.9.1）。

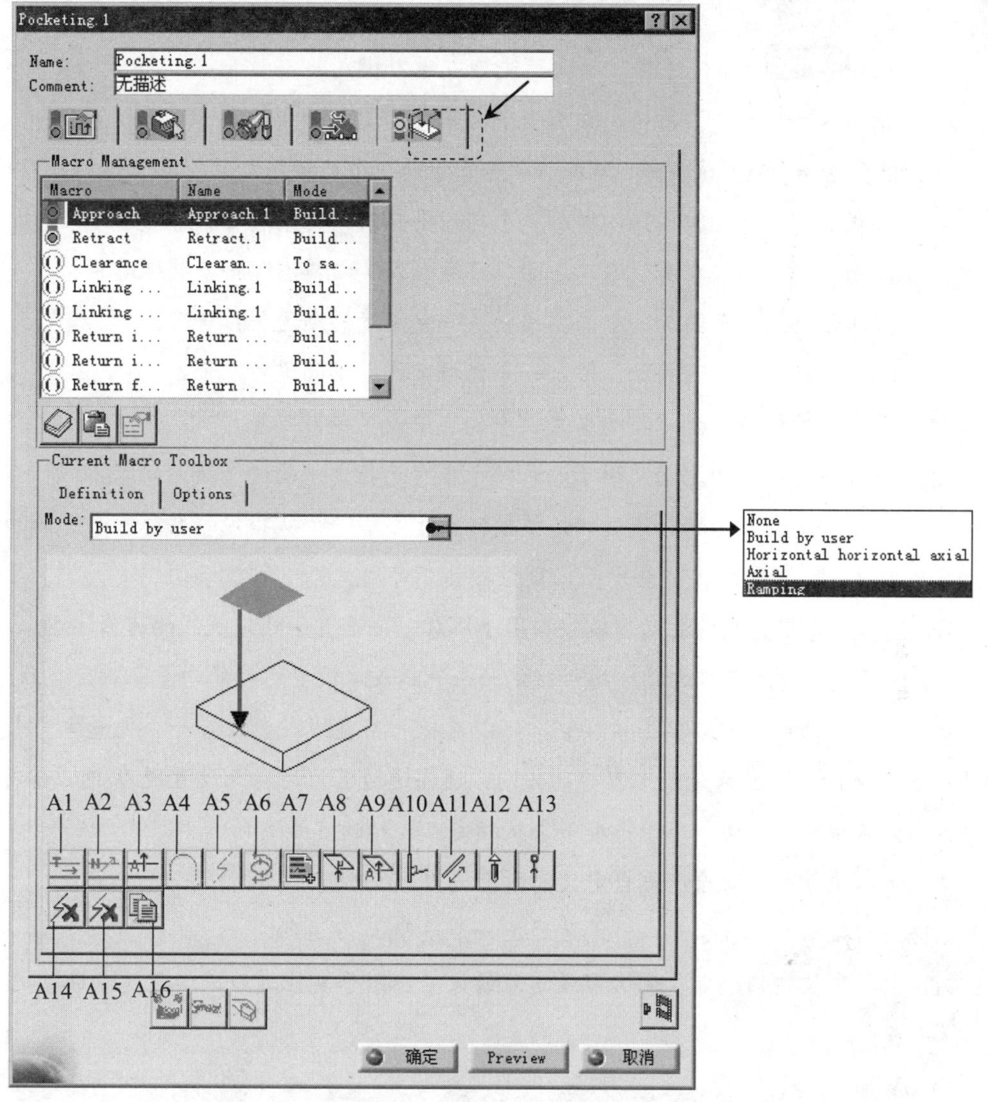

图 2.9.1 “Pocketing.1”对话框（一）

Step2. 定义进刀路径。

（1）激活进刀。在Macro Management区域的列表框中选择Approach选项，右击，从弹出的快捷菜单中选择Activate命令（系统默认激活）。

（2）在Macro Management区域的列表框中选择Approach选项，然后在Mode:下拉列表中选择Ramping选项，选择螺旋进刀类型。

图 2.9.1 所示的“Pocketing.1”（一）对话框的进刀/退刀路径选项卡中按钮的说明如下。

- Mode:下拉列表：该下拉列表用于选择进刀/退刀模式。
  - ☑ None选项：选择不设置进刀或退刀路径。
  - ☑ Build by user选项：用户自定义进刀或退刀路径。
  - ☑ Horizontal horizontal axial选项：选择“水平-水平-轴向”进刀或退刀模式。

☑ Axial选项：选择“轴向”进刀或退刀模式。

☑ Ramping选项：选择“斜向”进刀或退刀模式。

A1：相切运动。单击该按钮，添加一个与零件加工表面相切的进刀路径。

A2：垂直运动。单击该按钮，添加一个垂直于前一个已经添加的刀具运动的进刀路径。

A3：轴线运动。单击该按钮，增加一个与刀具轴线平行的进刀/退刀路径。

A4：圆弧运动。可以在其他运动（除轴线运动外）之前增加一条圆弧路径。

A5：斜向运动。用于添加一个与水平面成一定角度的渐进斜线进刀。

A6：螺旋运动。单击该按钮，添加一个沿螺旋线运动的进刀路径。

A7：单击该按钮，可以根据文本文件中的点来设置退刀路径。

A8：垂直指定平面的运动。用于添加一个垂直于指定平面的直线运动。

A9：从安全平面开始的轴线运动。该按钮用于添加一个从指定的安全平面开始的轴线方向的直线运动，若未指定安全平面，则该按钮不可用。

A10：垂直指定直线的运动。该按钮用于添加一个垂直于指定直线的直线运动。

A11：指定方向的直线运动。用于指定一条直线或者设置运动的向量来确定直线运动。

A12：刀具轴线方向。单击该按钮，可以选择一条直线或者设置一个矢量方向来确定刀具的轴线方向，这里只是确定刀具的方向，还需通过其他运动来设置进刀/退刀路径。

A13：从指定点运动。用于添加一条从指定点开始的直线运动。

A14：该按钮用于清除用户自定义的所有进刀/退刀运动。

A15：该按钮用于清除用户自定义的上一条进刀/退刀运动。

A16：单击该按钮，则复制进刀或退刀的设置应用于其他进刀或退刀（如连续进刀/退刀）。

Step3．定义退刀路径。

（1）激活退刀。在Macro Management区域的列表框中选择Retract选项，右击，从弹出的快捷菜单中选择Activate命令（系统默认激活）。

（2）在Macro Management区域的列表框中选择Retract选项，然后在Mode:下拉列表中选择Build by user（用户自定义）选项。

（3）在“Pocketing.1”对话框中依次单击“remove all motions”按钮和“Add Axial motion up to a plane”按钮，设置一个到安全平面的直线退刀运动。

2.10 刀路仿真

刀路仿真可以让用户直观地观察刀具的运动过程，以检验各种参数定义的合理性。刀

路仿真的一般操作步骤如下。

Step1. 在“Pocketing.1”对话框中单击“Tool Path Replay”按钮，系统弹出图 2.10.1 所示的“Pocketing.1”对话框（二），且在图形区显示刀路轨迹，如图 2.10.2 所示。

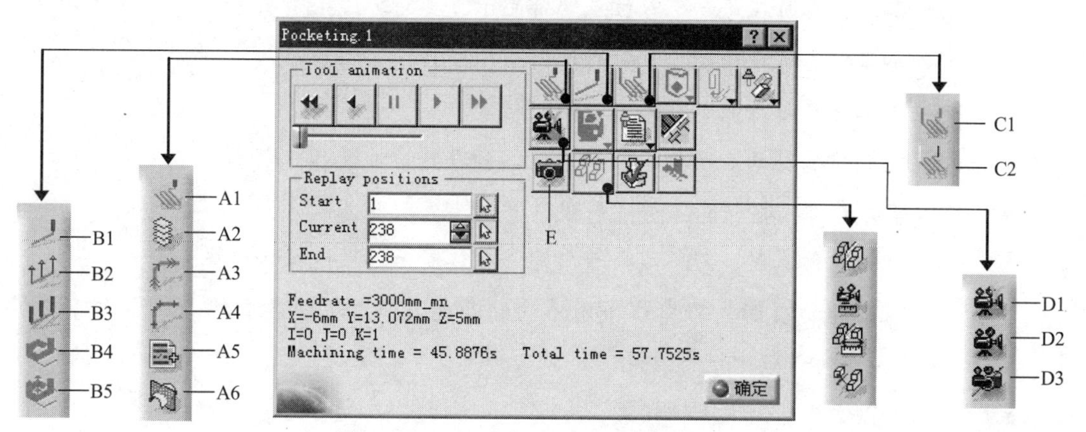

图 2.10.1 “Pocketing.1”对话框（二）

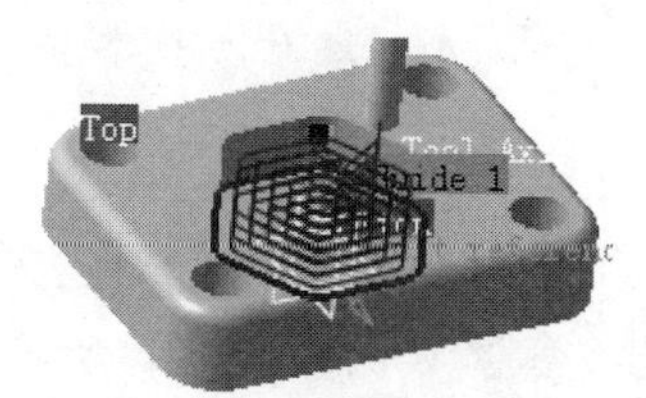

图 2.10.2 显示刀路轨迹

图 2.10.1 所示“Pocketing.1”对话框（二）中部分按钮的说明如下。

- Tool animation：该区域包含控制刀具运动的按钮。
  - ☑ 按钮：刀具位置恢复到当前加工操作的切削起点。
  - ☑ 按钮：刀具运动向后播放。
  - ☑ 按钮：刀具运动停止播放。
  - ☑ 按钮：刀具运动向前播放。
  - ☑ 按钮：刀具位置恢复到当前加工操作的切削终点。
  - ☑ 滑块：用于控制刀具运动的速度。
- 刀路仿真的播放模式有以下 6 种：

  A1：加工仿真时连续显示刀路。

  A2：加工仿真时从平面到平面显示刀路。

  A3：加工仿真时按不同的进给量显示刀路。

  A4：加工仿真时从点到点显示刀路。

  A5：加工仿真时按后置处理停止指令显示，该模式显示文字语句。

A6：加工仿真时显示选定截面上的刀具路径。

- 在刀具运动过程中，刀具有以下 5 种显示模式。

  B1：加工仿真时只在刀路当前切削点处显示刀具。

  B2：加工仿真时在每一个刀位点处都显示刀具的轴线。

  B3：加工仿真时在每一个刀位点处都显示刀具。

  B4：加工仿真时只显示加工表面的刀路。

  B5：加工仿真时只显示加工表面的刀路和刀具的轴线。

- 在刀路仿真时，其颜色显示模式有以下两种。

  C1：在刀路仿真时，刀路线条都用同一颜色显示，系统默认为绿色。

  C2：在刀路仿真时，刀路线条用不同的颜色显示，不同类型的刀路显示可以在“Options”对话框中进行设置。

- 切削过程仿真有如下 3 种模式。

  D1：对从前一次的切削过程仿真文件保存的加工操作进行切削仿真。

  D2：完整模式，对整个零件的加工操作或整个加工程序进行仿真。

  D3：静态/动态模式，对于选择的某个加工操作，在该加工操作之前的加工操作只显示其加工结果，动态显示所选择的加工操作的切削过程。

- 加工结果拍照：单击（图 2.10.1 中的“E”所指）按钮，系统切换到拍照窗口，图形区中快速显示切削后的结果。

- 切削结果分析有如下 3 种类型：加工余量分析、过切分析和刀具碰撞分析。

Step2. 在“Pocketing.1”对话框中单击按钮（图形区显示图 2.10.3 所示的毛坯零件），然后单击按钮，观察刀具切割毛坯零件的运行情况，仿真结果如图 2.10.4 所示。

图 2.10.3　毛坯零件

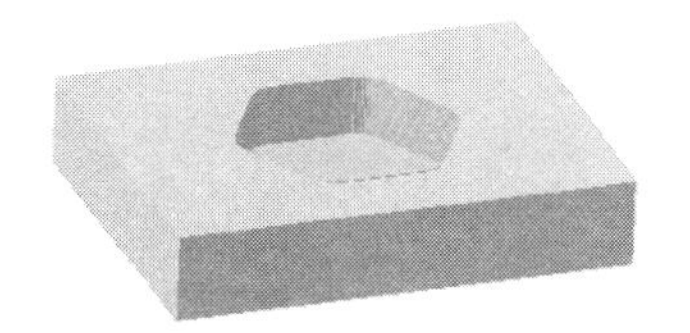

图 2.10.4　仿真结果

2.11　余量/过切检测

余量/过切检测用于分析加工后的零件是否剩余材料，是否过切，然后修改加工参数，以达到所需的加工要求。余量/过切检测的一般操作步骤如下。

Step1. 在“Pocketing.1”对话框中单击“Analyze”按钮，系统弹出图 2.11.1 所示的“Analysis”对话框（一）。

Step2. 余量检测。在“Analysis”对话框中选中 Remaining Material 复选框，取消选中 Gouge 复选框，单击 应用 按钮，图形区中高亮显示毛坯加工余量（如图 2.11.2 所示，由于只加工六角形型腔，毛坯四周均存在加工余量）。

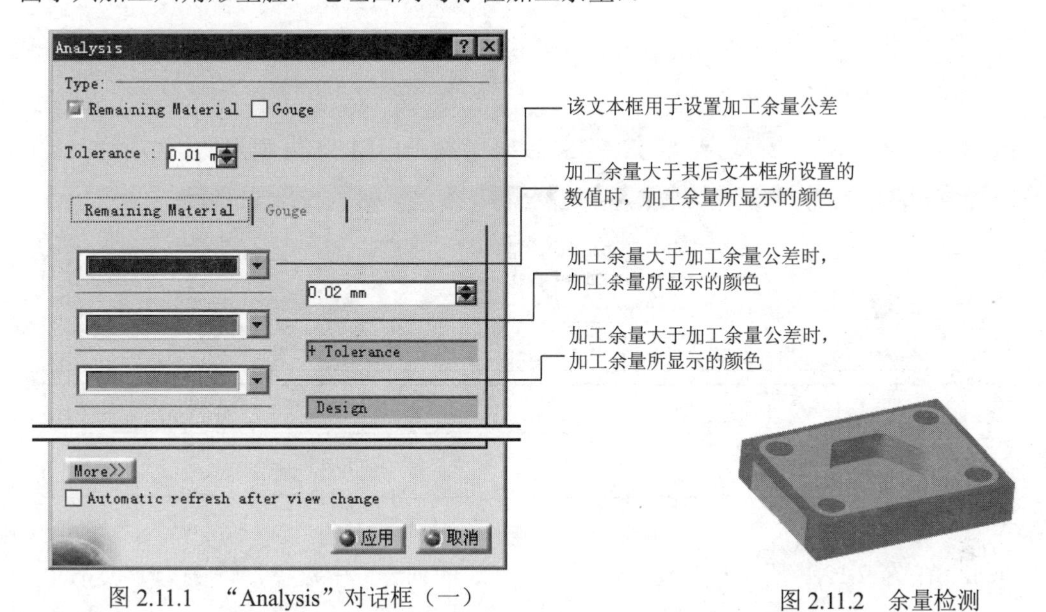

图 2.11.1 “Analysis”对话框（一）

图 2.11.2 余量检测

Step3. 过切检测。在“Analysis”对话框（二）中取消选中 Remaining Material 复选框，选中 Gouge 复选框（图 2.11.3），单击 应用 按钮，图形区中高亮显示毛坯加工过切情况，如图 2.11.4 所示（未出现过切）。

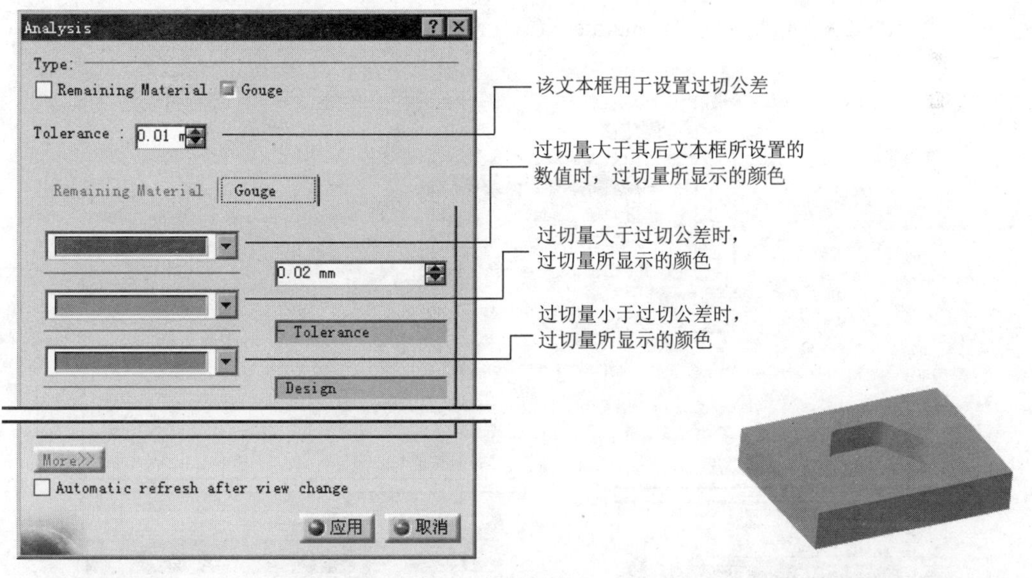

图 2.11.3 “Analysis”对话框（二）

图 2.11.4 过切检测

Step4. 在“Analysis”对话框中单击 取消 按钮，然后在“Pocketing.1”对话框（二）中单击 确定 按钮，最后单击“Pocketing.1”对话框（一）中的 确定 按钮。

2.12 后 处 理

后处理是为了将加工操作中的加工刀路转换为数控机床可以识别的数控程序（NC 代码）。后处理的一般操作步骤如下。

Step1. 选择下拉菜单 工具 ➡ 选项... 命令，系统弹出图 2.12.1 所示的“选项”对话框。

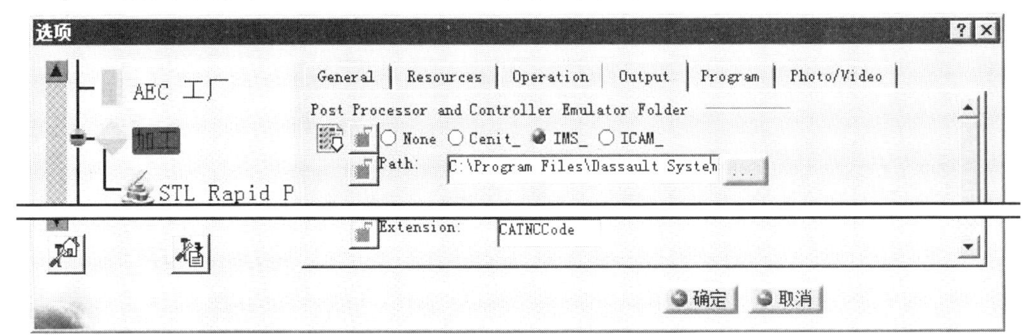

图 2.12.1 “选项”对话框

Step2. 在图 2.12.1 所示的“选项”对话框左边的列表框中选择 加工 选项，然后单击 Output 选项卡，在 Post Processor and Controller Emulator Folder 区域选中 IMS_ 单选项，单击 确定 按钮。

Step3. 在图 2.12.2 所示的特征树中右击“Manufacturing Program.1”节点，在弹出的快捷菜单（图 2.12.3）中选择 Manufacturing Program.1 对象 ➡ Generate NC Code Interactively 命令，系统弹出图 2.12.4 所示的“Generate NC Output Interactively”对话框。

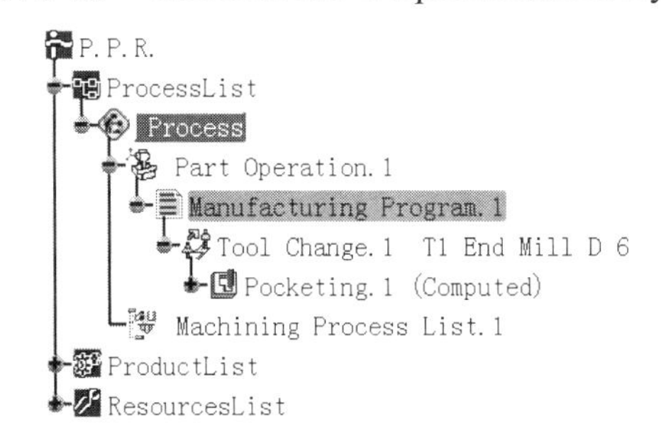

图 2.12.2 特征树

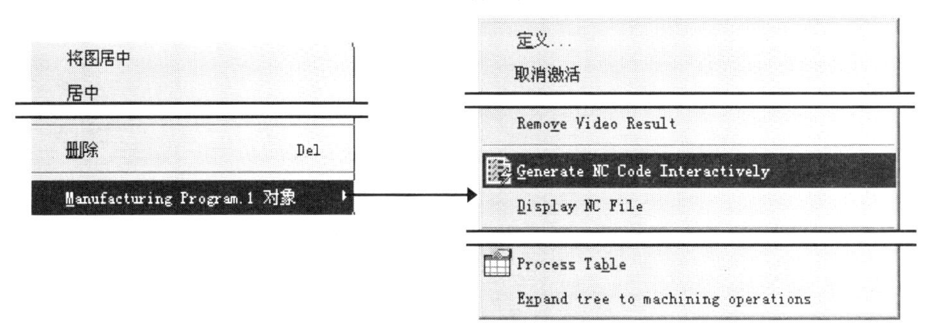

图 2.12.3 快捷菜单

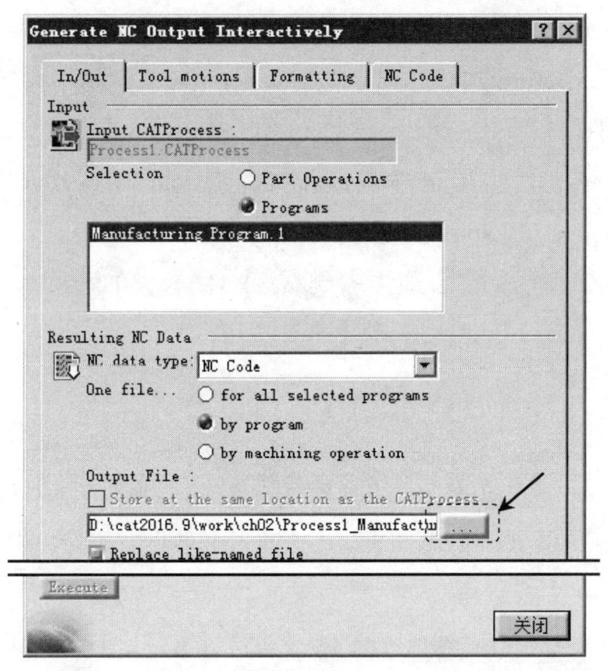

图 2.12.4 “Generate NC Output Interactively”对话框

Step4. 生成 NC 数据。

（1）选择数据类型。在“Generate NC Output Interactively”对话框中单击 In/Out 选项卡，然后在 NC data type: 下拉列表中选择 NC Code 选项。

（2）选择输出数据文件路径。单击 ... 按钮（图 2.12.4），系统弹出“另存为”对话框，在“保存在”下拉列表中选择目录 D:\cat2016.9\work\ch02，采用系统默认的文件名，单击 保存(S) 按钮完成输出数据的保存。

（3）选择加工机床。在“Generate NC Output Interactively”对话框中单击 NC Code 选项卡，然后在其中的下拉列表中选择 fanuc16b（图 2.12.5）。

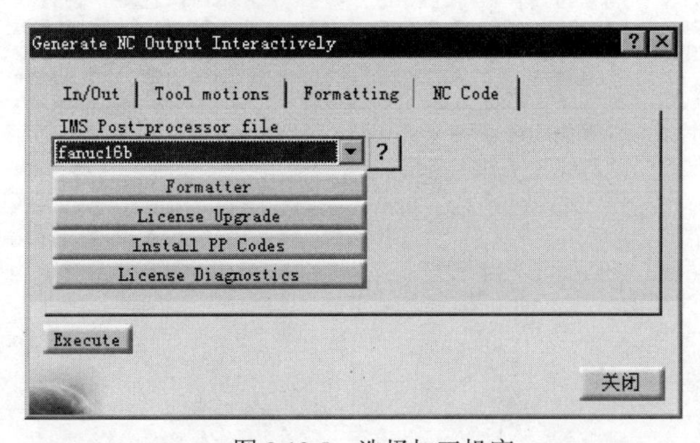

图 2.12.5 选择加工机床

（4）在“Generate NC Output Interactively”对话框中单击 Execute 按钮，系统弹出“IMSpost – Runtime Message”对话框，采用系统默认的 NC 程序编号，单击 Continue 按钮，系统弹出“Manufacturing Information”对话框，单击 确定 按钮，系统即在选择的目录中生成数据文件。

Step5. 查看刀位文件。用记事本打开文件 D:\cat2016.9\work\ch02\Process1_Manufacturing _Program_1_I.aptsource（图 2.12.6）。

Step6. 查看 NC 代码。用记事本打开文件 D:\cat2016.9\work\ch02\Process1_Manufacturing _Program_ 1.CATNCCode（图 2.12.7）。

Step7. 关闭所有对话框。

Step8. 保存文件。

说明: CATIA V5-6 是一个基于服务器的软件系统，所有设计文件只能保存在服务器上，不能保存在设计人员的本地工作电脑中。本书中所有的保存操作均指在服务器上保存文件模型。

Process1_Manufacturing_Program_1_I.aptsource - ...

文件(F) 编辑(E) 格式(O) 查看(V) 帮助(H)

```
$$ TOOLCHANGEBEGINNING
CUTTER/  6.000000,  0.000000,  3.000000,
0.000000,  0.000000,$
         0.000000, 30.000000
TOOLNO/2,MILL,2,0,    6.000000,   50.000000,$
   50.000000,   50.000000,,   35.000000,,
30.000000,$
 1500.000000,MMPM, 2200.000000,RPM,CLW,$
ON,,NOTE
TPRINT/T1 End Mill D6,T1 End Mill D6,T1 End
Mill D6
LOADTL/2,2,2
$$ TOOLCHANGEEND
$$  End of generation of : Tool Change.1
$$ OPERATION NAME : Pocketing.1
$$  Start generation of : Pocketing.1
LOADTL/2,1
FEDRAT/  300.0000,MMPM
SPINDL/ 2200.0000,RPM,CLW
GOTO  /    -2.32051,   -0.65989,    7.50000
GOTO  /    -2.32051,   -1.33975,    7.25255
GOTO  /     0.00000,   -2.67949,    6.27730
GOTO  /     2.32051,   -1.33975,    5.30204
```

图 2.12.6　查看刀位文件

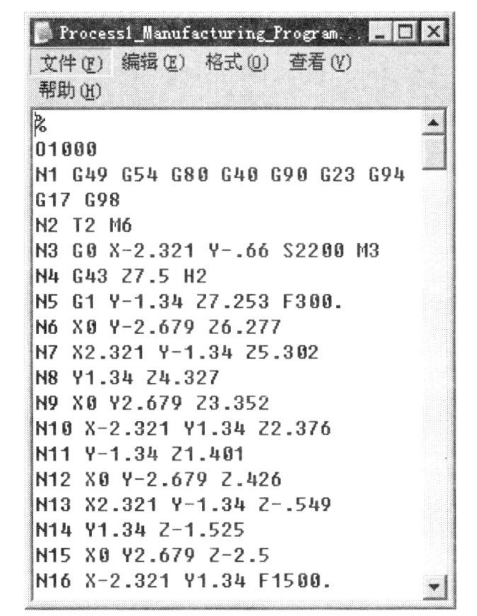
Process1_Manufacturing_Program...

文件(F) 编辑(E) 格式(O) 查看(V) 帮助(H)

```
%
O1000
N1 G49 G54 G80 G40 G90 G23 G94
G17 G98
N2 T2 M6
N3 G0 X-2.321 Y-.66 S2200 M3
N4 G43 Z7.5 H2
N5 G1 Y-1.34 Z7.253 F300.
N6 X0 Y-2.679 Z6.277
N7 X2.321 Y-1.34 Z5.302
N8 Y1.34 Z4.327
N9 X0 Y2.679 Z3.352
N10 X-2.321 Y1.34 Z2.376
N11 Y-1.34 Z1.401
N12 X0 Y-2.679 Z.426
N13 X2.321 Y-1.34 Z-.549
N14 Y1.34 Z-1.525
N15 X0 Y2.679 Z-2.5
N16 X-2.321 Y1.34 F1500.
```

图 2.12.7　查看 NC 代码

第3章　2.5轴铣削加工

本章提要　CATIA V5-6 R2016 的 2.5 轴铣削加工工作台包含平面铣削、型腔铣削、轮廓铣削、曲线铣削以及孔加工等。本章将通过一些实例来介绍 2.5 轴铣削加工的各种加工类型，主要是加工操作的建立以及一些参数的设置。

3.1 概　　述

进入 2.5 轴加工工作台后，屏幕上会出现 2.5 轴铣削加工时所需要的各种工具栏按钮及相应的下拉菜单。下面将分别进行介绍。

1. 工具栏

2.5 轴铣削加工工作台的“Machining Operations”工具栏的按钮及其功能注释如图 3.1.1～图 3.1.3 所示。

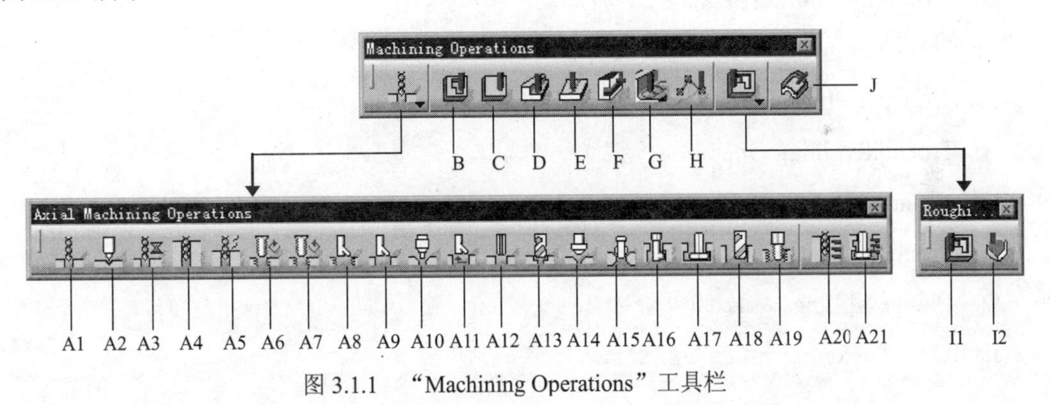

图 3.1.1　“Machining Operations”工具栏

图 3.1.1 所示的“Machining Operations”工具栏中按钮的说明如下。

A1：Drilling，钻孔加工。

A2：Spot Drilling，中心钻孔加工。

A3：Drilling Dwell Delay，延迟钻孔。

A4：Drilling Deep Hole，深孔铣削加工。

A5：Drilling Break Chips，碎屑钻孔。

A6：Tapping，攻螺纹。

A7：Reverse Threading，反向攻螺纹。

A8: Thread Without Tap Head，无丝锥铣螺纹。

A9: Boring，镗孔。

A10: Boring and Chamfering，倒角镗孔。

A11: Boring Spindle Stop，镗孔主轴停。

A12: Reaming，铰孔。

A13: Counter Boring，沉孔。

A14: Counter Sinking，倒角沉孔。

A15: Chamfering 2 Sides，双面倒角沉孔。

A16: Back Boring，反镗孔。

A17: T-Slotting，T 形槽加工。

A18: Circular Milling，圆弧铣削加工。

A19: Thread Milling，螺纹铣削加工。

A20: Sequential Axial，顺序轴线加工。

A21: Sequential Groove，顺序沟槽加工。

B: Pocketing，型腔铣削加工。

C: Facing，平面铣削加工。

D: Profile Contouring，轮廓铣削加工。

E: Curve Following，跟随曲线铣削加工。

F: Groove Milling，凹槽铣削加工。

G: Trochoid milling Operation，摆线铣削加工。

H: Point to Point，点到点铣削加工。

I1: Prismatic Roughing，粗加工。

I2: Plunge Milling，插铣加工。

J: 4 Axis Pocketing，4 轴型腔铣。

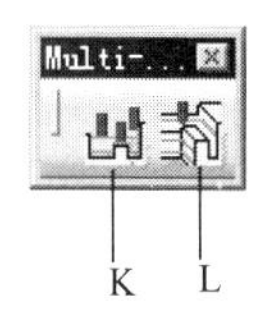

图 3.1.2 “Multi-Pockets Operations”工具栏

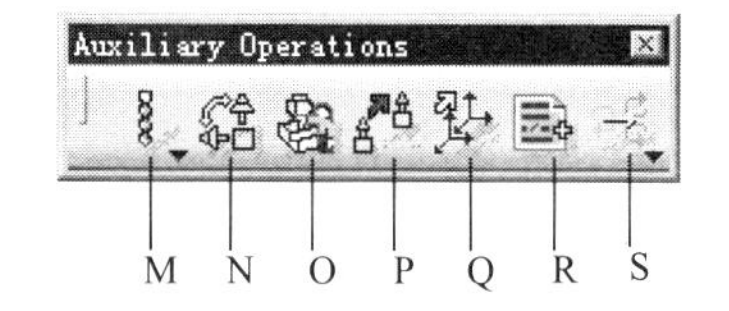

图 3.1.3 “Auxiliary Operations”工具栏

图 3.1.2 和图 3.1.3 所示的工具栏中按钮的说明如下。

K: Power machining，多型腔铣削加工。

L: Multi-Pockets Flank Contouring，多型腔侧面轮廓铣削加工。

M：Drill Tool Change，钻孔刀具变换。

N：Machine Rotation，机床的旋转运动。

O：Machine Instruction，机床使用说明。

P：Head Change，刀头变换。

Q：Machining Axis Change，更改加工坐标系。

R：Post-Processor Instruction，使用该按钮可对后处理进行相关说明。

S：Copy Operator Instruction，该按钮用于复制加工操作说明。

2. 下拉菜单

2.5 轴铣削加工工作台中常用的下拉菜单如图 3.1.4 和图 3.1.5 所示。下拉菜单中的命令与工具栏中的按钮一一对应，这里不再赘述。

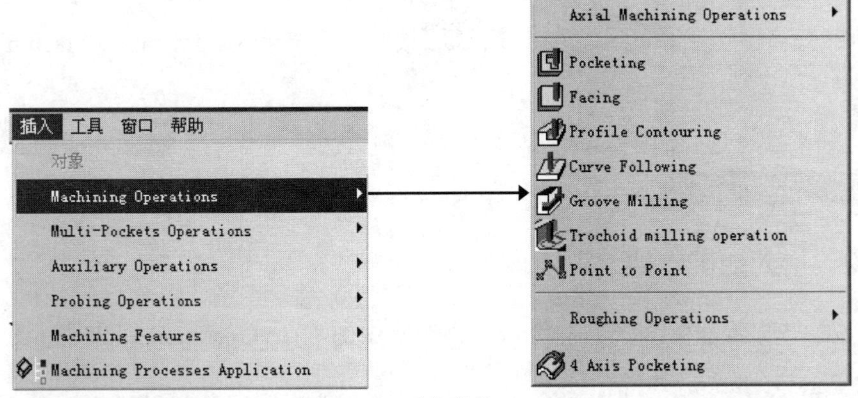

图 3.1.4 下拉菜单（一）

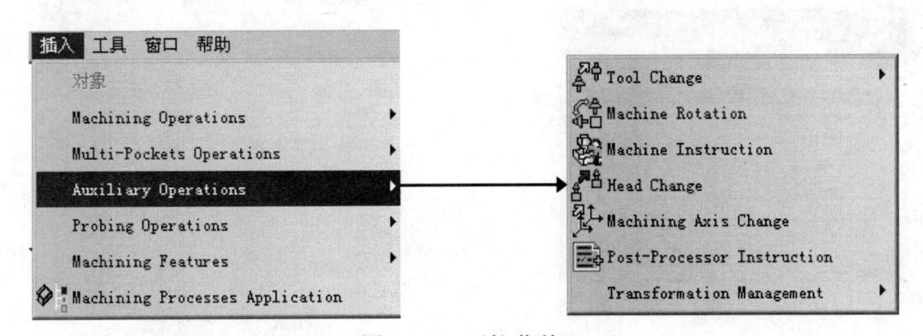

图 3.1.5 下拉菜单（二）

3.2 平面铣削

平面铣削就是对大面积的没有任何曲面或凸台的零件表面进行加工，一般选用平底立铣刀或面铣刀。使用该加工方法，既可以进行粗加工又可以进行精加工。对于加工余量大又不均匀的表面，采用粗加工，其铣刀直径应较小以减少切削力矩；对于精加工，其铣刀直径应较大，最好能包容整个待加工面。

下面以图 3.2.1 所示的零件为例介绍平面铣削加工的一般操作步骤。

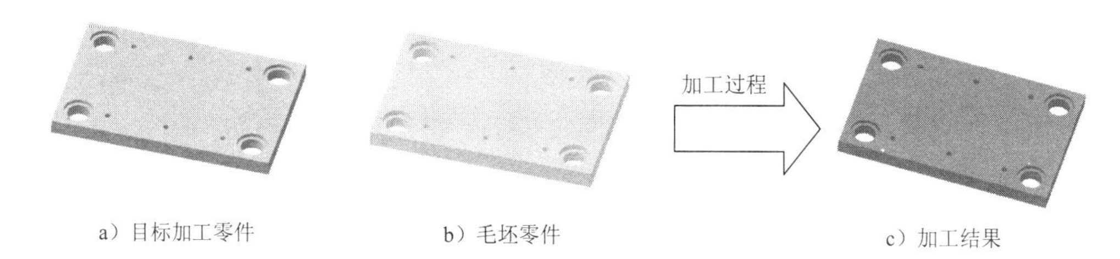

a）目标加工零件　　b）毛坯零件　　c）加工结果

图 3.2.1　平面铣削

Task1．新建一个数控加工模型文件

选择下拉菜单 文件 → 新建... 命令，系统弹出图 3.2.2 所示的“新建” 对话框。在 类型列表： 列表框中选择 Process，单击 确定 按钮，系统进入“Prismatic Machining”工作台。

说明： 如果系统进入的是其他加工工作台，则需选择下拉菜单 开始 → 加工 → Prismatic Machining 命令切换到 “Prismatic Machining” 工作台。

Task2．引入加工零件

Step1．在 P.P.R 特征树中，双击“Process”节点中的“Part Operation.1”节点（图 3.2.3），系统弹出 “Part Operation” 对话框。

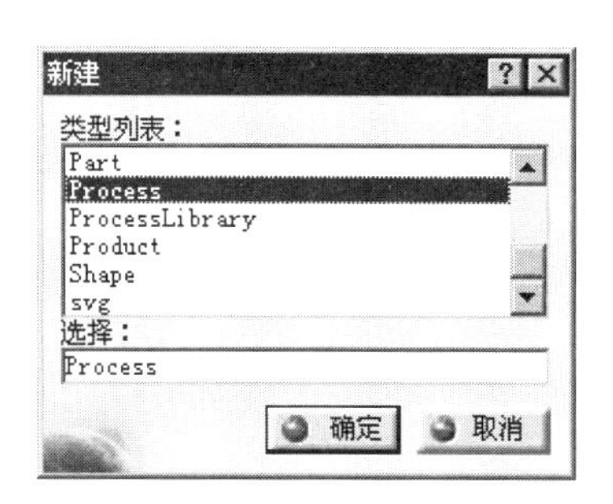

图 3.2.2　“新建”对话框

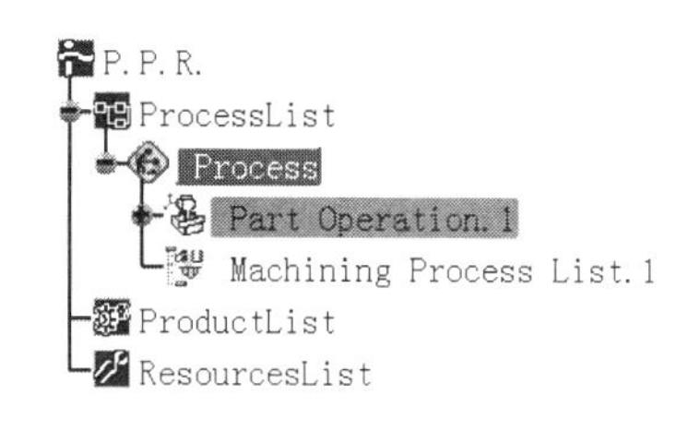

图 3.2.3　特征树

Step2．单击 “Part Operation” 对话框中的 “Product or part” 按钮，系统弹出 “选择文件” 对话框，在 查找范围(I): 下拉列表中选择目录 D:\cat2016.9\work\ch03\ch03.02，在 文件类型(T): 下拉列表中选择 产品 (*.CATProduct) 选项，在 “选择文件” 对话框的列表框中选择文件 Face _Milling.CATProduct，单击 打开(O) 按钮，完成加工零件的引入。

说明： 加工零件包括目标加工零件和毛坯零件，这里引入的是一个装配体，已经将目标加工零件和毛坯零件装配在一起。采用 “Part Operation” 对话框引入加工零件时，也可

以只引入目标加工零件。

Task3. 零件操作定义

Step1. 机床设置。单击“Part Operation”对话框中的“Machine”按钮，系统弹出“Machine Editor”对话框，单击其中的“3-axis Machine”按钮，其他选项保持系统默认设置，然后单击 确定 按钮，完成机床的选择。

Step2. 定义加工坐标系。

（1）单击“Part Operation”对话框中的按钮，系统弹出“Default reference machining axis for Part Operation.1”对话框。

（2）单击“Default reference machining axis for Part Operation.1”对话框中的加工坐标系原点感应区，然后在图形区选取图 3.2.4 所示的点作为加工坐标系的原点（“Default reference machining axis for Part Operation.1”对话框中的基准面、基准轴和原点均由红色变为绿色，表明已定义加工坐标系），系统创建图 3.2.5 所示的加工坐标系。

（3）单击“Default reference machining axis for Part Operation.1”对话框中的 确定 按钮，完成加工坐标系的创建。

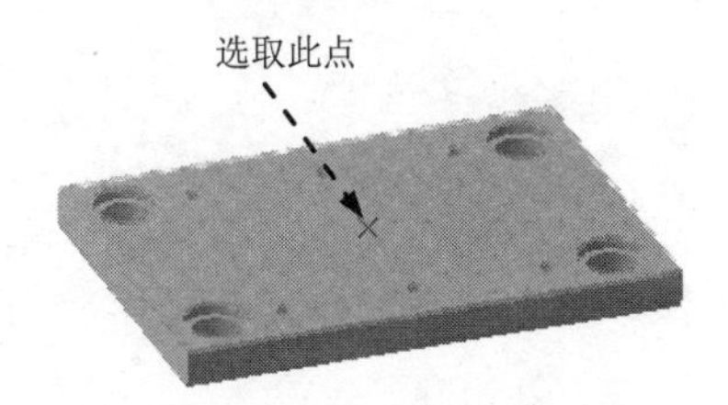

图 3.2.4 选取加工坐标系的原点

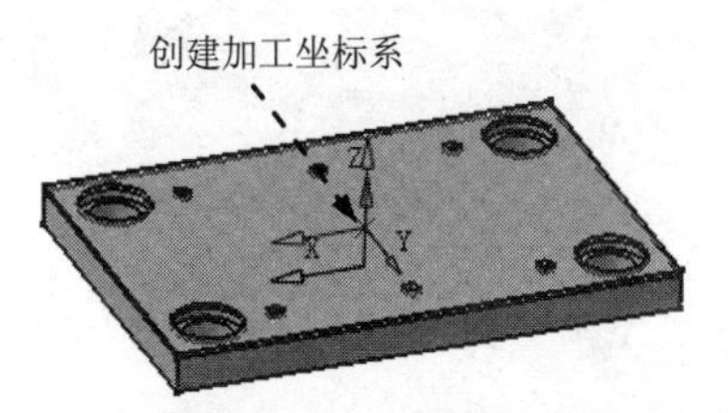

图 3.2.5 创建加工坐标系

Step3. 定义目标加工零件。

（1）单击“Part Operation”对话框中的“Design part for simulation”按钮。

（2）在图 3.2.6 所示的特征树中右击“Face_Milling_Rough（Face_Milling_Rough）”节点，在弹出的快捷菜单中选择 隐藏/显示 命令。

（3）选取图形区中的模型作为目标加工零件，在图形区空白处双击鼠标左键，系统回到“Part Operation”对话框。

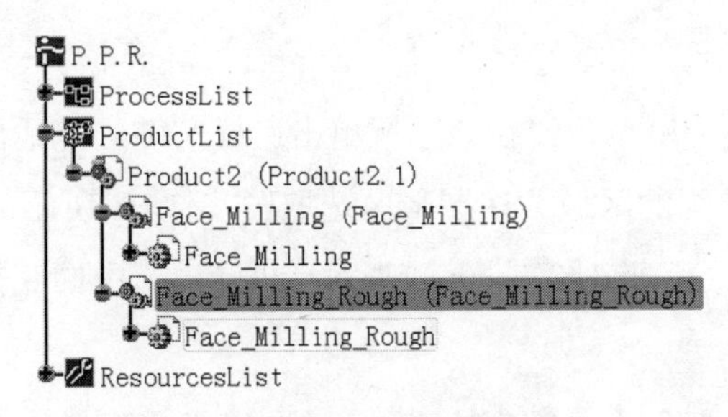

图 3.2.6 特征树

Step4. 定义毛坯零件。

（1）在图 3.2.6 所示的特征树中右击“Face_Milling_Rough（Face_Milling_Rough）”节点，在弹出的快捷菜单中选择 隐藏/显示 命令。

（2）单击“Part Operation”对话框中的“Stock”按钮，选取图形区中的模型作为毛坯零件，在图形区空白处双击鼠标左键，系统回到“Part Operation”对话框。

Step5. 定义安全平面。

（1）单击“Part Operation”对话框中的“Safety Plane”按钮。

（2）选择参照面。在图形区选取图 3.2.7 所示的毛坯表面为安全平面参照，系统创建图 3.2.8 所示的一个安全平面。

（3）右击系统创建的安全平面，在弹出的快捷菜单中选择 Offset... 命令，系统弹出“Edit Parameter”对话框，在其中的 Thickness 文本框中输入值 10，单击 确定 按钮完成安全平面的定义。

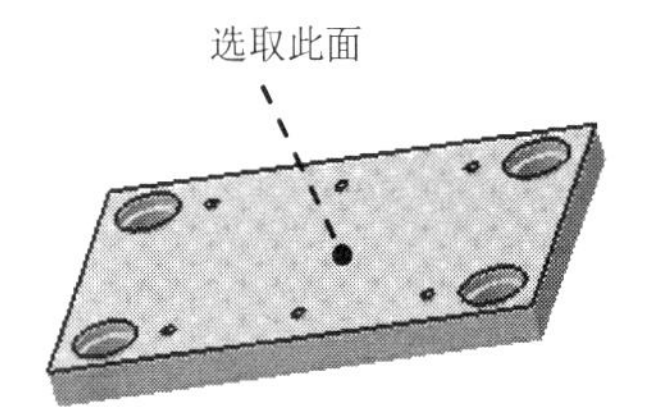

图 3.2.7　选取安全平面参照

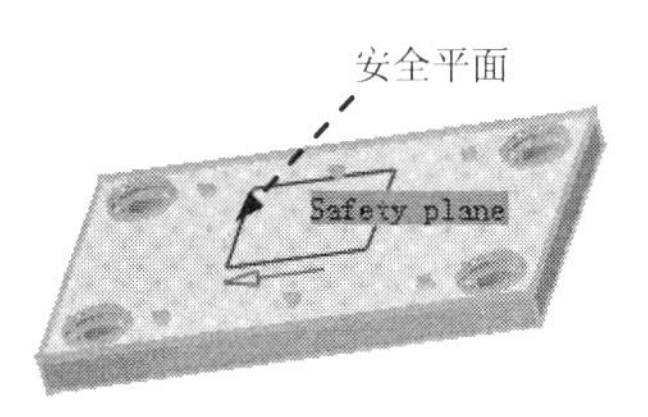

图 3.2.8　创建安全平面

Step6. 单击“Part Operation”对话框中的 确定 按钮，完成零件定义操作。

Task4. 设置加工参数

Stage1. 定义几何参数

Step1. 隐藏毛坯零件。在特征树中右击“Face_Milling_Rough（Face_Milling_Rough）”节点，在弹出的快捷菜单中选择 隐藏/显示 命令。

Step2. 在特征树中选中 Manufacturing Program.1 节点，然后选择下拉菜单 插入 → Machining Operations ▸ → Facing 命令，插入一个平面铣削操作，系统弹出图 3.2.9 所示的“Facing.1”对话框（一）。

Step3. 定义加工平面。将鼠标移动到“Facing.1”对话框（一）中的底面感应区上，该区域的颜色由深红色变为橙黄色，在该区域单击鼠标左键，对话框消失，系统要求用户选择一个平面作为平面铣削的区域。在图形区选取图 3.2.10 所示的模型表面，系统返回到“Facing.1”对话框（一），此时“Facing.1”对话框（一）中的底平面和侧面感应区的颜色变为深绿色。

说明：感应区中的颜色为深红色时，表示未定义几何参数，此时不能进行加工仿真；

感应区中的颜色为深绿色时，表示已经定义几何参数，此时可以进行加工仿真。

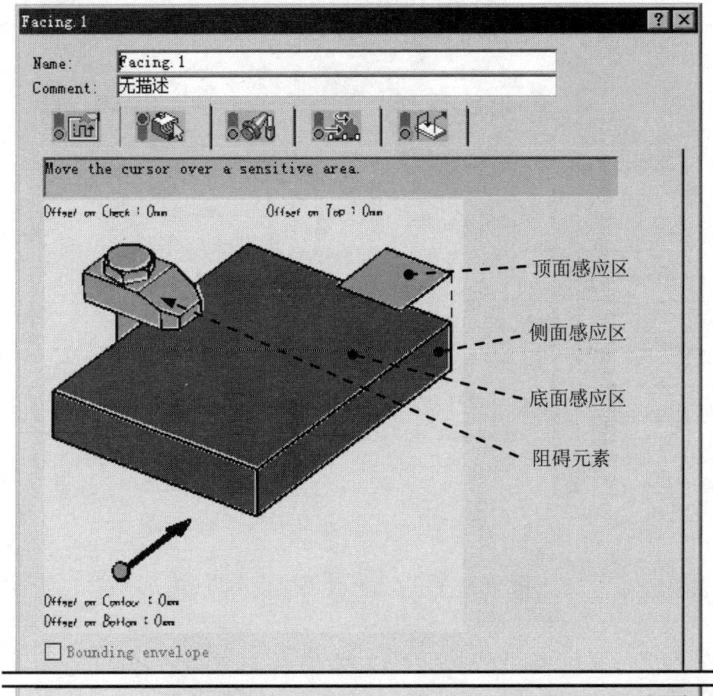

图 3.2.9 “Facing.1”对话框（一）

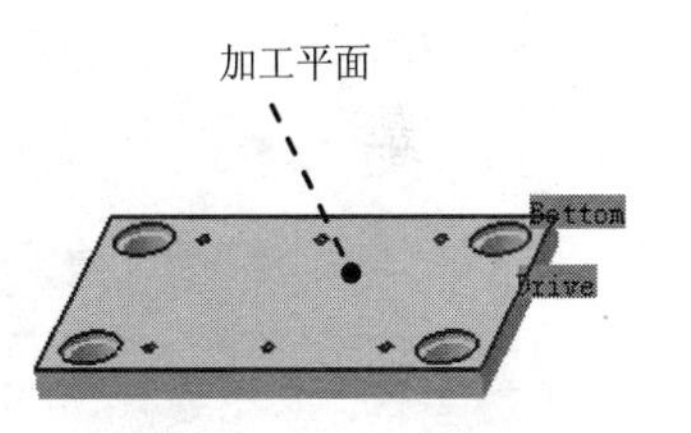

图 3.2.10 定义加工平面

Stage2. 定义刀具参数

Step1. 进入刀具参数选项卡。在“Facing.1”对话框（一）中单击刀具参数选项卡。

Step2. 选择刀具类型。在刀具参数选项卡界面中单击按钮，选择面铣刀为加工刀具。

Step3. 刀具命名。在 Name 文本框中输入“T1 Face Mill D50”，并按 Enter 键确认。

Step4. 设置刀具参数。

（1）在刀具参数选项卡界面中单击 More>> 按钮，单击 Geometry 选项卡，然后设置图 3.2.11 所示的刀具参数。

（2）单击 Technology 选项卡，然后设置图 3.2.12 所示的参数。

（3）其他选项卡中的参数均采用默认的设置值。

Stage3. 定义进给量

Step1. 进入进给量设置选项卡。在“Facing.1”对话框（一）中单击（进给量）选项卡。

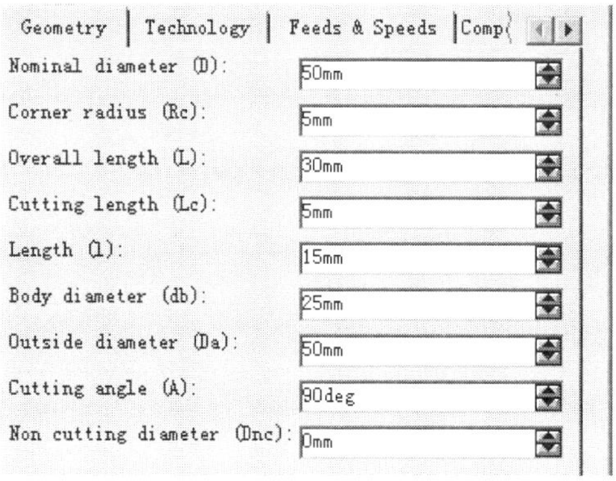

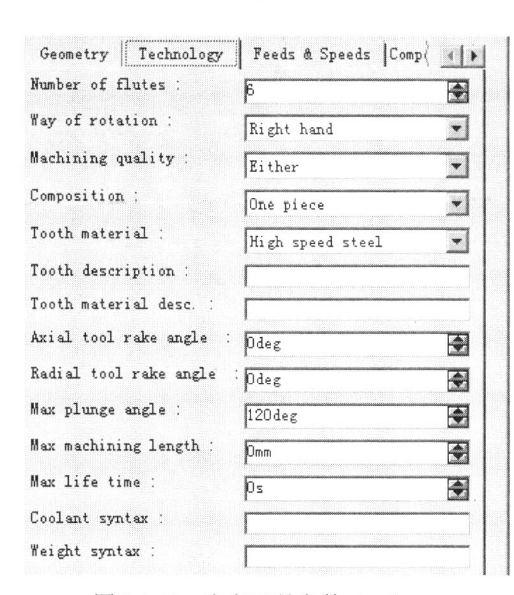

图 3.2.11　定义刀具参数（一）

图 3.2.12　定义刀具参数（二）

Step2. 设置进给量。在“Facing.1”对话框（一）的（进给量）选项卡中设置图 3.2.13 所示的参数。

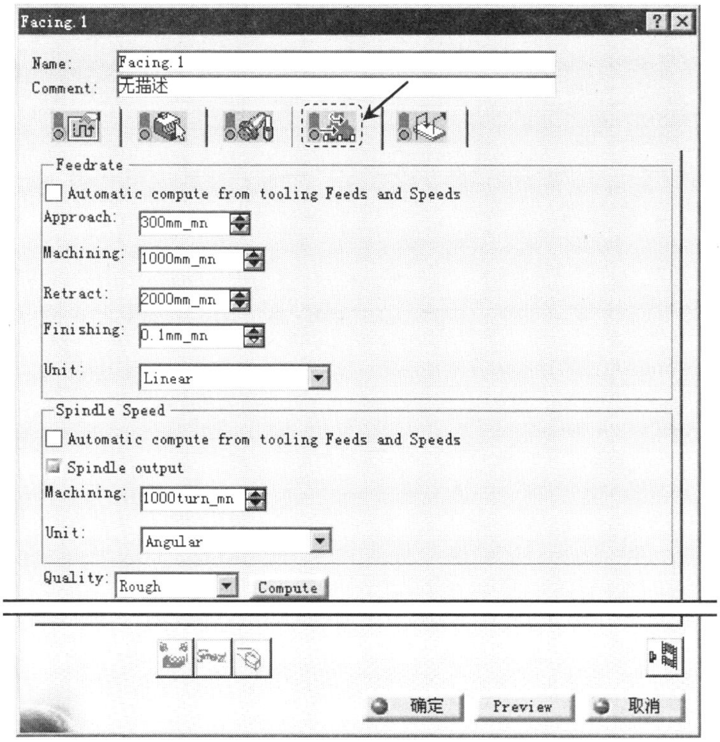

图 3.2.13　“进给量”选项卡

Stage4．定义刀具路径参数

Step1. 进入刀具路径参数选项卡。在“Facing.1”对话框（一）中单击刀具路径参数选项卡（图 3.2.14）。

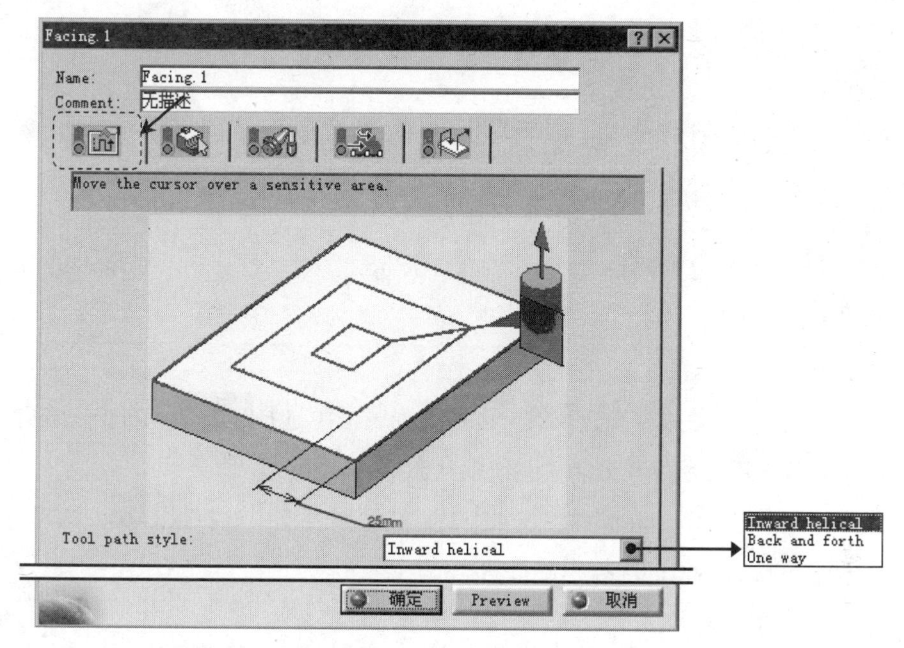

图 3.2.14 刀具路径参数选项卡

Step2. 定义刀具路径类型。在“Facing.1”对话框（一）的 Tool path style: 下拉列表中选择 Inward helical 选项。

说明：在选项卡中选择不同的刀具路径类型，生成的刀路轨迹也不一样。当在 Tool path style: 下拉列表中选择 Inward helical 选项时，生成的刀路轨迹如图 3.2.15 所示；当在 Tool path style: 下拉列表中选择 Back and forth 选项时，生成的刀路轨迹如图 3.2.16 所示；当在 Tool path style: 下拉列表中选择 One way 选项时，生成的刀路轨迹如图 3.2.17 所示。

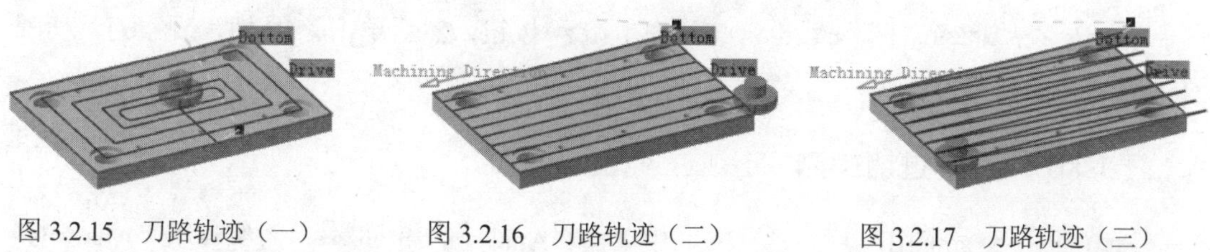

图 3.2.15 刀路轨迹（一） 图 3.2.16 刀路轨迹（二） 图 3.2.17 刀路轨迹（三）

Step3. 定义切削类型及有关参数。在“Facing.1”对话框（一）中单击 Machining 选项卡，然后在 Direction of cut: 下拉列表中选择 Climb 选项，其他选项采用系统默认设置。

Step4. 定义径向参数。单击 Radial 选项卡，然后在 Mode: 下拉列表中选择 Tool diameter ratio 选项，在 Percentage of tool diameter: 文本框中输入值 50，其他选项采用系统默认设置。

Step5. 定义轴向参数。单击 Axial 选项卡，然后在 Mode: 下拉列表中选择 Number of levels 选项，在 Number of levels: 文本框中输入值 1。

Step6. 定义精加工参数。单击 Finishing 选项卡，然后在 Mode: 下拉列表中选择 No finish pass 选项。

Step7. 定义高速铣削参数。单击 HSM 选项卡，然后取消选中 □ High Speed Milling 复选框。

Stage5. 定义进刀/退刀路径

Step1. 进入进刀/退刀路径选项卡。在“Facing.1”对话框（一）中单击进刀/退刀路径选项卡 。

Step2. 定义进刀路径。

（1）激活进刀。在 Macro Management 区域的列表框中选择 Approach，右击，在弹出的快捷菜单中选择 Activate 命令将其激活（系统默认激活）。

（2）定义进刀类型。在 Macro Management 区域的列表框中选择 Approach，然后在 Mode: 下拉列表中选择 Ramping 选项，选择螺旋进刀类型。

Step3. 定义退刀路径。

（1）激活退刀。在 Macro Management 区域的列表框中选择 Retract，右击，在弹出的快捷菜单中选择 Activate 命令将其激活（系统默认激活）。

（2）定义退刀类型。在 Macro Management 区域的列表框中选择 Retract，然后在 Mode: 下拉列表中选择 Axial 选项，选择直线退刀类型。

Task5. 刀路仿真

Step1. 在“Facing.1”对话框（一）中单击“Tool Path Replay”按钮 ，系统弹出“Facing.1”对话框（二），且在图形区显示刀路轨迹（图 3.2.18）。

Step2. 在“Facing.1”对话框（二）中单击 按钮，然后单击 按钮，观察刀具切削毛坯零件的运行情况。

Task6. 余量/过切检测

Step1. 在“Facing.1”对话框（二）中单击“Analyze”按钮 ，系统弹出“Analysis”对话框。

Step2. 毛坯加工余量检测。在“Analysis”对话框中选中 Remaining Material 复选框，取消选中 □ Gouge 复选框，单击 应用 按钮，图形区中高亮显示毛坯加工余量，如图 3.2.19 所示（因为进行的是精加工，所以不存在加工余量）。

Step3. 过切检测。在“Analysis”对话框中取消选中 □ Remaining Material 复选框，选中

Gouge 复选框，单击 应用 按钮，图形区中高亮显示毛坯加工过切情况，如图 3.2.20 所示（未出现过切）。

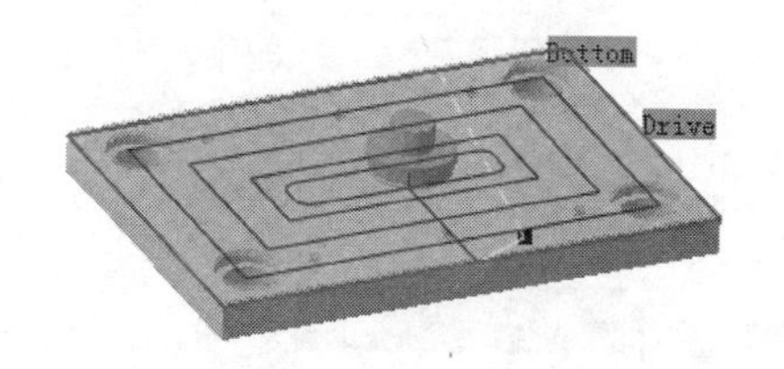

图 3.2.18　显示刀路轨迹

图 3.2.19　毛坯加工余量检测

图 3.2.20　过切检测

Step4. 在“Analysis”对话框中单击 取消 按钮，然后在“Facing.1”对话框（二）中单击 确定 按钮，最后单击“Facing.1”对话框（一）中的 确定 按钮。

Task7. 保存模型文件

在服务器上保存模型文件，文件名为“Face_Milling”。

3.3 粗 加 工

粗加工可以在一个加工操作中使用同一把刀具将毛坯的大部分材料切除，这种加工方法主要用于去除大量的工件材料，留少量余量以备进行精加工，可以提高加工效率、减少加工时间，降低成本并提高经济效益。

下面以图 3.3.1 所示的零件为例介绍平面加工的一般操作步骤。

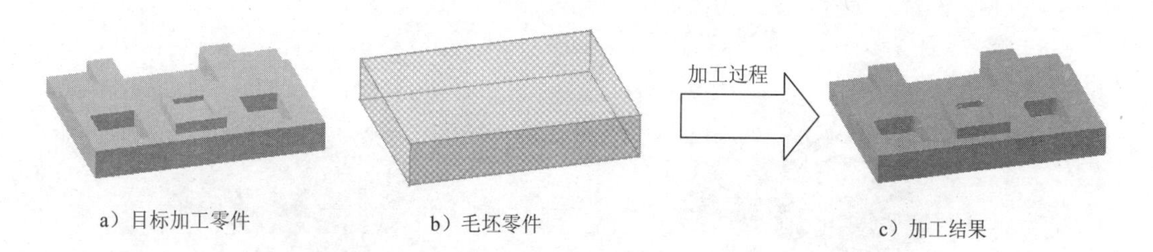

a）目标加工零件　　b）毛坯零件　　c）加工结果

图 3.3.1　粗加工

Task1. 新建一个数控加工模型文件

选择下拉菜单 文件 → 新建... 命令，系统弹出“新建” 对话框。在 类型列表: 列表框中选择 Process，单击 确定 按钮，系统进入“Prismatic Machining”工作台。

说明： 如果系统进入的是其他加工工作台，则需选择下拉菜单 开始 → 加工 → Prismatic Machining 命令切换到“Prismatic Machining”工作台。

Task2. 零件操作定义

Step1. 在 P.P.R 特征树中，双击“Process”节点中的“Part Operation.1”节点，系统弹出“Part Operation”对话框。

Step2. 引入加工零件。单击“Part Operation”对话框中的“Product or part”按钮，系统弹出“选择文件”对话框，在 查找范围(I): 下拉列表中选择目录 D:\cat2016.9\work\ch03\ch03.03，在 文件类型(T): 下拉列表中选择 产品 (*.CATProduct) 选项，在“选择文件”对话框的列表框中选择文件 Rough.CATProduct，单击 打开(O) 按钮，完成加工零件的引入。

Step3. 设置机床。单击“Part Operation”对话框中的“Machine”按钮，系统弹出“Machine Editor”对话框，单击其中的“3-axis Machine”按钮，然后单击 确定 按钮，完成机床的选择。

Step4. 定义加工坐标系。

（1）单击“Part Operation”对话框中的按钮，系统弹出“Default reference machining axis for Part Operation.1”对话框。

（2）单击“Default reference machining axis for Part Operation.1”对话框中的坐标原点感应区，然后在图形区中选取图 3.3.2 所示的点作为加工坐标系的原点（“Default reference machining axis for Part Operation.1”对话框中的基准面、基准轴和原点均由红色变为绿色，表明已定义加工坐标系），系统创建图 3.3.3 所示的加工坐标系。

（3）单击“Default reference machining axis for Part Operation.1”对话框中的 确定 按钮，完成加工坐标系的定义。

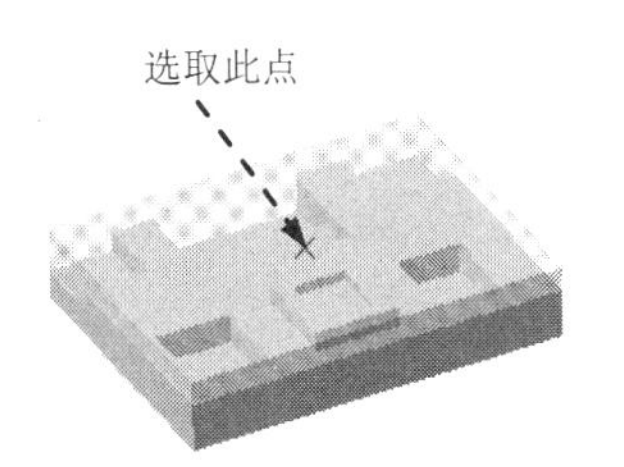

图 3.3.2 选取加工坐标系的原点

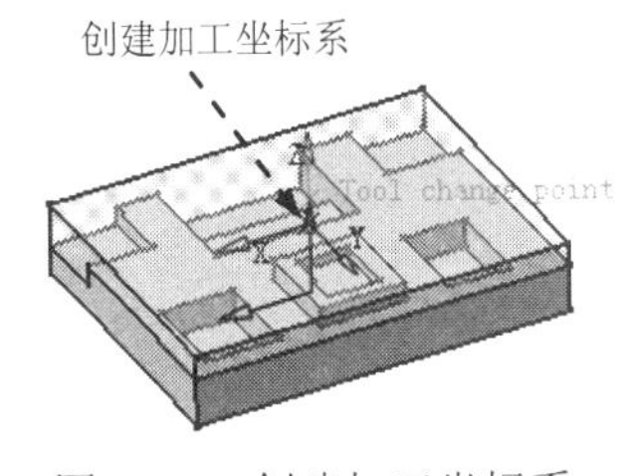

图 3.3.3 创建加工坐标系

Step5. 定义目标加工零件。

（1）单击“Part Operation”对话框中的按钮。

（2）在图 3.3.4 所示的特征树中右击“Rough_Workpiece（Rough_Workpiece.1）”节点，在弹出的快捷菜单中选择 隐藏/显示 命令。

（3）选择图形区中的模型作为目标加工零件，在图形区空白处双击鼠标左键，系统回到“Part Operation”对话框。

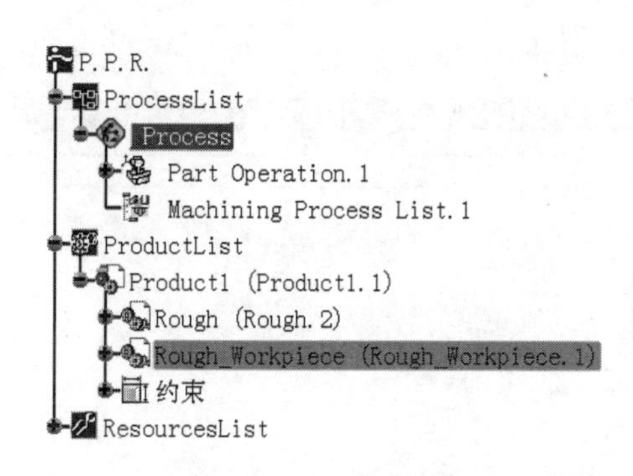

图 3.3.4 特征树

Step6. 定义毛坯零件。

（1）在图 3.3.4 所示的特征树中右击“Rough_Workpiece（Rough _Workpiece.1）”节点，在弹出的快捷菜单中选择隐藏/显示命令。

（2）单击“Part Operation”对话框中的按钮，选取图形区中的模型作为毛坯零件。在图形区空白处双击鼠标左键，系统回到“Part Operation”对话框。

Step7. 定义安全平面。

（1）单击“Part Operation”对话框中的按钮。

（2）选择参照面。在图形区选取图 3.3.5 所示的毛坯表面作为安全平面参照，系统创建一个安全平面。

（3）右击系统创建的安全平面，在弹出的快捷菜单中选择Offset...命令，系统弹出“Edit Parameter”对话框，在其中的Thickness文本框中输入值 10，单击确定按钮，完成安全平面的定义（图 3.3.6）。

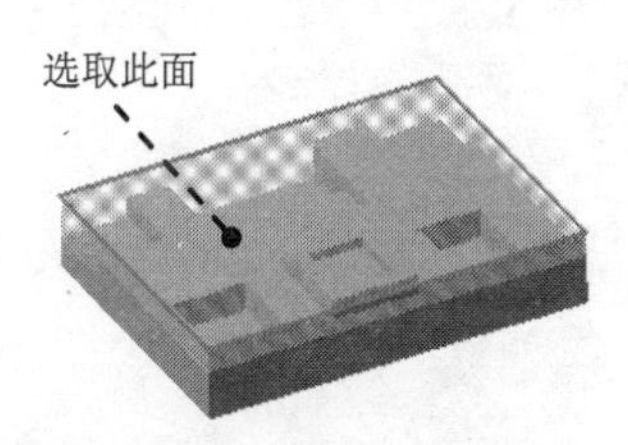

图 3.3.5 选取安全平面参照

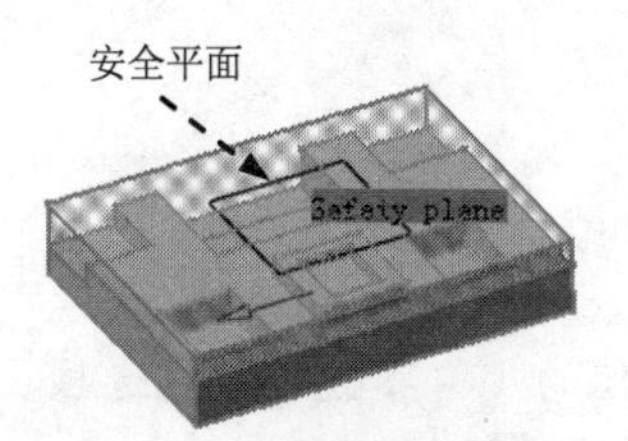

图 3.3.6 创建安全平面

Step8. 单击“Part Operation”对话框中的确定按钮，完成零件定义操作。

Task3. 设置加工参数

Stage1. 定义几何参数

Step1. 隐藏毛坯零件。在特征树中右击“Rough_Workpiece（Rough_Workpiece.1）”节点，在弹出的快捷菜单中选择隐藏/显示命令。

Step2. 在特征树中选中“Manufacturing Program.1”节点，然后选择下拉菜单插入

命令，插入一个粗加工操作，系统弹出图 3.3.7 所示的“Prismatic roughing.1”对话框（一）。

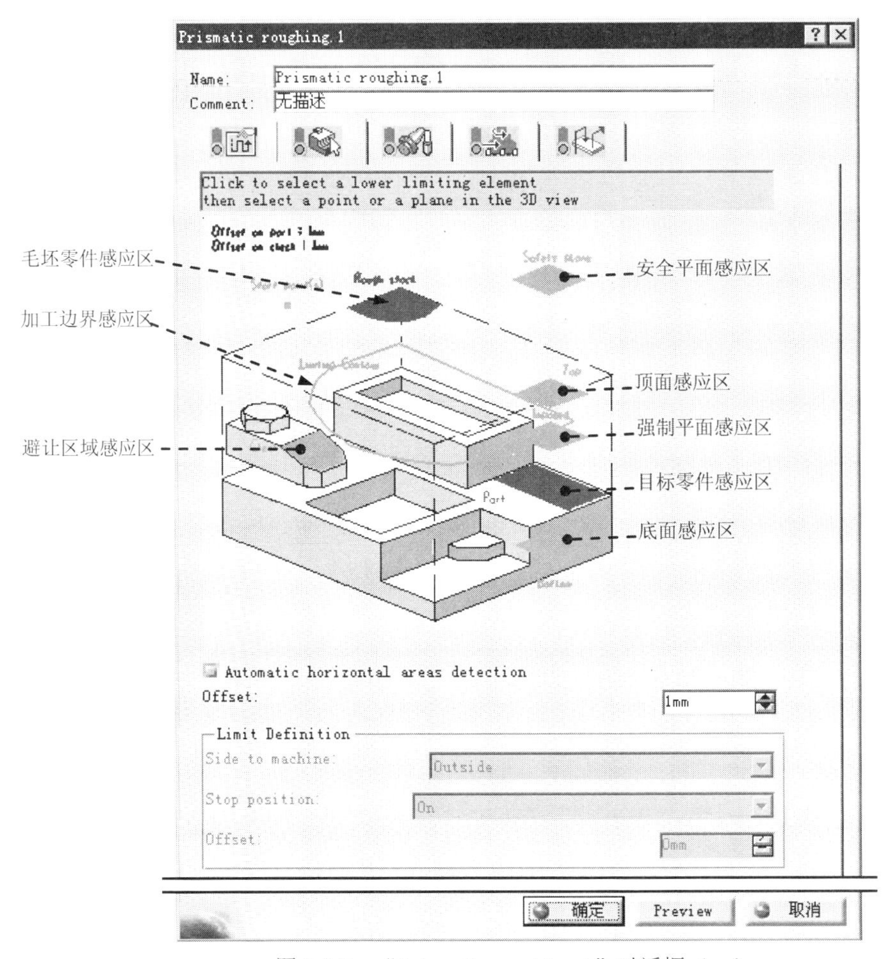

图 3.3.7　“Prismatic roughing.1”对话框（一）

说明：

- 在选项卡中，目标零件（Part）和毛坯零件（Rough Stock）是必须定义的，其他的几何参数都是可选项。
- 在选项卡中可以设置加工的顶面（Top）和底面（Bottom）。在选项卡中单击顶面感应区，然后在图形区选取图 3.3.8 所示的面作为加工顶面；在选项卡中单击底面感应区，然后在图形区选取图 3.3.9 所示的面作为加工底面。这样，刀路轨迹（一）只存在于顶面和底面之间，如图 3.3.10 所示。

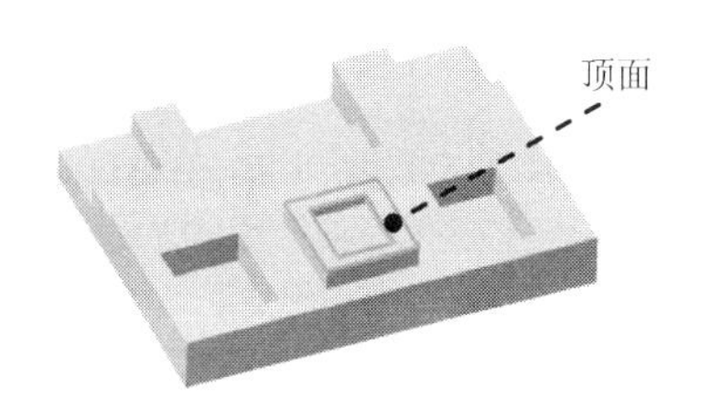

图 3.3.8　选取顶面

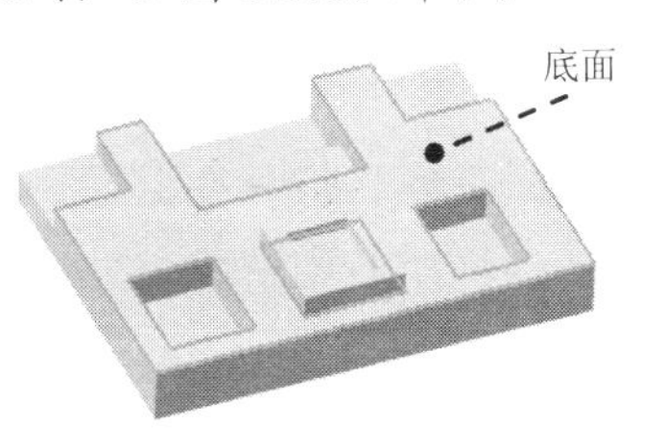

图 3.3.9　选取底面

- 顶面和底面也可以只定义其中的一个，图 3.3.11 所示为只定义了底面的切削结果。

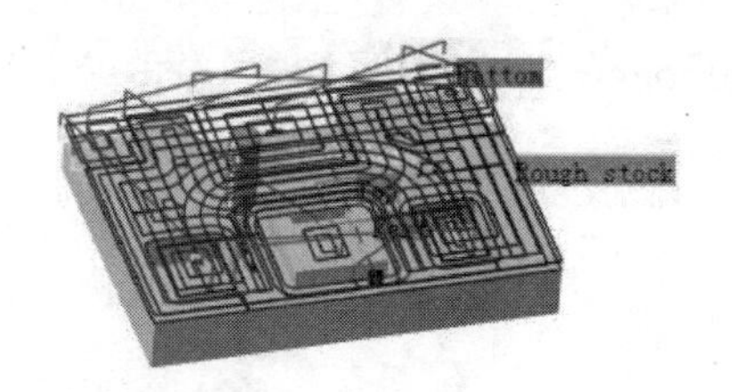

图 3.3.10 刀路轨迹（一）

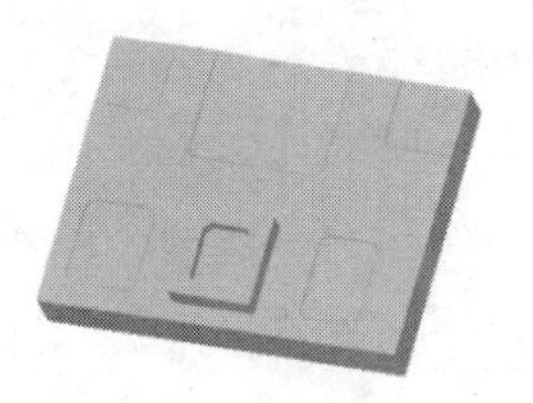

图 3.3.11 切削结果

- 在选项卡中可以定义边界轮廓（Limiting Contour），即定义刀具径向的加工边界。在选项卡中单击边界轮廓（Limiting Contour）感应区，然后在图形区定义图 3.3.12 所示的边界轮廓。此时，选项卡 Limit Definition 区域中的选项被激活。在 Side to machine: 下拉列表中选择 Outside，刀路轨迹（二）如图 3.3.13 所示；在 Side to machine: 下拉列表中选择 Inside，刀路轨迹（三）如图 3.3.14 所示。

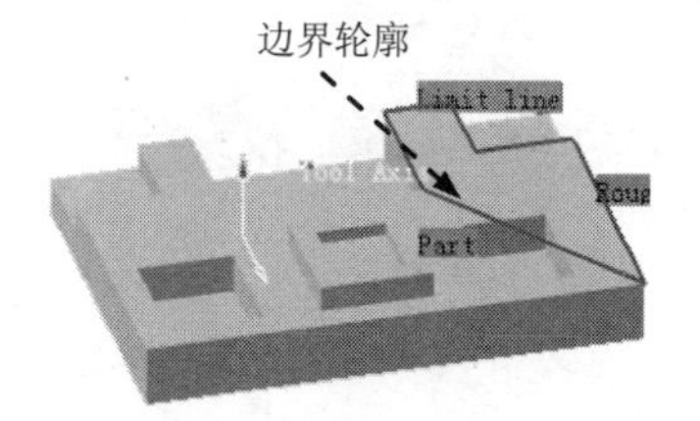

图 3.3.12 定义边界轮廓

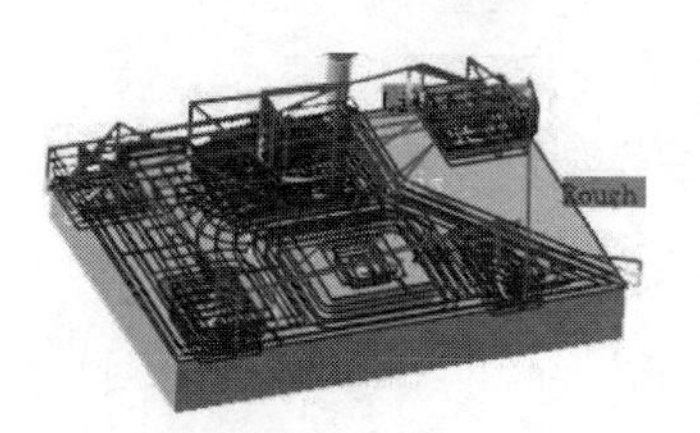

图 3.3.13 刀路轨迹（二）

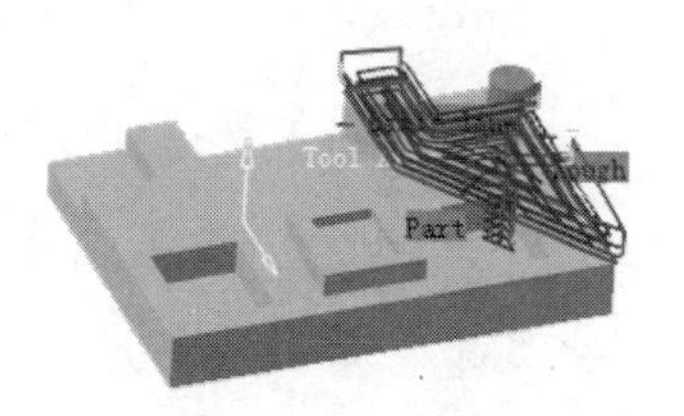

图 3.3.14 刀路轨迹（三）

Step3. 定义加工区域。

（1）将鼠标移动到“Prismatic roughing.1”对话框（一）中的目标零件感应区上，该区域的颜色由深红色变为橙黄色。在该区域单击鼠标左键，对话框消失。在图形区选取图 3.3.15 所示的零件为目标零件，系统自动计算加工区域。在图形区空白处双击鼠标左键返回“Prismatic roughing.1”对话框（一）。

（2）显示毛坯零件。在特征树中右击“Rough_Workpiece（Rough_Workpiece.1）”节点，在弹出的快捷菜单中选择 隐藏/显示 命令。

（3）单击“Prismatic roughing.1”对话框（一）中的毛坯零件（Rough stock）感应区，选取图 3.3.16 所示的零件作为毛坯零件。

（4）在“Prismatic roughing.1”对话框（一）中双击“Offset on part”字样，在弹出的“Edit Parameter”对话框的 Offset on part 文本框中输入值 2，单击 确定 按钮。

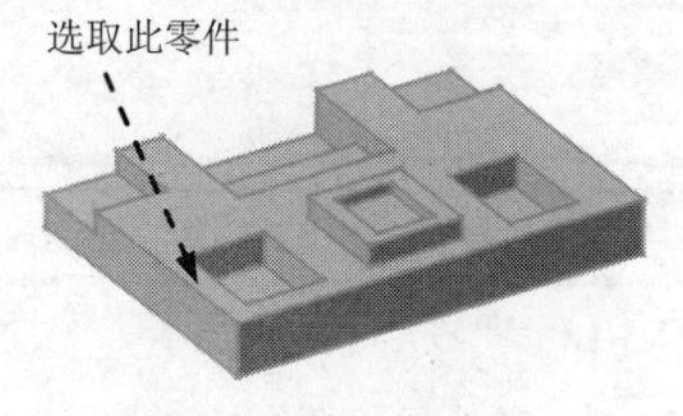

图 3.3.15 选取目标零件

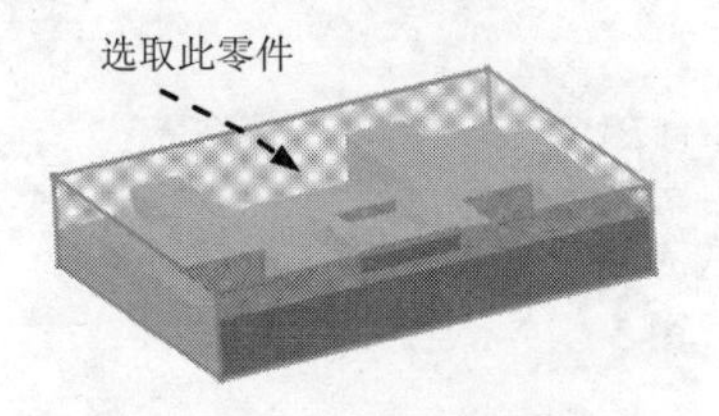

图 3.3.16 选取毛坯零件

Stage2．定义刀具参数

Step1．进入刀具参数选项卡。在“Prismatic roughing.1”对话框（一）中单击“刀具参数”选项卡 。

Step2．选择刀具类型。在“Prismatic roughing.1”对话框（一）中单击 按钮，选择面铣刀为加工刀具。

Step3．刀具命名。在“Prismatic roughing.1”对话框（一）的 Name 文本框中输入“T1 End Mill D40”。

Step4．设置刀具参数。

（1）在“Prismatic roughing.1”对话框（一）中取消选中 □Ball-end tool 复选框，单击 More>> 按钮，单击 Geometry 选项卡，然后设置图 3.3.17 所示的刀具参数。

（2）其他选项卡中的参数均采用默认的设置值。

Stage3．定义进给量

Step1．进入进给量设置选项卡。在“Prismatic roughing.1”对话框（一）中单击 （进给量）选项卡。

Step2．设置进给量。在“Prismatic roughing.1”对话框（一）的 （进给量）选项卡中设置图 3.3.18 所示的参数。

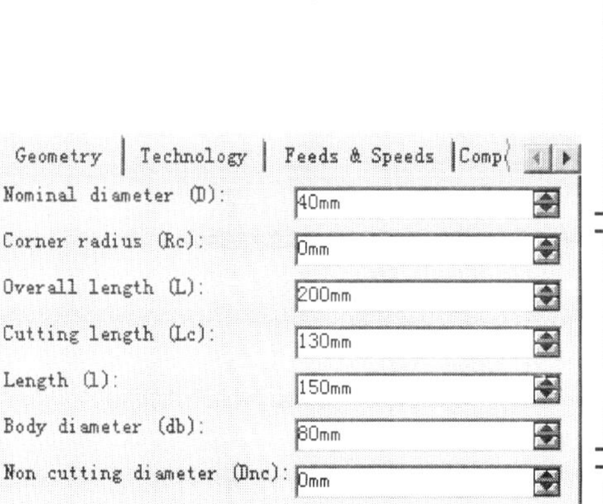

图 3.3.17　定义刀具参数

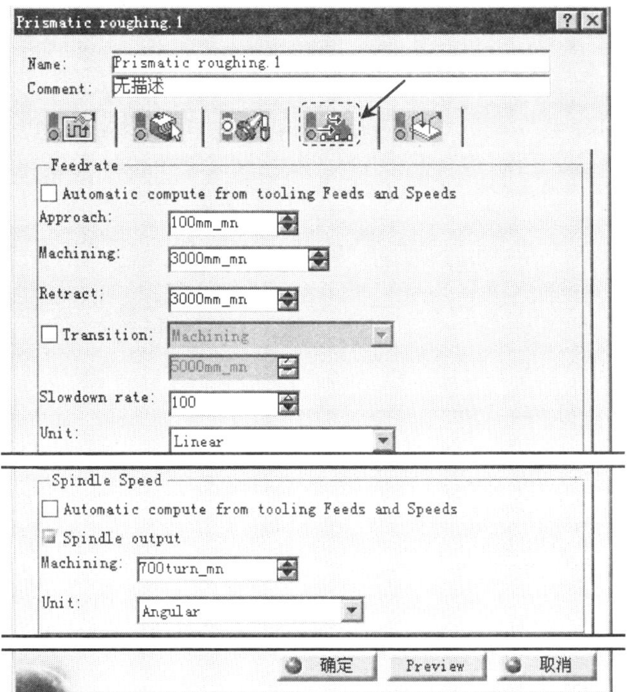

图 3.3.18　“进给量”选项卡

Stage4．定义刀具路径参数

Step1．进入刀具路径参数选项卡。在“Prismatic roughing.1”对话框（一）中单击“刀具路径参数”选项卡 。

Step2．定义切削类型及有关参数。在“Prismatic roughing.1”对话框（一）中单击 Machining 选项卡，然后在 Tool path style: 下拉列表中选择 Helical 选项，其他选项采用系统默认设置。

Step3．定义径向参数。单击 Radial 选项卡，然后在 Mode: 下拉列表中选择 Overlap ratio 选项，在 Tool diameter ratio: 文本框中输入值 50。

Step4．定义轴向参数。单击 Axial 选项卡，然后在 Maximum cut depth: 文本框中输入值 8。

Step5．定义高速铣削参数。单击 HSM 选项卡，然后取消选中 □ High Speed Milling 复选框。

Stage5．定义进刀/退刀路径

Step1．进入进刀/退刀路径选项卡。在“Prismatic roughing.1”对话框（一）中单击 （进刀/退刀路径）选项卡（图 3.3.19）。

Step2．定义进刀路径。在 Macro Management 区域的列表框中选择 Automatic ，然后在 Mode: 下拉列表中选择 Ramping 选项，选择螺旋进刀类型。

Step3．定义进刀参数。在“Prismatic roughing.1”对话框（一）下方的文本框中输入图 3.3.19 所示的参数，其他选项采用系统默认设置。

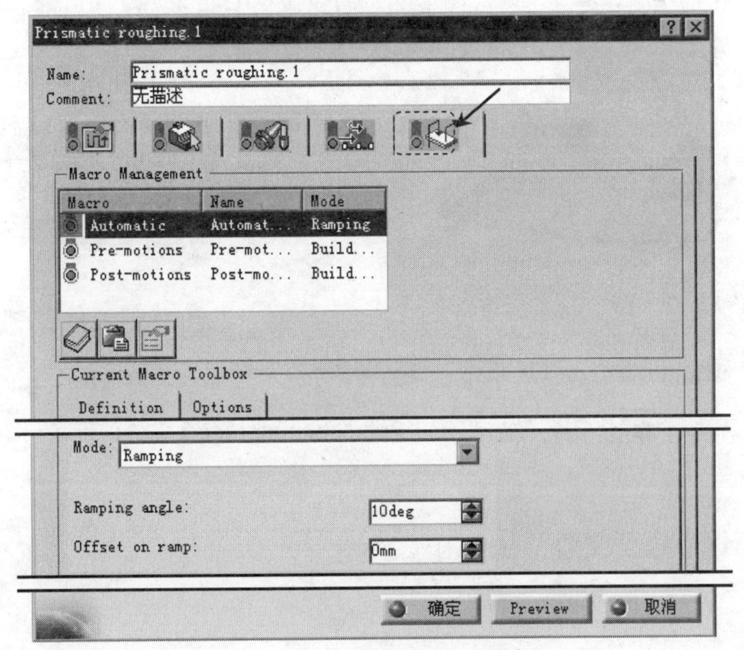

图 3.3.19 “进刀/退刀路径”选项卡

Task4．刀路仿真

Step1．在“Prismatic roughing.1”对话框（一）中单击“Tool Path Replay”按钮，系统弹出“Prismatic roughing.1”对话框（二），且在图形区显示刀路轨迹（图 3.3.20）。

Step2．在“Prismatic Roughing.1”对话框（二）中单击按钮，然后单击按钮，观察刀具切削毛坯零件的运行情况（图 3.3.21）。

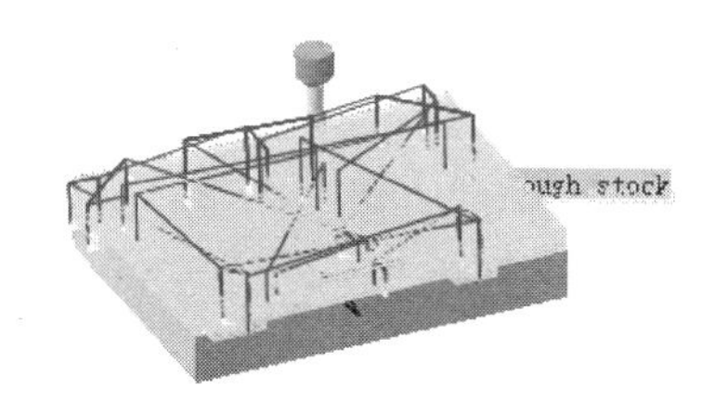

图 3.3.20　显示刀路轨迹

a）加工前

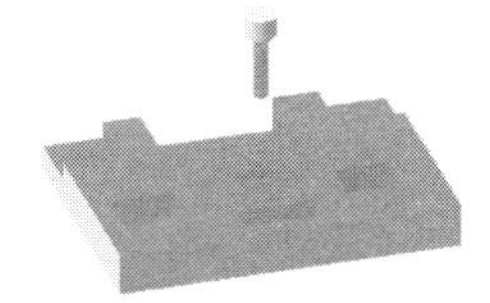

b）加工后

图 3.3.21　刀具切割毛坯零件

Task5．余量/过切检测

Step1．在“Prismatic roughing.1”对话框（二）中单击“Analyze”按钮，系统弹出“Analysis”对话框。

Step2．余量检测。在“Analysis”对话框中选中 Remaining Material 复选框，取消选中 Gouge 复选框，单击 应用 按钮，图形区中高亮显示毛坯加工余量，如图 3.3.22 所示（存在加工余量）。

Step3．过切检测。在“Analysis”对话框中取消选中 Remaining Material 复选框，选中 Gouge 复选框，单击 应用 按钮，图形区中高亮显示毛坯加工过切情况，如图 3.3.23 所示（未出现过切）。

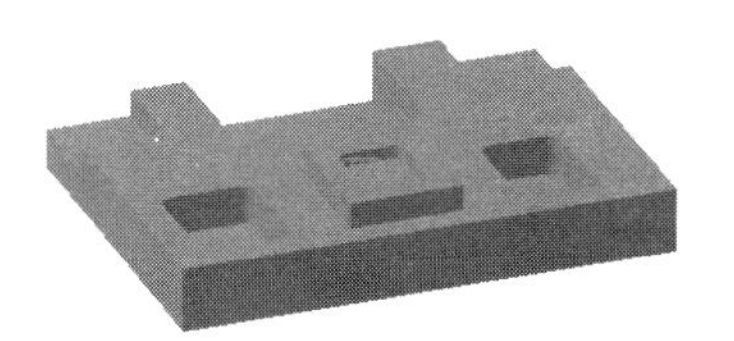

图 3.3.22　毛坯加工余量检测

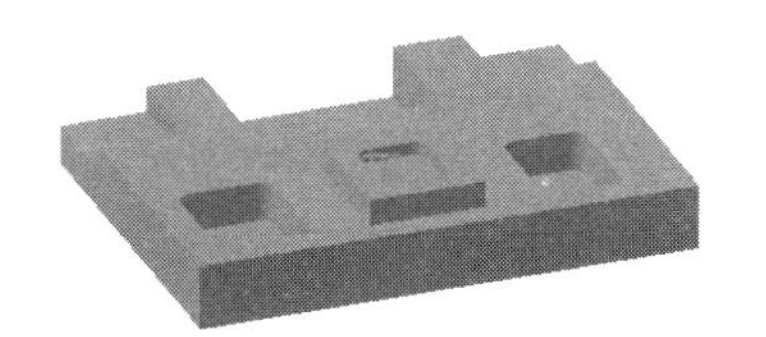

图 3.3.23　过切检测

Step4．在“Analysis”对话框中单击 取消 按钮，然后在“Prismatic roughing.1”对话框（二）中单击 确定 按钮，最后单击“Prismatic roughing.1”对话框（一）中的 确定 按钮。

Task6．保存模型文件

在服务器上保存模型文件，文件名为“Rough”。

3.4 多型腔铣削

多型腔铣削就是在一个加工操作中使用同一把刀具完成对整个零件型腔以及侧壁的粗加工及精加工。多型腔铣削与 3.3 节介绍的粗加工类似，但多型腔铣削加工可以进一步进行精加工。

下面以图 3.4.1 所示的零件为例介绍多型腔铣削加工的一般操作步骤。

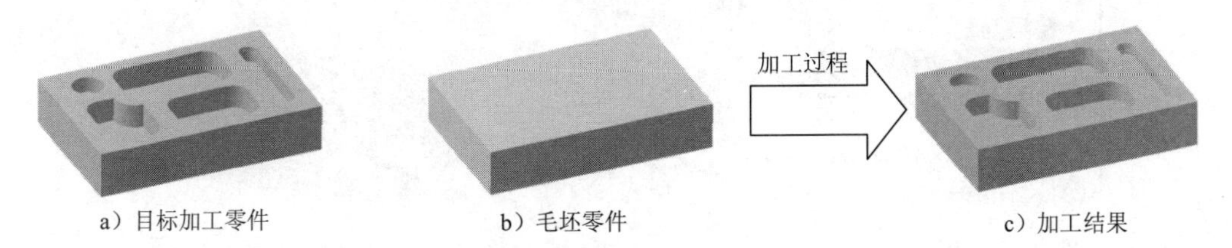

图 3.4.1 多型腔铣削

Task1．打开零件并进入加工工作台

Step1．选择下拉菜单 文件 → 打开... 命令，系统弹出“选择文件”对话框。在 查找范围(I): 下拉列表中选择目录 D:\cat2016.9\work\ch03.04，然后在列表框中选择文件 Multi-Pockets.CATProduct，单击 打开(O) 按钮。

Step2．选择下拉菜单 开始 → 加工 → Prismatic Machining 命令切换到“Prismatic Machining”工作台。

注意：因为在要打开的装配体文件中，已经将目标加工零件和毛坯零件装配在一起，所以不需要由系统自动产生毛坯文件，请参照本书“2.2 进入加工模块”的设置方法，提前取消选中 Create a CATPart to store geometry. 复选框。

Task2．零件操作定义

Step1．进入零件操作定义对话框。在图 3.4.2 所示的特征树（一）中双击“Part Operation.1”节点，系统弹出“Part Operation”对话框。

Step2．机床设置。单击“Part Operation”对话框中的“Machine”按钮，系统弹出“Machine Editor”对话框，单击其中的“3-axis Machine”按钮，然后单击 确定 按钮，完成机床的选择。

Step3．定义加工坐标系。

（1）单击“Part Operation”对话框中的按钮，系统弹出“Default reference machining axis for Part Operation.1”对话框。

（2）定义坐标系名称。在“Default reference machining axis for Part Operation.1”对话

框的 Axis Name： 文本框中输入坐标系名称“MyAxis”，并按下 Enter 键，此时对话框名称变为“MyAxis”。

（3）定义坐标系方位。单击“MyAxis”对话框中的坐标原点感应区，然后在图形区选取图 3.4.3 所示的点作为加工坐标系的原点（“MyAxis”对话框中的基准面、基准轴和原点均由红色变为绿色，表明已定义加工坐标系），系统创建图 3.4.3 所示的加工坐标系。单击 确定 按钮，完成加工坐标系的定义。

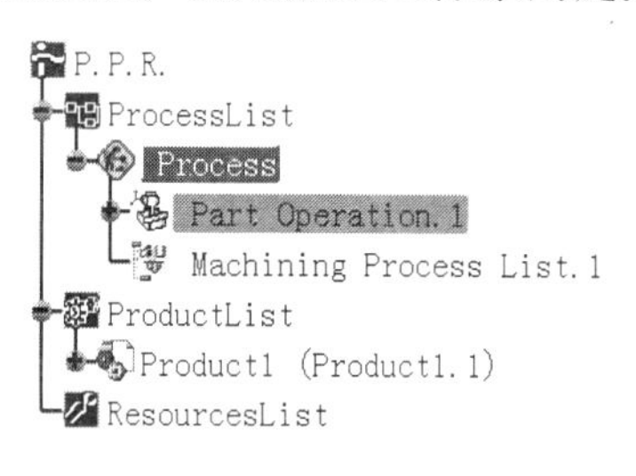

图 3.4.2 特征树（一）

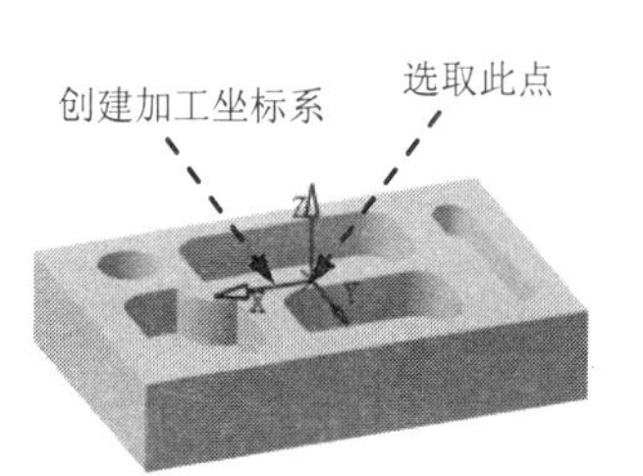

图 3.4.3 创建加工坐标系

Step4. 定义目标加工零件。

（1）单击“Part Operation”对话框中的“Design part”按钮。

（2）在图 3.4.4 所示的特征树（二）中右击“Part2（Part2.1）”节点，在弹出的快捷菜单中选择 隐藏/显示 命令。

（3）选取图形区中的模型作为目标加工零件，在图形区空白处双击鼠标左键，系统回到“Part Operation”对话框。

Step5. 定义毛坯零件。

（1）在图 3.4.4 所示的特征树中右击“Part2（Part2.1）”节点，在弹出的快捷菜单中选择 隐藏/显示 命令。

（2）单击“Part Operation”对话框中的按钮，选取图形区中的模型作为毛坯零件。在图形区空白处双击鼠标左键，系统回到“Part Operation”对话框。

Step6. 定义安全平面。

（1）单击“Part Operation”对话框中的按钮。

（2）选择参照面。在图形区选取图 3.4.5 所示的毛坯表面作为安全平面参照，系统创建一个安全平面。

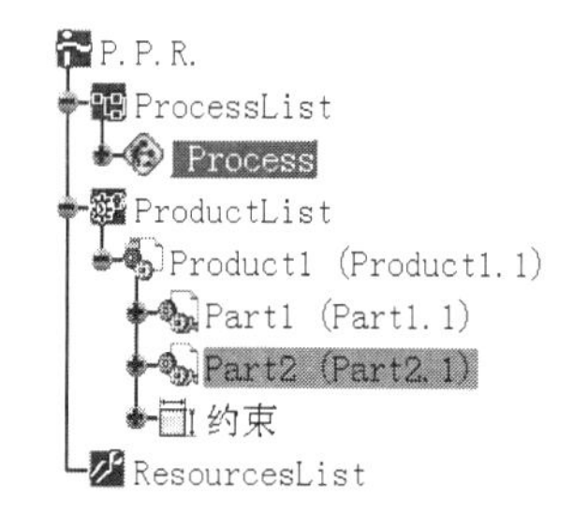

图 3.4.4 特征树（二）

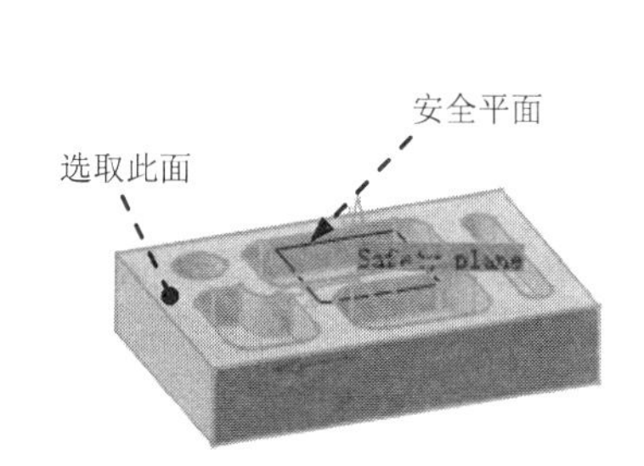

图 3.4.5 创建安全平面

（3）右击系统创建的安全平面，在弹出的快捷菜单中选择Offset...命令，系统弹出“Edit Parameter”对话框，在其中的Thickness文本框中输入值 10，单击确定按钮完成安全平面的定义（图 3.4.5）。

Step7. 单击“Part Operation”对话框中的确定按钮，完成零件定义操作。

Task3. 设置加工参数

Stage1. 定义几何参数

Step1. 隐藏毛坯零件。在特征树中右击“Part2（Part2.1）”节点，在弹出的快捷菜单中选择隐藏/显示命令。

Step2. 在特征树中选中“Part Operation.1”节点下的“Manufacturing Program.1”节点，然后选择下拉菜单插入 ➡ Multi-Pockets Operations ▸ ➡ Power Machining命令，插入一个多型腔加工操作，系统弹出图 3.4.6 所示的“Power machining.1”对话框（一）。

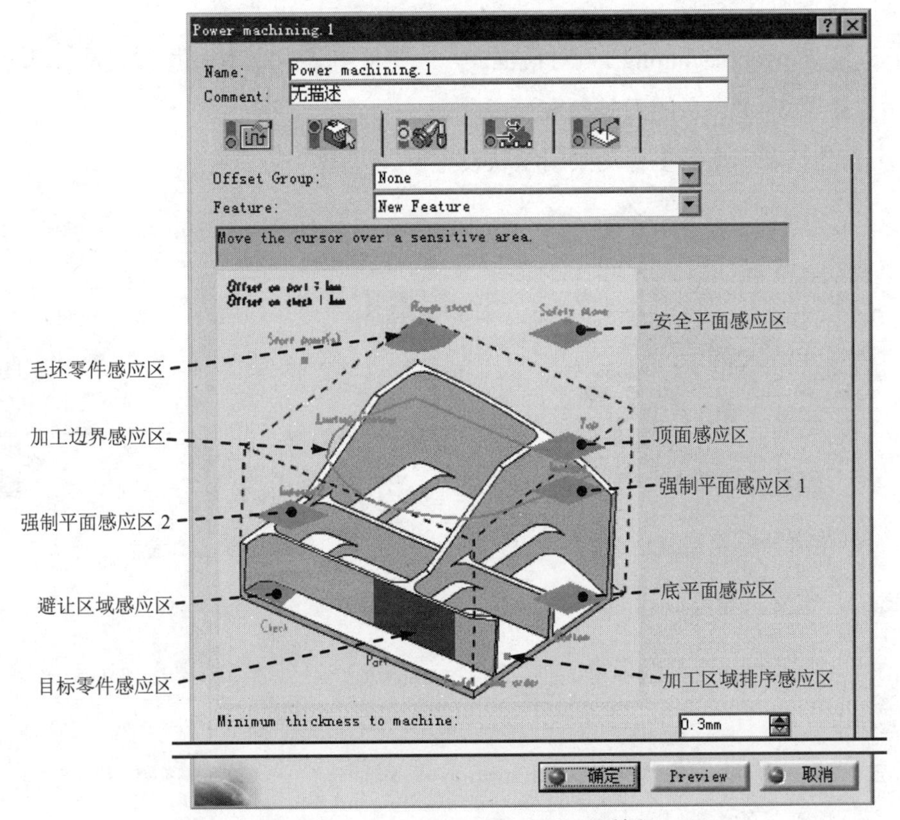

图 3.4.6 “Power machining.1”对话框（一）

Step3. 定义加工区域。

（1）移动鼠标指针到“Power machining.1”对话框（一）中的目标零件感应区上，该区域的颜色由深红色变为橙黄色。单击该区域，对话框消失，然后在图形区单击目标加工零件，在图形区空白处双击鼠标左键，系统返回到“Power machining.1”对话框（一）。

（2）单击“Power machining.1”对话框（一）中的加工区域排序感应区，在图形区中依次选择图 3.4.7 所示的面，在图形区空白处双击鼠标左键，系统返回到“Power machining.1”对话框（一）。

Stage2．定义刀具参数

Step1. 进入刀具参数选项卡。在“Power machining.1”对话框（一）中单击“刀具参数”选项卡。

Step2. 选择刀具类型。在“Power machining.1”对话框（一）中单击按钮，选择面铣刀为加工刀具。

Step3. 刀具命名。在“Power machining.1”对话框（一）的 Name 文本框中输入“T1 End Mill D 10”。

Step4. 设置刀具参数。

（1）在“Power machining.1”对话框（一）中单击 More>> 按钮，单击 Geometry 选项卡，然后设置图 3.4.8 所示的刀具参数。

（2）其他选项卡中的参数均采用默认设置值。

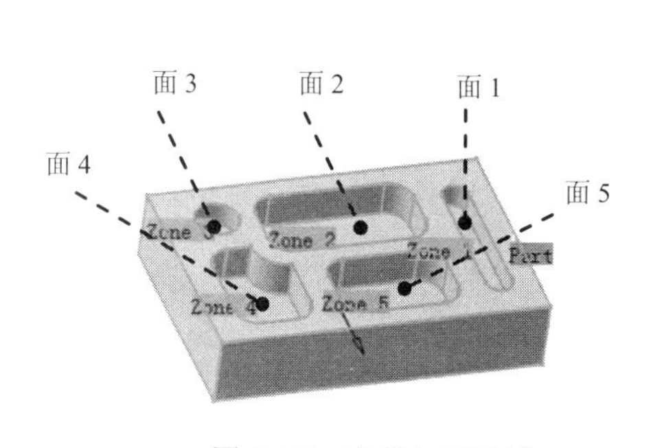

图 3.4.7 定义加工区域

Geometry | Technology | Feeds & Speeds | Comp

Nominal diameter (D):	10mm
Corner radius (Rc):	0mm
Overall length (L):	60mm
Cutting length (Lc):	30mm
Length (l):	40mm
Body diameter (db):	15mm
Non cutting diameter (Dnc):	0mm

图 3.4.8 定义刀具参数

Stage3．定义进给量

Step1. 进入进给量设置选项卡。在“Power machining.1”对话框（一）中单击（进给量）选项卡。

Step2. 设置进给量。在“Power machining.1”对话框（一）的（进给量）选项卡中设置图 3.4.9 所示的参数。

Stage4．定义刀具路径参数

Step1. 进入刀具路径参数选项卡。在“Power machining.1”对话框（一）中单击（刀具路径参数）选项卡（图 3.4.10）。

Power machining.1

Name: Power machining.1

Comment: 无描述

Feedrate

Automatic compute from tooling Feeds and Speeds

Approach: 100mm_mn

Machining: 1600mm_mn

Retract: 3000mm_mn

Finishing: 300mm_mn

Transition: Machining

5000mm_mn

Slowdown rate: 100

Unit: Linear

Feedrate reduction in corners

Spindle Speed

Automatic compute from tooling Feeds and Speeds

Spindle output

Machining: 1800turn_mn

Unit: Angular

确定 Preview 取消

图 3.4.9 “进给量”选项卡

Step2. 定义切削类型。在“Power machining.1”对话框（一）的 Machining strategy: 下拉列表中选择 Center (1) and Side (2)。

Step3. 定义一般参数。单击 General 选项卡，设置图 3.4.10 所示的参数。

图 3.4.10 所示的刀具路径参数选项卡（一）中选项的说明如下。

- Machining strategy: 下拉列表：选择加工策略类型。
  - ☑ Center (1) only 选项：选择该选项，则只加工型腔的中部，即图 3.4.11 中标注有①的部分。这种加工策略在侧壁和底面都留有加工余量。
  - ☑ Center (1) and Side (2) 选项：选择该选项，在型腔中部的粗加工完成之后，还进行侧壁（即图 3.4.10 中标注有②的部分）的精加工。
- Center/Side/Bottom definition 区域：用于定义型腔的中部、侧壁和底面。
  - ☑ Remaining thickness for sides: 文本框：用于设置型腔侧壁留有的加工余量。
  - ☑ Minimum thickness on horizontal areas: 文本框：用于设置型腔底部最小的加工余量。
  - ☑ Machine horizontal areas until minimum thickness 复选框：选中该复选框使设置的型腔底部最小加工余量有效。

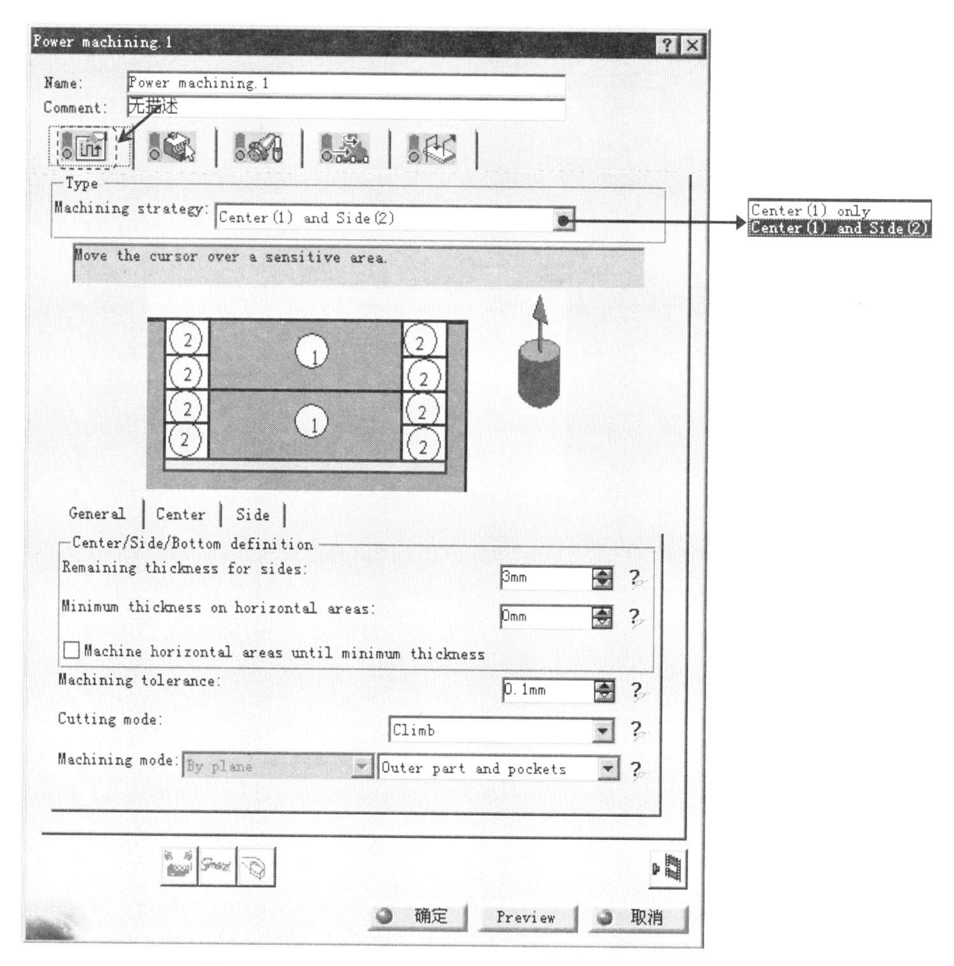

图 3.4.10 “刀具路径参数”选项卡（一）

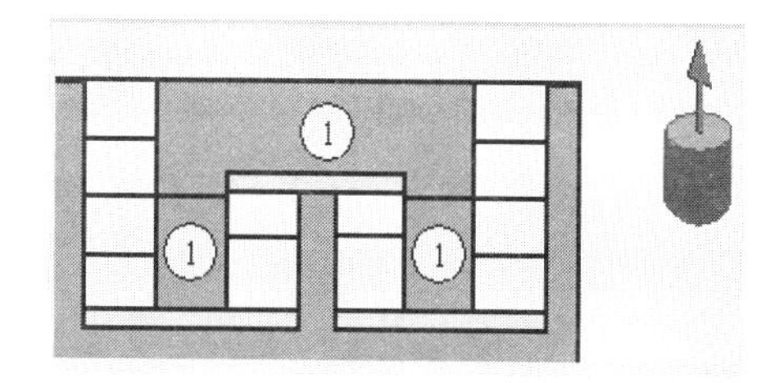

图 3.4.11 “刀具路径参数”选项卡（二）

- Machining tolerance: 文本框：设置加工公差。
- Cutting mode: 下拉列表：用于定义切削模式，包括 Climb（顺铣）和 Conventional（逆铣）两种模式。
- Machining mode: 下拉列表：用于定义加工模式，包括 Pockets only（只加工型腔）、Outer part（只加工型腔外部）和 Outer part and pockets（加工型腔外部和型腔）3种模式。

Step4. 定义型腔中部参数。单击Center（型腔中部）选项卡，然后在Tool path style:下拉列表中选择Helical选项，其余选项采用系统默认设置，如图 3.4.12 所示。

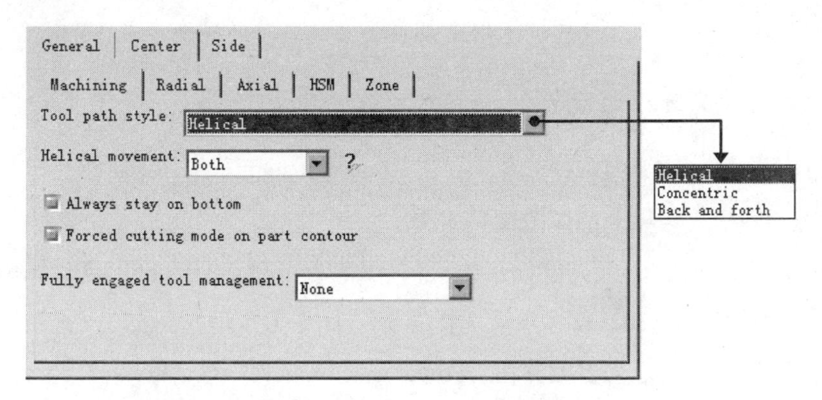

图 3.4.12 “型腔中部”选项卡

图 3.4.12 所示的Center（型腔中部）选项卡中选项的说明如下。

- Machining（切削）：用于设置型腔中部的加工参数。
  - ☑ Tool path style:下拉列表：用于选择刀具路径类型，包括Helical（螺旋铣削）、Concentric（同心圆铣削）和Back and forth（往复铣削）3 种类型。
  - ☑ Helical movement:下拉列表：用于选择螺旋铣削时的走刀方向。
  - ☑ Always stay on bottom复选框：选中该复选框，可以使刀具在两个加工区域之间的连接轨迹保持在正在加工的平面上。
  - ☑ Forced cutting mode on part contour复选框：选中该复选框，即在零件轮廓上实行强制切削模式。
  - ☑ Fully engaged tool management:下拉列表：该下拉列表用于选择刀具管理的模式。
- Radial选项卡（径向）：该选项卡用于设置加工型腔中部时的径向参数。
- Axial选项卡（轴向）：该选项卡用于设置加工型腔中部时的轴向参数。
- HSM选项卡（高速铣削参数）：该选项卡用于设置高速加工操作中的参数。
- Zone选项卡（加工区域）：该选项卡用于设置是否将不满足条件的型腔过滤。

Step5. 定义侧壁参数。单击Side（侧壁）选项卡，设置图 3.4.13 所示的参数。

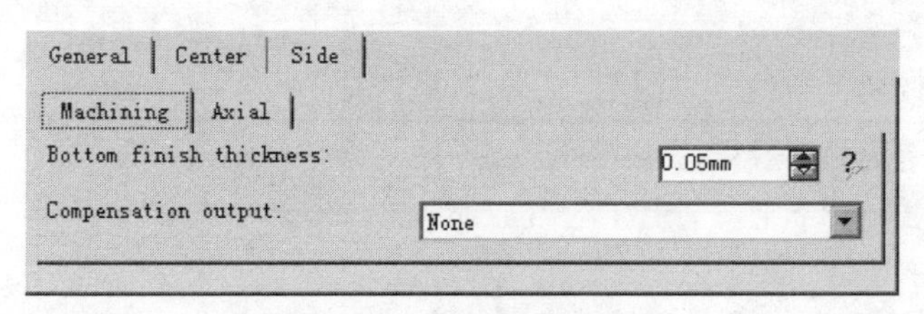

图 3.4.13 “侧壁”选项卡

图 3.4.13 所示的Side（侧壁）选项卡中选项的说明如下。

- Machining选项卡：该选项卡用于设置铣削侧壁时的加工参数。

☑ Bottom finish thickness: 文本框：用于设置侧壁精加工后在底部留有的加工余量。

☑ Compensation output: 下拉列表：用于设置输出补偿。

- Axial 选项卡：该选项卡用于设置加工侧壁时的轴向参数。

Stage5. 定义进刀/退刀路径

Step1. 进入进刀/退刀路径选项卡。在“Power machining.1”对话框（一）中单击 （进刀/退刀路径）选项卡，如图 3.4.14 所示。

Step2. 定义进刀/退刀类型。在 Macro Management 区域的列表框中选择 Automatic，然后在 Mode: 下拉列表中选择 Ramping 选项，选择螺旋进刀/退刀类型。

Step3. 定义进刀/退刀参数。在“Power machining.1”对话框（一）下方的文本框中输入图 3.4.14 所示的参数。

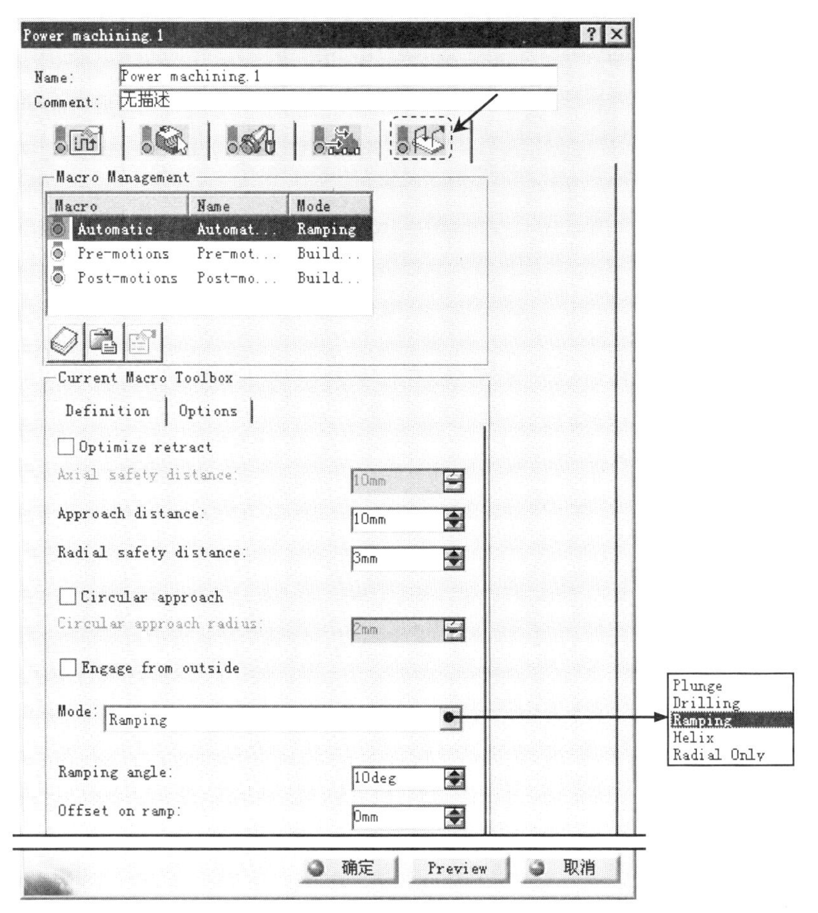

图 3.4.14 “进刀/退刀路径”选项卡（一）

图 3.4.14 所示的进刀/退刀路径选项卡中各项的说明如下。

- Macro Management 区域：列出了不同情况下的进刀和退刀方式。

☑ Automatic 选项：定义在切削过程中刀具与材料之间相遇的避让路径。

☑ Pre-motions选项：定义刀具从安全平面到切削之前的运动路径。

☑ Post-motions选项：定义刀具从切削过程返回安全平面的运动。

● Mode: 下拉列表：提供了Plunge、Drilling、Ramping和Helix 4 种进刀/退刀模式。选择不同的模式可以激活相应的文本框，并可以设置相应的参数。

Step4. 定义切削前的运动。在Macro Management区域的列表框中选择Pre-motions选项，然后在Mode: 下拉列表中选择Build by user选项，单击“Add motion perpendicular to a plane”按钮，如图 3.4.15 所示。

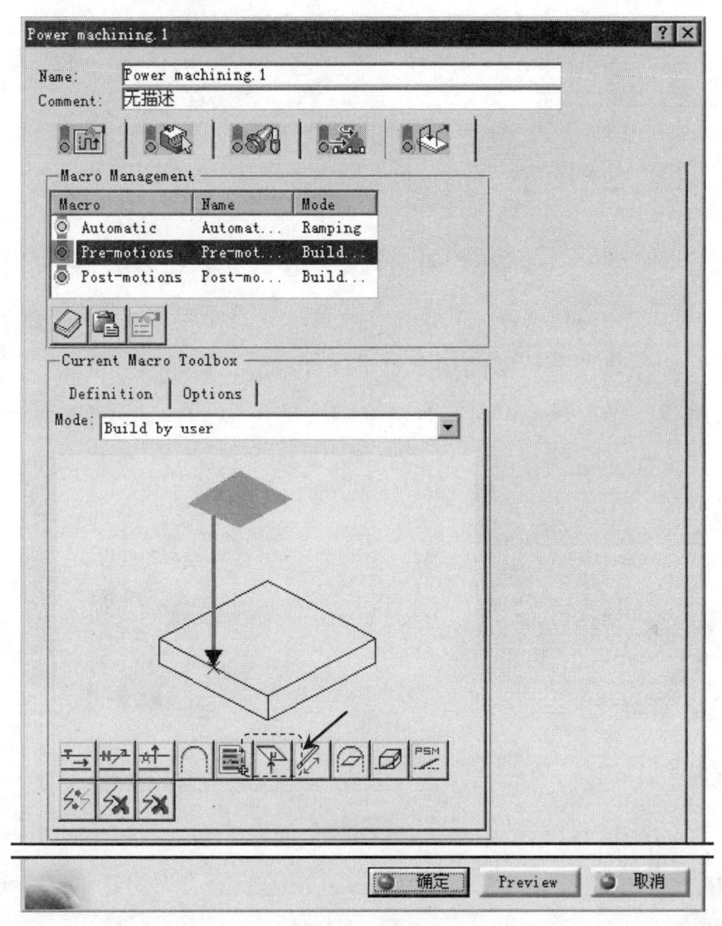

图 3.4.15 “进刀/退刀路径”选项卡（二）

Step5. 定义切削后的运动。在Macro Management区域的列表框中选择Post-motions选项，然后在Mode: 下拉列表中选择Build by user选项，单击“Add motion perpendicular to a plane”按钮。

Task4．刀路仿真

Step1. 在“Power machining.1”对话框（一）中单击“Tool Path Replay”按钮，系统弹出“Power machining.1”对话框（二），且在图形区显示刀路轨迹，如图 3.4.16 所示。

Step2. 在“Power machining.1”对话框（二）中单击按钮，然后单击按钮，观察刀具切削毛坯零件的运行情况，如图 3.4.17 所示。

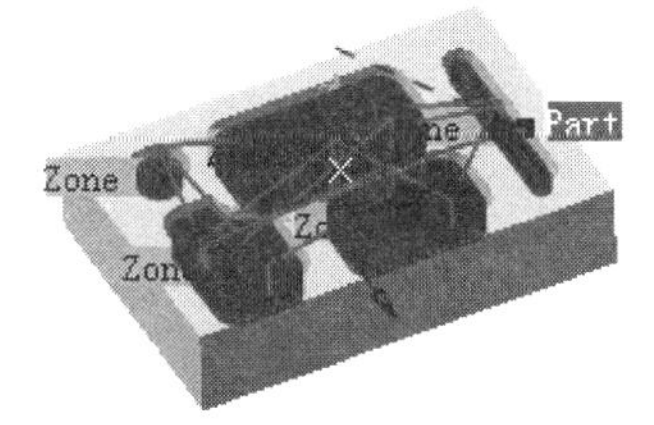

图 3.4.16　显示刀路轨迹

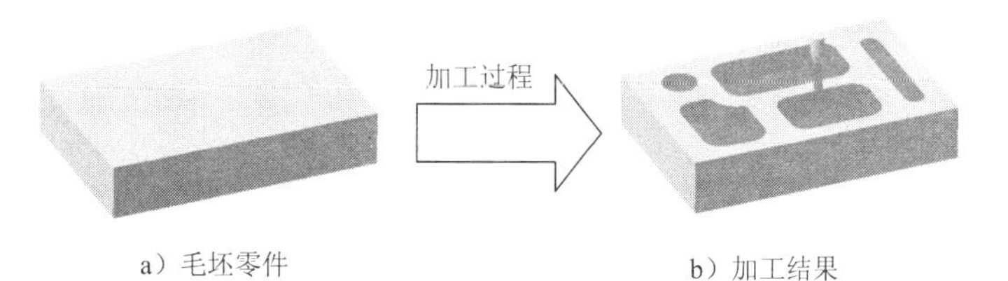

图 3.4.17　刀具切割毛坯零件

Task5. 余量/过切检测

Step1. 在“Power machining.1”对话框（二）中单击“Analyze”按钮，系统弹出“Analysis”对话框。

Step2. 余量检测。在“Analysis”对话框中选中 Remaining Material 复选框，取消选中 Gouge 复选框，单击 应用 按钮，图形区中高亮显示毛坯加工余量，如图 3.4.18 所示（本例中只进行粗加工，所以留有一定的加工余量进行精加工）。

Step3. 过切检测。在“Analysis”对话框中取消选中 Remaining Material 复选框，选中 Gouge 复选框，单击 应用 按钮，图形区中高亮显示毛坯加工过切情况，如图 3.4.19 所示（未出现过切）。

图 3.4.18　毛坯加工余量检测

图 3.4.19　过切检测

Step4. 在“Analysis”对话框中单击 取消 按钮，然后在“Power machining.1”对话框（二）中单击 确定 按钮，最后单击“Power machining.1”对话框（一）中的 确定 按钮。

Task6. 保存模型文件

在服务器上保存模型文件，文件名为“Multi-Pockets”。

3.5 轮 廓 铣 削

轮廓铣削就是对零件的外形轮廓进行切削，包括两平面间轮廓铣削、两曲线间轮廓铣

削、曲线与曲面间轮廓铣削和端平面轮廓铣削四种加工类型。

3.5.1 两平面间轮廓铣削

两平面间轮廓铣削就是沿着零件的轮廓线对两边界平面之间的加工区域进行切削。下面以图 3.5.1 所示的零件为例介绍它的一般操作步骤。

图 3.5.1 两平面间轮廓铣削

Task1. 引入零件并进入加工工作台

Step1. 选择下拉菜单 文件 → 打开... 命令，系统弹出“选择文件”对话框。在 查找范围(I): 下拉列表中选择目录 D:\cat2016.9\work\ch03.05.01，然后在列表框中选择文件 Profile_Contouring.CATProduct，单击 打开(O) 按钮。

Step2. 选择下拉菜单 开始 → 加工 → Prismatic Machining 命令切换到“Prismatic Machining”工作台。

Task2. 零件操作定义

Step1. 进入零件操作定义对话框。在特征树中双击“Part Operation.1”节点，系统弹出“Part Operation”对话框。

Step2. 机床设置。单击“Part Operation”对话框中的“Machine”按钮，系统弹出“Machine Editor”对话框，单击其中的“3-axis Machine”按钮，然后单击 确定 按钮，完成机床的选择。

Step3. 定义加工坐标系。

（1）单击“Part Operation”对话框中的按钮，系统弹出“Default reference machining axis for Part Operation.1”对话框。

（2）单击对话框中的原点感应区，然后在图形区选取图 3.5.2 所示的点作为加工坐标系的原点（“Default reference machining axis for Part Operation.1”对话框中的基准面、基准轴和原点均由红色变为绿色，表明已定义加工坐标系），系统创建图 3.5.3 所示的加工坐标系。

（3）单击“Default reference machining axis for Part Operation.1”对话框中的 确定 按钮，完成加工坐标系的定义。

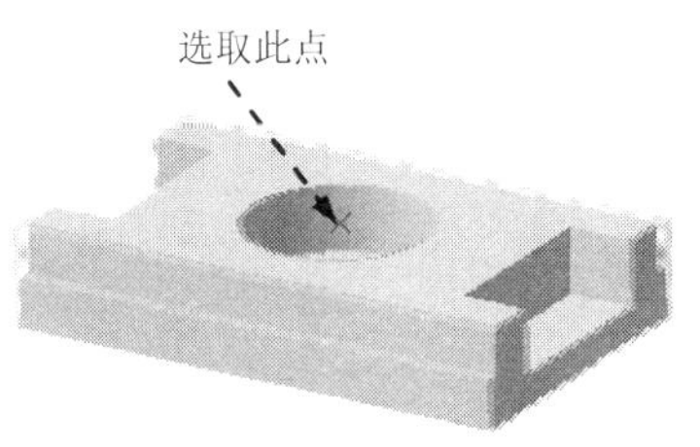

图 3.5.2　选取加工坐标系的原点

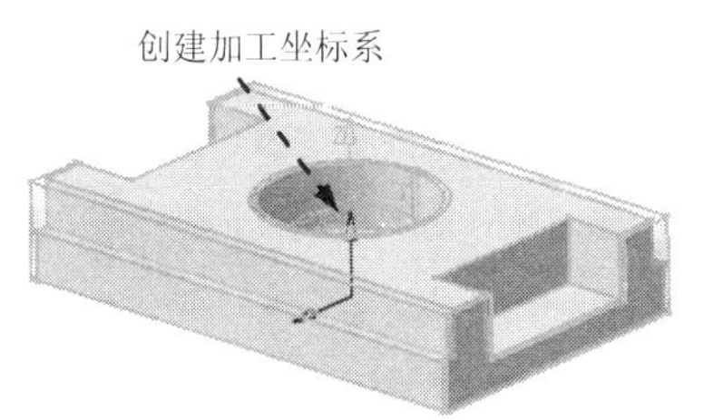

图 3.5.3　创建加工坐标系

Step4. 定义目标加工零件。

（1）单击“Part Operation”对话框中的按钮。

（2）在图 3.5.4 所示的特征树中右击节点“Profile_Contouring_Workpiece（Profile_Contouring_Workpiece）”，在弹出的快捷菜单中选择 隐藏/显示 命令。

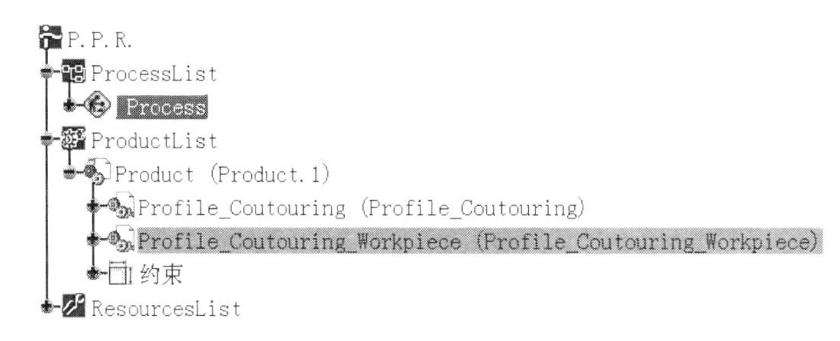

图 3.5.4　特征树

（3）选择图形区中的模型作为目标加工零件，在图形区空白处双击鼠标左键，系统回到“Part Operation”对话框。

Step5. 定义毛坯零件。

（1）在图 3.5.4 所示的特征树中右击“Profile_Contouring_Workpiece（Profile _Contouring_Workpiece）”节点，在弹出的快捷菜单中选择 隐藏/显示 命令。

（2）单击“Part Operation”对话框中的按钮，选取图形区中的模型作为毛坯零件。在图形区空白处双击鼠标左键，系统回到“Part Operation”对话框。

Step6. 定义安全平面。

（1）单击“Part Operation”对话框中的按钮。

（2）选择参照面。在图形区选取图 3.5.5 所示的毛坯表面作为安全平面参照，系统创建一个安全平面。

（3）右击系统创建的安全平面，在弹出的快捷菜单中选择 Offset... 命令，系统弹出“Edit Parameter”对话框，在其中的 Thickness 文本框中输入值 10，单击 确定 按钮完成安全平面的定义，如图 3.5.6 所示。

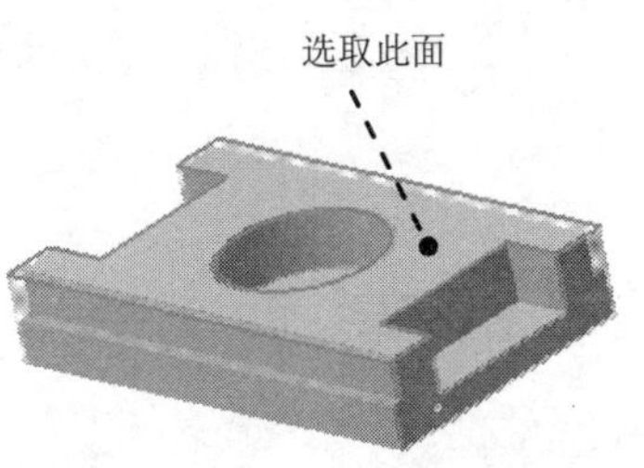

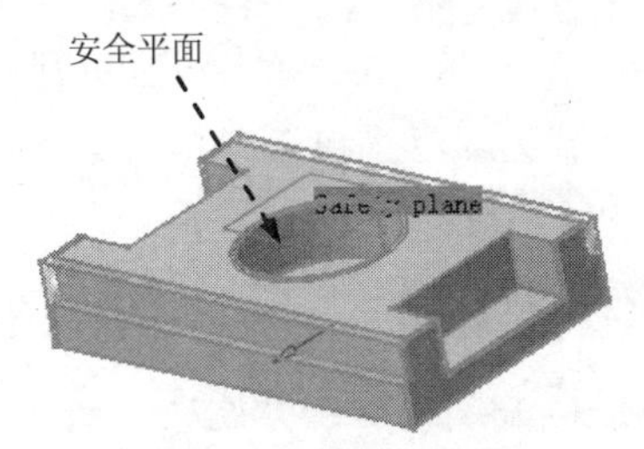

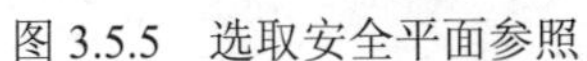
图 3.5.5 选取安全平面参照

图 3.5.6 创建安全平面

Step7. 单击“Part Operation”对话框中的 确定 按钮，完成零件操作的定义。

Task3. 设置加工参数

Stage1. 定义几何参数

Step1. 隐藏毛坯零件。在特征树中右击节点“Profile_Contouring_Workpiece（Profile_Contouring_Workpiece）”，在弹出的快捷菜单中选择 隐藏/显示 命令。

Step2. 在特征树中选中 Part Operation.1”节点下的“Manufacturing Program.1 节点，然后选择下拉菜单 插入 → Machining Operations ▸ → Profile Contouring 命令，插入一个轮廓铣削加工操作，系统弹出图 3.5.7 所示的“Profile Contouring.1”对话框（一）。

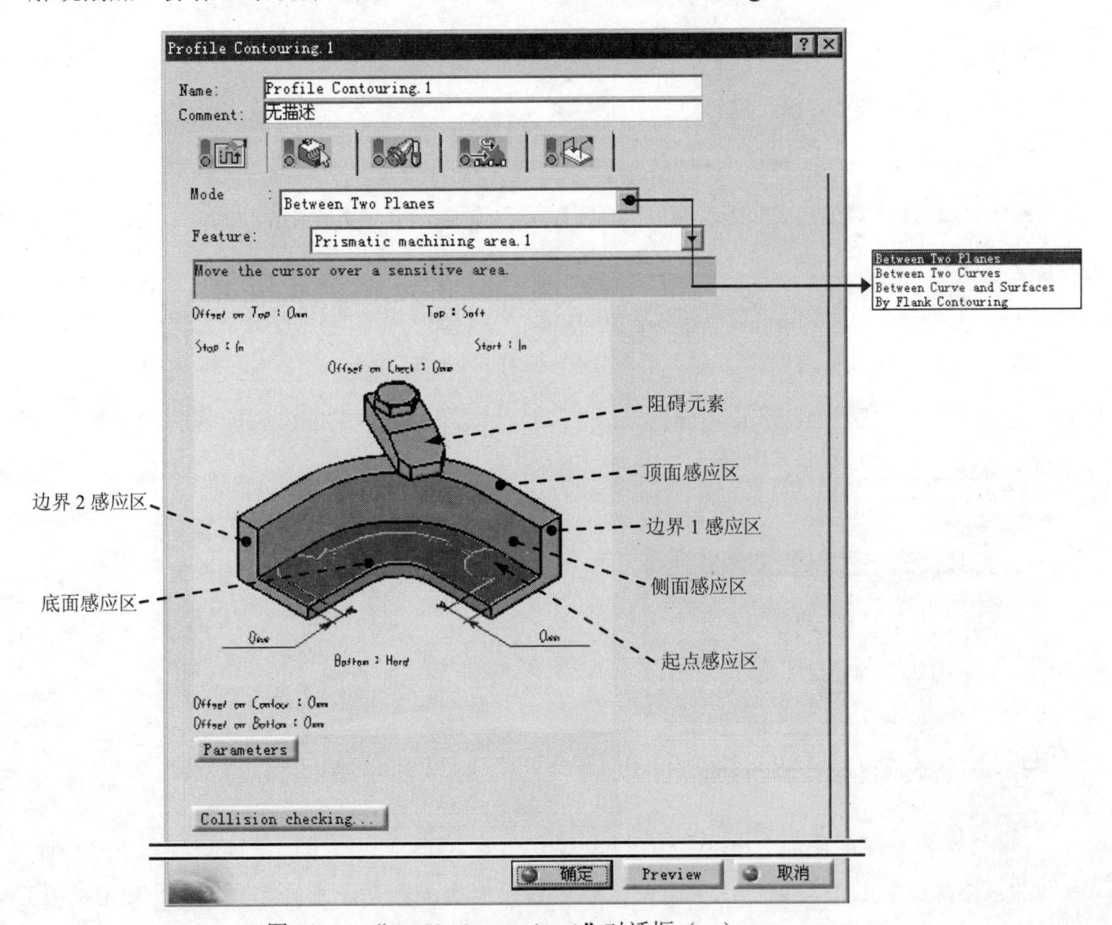

图 3.5.7 “Profile Contouring.1”对话框（一）

图 3.5.7 所示的“Profile Contouring.1”对话框（一）中选项按钮的说明如下。

- Mode 文本框：用于选择轮廓铣削的类型。
- Between Two Planes 选项：两平面间轮廓铣削。
- Between Two Curves 选项：两曲线间轮廓铣削。
- Between Curve and Surfaces 选项：曲线和曲面间轮廓铣削。
- By Flank Contouring 选项：端平面轮廓铣削。
- Stop : In / Start : In (Stop : In / Start : In)：右击对话框中的该字样后，系统弹出图 3.5.8 所示的快捷菜单，用于设置刀具起点（Start）和终点（Stop）的位置，图 3.5.9 和图 3.5.10 所示分别为选择 On 和 Out 命令时的刀具位置。

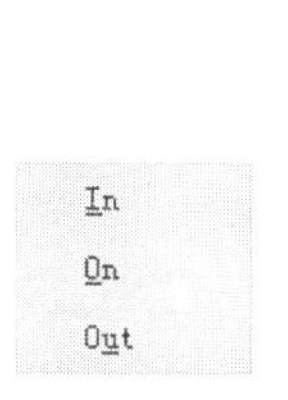

图 3.5.8　快捷菜单

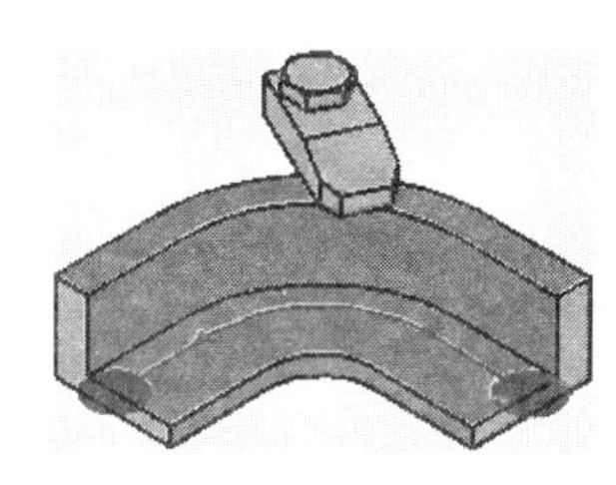
图 3.5.9　刀具起点和终点在轮廓上

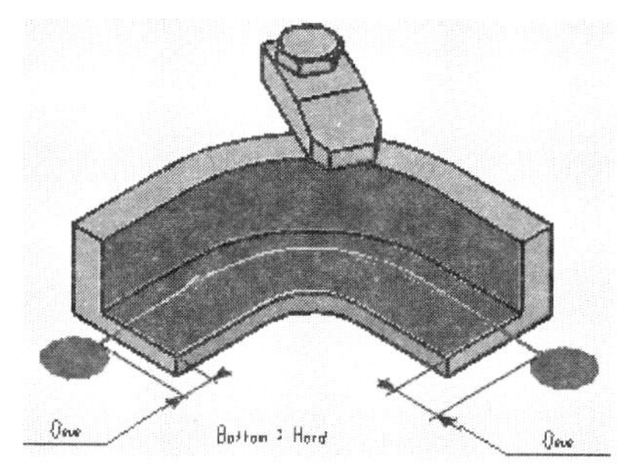

图 3.5.10　刀具起点和终点在轮廓外部

- Parameters 按钮：单击该按钮，系统弹出图 3.5.11 所示的“Machining Area Parameters”对话框，该对话框中显示加工区域的一些参数。
- Collision checking... 按钮：该按钮用于设置是否进行碰撞分析。

Step3. 定义加工区域。

（1）移动鼠标指针到“Profile Contouring.1”对话框（一）中的底面感应区上，该区域的颜色由深红色变为橙黄色，单击该区域，对话框消失，在图形区选择图 3.5.12 所示的面 1 为底平面。此时，“Profile Contouring.1”对话框（一）中的底面感应区和侧面感应区的颜色均变为绿色，表明已经定义了底面和侧面。

Machining Area Parameters

Minimum Corner Radius	30mm
Minimum Channel Width	59.73mm
Maximum Channel Width	59.73mm
Depth	20mm
Bottom Fillet Radius	0mm

关闭

图 3.5.11　“Machining Area Parameters”对话框

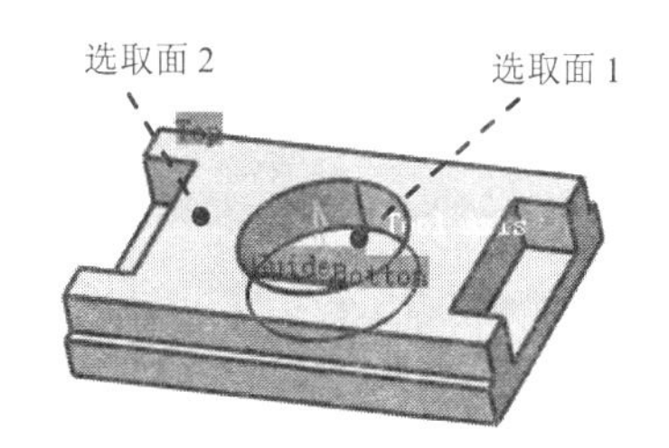

图 3.5.12　定义加工区域

（2）移动鼠标指针到“Profile Contouring.1”对话框（一）中的顶面感应区上，该区域的颜色由深红色变为橙黄色，单击该区域，对话框消失，在图形区选择图 3.5.12 所示的

面 2 为顶面。

说明：两平面间轮廓铣削必须定义加工的底面（Bottom）和侧面（Guide），其他几何参数都是可选项。

Stage2．定义刀具参数

Step1．进入刀具参数选项卡。在“Profile Contouring.1”对话框（一）中单击刀具参数选项卡。

Step2．选择刀具类型。在“Profile Contouring.1”对话框（一）中单击按钮，选择面铣刀为加工刀具。

Step3．刀具命名。在“Profile Contouring.1”对话框（一）的 Name 文本框中输入“T1 End Mill D10”。

Step4．设置刀具参数。

（1）在“Profile Contouring.1”对话框中单击 More>> 按钮，单击 Geometry 选项卡，然后设置图 3.5.13 所示的刀具参数。

（2）其他选项卡中的参数均采用默认的设置值。

Stage3．定义进给量

Step1．进入进给量设置选项卡。在“Profile Contouring.1”对话框（一）中单击（进给量）选项卡。

Step2．设置进给量。在“Profile Contouring.1”对话框（一）的（进给量）选项卡中设置图 3.5.14 所示的参数。

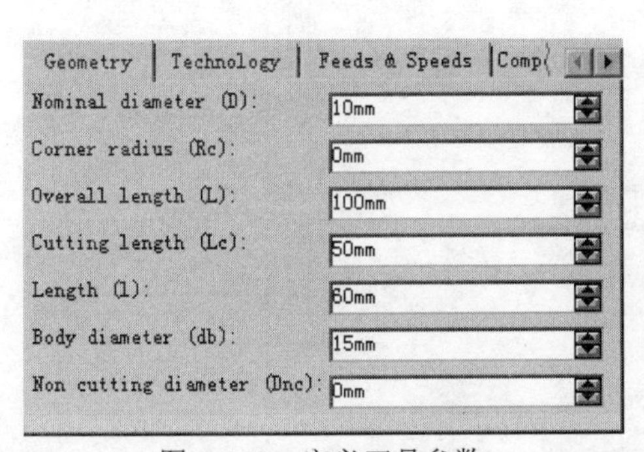

图 3.5.13　定义刀具参数

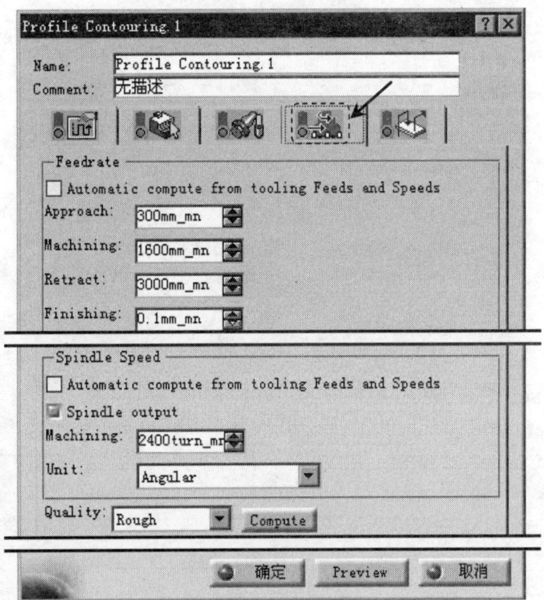

图 3.5.14　“进给量”选项卡

Stage4．定义刀具路径参数

Step1．进入刀具路径参数选项卡。在“Profile Contouring.1”对话框（一）中单击刀具路径参数选项卡。

Step2．定义刀具路径类型。在“Profile Contouring.1”对话框（一）的 Tool path style: 下拉列表中选择 One way 选项。

Step3．定义进给量。在“Profile Contouring.1”对话框（一）中单击 Stepover 选项卡，在 Axial Strategy (Da) 区域的 Mode: 下拉列表中选择 Number of levels 选项，然后在 Number of levels: 文本框中输入值 5。

Step4．其他参数采用系统默认设置值。

Stage5．定义进刀/退刀路径

Step1．进入进刀/退刀路径选项卡。在“Profile Contouring.1”对话框（一）中单击（进刀/退刀路径）选项卡（图 3.5.15）。

Step2．在 Macro Management 区域的列表框中选择 Return between levels Approach，右击，在弹出的快捷菜单中选择 Activate 命令。在 Mode: 下拉列表中选择 Build by user 选项，然后单击“Add Axial motion”按钮，双击图 3.5.15 所示的距离“10mm”，系统弹出“Edit Parameter”对话框，在其中的文本框中输入值 4，单击 确定 按钮。

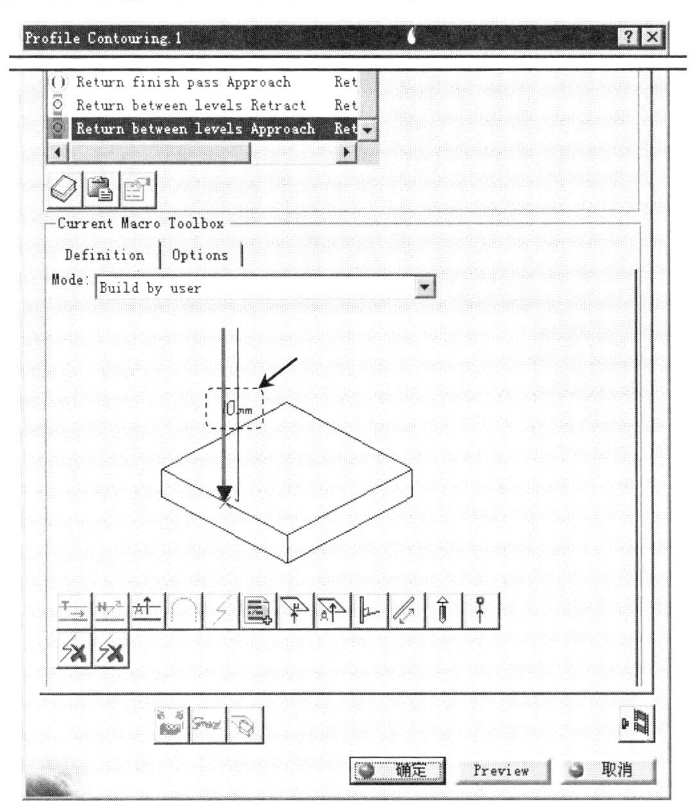

图 3.5.15 “进刀/退刀路径”选项卡

Task4．刀路仿真

Step1．在“Profile Contouring.1”对话框（一）中单击“Tool Path Replay”按钮，系统弹出“Profile Contouring.1”对话框（二），且在图形区显示刀路轨迹（图 3.5.16）。

Step2．在“Profile Contouring.1”对话框（二）中单击按钮，然后单击按钮，观察刀具切削毛坯零件的运行情况（图 3.5.17）。

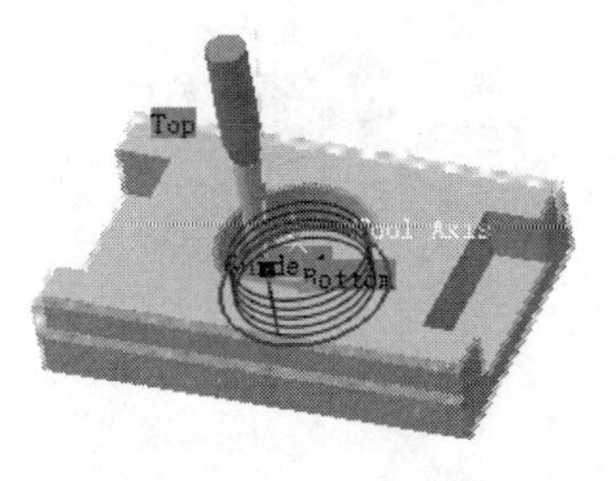

图 3.5.16　显示刀路轨迹

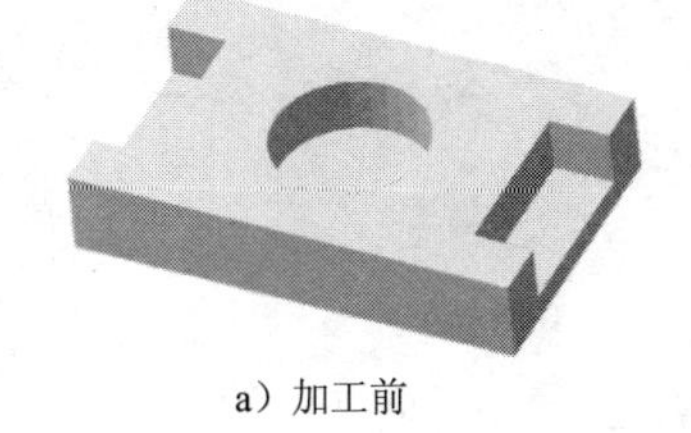

a）加工前

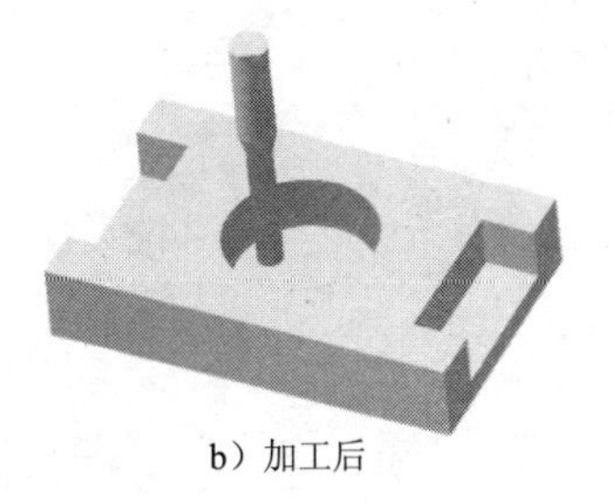

b）加工后

图 3.5.17　刀具切削毛坯零件

Task5．余量/过切检测

Step1．在“Profile Contouring.1”对话框（二）中单击“Analyze”按钮，系统弹出“Analysis”对话框。

Step2．余量检测。在“Analysis”对话框中选中 Remaining Material 复选框，取消选中 Gouge 复选框，单击 应用 按钮，图形区中高亮显示毛坯加工余量，如图 3.5.18 所示（存在加工余量）。

Step3．过切检测。在“Analysis”对话框中取消选中 Remaining Material 复选框，选中 Gouge 复选框，单击 应用 按钮，图形区中高亮显示毛坯加工过切情况，如图 3.5.19 所示（未出现过切）。

图 3.5.18　毛坯加工余量检测

图 3.5.19　过切检测

Step4．在“Analysis”对话框中单击 取消 按钮，然后在“Profile Contouring.1”对话框（二）中单击 确定 按钮，最后单击“Profile Contouring.1”对话框（一）中的 确定 按钮。

Task6．保存模型文件

在服务器上保存模型文件，文件名为“Between_Two_Planes”。

3.5.2 两曲线间轮廓铣削

两曲线间轮廓铣削就是对由一条主引导曲线和一条辅助引导曲线所确定的加工区域进行轮廓铣削。主引导曲线上箭头的指向是刀路的方位。下面以图 3.5.20 所示的零件为例介绍两曲线间轮廓铣削的一般操作步骤。

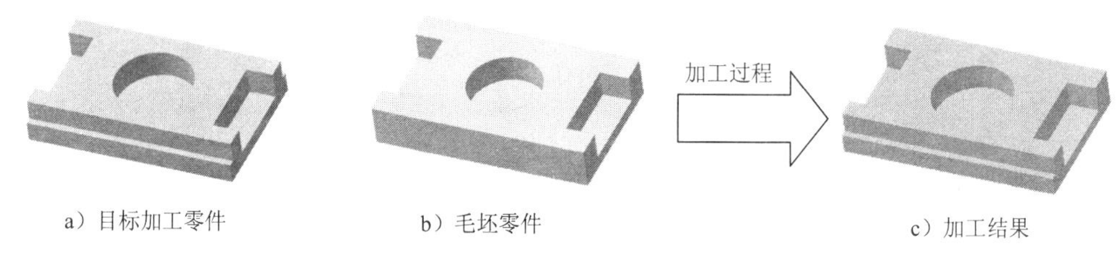

图 3.5.20 两曲线间轮廓铣削

Task1. 打开加工模型文件

选择下拉菜单 文件 → 打开... 命令，系统弹出“选择文件”对话框。在 查找范围(I): 下拉列表中选择目录 D:\cat2016.9\work\ch03.05.02，然后在列表框中选择文件 Between_Two_Places.CATProcess，单击 打开(O) 按钮。

说明：打开的文件中已经定义了目标加工零件和毛坯零件。

Task2. 设置加工参数

Stage1. 定义几何参数

Step1. 在图 3.5.21 所示的特征树中选中“Profile Contouring.1（Computed）”节点，然后选择下拉菜单 插入 → Machining Operations ▸ → Profile Contouring 命令，插入一个轮廓铣削加工操作，系统弹出“Profile Contouring.2”对话框（一）。

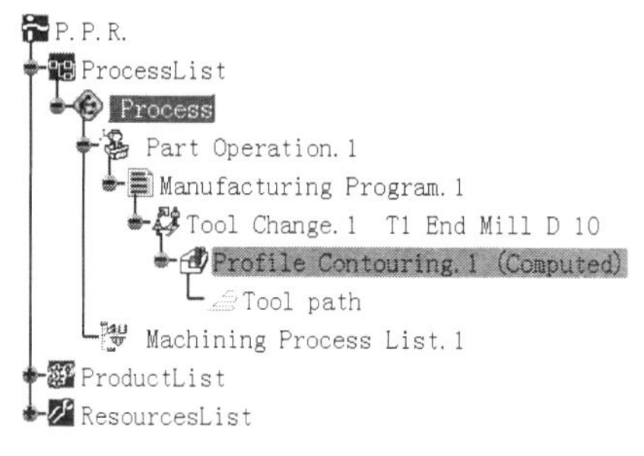

图 3.5.21 特征树

Step2. 选择轮廓铣削类型。在“Profile Contouring.2”对话框（一）的 Mode: 下拉列表中选择 Between Two Curves，如图 3.5.22 所示。

Step3. 定义加工区域。

（1）移动鼠标指针到“Profile Contouring.2”对话框（一）中的主引导曲线感应区上，该区域的颜色由深红色变为橙黄色，单击该区域，对话框消失，在图形区选择图 3.5.23 所示的曲线为主引导曲线，在图形区空白处双击鼠标左键。

（2）移动鼠标指针到“Profile Contouring.2”对话框（一）中的辅助引导曲线感应区上，该区域的颜色由深红色变为橙黄色，单击该区域，对话框消失，在图形区选择图 3.5.23 所示的曲线为辅助引导曲线，在图形区空白处双击鼠标左键。

（3）单击“Profile Contouring.2”对话框（一）中的边界 1 感应区，在图形区选择图 3.5.24 所示的直线为加工区域的边界 1，在图形区空白处双击鼠标左键。

（4）单击“Profile Contouring.2”对话框（一）中的边界 2 感应区，在图形区选择图 3.5.24 所示的直线为加工区域的边界 2，在图形区空白处双击鼠标左键。

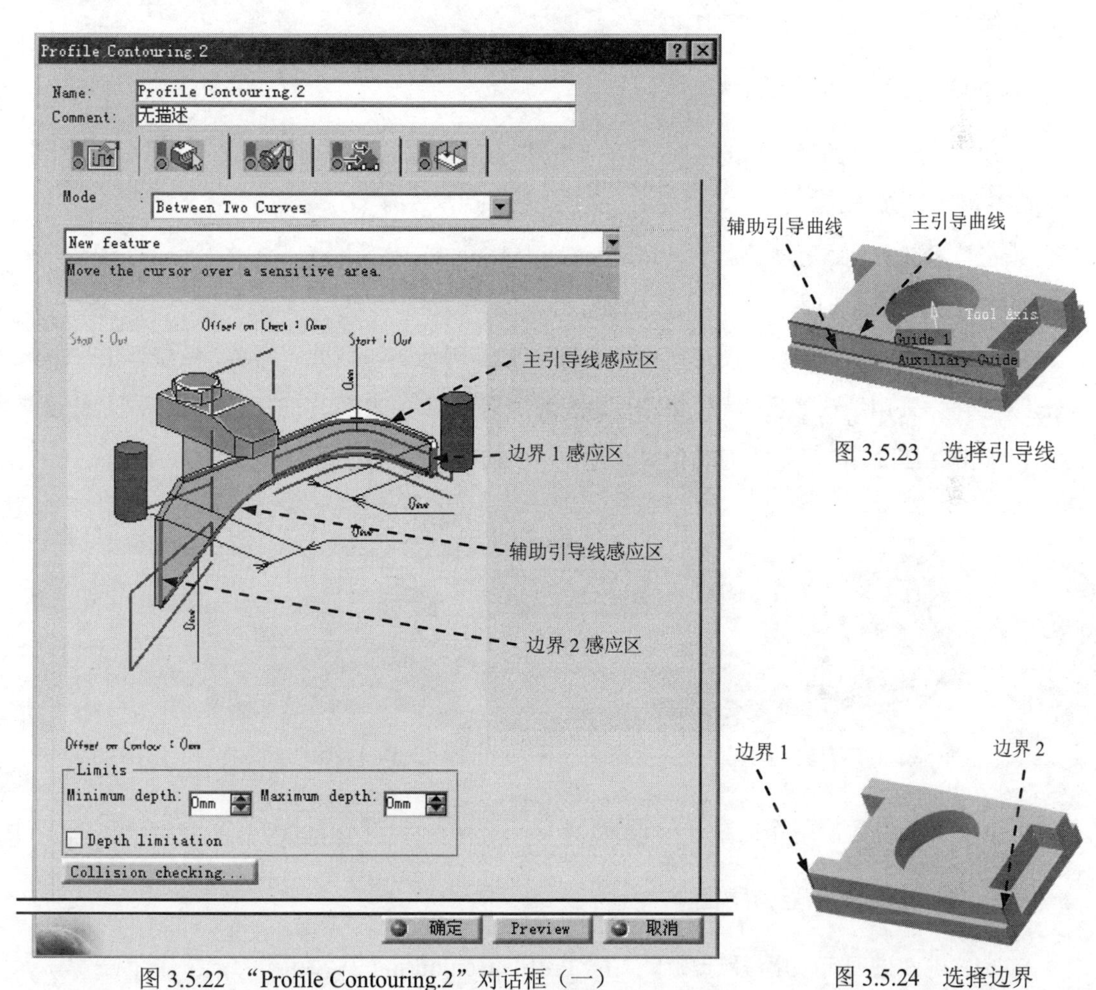

图 3.5.22 “Profile Contouring.2”对话框（一）

图 3.5.23 选择引导线

图 3.5.24 选择边界

说明： 在两曲线间轮廓铣削中，主引导曲线是必须定义的，辅助引导曲线和边界曲线是可选项。主引导曲线用于定位刀具的径向位置；辅助引导曲线用于定位刀具的轴向位置；

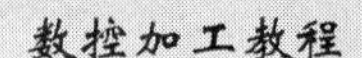
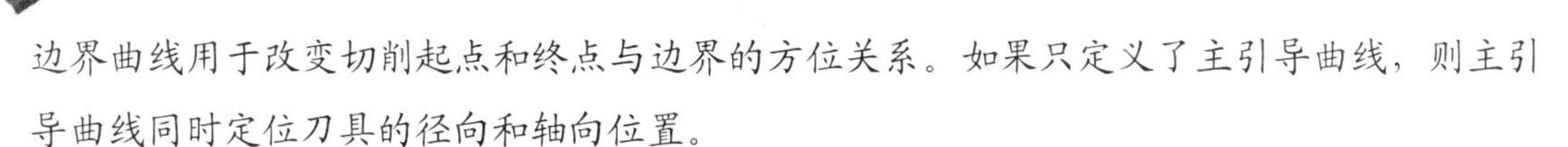

边界曲线用于改变切削起点和终点与边界的方位关系。如果只定义了主引导曲线，则主引导曲线同时定位刀具的径向和轴向位置。

Step4. 定义加工的起始终止位置。在“Profile Contouring.2”对话框（一）中右击“Start in”字样，在弹出的快捷菜单中选择 Out 命令；右击“Stop in”字样，在弹出的快捷菜单中选择 Out 命令。此时“Profile Contouring.2”对话框（一）中显示“Start Out”和“Stop Out”，表明加工起始终止位置位于零件的外部。

说明：右击“Start ：In”和“Stop ：In”字样，弹出的快捷菜单中有 In 、 On 和 Out 三项，其分别表示刀路的起点在所设定边界的内部、边界上和边界外部。

Stage2. 定义刀具参数和进给量

系统默认选用“Profile Contouring.1”对话框（一）中设置的刀具和进给量，在此不需另外设置。

Stage3. 定义刀具路径参数

Step1. 进入刀具路径参数选项卡。在“Profile Contouring.2”对话框（一）中单击“刀具路径参数”选项卡。

Step2. 定义刀具路径类型。在“Profile Contouring.2”对话框（一）的 Tool path style: 下拉列表中选择 Zig-zag 选项。

Step3. 定义刀轴方向。在图形区中单击图 3.5.25 所示的刀轴方向箭头，系统弹出“Tool Axis”对话框，采用默认参数设置，单击图 3.5.26 所示的零件表面，此时刀轴显示如图 3.5.26 所示，单击 确定 按钮完成刀轴定义，返回“Profile Contouring.2”对话框（一）。

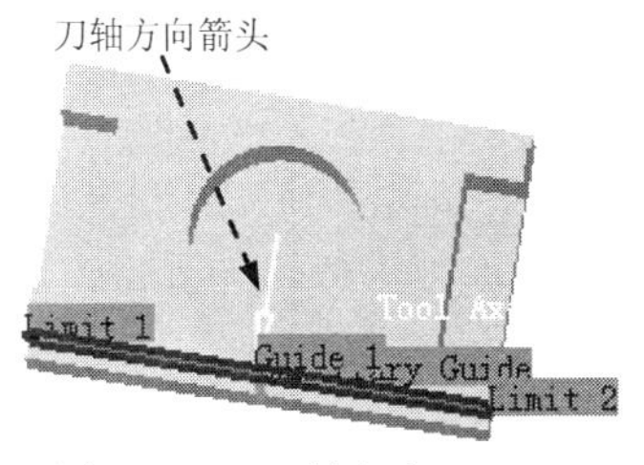

图 3.5.25 刀轴方向

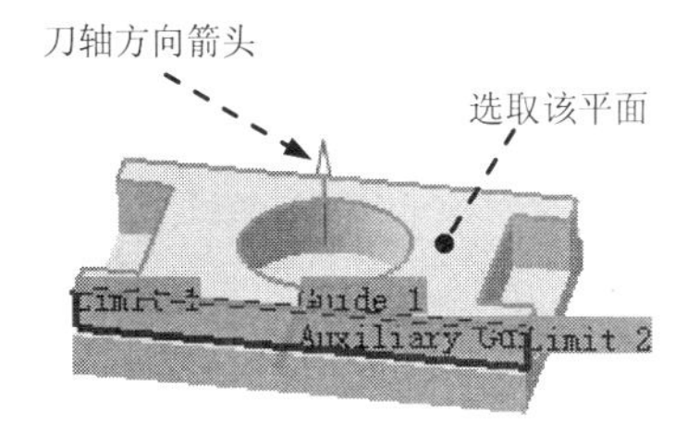

图 3.5.26 定义刀轴方向

Step4. 其他参数采用系统默认的设置值。

Stage4. 定义进刀/退刀路径

Step1. 进入进刀/退刀路径选项卡。在“Profile Contouring.2”对话框（一）中单击（进刀/退刀路径）选项卡，如图 3.5.27 所示。

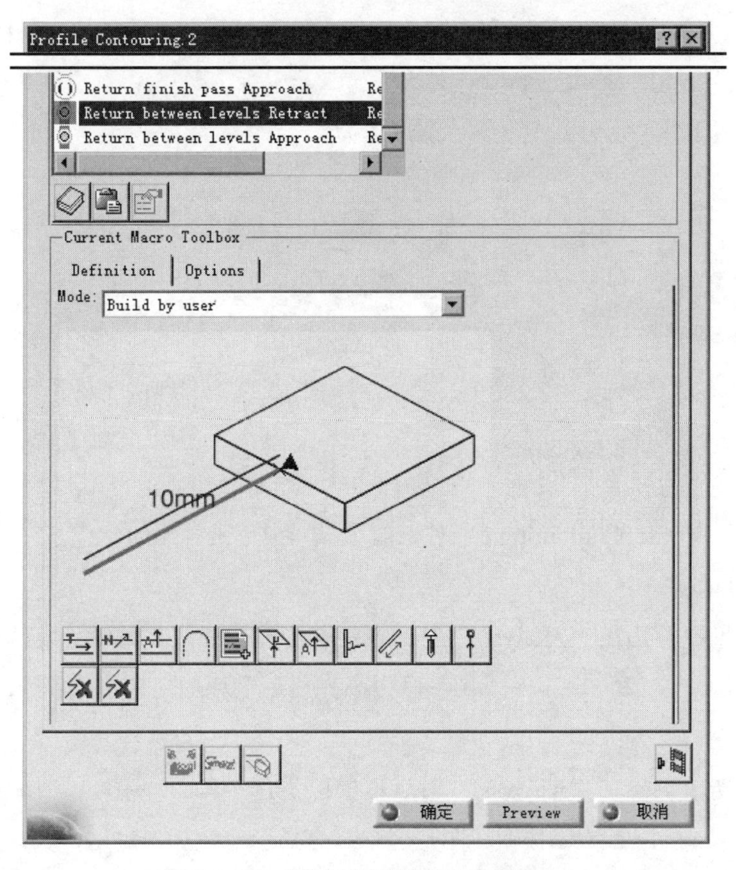

图 3.5.27 “进刀/退刀路径”选项卡

Step2. 在Macro Management区域的列表框中选择Approach，在Mode:下拉列表中选择Build by user选项，单击“Remove all motions”按钮，然后单击“Add Tangent motion”按钮和“Add Axial motion up to a plane”按钮。

Step3. 在Macro Management区域的列表框中选择Retract，在Mode:下拉列表中选择Build by user选项，单击“Remove all motions”按钮，然后单击“Add Tangent motion”按钮和“Add Axial motion up to a plane”按钮。

Step4. 在Macro Management区域的列表框中选择Return between levels Retract，在Mode:下拉列表中选择Build by user选项，单击“Remove all motions”按钮，然后单击“Add Tangent motion”按钮。

Step5. 在Macro Management区域的列表框中选择Return between levels Approach，在Mode:下拉列表中选择Build by user选项，单击“Remove all motions”按钮，然后单击“Add Tangent motion”按钮。

Task3. 刀路仿真

Step1. 在“Profile Contouring.2”对话框（一）中单击“Tool Path Replay”按钮，系

统弹出“Profile Contouring.2”对话框（二），且在图形区显示刀路轨迹，如图 3.5.28 所示。

Step2. 在“Profile Contouring.2”对话框（二）中单击按钮，然后单击按钮，观察刀具切削毛坯零件的运行情况（图 3.5.29）。

图 3.5.28 显示刀路轨迹

a）加工前

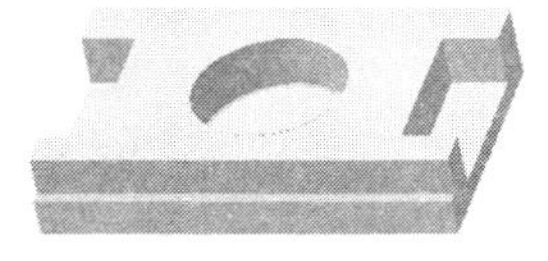

b）加工后

图 3.5.29 刀具切割毛坯零件

Task4. 余量/过切检测

Step1. 在“Profile Contouring.2”对话框（二）中单击“Analyze”按钮，系统弹出“Analysis”对话框。

Step2. 余量检测。在“Analysis”对话框中选中 Remaining Material 复选框，取消选中 Gouge 复选框，单击 应用 按钮，图形区中高亮显示毛坯加工余量，如图 3.5.30 所示（存在加工余量）。

Step3. 过切检测。在“Analysis”对话框中取消选中 Remaining Material 复选框，选中 Gouge 复选框，单击 应用 按钮，图形区中高亮显示毛坯加工过切情况，如图 3.5.31 所示（未出现过切）。

图 3.5.30 毛坯加工余量检测

图 3.5.31 过切检测

Step4. 在“Analysis”对话框中单击 取消 按钮，然后在“Profile Contouring.2”对话框（二）中单击 确定 按钮，最后单击“Profile Contouring.2”对话框（一）中的 确定 按钮。

Task5. 保存模型文件

在服务器上保存模型文件，文件名为“Between_Two_Curves”。

3.5.3 曲线与曲面间轮廓铣削

曲线与曲面间轮廓铣削就是对由一组引导曲线串和一组曲面底面所确定的区域进行轮廓铣削。下面以图 3.5.32 所示的零件为例介绍曲线与曲面间轮廓铣削的一般操作步骤。

a）目标加工零件　　b）毛坯零件　　c）加工结果

图 3.5.32　曲线与曲面间轮廓铣削

Task1. 打开加工模型文件

选择下拉菜单 文件 → 打开... 命令，系统弹出“选择文件”对话框。在 查找范围(I): 下拉列表中选择目录 D:\cat2016.9\work\ch03.05.03，然后在列表框中选择文件 Between_Two_Curves.CATProcess，单击 打开(O) 按钮。

Task2. 设置加工参数

Stage1. 定义几何参数

Step1. 在图 3.5.33 所示的特征树中选中“Profile Contouring.2（Computed）”节点，然后选择下拉菜单 插入 → Machining Operations ▸ → Profile Contouring 命令，插入一个轮廓铣削加工操作，系统弹出“Profile Contouring.3”对话框（一），如图 3.5.34 所示。

Step2. 选择轮廓铣削类型。在“Profile Contouring.3”对话框（一）的 Mode 下拉列表中选择 Between Curve and Surfaces 选项。

Step3. 定义加工区域。

（1）单击“Profile Contouring.3”对话框（一）中的引导曲线感应区，系统弹出图 3.5.35 所示的“Edge Selection”工具条。在图形区选取图 3.5.36 所示的曲线为引导曲线（如有必要，单击引导曲线上的箭头，使其指向零件外部），单击“Edge Selection”工具条中的 OK 按钮。

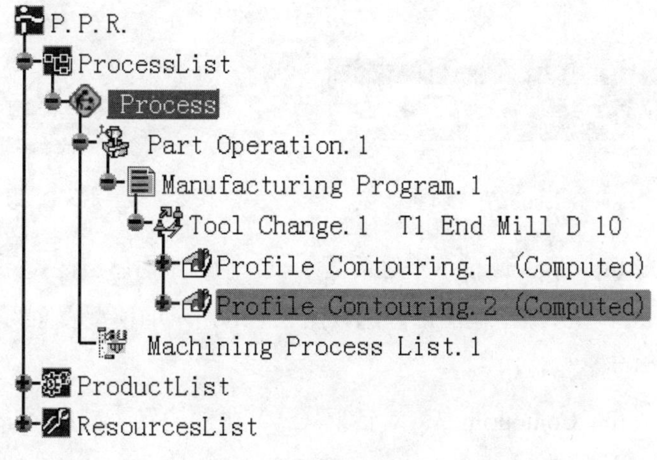

图 3.5.33　特征树

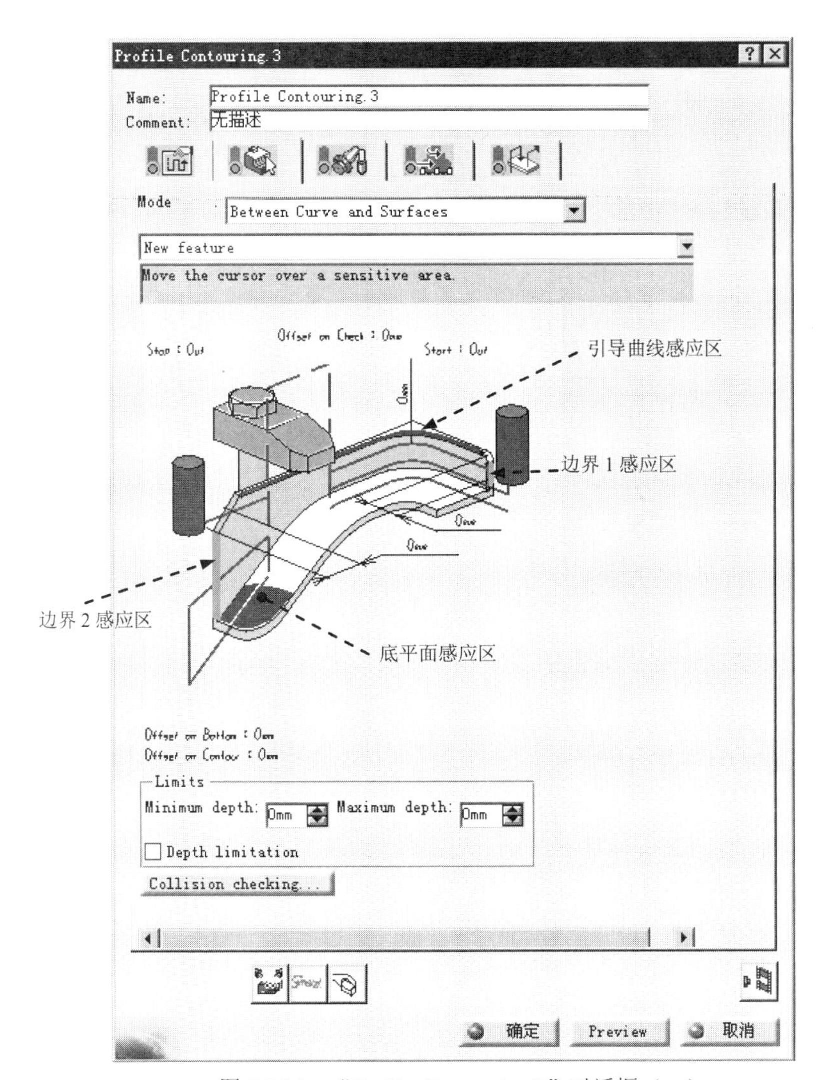

图 3.5.34 “Profile Contouring.3”对话框（一）

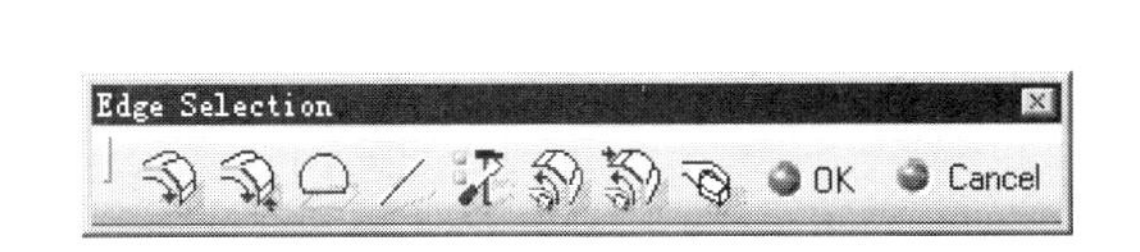

图 3.5.35 “Edge Selection”工具条

图 3.5.36 定义加工区域

（2）单击“Profile Contouring.3”对话框（一）中的底面感应区，系统弹出图 3.5.37 所示的“Face Selection”工具条。在图形区选取图 3.5.36 所示的模型表面为底面，单击“Face Selection”工具条中的 OK 按钮。

（3）单击“Profile Contouring.3”对话框（一）中的边界 1 感应区，在图形区选取图 3.5.38 所示的直线为加工区域的边界 1，双击图形区空白处，完成边界 1 的定义。

（4）单击“Profile Contouring.3”对话框（一）中的边界 2 感应区，在图形区选取图 3.5.38 所示的直线为加工区域的边界 2，双击图形区空白处，完成边界 2 的定义。

图 3.5.37 “Face Selection”工具条

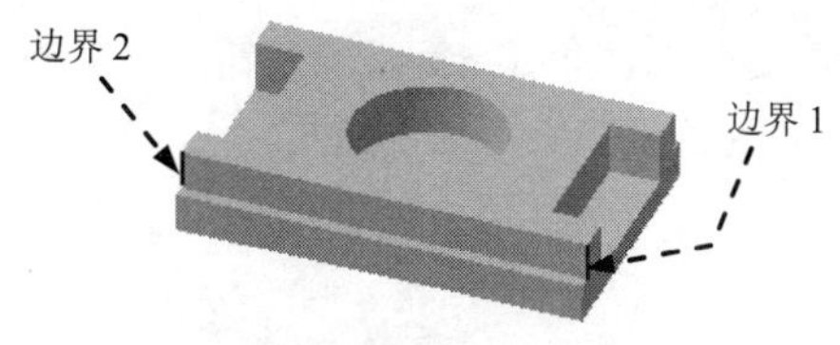

图 3.5.38 选取边界

说明：在曲线和曲面间轮廓铣削加工中，引导曲线和底面是必须定义的，边界和避让区域是可选项。

Step4. 定义加工的起始终止位置。在“Profile Contouring.3”对话框（一）中右击“Start ：in”，在弹出的快捷菜单中选择 Out 命令；右击“Stop ：in”字样，在弹出的快捷菜单中选择 Out 命令。此时“Profile Contouring.3”对话框（一）中显示“Start ：Out” 字样和“Stop ：Out” 字样，表明加工起始终止位置位于边界的外部。

Stage2. 定义其他加工参数

其他加工参数，如刀具参数、进给量、刀具路径参数和进刀/退刀路径都采用系统默认设置值。

Task3. 刀路仿真

Step1. 在“Profile Contouring.3”对话框（一）中单击“Tool Path Replay”按钮，系统弹出“Profile Contouring.3”对话框（二），且在图形区显示刀路轨迹，如图 3.5.39 所示。

Step2. 在“Profile Contouring.3”对话框（二）中单击按钮，然后单击按钮，观察刀具切削毛坯零件的运行情况，如图 3.5.40 所示。

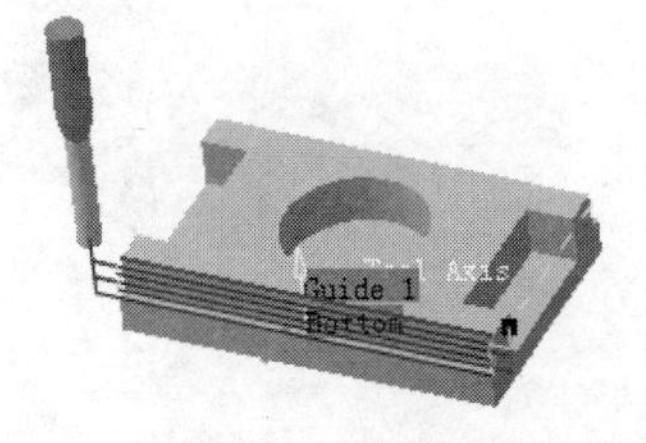

图 3.5.39 显示刀路轨迹

a）加工前

b）加工后

图 3.5.40 刀具切削毛坯零件

Task4. 余量/过切检测

Step1. 在“Profile Contouring.3”对话框（二）中单击“Analyze”按钮，系统弹出“Analysis”对话框。

Step2. 余量检测。在“Analysis”对话框中选中 Remaining Material 复选框，取消选中 Gouge 复选框，单击 应用 按钮，图形区中高亮显示毛坯加工余量，如图 3.5.41 所示（存在加工余量)。

Step3. 过切检测。在“Analysis”对话框中取消选中 □Remaining Material 复选框，选中 Gouge 复选框，单击 应用 按钮，图形区中高亮显示毛坯加工过切情况，如图 3.5.42 所示（未出现过切）。

图 3.5.41 毛坯加工余量检测

图 3.5.42 过切检测

Step4. 在“Analysis”对话框中单击 取消 按钮，然后在“Profile Contouring.3”对话框（二）中单击 确定 按钮，最后单击“Profile Contouring.3”对话框（一）中的 确定 按钮。

Task5. 保存模型文件

在服务器上保存模型文件，文件名为“Between_Curves_and_Surfaces”。

3.5.4 端平面轮廓铣削

端平面轮廓铣削就是对与刀具轴线平行的侧壁平面进行铣削，注意这里所选取的平面只能是方向与刀具轴线平行的平面。

下面以图 3.5.43 所示的零件为例介绍侧面加工的一般操作步骤。

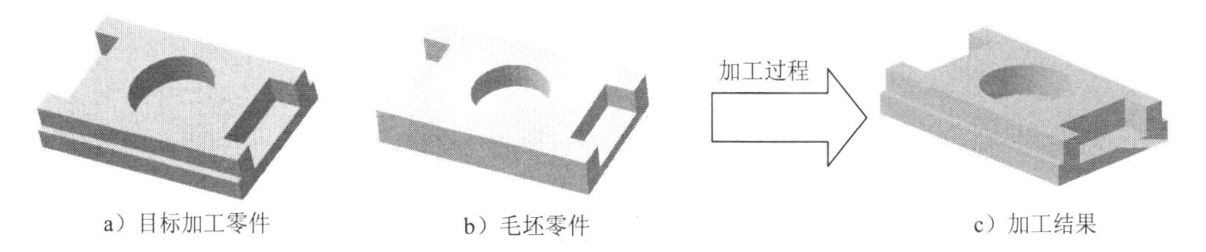

图 3.5.43 端平面轮廓铣削

Task1. 打开加工模型文件

选择下拉菜单 文件 → 打开... 命令，系统弹出“选择文件”对话框。在 查找范围(I): 下拉列表中选择目录 D:\cat2016.9\work\ch03.05.04，然后在列表框中选择文件 Between_Curves_and_Surfaces.CATProcess，单击 打开(O) 按钮。

Task2. 设置加工参数

Stage1. 定义几何参数

Step1. 在图 3.5.44 所示的特征树中选中 Profile Contouring.3（computed）节点，然后选择下拉菜单 插入 → Machining Operations ▸ → Profile Contouring 命令，插入一个轮廓铣削加工操作，系统弹出“Profile Contouring.4”对话框（一）。

Step2. 选择轮廓铣削类型。在“Profile Contouring.4”对话框（一）的 Mode 下拉列表中选择 By Flank Contouring，如图 3.5.45 所示。

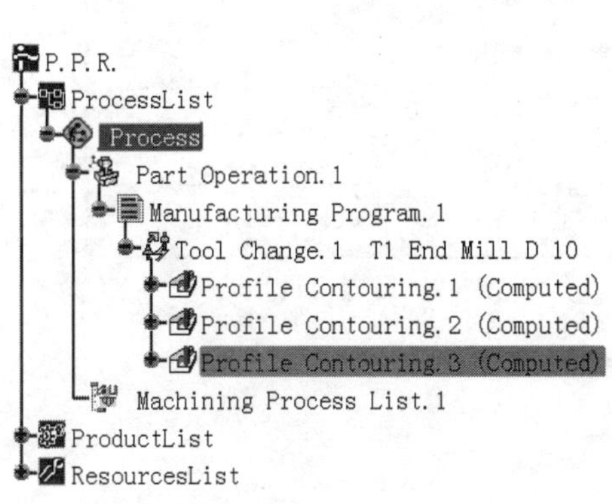

图 3.5.44 特征树

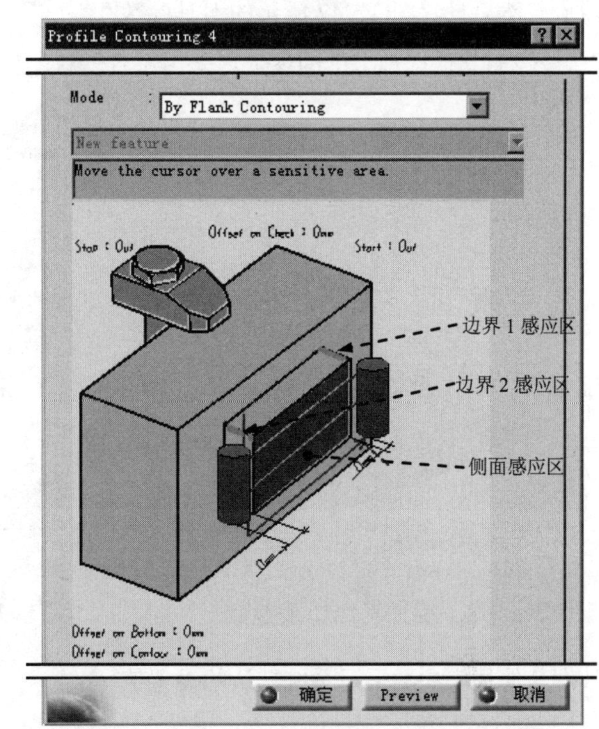

图 3.5.45 “Profile Contouring.4”对话框（一）

Step3. 定义加工区域。

（1）单击“Profile Contouring.4”对话框（一）中的侧面感应区，在图形区选取图 3.5.46 所示的零件侧面（单击箭头，使其方向如图 3.5.46 所示），双击图形区空白处，完成加工平面的定义。

（2）单击“Profile Contouring.4”对话框（一）中的边界 1 感应区，在图形区选取图 3.5.46 所示的直线，双击图形区空白处，完成边界 1 的定义。

（3）单击“Profile Contouring.4”对话框（一）中的边界 2 感应区，在图形区选取图 3.5.46 所示的直线，双击图形区空白处，完成边界 2 的定义。

Stage2. 定义刀具参数

Step1. 进入刀具参数选项卡。在“Profile Contouring.4”对话框（一）中单击刀具参数

选项卡。

Step2. 选择刀具类型。在“Profile Contouring.4”对话框（一）中单击按钮，选择 T 形铣刀为加工刀具。

Step3. 刀具命名。在“Profile Contouring.4”对话框（一）的 Name 文本框中输入“T2 End Mill D20”。

Step4. 设置刀具参数。

（1）在“Profile Contouring.4”对话框（一）中单击 More>> 按钮，单击 Geometry 选项卡，然后设置图 3.5.47 所示的刀具参数。

（2）其他选项卡中的参数均采用系统默认的设置值。

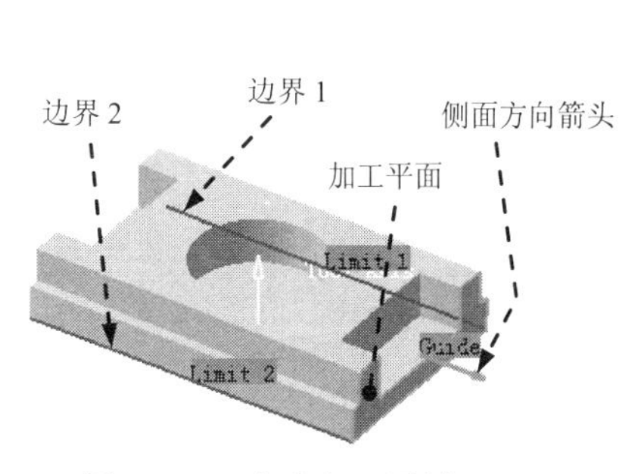

图 3.5.46　定义加工区域

Geometry | Technology | Feeds & Speeds | Comp

Nominal diameter (D):	20mm
Corner radius (Rc):	0mm
Upper corner radius (Rc2):	0mm
Overall length (L):	60mm
Length (l):	15mm
Body diameter (db):	10mm
Bottom chamfer angle (A1):	180deg
Top chamfer angle (A2):	180deg
Bottom diameter (D1):	20mm
Top diameter (D2):	20mm

图 3.5.47　设置刀具参数

Stage3. 定义其他加工参数

其他加工参数采用系统默认的设置值。

Task3. 刀路仿真

Step1. 在“Profile Contouring.4”对话框（一）中单击“Tool Path Replay”按钮，系统弹出“Profile Contouring.4”对话框（二），且在图形区显示刀路轨迹，如图 3.5.48 所示。

Step2. 在“Profile Contouring.4”对话框（二）中单击按钮，然后单击按钮，观察刀具切削毛坯零件的运行情况，如图 3.5.49 所示。

图 3.5.48　显示刀路轨迹

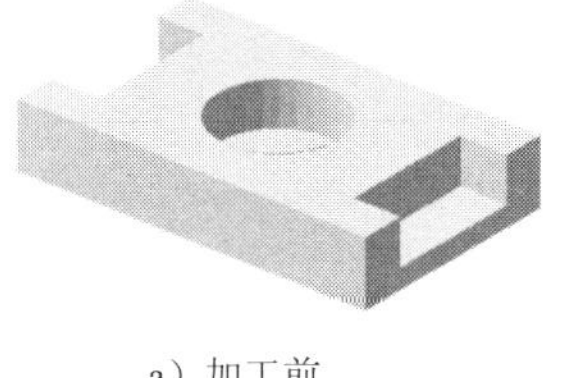

a）加工前

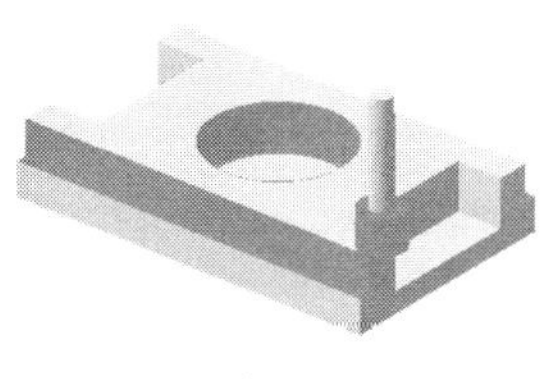

b）加工后

图 3.5.49　刀具切削毛坯零件

Task4．余量/过切检测

Step1. 在“Profile Contouring.4”对话框（二）中单击“Analyze”按钮，系统弹出“Analysis”对话框。

Step2. 余量检测。在“Analysis”对话框中选中 Remaining Material 复选框，取消选中 Gouge 复选框，单击 应用 按钮，图形区中高亮显示毛坯加工余量，如图 3.5.50 所示（不存在加工余量）。

Step3. 过切检测。在“Analysis”对话框中取消选中 Remaining Material 复选框，选中 Gouge 复选框，单击 应用 按钮，图形区中高亮显示毛坯加工过切情况，如图 3.5.51 所示（未出现过切）。

图 3.5.50 毛坯加工余量检测

图 3.5.51 过切检测

Step4. 在“Analysis”对话框中单击 取消 按钮，然后在“Profile Contouring.4”对话框（二）中单击 确定 按钮，最后单击“Profile Contouring.4”对话框（一）中的 确定 按钮。

Task5．插入轮廓铣削“Profile Contouring.5”

参照 Task2～Task4，在“Profile Contouring.4”节点插入轮廓铣削“Profile Contouring.5”，用来加工毛坯零件的另一个侧面。

Task6．保存模型文件

在服务器上保存模型文件，文件名为“By_Flank_Contouring”。

3.6 曲 线 铣 削

曲线铣削就是选取一系列曲线来驱动刀具的运动以铣削出所需要的外形，所选的曲线可以是连续的，也可以是不连续的。曲线铣削加工中只需定义引导曲线这个必要的参数。

下面以图 3.6.1 所示的零件为例介绍曲线铣削的一般操作步骤。

Task1．引入零件并进入加工工作台

Step1. 选择下拉菜单 文件 → 打开... 命令，系统弹出“选择文件”对话框。在

查找范围(I):下拉列表中选择目录 D:\cat2016.9\work\ch03.06，然后在列表框中选择文件 curve_milling.CATPart，单击打开(O)按钮。

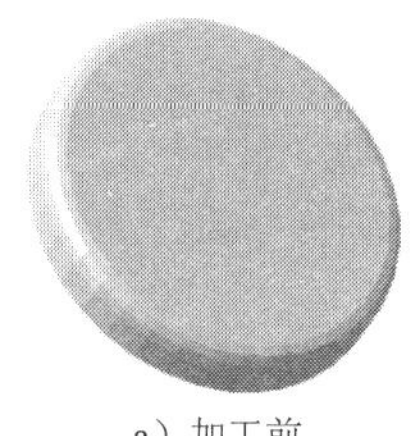
a）加工前

b）加工后

图 3.6.1 曲线铣削

Step2. 选择下拉菜单 开始 → 加工 → Prismatic Machining 命令切换到“Prismatic Machining”工作台。

Task2. 零件操作定义

Step1. 进入零件操作定义对话框。在特征树中双击“Part Operation.1”节点，系统弹出“Part Operation”对话框。

Step2. 机床设置。单击“Part Operation”对话框中的“Machine”按钮，系统弹出“Machine Editor”对话框，单击其中的“3-axis Machine”按钮，然后单击 确定 按钮，完成机床的选择。

Step3. 定义加工坐标系。

（1）单击“Part Operation”对话框中的按钮，系统弹出“Default reference machining axis for Part Operation.1”对话框。

（2）单击对话框中的坐标原点感应区，然后在图形区选取图 3.6.2 所示的点作为加工坐标系的原点（“Default reference machining axis for Part Operation.1”对话框中的基准面、基准轴和原点均由红色变为绿色，表明已定义加工坐标系），系统创建图 3.6.2 所示的加工坐标系。

（3）单击 确定 按钮，完成加工坐标系的定义。

Step4. 定义毛坯零件。单击“Part Operation”对话框中的按钮，选取图形区中的模型作为毛坯零件。在图形区空白处双击鼠标左键，系统回到“Part Operation”对话框。

Step5. 定义安全平面。

（1）单击“Part Operation”对话框中的按钮。

（2）选择参照面。在图形区选取如图 3.6.3 所示的毛坯表面为安全平面参照，系统创建一个安全平面。

（3）右击系统创建的安全平面，在弹出的快捷菜单中选择 Offset... 命令，系统弹出“Edit

Parameter”对话框，在其中的 Thickness 文本框中输入值 10，单击 确定 按钮完成安全平面的定义。

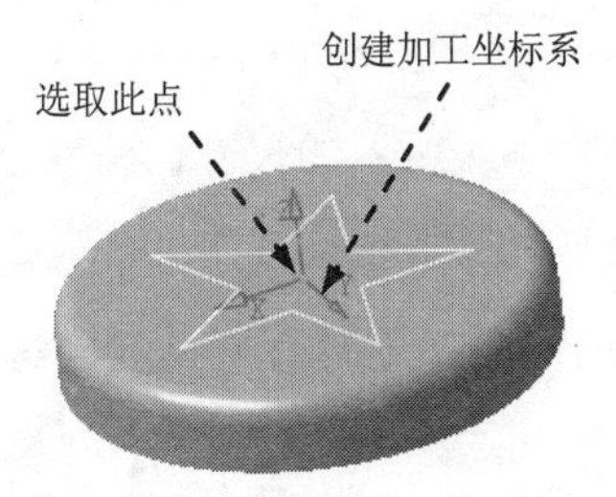

图 3.6.2 创建加工坐标系

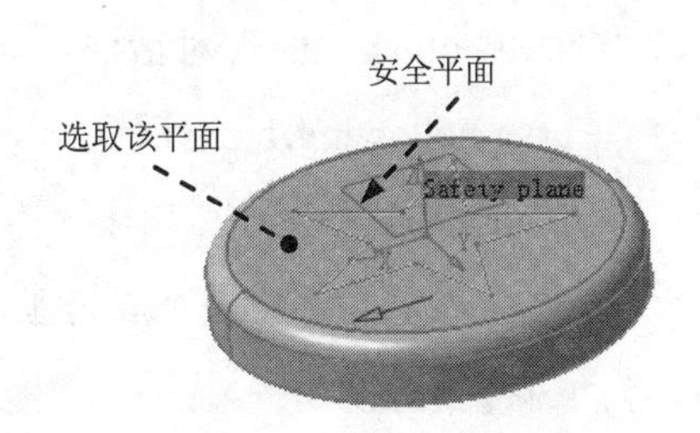

图 3.6.3 创建安全平面

Step6. 单击“Part Operation”对话框中的 确定 按钮，完成零件操作定义。

Task3. 设置加工参数

Stage1. 定义几何参数

Step1. 在特征树中选中“Manufacturing Program.1”节点，然后选择下拉菜单 插入 → Machining Operations ▸ → Curve Following 命令，插入一个曲线铣削加工操作，系统弹出图 3.6.4 所示的“Curve Following.1”对话框（一）。

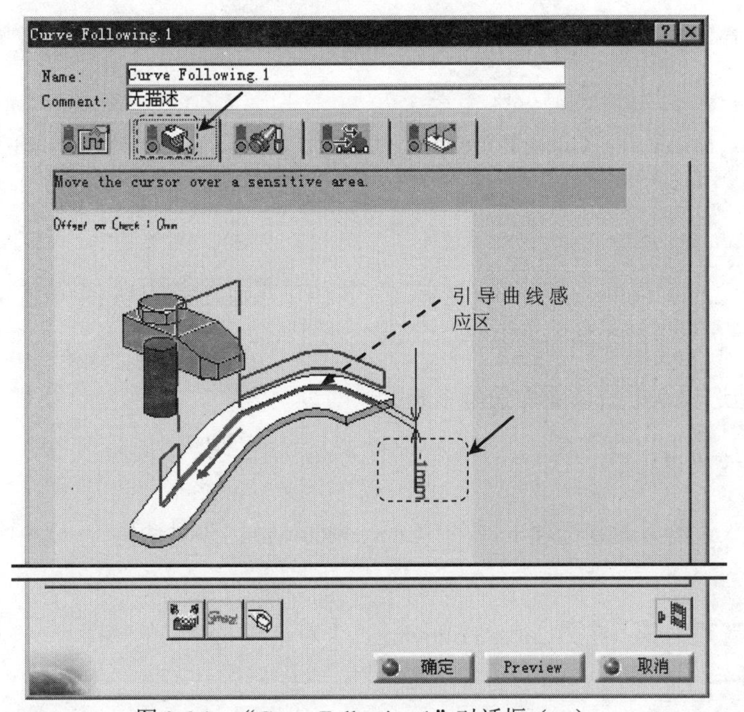

图 3.6.4 “Curve Following.1”对话框（一）

Step2. 定义加工区域。

（1）单击几何参数选项卡，然后单击“Curve Following.1”对话框（一）中的引导曲线感应区，系统弹出图 3.6.5 所示的“Edge Selection”工具条。

（2）在图形区选取图 3.6.6 所示的曲线，单击“Edge Selection”工具条中的 OK 按钮，系统返回到“Curve Following.1”对话框（一）。

（3）在“Curve Following.1”对话框（一）中双击图 3.6.4 所示的尺寸，在弹出的“Edge Parameter”对话框的 Axial Offset 1 文本框中输入值-1，单击 确定 按钮。

说明：由于需要在实体上刻一个五角星图形，因此需要将刀路向下偏置，这里输入值-1 表示刀具向下偏置 1mm。

图 3.6.5 “Edge Selection”工具条

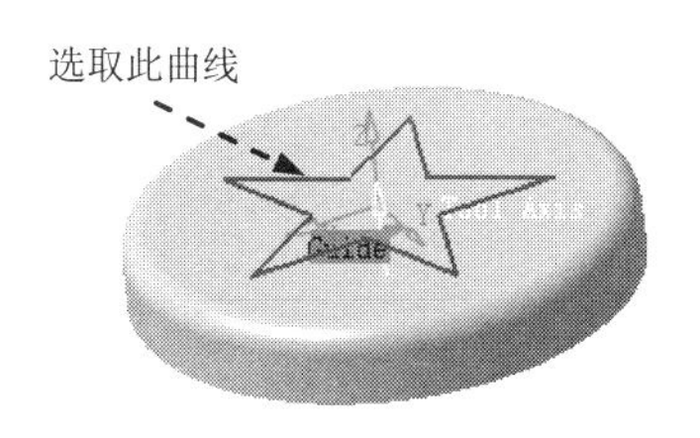

图 3.6.6 选取引导曲线

Stage2. 定义刀具参数

Step1. 进入刀具参数选项卡。在“Curve Following.1”对话框（一）中单击刀具参数选项卡。

Step2. 选择刀具类型。在“Curve Following.1”对话框（一）中单击按钮，选择面铣刀为加工刀具。

Step3. 刀具命名。在“Curve Following.1”对话框（一）的 Name 文本框中输入“T1 End Mill D8”。

Step4. 设置刀具参数。

（1）在“Curve Following.1”对话框（一）中单击 More>> 按钮，单击 Geometry 选项卡，然后设置图 3.6.7 所示的刀具参数。

（2）其他选项卡中的参数均采用系统默认的设置值。

Stage3. 定义进给量

Step1. 进入进给量设置选项卡。在“Curve Following.1”对话框（一）中单击进给量选项卡。

Step2. 设置进给量。在“Curve Following.1”对话框（一）的（进给量）选项卡中设置图 3.6.8 所示的参数。

Stage4. 定义刀具路径参数

Step1. 进入刀具路径参数选项卡。在“Curve Following.1”对话框（一）中单击（刀具路径参数）选项卡。

Geometry | Technology | Feeds & Speeds | Comp

Nominal diameter (D):	8mm
Corner radius (Rc):	4mm
Overall length (L):	40mm
Cutting length (Lc):	30mm
Length (l):	30mm
Body diameter (db):	8mm
Non cutting diameter (Dnc):	0mm

图 3.6.7 设置刀具参数

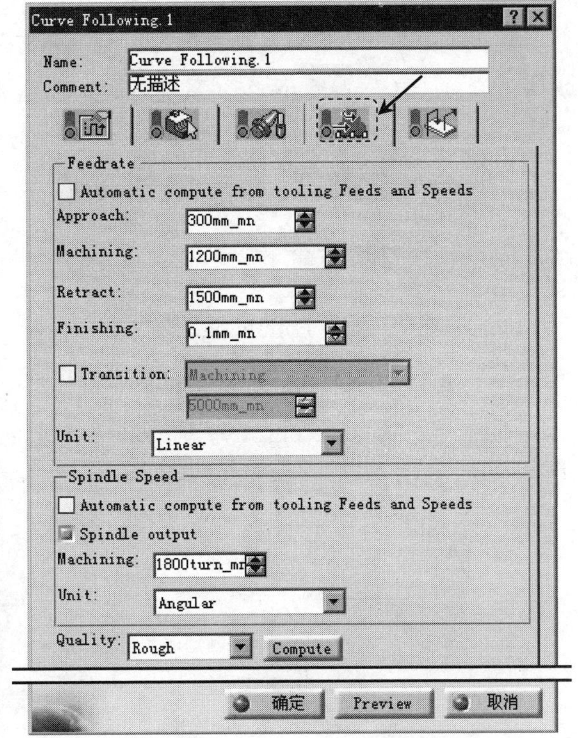

图 3.6.8 “进给量”选项卡

Step2. 定义刀具路径类型。在“Curve Following.1”对话框（一）的Tool path style:下拉列表中选择Zig-zag选项。

Step3. 定义切削类型及有关参数。在“Curve Following.1”对话框（一）中单击Machining:选项卡，输入图 3.6.9 所示的参数。

Step4. 定义轴向参数。单击Axial选项卡，输入图 3.6.10 所示的参数。

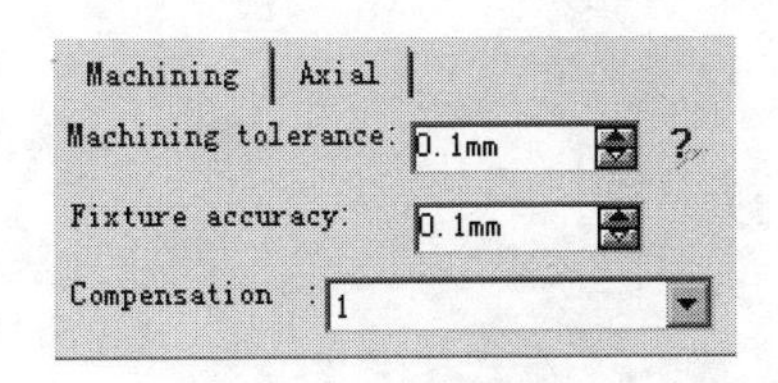

图 3.6.9 定义切削类型及有关参数

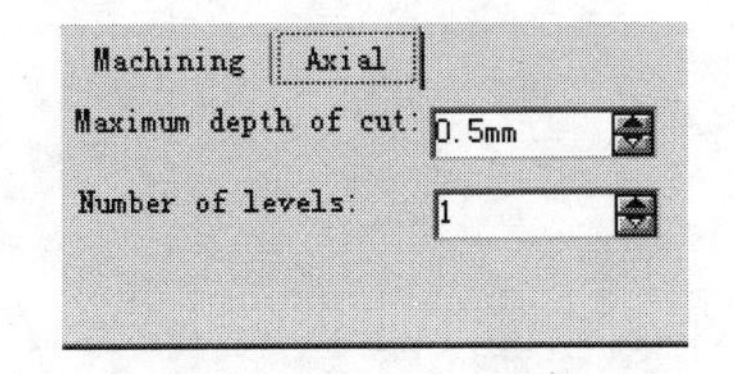

图 3.6.10 定义轴向参数

Stage5. 定义进刀/退刀路径

Step1. 进入进刀/退刀路径选项卡。在“Curve Following.1”对话框（一）中单击进刀/退刀路径选项卡。

Step2. 定义进刀路径。在Macro Management区域的列表框中选择Approach，右击，从弹出的快捷菜单中选择Activate命令（系统默认为激活状态）。

Step3. 定义进刀类型。在Macro Management区域的列表框中选择Approach，然后在Mode:下拉列表中选择Ramping选项，选择螺旋进刀类型。

Step4. 定义退刀路径。在Macro Management区域的列表框中选择Retract，右击，从弹出的快捷菜单中选择Activate命令（系统默认为激活状态）。

Step5. 定义退刀类型。在Macro Management区域的列表框中选择Retract，然后在Mode:下拉列表中选择Build by user选项，单击按钮，选择直线退刀至安全平面。

Task4．刀路仿真

Step1. 在“Curve Following.1”对话框（一）中单击“Tool Path Replay”按钮，系统弹出“Curve Following.1”对话框（二），且在图形区显示刀路轨迹，如图 3.6.11 所示。

Step2. 在“Curve Following.1”对话框（二）中单击按钮，然后单击按钮，观察刀具切削毛坯零件的运行情况，如图 3.6.12 所示。

图 3.6.11　显示刀路轨迹

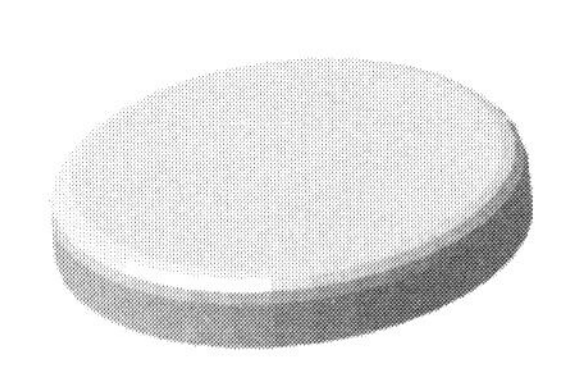

a）加工前

b）加工后

图 3.6.12　刀具切削毛坯零件

Step3. 在“Curve Following.1”对话框（二）中单击确定按钮，然后单击“Curve Following.1”对话框（一）中的确定按钮。

Task5．保存模型文件

在服务器上保存模型文件，文件名为“curve_following”。

3.7　凹 槽 铣 削

凹槽铣削可以对各种不同形状的凹槽类特征进行加工，该铣削方法与轮廓铣削中的两平面间轮廓铣削加工类型类似。

下面以图 3.7.1 所示的零件为例介绍凹槽铣削的一般操作步骤。

Task1．打开零件并进入加工工作台

Step1. 选择下拉菜单文件 → 打开...命令，系统弹出“选择文件”对话框。在查找范围(I):下拉列表中选择目录 D:\cat2016.9\work\ch03.07，然后在列表框中选择文件 Groove_milling.CATProduct，单击打开(O)按钮。

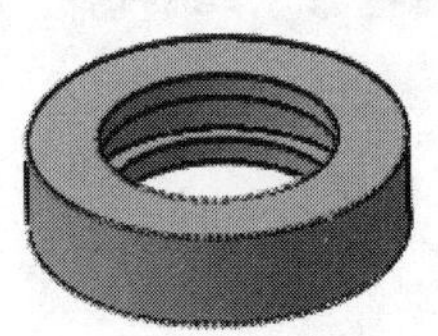

a）目标加工零件

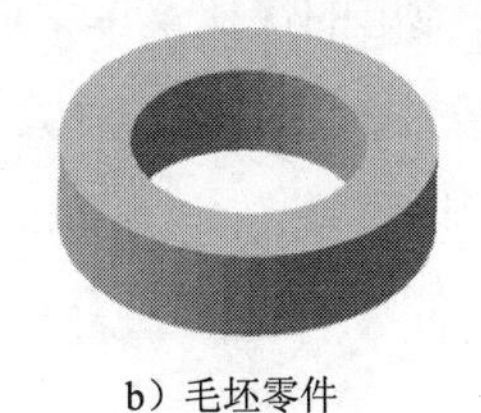

b）毛坯零件

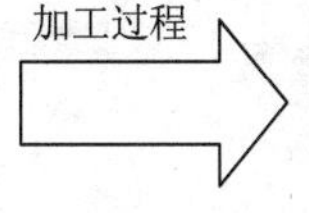

c）加工结果

图 3.7.1　凹槽铣削

Step2. 选择下拉菜单 开始 → 加工 → Prismatic Machining 命令，切换到“Prismatic Machining”工作台。

Task2. 零件操作定义

Step1. 机床设置。

（1）在特征树中双击“Part Operation.1”节点，系统弹出“Part Operation”对话框。

（2）单击“Part Operation”对话框中的“Machine”按钮，系统弹出“Machine Editor”对话框。

（3）单击“Machine Editor”对话框中的“3-axis Machine”按钮，然后单击 确定 按钮，完成机床的选择。

Step2. 定义加工坐标系。

（1）单击“Part Operation”对话框中的按钮，系统弹出“Default reference machining axis for Part Operation.1”对话框。

（2）在对话框的 Axis Name : 文本框中输入 MyAxis，选用系统默认的坐标系，单击 确定 按钮，完成加工坐标系的定义。

Step3. 定义毛坯零件。

单击“Part Operation”对话框中的按钮，选取图形区中黄色的模型作为毛坯零件。在图形区空白处双击鼠标左键，系统回到“Part Operation”对话框。

Step4. 定义目标加工零件。

（1）在图 3.7.2 所示的特征树中右击“Groove_Milling_Workpiece（Groove Milling _Workpiece.1）”节点，在弹出的快捷菜单中选择 隐藏/显示 命令。

（2）单击“Part Operation”对话框中的按钮，选择图形区中的模型作为目标加工零件，在图形区空白处双击鼠标左键，系统回到“Part Operation”对话框。

Step5. 定义安全平面。

（1）单击“Part Operation”对话框中的按钮。

（2）选择参照面。在图形区选取图 3.7.3 所示的模型表面作为安全平面参照，系统创建一个安全平面。

（3）右击系统创建的安全平面，在弹出的快捷菜单中选择 Offset... 命令，系统弹出“Edit Parameter”对话框，在其中的 Thickness 文本框中输入值 10，单击 确定 按钮完成安全平面的定义。

Step6. 单击“Part Operation”对话框中的 确定 按钮，完成零件操作定义。

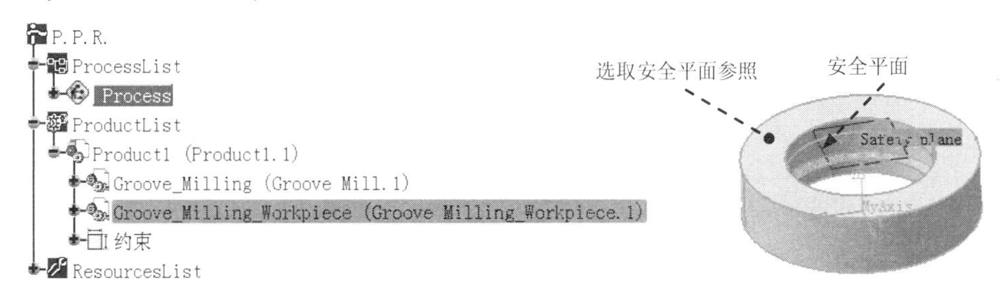

图 3.7.2 特征树　　图 3.7.3 创建安全平面

Task3. 设置加工参数

Stage1. 定义几何参数

Step1. 在特征树中选中“Manufacturing Program.1”节点，然后选择下拉菜单 插入 → Machining Operations → Groove Milling 命令，插入一个凹槽铣削加工操作，系统弹出图 3.7.4 所示的“Groove Milling.1”对话框（一）。

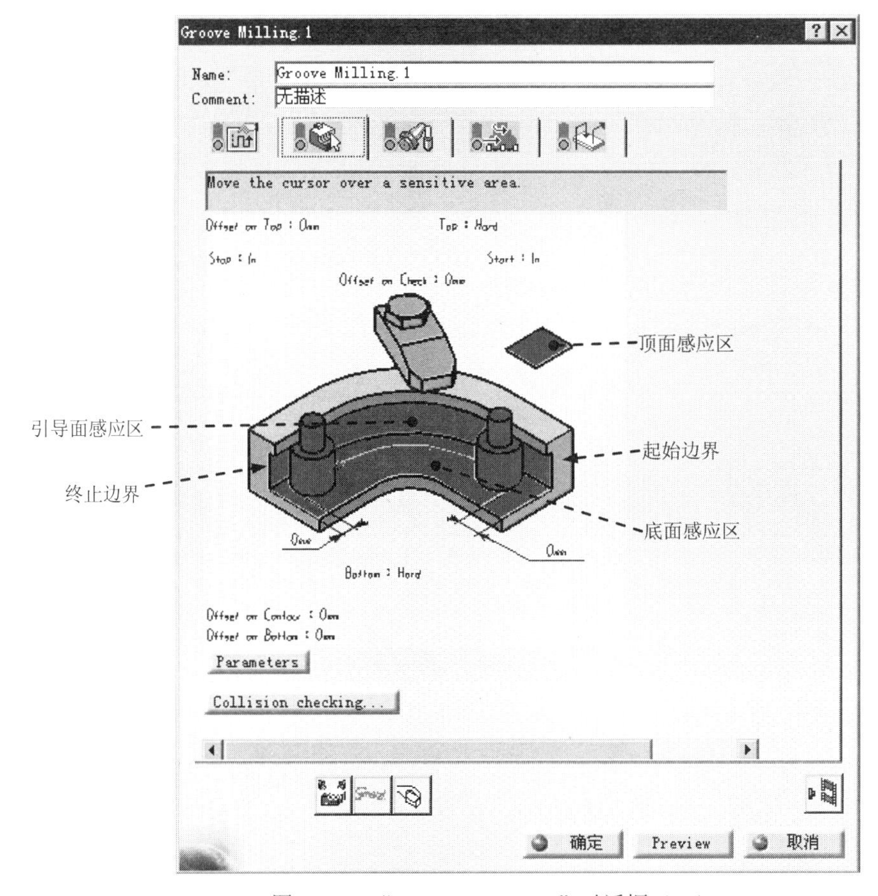

图 3.7.4 “Groove Milling.1”对话框（一）

Step2. 定义加工区域。

（1）单击“几何参数”选项卡，然后单击“Groove Milling.1”对话框（一）中的底面感应区，在图形区选择图 3.7.5 所示的面为底面，系统返回到“Curve Milling.1”对话框（一）。

（2）单击“Groove Milling.1”对话框（一）中的顶面感应区，在图形区选择图 3.7.6 所示的面为顶面，系统返回到“Groove Milling.1”对话框（一）。

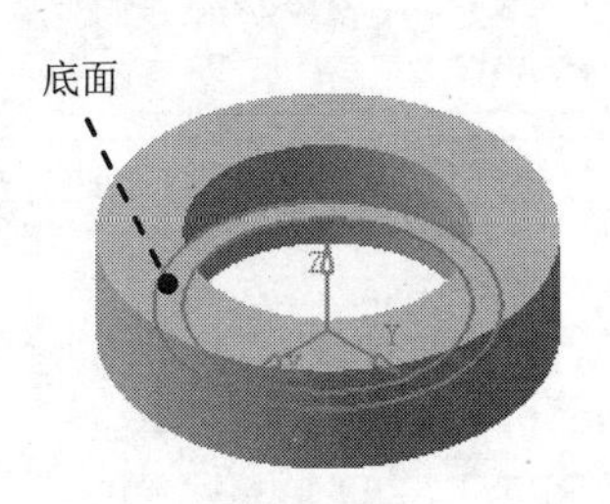

图 3.7.5 选取底面

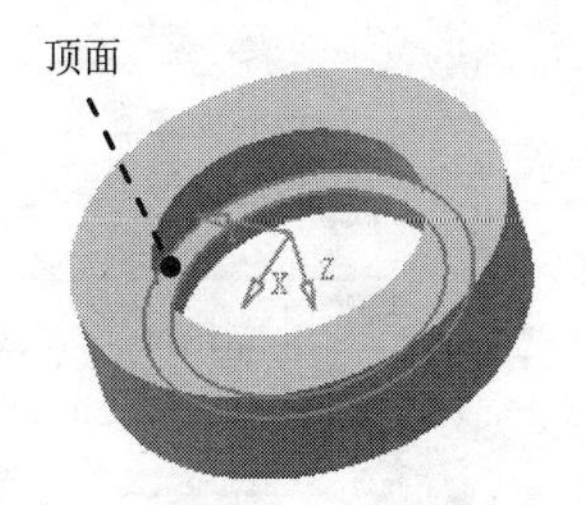

图 3.7.6 选取顶面

说明：

- 在定义底面和顶面时，请读者注意图 3.7.5 和图 3.7.6 中坐标系方位的变化。
- 凹槽加工中有 3 个几何参数是必须定义的，即底面（Bottom）、引导面（Guide）和顶面（Top）。由于系统默认打开轮廓探测（Contour Deception）功能，所以当选择了底面后，系统自动判断引导线。

Stage2. 定义刀具参数

Step1. 进入刀具参数选项卡。在“Groove Milling.1”对话框（一）中单击刀具参数选项卡。

Step2. 刀具命名。在“Groove Milling.1”对话框（一）的 Name 文本框中输入“T1 T-Slotter D8”。

Step3. 设置刀具参数。

（1）在“Groove Milling.1”对话框（一）中单击 More>> 按钮，单击 Geometry 选项卡，然后设置图 3.7.7 所示的刀具参数。

（2）其他选项卡中的参数均采用系统默认的设置值。

Stage3. 定义进给量

Step1. 进入进给量设置选项卡。在“Groove Milling.1”对话框（一）中单击（进给量）选项卡。

Step2. 设置进给量。在“Groove Milling.1”对话框（一）的（进给量）选项卡中设置图 3.7.8 所示的参数。

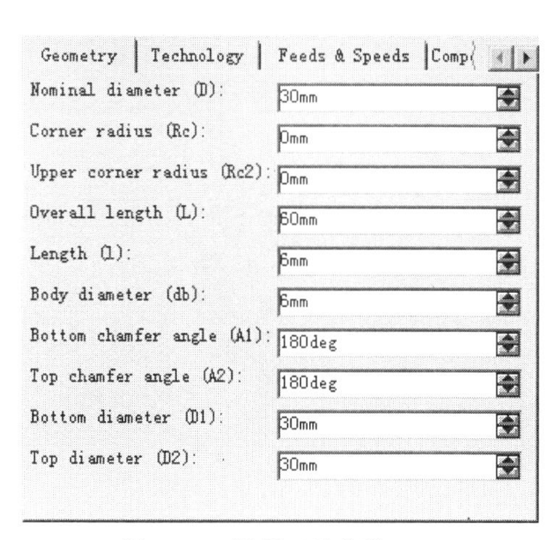

图 3.7.7 设置刀具参数

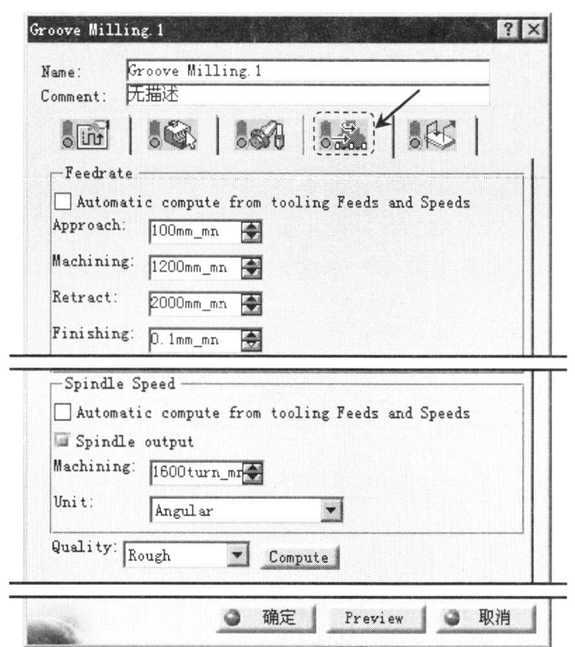

图 3.7.8 “进给量”选项卡

Stage4. 定义刀具路径参数

Step1. 进入刀具路径参数选项卡。在“Groove Milling.1”对话框（一）中单击“刀具路径参数”选项卡。

Step2. 定义刀具路径类型。在“Groove Milling.1”对话框（一）的Tool path style:下拉列表中选择One way选项。

Step3. 定义径向参数。单击Radial选项卡，设置图 3.7.9 所示的参数。

Step4. 定义轴向参数。单击Axial选项卡，设置图 3.7.10 所示的参数。

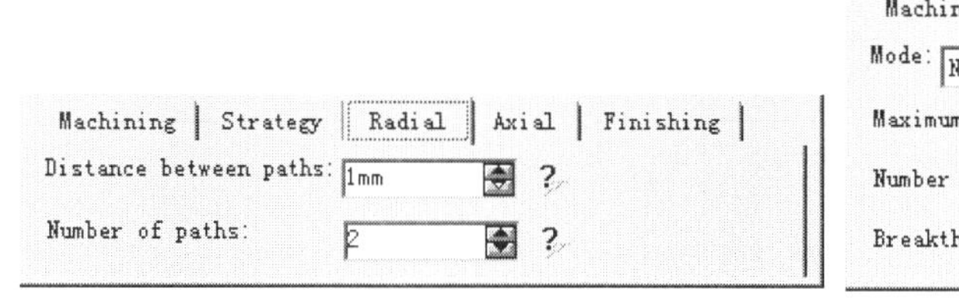

图 3.7.9 定义径向参数

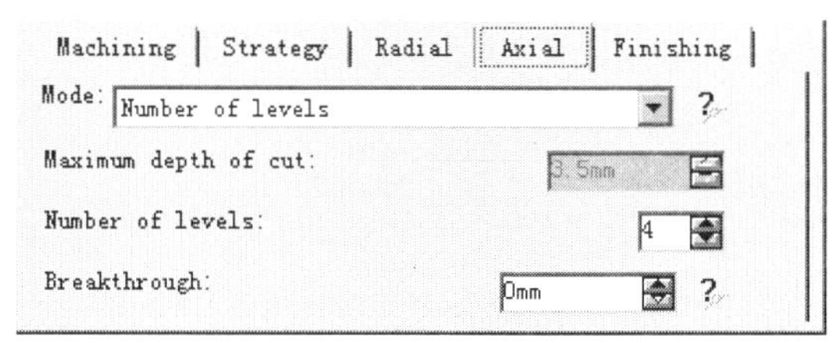

图 3.7.10 定义轴向参数

Stage5. 定义进刀/退刀路径

Step1. 进入进刀/退刀路径选项卡。在“Groove Milling.1”对话框（一）中单击（进刀/退刀路径）选项卡，如图 3.7.11 所示。

Step2. 定义进刀路径。在Macro Management区域的列表框中选择Approach，右击，从弹出的快捷菜单中选择Activate命令（系统默认为激活状态）。

Step3. 定义进刀方式。

（1）在Macro Management区域的列表框中选择Approach，然后在Mode:下拉列表中选择Build by user选项。

（2）依次单击“Remove all motions”按钮、“Add Horizontal motion”按钮和“Add Axial motion up to a plane”按钮。

（3）在“Groove Milling.1”对话框（一）中双击图 3.7.11 所示的尺寸，系统弹出“Edit Parameter”对话框，在其中的文本框中输入值 15 并单击确定按钮。

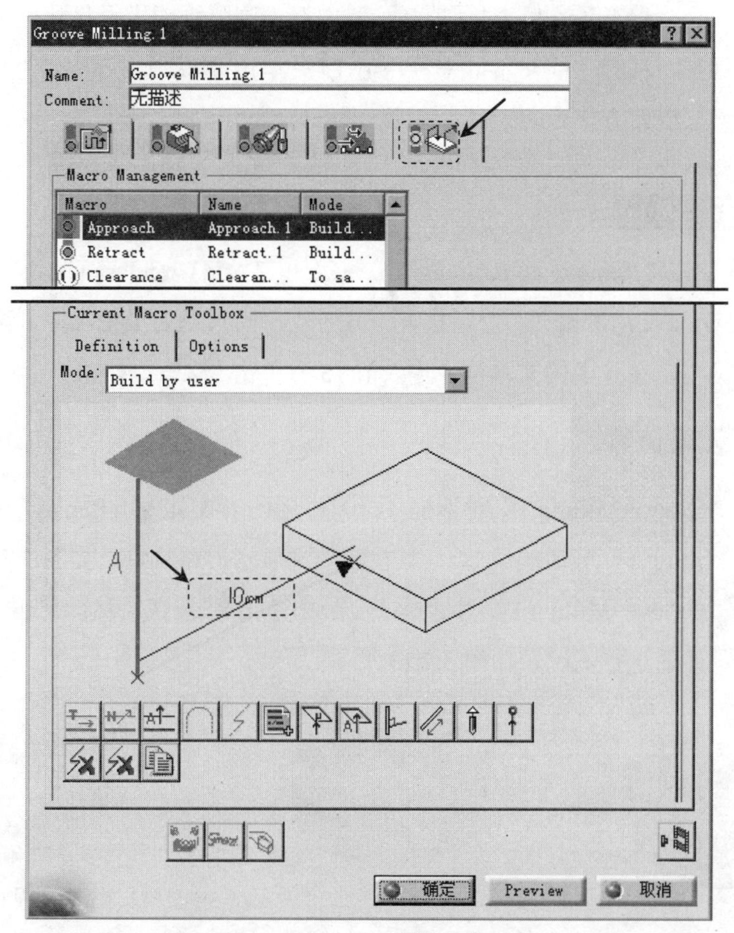

图 3.7.11　“进刀/退刀路径”选项卡

Step4. 定义退刀路径。在Macro Management区域的列表框中选择Retract，右击，从弹出的快捷菜单中选择Activate命令（系统默认为激活状态）。

Step5. 定义退刀方式。

（1）在Macro Management区域的列表框中选择Retract，然后在Mode:下拉列表中选择Build by user选项。

（2）依次单击“Remove all motions”按钮、“Add Horizontal motion”按钮和“Add

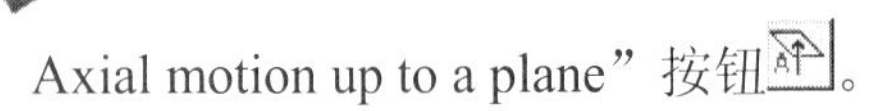

Axial motion up to a plane”按钮。

（3）在“Groove Milling.1”对话框（一）中双击图 3.7.11 所示的尺寸，系统弹出“Edit Parameter”对话框，在其中的文本框中输入值 15 并单击 确定 按钮。

Step6. 定义层进刀方式。

（1）在 Macro Management 区域的列表框中选择 Return between levels Approach，右击，从弹出的快捷菜单中选择 Activate 命令，然后在 Mode: 下拉列表中选择 Build by user 选项。

（2）依次单击“Remove all motions”按钮和“Add Circular motion”按钮。

（3）在“Groove Milling.1”对话框（一）中双击圆弧进刀半径尺寸，系统弹出“Edit Parameter”对话框，在其中的文本框中输入值 15 并单击 确定 按钮。

Step7. 定义层退刀方式。

（1）在 Macro Management 区域的列表框中选择 Return between levels Retract，然后在 Mode: 下拉列表中选择 Build by user 选项。

（2）依次单击“Remove all motions”按钮和“Add Circular motion”按钮。

（3）在“Groove Milling.1”对话框（一）中双击圆弧退刀半径尺寸，系统弹出“Edit Parameter”对话框，在其中的文本框中输入值 15 并单击 确定 按钮。

Task4. 刀路仿真

Step1. 在“Groove Milling.1”对话框（一）中单击“Tool Path Replay”按钮，系统弹出“Groove Milling.1”对话框（二），且在图形区显示刀路轨迹，如图 3.7.12 所示。

Step2. 在“Groove Milling.1”对话框（二）中单击按钮，然后单击按钮，观察刀具切削毛坯零件的运行情况，如图 3.7.13 所示。

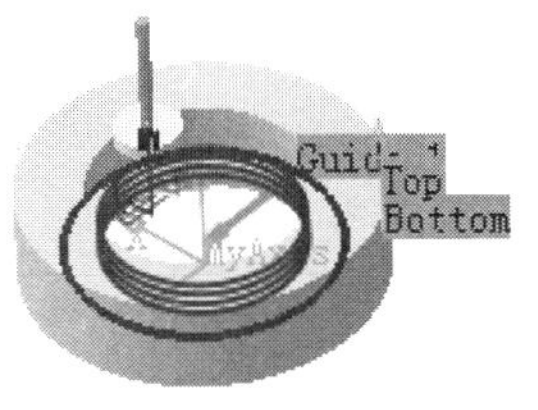

图 3.7.12　显示刀路轨迹

a）加工前

b）加工后

图 3.7.13　刀具切削毛坯零件

Task5. 余量/过切检测

Step1. 在“Groove Milling.1”对话框（二）中单击“Analyze”按钮，系统弹出“Analysis”对话框。

Step2. 余量检测。在“Analysis”对话框中选中 Remaining Material 复选框，取消选中 Gouge 复选框，单击 应用 按钮，图形区中高亮显示毛坯加工余量，如图 3.7.14 所示（无加工余量）。

Step3. 过切检测。在“Analysis”对话框中取消选中 Remaining Material 复选框，选中 Gouge 复选框，单击 应用 按钮，图形区中高亮显示毛坯加工过切情况，如图 3.7.15 所示（未出现过切）。最后单击 取消 按钮，关闭“Analysis”对话框。

图 3.7.14 毛坯加工余量检测

图 3.7.15 过切检测

Step4. 在“Groove Milling.1”对话框（二）中单击 确定 按钮，然后单击“Groove Milling.1”对话框（一）中的 确定 按钮。

Task6. 保存模型文件

在服务器上保存模型文件，文件名为“Groove_Milling”。

3.8 点到点铣削

点到点铣削就是选取一系列的点元素作为刀具的驱动路径进行铣削，该铣削加工操作不需要设置任何几何参数。用户可以在“Motion”选项卡中选取点元素（几何点、增量点、计算点）作为刀具的驱动点。

下面以图 3.8.1 所示的零件为例介绍点到点铣削的一般操作步骤。

a）加工前

b）加工后

图 3.8.1 点到点铣削

Task1. 打开零件并进入加工工作台

Step1. 选择下拉菜单 文件 → 打开... 命令，系统弹出“选择文件”对话框。在 查找范围(I): 下拉列表中选择目录 D:\cat2016.9\work\ch03.08，然后在列表框中选择文件 P-P_milling.CATPart，单击 打开(O) 按钮。

Step2. 选择下拉菜单 开始 → 加工 → Prismatic Machining 命令，切换到“Prismatic Machining”工作台。

Task2．零件操作定义

Step1．机床设置。

（1）在特征树中双击“Part Operation.1”节点，系统弹出“Part Operation”对话框。

（2）单击“Part Operation”对话框中的“Machine”按钮，系统弹出“Machine Editor”对话框。

（3）单击“Machine Editor”对话框中的“3-axis Machine”按钮，然后单击 确定 按钮，完成机床的选择。

Step2．定义加工坐标系。

（1）单击“Part Operation”对话框中的按钮，系统弹出“Default reference machining axis for Part Operation.1”对话框。

（2）在对话框的 Axis Name : 文本框中输入“MyAxis”并按下 Enter 键。

（3）单击对话框中的坐标原点感应区，在图形区选取图 3.8.2 所示的点作为加工坐标系的原点，系统创建图 3.8.2 所示的加工坐标系。

（4）单击“MyAxis”对话框中的 确定 按钮，完成加工坐标系的定义。

Step3．定义毛坯零件。单击“Part Operation”对话框中的按钮，选取图形区中的模型作为毛坯零件。在图形区空白处双击鼠标左键，系统回到“Part Operation”对话框。

Step4．定义安全平面。

（1）单击“Part Operation”对话框中的按钮。

（2）选择参照面。在图形区选取图 3.8.3 所示的毛坯表面作为安全平面参照，系统创建一个安全平面。

（3）右击系统创建的安全平面，在弹出的快捷菜单中选择 Offset... 命令，系统弹出“Edit Parameter”对话框，在其中的 Thickness 文本框中输入值 10，单击 确定 按钮完成安全平面的定义。

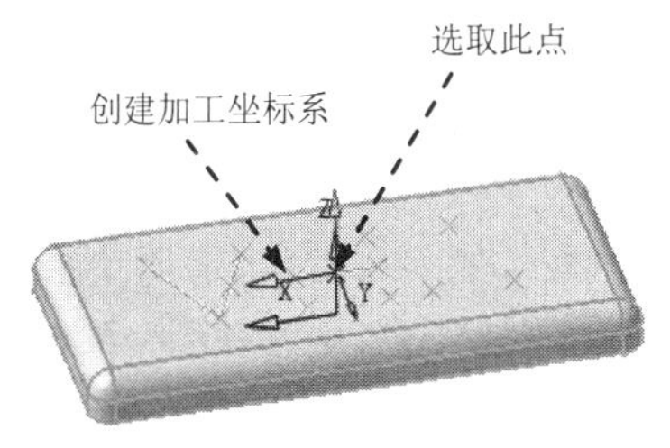

图 3.8.2　创建加工坐标系

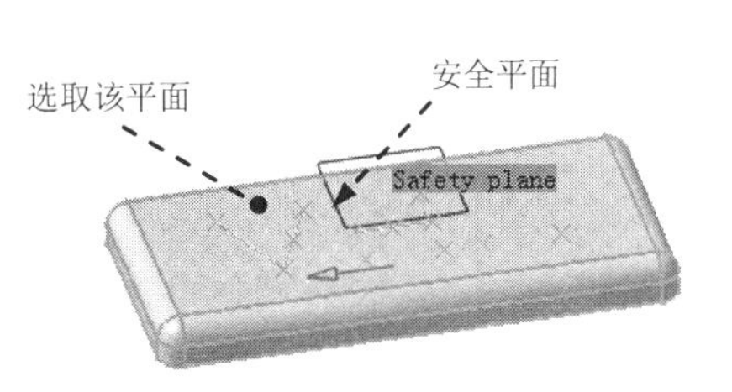

图 3.8.3　创建安全平面

Step5．单击“Part Operation”对话框中的 确定 按钮，完成零件操作定义。

Task3．插入点到点加工（一）

图 3.8.4 所示为点到点铣削（一）的加工效果，其操作过程如下。

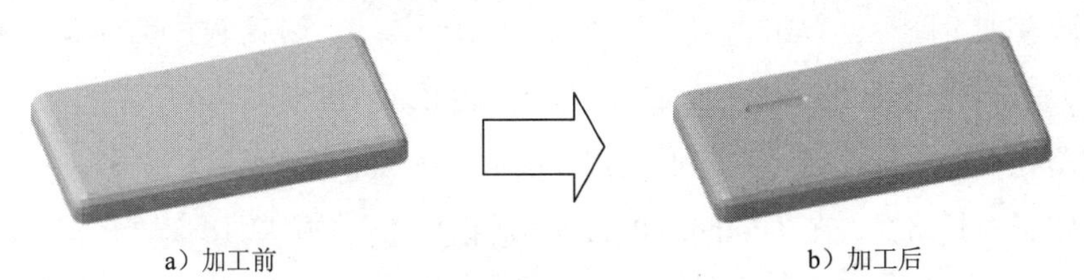

a）加工前　　b）加工后

图 3.8.4　点到点铣削（一）

Stage1．定义几何参数

Step1．在特征树中选中“Manufacturing Program.1”节点，然后选择下拉菜单 插入 → Machining Operations → Point to Point 命令，插入点到点铣削加工操作，系统弹出图 3.8.5 所示的“Point to Point.1”对话框（一）。

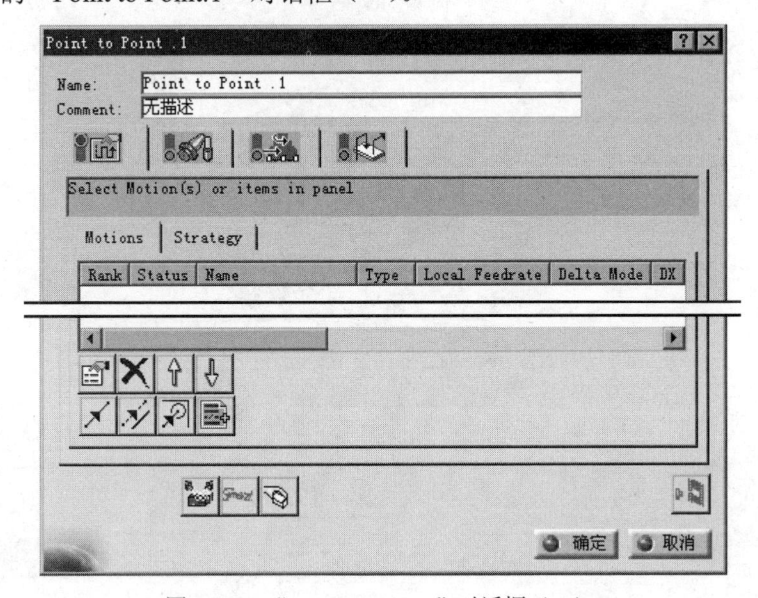

图 3.8.5　“Point to Point.1”对话框（一）

图 3.8.5 所示的“Point to Point.1”对话框（一）中各按钮的说明如下。

- 按钮：在刀位点列表框中选择一个刀位点，单击此按钮，系统弹出该刀位点的定义对话框，用户可以通过该对话框对刀位点进行编辑修改。
- 按钮：单击此按钮，可以删除所选的刀位点。
- 按钮：单击此按钮，可以将所选的刀位点在列表中向上移动一个位置。
- 按钮：单击此按钮，可以将所选的刀位点在列表中向下移动一个位置。
- 按钮：单击此按钮，可以在图形区中直接选取几何点作为刀具的驱动点。
- 按钮：单击此按钮，可以通过设定一个矢量方向以及从当前刀位点沿着设定的矢量方向偏移一定的距离。
- 按钮：单击此按钮，可以通过确定一条驱动直线和一条边界直线来求取这两条直线的交点，投影到所指定的平面上作为刀位点。

Step2. 设置加工路径。单击“刀具路径”选项卡，然后单击“Point to Point.1”对话框（一）中的“Goto Point”按钮，在图形区依次选取图 3.8.6 所示的点 1 和点 2，在图形区空白处双击鼠标左键，系统返回到“Point to Point.1”对话框（一）。

Step3. 定义刀具路径。在“Point to Point.1”对话框（一）中单击 Strategy（加工策略）选项卡（图 3.8.7），在 Offset along axis: 文本框中输入值-1。

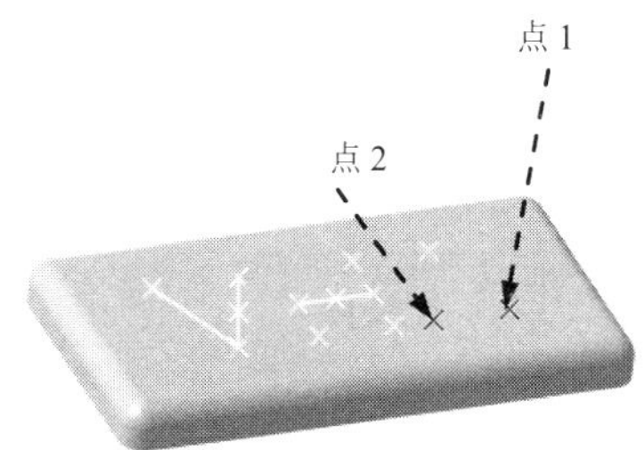

图 3.8.6 选取点

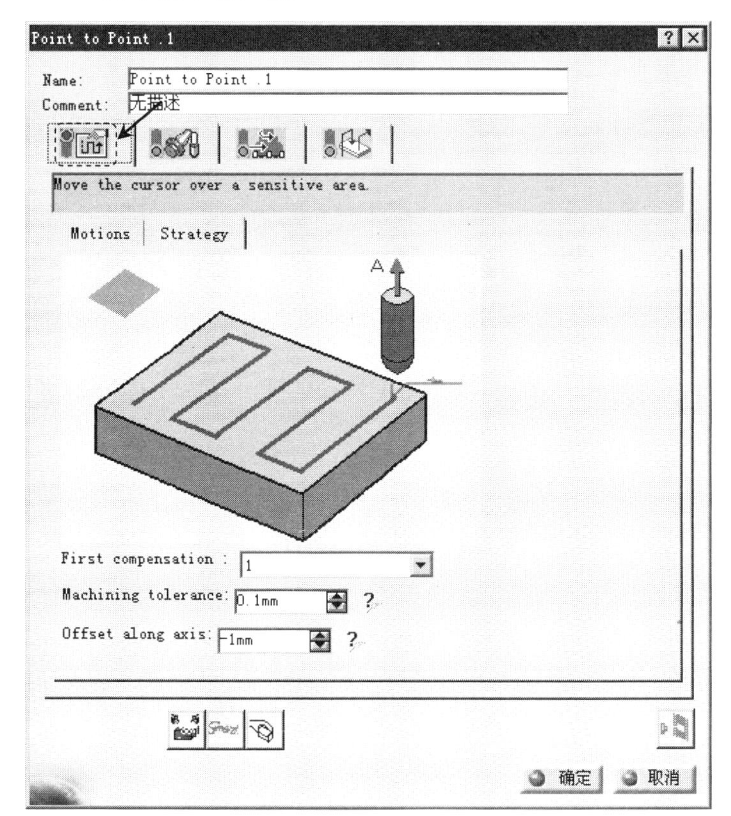

图 3.8.7 “加工策略”选项卡

图 3.8.7 所示的 Strategy（加工策略）选项卡中各个选项的说明如下。

- First compensation : 文本框（切入刀具补偿）：该下拉列表用于选择切入时的刀具补偿类型。
- Machining tolerance: 文本框（加工公差）：在文本框中输入加工误差。
- Offset along axis: 文本框（轴向偏置距离）：设置刀具的背吃刀量或者向上的偏置高度，负值是向下切削的深度，正值是向上抬刀的高度。

Stage2．定义刀具参数

Step1. 进入刀具参数选项卡。在“Point to Point.1”对话框（一）中单击刀具参数选项卡。

Step2. 刀具命名。在“Point to Point.1”对话框（一）的 Name 文本框中输入“T1 End Mill D6”。

Step3. 设置刀具参数。在“Point to Point.1”对话框（一）中单击 More>> 按钮，单击 Geometry 选项卡，然后设置图 3.8.8 所示的刀具参数，其他选项卡中的参数均采用默认的设置值。

Stage3. 定义进给量

Step1. 进入进给量设置选项卡。在“Point to Point.1”对话框（一）中单击（进给量）选项卡。

Step2. 设置进给量。在“Point to Point.1”对话框（一）的（进给量）选项卡中设置图 3.8.9 所示的参数。

Geometry	Technology	Feeds & Speeds	Comp
Nominal diameter (D):	6mm		
Corner radius (Rc):	3mm		
Overall length (L):	40mm		
Cutting length (Lc):	20mm		
Length (l):	28mm		
Body diameter (db):	10mm		
Non cutting diameter (Dnc):	0mm		

图 3.8.8 设置刀具参数

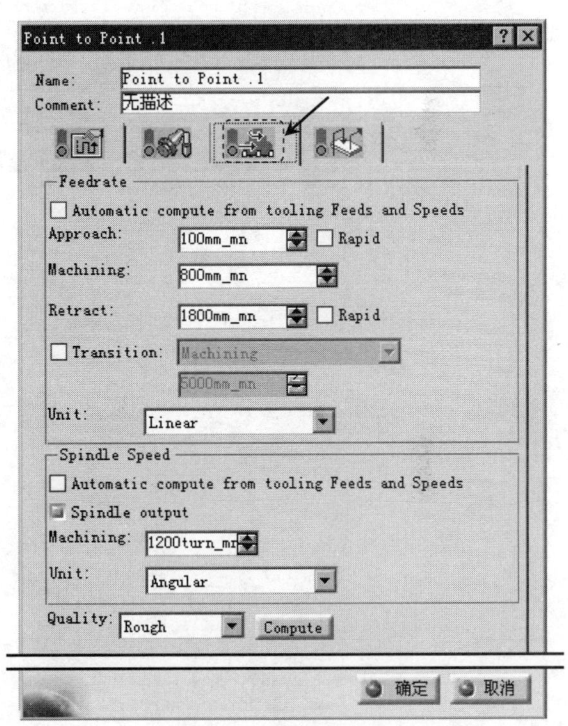

图 3.8.9 “进给量”选项卡

Stage4. 定义进刀/退刀路径

Step1. 进入进刀/退刀路径选项卡。在“Point to Point.1”对话框（一）中单击（进刀/退刀路径）选项卡，如图 3.8.10 所示。

Step2. 定义进刀路径。在 Macro Management 区域的列表框中选择 Approach，右击，从弹出的快捷菜单中选择 Activate 命令（系统默认为激活状态）。

Step3. 定义进刀方式。

（1）在 Macro Management 区域的列表框中选择 Approach，然后在 Mode: 下拉列表中选择 Build by user 选项。

（2）依次单击“Remove all motions”按钮和“Add Axial motion up to a plane”按钮。

Step4. 定义退刀路径。在 Macro Management 区域的列表框中选择 Retract，右击，从弹出的快捷菜单中选择 Activate 命令（系统默认为激活状态）。

Step5. 定义退刀方式。

（1）在 Macro Management 区域的列表框中选择 Retract，然后在 Mode: 下拉列表中选择 Build by user 选项。

（2）依次单击“Remove all motions”按钮和“Add Axial motion up to a plane”按钮。

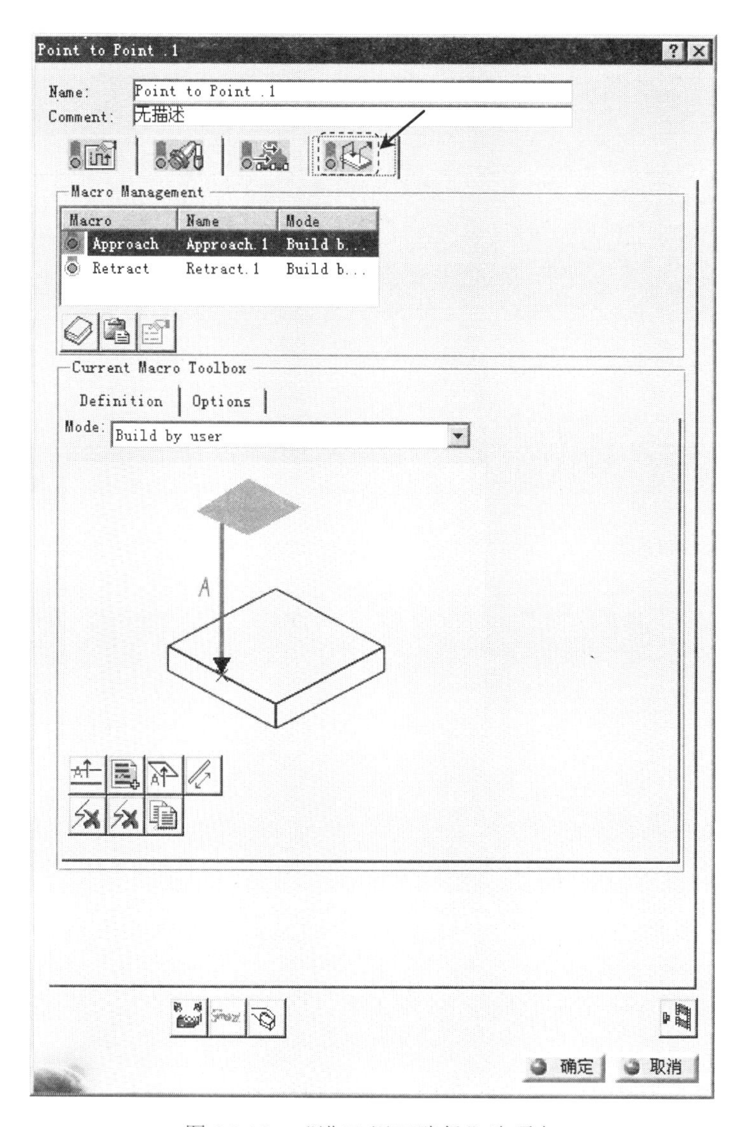

图 3.8.10 “进刀/退刀路径”选项卡

Stage5. 刀路仿真

在“Point to Point.1”对话框（一）中单击“Tool Path Replay”按钮，系统弹出“Point to Point.1”对话框（二），且在图形区显示刀路轨迹（图 3.8.11）。单击“Point to Point.1”对话框（二）中的 确定 按钮，然后单击“Point to Point.1”对话框（一）中的 确定 按钮。

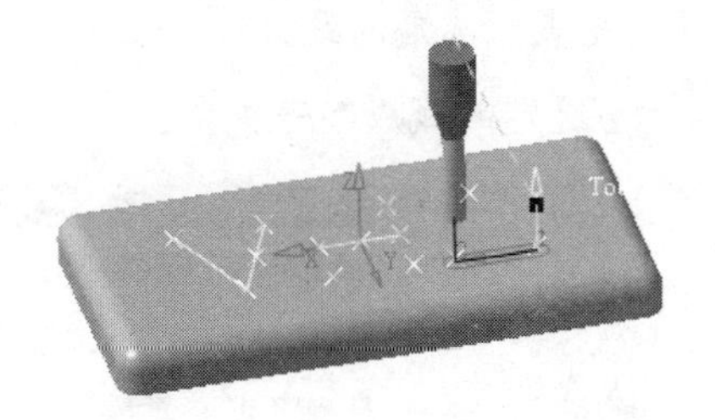

图 3.8.11 显示刀路轨迹

Task4. 插入点到点铣削加工(二)

图 3.8.12 所示为点到点铣削（二）的加工效果，其操作过程如下。

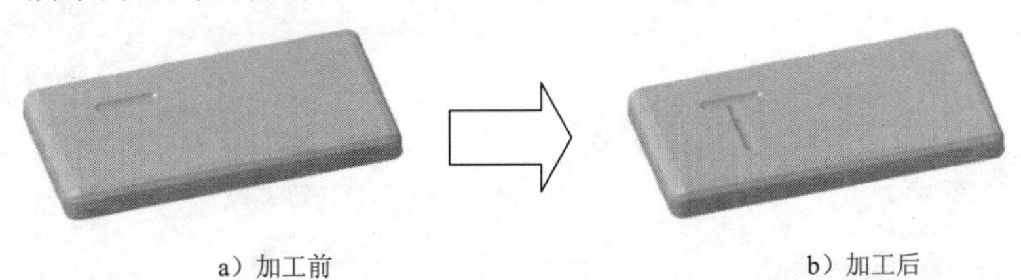

a）加工前　　b）加工后

图 3.8.12 点到点铣削（二）

Stage1. 定义几何参数

Step1. 在特征树中选中“Point to Point.1（Computed）”节点，然后选择下拉菜单 插入 → Machining Operations ▸ → Point to Point 命令，插入点到点铣削加工操作，系统弹出“Point to Point.2”对话框（一）。

Step2. 设置加工路径。

（1）单击刀具路径选项卡，然后单击“Point to Point.2”对话框中的“Goto Point”按钮，在图形区选取图 3.8.13 所示的点，在图形区空白处双击鼠标左键返回到“Point to Point.2”对话框（一）。

（2）单击“Point to Point.2”对话框（一）中的“Goto Delta”按钮，系统弹出图 3.8.14 所示的“Sequential Motion 2”对话框。右击“Sequential Motion 2”对话框中的“Components”字样，系统弹出图 3.8.15 所示的快捷菜单，选择其中的 Along Y axis 选项，在 DY: 文本框中输入值 24，单击 确定 按钮。

图 3.8.15 所示的快捷菜单中各选项的说明如下。

- Components 选项：矢量。选择该命令后，定义一个向量作为刀路轨迹的方向。
- Along X axis 选项：沿 X 轴线方向。
- Along Y axis 选项：沿 Y 轴线方向。
- Parallel to line 选项：平行于选定的线。
- Normal to line 选项：垂直于选定的线。
- Angle to line 选项：与选定的线成某一夹角。

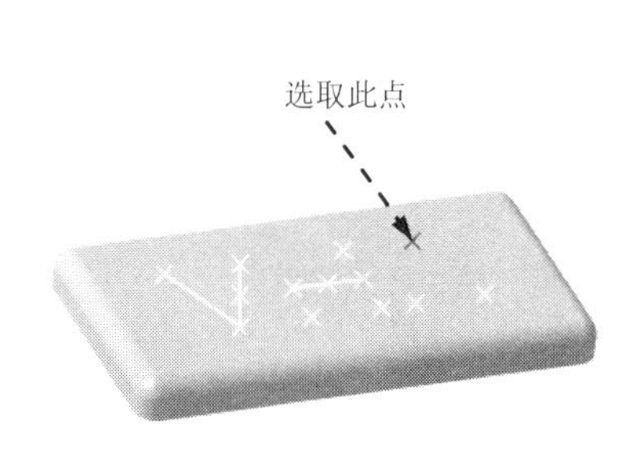

图 3.8.13　选取点

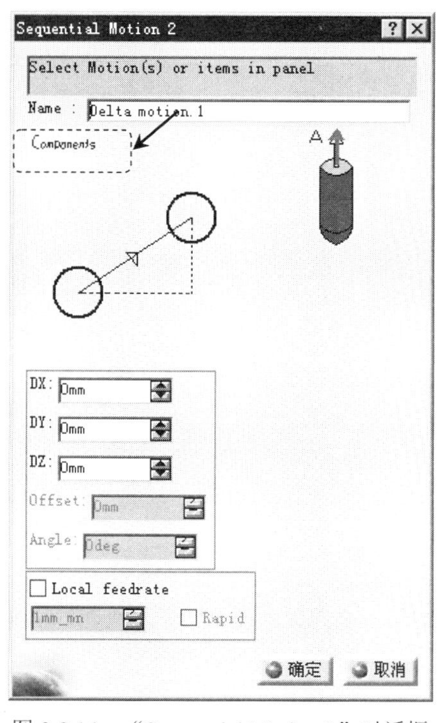

图 3.8.14　“Sequential Motion 2”对话框

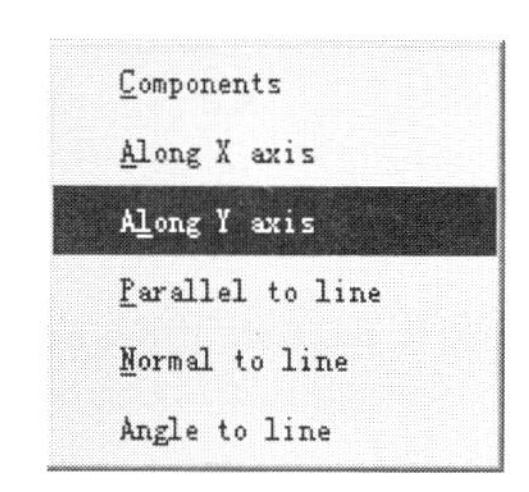

图 3.8.15　快捷菜单

Step3. 定义加工策略参数。在“Point to Point.2”对话框（一）中单击 Strategy 选项卡，在 Offset along axis: 文本框中输入值-1。

Stage2. 设置其他加工参数

其他加工参数，如刀具参数、进给量和进刀/退刀路径等，均采用点到点铣削加工（一）中所设置的参数。

Stage3. 刀路仿真

在“Point to Point.2”对话框（一）中单击“Tool Path Replay”按钮，系统弹出“Point to Point.2”对话框（二），且在图形区显示刀路轨迹（图 3.8.16）。单击“Point to Point.2”对话框（二）中的 确定 按钮，然后单击“Point to Point.2”对话框（一）中的 确定 按钮。

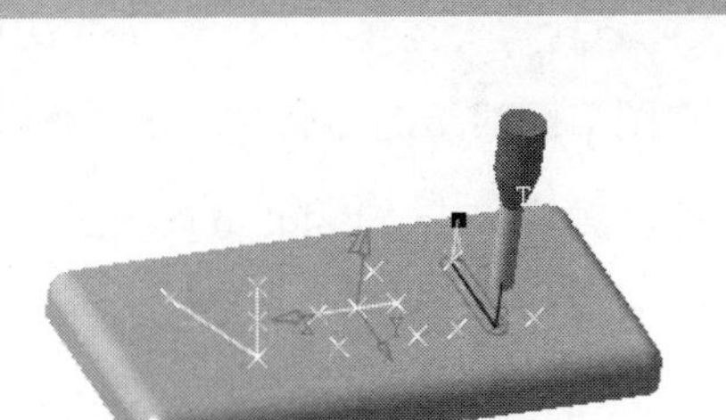

图 3.8.16　显示刀路轨迹

Task5．插入点到点铣削加工（三）

图 3.8.17 所示为点到点铣削（三）的加工效果，其操作过程如下。

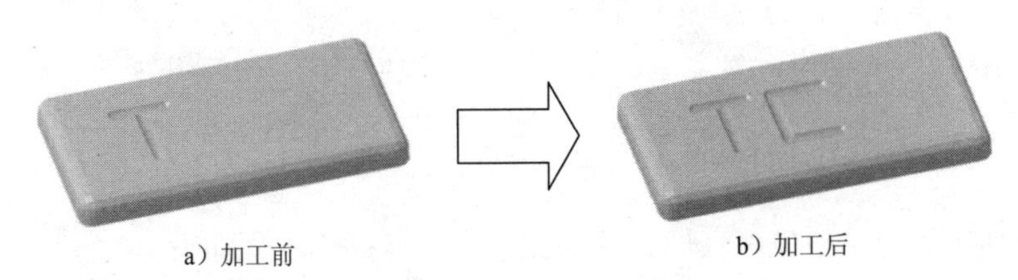

a）加工前　　b）加工后

图 3.8.17　点到点铣削（三）

Stage1．定义几何参数

Step1．在特征树中选中“Point to Point.2（Computed）”节点，然后选择下拉菜单 插入 → Machining Operations ▸ → Point to Point 命令，插入点到点铣削加工操作，系统弹出“Point to Point.3”对话框（一）。

Step2．设置加工路径。

（1）单击“刀具路径”选项卡，然后单击“Point to Point.3”对话框（一）中的“Goto Point”按钮，在图形区依次选择图 3.8.18 所示的 3 个点，在图形区空白处双击鼠标左键，返回到“Point to Point.3”对话框（一）。

（2）单击“Point to Point.3”对话框（一）中的“Goto Delta”按钮，系统弹出“Sequential Motion 4”对话框。右击“Sequential Motion 4”对话框中的“Components”字样，在弹出的快捷菜单中选择 Along X axis 命令，在 DX: 文本框中输入值 18，单击 确定 按钮。

Step3．定义加工策略参数。在“Point to Point.3”对话框（一）中单击 Strategy 选项卡，在 Offset along axis: 文本框中输入值-1。

Stage2．设置其他加工参数

其他加工参数，如刀具参数、进给量和进刀/退刀路径等，均采用点到点铣削加工（一）中所设置的参数。

Stage3．刀路仿真

在“Point to Point.3”对话框（一）中单击“Tool Path Replay”按钮，系统弹出“Point

to Point.3” 对话框（二），且在图形区显示刀路轨迹（图 3.8.19）。单击“Point to Point.3”对话框（二）中的 确定 按钮，然后单击“Point to Point.3”对话框（一）中的 确定 按钮。

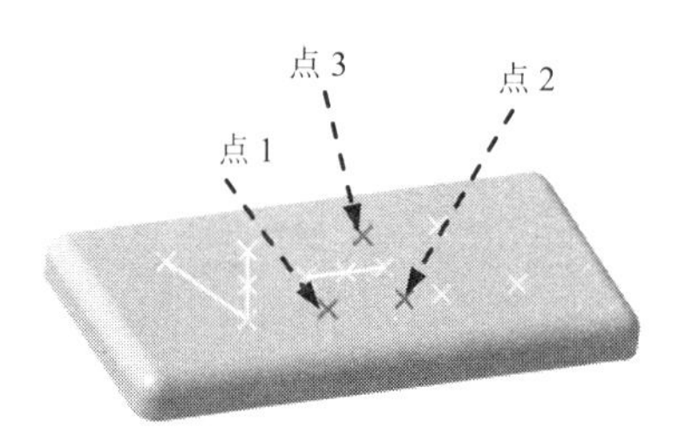

图 3.8.18　设置加工路径

图 3.8.19　显示刀路轨迹

Task6．插入点到点铣削加工（四）

图 3.8.20 所示为点到点铣削（四）的加工效果，其操作过程如下。

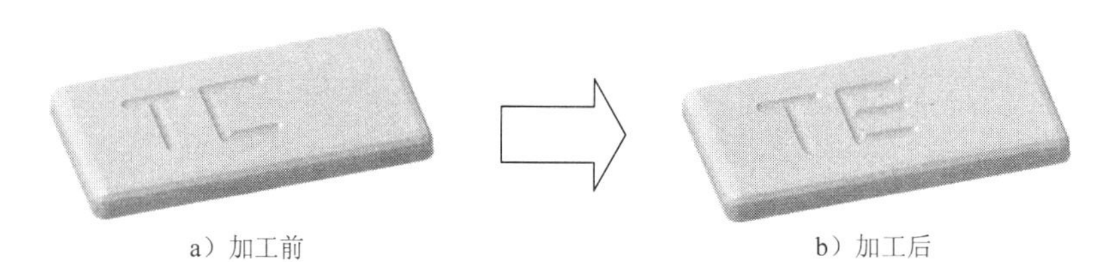

a）加工前　　b）加工后

图 3.8.20　点到点铣削（四）

Stage1．定义几何参数

Step1．在特征树中选中“Point to Point.3（Computed）”节点，然后选择下拉菜单 插入 → Machining Operations ▸ → Point to Point 命令，插入点到点铣削加工操作，系统弹出“Point to Point.4”对话框（一）。

Step2．设置加工路径。

（1）单击“刀具路径”选项卡，然后单击“Point to Point.4”对话框（一）中的“Goto Point”按钮，在图形区选取图 3.8.21 所示的点，在图形区空白处双击鼠标左键返回到“Point to Point.4”对话框（一）。

（2）单击“Point to Point.4”对话框（一）中的“Goto Delta”按钮，系统弹出“Sequential Motion 2”对话框。右击“Sequential Motion 2”对话框中的“Components”字样，在系统弹出的快捷菜单中选择 Along X axis 命令，在 DX: 文本框中输入值 18，单击 确定 按钮。

Step3．定义加工策略参数。在“Point to Point.4”对话框（一）中单击 Strategy 选项卡，在 Offset along axis: 文本框中输入值-1。

Stage2．设置其他加工参数

其他加工参数，如刀具参数、进给量和进刀/退刀路径等，均采用点到点铣削加工（一）中所设置的参数。

Stage3．刀路仿真

在“Point to Point.4”对话框中（一）单击“Tool Path Replay”按钮，系统弹出“Point to Point.4”对话框（二），且在图形区显示刀路轨迹（图 3.8.22）。单击“Point to Point.4”对话框（二）中的 确定 按钮，然后单击“Point to Point.4”对话框（一）中的 确定 按钮。

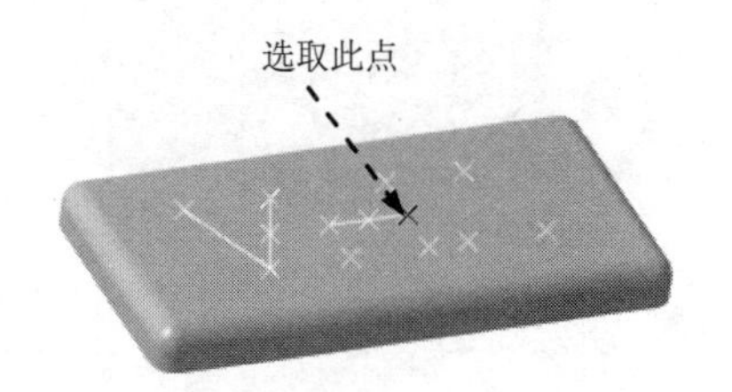

图 3.8.21 选取点

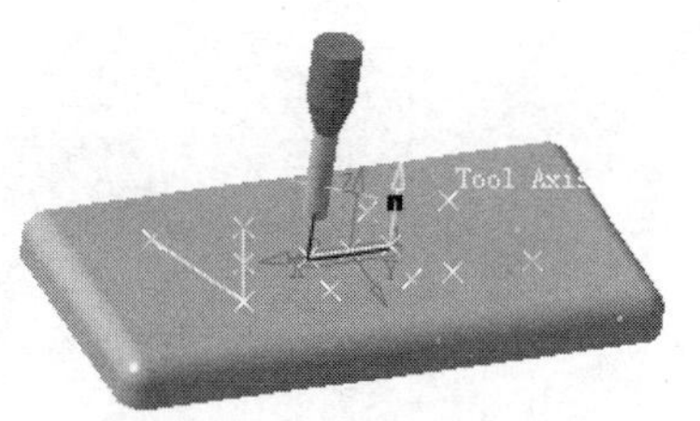

图 3.8.22 显示刀路轨迹

Task7．插入点到点铣削加工（五）

图 3.8.23 所示为点到点铣削（五）的加工效果，其操作过程如下。

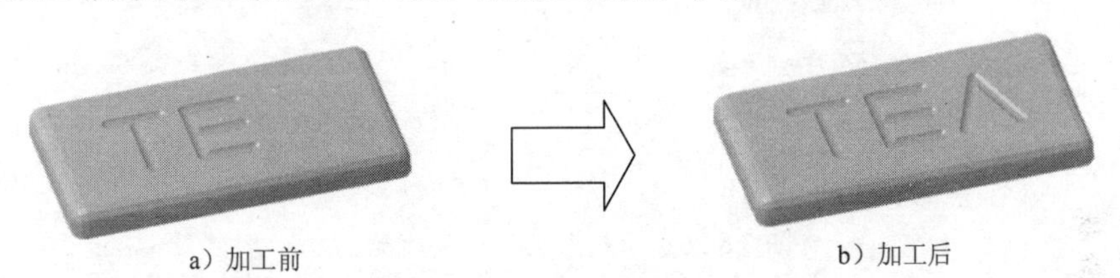

a）加工前 b）加工后

图 3.8.23 点到点铣削（五）

Stage1．定义几何参数

Step1. 在特征树中选中 Point to Point.4（Computed）节点，然后选择下拉菜单 插入 → Machining Operations ▸ → Point to Point 命令，插入点到点铣削加工操作，系统弹出“Point to Point.5”对话框（一）。

Step2. 设置加工路径。单击“刀具路径”选项卡，然后单击“Point to Point.5”对话框（一）中的“Goto Point”按钮，依次选择如图 3.8.24 所示的 3 个点，在图形区空白处双击鼠标左键，返回到“Point to Point.5”对话框（一）。

Step3. 定义加工策略参数。在“Point to Point.5”对话框（一）中单击 Strategy 选项卡，在 Offset along axis: 文本框中输入值-1。

Stage2．设置其他加工参数

其他加工参数，如刀具参数、进给量和进刀/退刀路径等，均采用点到点铣削加工（一）

中所设置的参数。

Stage3．刀路仿真

在“Point to Point.5”对话框中单击“Tool Path Replay”按钮，系统弹出“Point to Point.5”对话框（二），且在图形区显示刀路轨迹，如图 3.8.25 所示。单击“Point to Point.5”对话框（二）中的 确定 按钮，然后单击“Point to Point.5”对话框（一）中的 确定 按钮。

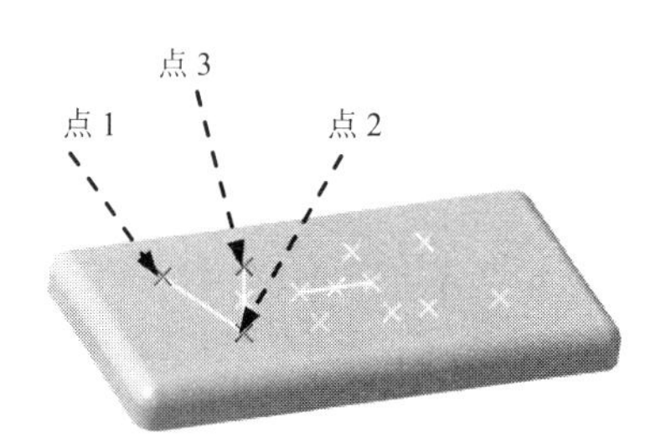

图 3.8.24　设置加工路径

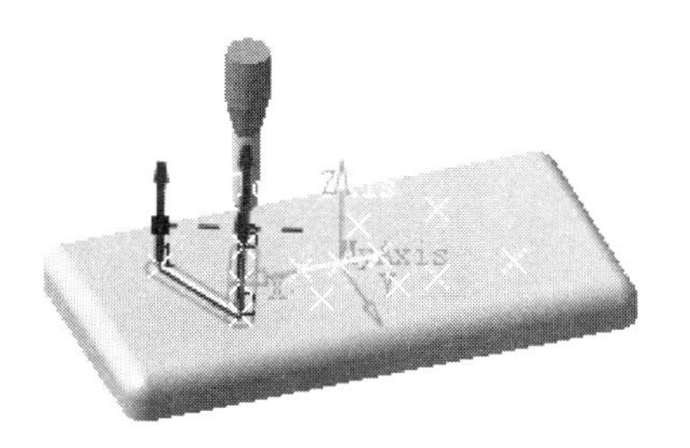

图 3.8.25　显示刀路轨迹

Task8．插入点到点铣削加工（六）

图 3.8.26 所示为点到点铣削（六）的加工效果，其操作过程如下。

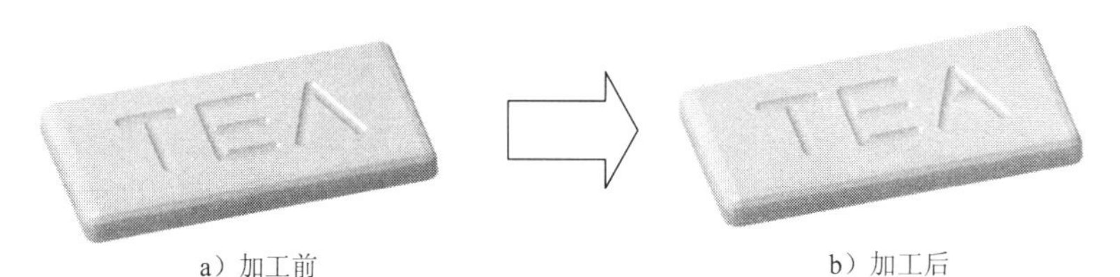

图 3.8.26　点到点铣削（六）

Stage1．定义几何参数

Step1．在特征树中选中“Point to Point.5（Computed）”节点，然后选择下拉菜单 插入 → Machining Operations ▸ → Point to Point 命令，插入点到点铣削加工操作，系统弹出“Point to Point.6”对话框（一）。

Step2．设置加工路径。

（1）单击刀具路径选项卡，然后单击“Point to Point.6”对话框中的“Goto Point”按钮，选取图 3.8.27 所示的点，在图形区空白处双击鼠标左键，返回到“Point to Point.6”对话框（一）。

（2）单击“Point to Point.6”对话框（一）中的“Goto Position”按钮，系统弹出图 3.8.28 所示的“Sequential Motion 2”对话框。

（3）单击“Sequential Motion 2”对话框中的驱动直线感应区，选取图 3.8.29 所示的直线作为驱动直线，单击 确定 按钮。

（4）单击“Sequential Motion 2”对话框中的边界直线感应区，选取图 3.8.29 所示的直线作为边界直线。

（5）单击“Sequential Motion 2”对话框中的平面感应区，选取图 3.8.29 所示的面，在图形区空白处双击鼠标左键，返回到“Sequential Motion 2”对话框。

（6）在“Sequential Motion 2”对话框中设置图 3.8.28 所示的参数，并单击 确定 按钮。

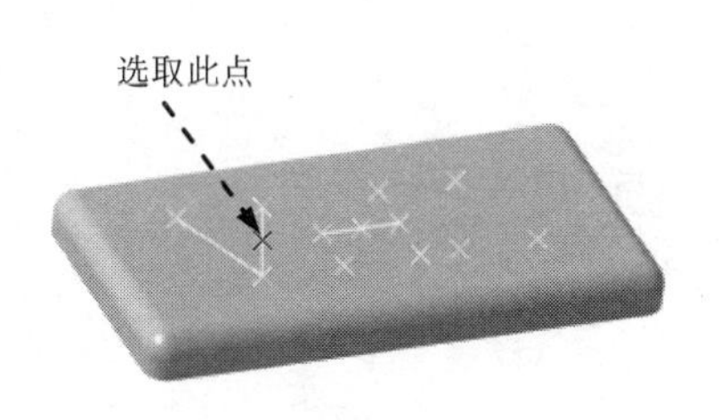

图 3.8.27 选取点

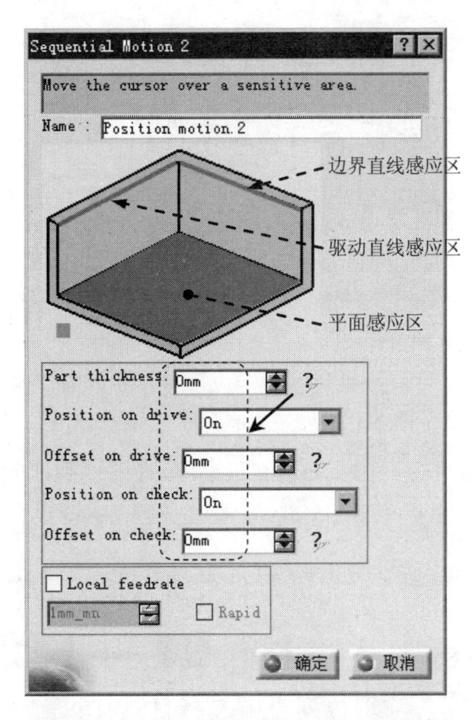

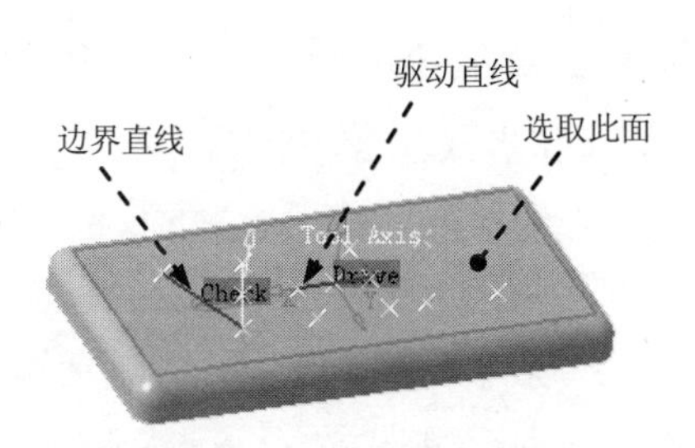

图 3.8.29 选取驱动直线

图 3.8.28 “Sequential Motion 2”对话框

Step3. 在“Point to Point.6”对话框（一）中单击 Strategy 选项卡，在 Offset along axis: 文本框中输入值-1。

Stage2. 定义其他加工参数

其他加工参数，如刀具参数、进给量和进刀/退刀路径，均采用点到点铣削加工（一）中所设置的参数。

Stage3. 刀路仿真

Step1. 在“Point to Point.6”对话框（一）中单击“Tool Path Replay”按钮，系统弹出“Point to Point.6”对话框（二），且在图形区显示刀路轨迹，如图 3.8.30 所示。

Step2. 在“Point to Point.6”对话框（二）中单击按钮，然后单击按钮，观察刀具切削毛坯零件的情况，如图 3.8.31 所示。

Step3. 单击“Point to Point.6”对话框(二)中的 确定 按钮，然后单击“Point to Point.6”对话框（一）中的 确定 按钮。

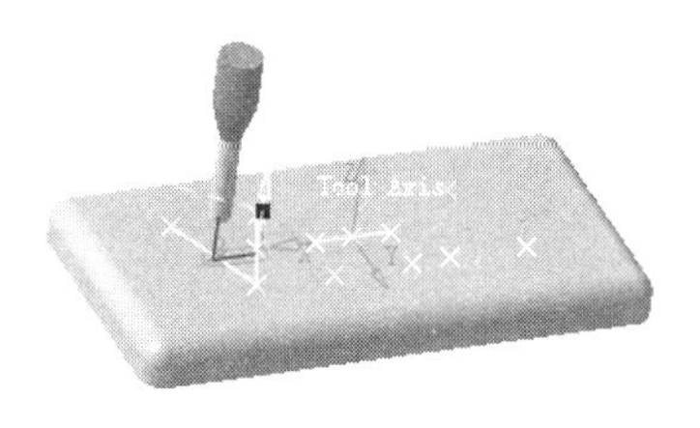

图 3.8.30　显示刀路轨迹

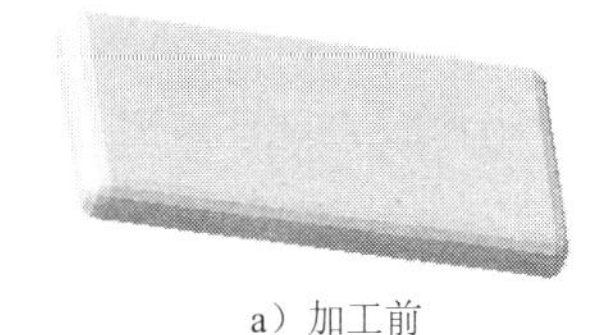

a）加工前

b）加工后

图 3.8.31　刀具切削毛坯零件的情况

Task9. 保存模型文件

在服务器上保存模型文件，文件名为“P-P_Milling”。

3.9 孔　加　工

2.5 轴数控加工包含了多种钻孔加工，有中心钻、钻孔、攻螺纹、镗孔、绞孔、沉孔和倒角孔等。由于钻孔加工操作的设置都比较类似，这里主要介绍钻孔加工。

下面以图 3.9.1 所示的零件为例介绍孔加工的一般操作步骤。

Task1. 打开零件并进入加工工作台

Step1. 选择下拉菜单 文件 → 打开... 命令，系统弹出“选择文件”对话框。在 查找范围(I): 下拉列表中选择目录 D:\cat2016.9\work\ch03.09，然后在列表框中选择文件 drilling.CATProduct，单击 打开(O) 按钮。

a）目标加工零件

b）毛坯零件

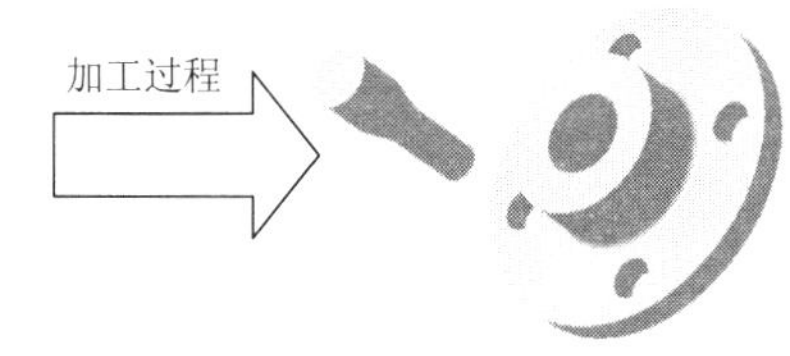

c）加工结果

图 3.9.1　孔加工

Step2. 选择下拉菜单 开始(S) → 加工 → Prismatic Machining 命令切换到“Prismatic Machining”工作台。

Task2. 零件操作定义

Step1. 机床设置。

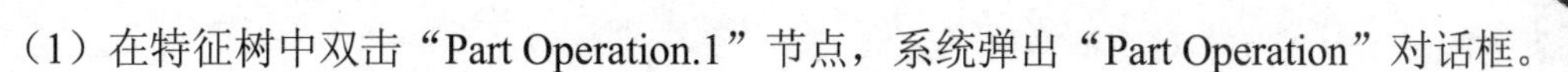

（1）在特征树中双击“Part Operation.1”节点，系统弹出“Part Operation”对话框。

（2）单击“Part Operation”对话框中的“Machine”按钮，系统弹出“Machine Editor”对话框。

（3）单击“Machine Editor”对话框中的“3-axis Machine”按钮，然后单击 确定 按钮，完成机床的选择。

Step2. 定义加工坐标系。

（1）单击“Part Operation”对话框中的按钮，系统弹出“Default reference machining axis for Part Operation.1”对话框。

（2）定义坐标系名称。在“Default reference machining axis for Part Operation.1”对话框的 Axis Name : 文本框中输入“MyAxis”。

（3）定义坐标系方位。单击“Default reference machining axis for Part Operation.1”对话框中的坐标原点感应区，然后在图形区选取图 3.9.2 所示的点作为加工坐标系的原点，系统创建图 3.9.2 所示的加工坐标系。

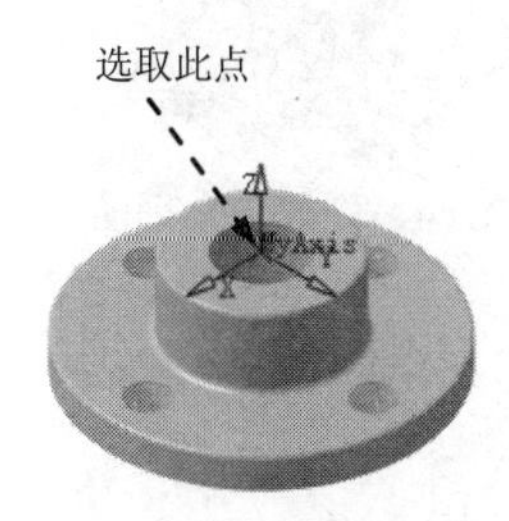

图 3.9.2　选取加工坐标系的原点

（4）此时，“Default reference machining axis for Part Operation.1”对话框变成“MyAxis”对话框。单击“MyAxis”对话框中的 确定 按钮，完成加工坐标系的定义。

Step3. 定义目标加工零件。

（1）单击“Part Operation”对话框中的按钮。

（2）在图 3.9.3 所示的特征树中右击“drilling_workpiece（drilling_workpiece.1）”节点，在弹出的快捷菜单中选择 隐藏/显示 命令。

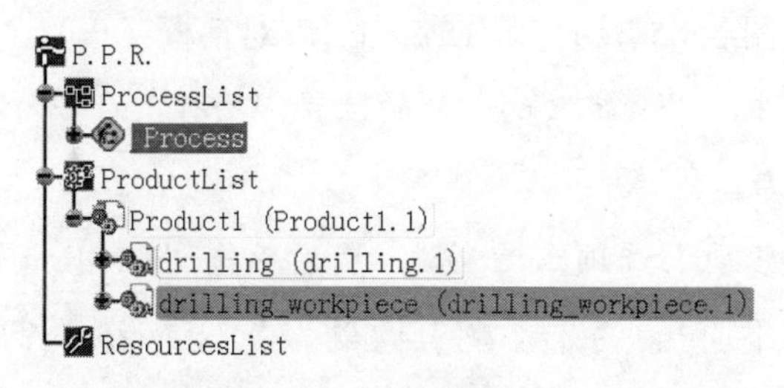

图 3.9.3　特征树

（3）选取图形区中的模型作为目标加工零件，在图形区空白处双击鼠标左键，系统回

到“Part Operation”对话框。

Step4. 定义毛坯零件。

（1）在图 3.9.3 所示的特征树中右击“drilling_workpiece（drilling_workpiece.1）”节点，在弹出的快捷菜单中选择 隐藏/显示 命令。

（2）单击“Part Operation”对话框中的按钮，选取图形区中的模型作为毛坯零件。在图形区空白处双击鼠标左键，系统回到“Part Operation”对话框。

Step5. 定义安全平面。

（1）单击“Part Operation”对话框中的按钮。

（2）选择参照面。在图形区选取图 3.9.4 所示的毛坯表面作为安全平面参照，系统创建一个安全平面。

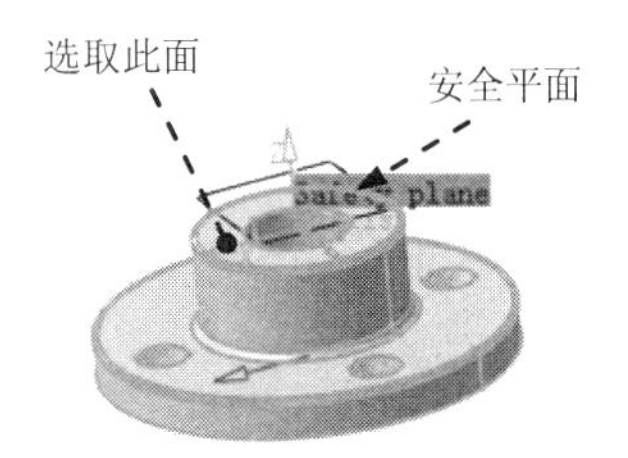

图 3.9.4　创建安全平面

（3）右击系统创建的安全平面，在弹出的快捷菜单中选择 Offset... 命令，系统弹出“Edit Parameter”对话框，在其中的 Thickness 文本框中输入值 10，单击 确定 按钮完成安全平面的定义，如图 3.9.4 所示。

Step6. 单击“Part Operation”对话框中的 确定 按钮，完成零件操作定义。

Task3. 设置加工参数

Stage1. 定义几何参数

Step1. 在特征树中选中“Manufacturing Program.1”节点，然后选择下拉菜单 插入 → Machining Operations ▸ → Axial Machining Operations ▸ → Drilling 命令，插入一个钻孔加工操作，系统弹出图 3.9.5 所示的“Drilling.1”对话框（一）。

说明：在钻孔加工中，必须定义的是孔的位置，孔所在的平面及避让区域是可选项。

Step2. 定义加工区域。

（1）单击“几何参数”选项卡，然后单击“Drilling.1”对话框（一）中的“Extension：Blind”（不通孔）字样，将其改变为“Extension：Through（通孔）”，此时的“Drilling.1”对话框如图 3.9.6 所示。

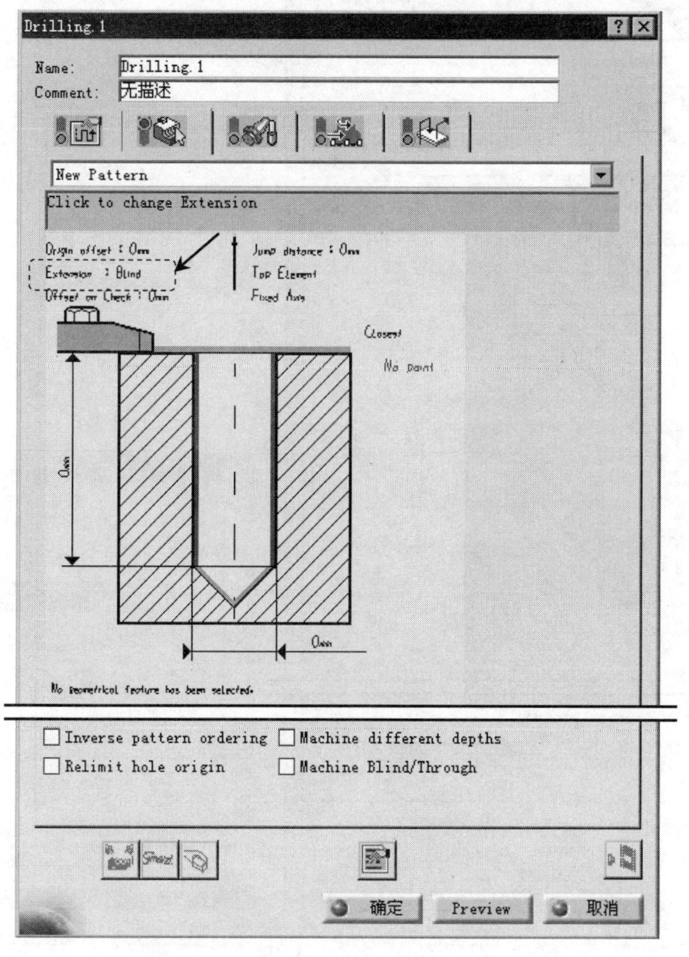

图 3.9.5 “Drilling.1”对话框（一）

（2）单击“Drilling.1”对话框（二）中的孔侧壁感应区，系统弹出图 3.9.7 所示的“Pattern Selection”窗口，选择其中的 圆形阵列.1。在图形区空白处双击鼠标左键，系统返回到图 3.9.6 所示的“Drilling.1”对话框（二）。

说明：

- 孔加工中定义加工区域时，也可以在图形区中选取图 3.9.8 所示的零件模型中的 4 个孔。
- 加工区域定义完成后，“Drilling.1”对话框（二）中会显示系统判断的孔的直径及深度值，如图 3.9.9 所示。

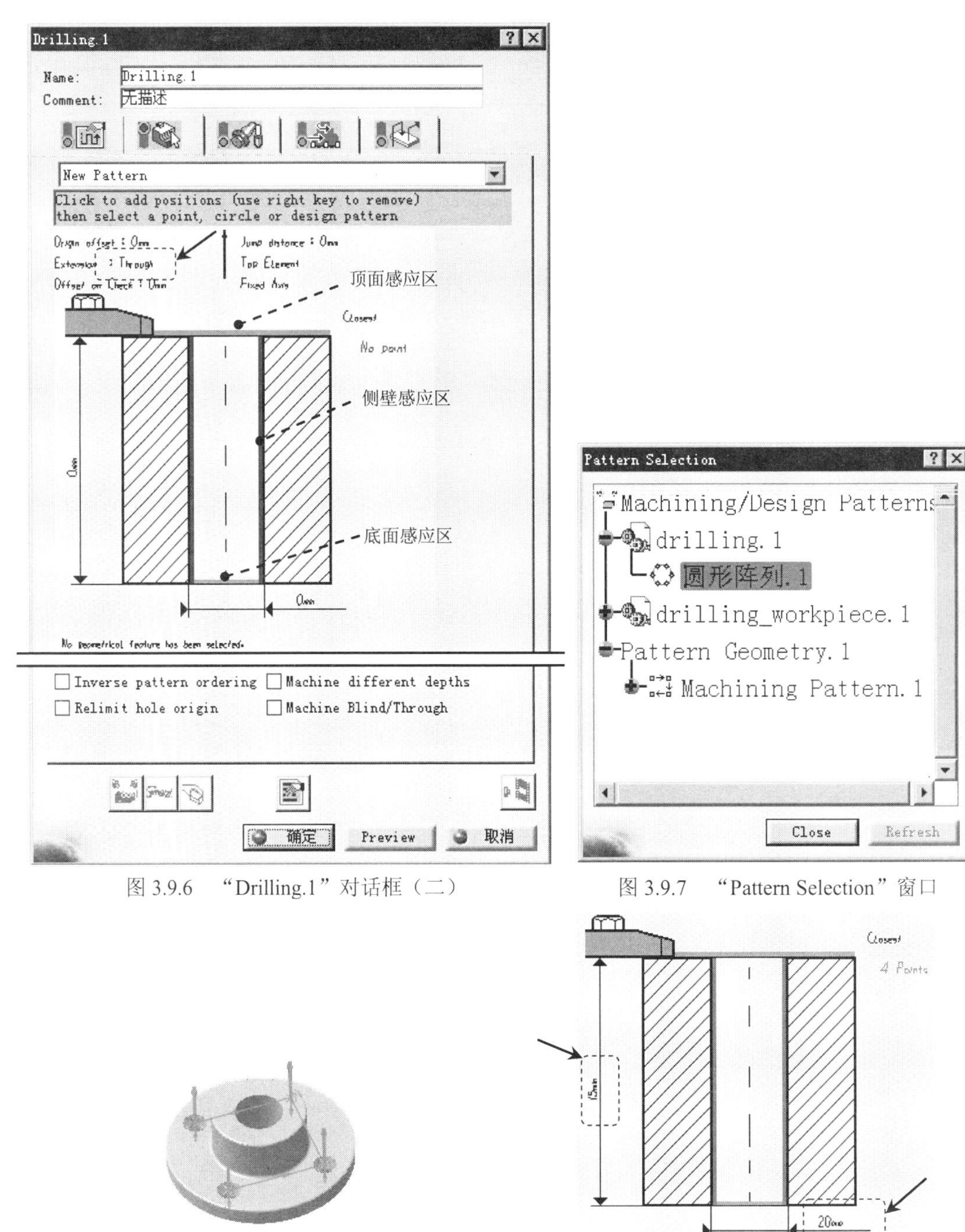

图 3.9.6 “Drilling.1”对话框（二）

图 3.9.7 “Pattern Selection”窗口

图 3.9.8 选取 4 个孔

图 3.9.9 显示孔的直径及深度值

Stage2．设置刀具参数

Step1．进入刀具参数选项卡。在“Drilling.1”对话框（一）中单击 （刀具参数）选项卡。

Step2. 刀具命名。在“Drilling.1”对话框（一）的 Name 文本框中输入“T1 Drill D 20”。

Step3. 设置刀具参数。在“Drilling.1”对话框（一）中单击 More>> 按钮，单击 Geometry 选项卡，然后设置图 3.9.10 所示的刀具参数；其他选项卡中的参数均采用系统默认的设置值。

Stage3. 定义进给量

Step1. 进入进给量设置选项卡。在“Drilling.1”对话框（一）中单击（进给量）选项卡。

Step2. 设置进给量。在“Drilling.1”对话框（一）的（进给量）选项卡中设置图 3.9.11 所示的参数。

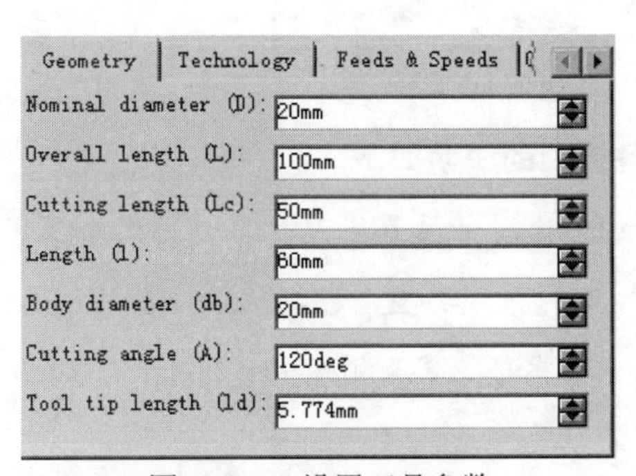

图 3.9.10 设置刀具参数

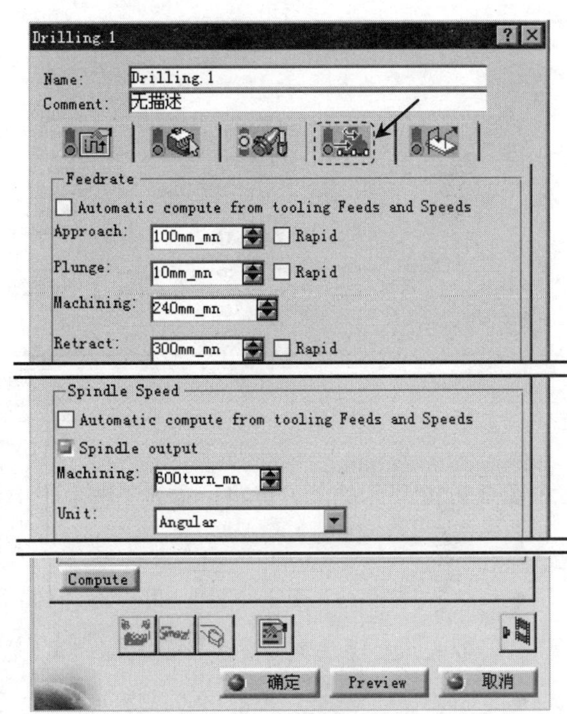

图 3.9.11 设置“进给量”参数

Stage4. 定义刀具路径参数

Step1. 进入刀具路径参数选项卡。在“Drilling.1”对话框（一）中单击（刀具路径参数）选项卡，如图 3.9.12 所示。

Step2. 定义钻孔类型。在“Drilling.1”对话框（一）的 Depth mode: 下拉列表中选择 By shoulder (Ds) 选项。

Step3. 其他参数采用系统默认设置值。

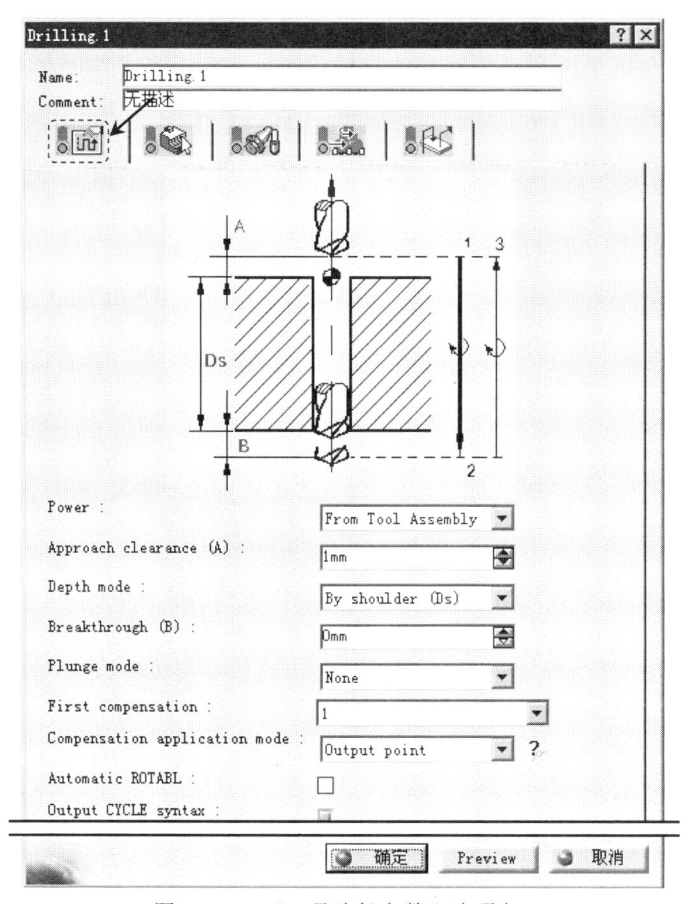

图 3.9.12　“刀具路径参数”选项卡

图 3.9.12 所示的“刀具路径参数”选项卡中各选项的说明如下。

- Approach clearance (A) : 文本框（进刀安全距离）：用于设置进刀时刀具的安全距离。
- Depth mode : （深度类型）：用于选择钻孔加工的深度类型，包括 By tip (Dt)（通过刀尖进行深度测量）和 By shoulder (Ds)（通过刀肩进行深度测量）。
- Breakthrough (B) : 文本框（穿透）：用于定义刀具伸出孔底面的长度。
- Plunge mode : 下拉列表（陷入模式）：用于定义在加工之前以切入进给量从孔的参考点切入的方式。
- First compensation : 下拉列表（第一次切入时的刀具补偿）：该下拉列表用于选择第一次切入时刀具补偿的类型。
- Automatic ROTABL : 复选框（自动转动工作台）：选中该复选框，在加工圆周上不同位置的孔时允许机床工作台转动。
- Output CYCLE syntax : 复选框（输出 CYCLE 语句）：选中该复选框，并在 NC 输出对话框中将 Cycle Used（使用的循环语句）设置为 Yes，则 NC 代码输出为 CYCLE 语句。

Stage5. 定义进刀/退刀路径

Step1. 进入进刀/退刀路径选项卡。在“Drilling.1”对话框（一）中单击（进刀/退刀路径）选项卡，如图 3.9.13 所示。

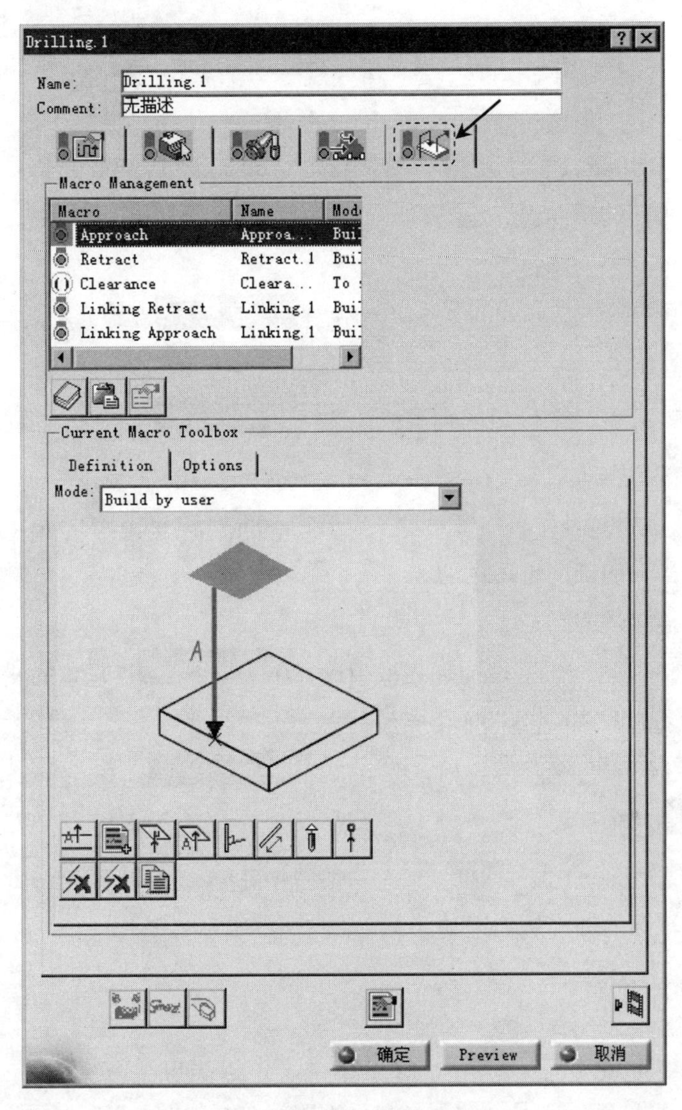

图 3.9.13 “进刀/退刀路径”选项卡

Step2. 定义进刀路径。

（1）在Macro Management区域的列表框中选择Approach选项，右击，从弹出的快捷菜单中选择Activate命令。

（2）在Macro Management区域的列表框中选择Approach选项，然后在Mode:下拉列表中选择Build by user选项。

（3）单击“Drilling.1”对话框（一）中的“Add Axial motion up to a plane”按钮，

添加一个从安全平面的轴向进刀运动。

Step3. 定义退刀路径。

（1）在 Macro Management 区域的列表框中选择 Retract 选项，右击，从弹出的快捷菜单中选择 Activate 命令。

（2）在 Macro Management 区域的列表框中选择 Retract 选项，然后在 Mode: 下拉列表中选择 Build by user 选项。

（3）单击“Drilling.1”对话框（一）中的“Add Axial motion up to a plane”按钮，添加一个至安全平面的轴向退刀运动。

Step4. 定义连接退刀路径。

（1）在 Macro Management 区域的列表框中选择 Linking Retract 选项，右击，从弹出的快捷菜单中选择 Activate 命令。

（2）在 Macro Management 区域的列表框中选择 Linking Retract 选项，然后在 Mode: 下拉列表中选择 Build by user 选项。

（3）单击“Drilling.1”对话框（一）中的“Add Axial motion up to a plane”按钮，添加一个至安全平面的轴向退刀运动。

Step5. 定义连接进刀路径。

（1）在 Macro Management 区域的列表框中选择 Linking Approach 选项，右击，从弹出的快捷菜单中选择 Activate 命令（在 Step4 中系统会自动激活此选项）。

（2）在 Macro Management 区域的列表框中选择 Linking Approach 选项，然后在 Mode: 下拉列表中选择 Build by user 选项。

（3）单击“Drilling.1”对话框（一）中的“Add Axial motion up to a plane”按钮，添加一个从安全平面的轴向进刀运动。

Task4. 刀路仿真

Step1. 在“Drilling.1”对话框（一）中单击“Tool Path Replay”按钮，系统弹出“Drilling.1”对话框（三），且在图形区显示刀路轨迹，如图 3.9.14 所示。

Step2. 在“Drilling.1”对话框（三）中单击按钮，然后单击按钮，观察刀具切削毛坯零件的运行情况，如图 3.9.15 所示。

图 3.9.14 显示刀路轨迹

a）毛坯零件

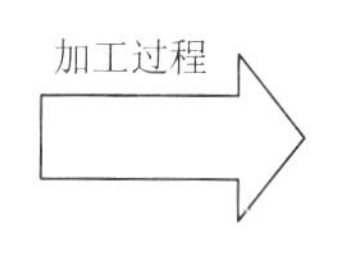

b）加工结果

图 3.9.15 刀具切削毛坯零件

Task5. 余量/过切检测

Step1. 在“Drilling.1”对话框（三）中单击“Analyze”按钮，系统弹出“Analysis”对话框。

Step2. 余量检测。在“Analysis”对话框中选中 Remaining Material 复选框，取消选中 Gouge 复选框，单击 应用 按钮，图形区中高亮显示毛坯加工余量，如图 3.9.16 所示（存在加工余量）。

Step3. 过切检测。在“Analysis”对话框中取消选中 Remaining Material 复选框，选中 Gouge 复选框，单击 应用 按钮，图形区中高亮显示毛坯加工过切情况，如图 3.9.17 所示（未出现过切）。

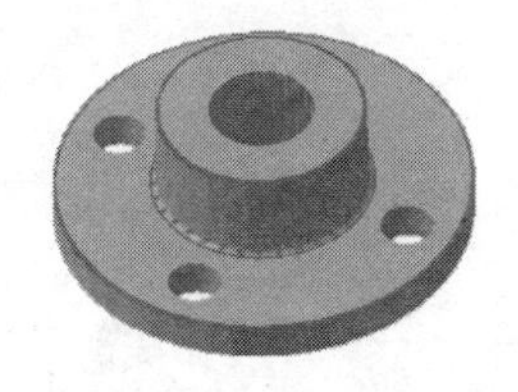

图 3.9.16　毛坯加工余量检测

图 3.9.17　过切检测

Step4. 在“Analysis”对话框中单击 取消 按钮，然后在“Drilling.1”对话框（三）中单击 确定 按钮，最后单击“Drilling.1”对话框（一）中的 确定 按钮。

Task6. 保存模型文件

在服务器上保存模型文件，文件名为“drilling.1”。

第 4 章　曲面铣削加工

本章提要　CATIA V5-6 的曲面铣削加工（Surface Machining）应用广泛，可以满足各种加工方法的需要。在曲面加工工作台中，可以先在零件上定义加工区域，然后对这些加工区域指定加工操作，即面向加工区域（Area-Oriented）；也可以将加工操作定义为每个操作都具有一定的加工面积的一系列加工操作，即面向加工操作（Operation-Oriented）。本章将详细介绍这两种加工方式。

4.1 概　　述

进入曲面加工工作台后，屏幕上会出现曲面铣削加工时所需要的各种工具栏按钮及相应的下拉菜单，下面将分别进行介绍。

1. 工具栏

曲面加工工作台中常用的工具栏按钮及其功能注释如图 4.1.1～图 4.1.3 所示。

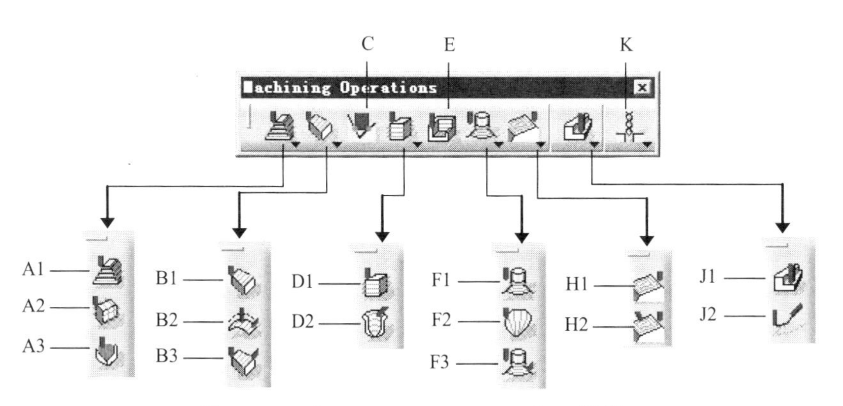

图 4.1.1　“Machining Operations”工具栏

图 4.1.1 所示的“Machining Operations”工具栏中各按钮的说明如下。

A1：Roughing，等高线粗加工。

A2：Sweep Roughing，投影粗加工。

A3：Plunge Milling，插铣加工。

B1：Sweeping，投影加工。

B2：4 − Axis Curve Sweeping，4 轴曲线投影加工。

B3：Multi-Axis Sweeping，多轴投影加工。

C：Pencil，清根加工。

D1：ZLevel，等高线加工。

D2：Multi-Axis Tube Machining，多轴管道加工。

E：Advanced Finishing，高级精加工。

F1：Contour-driven，轮廓驱动加工。

F2：Isoparametric Machining，等参数加工。

F3：Multi-Axis Contour Driven，多轴轮廓驱动加工。

H1：Spiral Milling，螺旋加工。

H2：Multi-Axis Spiral Milling，多轴螺旋铣削加工。

J1：Profile Contouring，轮廓线铣削加工。

J2：Multi-Axis Curve Machining，多轴曲线铣削加工。

K：Drilling，钻孔。

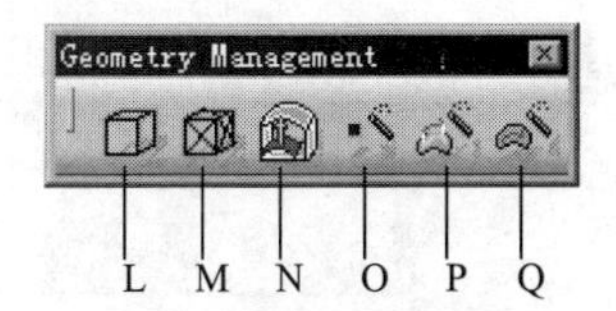

图 4.1.2 “Geometry Management”工具栏

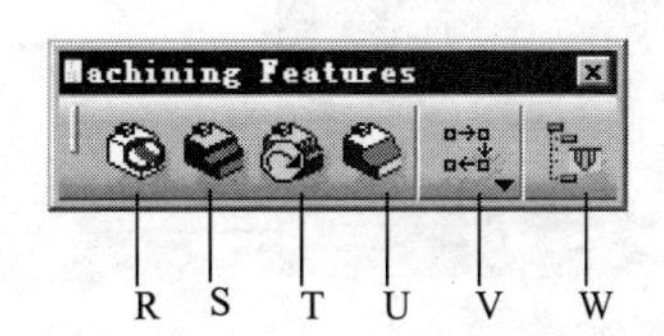

图 4.1.3 “Machining Features”工具栏

图 4.1.2 和图 4.1.3 所示的工具栏中各按钮的说明如下。

L：Creates rough stock，建立毛坯。

M：Inserts an STL file，该按钮用于导入一个 STL 文件的零件进行加工。

N：Creates a stock by offset，建立偏置毛坯。

O：Points Creation Wizard，点元素建立向导。

P：Limit Lines Projection Wizard，投影直线向导。

Q：Limit Lines Creation Wizard，直线建立向导。

R：Geometrical Zone，建立几何区域。

S：Machining/Slope Area，加工/倾斜区域功能。

T：Rework Area，二次加工区域功能。

U：Offset Group，偏移组。

V：Machining Pattern，该按钮用于设置加工样式。

W：Manufacturing View，加工特征视图。

2．下拉菜单

曲面加工工作台中常用的下拉菜单如图 4.1.4 和图 4.1.5 所示。下拉菜单中的命令与工具栏中的按钮一一对应，这里不再赘述。

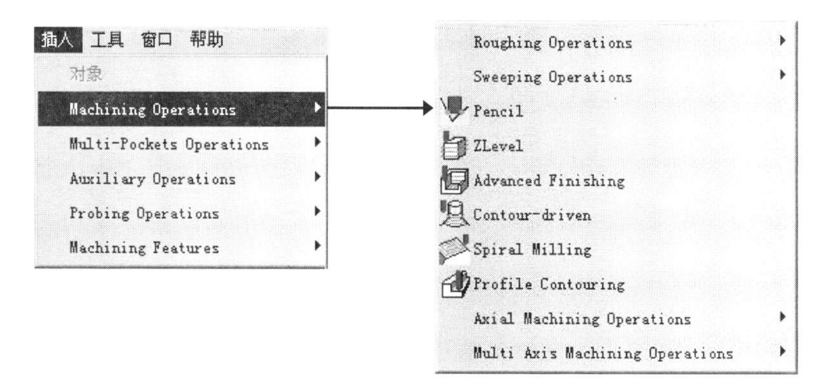

图 4.1.4　下拉菜单（一）

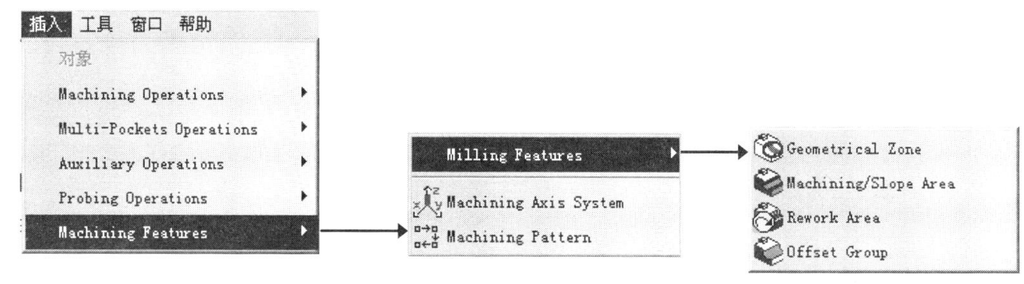

图 4.1.5　下拉菜单（二）

4.2　等高线粗加工

等高线粗加工就是以垂直于刀具轴线 Z 轴的刀路逐层切除毛坯零件中的材料。下面以图 4.2.1 所示的零件为例介绍等高线粗加工的一般操作步骤。

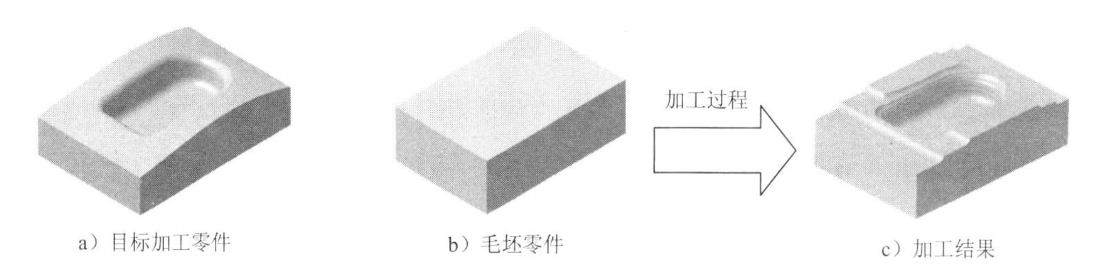

a）目标加工零件　　b）毛坯零件　　c）加工结果

图 4.2.1　等高线粗加工

Task1．打开模型文件并进入加工模块

Step1．打开模型文件 D:\cat2016.9\work\ch04.02\roughing.CATPart。

Step2．选择下拉菜单 开始 → 加工 → Surface Machining 命令，进入“Surface Machining”工作台。

Task2．创建毛坯零件

Step1．创建图 4.2.2 所示的毛坯零件。

（1）在“Geometry Management”工具栏中单击“Creates rough stock”按钮，系统弹出图 4.2.3 所示的“Rough Stock”对话框。

注意：本例要打开的模型文件为零件类型，所以需要由系统自动产生毛坯文件，请参照本书“2.2 进入加工模块”的设置方法，提前选中 Create a CATPart to store geometry. 复选框。

（2）在图形区选择图 4.2.2 所示的目标加工零件作为参照，系统自动创建一个毛坯零件，且在“Rough Stock”对话框中显示毛坯零件的尺寸参数，在“Rough Stock”对话框中修改毛坯零件的尺寸，完成后如图 4.2.3 所示。

（3）单击“Rough Stock”对话框中的 确定 按钮，完成毛坯零件的创建，如图 4.2.2 所示。

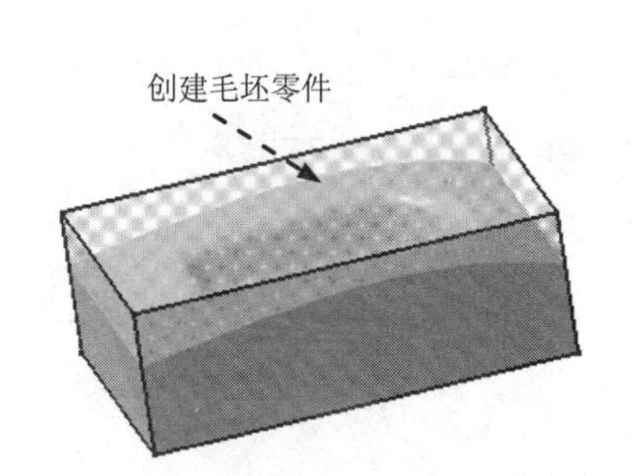

图 4.2.2　创建毛坯零件

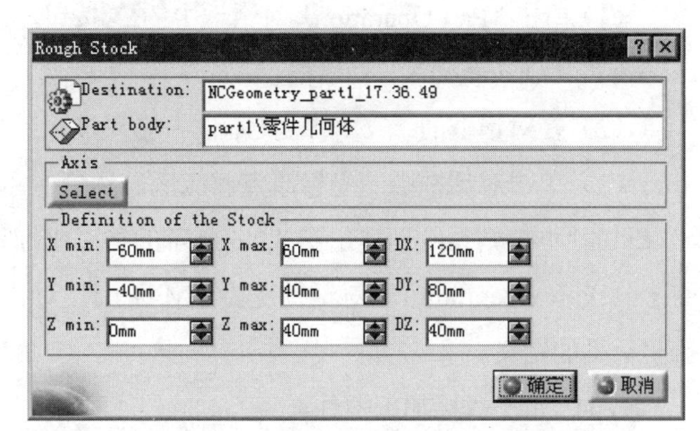

图 4.2.3　“Rough Stock”对话框

Step2．创建图 4.2.4 所示的点。

（1）切换工作台。双击 Step1 中创建的毛坯零件，则系统进入“创成式外形设计”工作台（如果系统进入的不是“创成式外形设计”工作台，则需切换到该工作台）。

（2）选择下拉菜单 插入 → 线框 → 点 命令，在系统弹出的“点定义”对话框的 点类型： 下拉列表中选择 之间 类型，右击 点 1： 后的文本框，在快捷菜单中选择 创建中点 选项，然后在图形区选择图 4.2.5 所示的边线 1 创建点 1；参考此方法选择边线 2 创建点 2。

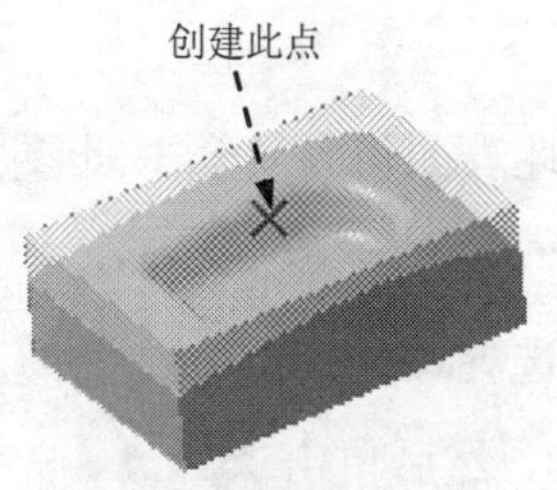

图 4.2.4　创建点

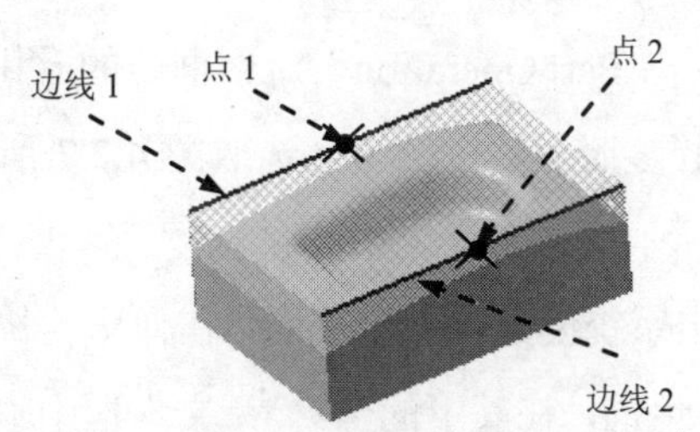

图 4.2.5　创建边线中点

（3）在“点定义”对话框中，单击 中点 按钮。

（4）单击 确定 按钮，完成点的创建。

（5）双击特征树中的“Process”节点，回到“Surface Machining”工作台。

Task3．零件操作定义

Step1. 进入零件操作定义对话框。双击特征树中的节点“Part Operation.1”，则系统弹出“Part Operation”对话框。

Step2. 机床设置。单击“Part Operation”对话框中的“Machine”按钮，系统弹出“Machine Editor”对话框，单击其中的“3-axis Machine”按钮，保持系统默认设置，然后单击 确定 按钮，完成机床的选择。

Step3. 定义加工坐标系。

（1）单击“Part Operation”对话框中的按钮，系统弹出“Default reference machining axis for Part Operation.1”对话框。

（2）在对话框的 Axis Name : 文本框中输入坐标系名称“MyAxis”。

（3）单击对话框中的坐标原点感应区，然后在图形区选取图 4.2.4 所示的点作为加工坐标系的原点，则系统创建出图 4.2.6 所示的加工坐标系。此时，“Default reference machining axis for Part Operation.1”对话框变为“MyAxis”对话框，然后单击 确定 按钮，完成加工坐标系的定义。

Step4. 定义目标加工零件。

（1）单击“Part Operation”对话框中的按钮。

（2）选取打开的零件模型作为目标加工零件，在图形区空白处双击鼠标左键，则系统回到“Part Operation”对话框。

Step5. 定义毛坯零件。

（1）单击“Part Operation”对话框中的按钮。

（2）选取 Task2 中创建的零件作为毛坯零件，然后在图形区空白处双击鼠标左键，使系统回到“Part Operation”对话框。

Step6. 定义安全平面。

（1）单击“Part Operation”对话框中的按钮。

（2）选择参照面。在图形区选取图 4.2.7 所示的毛坯表面作为安全平面参照，系统创建如图 4.2.8 所示的一个安全平面。

（3）右击系统创建的安全平面，在弹出的快捷菜单选择 Offset... 命令，系统弹出“Edit Parameter”对话框，在其中的 Thickness 文本框中输入值 10，然后单击 确定 按钮完成安全平面的定义。

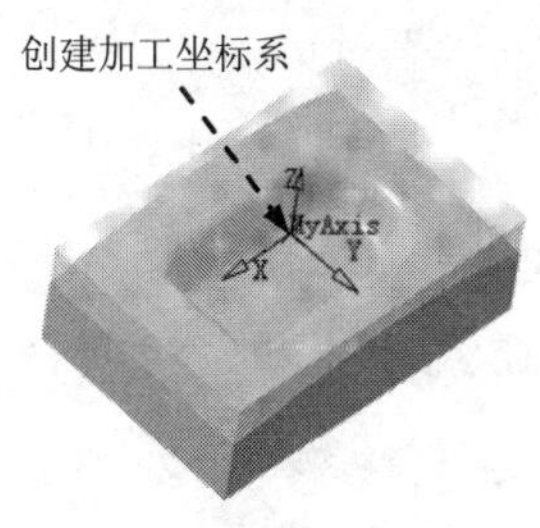

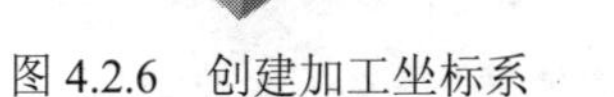
图 4.2.6 创建加工坐标系

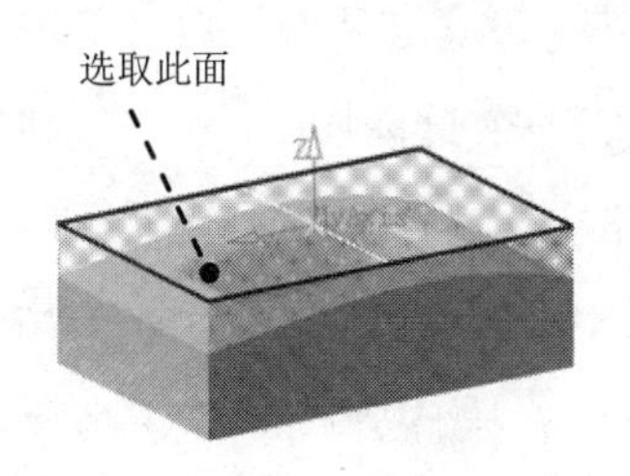

图 4.2.7 选取安全平面参照

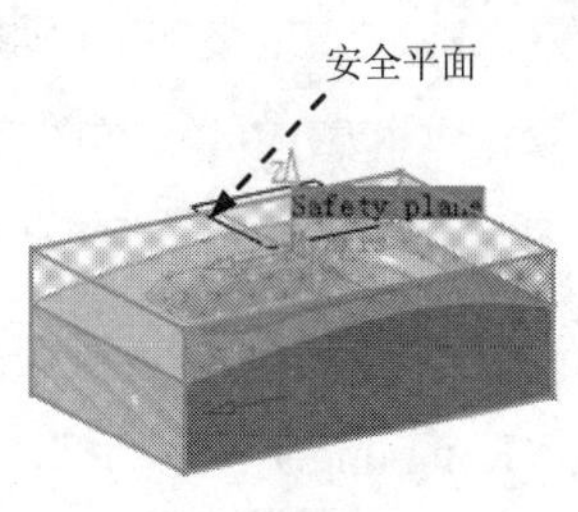

图 4.2.8 创建安全平面

Step7. 单击“Part Operation”对话框中的 确定 按钮，完成零件操作的定义。

Step8. 隐藏毛坯。在特征树中右击“NCGeometry_part_17.36.49”节点，在系统弹出的快捷菜单中选择 隐藏/显示 命令。

Task4. 设置加工参数

Stage1. 定义几何参数

Step1. 在特征树中选中“Manufacturing Program.1”节点，然后选择下拉菜单 插入 → Machining Operations ▸ → Roughing Operations ▸ → Roughing 命令，插入一个等高线粗加工操作，系统弹出图 4.2.9 所示的“Roughing.1”对话框（一）。

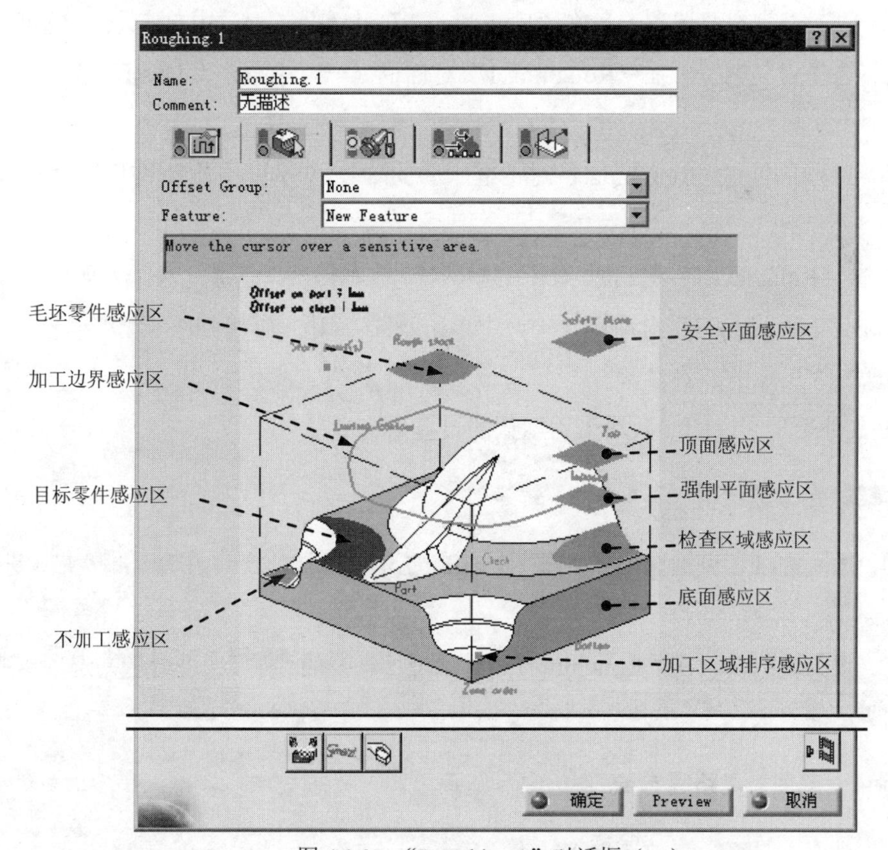

图 4.2.9 “Roughing.1”对话框（一）

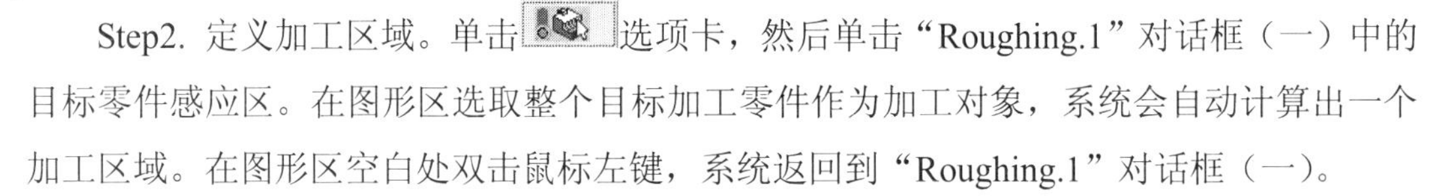

Step2. 定义加工区域。单击选项卡，然后单击“Roughing.1”对话框（一）中的目标零件感应区。在图形区选取整个目标加工零件作为加工对象，系统会自动计算出一个加工区域。在图形区空白处双击鼠标左键，系统返回到“Roughing.1”对话框（一）。

说明： 定义几何参数时，如果选取图 4.2.10 所示的封闭曲线作为加工边界，则“Roughing.1”对话框（一）中的 Limit Definition 选项组被激活。在 Side to machine: 下拉列表中选择 Inside 选项，则刀路轨迹（一）如图 4.2.11 所示；在 Side to machine: 下拉列表中选择 Outside 选项，则刀路轨迹（二）如图 4.2.12 所示。

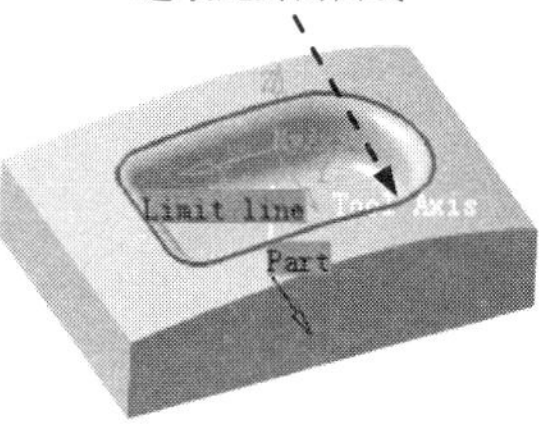

图 4.2.10　选取加工边界

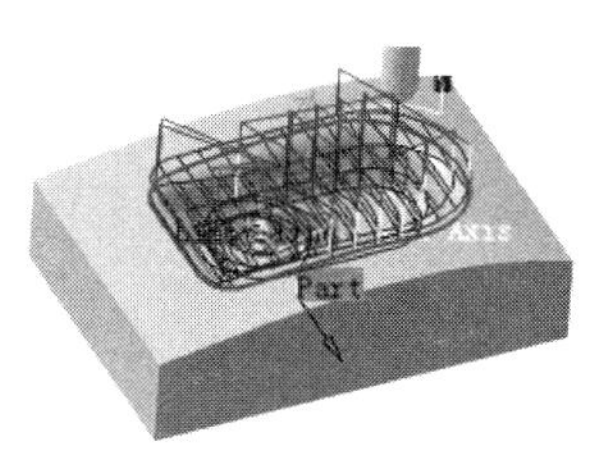

图 4.2.11　刀路轨迹（一）

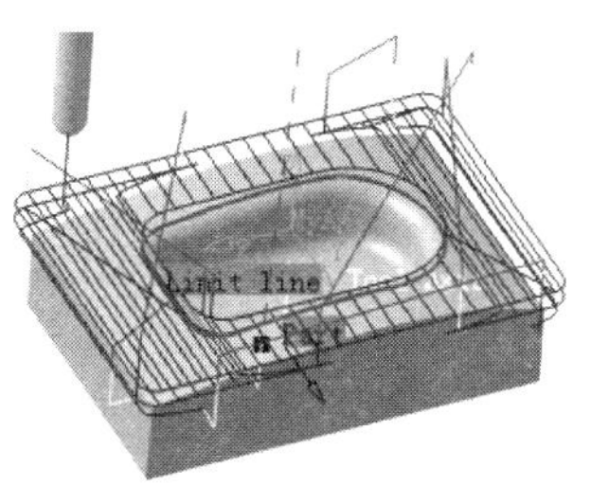

图 4.2.12　刀路轨迹（二）

Stage2. 定义刀具参数

Step1. 进入刀具参数选项卡。在“Roughing.1”对话框（一）中单击选项卡。

Step2. 选择刀具类型。在“Roughing.1”对话框（一）中单击按钮，选择面铣刀为加工刀具。

Step3. 刀具命名。在“Roughing.1”对话框（一）的 Name 文本框中输入“T1 End Mill D10”。

Step4. 设置刀具参数。

（1）在“Roughing.1”对话框（一）选中 Ball-end tool 复选框。

（2）在“Roughing.1”对话框（一）中单击 More>> 按钮，单击 Geometry 选项卡，然后设置图 4.2.13 所示的刀具参数。

（3）其他选项卡中的参数均采用默认的设置值。

Stage3. 定义进给量

Step1. 进入进给量设置选项卡。在“Roughing.1”对话框（一）中单击（进给量）选项卡。

Step2. 设置进给量。在“Roughing.1”对话框（一）的（进给量）选项卡中设置图 4.2.14 所示的参数。

Stage4. 定义刀具路径参数

Step1. 进入刀具路径参数选项卡。在“Roughing.1”对话框（一）中单击（刀具路径参数）选项卡，如图 4.2.15 所示。

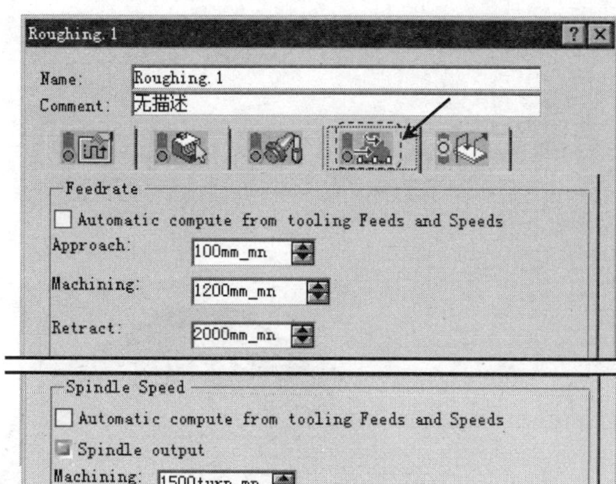

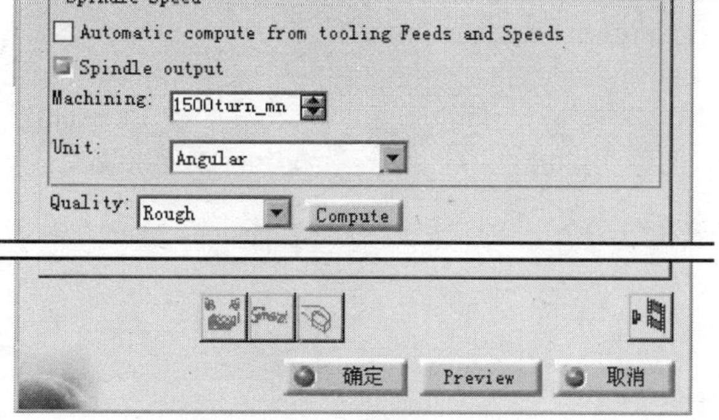

图 4.2.13　设置刀具参数　　　　图 4.2.14　“进给量”选项卡

图 4.2.15 所示的“刀具路径参数”选项卡中各选项的说明如下。

- Machining mode: 下拉列表：包括五种加工类型。
  - ☑ By Area 选项：按照加工区域逐个进行加工。
  - ☑ By plane 选项：按照刀路平面逐层进行加工。
  - ☑ Pockets only 选项：只加工型腔。
  - ☑ Outer part 选项：只加工零件的外部。
  - ☑ Outer part and pockets 选项：全部加工。
- Tool path style: 下拉列表：选择刀路的形式。
  - ☑ One-way next 选项：单向切削。
  - ☑ Zig-zag 选项：往复切削。
  - ☑ Spiral 选项：螺旋切削。
  - ☑ Contour only 选项：只切削轮廓。
  - ☑ Concentric 选项：同心圆切削。
  - ☑ Helical 选项：环绕铣削。该方法与螺旋切削的区别在于，螺旋切削在高速铣削时层之间的过渡是圆弧光滑过渡，而环绕铣削的层间过渡是直线过渡。

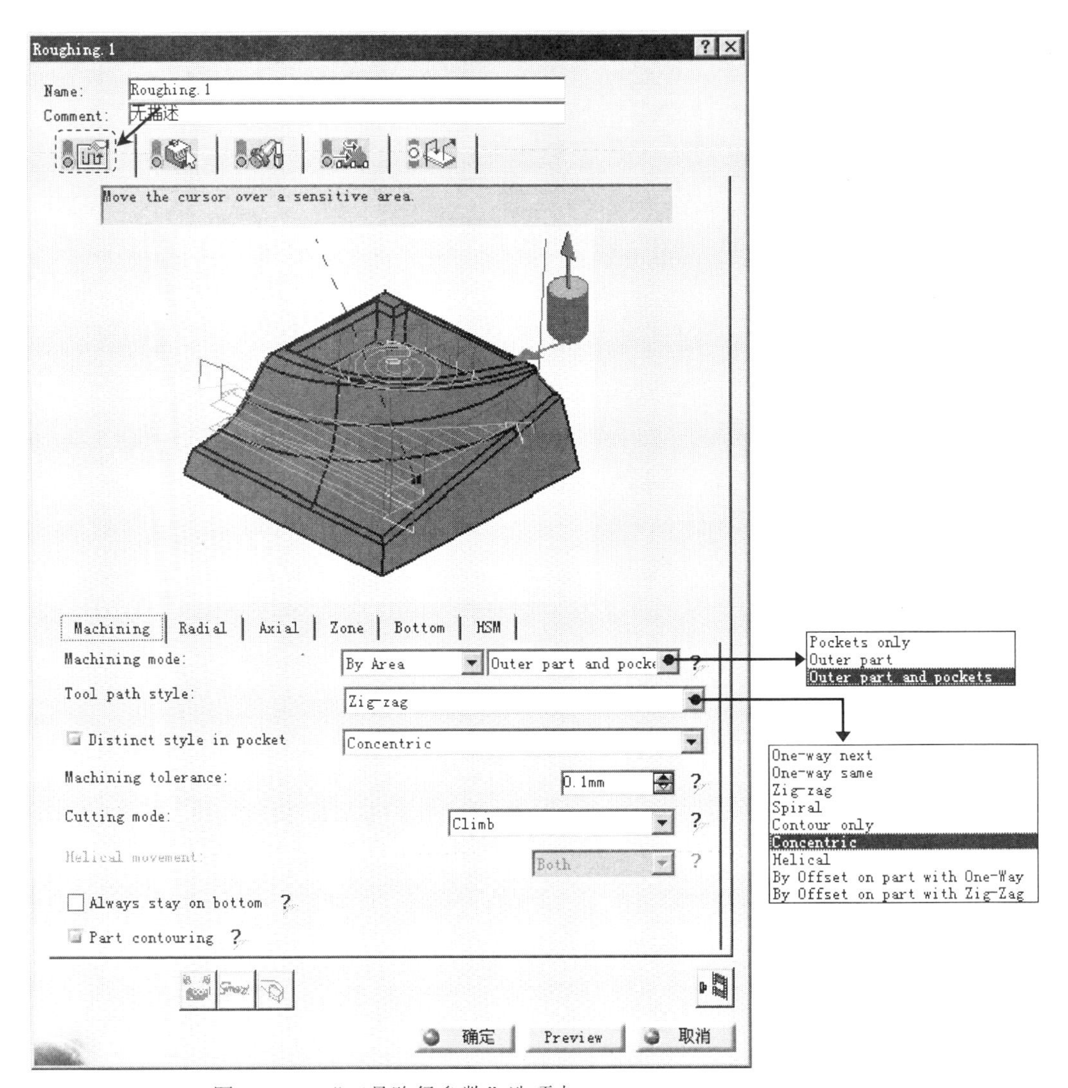

图 4.2.15 “刀具路径参数”选项卡

☑ By Offset on part with One-Way 选项：刀路的形状是从加工零件的轮廓偏置生成的，并且刀路形式是单向切削。

☑ By Offset on part with Zig-Zag 选项：与上面一种刀路形式的区别在于刀路是往复的。

- Distinct style in pocket 复选框：选中此复选框后，下拉列表将被激活，用户可在其中选择一种型腔的切削刀路形式。
- Cutting mode: 下拉列表：选择一种铣削方向，Climb 是顺铣，Conventional 是逆铣。
- Always stay on bottom 复选框：当在 Tool path style: 下拉列表框中选择 helical 时，该复选框将被激活，选中后进行多型腔铣削加工时，刀路贴着底面走。

- Part contouring 复选框：当在Tool path style:下拉列表中选择Zig-zag或者Helical时，该复选框将被激活，选中后在进行Zig-zag或者Helical切削的过程中，先沿着轮廓切削一圈。

Step2. 设置Machining选项卡。

（1）单击Machining选项卡，在Machining mode:下拉列表中选择By Area和Outer part and pockets选项。在Tool path style:下拉列表中选择Helical选项。

（2）选中Distinct style in pocket复选框，在其下拉列表中选择Concentric选项。其他选项采用系统默认设置。

Step3. 定义径向参数。单击Radial选项卡，然后在Stepover:下拉列表中选择Stepover length选项，在Max. distance between pass文本框中输入值 3。

Step4. 定义轴向参数。单击Axial选项卡，然后在Maximum cut depth:文本框中输入值 3。

Step5. 其他选项卡采用系统默认的设置。

Stage5．定义进刀/退刀路径

Step1. 进入进刀/退刀路径选项卡。在“Roughing.1”对话框（一）中单击（进刀/退刀路径）选项卡。

Step2. 在Macro Management区域的列表框中选择Automatic，在Mode:下拉列表中选择Ramping选项，然后设置图 4.2.16 所示的参数。

Step3. 在Macro Management区域的列表框中选择Pre-motions，然后单击按钮，如图 4.2.17 所示。

Step4. 在Macro Management区域的列表框中选择Post-motions，然后单击按钮。

Task5．刀路仿真

Step1. 在“Roughing.1”对话框（一）中单击“Tool Path Replay”按钮，系统弹出“Roughing.1”对话框（二），且在图形区显示刀路轨迹，如图 4.2.18 所示。

Step2. 在“Roughing.1”对话框（二）中单击按钮，然后单击按钮，观察刀具切削毛坯零件的运行情况。

Step3. 在“Roughing.1”对话框（二）中单击确定按钮，然后单击“Roughing.1”对话框（一）中的确定按钮。

Task6．保存模型文件

在服务器上保存模型文件，文件名为“roughing”。

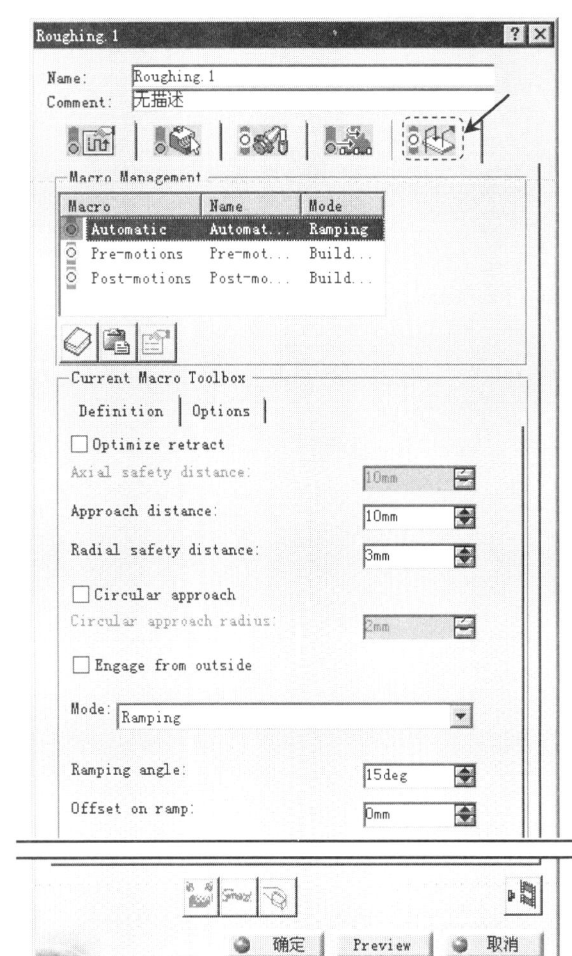

图 4.2.16　进刀/退刀路径选项卡（一）

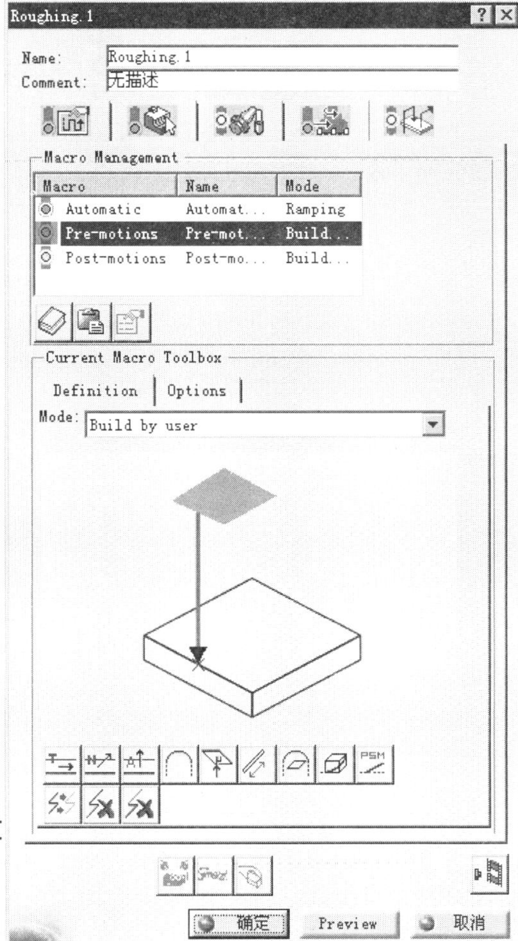

图 4.2.17　进刀/退刀路径选项卡（二）

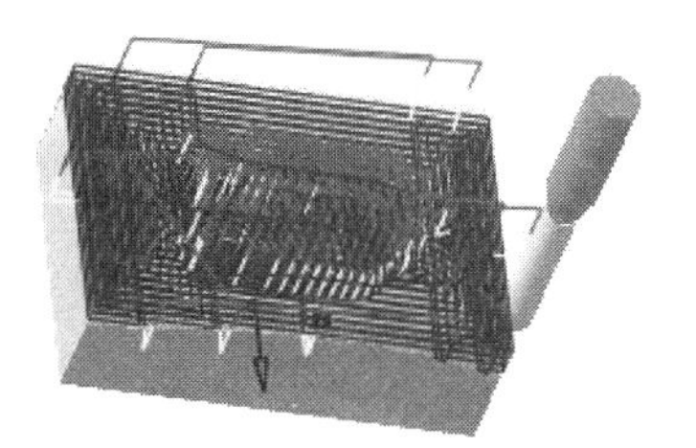

图 4.2.18　显示刀路轨迹

4.3　投影粗加工

投影粗加工就是以某个平面作为投影面，所有刀路都在与该平面平行的平面上。下面以图 4.3.1 所示的零件为例介绍投影粗加工的一般操作步骤。

a）目标加工零件

b）毛坯零件

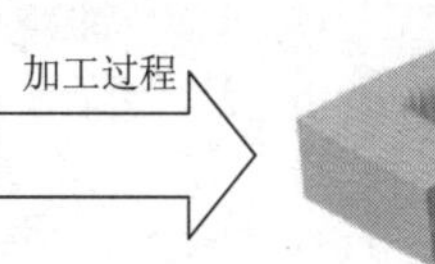

c）加工结果

图 4.3.1　投影粗加工

Task1．打开加工模型文件

打开文件 D:\cat2016.9\work\ch04.03\sweep_roughing.CATProcess。

说明：

- 如果进入的是其他加工工作台，则选择下拉菜单 开始 → 加工 → Surface Machining 命令，进入“Surface Machining”工作台。
- 打开的模型文件中已经创建了毛坯零件，并定义了零件操作。请参照本书“2.2 进入加工模块”的设置方法，提前取消选中 Create a CATPart to store geometry. 复选框。

Task2．设置加工参数

Stage1．定义几何参数

Step1. 在图 4.3.2 所示的特征树中右击“Rough_Workpiece（Rough_Workpiece.1）”节点，在弹出的快捷菜单中选择 隐藏/显示 命令。

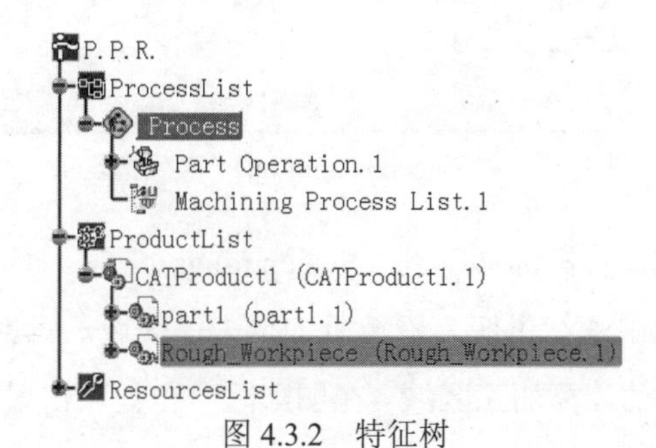

图 4.3.2　特征树

Step2. 在特征树中选中“Manufacturing Program.1”节点，然后选择下拉菜单 插入 → Machining Operations → Roughing Operations → Sweep Roughing 命令，插入一个投影粗加工操作，系统弹出图 4.3.3 所示的“Sweep roughing.1”对话框（一）。

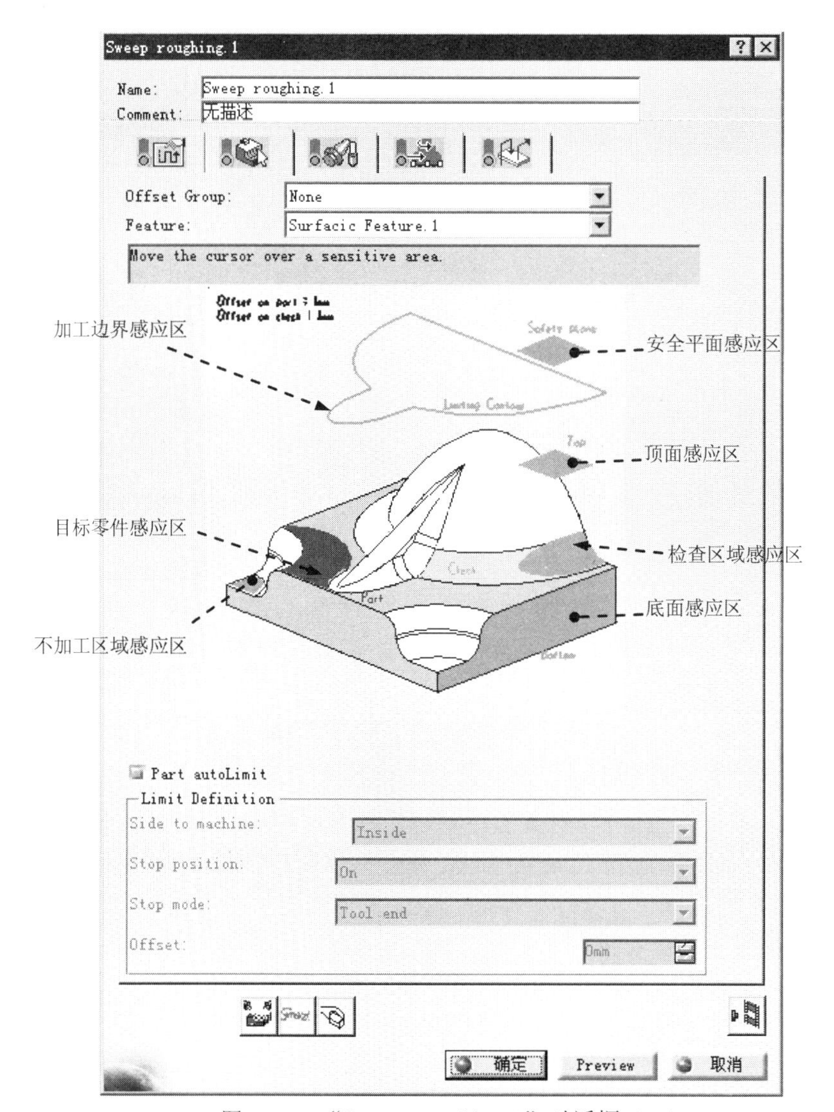

图 4.3.3 “Sweep roughing.1”对话框（一）

Step3. 定义加工区域。将鼠标移动到“Sweep roughing.1”对话框（一）中的目标零件感应区上，该区域的颜色由深红色变为橙黄色，单击该区域，对话框消失。在图形区单击目标加工零件，系统会自动计算加工区域。在图形区空白处双击鼠标左键，返回到“Sweep roughing.1”对话框（一）。

说明： 定义几何参数时，如果选取图 4.3.4 所示的封闭曲线作为加工边界，则“Roughing.1”对话框(一)中的 Limit Definition 选项组被激活。在 Side to machine: 下拉列表中选择 Inside 选项，则刀路轨迹(一)如图 4.3.5 所示；在 Side to machine: 下拉列表中选择 Outside 选项，则刀路轨迹(二)如图 4.3.6 所示。

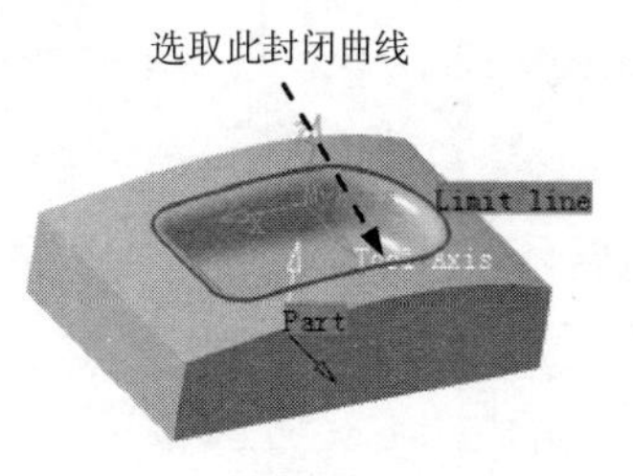

图 4.3.4 选取加工边界

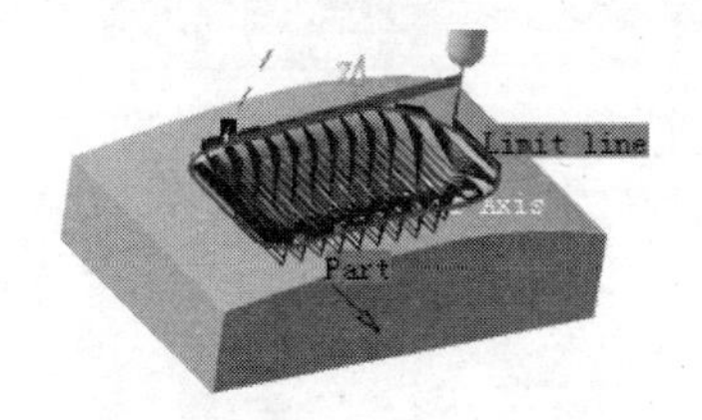

图 4.3.5 刀路轨迹（一）

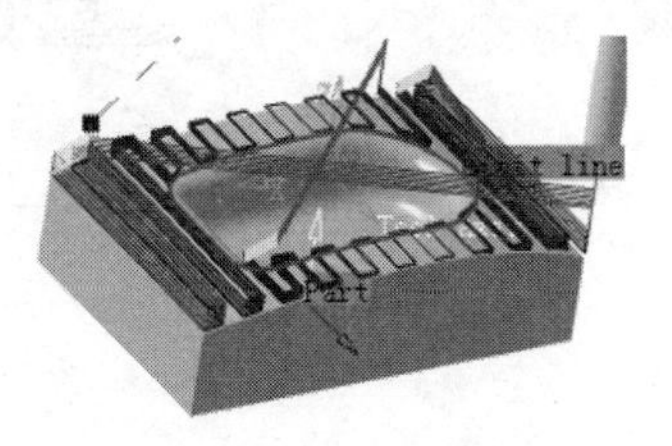

图 4.3.6 刀路轨迹（二）

Stage2. 定义刀具参数

Step1. 进入刀具参数选项卡。在“Sweep roughing.1”对话框（一）中单击刀具参数选项卡。

Step2. 选择刀具类型。在“Sweep roughing.1”对话框（一）中单击按钮，选择面铣刀为加工刀具。

Step3. 刀具命名。在“Sweep roughing.1”对话框（一）的 Name 文本框中输入“T1 End Mill D10”。

Step4. 设置刀具参数。

（1）在“Sweep roughing.1”对话框（一）中选中 Ball-end tool 复选框。

（2）在“Sweep roughing.1”对话框（一）中单击 More>> 按钮，单击 Geometry 选项卡，然后设置图 4.3.7 所示的刀具参数。

（3）其他选项卡中的参数均采用默认的设置值。

Geometry | Technology | Feeds & Speeds | Comp

Nominal diameter (D):	10mm
Corner radius (Rc):	5mm
Overall length (L):	100mm
Cutting length (Lc):	50mm
Length (l):	60mm
Body diameter (db):	15mm
Non cutting diameter (Dnc):	0mm

图 4.3.7 定义刀具参数

Stage3. 定义进给量

Step1. 进入进给量设置选项卡。在“Sweep roughing.1”对话框（一）中单击（进给量）选项卡。

Step2. 设置进给量。在“Sweep roughing.1”对话框（一）的（进给量）选项卡中设置图 4.3.8 所示的参数。

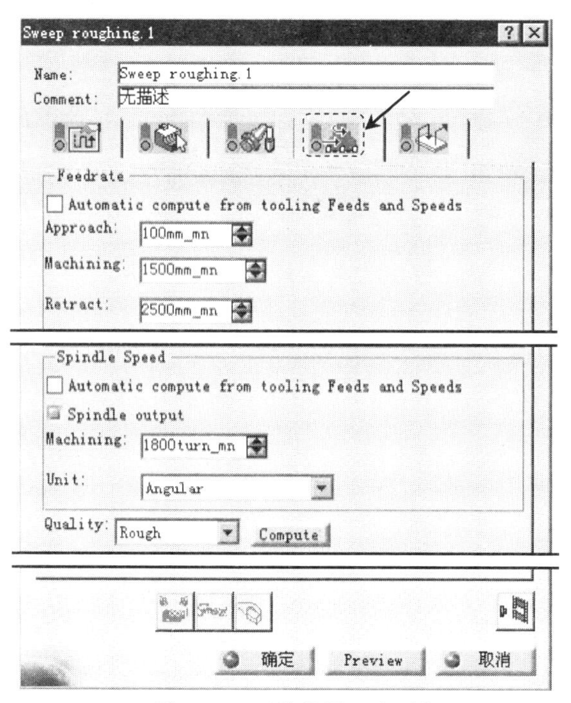

图 4.3.8 “进给量”选项卡

Stage4. 定义刀具路径参数

Step1. 进入刀具路径参数选项卡。在“Sweep roughing.1”对话框（一）中单击（刀具路径参数）选项卡，如图 4.3.9 所示。

Step2. 定义切削类型。在“Sweep roughing.1”对话框（一）的 Roughing type 选项组中选中 ZProgressive 单选项。

Step3. 定义“Machining”参数。单击 Machining: 选项卡，然后在 Tool path style: 下拉列表中选择 Zig-zag 选项。

Step4. 定义径向参数。单击 Radial 选项卡，然后在 Max. distance between pass: 文本框中输入值 3，并在 Stepover side: 下拉列表中选择 Right 选项。

Step5. 定义轴向参数。单击 Axial 选项卡，在 Maximum cut depth: 文本框中输入值 5。

图 4.3.9 所示的刀具路径参数选项卡中部分选项的说明如下。

- Roughing type（粗加工类型）区域：包含 3 种加工刀路类型。
  - ☑ ZOffset 单选项：每层加工刀路是从零件的加工表面沿着 Z 轴偏置的。
  - ☑ ZPlane 单选项：每层加工刀路在垂直于刀具轴线（Z 轴）的平面内。
  - ☑ ZProgressive 单选项：系统自动计算零件毛坯上表面与加工零件表面之间的距离并进行等分，得到加工刀路。

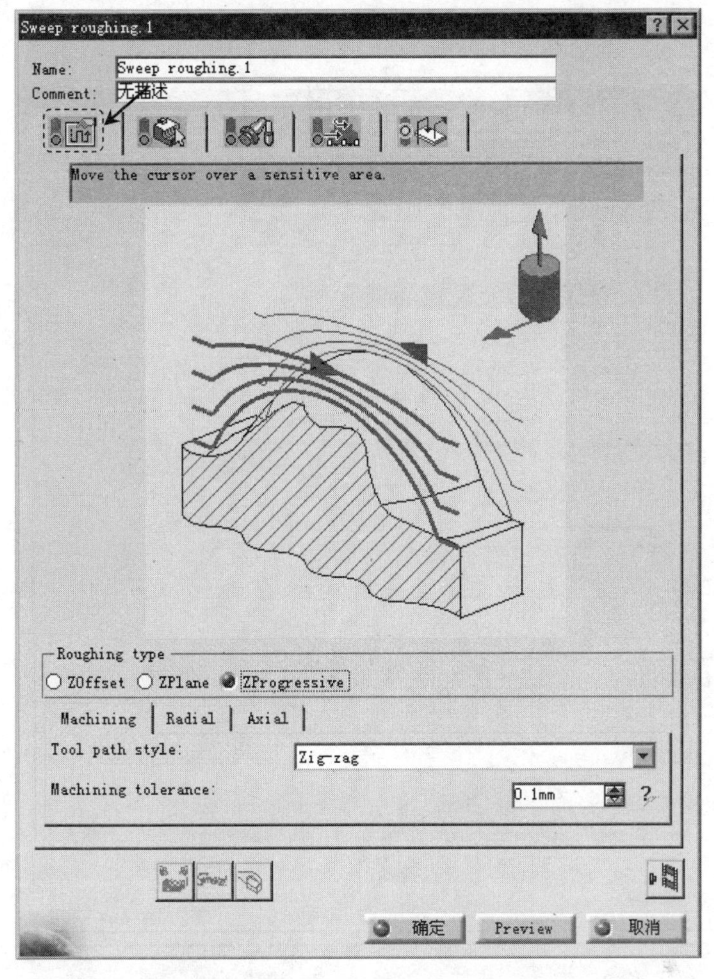

图 4.3.9 “刀具路径参数”选项卡

Stage5．定义进刀/退刀路径

Step1. 进入进刀/退刀路径选项卡。在“Sweep roughing.1”对话框（一）中单击 （进刀/退刀路径）选项卡，如图 4.3.10 所示。

Step2. 定义进刀路径。

（1）激活进刀。在“Macro management”区域的列表框中选择Approach，右击，在弹出的快捷菜单中选择Activate命令（系统默认激活）。

（2）在“Macro management”区域的列表框中选择Approach，然后在Mode:下拉列表中选择Back选项。

（3）双击图 4.3.10 所示的尺寸“1.608mm”，在弹出的“Edit Parameter”对话框中输入值 20，单击确定按钮；双击图 4.3.10 所示的尺寸“6mm”，在弹出的“Edit Parameter”

对话框（一）中输入值 20，然后单击 确定 按钮。

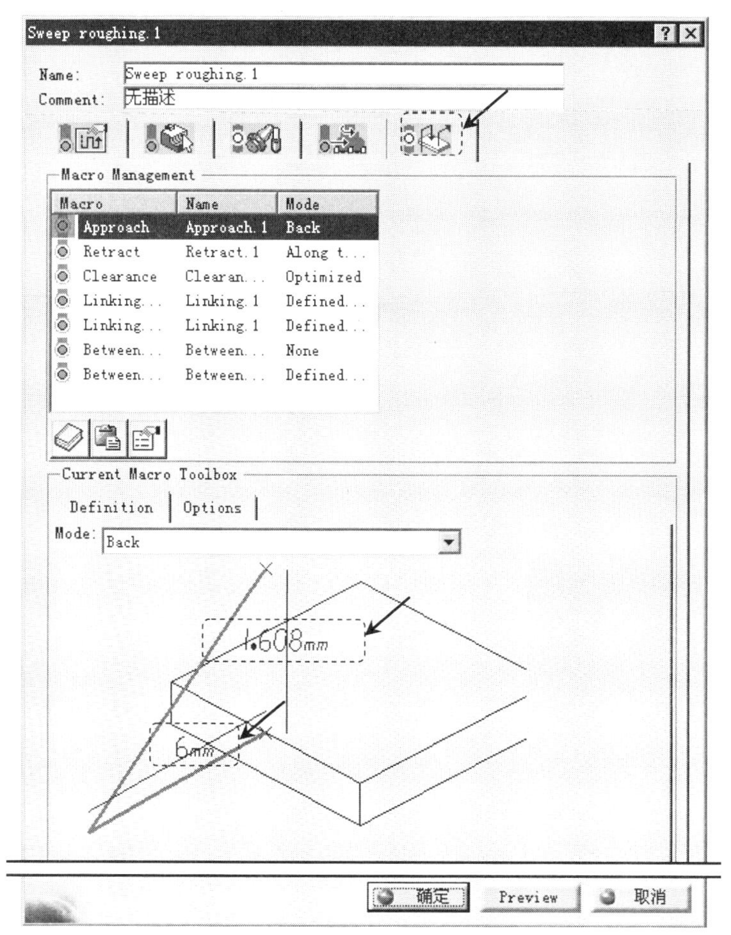

图 4.3.10 “进刀/退刀路径”选项卡（一）

Step3. 定义退刀路径。

（1）激活退刀。在 Macro Management 区域的列表框中选择 Retract，右击，在弹出的快捷菜单中选择 Activate 命令（系统默认激活）。

（2）在 Macro Management 区域的列表框中选择 Retract，然后在 Mode: 下拉列表中选择 Along tool axis 选项。

（3）双击图 4.3.11 所示的尺寸“6mm”，在弹出的“Edit Parameter”对话框（一）中输入值 10，单击 确定 按钮。

Task3. 刀路仿真

Step1. 在“Sweep roughing.1”对话框（一）中单击“Tool Path Replay”按钮，系统弹出“Sweep roughing.1”对话框（二），且在图形区显示刀路轨迹，如图 4.3.12 所示。

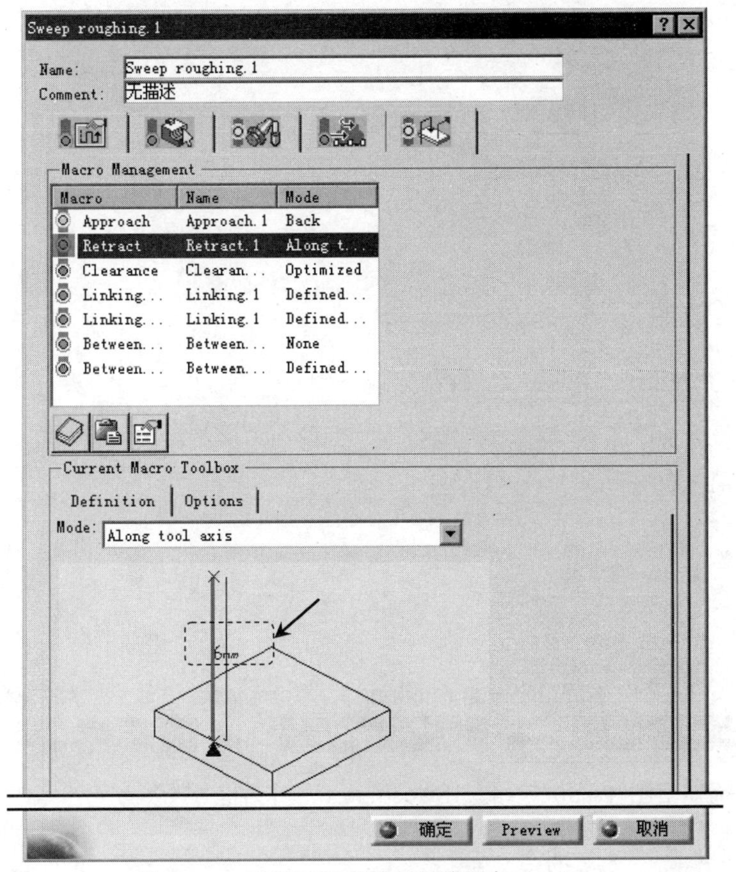

图 4.3.11 “进刀/退刀路径”选项卡（二）

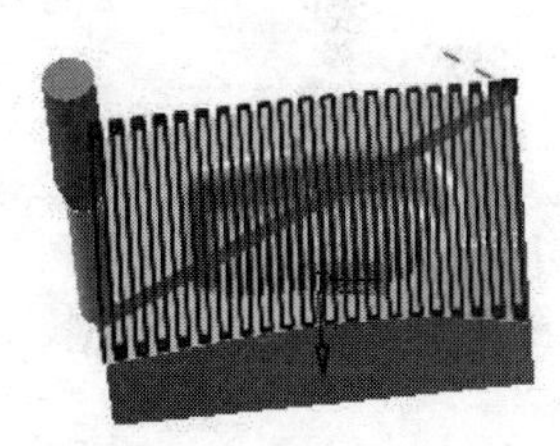

图 4.3.12 显示刀路轨迹

Step2. 在“Sweep roughing.1”对话框（二）中单击按钮，然后单击按钮，观察刀具切削毛坯零件的运行情况。

Step3. 在“Sweep roughing.1”对话框（二）中单击确定按钮，然后单击“Sweep roughing.1”对话框（一）中的确定按钮。

Task4. 保存模型文件

在服务器上保存模型文件。

4.4 投影加工

投影加工就是以一系列与刀具轴线（Z 轴）平行的平面与零件的加工表面相交得到加工的刀路。下面以图 4.4.1 所示的零件为例介绍投影加工的一般操作步骤。

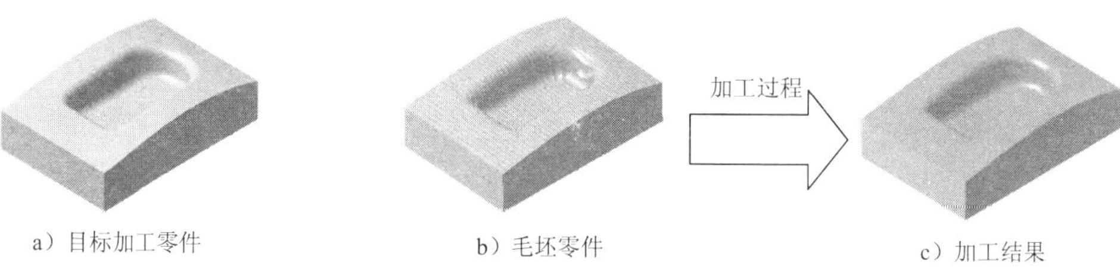

图 4.4.1　投影加工

Task1．打开加工模型文件

打开文件 D:\cat2016.9\work\ch04.04\sweep.CATProcess。

说明：曲面铣削加工一般分为 3 个加工阶段：粗加工、半精加工和精加工。该模型文件已经创建了一个等高线粗加工操作。

Task2．设置加工参数

Stage1．定义几何参数

Step1．在特征树中选中图 4.4.2 所示的“Sweep roughing.1（Computed）”节点，然后选择下拉菜单 插入 → Machining Operations ▸ → Sweeping Operations ▸ → Sweeping 命令，插入一个投影加工操作，系统弹出图 4.4.3 所示的“Sweeping.1”对话框（一）。

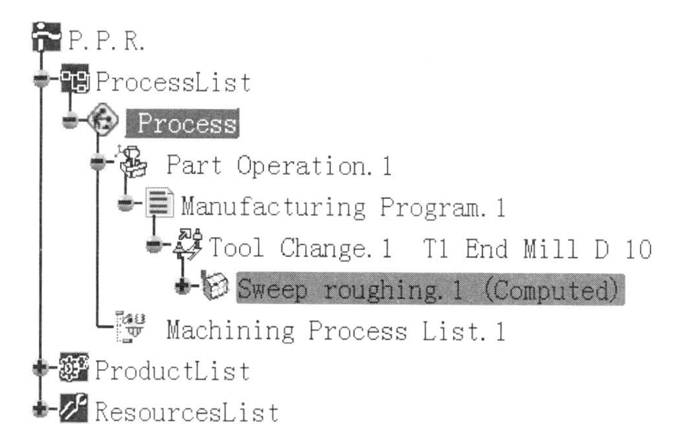

图 4.4.2　特征树

说明：若在“Sweeping.1”对话框(一)的几何参数示意图中，单击起始位置（Start）和终止位置（End）感应区并在图形区中选取图 4.4.4 所示的面来确定起始平面和终止平面，所确定的平面与切削运动的步进方向垂直，此时刀路轨迹如图 4.4.5 所示。

Step2．定义加工区域。单击“几何参数”选项卡，然后单击“Sweeping.1”对话框（一）中的目标零件感应区，选取图形区中的零件模型作为目标零件，在图形区空白处双击鼠标左键返回到“Sweeping.1”对话框（一）。

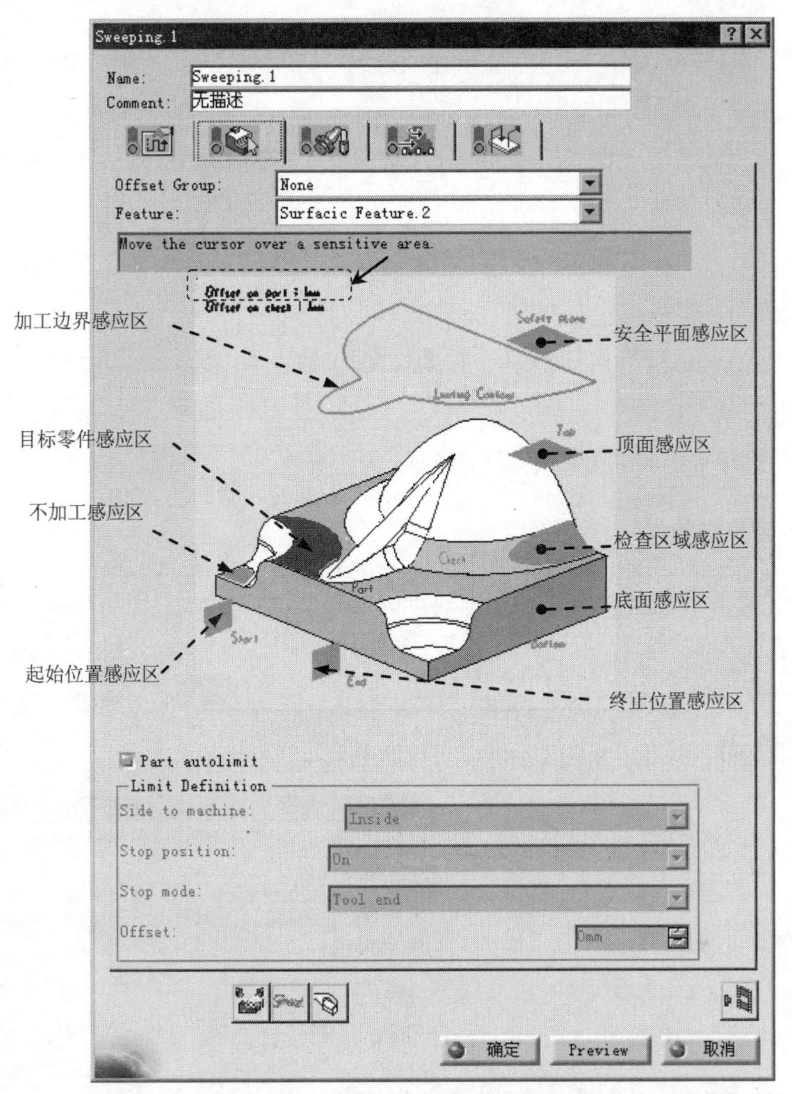

图 4.4.3 “Sweeping.1”对话框(一)

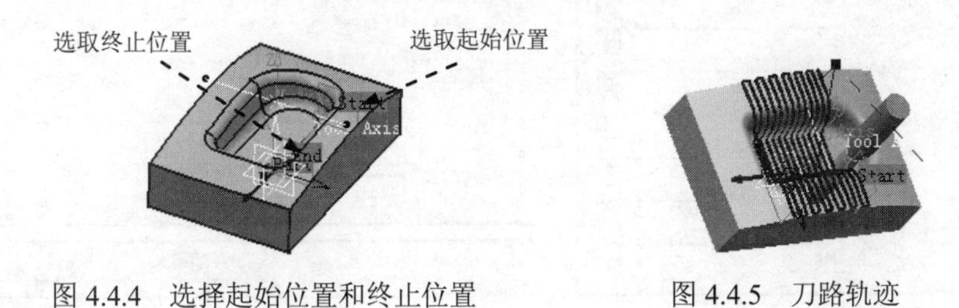

图 4.4.4 选择起始位置和终止位置

图 4.4.5 刀路轨迹

Step3. 设置加工余量。双击图 4.4.3 所示的“Sweeping.1”对话框(一)中的 (Offset on part: 1mm)字样，在弹出的“Edit Parameter”对话框中输入值 0，单击 确定 按钮。

Stage2．定义刀具参数

Step1．进入刀具参数选项卡。在“Sweeping.1”对话框（一）中单击“刀具参数”选项卡。

Step2．选择刀具类型。在“Sweeping.1”对话框（一）中单击按钮，选择面铣刀为加工刀具。

Step3．刀具命名。在“Sweeping.1”对话框（一）的 Name 文本框中输入“T2 End Mill D 5”。

Step4．设置刀具参数。

（1）在“Sweeping.1”对话框中单击 More>> 按钮，单击 Geometry 选项卡，然后设置图 4.4.6 所示的刀具参数。

（2）其他选项卡中的参数均采用系统默认的设置值。

Stage3．定义进给量

Step1．进入进给量设置选项卡。在“Sweeping.1”对话框（一）中单击（进给量）选项卡。

Step2．设置进给量。在“Sweeping.1”对话框（一）的（进给量）选项卡中设置图 4.4.7 所示的参数。

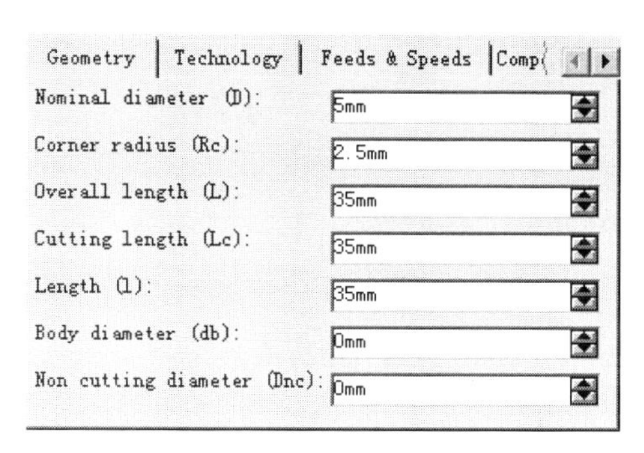

图 4.4.6　定义刀具参数

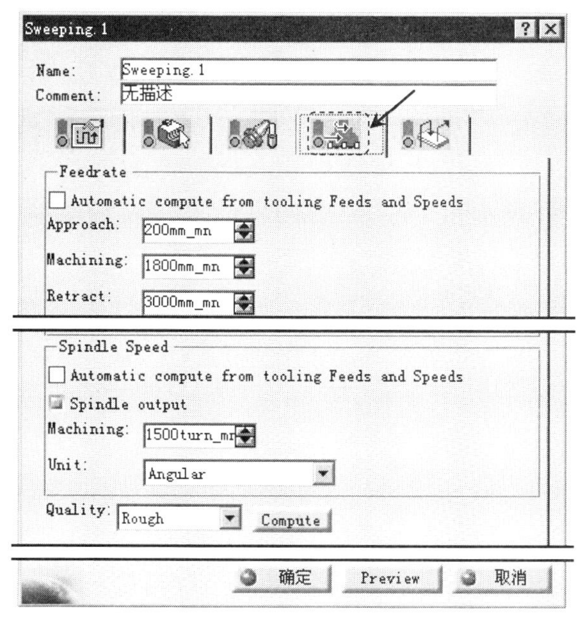

图 4.4.7　“进给量”选项卡

Stage4．定义刀具路径参数

Step1．进入刀具路径参数选项卡。在“Sweeping.1”对话框（一）中单击（刀具路径参数）选项卡，如图 4.4.8 所示。

Sweeping.1
Name:
Sweeping.1
Comment:
无描述
Move the cursor over a sensitive area.
Machining
Radial
Axial
Zone
Island
HSM
Tool path style:
Zig-zag
Machining tolerance:
0.01mm
Reverse tool path
Max Discretization
Step:
5mm
Distribution Mode:
Shifted
Plunge mode:
No check
确定
Preview
取消

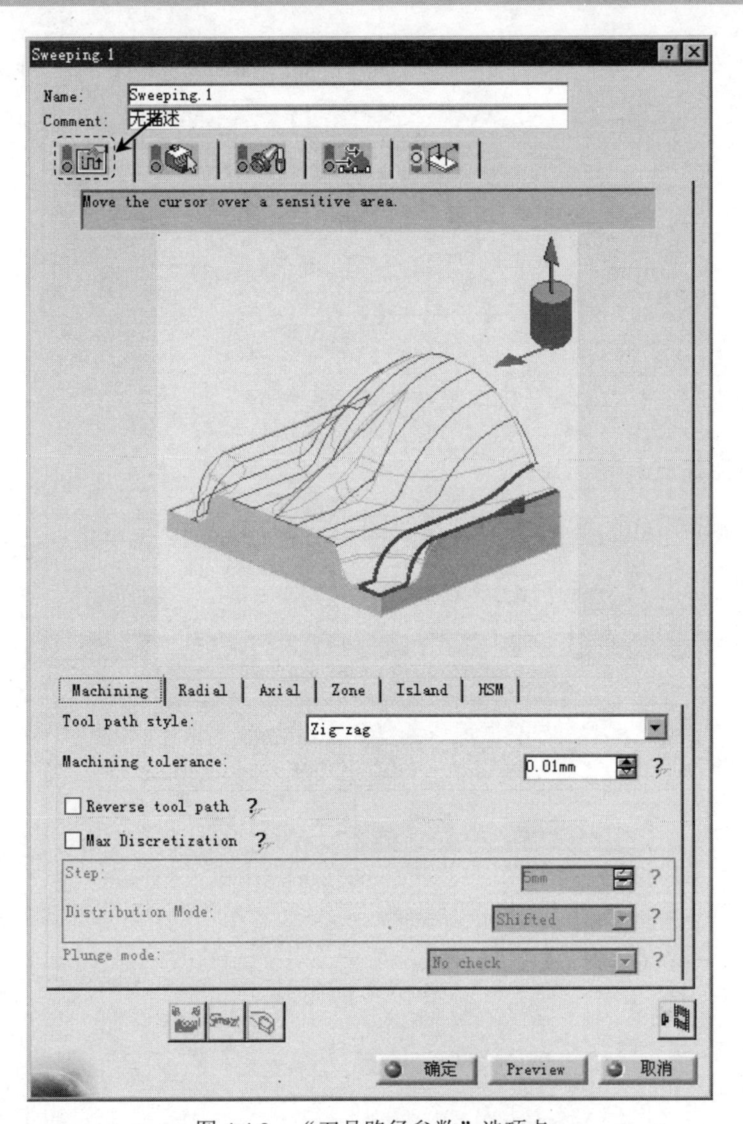

图 4.4.8 “刀具路径参数”选项卡

Step2. 定义“Machining”参数。在“Sweeping.1”对话框（一）中单击 Machining: 选项卡，然后在 Tool path style: 下拉列表中选择 Zig-zag 选项，在 Machining tolerance: 文本框中输入值 0.01。

Step3. 定义径向参数。单击 Radial 选项卡，然后设置图 4.4.9 所示的参数。

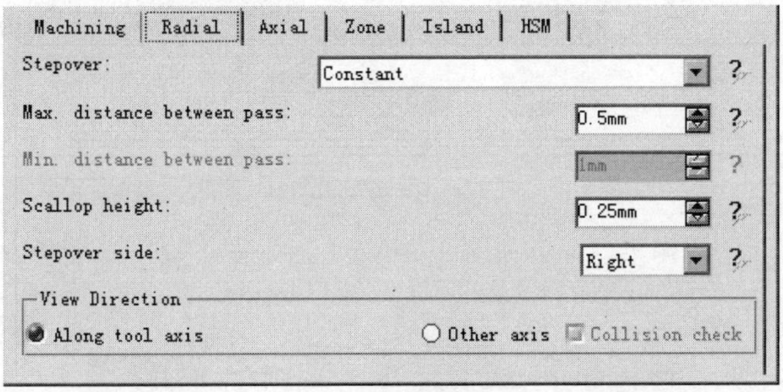

Machining
Radial
Axial
Zone
Island
HSM
Stepover:
Constant
Max. distance between pass:
0.5mm
Min. distance between pass:
1mm
Scallop height:
0.25mm
Stepover side:
Right
View Direction
Along tool axis
Other axis
Collision check

图 4.4.9 Radial 选项卡

Step4. 定义轴向参数。单击 Axial 选项卡，然后设置图 4.4.10 所示的参数。

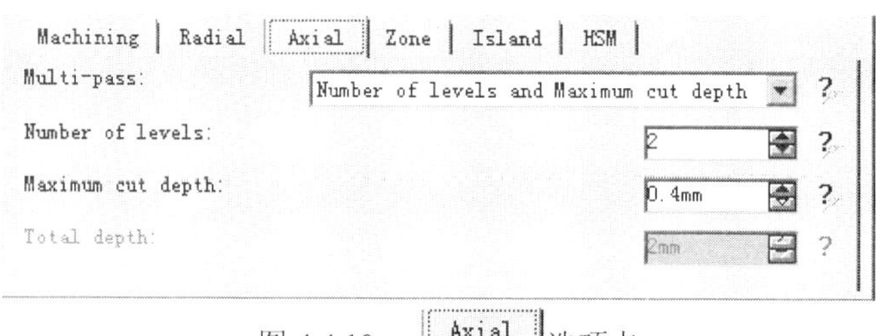

图 4.4.10 Axial 选项卡

Step5. 其他选项卡中的参数采用系统默认的设置值。

Stage5. 定义进刀/退刀路径

Step1. 进入进刀/退刀路径选项卡。在“Sweep roughing.1”对话框（一）中单击（进刀/退刀路径）选项卡，如图 4.4.11 所示。

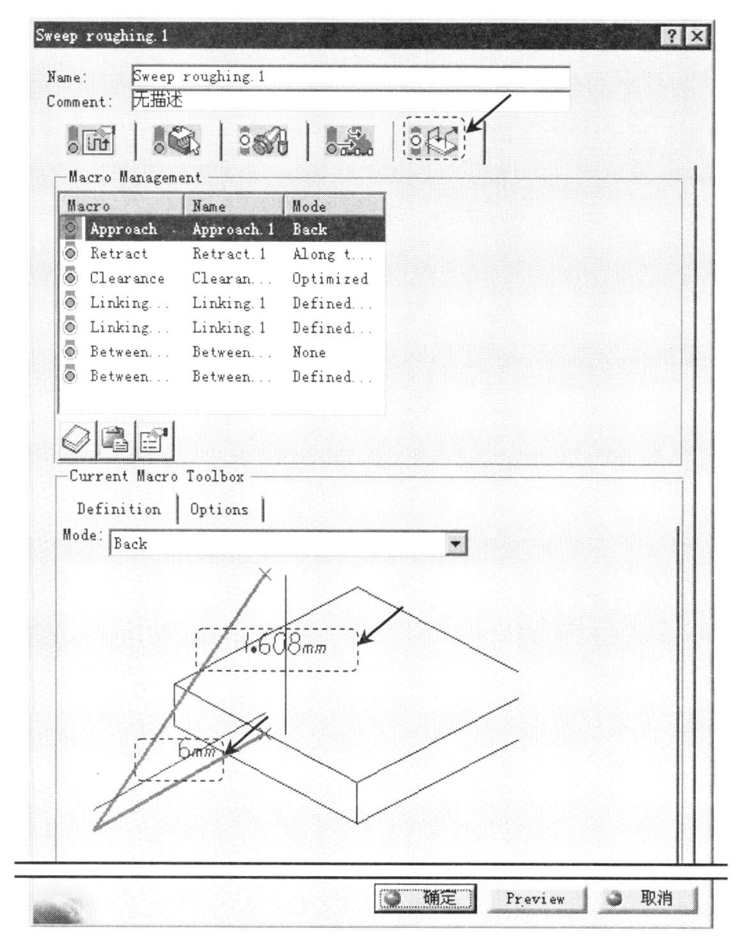

图 4.4.11 “进刀/退刀路径”选项卡（一）

Step2. 定义进刀路径。

（1）激活进刀。在 Macro Management 区域的列表框中选择 Approach，右击，在弹出的快捷

菜单中选择Activate命令（系统默认激活）。

（2）在Macro Management区域的列表框中选择Approach，然后在Mode:下拉列表中选择Back选项。

（3）双击图 4.4.11 所示的尺寸“1.608mm”，在弹出的“Edit Parameter”对话框（一）中输入值 20，单击确定按钮；双击图 4.4.11 所示的尺寸“6mm”，在弹出的“Edit Parameter”对话框（一）中输入值 20，单击确定按钮。

Step3. 定义退刀路径。

（1）激活退刀。在Macro Management区域的列表框中选择Retract，此时的“进刀/退刀路径”选项卡如图 4.4.12 所示，右击，在弹出的快捷菜单中选择Activate命令（系统默认激活）。

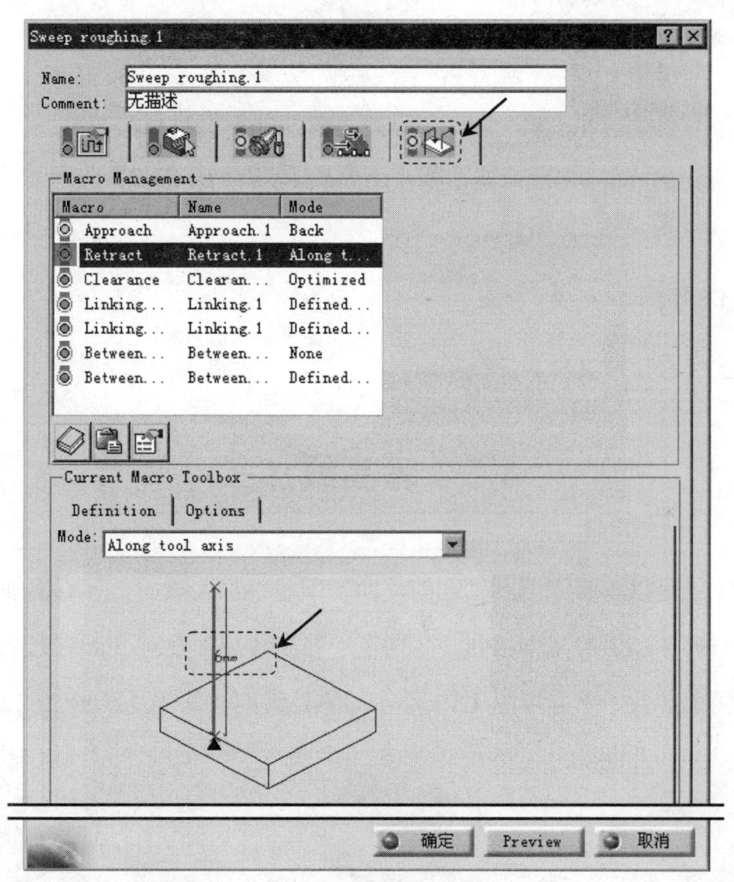

图 4.4.12 “进刀/退刀路径”选项卡（二）

（2）在Macro Management区域的列表框中选择Retract，然后在Mode:下拉列表中选择Along tool axis选项。

（3）双击图 4.4.12 所示的尺寸“6mm”，在弹出的“Edit Parameter”对话框（一）中输入值 10，单击确定按钮。

Task3. 刀路仿真

Step1. 在“Sweeping.1”对话框（一）中单击“Tool Path Replay”按钮，系统弹出“Sweeping.1”对话框（二），且在图形区显示刀路轨迹，如图 4.4.13 所示。

说明：为了使刀路清晰，图 4.4.13 中只显示了一层刀路。

Step2. 在“Sweeping.1”对话框（二）中单击按钮，然后单击按钮，观察刀具切削毛坯零件的运行情况，如图 4.4.14 所示。

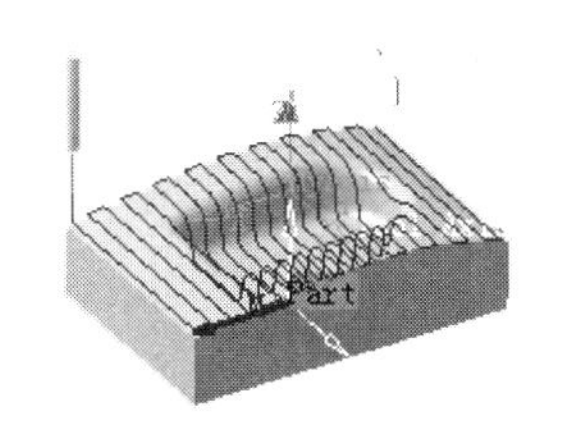

图 4.4.13　显示刀路轨迹

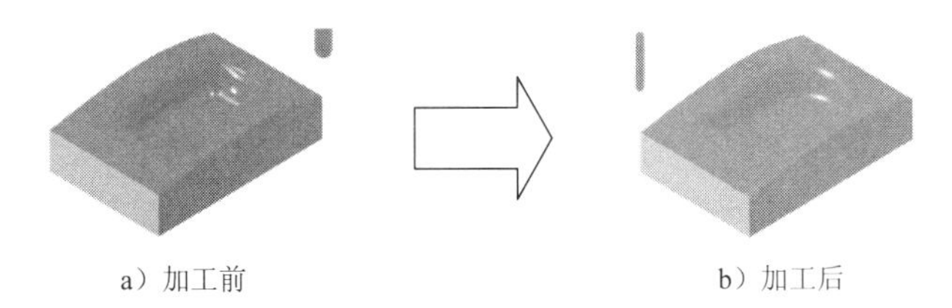

图 4.4.14　刀具切削毛坯

Step3. 在“Sweeping.1”对话框（二）中单击 确定 按钮，然后单击“Sweeping.1”对话框（一）中的 确定 按钮。

Task4. 保存模型文件

在服务器上保存模型文件。

4.5　等高线加工

等高线加工就是以垂直于刀具轴线的平面切削零件加工表面，计算出加工刀路。其几何参数示意图与投影加工的基本相同，区别在于等高线加工没有 Start（起始位置）和 End（终止位置）两个参数。下面以图 4.5.1 所示的零件为例介绍等高线加工的一般操作步骤。

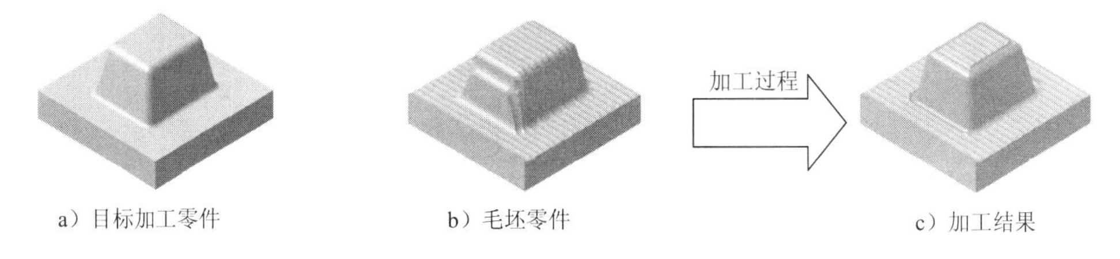

图 4.5.1　等高线加工

Task1. 打开加工模型文件

打开文件 D:\cat2016.9\work\ch04.05\zlevel.CATProcess。

Task2．设置加工参数

Stage1．定义几何参数

Step1. 隐藏毛坯零件。在图 4.5.2 所示的特征树中右击“NCGeometry_zlevel_16.56.54（NCGeometry_zlevel_16.56.54.1）”节点，在弹出的快捷菜单中选择隐藏/显示命令。

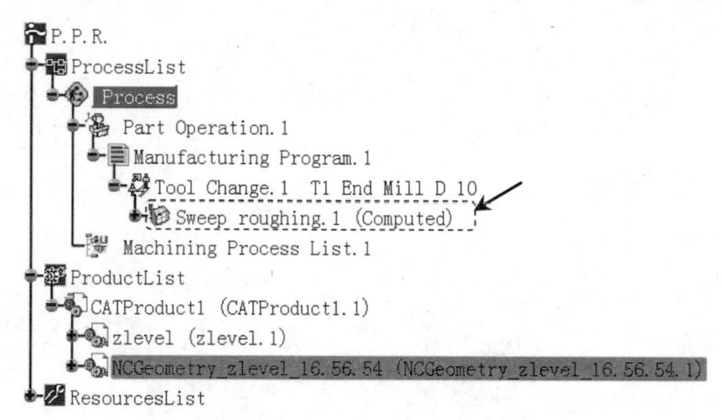

图 4.5.2　特征树

Step2. 在特征树中选中图 4.5.2 所示的“Sweep roughing.1（Computed）”节点，然后选择下拉菜单插入 ➡ Machining Operations ➡ ZLevel命令，插入一个等高线加工操作，系统弹出图 4.5.3 所示的“ZLevel.1”对话框（一）。

Step3. 定义加工区域。

（1）单击“ZLevel.1”对话框（一）中的“几何参数”选项卡。

（2）单击“ZLevel.1”对话框（一）中的目标零件感应区，在图形区选取图 4.5.4 所示的零件为目标零件，在图形区空白处双击鼠标左键，系统返回到“ZLevel.1”对话框（一）。

（3）设置加工余量。双击“ZLevel.1”对话框（一）中的“Offset on part ：1mm”字样，在系统弹出的“Edit Parameter”对话框中输入值 0 并单击确定按钮；双击“ZLevel.1”对话框（一）中的“Offset on check：1mm”字样，在系统弹出的“Edit Parameter”对话框中输入值 0 并单击确定按钮。

Stage2．定义刀具参数

Step1. 进入刀具参数选项卡。在“ZLevel.1”对话框（一）中单击刀具参数选项卡。

Step2. 选择刀具类型。在“ZLevel.1”对话框（一）中单击按钮，选择面铣刀为加工刀具。

Step3. 刀具命名。在“ZLevel.1”对话框（一）的Name文本框中输入“T2 End Mill D5”。

Step4. 设置刀具参数。在“ZLevel.1”对话框（一）中单击More>>按钮，单击Geometry选项卡，然后设置图 4.5.5 所示的刀具参数；其他选项卡中的参数均采用系统默认的设置值。

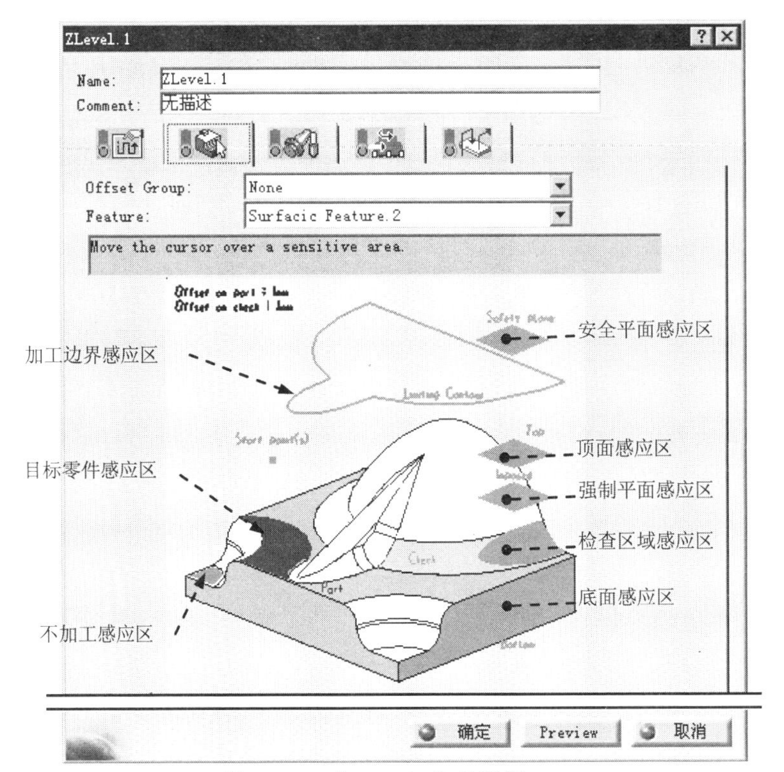

图 4.5.3 “ZLevel.1”对话框

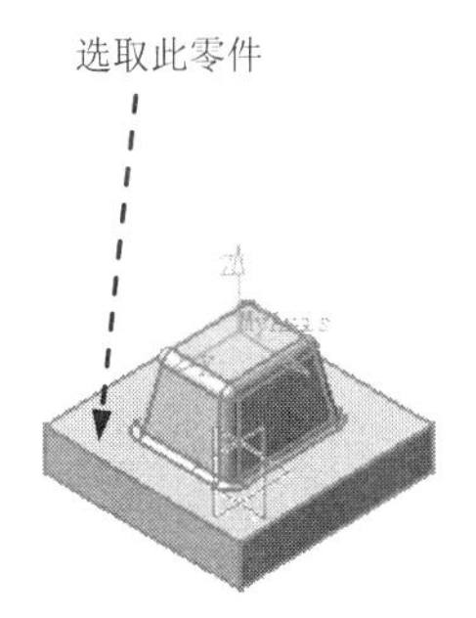

图 4.5.4 选取目标零件

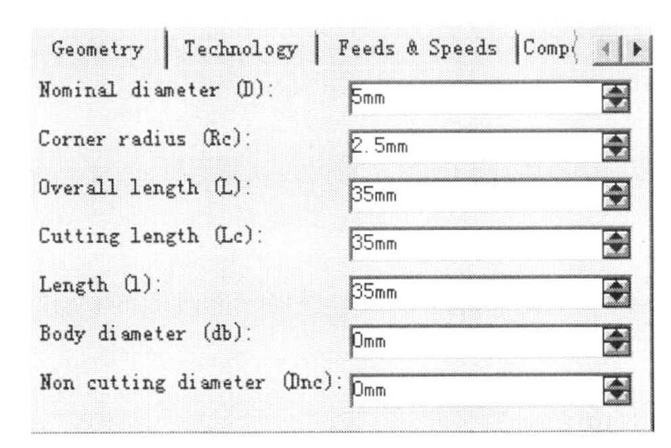

图 4.5.5 定义刀具参数

Stage3. 定义进给量

Step1. 进入进给量设置选项卡。在“ZLevel.1”对话框（一）中单击 （进给量）选项卡。

Step2. 设置进给量。在“ZLevel.1”对话框（一）的 （进给量）选项卡中设置图 4.5.6 所示的参数。

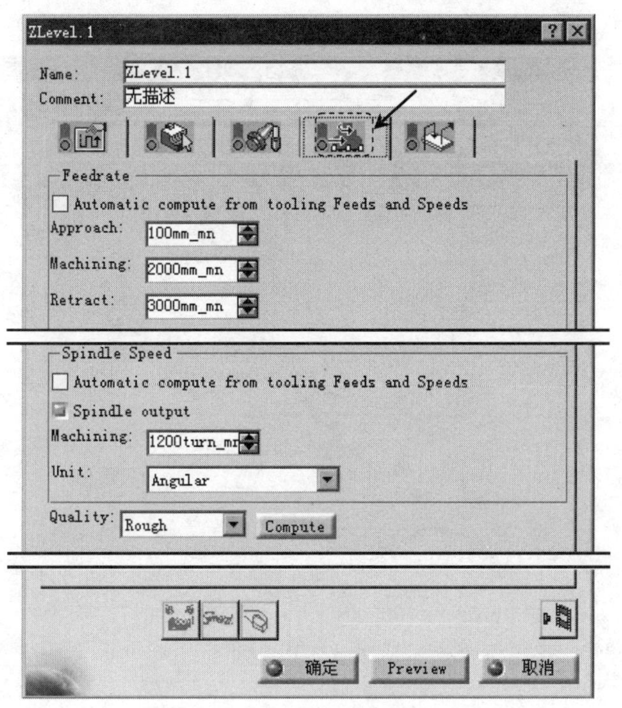

图 4.5.6 “进给量”选项卡

Stage4. 定义刀具路径参数

Step1. 进入“刀具路径参数”选项卡。在“ZLevel.1”对话框（一）中单击（刀具路径参数）选项卡，如图 4.5.7 所示。

Step2. 定义“Machining”参数。在“ZLevel.1”对话框（一）中单击 Machining: ，然后在 Machining tolerance: 文本框中输入值 0.01，其他参数采用系统默认设置值，如图 4.5.7 所示。

Step3. 定义轴向参数。在“ZLevel.1”对话框（一）中单击 Axial 选项卡，然后在 Distance between pass 文本框中输入值 0.5，如图 4.5.8 所示。

Step4. 其他参数采用系统默认设置值。

Stage5. 定义进刀/退刀路径

Step1. 进入进刀/退刀路径选项卡。在“ZLevel.1”对话框（一）中单击进刀/退刀路径选项卡。

Step2. 定义进刀路径。

（1）激活进刀。在 Macro Management 区域的列表框中选择 Approach ，右击，在弹出的快捷菜单中选择 Activate 命令（系统默认激活）。

（2）在 Macro Management 区域的列表框中选择 Approach ，然后在 Mode: 下拉列表中选择

Ramping选项。

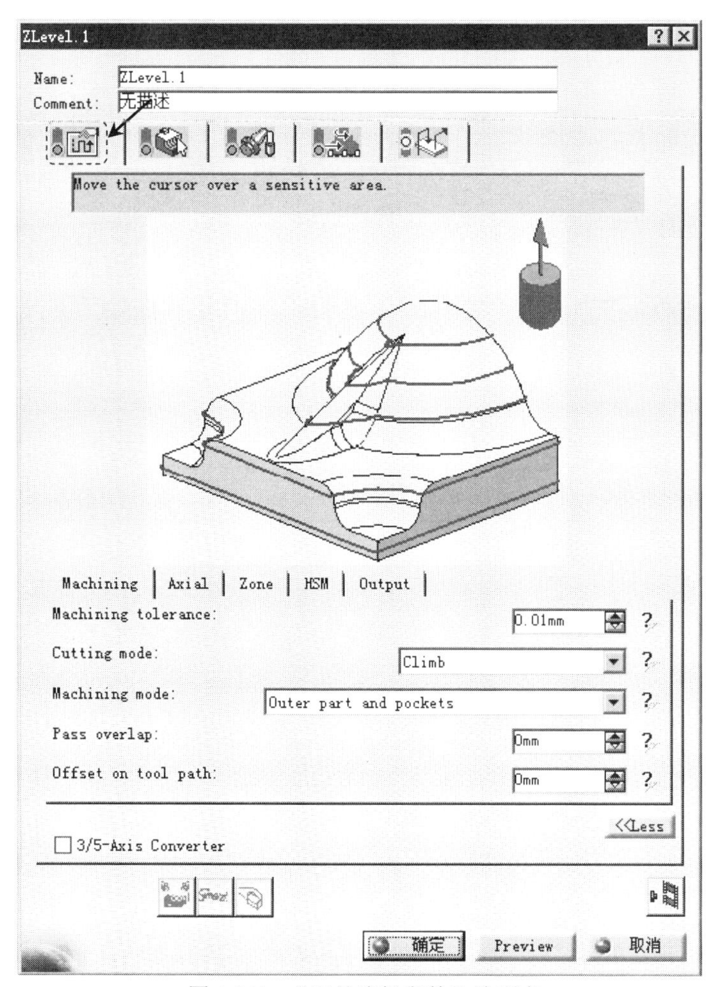

图 4.5.7 “刀具路径参数”选项卡

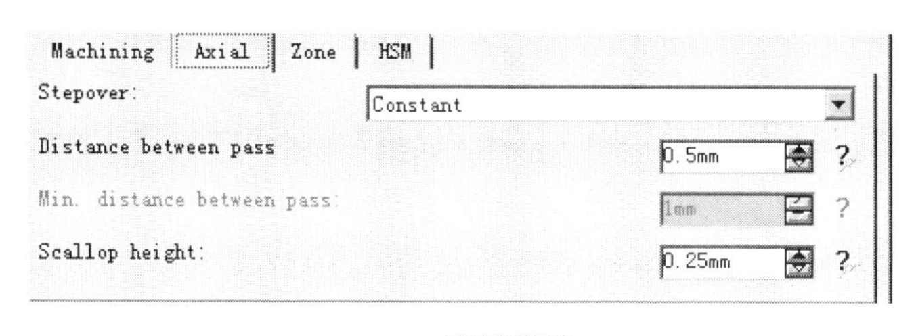

图 4.5.8 Axial选项卡

（3）双击图 4.5.9 所示的尺寸“1.2mm”，在弹出的“Edit Parameter”对话框（一）中输入值 10；双击图 4.5.9 所示的尺寸“15deg”，在弹出的“Edit Parameter”对话框（一）中输入值 10，单击确定按钮。

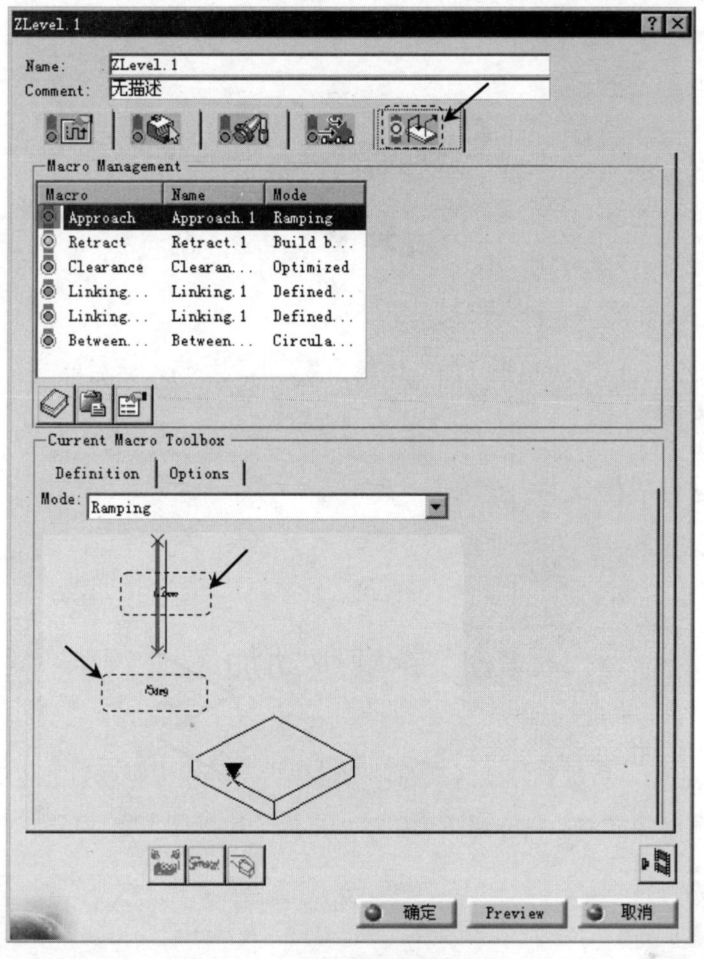

图 4.5.9 “进刀/退刀路径”选项卡

Step3. 定义退刀路径。

（1）激活退刀。在Macro Management区域的列表框中选择Retract，右击，在弹出的快捷菜单中选择Activate命令（系统默认激活）。

（2）在Macro Management区域的列表框中选择Retract，然后在Mode:下拉列表中选择Build by user选项。

（3）在“进刀/退刀路径”选项卡中依次单击按钮和按钮。

Task3. 刀路仿真

Step1. 在“ZLevel.1”对话框(一)中单击“Tool Path Replay”按钮，系统弹出“ZLevel.1”对话框（二），且在图形区显示刀路轨迹，如图 4.5.10 所示。

Step2. 在“ZLevel.1”对话框（二）中单击按钮，然后单击按钮，观察刀具切削毛坯零件的运行情况。

图 4.5.10　显示刀路轨迹

Step3. 在“ZLevel.1”对话框（二）中单击 确定 按钮，然后单击“ZLevel.1”对话框（一）中的 确定 按钮。

Task4．保存模型文件

在服务器上保存模型文件。

4.6　轮廓驱动加工

轮廓驱动加工是以所选择加工区域的轮廓线作为引导线来驱动刀具运动的加工方式。下面以图 4.6.1 所示的零件为例介绍轮廓驱动加工的一般操作步骤。

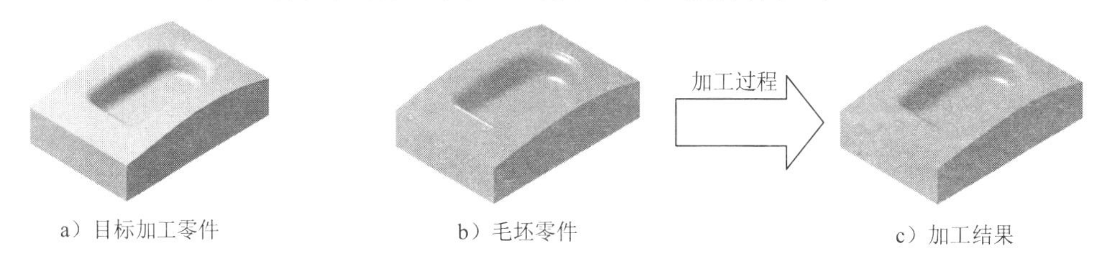

图 4.6.1　轮廓驱动加工

Task1．打开加工模型文件

打开文件 D:\cat2016.9\work\ch04.06\contour_driven.CATProcess。

Task2．设置加工参数

Stage1．定义几何参数

Step1. 在图 4.6.2 所示的特征树中选中“ZLevel.1（Computed）”节点，然后选择下拉菜单 插入 → Machining Operations → Contour-driven 命令，插入一个轮廓驱动加工操作，系统弹出“Contour-driven.1”对话框（一），如图 4.6.3 所示。

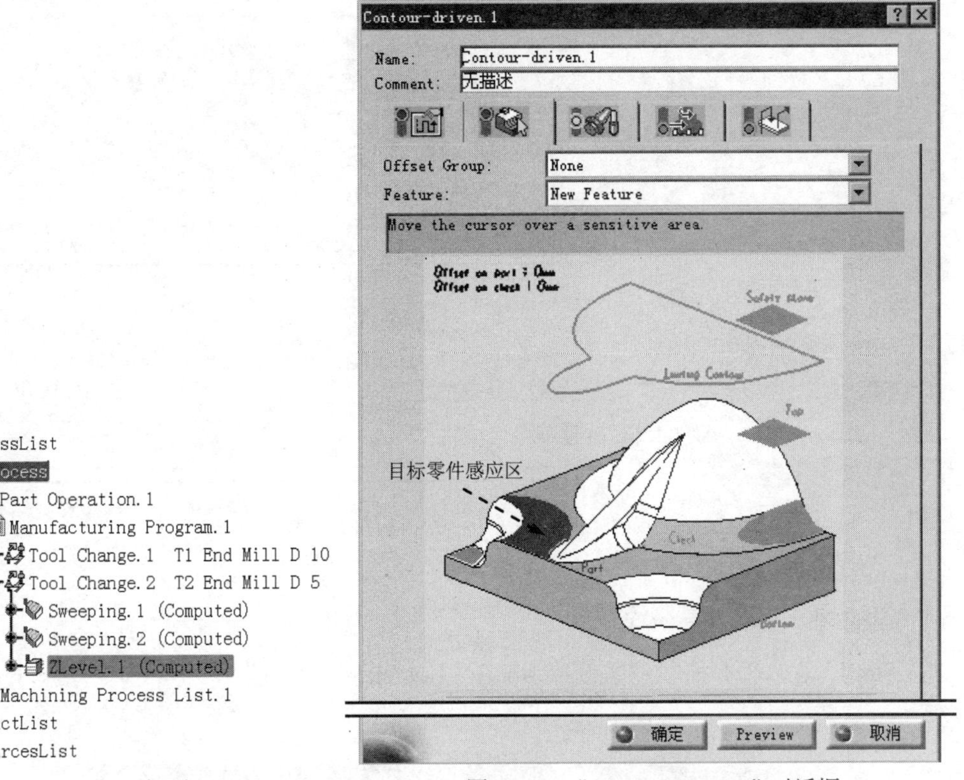

图 4.6.2　特征树

图 4.6.3　“Contour-driven.1”对话框

Step2. 定义加工区域。

（1）单击“Contour-driven.1”对话框（一）中的几何参数选项卡 。

（2）右击“Contour-driven.1”对话框（一）中的目标零件感应区，在系统弹出的快捷菜单中选择 Select faces... 命令，然后在图形区选择图 4.6.4 所示的模型表面作为加工区域；在图形区空白处双击鼠标左键，系统返回到“Contour-driven.1”对话框（一）。

Stage2．定义刀具参数

选用前面设置的“T2 End Mill D 5”作为加工刀具。

Stage3．定义进给量

Step1. 进入进给量设置选项卡。在“Contour-driven.1”对话框（一）中单击 （进给量）选项卡。

Step2. 设置进给量。在“Contour-driven.1”对话框（一）的 （进给量）选项卡中设置如图 4.6.5 所示的参数。

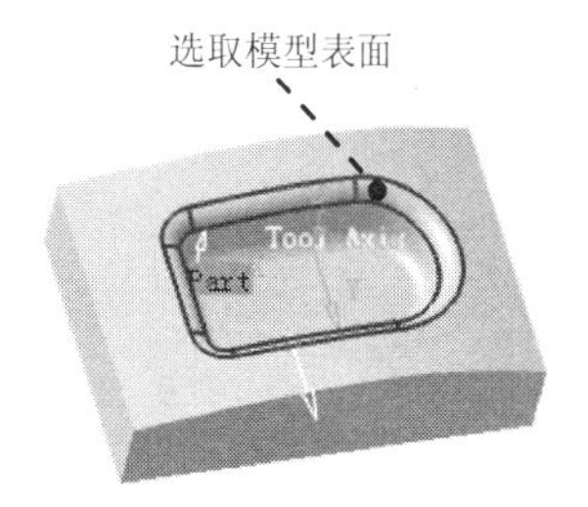

图 4.6.4　选取加工区域

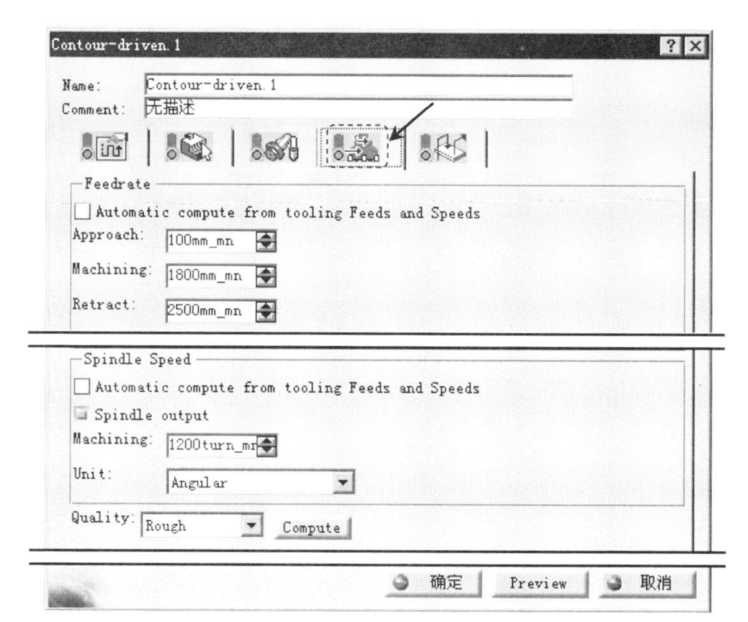

图 4.6.5　“进给量”选项卡

Stage4．定义刀具路径参数

Step1．进入刀具路径参数选项卡。在“Contour-driven.1”对话框（一）中单击 （刀具路径参数）选项卡，如图 4.6.6 所示。

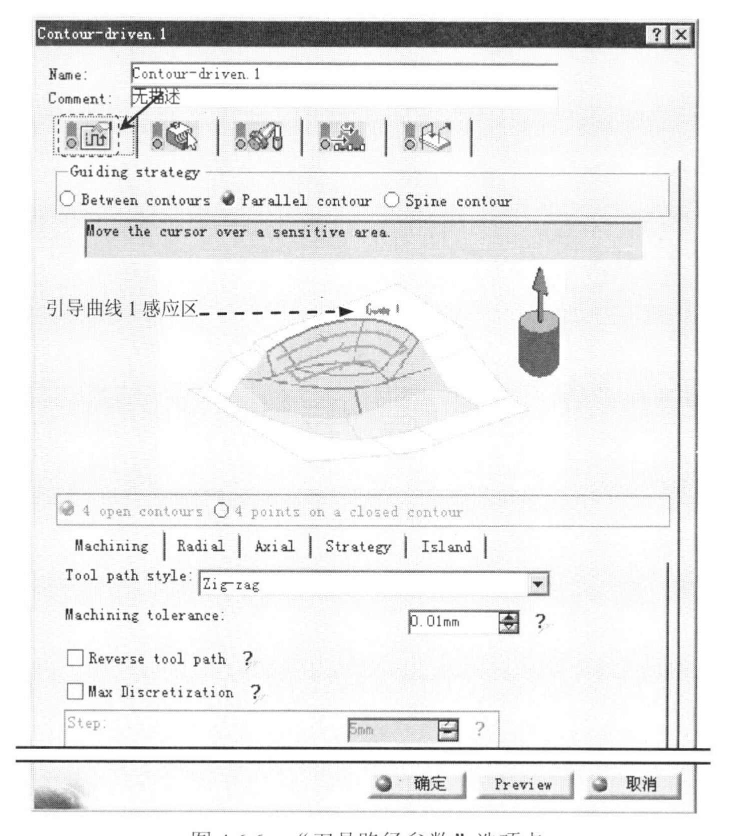

图 4.6.6　“刀具路径参数”选项卡

图 4.6.6 所示的刀具路径参数选项卡中各选项的说明如下。

- Guiding strategy 区域：定义引导策略，其中包括 3 种轮廓驱动加工的策略。
  - ☑ Between contours 单选项（在轮廓中间），用户可以选择两条轮廓边界曲线作为引导线，系统通过在两条曲线进行插值计算得到刀路。
  - ☑ Parallel contour 单选项（平行轮廓），选择一条轮廓边界曲线作为引导线，加工区域上的刀路平行于所指定的引导线。
  - ☑ Spine contour 单选项（脊线轮廓），选择一条轮廓边界曲线作为引导线，加工区域上的刀路都垂直于所指定的引导线。
- 4 open contours 单选项：当选中 Between contours 单选项后，此单选项被激活，用户可以通过四条曲线来定义加工区域，包括两条引导线和两条边界曲线。
- 4 points on a closed contour 单选项：当选中 Between contours 单选项后，此单选项被激活，用户需要选择一条封闭的轮廓线来定义加工区域，并在轮廓线上选择 4 个点，分割封闭的轮廓线，得到两条引导线和两条边界线。
- Reverse tool path 复选框：如果需要反向刀路轨迹，则选中该复选框。
- Max Discretization 复选框：选中此复选框后，可设置刀路上刀位的分布情况。

Step2. 定义引导线。

（1）在“Contour-driven.1”对话框（一）的 Guiding strategy 选项组中选中 Parallel contour 单选项。

（2）单击对话框中的“Guide 1”感应区，系统弹出图 4.6.7 所示的“Edge Selection”工具条。在图形区选取图 4.6.8 所示的曲线，单击“Edge Selection”工具条中的按钮。

图 4.6.7 “Edge Selection”工具条

（3）单击图 4.6.8 所示的箭头，使箭头方向向里。此时，引导线 1 如图 4.6.9 所示。单击“Edge Selection”工具条中的 OK 按钮，完成引导线 1 的定义。

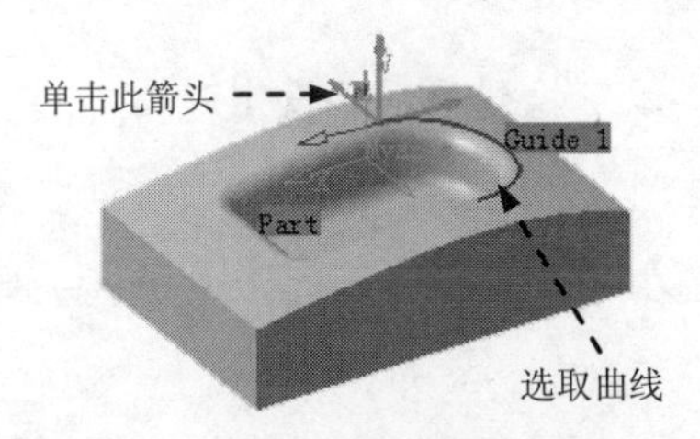

图 4.6.8 选取曲线

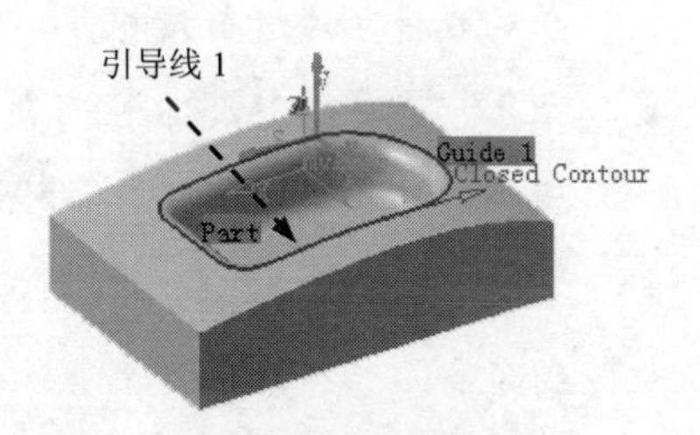

图 4.6.9 定义引导线 1

Step3. 定义“Machining”参数。在“Contour-driven.1”对话框（一）中单击 Machining:

选项卡，然后在 Tool path style: 下拉列表中选择 Zig-zag 选项，并在 Machining tolerance: 文本框中输入值 0.01。其他参数采用系统默认设置值。

Step4. 定义径向参数。在“Contour-driven.1”对话框（一）中单击 Radial 选项卡，然后在 Stepover: 下拉列表中选择 Constant 3D，在 Distance between paths: 文本框中输入值 0.3，如图 4.6.10 所示。

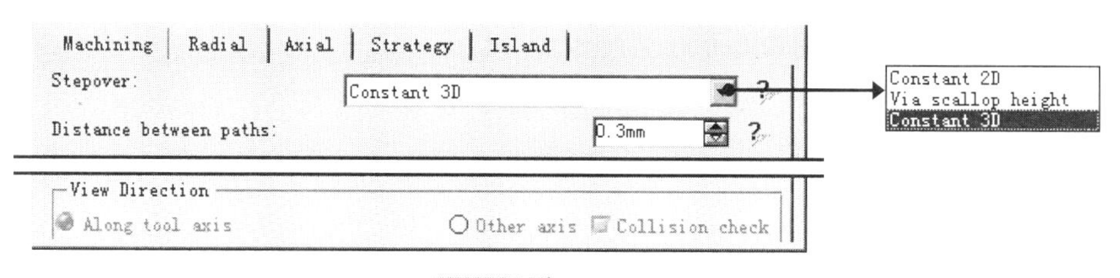

图 4.6.10 Radial 选项卡

图 4.6.10 所示的 Radial 选项卡中各选项的说明如下。

- Stepover: 下拉列表：定义刀路在径向的距离方式。
  - ☑ Constant 2D 选项，所有刀路在垂直投影方向的平面上是平行且等距的，然后投影到加工区域上，形成刀路。
  - ☑ Via scallop height 选项，通过定义残余高度来确定刀路的径向距离。
  - ☑ Constant 3D 选项，选择该选项后定义刀路直接在加工区域上测量的步进距离，可以在 Distance between paths: 文本框中输入距离值。
- Distance between paths: 文本框：刀路的步进距离。

Step5. 定义轴向参数。在“Contour-driven.1”对话框（一）中单击 Axial 选项卡，在 Multi-pass: 下拉列表中选择 Number of levels and Maximum cut depth，在 Number of levels: 文本框中输入值 1，在 Maximum cut depth: 文本框中输入值 1。

Step6. 定义 Strategy 参数。在“Contour-driven.1”对话框（一）中单击 Strategy 选项卡，然后设置如图 4.6.11 所示的参数。

图 4.6.11 所示的 Strategy 选项卡中各选项的说明如下。

- Pencil rework: 下拉列表（清根加工）：该下拉列表用于确定是否在轮廓驱动加工后自动对残料区域进行清根。
- Initial tool position: 下拉列表（刀具起始位置）：该下拉列表用于设定刀具与引导轮廓的起始相对位置，包括 On（上）、To（内侧）和 Past（外侧）3 个选项。
- Offset on guide: 文本框（引导线偏置量）：设置在加工操作开始时刀具偏离引导线的距离。
- Maximum width to machine: 文本框（最大加工宽度）：设置从引导线开始的加工区域宽度。

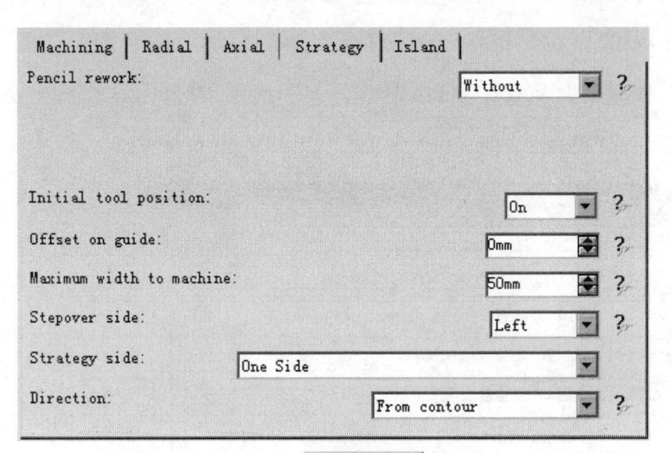

图 4.6.11 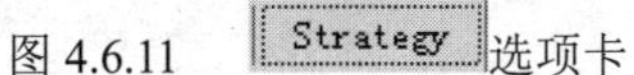选项卡

- Stepover side:下拉列表（步进侧）：用来选择步进加工在引导轮廓的哪个侧面。
- Strategy side:下拉列表（策略侧）：用来选择策略应用在引导轮廓的哪个侧面。
- Direction:下拉列表（方向）：用来选择步进的方向，包括From contour和To contour两个方向。

Step7. 其他选项卡中的参数采用系统默认设置值。

Stage5. 定义进刀/退刀路径

Step1. 进入进刀/退刀路径选项卡。在“Contour-driven.1”对话框（一）中单击（进刀/退刀路径）选项卡，如图 4.6.12 所示。

Step2. 激活进刀。在Macro Management区域的列表框中选择Approach，右击，在弹出的快捷菜单中选择Activate命令（系统默认激活）。

Step3. 定义进刀方式。

（1）在Macro Management区域的列表框中选择Approach，然后在Mode:下拉列表中选择Back选项。

（2）双击图 4.6.12 所示的尺寸“1.608mm”，在弹出的“Edit Parameter”对话框中输入值 10，单击确定按钮；双击图 4.6.12 所示的尺寸“6mm”，在弹出的“Edit Parameter”对话框中输入值 10，单击确定按钮。

Step4. 激活退刀。在Macro Management区域的列表框中选择Retract，右击，在弹出的快捷菜单中选择Activate命令（系统默认激活）。

Step5. 定义退刀方式。在Macro Management区域的列表框中选择Retract，然后在Mode:下拉列表中选择Along tool axis选项。

Task3. 刀路仿真

Step1. 在“Contour-driven.1”对话框（一）中单击“Tool Path Replay”按钮，系统

弹出“Contour-driven.1”对话框（二），且在图形区显示刀路轨迹，如图 4.6.13 所示。

Step2. 在“Contour-driven.1”对话框（二）中单击按钮，然后单击按钮，观察刀具切削毛坯零件的运行情况。

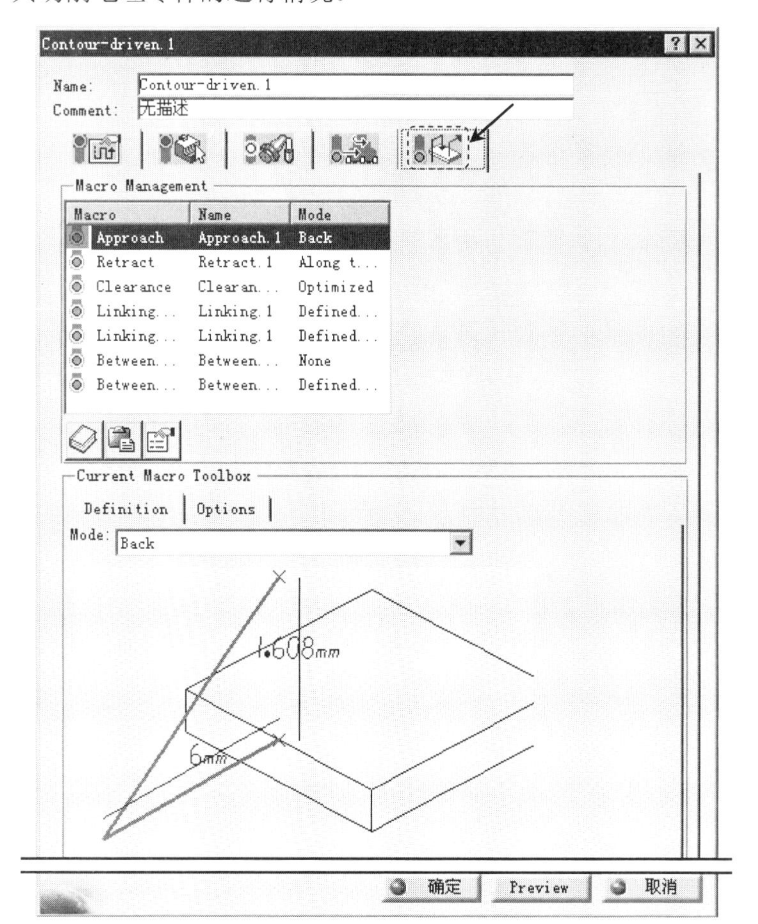

图 4.6.12 “进刀/退刀路径”选项卡

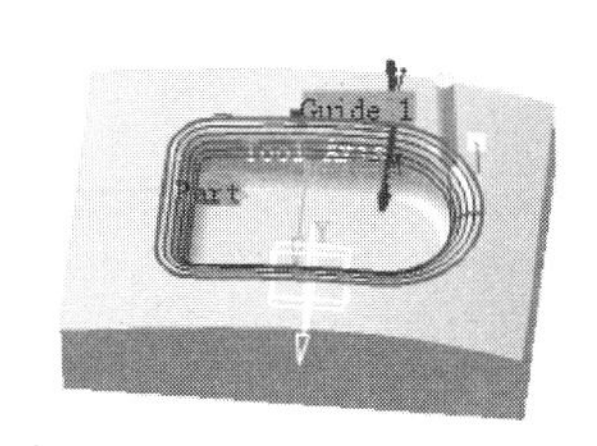

图 4.6.13 显示刀路轨迹

Step3. 在“Contour-driven.1”对话框（二）中单击 确定 按钮，然后单击“Contour－driven.1”对话框（一）中的 确定 按钮。

Task4. 保存模型文件

在服务器上保存模型文件。

4.7 等参数加工

等参数加工就是由所加工的曲面等参数线 U、V 来确定切削路径。用户需要选取加工曲面和 4 个端点作为几何参数，所选择的多个曲面必须是相邻且共边的。下面以图 4.7.1 所示的零件为例介绍等参数加工的一般操作步骤。

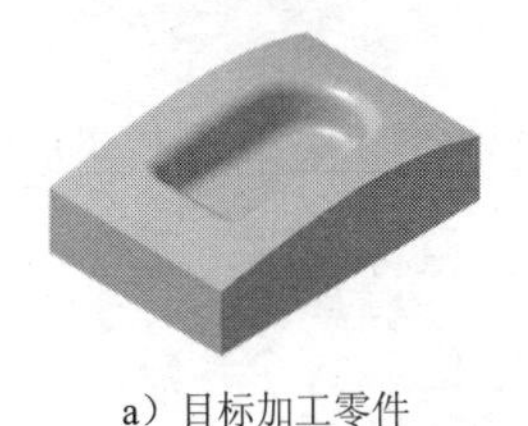

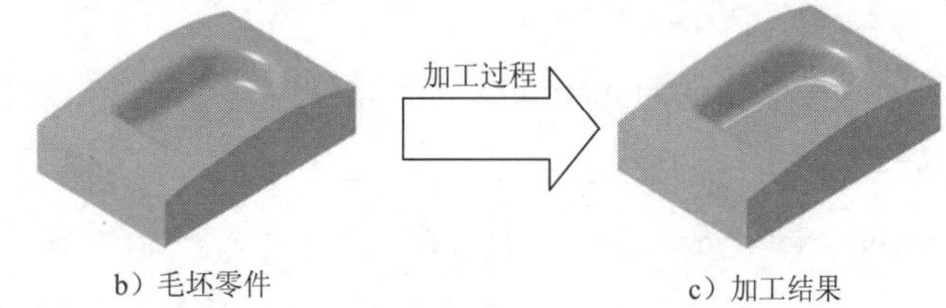

a）目标加工零件　　b）毛坯零件　　c）加工结果

图 4.7.1　等参数加工

Task1．打开加工模型文件

打开文件 D:\cat2016.9\work\ch04.07\Isoparametric.CATProcess。

Task2．设置加工参数

Stage1．定义几何参数

Step1．在特征树中选中“Contour-driven.1（Computed）”节点，然后选择下拉菜单 插入 → Machining Operations ▸ → Multi Axis Machining Operations ▸ → Isoparametric Machining 命令，插入一个等参数加工操作，系统弹出“Isoparametric Machining.1”对话框（一），如图 4.7.2 所示。

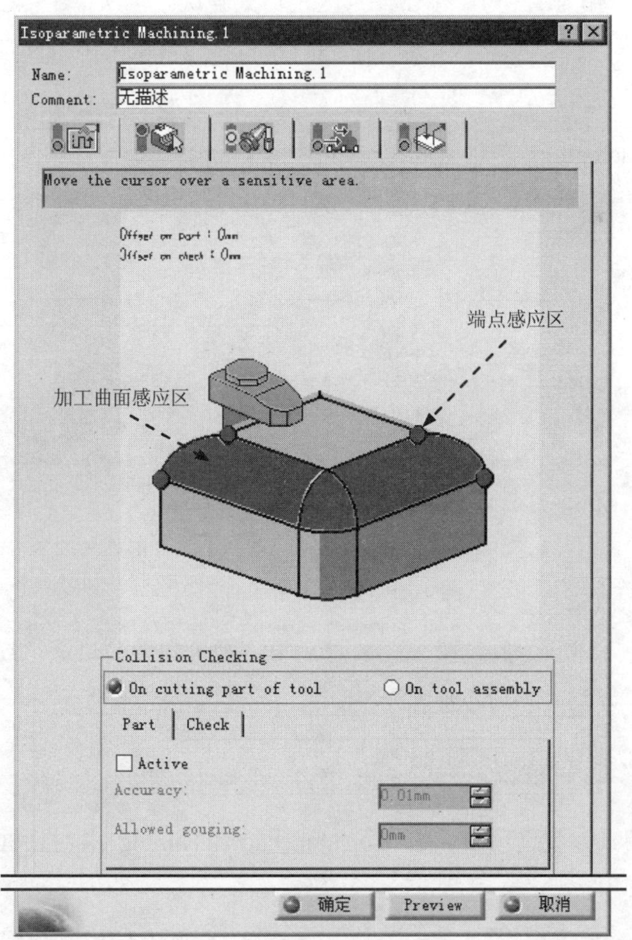

图 4.7.2　“Isoparametric Machining.1”对话框

Step2. 定义加工区域。

（1）单击“Isoparametric Machining.1”对话框（一）中的加工曲面感应区，在图形区选取图 4.7.3 所示的模型表面作为加工区域，在图形区空白处双击鼠标左键，系统返回“Isoparametric Machining.1”对话框（一）。

（2）单击图 4.7.3 所示的图形中的箭头，使箭头的方向指向内侧，如图 4.7.4 所示。

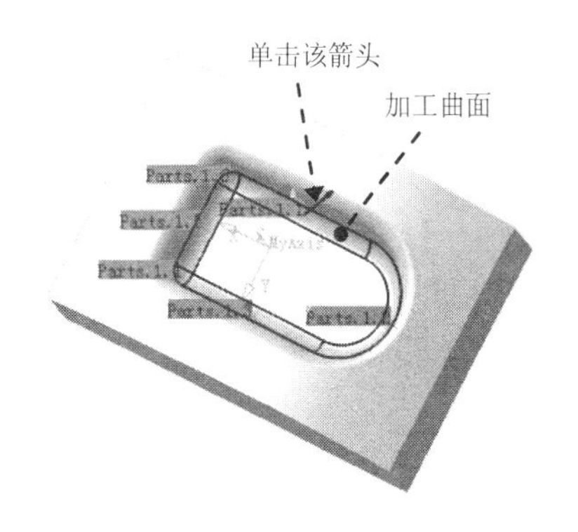

图 4.7.3 选取加工区域

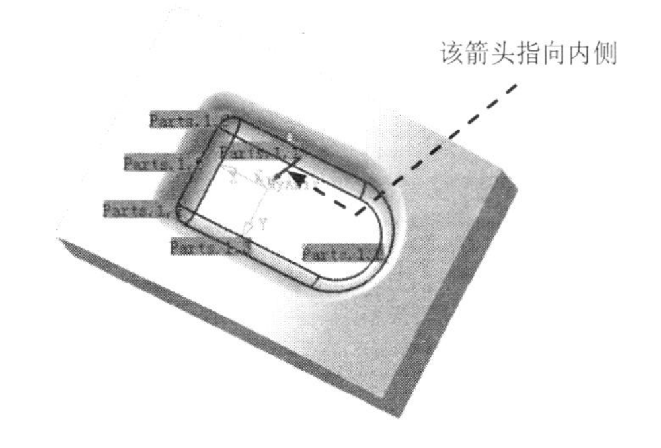

图 4.7.4 调整箭头方向

（3）单击“Isoparametric Machining.1”对话框（一）中的端点感应区，在图形区选择图 4.7.5 所示的点 1 作为端点 1，单击图形区空白处确认；再次单击点 1 作为端点 2，单击图形区空白处确认；选择图 4.7.5 所示的点 2 作为端点 3，单击图形区空白处确认；再次单击点 2 作为端点 4，单击图形区空白处确认；在图形区空白处双击鼠标左键，返回“Isoparametric Machining.1”对话框（一）。

（4）在 Collision Checking 区域中选中 On cutting part of tool 单选项，其他选项采用系统默认设置。

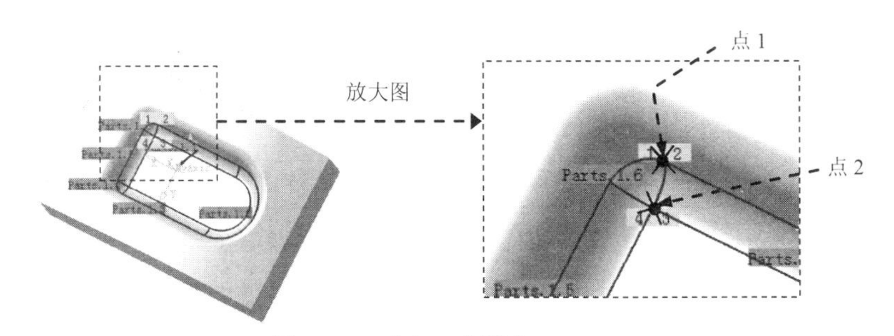

图 4.7.5 选取 4 个端点

说明：在图 4.7.5 所示的 1、2、3、4 端点中，加工曲面的边线“12”表示刀路的切削方向；边线“13”表示刀具的步进方向。

Stage2. 定义刀具参数

Step1. 进入刀具参数选项卡。在“Isoparametric Machining.1”对话框（一）中单击（刀具参数）选项卡。

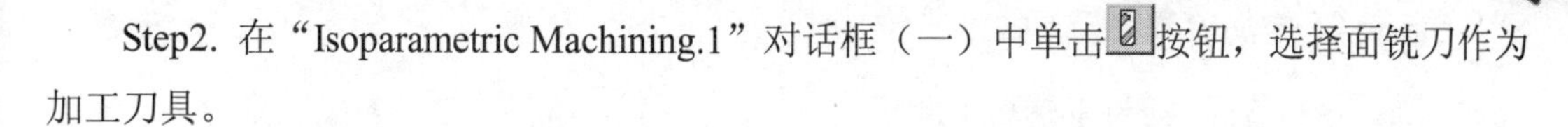

Step2. 在“Isoparametric Machining.1”对话框（一）中单击按钮，选择面铣刀作为加工刀具。

Step3. 在“Isoparametric Machining.1”对话框（一）的 Name 文本框中输入“T3 End Mill D5”，然后单击 More>> 按钮。

Step4. 在“Isoparametric Machining.1”对话框（一）的 Geometry 选项卡中设置图 4.7.6 所示的刀具参数。

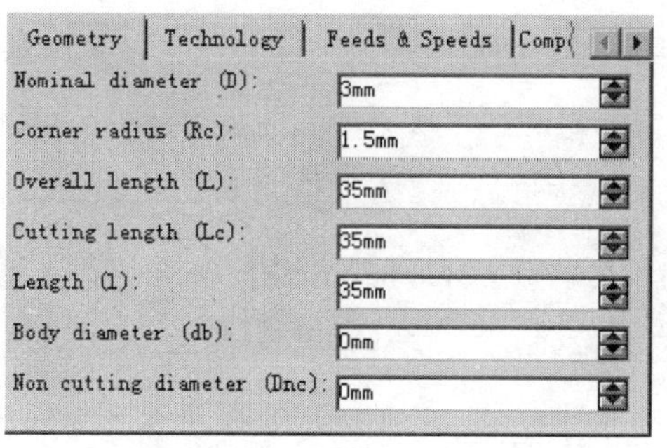

图 4.7.6 定义刀具参数

Stage3. 定义进给量

Step1. 进入进给量设置选项卡。在“Isoparametric Machining.1”对话框（一）中单击（进给量）选项卡。

Step2. 设置进给量。在“Isoparametric Machining.1”对话框（一）的（进给量）选项卡中设置图 4.7.7 所示的参数。

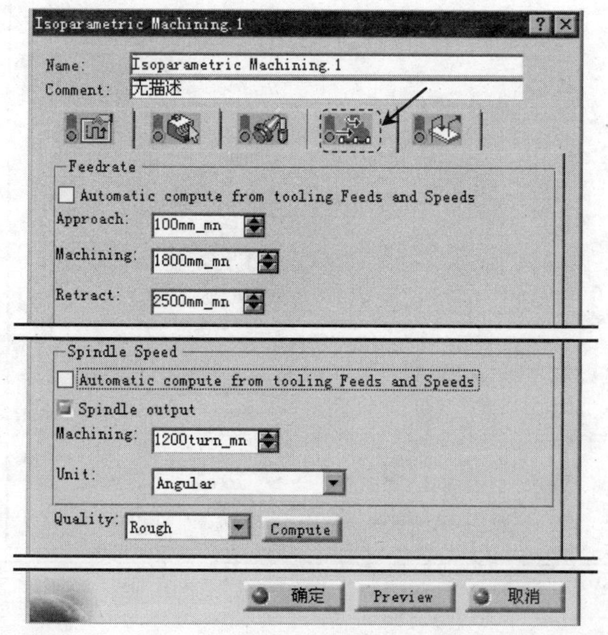

图 4.7.7 “进给量”选项卡

Stage4．定义刀具路径参数

Step1．进入刀具路径参数选项卡。在“Isoparametric Machining.1”对话框（一）中单击 （刀具路径参数）选项卡，如图 4.7.8 所示。

Step2．定义“Machining”参数。在“Isoparametric Machining.1”对话框（一）中单击 Machining:，然后设置图 4.7.8 所示的参数。

Step3．定义径向参数。在“Isoparametric Machining.1”对话框（一）中单击 Radial 选项卡，然后设置图 4.7.9 所示的参数。

说明：在 Skip path: 下拉列表中，可以选择跳过的刀路。其中，None 是无，First 是跳过第一条刀路，Last 是跳过最后一条刀路，First and last 是跳过第一条刀路和最后一条刀路。

Step4．定义刀具轴向参数。在“Isoparametric Machining.1”对话框（一）中单击 Tool Axis 选项卡，在 Tool axis mode: 下拉列表中选择 Fixed axis 选项，如图 4.7.10 所示。

说明：Tool Axis 选项卡中的 Tool axis mode: 下拉列表可以用来选择一种刀具的模式。Fixed axis 是刀具轴线固定，而其他的几种类型可以设置刀具轴线随着运动而变化。

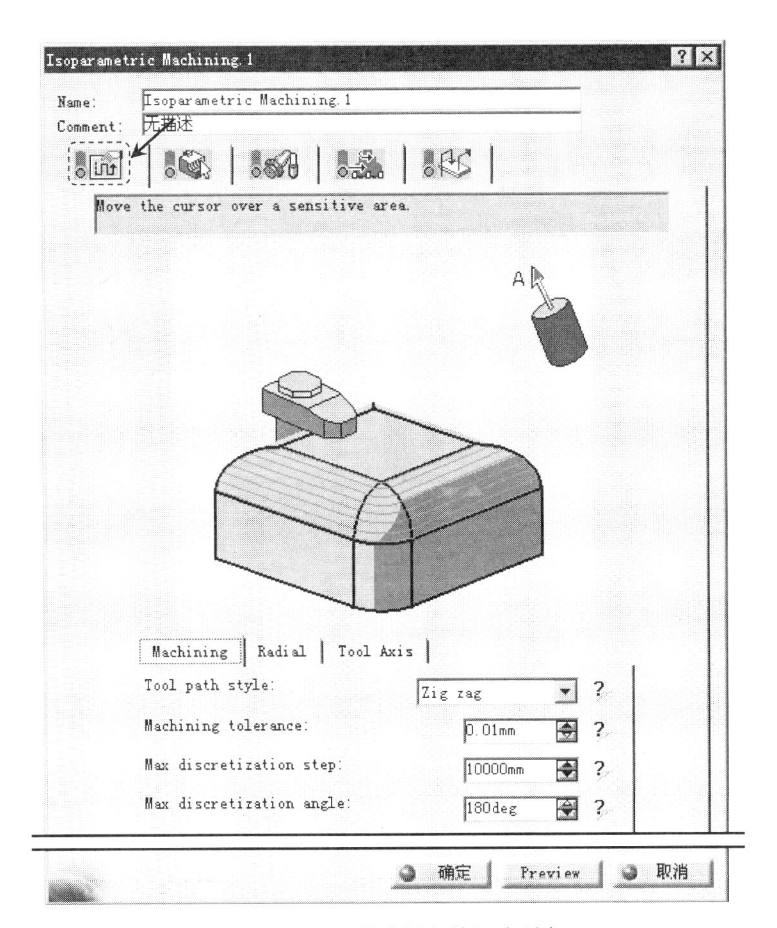

图 4.7.8 “刀具路径参数”选项卡

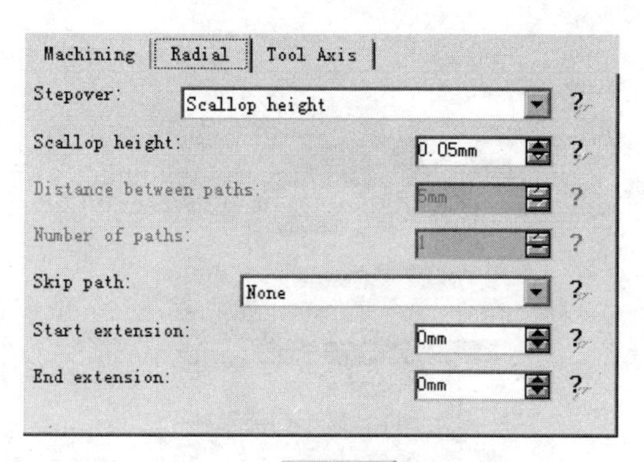

图 4.7.9 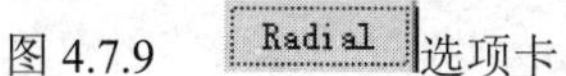选项卡

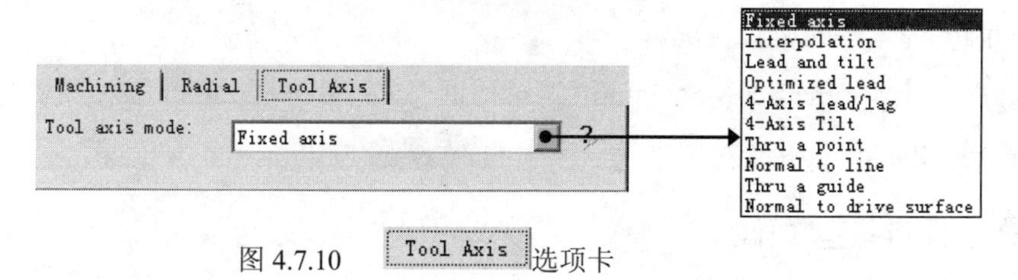

图 4.7.10 Tool Axis选项卡

Stage5．定义进刀/退刀路径

Step1．进入进刀/退刀路径选项卡。在“Isoparametric Machining.1”对话框（一）中单击进刀/退刀路径选项卡。

Step2．激活进刀。在Macro Management区域的列表框中选择Approach，右击，在弹出的快捷菜单中选择Activate命令。

Step3．定义进刀方式。

（1）在Macro Management区域的列表框中选择Approach，然后在Mode:下拉列表中选择Build by user选项。

（2）单击对话框中的按钮。

Step4．激活退刀。在Macro Management区域的列表框中选择Retract，右击，在弹出的快捷菜单中选择Activate命令。

Step5．定义退刀方式。

（1）在Macro Management区域的列表框中选择Retract，然后在Mode:下拉列表中选择Build by user选项。

（2）单击对话框中的按钮。

Task3．刀路仿真

Step1．在“Isoparametric Machining.1”对话框（一）中单击“Tool Path Replay”按钮，

系统弹出“Isoparametric Machining.1”对话框（二），且在图形区显示刀路轨迹，如图 4.7.11 所示。

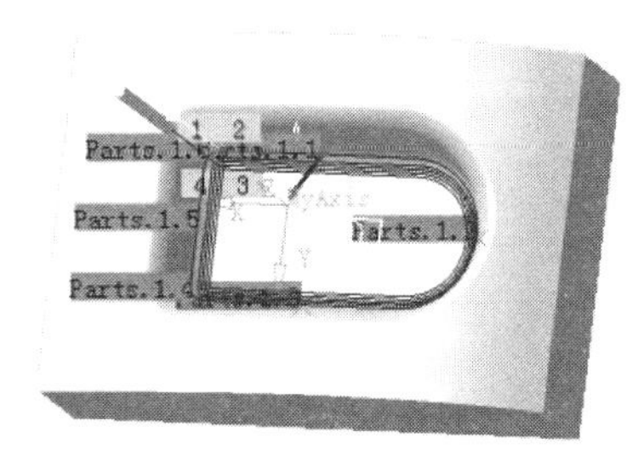

图 4.7.11　显示刀路轨迹

Step2. 在“Isoparametric Machining.1”对话框（二）中单击按钮，然后单击按钮，观察刀具切削毛坯零件的运行情况。

Step3. 在“Isoparametric Machining.1”对话框（二）中单击 确定 按钮，然后单击“Isoparametric Machining.1”对话框（一）中的 确定 按钮。

Task4. 保存模型文件

在服务器上保存模型文件。

4.8　螺旋加工

螺旋加工就是在选定的加工区域中，对指定角度以下的平坦区域进行精加工。下面以图 4.8.1 所示的零件为例介绍螺旋加工的一般操作步骤。

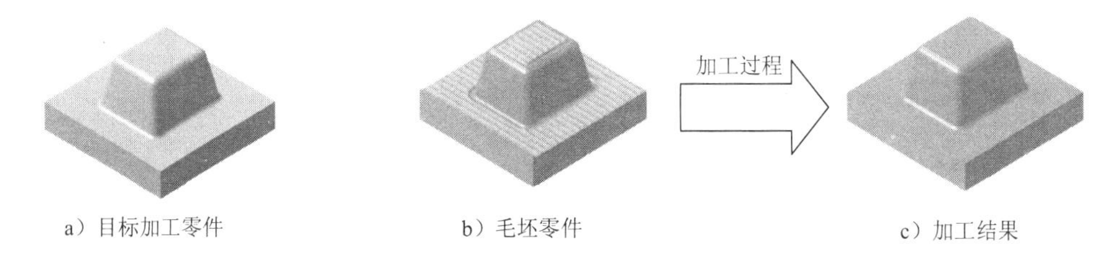

a）目标加工零件　　b）毛坯零件　　c）加工结果

图 4.8.1　螺旋加工

Task1. 打开加工模型文件

打开文件 D:\cat2016.9\work\ch04.08\sprial_milling.CATProcess。

Task2. 设置加工参数

Stage1. 定义几何参数

Step1. 隐藏毛坯零件。在图 4.8.2 所示的特征树中右击节点“NCGeometry_part1_

13.39.44（NCGeometry_part1_13.39.44.1）”，在弹出的快捷菜单中选择 隐藏/显示 命令。

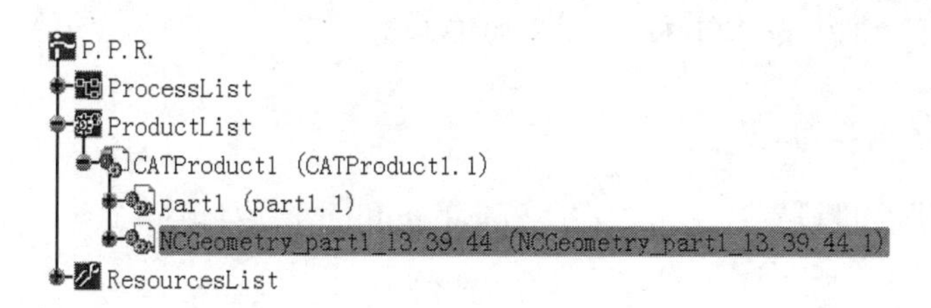

图 4.8.2 特征树

Step2. 在特征树中选中“Zlevel.1（Computed）”节点，然后选择下拉菜单 插入 → Machining Operations → Spiral Milling 命令，插入一个螺旋加工操作，系统弹出“Sprial milling.1”对话框（一），如图 4.8.3 所示。

Step3. 定义加工区域。

（1）单击“Sprial milling.1”对话框（一）中的几何参数选项卡 。

（2）单击“Sprial milling.1”对话框（一）中的目标零件感应区，在图形区选取整个模型零件为加工对象，系统会自动计算加工区域。在图形区空白处双击鼠标左键，回到“Sprial milling.1”对话框（一）。

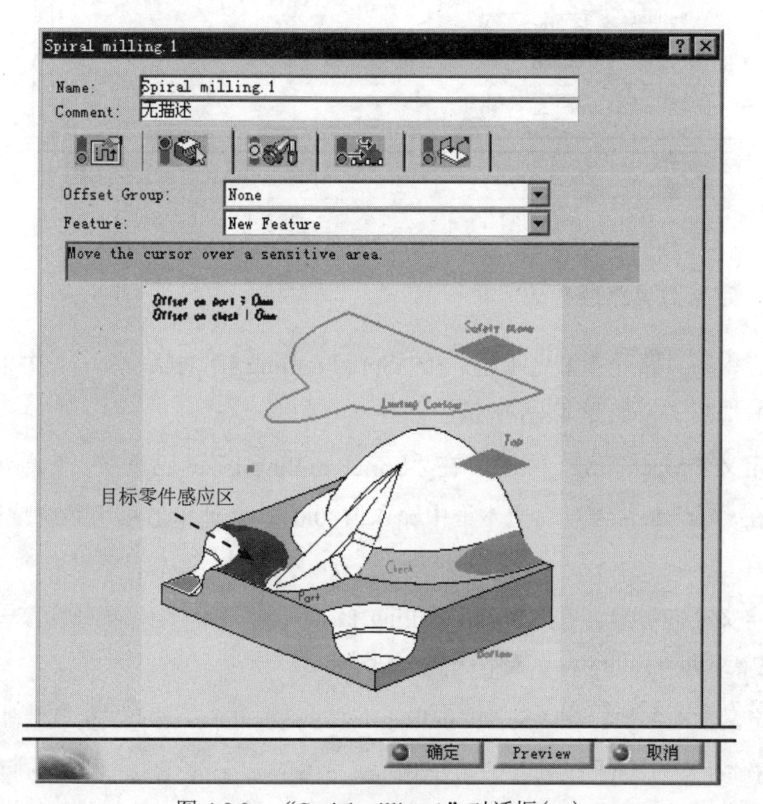

图 4.8.3 “Sprial milling.1”对话框(一)

Stage2．定义刀具参数

系统默认选用“T2 End Mill D5”作为加工刀具。

Stage3．定义进给量

Step1. 进入进给量设置选项卡。在“Spiral milling.1”对话框（一）中单击（进给量）选项卡。

Step2. 设置进给量。在“Sprial milling.1”对话框（一）的（进给量）选项卡中设置图 4.8.4 所示的参数。

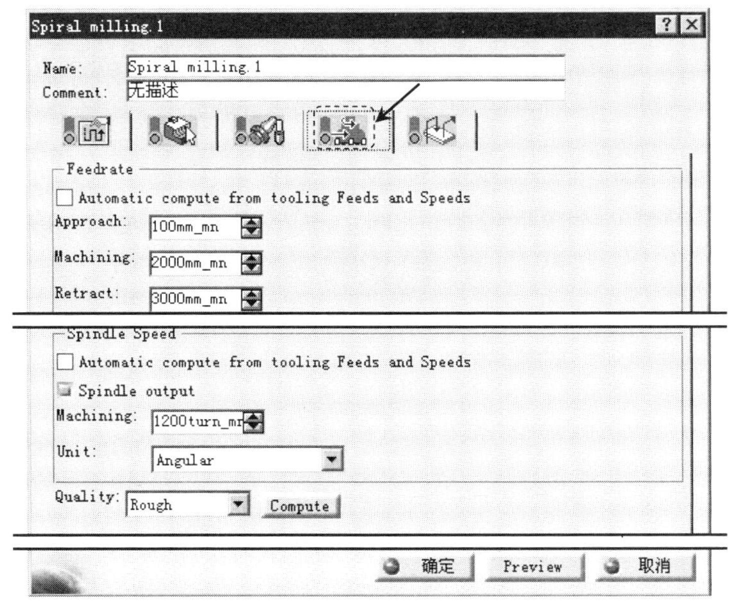

图 4.8.4 “进给量”选项卡

Stage4．定义刀具路径参数

Step1. 进入刀具路径参数选项卡。在“Sprial milling.1”对话框（一）中单击（刀具路径参数）选项卡，如图 4.8.5 所示。

Step2. 定义“Machining”参数。在“Sprial milling.1”对话框（一）单击 Machining: 选项卡，然后在 Machining tolerance: 文本框中输入值 0.01，其他参数采用系统默认设置值，如图 4.8.5 所示。

Step3. 定义径向参数。在“Sprial milling.1”对话框（一）中单击 Radial 选项卡，然后在 Max. distance between pass: 文本框中输入值 0.5。

Step4. 定义轴向参数。在“Sprial milling.1”对话框（一）中单击 Axial 选项卡，如图 4.8.6 所示。在 Multi-pass: 下拉列表中选择 Number of levels and Maximum cut depth，在 Number of levels: 文本框中输入值 2，在 Maximum cut depth: 文本框中输入值 1。

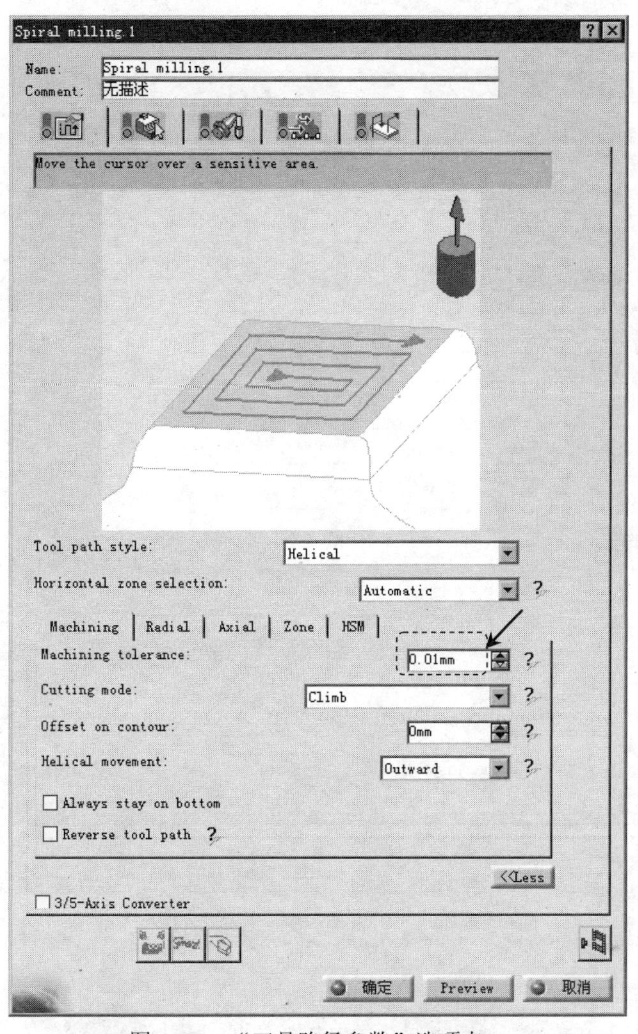

图 4.8.5 “刀具路径参数”选项卡

Machining | Radial | Axial | Zone | HSM
Multi-pass: Number of levels and Maximum cut depth
Number of levels: 2
Maximum cut depth: 1mm
Total depth: 1mm
Sequencing: By Zone

图 4.8.6 “Axial”选项卡

Step5. 其他参数采用系统默认设置值。

Stage5. 定义进刀/退刀路径

Step1. 进入进刀/退刀路径选项卡。在“Sprial milling.1”对话框（一）中单击 （进刀/退刀路径）选项卡，如图 4.8.7 所示。

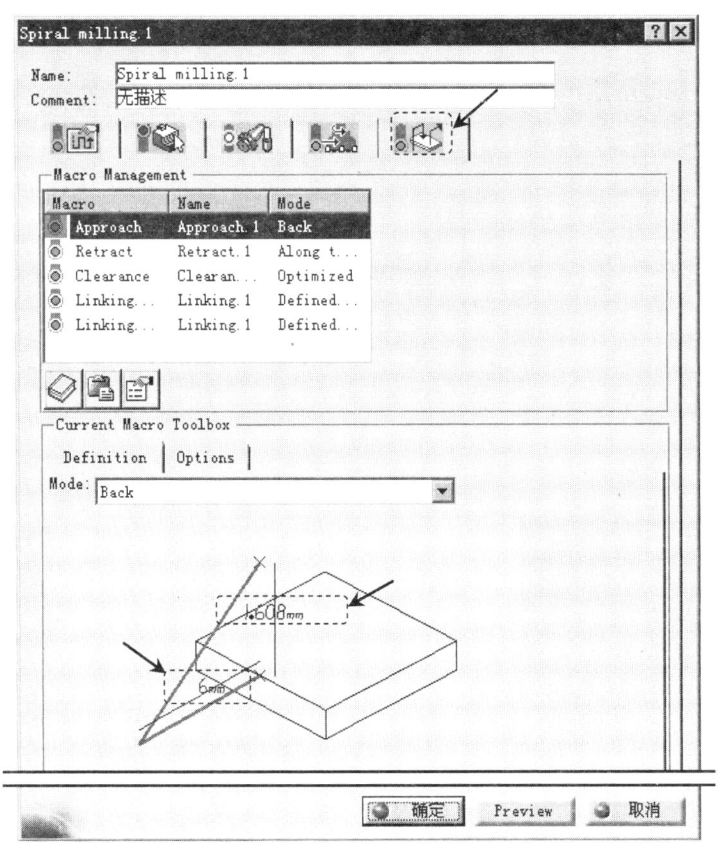

图 4.8.7 “进刀/退刀路径”选项卡

Step2. 定义进刀路径。

（1）激活进刀。在 Macro Management 区域的列表框中选择 Approach，右击，在弹出的快捷菜单中选择 Activate 命令（系统默认激活）。

（2）在 Macro Management 区域的列表框中选择 Approach，然后在 Mode: 下拉列表中选择 Back 选项。

（3）双击图 4.8.7 所示的尺寸“1.608mm”，在弹出的“Edit Parameter”对话框中输入值 20，单击 确定 按钮；双击图 4.8.7 所示的尺寸“6mm”，在弹出的“Edit Parameter”对话框中输入值 20，单击 确定 按钮。

Step3. 定义退刀路径。

（1）激活退刀。在 Macro Management 区域的列表框中选择 Retract，右击，在弹出的快捷菜单中选择 Activate 命令（系统默认激活）。

（2）在 Macro Management 区域的列表框中选择 Retract，然后在 Mode: 下拉列表中选择 Along tool axis 选项。

Task3．刀路仿真

Step1．在“Sprial milling.1”对话框（一）中单击“Tool Path Replay”按钮，系统弹出“Sprial milling.1”对话框（二），且在图形区显示刀路轨迹，如图 4.8.8 所示。

Step2．在“Sprial milling.1”对话框（二）中单击按钮，然后单击按钮，观察刀具切削毛坯零件的运行情况。

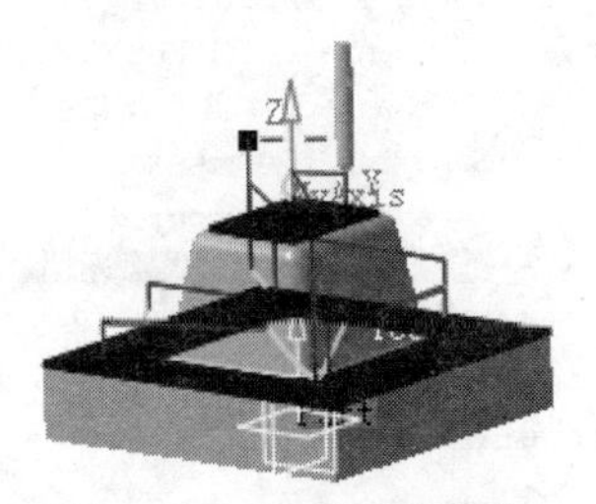

图 4.8.8 显示刀路轨迹

Step3．在“Sprial milling.1”对话框（二）中单击 确定 按钮，然后单击“Sprial milling.1”对话框（一）中的 确定 按钮。

Task4．保存模型文件

在服务器上保存模型文件。

4.9 清根加工

清根加工是以两个面之间的交线作为运动路径，来切削上一个加工操作留在两个面之间的残料。下面以图 4.9.1 所示的零件为例介绍清根加工的一般操作步骤。

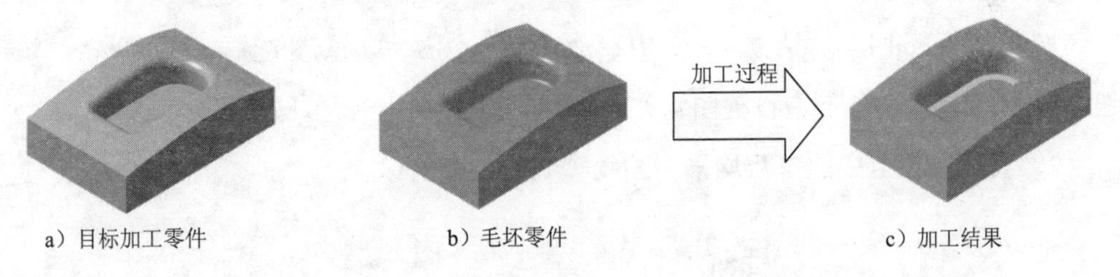

图 4.9.1 清根加工

Task1．打开加工模型文件

打开文件 D:\cat2016.9\work\ch04.09\pencil.CATProcess。

Task2．设置加工参数

Stage1．定义几何参数

Step1．在图 4.9.2 所示的特征树中选中“Contour-driven.1（Computed）”节点，然后选

择下拉菜单 插入 → Machining Operations ▸ → Pencil 命令，插入一个清根加工操作，系统弹出“Pencil.1”对话框（一）。

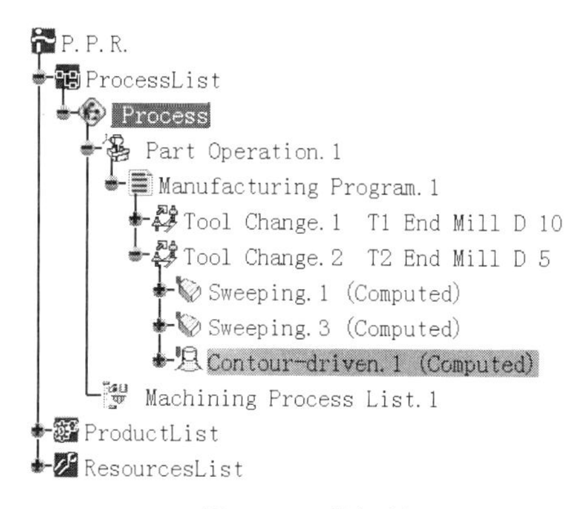

图 4.9.2 特征树

Step2. 定义加工区域。单击几何参数选项卡，然后单击“Pencil.1”对话框（一）中的目标零件感应区，选取图形区中的零件作为加工对象，系统自动判断加工区域。在图形区空白处双击鼠标左键，系统返回到“Pencil.1”对话框（一）。

Stage2. 定义刀具参数

Step1. 进入刀具参数选项卡。在“Pencil.1”对话框（一）中单击刀具参数选项卡。

Step2. 选择刀具类型。在“Pencil.1”对话框（一）中单击按钮，选择面铣刀作为加工刀具。

Step3. 刀具命名。在“Pencil.1”对话框（一）的 Name 文本框中输入“T3 End Mill D5”。

Step4. 设置刀具参数。

（1）在“Pencil.1”对话框（一）中取消选中 □Ball-end tool 复选框，然后单击 More>> 按钮，在 Geometry 选项卡中设置图 4.9.3 所示的刀具参数。

（2）其他选项卡中的参数均采用系统默认的设置值。

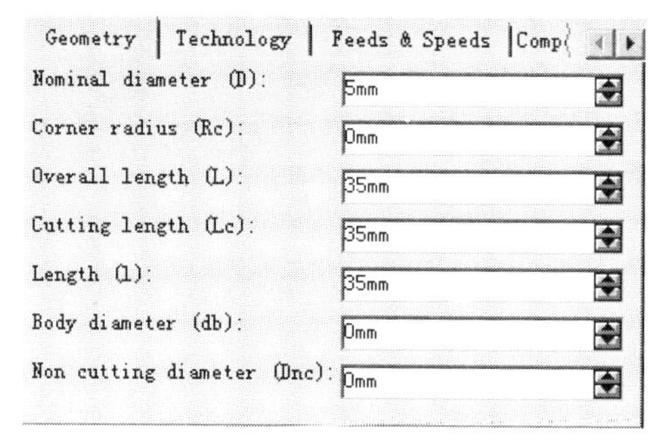

图 4.9.3 定义刀具参数

Stage3．定义进给量

Step1．进入进给量设置选项卡。在“Pencil.1”对话框（一）中单击（进给量）选项卡。

Step2．设置进给量。在“Pencil.1”对话框（一）的（进给量）选项卡中设置图 4.9.4 所示的参数。

Stage4．定义刀具路径参数

Step1．进入刀具路径参数选项卡。在“Pencil.1”对话框（一）中单击（刀具路径参数）选项卡，如图 4.9.5 所示。

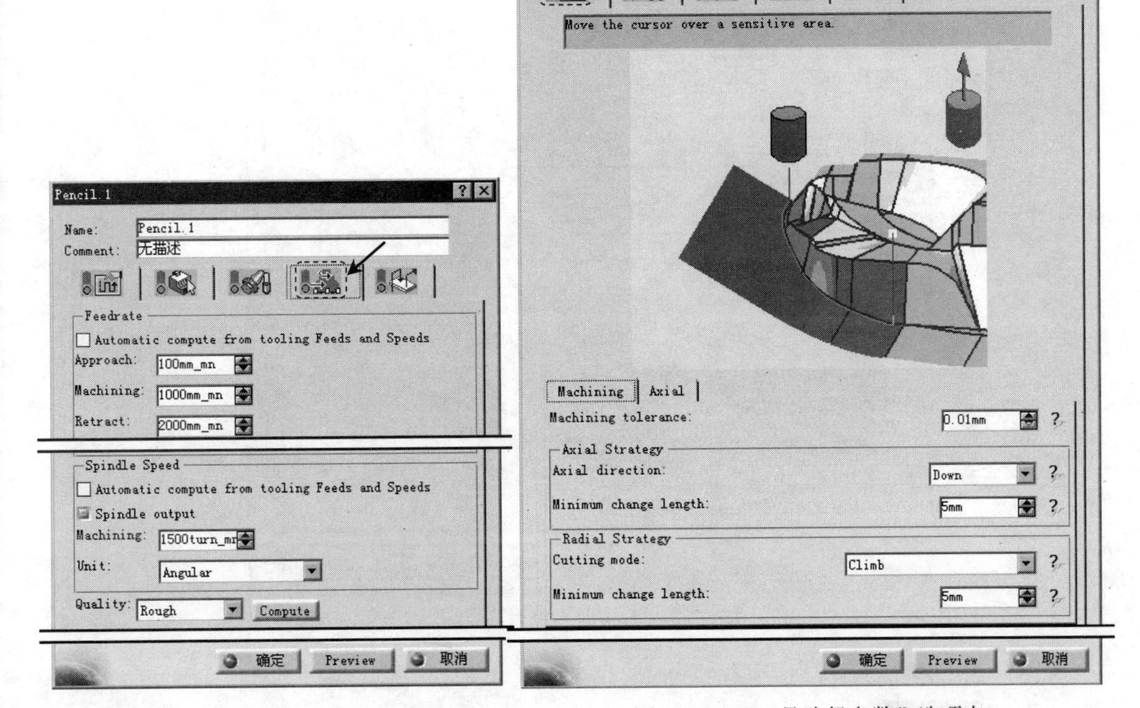

图 4.9.4 “进给量”选项卡　　　　图 4.9.5 “刀具路径参数”选项卡

Step2．定义切削类型及有关参数。在“Pencil.1”对话框（一）中单击 Machining 选项卡，设置如图 4.9.5 所示的参数。

Step3．定义轴向参数。单击 Axial 选项卡，设置图 4.9.6 所示的参数。

Stage5．定义进刀/退刀路径

Step1．进入进刀/退刀路径选项卡。在“Pencil.1”对话框（一）中单击（进刀/退刀路径）选项卡，如图 4.9.7 所示。

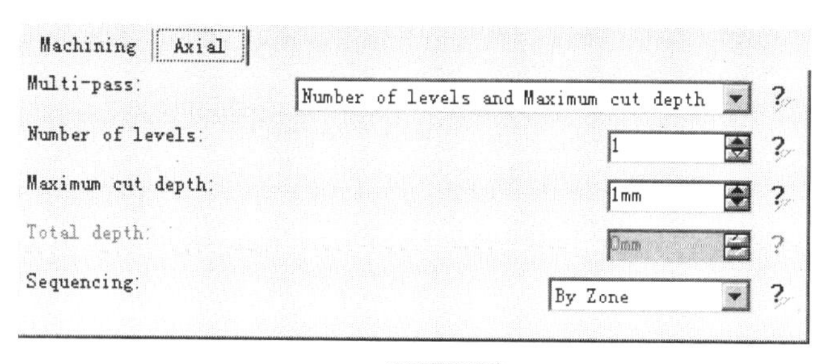

图 4.9.6 Axial 选项卡

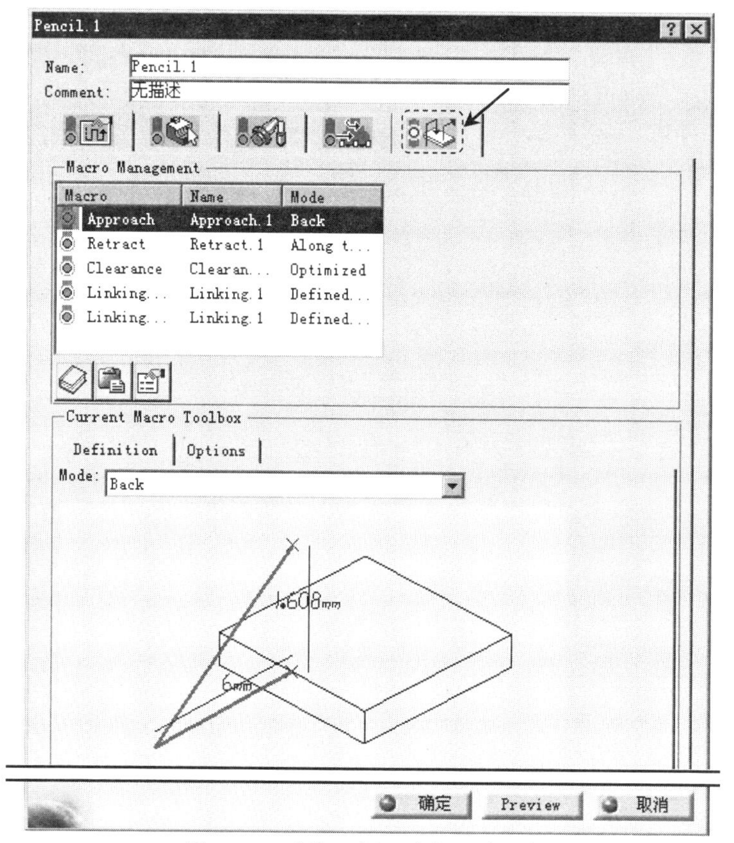

图 4.9.7 “进刀/退刀路径”选项卡

Step2. 激活进刀。在 Macro Management 区域的列表框中选择 Approach，右击，在弹出的快捷菜单中选择 Activate 命令（系统默认激活）。

Step3. 定义进刀方式。

（1）在 Macro Management 区域的列表框中选择 Approach，然后在 Mode: 下拉列表中选择 Back 选项。

（2）双击图 4.9.7 所示的尺寸“1.608mm”，在弹出的“Edit Parameter”对话框中输入值 10，单击 确定 按钮；双击图 4.9.7 所示的尺寸“6mm”，在弹出的“Edit Parameter”对话框中输入值 10，单击 确定 按钮。

Step4. 激活退刀。在 Macro Management 区域的列表框中选择 Retract，右击，在弹出的快捷菜单中选择 Activate 命令（系统默认激活）。

Step5. 定义退刀方式。在 Macro Management 区域的列表框中选择 Retract，然后在 Mode: 下拉列表中选择 Along tool axis 选项。

Task3. 刀路仿真

Step1. 在“Pencil.1”对话框（一）中单击“Tool Path Replay”按钮，系统弹出“Pencil.1”对话框（二），且在图形区显示刀路轨迹（图 4.9.8）。

Step2. 在“Pencil.1”对话框（二）中单击按钮，然后单击按钮，观察刀具切削毛坯零件的运行情况。

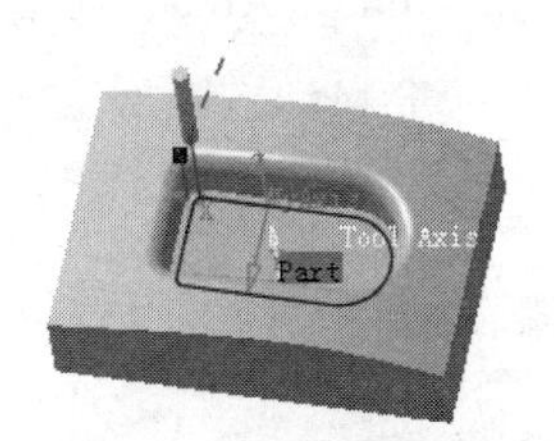

图 4.9.8　显示刀路轨迹

Step3. 在 Pencil.1”对话框（二）中单击 确定 按钮，然后单击“Pencil.1”对话框（一）中的 确定 按钮。

Task4. 保存模型文件

在服务器上保存模型文件。

4.10　加 工 特 征

前面介绍了曲面加工的各种加工操作。曲面加工可以有两种建立方式：一种是面向加工操作（Operation-oriented），另一种是面向加工区域（Area-oriented）。面向加工操作的建立方式是逐个定义加工操作，并选择该加工操作所要加工的区域、使用的刀具等加工操作所需的参数。面向加工区域是首先建立需要进行加工的区域，接着在加工区域上建立加工操作。这一节将介绍加工区域的定义方法，包括加工区域、二次加工区域和偏置区域。

4.10.1　加工区域

加工区域功能（Machining / Slope）可以在加工零件上选择全部或者部分区域作为加工区域，并可以选择把某种加工操作应用到定义的加工区域上。下面将具体讲解设置加工区

域的一般操作步骤。

Step1. 打开文件 D:\cat2016.9\work\ch04.10.01\machining_area.CATProcess。

说明：

- 如果打开后，系统不是处于"Surface Machining"工作台，则需选择下拉菜单 开始 → 加工 → Surface Machining 命令切换到"Surface Machining"工作台。
- 打开的模型文件中已经定义了必要的零件操作。

Step2. 选择命令。选择下拉菜单 插入 → Machining Features → Milling Features → Machining/Slope Area 命令，系统弹出图 4.10.1 所示的"Machining Area"对话框。

Step3. 定义加工区域。单击"Machining Area"对话框中的目标零件感应区，选取图 4.10.2 所示的零件作为加工对象，系统会自动判断加工区域。在图形区空白处双击，系统返回"Machining Area"对话框。

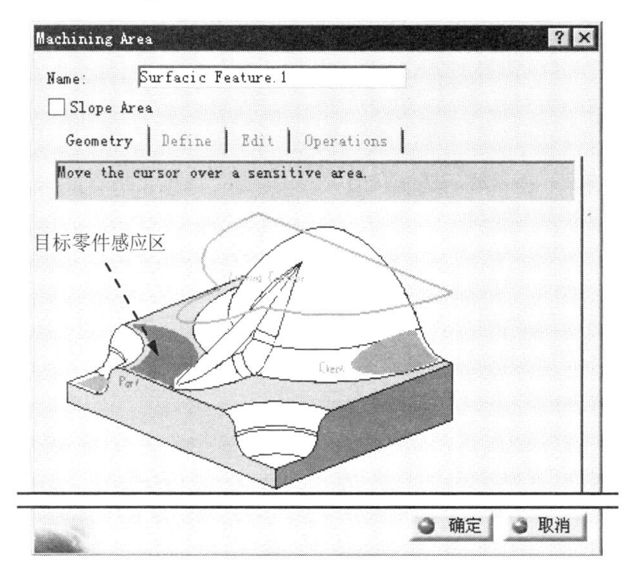

图 4.10.1 "Machining Area"对话框

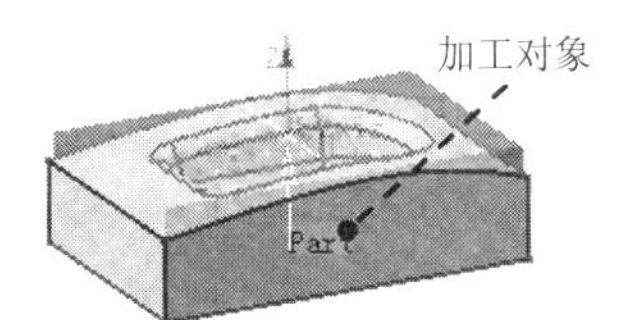

图 4.10.2 选取加工对象

Step4. 定义参数。在"Machining Area"对话框中选中 Slope Area 复选框，单击 Define 选项卡，然后设置图 4.10.3 所示的参数。

图 4.10.3 所示的 Define 选项卡中各选项的说明如下。

- Offset Group: 下拉列表：用于选择已经定义的偏置区域。
- Tool 区域：用于设置加工的刀具参数。
- Reference: 下拉列表：用于选择参考加工刀具。
- Entry diameter : 文本框：用于输入加工刀具切削部分的直径。
- Corner radius : 文本框：用于定义加工刀具的刀角半径。

- Tolerance：文本框：用于设置加工的公差。
- Offset on part：文本框：用于设置加工余量。
- Overlap：文本框：用于设置不同加工区域重叠的部分。
- 在 Angles 区域中，可以在 Lower：和 Upper：文本框中设置加工区域的划分角度。在色带上，蓝色代表平坦区域，其角度范围是 0° ~ “Lower” 值；黄色代表斜面区域，角度范围是 “Lower” 值 ~ “Upper” 值；红色区域是陡峭区域，角度范围是 “Upper” 值 ~ 90° 。

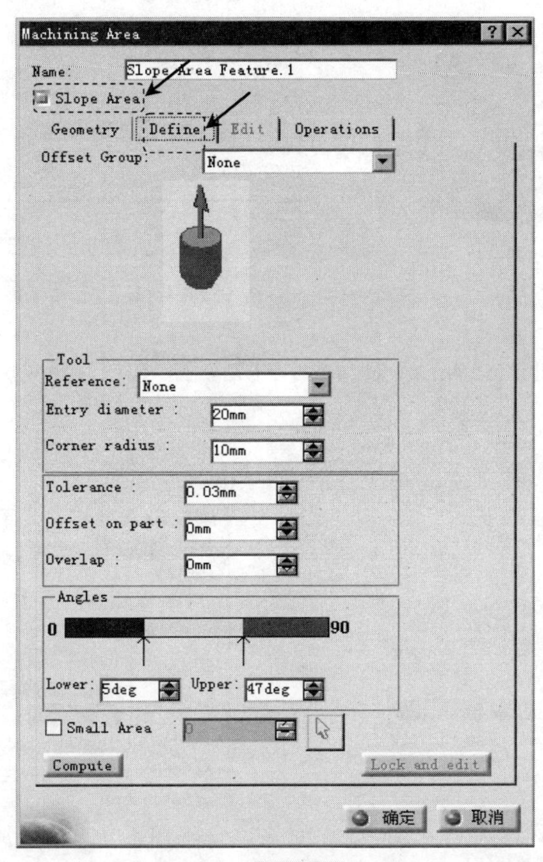

图 4.10.3 Define 选项卡

Step5. 计算加工区域。在“Machining Area”对话框中单击 Compute 按钮，系统计算加工区域，其结果如图 4.10.4 所示。

Step6. 定义加工操作。

（1）在“Machining Area”对话框中单击 Operations 选项卡（图 4.10.5），然后单击以激活 Insertion Level 文本框，此时“Machining Area”对话框消失。根据系统 Select a manufacturing program 的提示，在图 4.10.6 所示的特征树中选中“Manufacturing Program.1”节点为插入点，系统返回“Machining Area”对话框。

（2）此时“Machining Area”对话框中的列表框变为可选，依次选择 Vertical 、

Intermediate、Horizontal，分别在 Assign Operation 区域的 Assign: 下拉列表中选择加工操作（本例中采用系统默认设置）。

图 4.10.4　计算加工区域

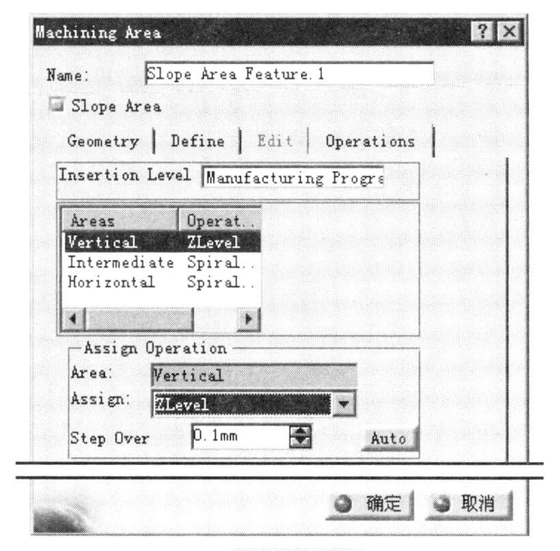

图 4.10.5　Operations 选项卡

Step7. 单击“Machining Area”对话框中的 确定 按钮，完成加工区域的定义。此时，在特征树中出现了添加的三个加工操作节点，如图 4.10.7 所示。

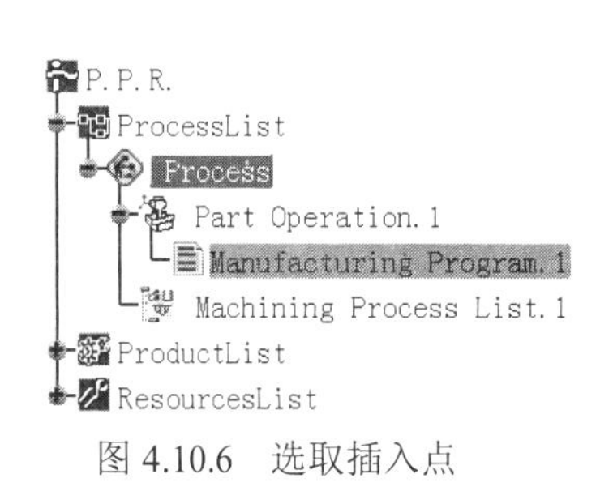

图 4.10.6　选取插入点

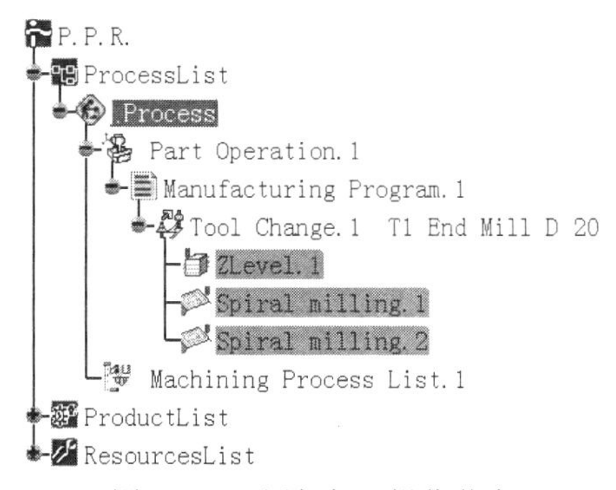

图 4.10.7　添加加工操作节点

Step8. 在服务器上保存模型文件。

4.10.2　二次加工区域

二次加工区域功能（Reworkarea）是计算已完成的加工操作残留在加工零件上的未切削区域，并可以在这些区域上定义加工操作，从而减少铣削时间。下面将具体讲解设置二次加工区域的一般操作步骤。

Step1. 打开文件 D:\cat2016.9\work\ch04.10.02\rework_area.CATProcess。

说明：

- 如果打开文件后，系统没有处于“Surface Machining”工作台，则需选择下拉菜单 开始 → 加工 → Surface Machining 命令切换到“Surface Machining”工作台。
- 打开的模型文件中已经定义了必要的零件操作。

Step2. 选择命令。选择下拉菜单 插入 → Machining Features → Milling Features → Rework Area 命令，系统弹出图 4.10.8 所示的“Rework Area”对话框。

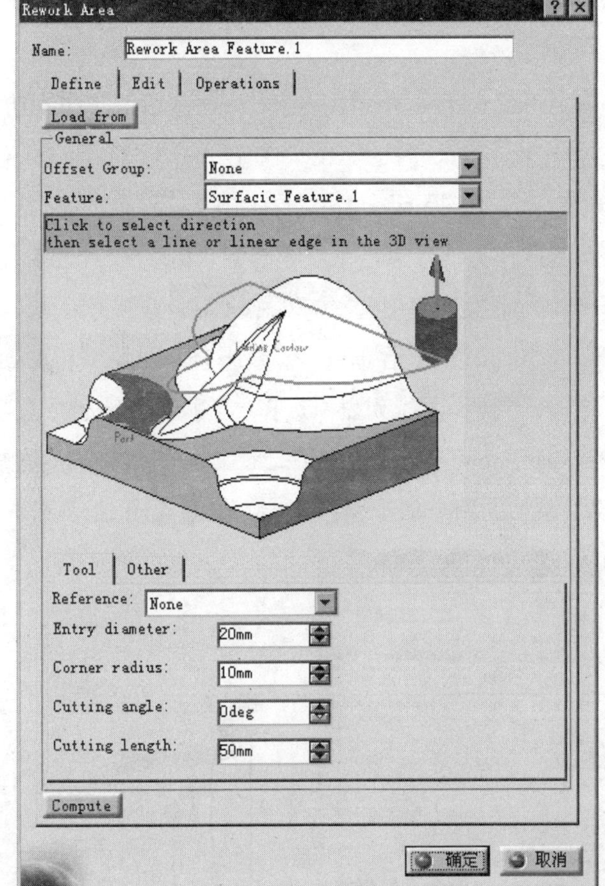

图 4.10.8 “Rework Area”对话框

Step3. 定义加工区域。单击“Rework Area”对话框中的 Load from 按钮，然后在图 4.10.9 所示的特征树中单击“Spiral milling.2（Computed）”节点，以“Spiral milling.2（Computed）”作为二次加工的参考特征（即二次加工区域是在已有的加工区域上进行计算的）。

Step4. 计算二次加工区域。在“Rework Area”对话框中单击 Compute 按钮，系统计算二次加工区域，其结果如图 4.10.10 所示。

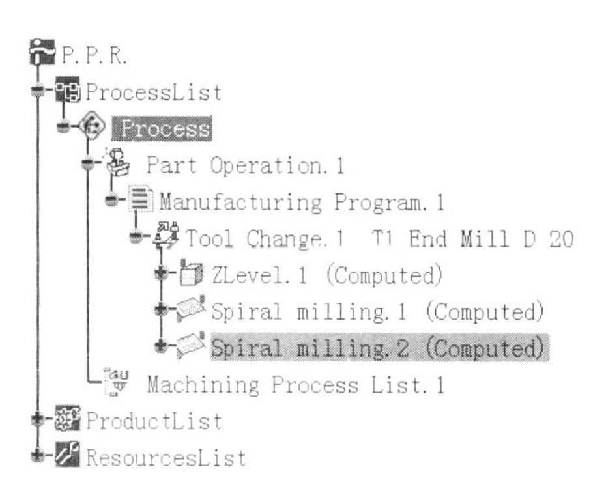

图 4.10.9 特征树

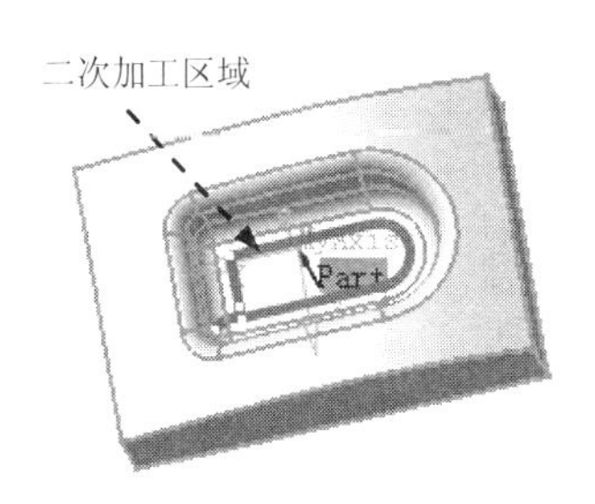

图 4.10.10 计算二次加工区域

Step5. 定义加工操作。

（1）在“Rework Area”对话框中单击 Operations 选项卡（图 4.10.11），然后单击以激活 Insertion Level 文本框，此时“Rework Area”对话框消失。根据系统 Select a manufacturing program 的提示，在图 4.10.9 所示的特征树中选中“Spiral mililng.2(Computed)”节点作为插入点，系统返回到“Rework Area”对话框。

（2）在 Tool Reference 下拉列表中选择 T2 End Mill D 5 为加工刀具。

（3）在“Rework Area”对话框中依次选择 Vertical 和 Horizontal，分别在 Assign Operation 区域的 Assign: 下拉列表中选择加工操作（本例中采用系统默认设置）。

Step6. 单击“Rework Area”对话框中的 确定 按钮，完成二次加工区域的定义。此时，在特征树中出现了添加的两个加工操作节点，如图 4.10.12 所示。

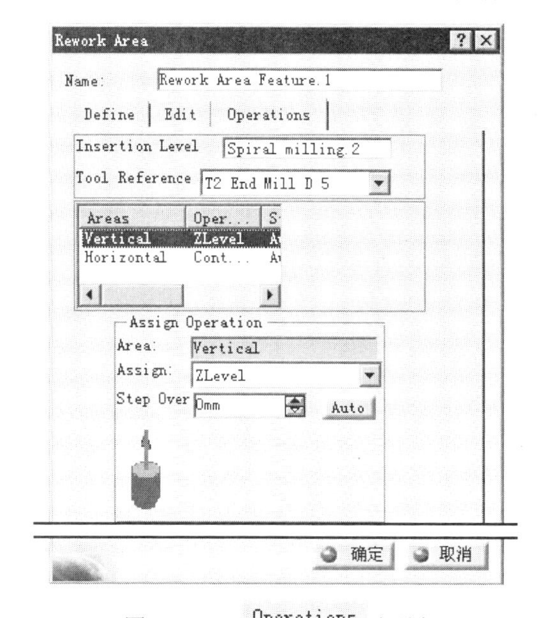

图 4.10.11 Operations 选项卡

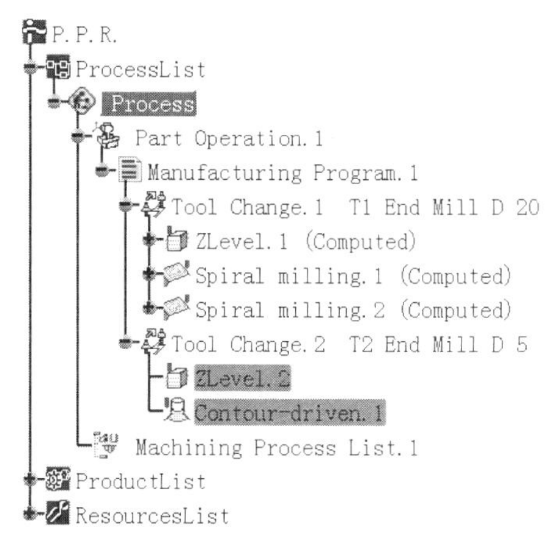

图 4.10.12 添加的两个加工操作节点

Step7. 在服务器上保存模型文件。

4.10.3　建立几何区域

建立几何区域（Geometrical zone），是可以建立点集、线串、曲面以及平面等几何元素的集合，这些几何区域可以在加工操作设置时，在几何参数选项卡中被选择作为几何参数。

1．建立点元素

下面通过实例来说明建立点元素的一般操作步骤。

Step1．打开文件 D:\cat2016.9\work\ch04.10.03\rework_area.CATProcess。

Step2．选择命令。选择下拉菜单 插入 → Machining Features → Milling Features → Geometrical Zone 命令，系统弹出图 4.10.13 所示的“Geometrical Zone”对话框（一）。

Step3．定义元素类型。单击“Geometrical Zone”对话框（二）中的 按钮（图 4.10.14），选择建立点元素。

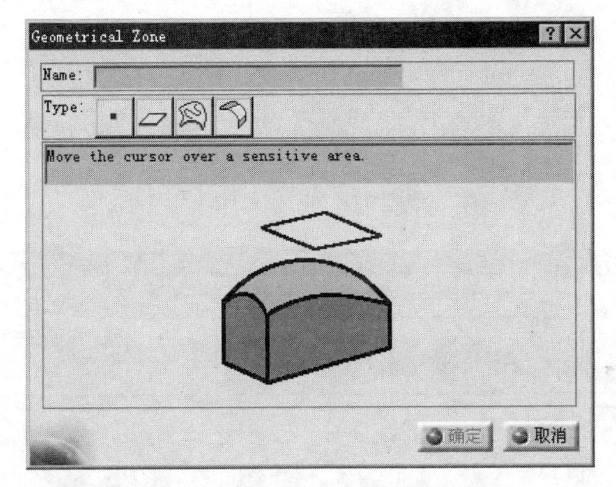

图 4.10.13　“Geometrical　Zone”对话框（一）

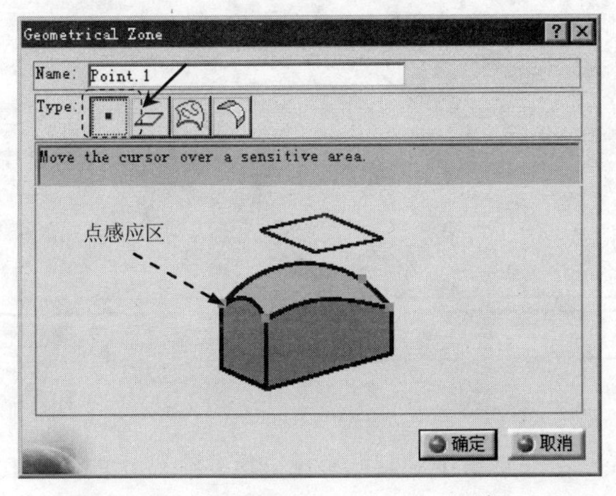

图 4.10.14　“Geometrical　Zone”对话框（二）

Step4. 定义点元素。单击“Geometrical Zone”对话框（二）中的点感应区，对话框消失，然后选取图 4.10.15 所示的点，在图形区空白区双击鼠标左键，返回“Geometrical Zone”对话框（二）。

Step5. 单击 确定 按钮，完成点元素的建立。

Step6. 点元素的应用。

（1）在图 4.10.16 所示的特征树中双击“ZLevel.1(computed)”节点，系统弹出“ZLevel.1”对话框。

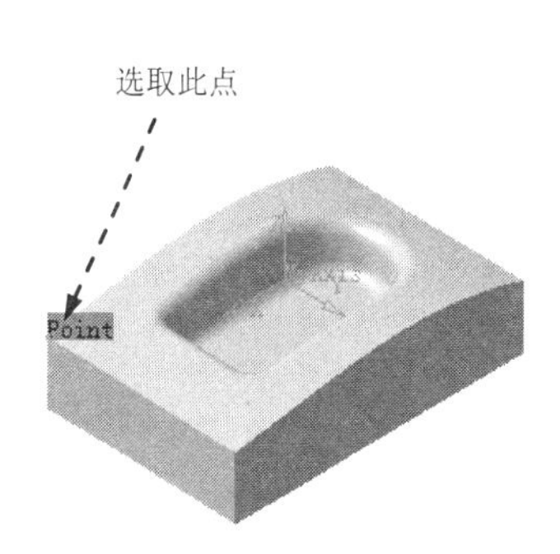

图 4.10.15 定义点元素

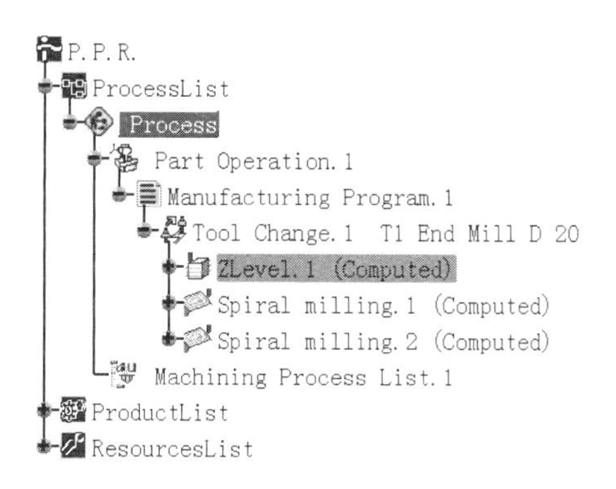

图 4.10.16 特征树

（2）单击 “几何参数”选项卡，如图 4.10.17 所示。

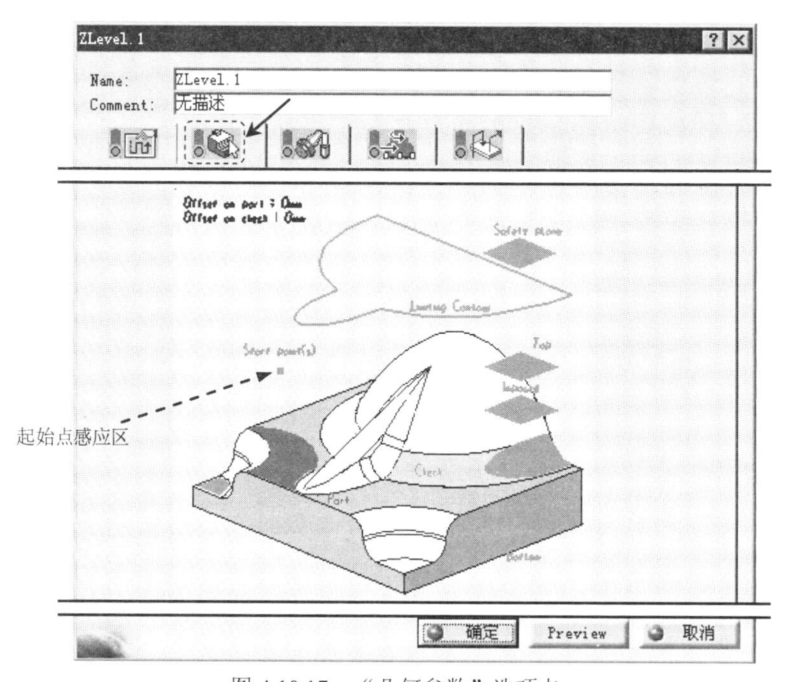

图 4.10.17 “几何参数”选项卡

（3）右击 ZLevel.1”对话框中的起始点感应区，在弹出的图 4.10.18 所示的快捷菜单中选择 Select zones 命令，系统弹出图 4.10.19 所示的“Zones Selection”对话框。

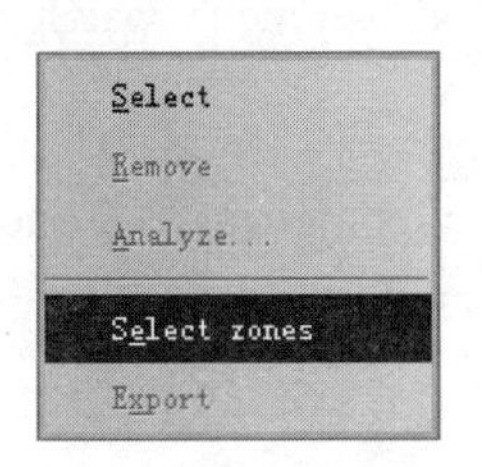

图 4.10.18　快捷菜单

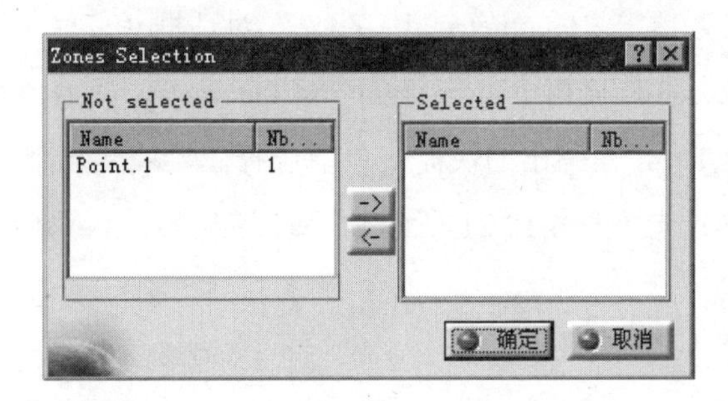

图 4.10.19　“Zones Selection”对话框

（4）在“Zones Selection”对话框的 Not selected 列表框中选择 Point.1，然后单击 -> 按钮，此时 Point.1 选项移动到 Selected 列表框。

（5）单击“Zones Selection”对话框中的 确定 按钮，此时“ZLevel.1”对话框中的起始点感应区变成绿色，表明已经定义了等高线加工的起始点。

（6）单击“ZLevel.1”对话框中的 确定 按钮，完成该加工操作的修改。

Step7. 在服务器上保存模型文件。

2. 建立平面区域

下面通过实例来说明建立平面区域的一般操作步骤。

Step1. 打开文件 D:\cat2016.9\work\ch04.10.03\rework_area.CATProcess。

Step2. 选择命令。选择下拉菜单 插入 → Machining Features → Milling Features → Geometrical Zone 命令，系统弹出“Geometrical Zone”对话框（三），如图 4.10.20 所示。

Step3. 定义元素类型。单击“Geometrical Zone”对话框（三）中的 按钮（图 4.10.20），选择建立平面元素。

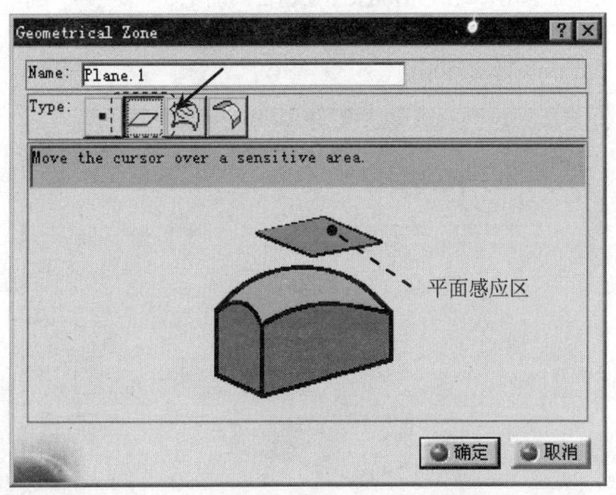

图 4.10.20　“Geometrical　Zone”对话框（三）

Step4. 定义平面元素。

（1）单击“Geometrical Zone”对话框（三）中的平面感应区，该对话框消失。

（2）在特征树中右击节点“NCGeometry_part1_11.05.08（NCGeometry_part1_11.05.08.1）”，在弹出的快捷菜单中选择 隐藏/显示 命令。

（3）选择图 4.10.21 所示的毛坯模型表面，系统返回到“Geometrical Zone”对话框（三）。

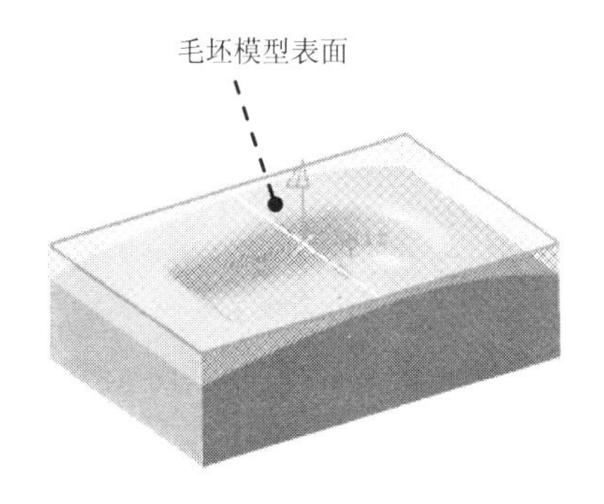

图 4.10.21 定义平面元素

Step5. 单击 确定 按钮，完成平面区域的建立。

说明：所建立的平面区域可以作为加工操作中的安全平面、顶面、底面等平面参数。

3. 建立线串几何区域

下面通过实例来说明建立线串几何区域的一般操作步骤。

Step1. 打开文件 D:\cat2016.9\work\ch04.10.03\rework_area.CATProcess。

Step2. 选择命令。选择下拉菜单 插入 → Machining Features → Milling Features → Geometrical Zone 命令，系统弹出“Geometrical Zone”对话框（四），如图 4.10.22 所示。

Step3. 定义元素类型。单击“Geometrical Zone”对话框（四）中的按钮（图 4.10.22），选择建立线串元素。

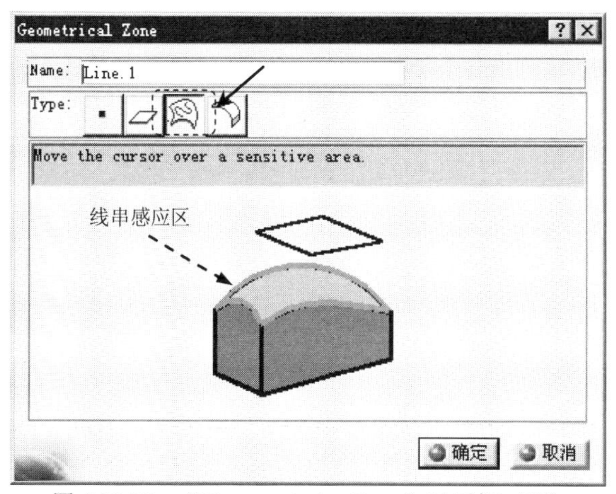

图 4.10.22 “Geometrical Zone”对话框（四）

Step4. 定义线串。单击“Geometrical Zone”对话框（四）中的线串感应区，对话框消失，系统弹出图 4.10.23 所示的“Edge Selection”工具条。选取图 4.10.24 所示的线串，单击“Edge Selection”工具条中的按钮，系统自动选取与前面选取的线串相切的线串，形成一个封闭的曲线（图 4.10.25）。单击“Edge Selection”工具条中的OK按钮，返回到“Geometrical Zone”对话框（四）。

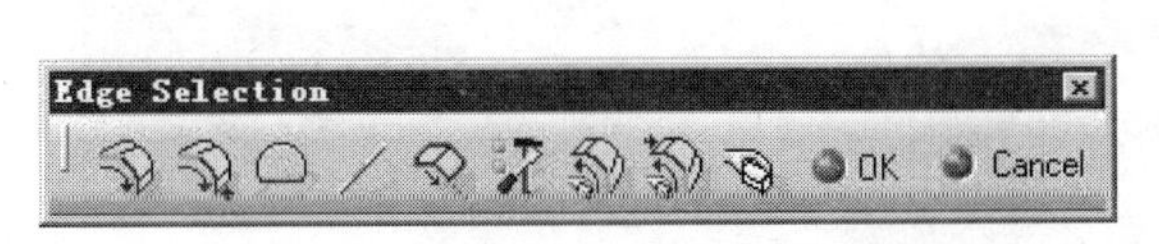

图 4.10.23 “Edge Selection”工具条

选取此线串

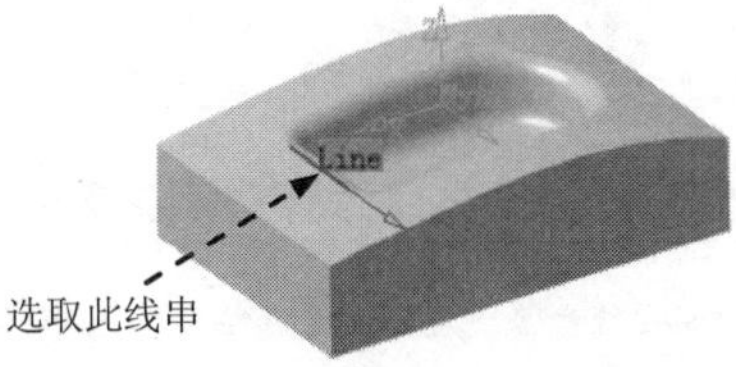

图 4.10.24 选取线串

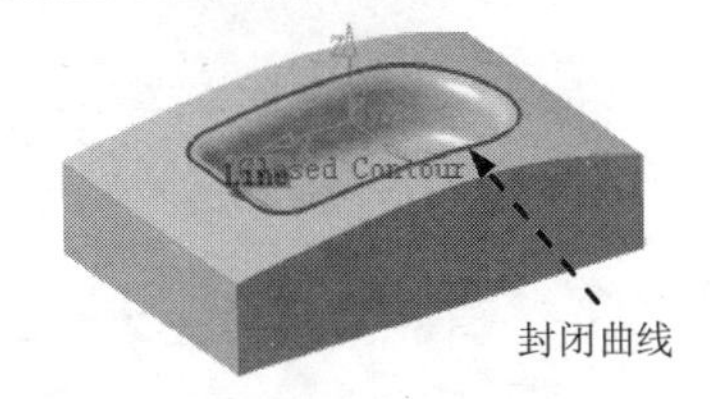

图 4.10.25 形成封闭曲线

Step5. 单击 确定 按钮，完成线串几何区域的建立。

说明：线串几何区域可以应用在加工操作中的加工边界。

4. 建立曲面（或零件）加工区域

下面通过实例来说明建立曲面（或零件）加工区域的一般操作步骤。

Step1. 打开文件 D:\cat2016.9\work\ch04.10.03\rework_area.CATProcess。

Step2. 选择命令。选择下拉菜单 插入 → Machining Features ▸ → Milling Features ▸ → Geometrical Zone 命令，系统弹出“Geometrical Zone”对话框（五），如图 4.10.26 所示。

Step3. 定义元素类型。单击“Geometrical Zone”对话框（五）中的按钮（图 4.10.26），选择建立曲面（或零件）元素。

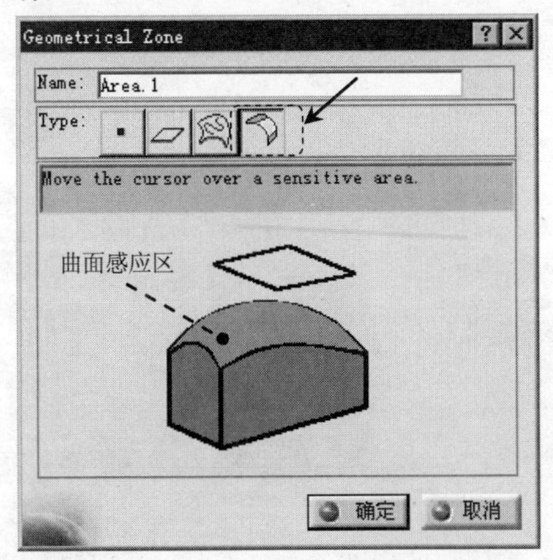

图 4.10.26 “Geometrical Zone”对话框（五）

Step4. 定义曲面。右击“Geometrical Zone”对话框（五）中的曲面感应区，在弹出的快捷菜单中选择 Select faces... 命令，对话框消失，系统弹出图 4.10.27 所示的“Face Selection”工具条。选取图 4.10.28 所示的模型表面，单击“Face Selection”工具条中的 OK 按钮，返回“Geometrical Zone”对话框（五）。

Step5. 单击 确定 按钮，完成曲面加工区域的建立。

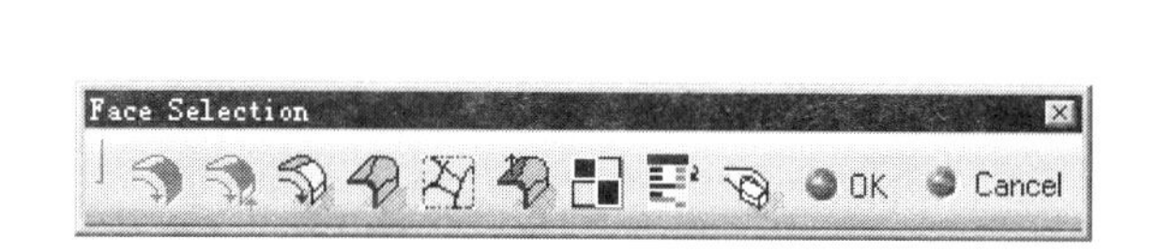

图 4.10.27　“Face Selection”工具条

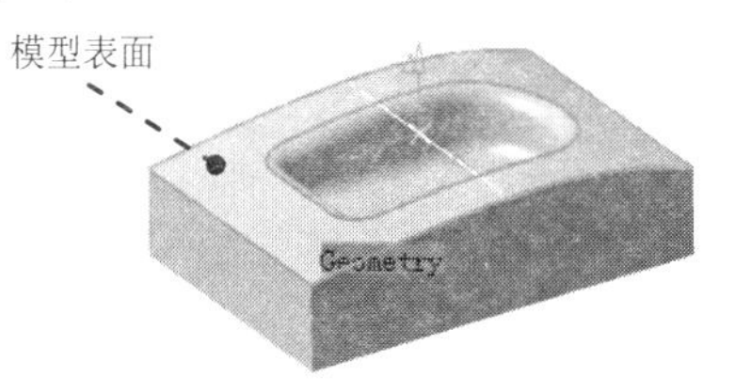

图 4.10.28　定义曲面

说明：曲面几何区域可以应用在加工操作中的加工区域、检查区域和不加工区域上。

4.11　编辑数控刀路

建立加工操作后，数控刀路可能存在某些需要修改的刀路或刀位点，CATIA V5-6 R2016 中提供了对数控刀路进行编辑的功能，包括编辑刀位点、编辑加工区域，以及刀路的平移、旋转和镜像等。下面将通过具体的操作来说明编辑数控刀路的一般操作步骤。

4.11.1　编辑刀位点

编辑刀位点的一般操作步骤如下。

Step1. 打开文件 D:\cat2016.9\work\ch04.11.01\Edit01.CATProcess。

Step2. 锁定数控刀路。在图 4.11.1 所示的特征树（一）中右击“Sweeping（Computed）”节点，系统弹出图 4.11.2 所示的快捷菜单（一），选择其中的 Sweeping.1 对象 ▸ → Lock 命令。

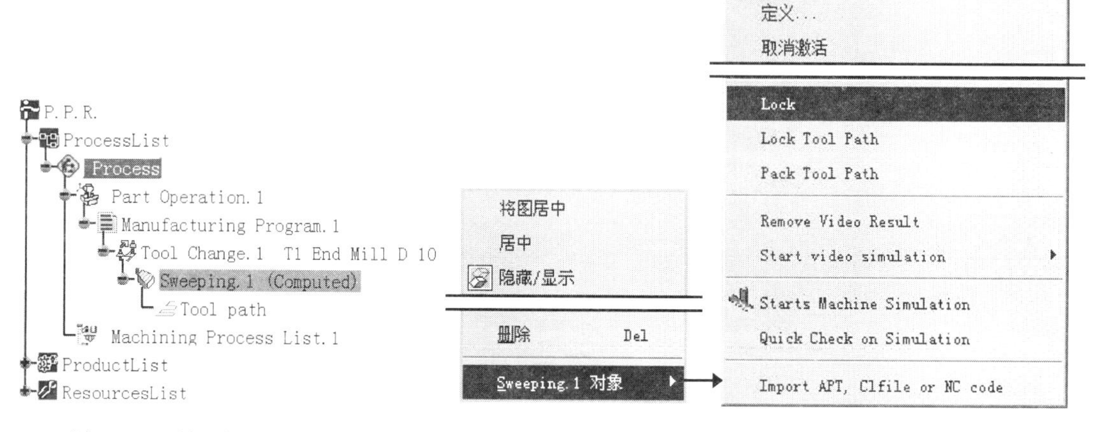

图 4.11.1　特征树（一）　　　图 4.11.2　快捷菜单（一）

Step3. 选择命令。在图 4.11.3 所示的特征树（二）中右击“Tool path”节点，系统弹出图 4.11.4 所示的快捷菜单（二），选择其中的 Tool path 对象 → Edit 命令，系统弹出图 4.11.5 所示的“Sweeping.1”对话框。

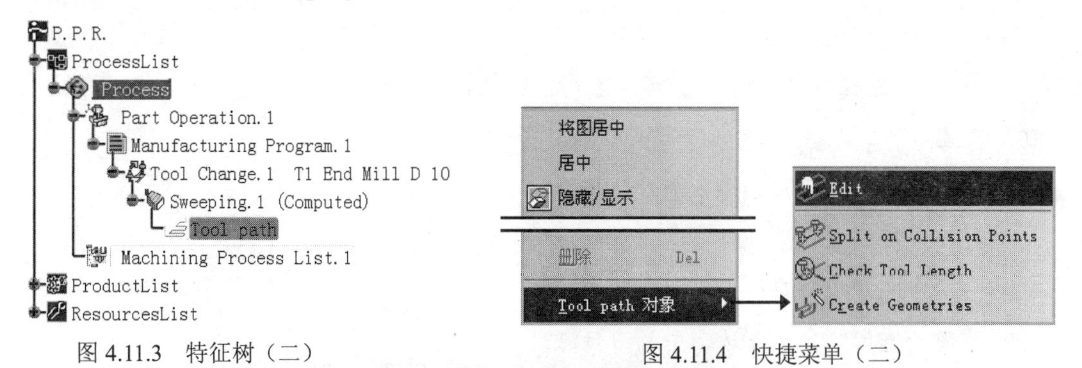

图 4.11.3 特征树（二）　　图 4.11.4 快捷菜单（二）

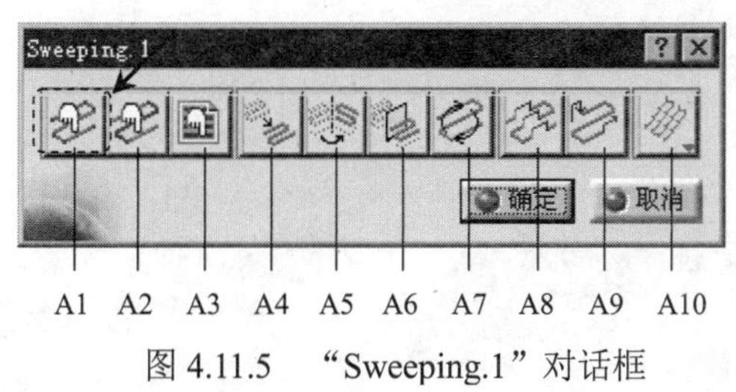

图 4.11.5 “Sweeping.1”对话框

Step4. 选择编辑方式。在“Sweeping.1”对话框中单击“Point Modification”按钮，系统弹出图 4.11.6 所示“Point Modification”对话框。此时，图形区中的刀路轨迹如图 4.11.7 所示。

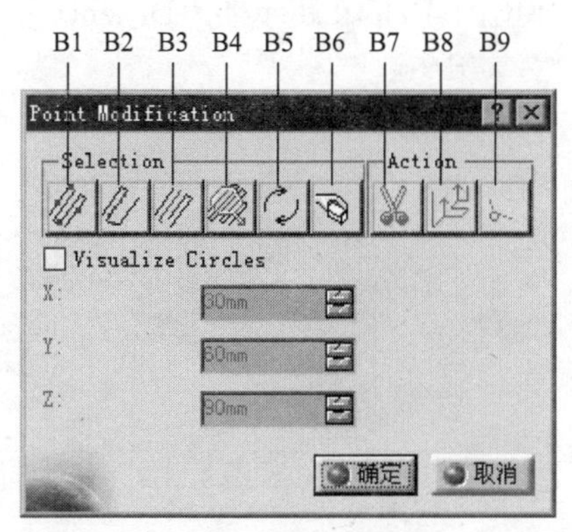

图 4.11.6 “Point Modification”对话框

图 4.11.7 刀路轨迹

图 4.11.5 和图 4.11.6 所示的对话框中各按钮的说明如下。

A1：用于编辑刀位点。

A2：用于编辑刀路轨迹的区域。

A3：用于编辑 PP word。

A4：用于对整个刀路进行平移。

A5：用于对整个刀路进行旋转。

A6：用于对整个刀路进行镜像。

A7：用于反向刀路。

A8：用于连接刀路。

A9：用于改变进刀/退刀。

A10：用于选择刀路轨迹的显示类型。单击按钮，显示加工刀路和刀位点；单击按钮，只显示加工刀路。

B1：单击该按钮后，选择多个刀位点。

B2：在刀位点上移动鼠标，所经过的刀位点被选中。

B3：用于选择两个刀位点之间的所有刀路。

B4：用于选择绘制的多边形中的刀位点。

B5：已选择的刀位点和未选择的刀位点互换。

B6：取消刀位点的选择，恢复原来状况。

B7：用于删除选中的刀位点。

B8：用于确认刀位点的编辑。

B9：用于插入刀位点。

Step5. 定义编辑对象。在“Point Modification”对话框中单击“Multi selection”按钮，然后在图形区中选取图 4.11.8 所示的刀位点。

Step6. 定义新的刀位点。

（1）双击图 4.11.9 所示的方向箭头，系统弹出图 4.11.10 所示的“Distance”对话框。在对话框的 Distance : 文本框中输入值 40，单击 确定 按钮。

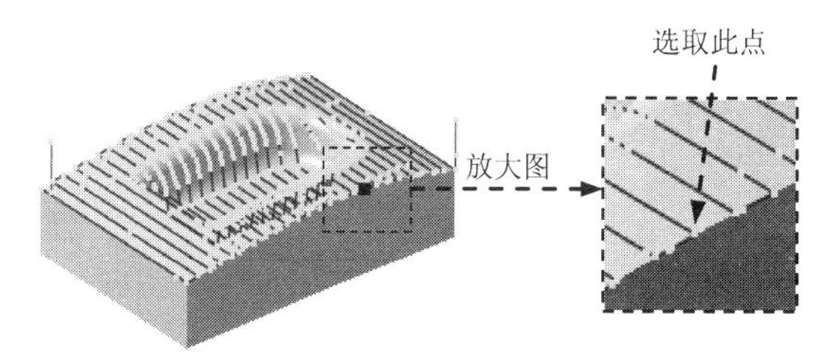

图 4.11.8　选取刀位点

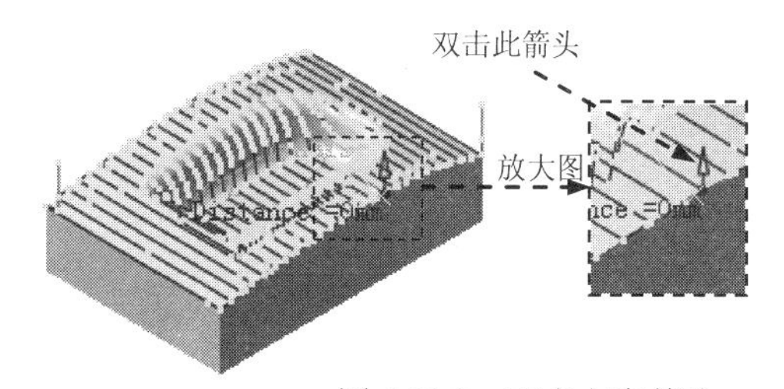

图 4.11.9　双击方向箭头

（2）单击“Point Modification”对话框中的“Translates the Current Point”按钮和 确定 按钮。编辑后的刀位点如图 4.11.11 所示。

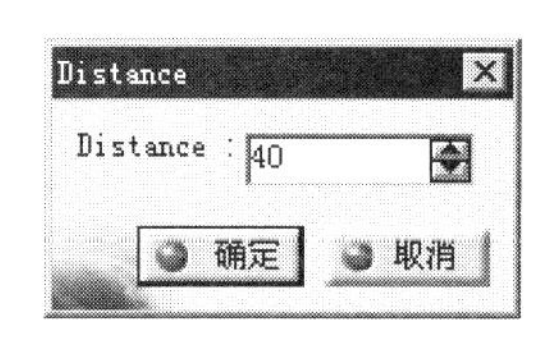

图 4.11.10　“Distance”对话框

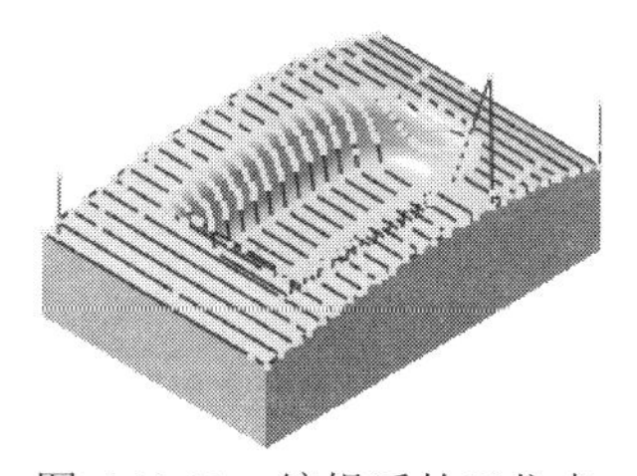

图 4.11.11　编辑后的刀位点

说明：

- 定义新的刀位点时，也可以通过拖动图 4.11.9 所示的箭头来移动刀位点。
- 选择所需编辑的刀位点后，单击"Point Modification"对话框中的"Cuts the Current Point"按钮，可以删除选择的刀位点。
- 在图形区中选取图 4.11.12 所示的刀位点后，在该刀位点所在的刀路中点，出现了一个黄色的"×"符号（图 4.11.13），此时再单击"Point Modification"对话框中的"Insert Point"按钮，可以在刀路中点插入一个刀位点。
- 右击图 4.11.9 所示的箭头，系统弹出图 4.11.14 所示的快捷菜单（三），通过该快捷菜单可以选择移动刀位点的方向，系统默认方向为沿刀路轴向（Along tool axis）。

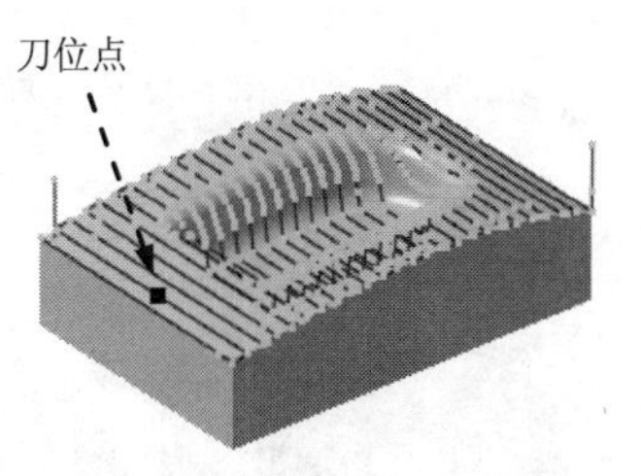

图 4.11.12 选取刀位点

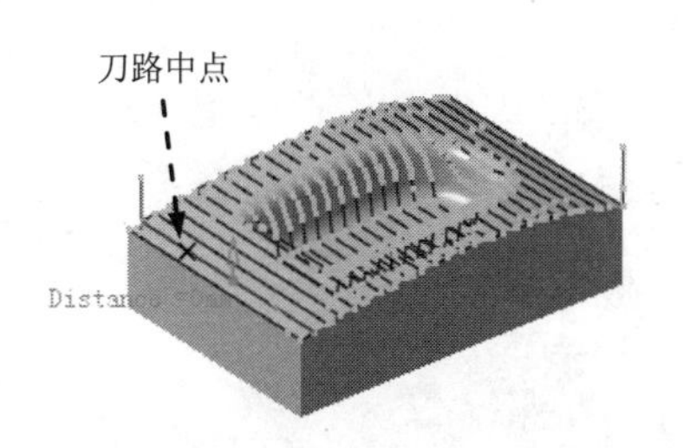

图 4.11.13 插刀刀位点

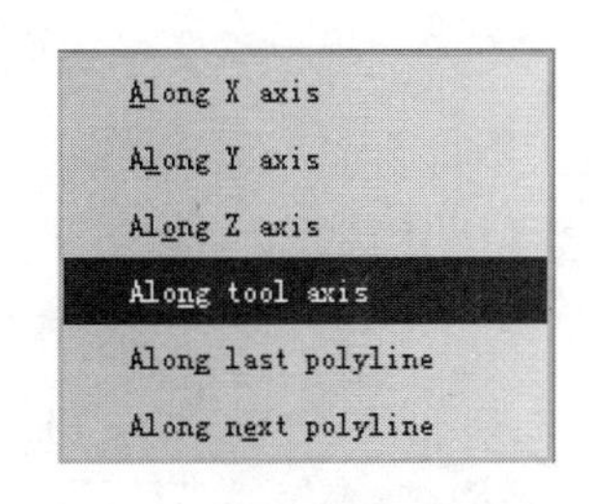

图 4.11.14 快捷菜单（三）

Step7. 在"Sweeping.1"对话框中单击 确定 按钮，退出刀路轨迹编辑。

4.11.2 编辑区域

编辑区域的一般操作步骤如下。

Step1. 打开文件 D:\cat2016.9\work\ch04.11.02\Edit_Area.CATProcess。

Step2. 锁定数控刀路。在特征树中右击"Sweeping.1（Computed）"节点，在系统弹出的快捷菜单中选择 Sweeping.1 对象 → Lock 命令。

Step3. 选择命令。在特征树中右击"Sweeping.1（Computed）"节点下的"Tool path"节点，在系统弹出的快捷菜单中，选择其中的 Tool path 对象 → Edit 命令，系统弹出"Sweeping.1"对话框。

Step4. 选择编辑方式。在"Sweeping.1"对话框中单击"Area Modification"按钮，系统弹出图 4.11.15 所示的"Tool Path Editor"工具条。

图 4.11.15 "Tool Path Editor"工具条

图 4.11.15 所示的“Tool Path Editor”工具条中各按钮的说明如下。

C1：用于确认刀路移动生效。

C2：用于删除选择的刀路。

C3：用于修改进给量。

C4：通过选择两个刀位点，使这两个刀位点之间的刀路被选中。

C5：用于选择一个刀位点，该刀位点所在刀路同一侧的所有刀位点被选中。

C6：通过选择已经存在的封闭轮廓线来选择编辑区域。

C7：通过选择一个多边形来确定编辑的区域。

C8：通过系统自动检测，将刀具与零件碰撞的部位作为编辑区域。

C9：将已选择的区域与未选择的区域互换。

C10：用于设置编辑区域的选项。

Step5. 定义编辑区域。在“Tool Path Editor”工具条中单击“Select by 2 points”按钮，然后在图形区中选取图 4.11.16 所示的两个刀位点。

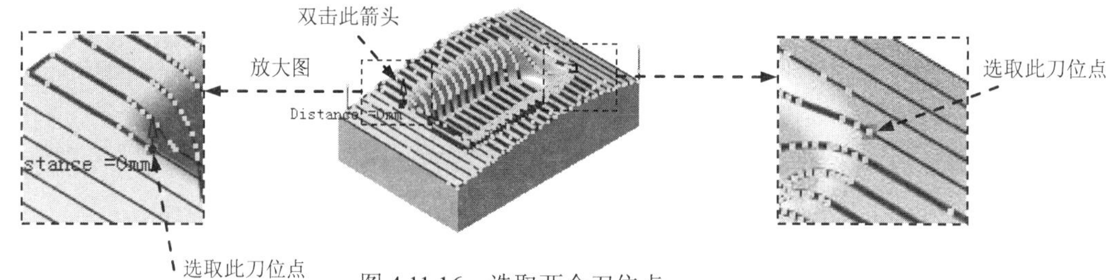

图 4.11.16 选取两个刀位点

Step6. 双击图 4.11.16 所示的箭头，系统弹出“Distance”对话框。在对话框的 Distance : 文本框中输入值 25，单击 确定 按钮，然后单击“Tool Path Editor”工具条中的“Translate an area”按钮和 OK 按钮。编辑后的刀路轨迹如图 4.11.17 所示。

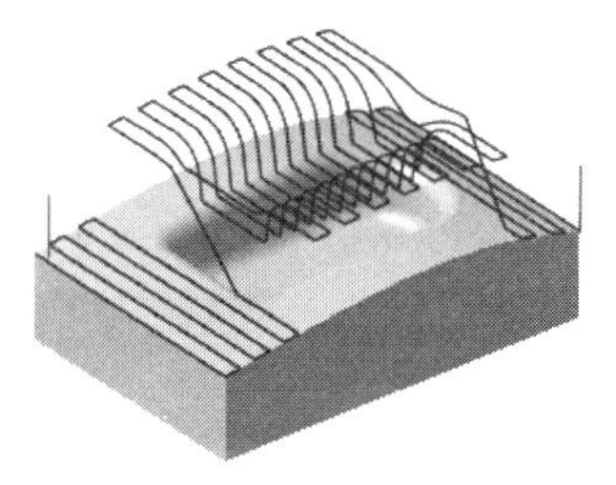

图 4.11.17 刀路轨迹

Step7. 在“Sweeping.1”对话框中单击 确定 按钮，退出刀路轨迹编辑。

4.11.3 刀路变换

刀路变换包括平移、旋转和镜像。刀路变换是对数控加工中整个刀路进行编辑。下面

通过刀路平移来说明刀路变换的一般操作步骤。

Step1. 打开文件 D:\cat2016.9\work\ch04.11.03\Translation.CATProcess。

Step2. 锁定数控刀路。在特征树中右击“Sweeping（Computed）”节点，在系统弹出的快捷菜单中选择 Sweeping.1 对象 ➡ Lock 命令。

Step3. 选择命令。在特征树中右击“Sweeping（Computed）”节点下的“Tool path”节点，在系统弹出的快捷菜单中，选择其中的 Tool path 对象 ➡ Edit 命令，系统弹出“Sweeping.1”对话框。

Step4. 选择编辑方式。在“Sweeping.1”对话框中单击“Translation”按钮。此时，图形区中显示图 4.11.18 所示的方向箭头。

Step5. 双击图 4.11.18 所示的箭头，系统弹出“Distance”对话框。在对话框的 Distance : 文本框中输入值 10，单击 确定 按钮，然后在图形区空白处双击鼠标左键确认平移，平移后的刀路如图 4.11.19 所示。

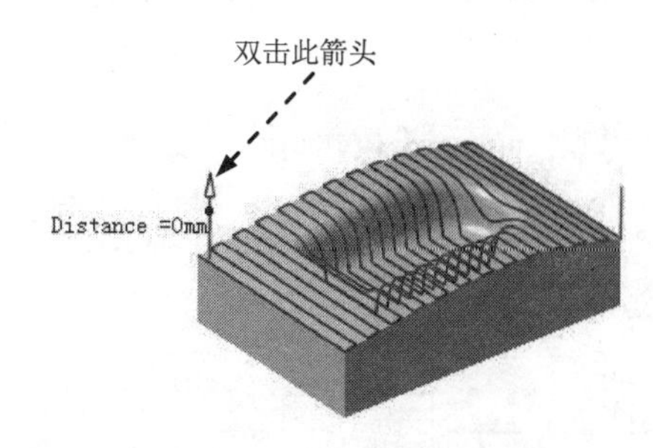

图 4.11.18 显示方向箭头

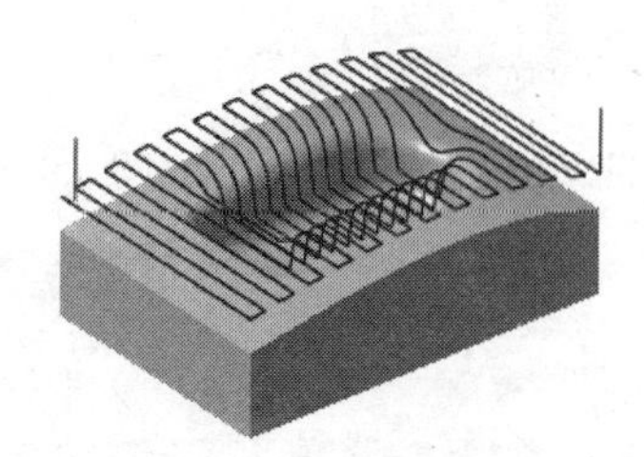

图 4.11.19 平移后的刀路

说明：

- 在“Sweeping.1”对话框中单击“Rotation”按钮，拖动图形区中的箭头进行旋转，旋转 45° 后的结果如图 4.11.20 所示。右击图形区中的箭头，系统弹出图 4.11.21 所示的快捷菜单，利用该快捷菜单可以选择刀路旋转的轴线（可以是 X 轴、Y 轴、Z 轴或刀具轴线）。

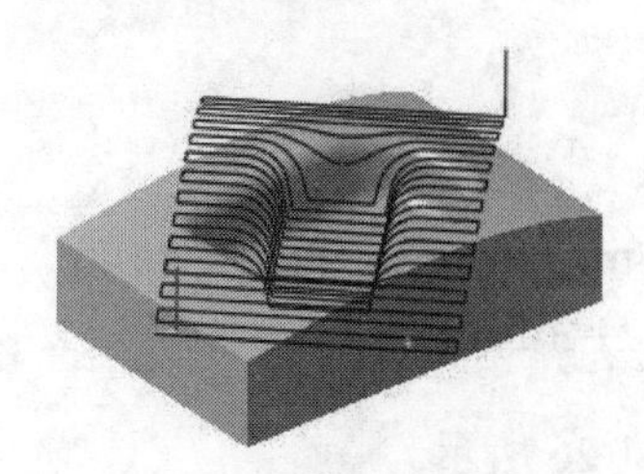

图 4.11.20 旋转箭头后的结果

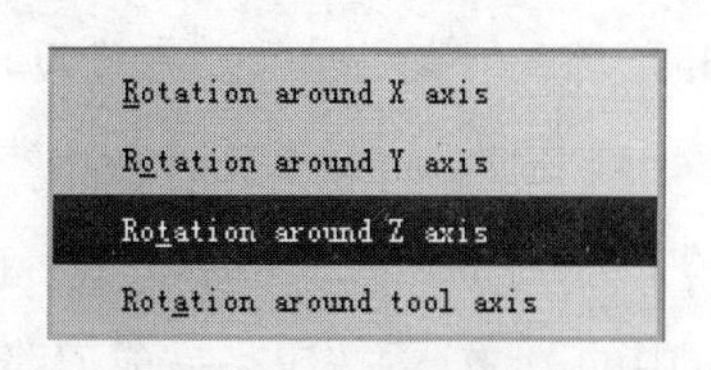

图 4.11.21 快捷菜单

- 在“Sweeping.1”对话框单击“Mirror”按钮，选取图 4.11.22 所示的面为镜像平面，镜像后的刀路如图 4.11.23 所示。

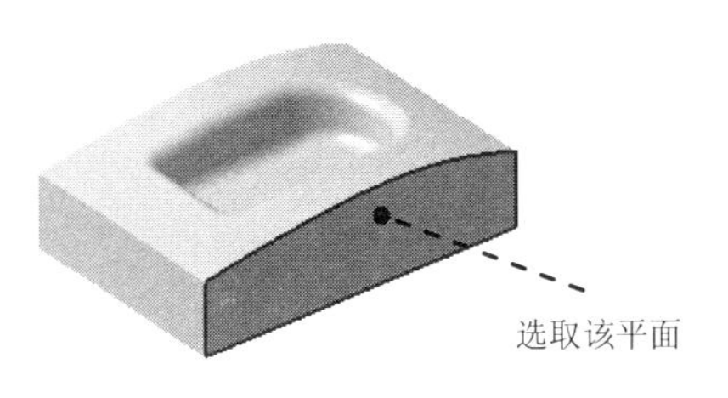

图 4.11.22　镜像平面

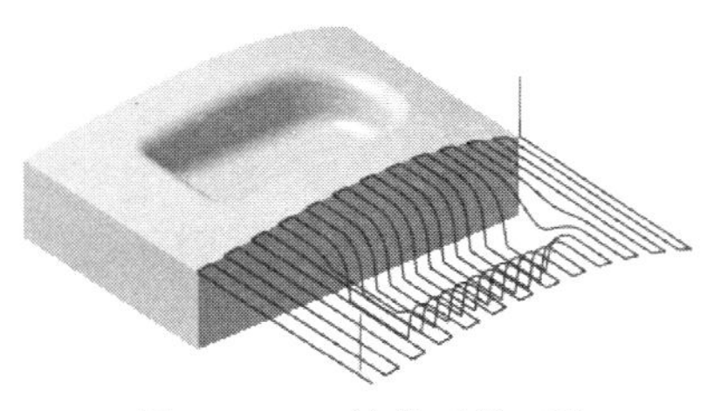

图 4.11.23　镜像后的刀路

4.11.4　刀路连接

刀路连接的一般操作步骤如下。

Step1. 打开文件 D:\cat2016.9\work\ch04.11.04\Connection.CATProcess。

Step2. 选择命令。在特征树中右击“Sweeping（Computed）”节点下的“Tool path（open）”节点，在系统弹出的快捷菜单中，选择其中的 Tool path 对象 → Edit 命令，系统弹出“Sweeping.1”对话框。

Step3. 选择编辑方式。在“Sweeping.1”对话框中单击“Connection”按钮，系统弹出图 4.11.24 所示的“Connect Tool Path”对话框。

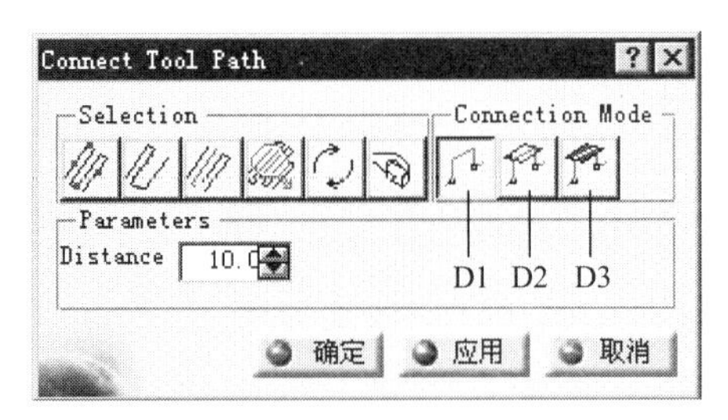

图 4.11.24　“Connect Tool Path”对话框

图 4.11.24 所示“Connect Tool Path”对话框的 Connection Mode 区域中各按钮的说明如下。

D1：直线连接两个刀位点，并在两点之间增加了轴向进刀和退刀。

D2：退刀到平面上的某个点，再进刀。

D3：退刀到安全平面，再进刀。

Step4. 在“Connect Tool Path”对话框中单击“Straight Connection”按钮，然后在图形区中选取图 4.11.25 所示的点，图形区中出现连接刀路预览。单击“Connect Tool Path”对话框中的 确定 按钮，完成刀路的连接，如图 4.11.26 所示。

4.11.5　改变进刀/退刀

下面以图 4.11.27 所示的刀路为例，来说明改变进刀/退刀的一般操作步骤。

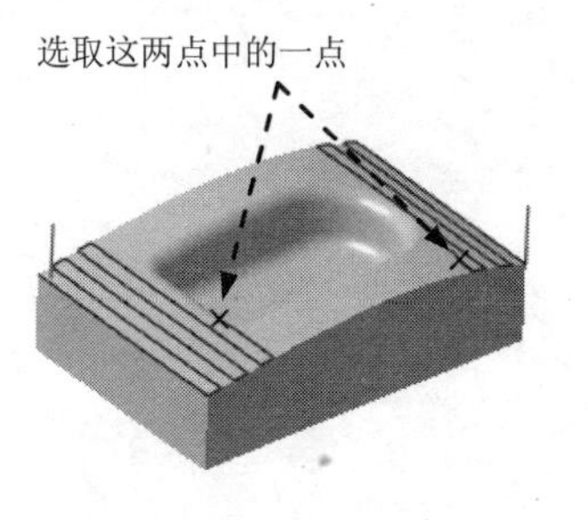

图 4.11.25 选取点

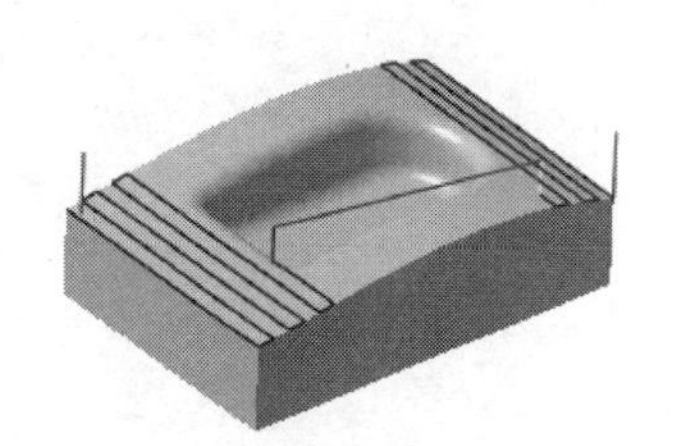

图 4.11.26 刀路连接

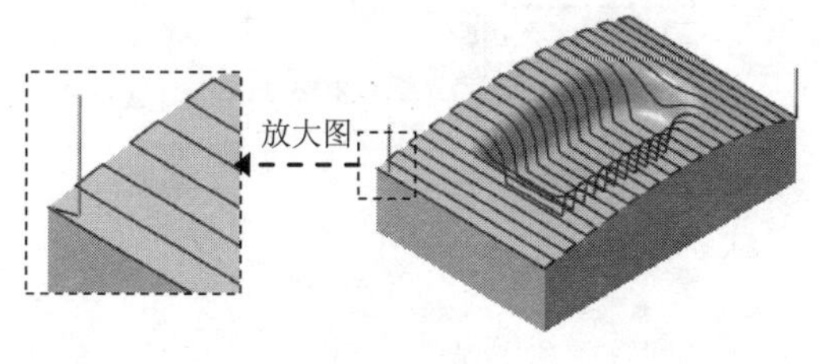

a）进刀改变前

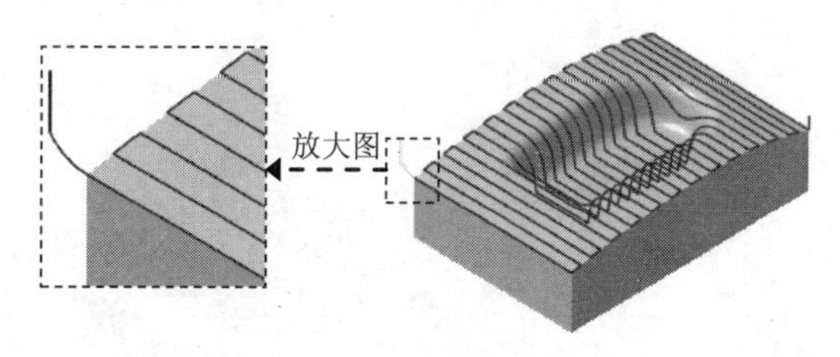

b）进刀改变后

图 4.11.27 改变进刀/退刀操作步骤

Step1. 打开文件 D:\cat2016.9\work\ch04.11.05\Approach_Retract.CATProcess。

Step2. 选择命令。在特征树中右击“Sweeping（Computed）”节点下的“Tool path”节点，在系统弹出的快捷菜单中，选择其中的 Tool path 对象 → Edit 命令，系统弹出“Sweeping.1”对话框。

Step3. 选择编辑类型。在“Sweeping.1”对话框中单击“Approach and Retract Modification”按钮，系统弹出图 4.11.28 所示的“Approach and Retract Modification”对话框。

图 4.11.28 所示的对话框中部分选项按钮的说明如下。

- Delete 区域，该区域用于删除已有的进刀/退刀路径。
  - ☑ Filter 选项组，用于选择需删除的项目的过滤器。
    - ◆ Approach 复选框，选中该复选框，可以删除进刀路径。
    - ◆ Retract 复选框，选中该复选框，可以删除退刀路径。
    - ◆ Linking passes 复选框，选中该复选框，可以删除连接进刀路径。
    - ◆ Between paths 复选框，选中该复选框，可以删除连接退刀路径。
  - ☑ Remove from whole tool path 按钮：单击该按钮，删除整个刀路中所需要删除的进刀/退刀路径。
  - ☑ Remove from area inside polygon 按钮：单击该按钮，删除某个区域中的进刀/退刀路径。
- Add / Modify 区域：该区域用于添加或修改进刀/退刀路径。

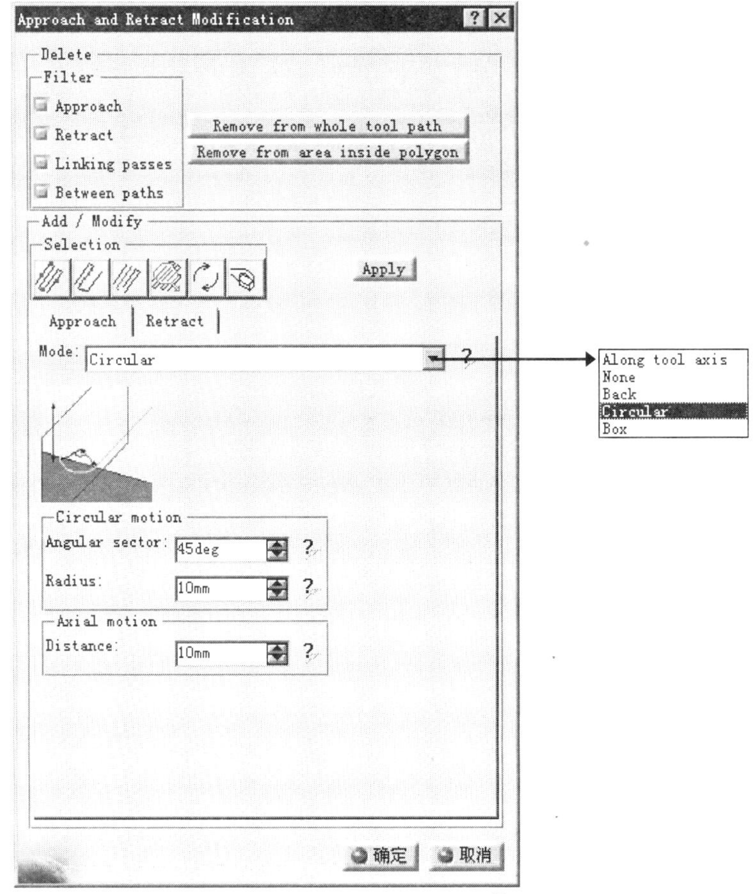

图 4.11.28 “Approach and Retract Modification”对话框

☑ Selection 选项组：用于选择刀路。

☑ Approach 选项卡：单击该选项卡，设置进刀路径。

☑ Retract 选项卡：单击该选项卡，设置退刀路径。

☑ Mode: 下拉列表：用于选择进刀/退刀类型。

☑ Apply 按钮：用于确认添加或修改进刀/退刀路径。

Step4. 在“Approach and Retract Modification”对话框中单击 Approach 选项卡，然后在 Mode: 下拉列表中选择“Circular”，结果如图 4.11.28 所示。

Step5. 单击 Apply 按钮，系统弹出图 4.11.29 所示的“Whole toolpath selected”对话框。单击 是(Y) 按钮，然后单击 确定 按钮，完成进刀路径的更改。

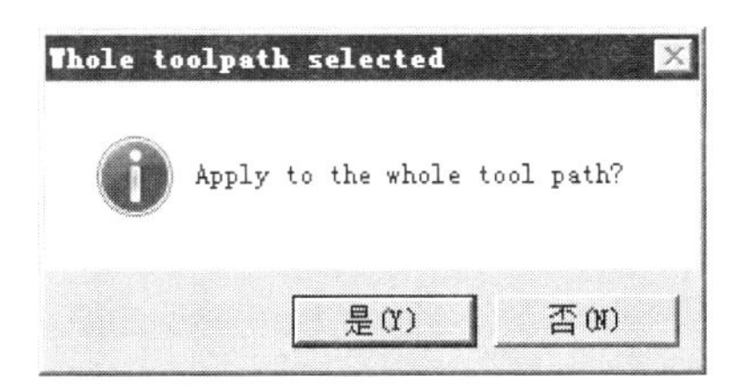

图 4.11.29 “Whole toolpath selected”对话框

说明：在“Approach and Retract Modification”对话框的 Retract 选项卡中可以修改退刀路径。

4.11.6 其他操作

CATIA 数控加工还提供了刀具碰撞点分离、检查刀具长度以及建立几何特征等功能。下面将详细介绍。

1. 刀具碰撞点分离

刀具碰撞点分离的一般操作步骤如下。

Step1. 打开文件 D:\cat2016.9\work\ch04.11.06\Edit02.CATProcess。

Step2. 选择命令。在特征树中右击“Sweeping（Computed）”节点下的“Tool path”节点，在系统弹出的快捷菜单中选择 Tool path 对象 → Split on Collision Points 命令，系统弹出图 4.11.30 所示的“Split on collision points”对话框。

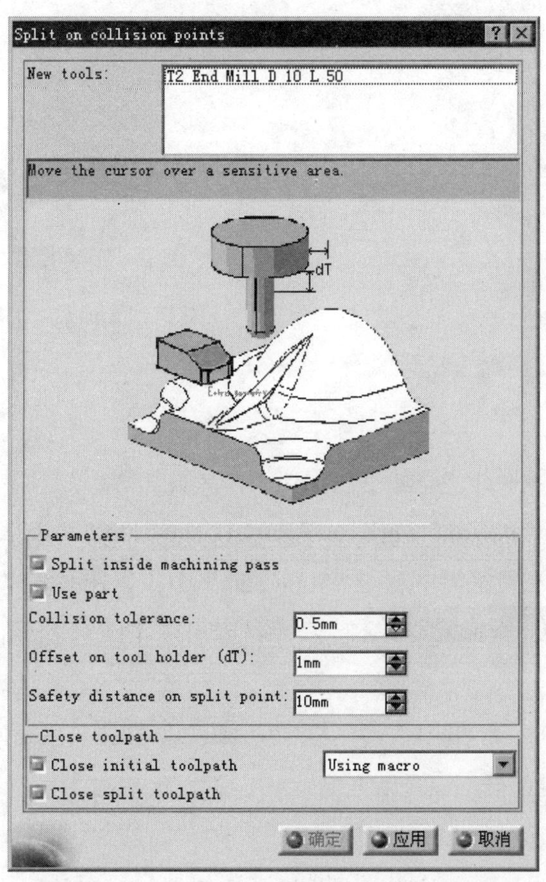

图 4.11.30 “Split on collision points”对话框

Step3. 显示碰撞区域。采用系统默认的设置，单击 应用 按钮，碰撞区域将在图形区中以红色高亮显示，如图 4.11.31 所示。

Step4. 消除碰撞。在“Split on collision points”对话框的 New tool: 列表中选择新的刀具“T2 End Mill D 10 L50”，单击 确定 按钮，系统在特征树中添加了一个加工操作（图 4.11.32)，并且使用了新选择的刀具。两个加工操作的刀路轨迹分别如图 4.11.33 和图 4.11.34 所示。

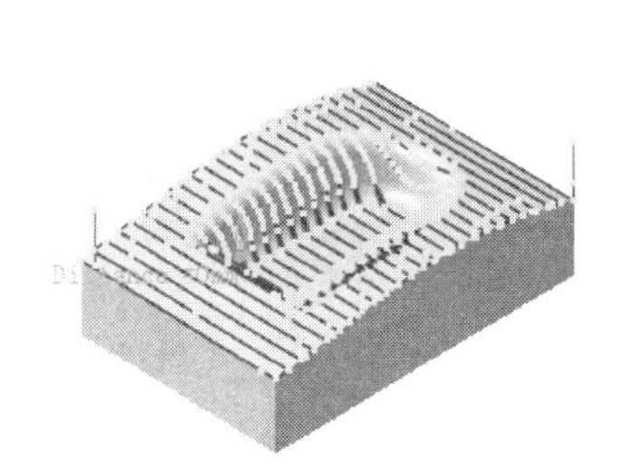

图 4.11.31 显示碰撞区域

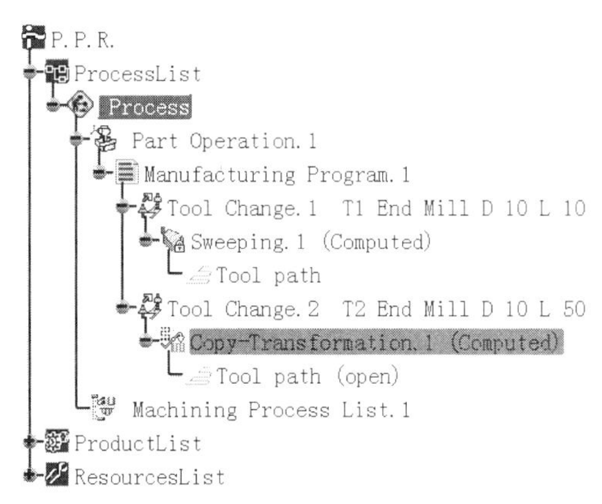

图 4.11.32 特征树

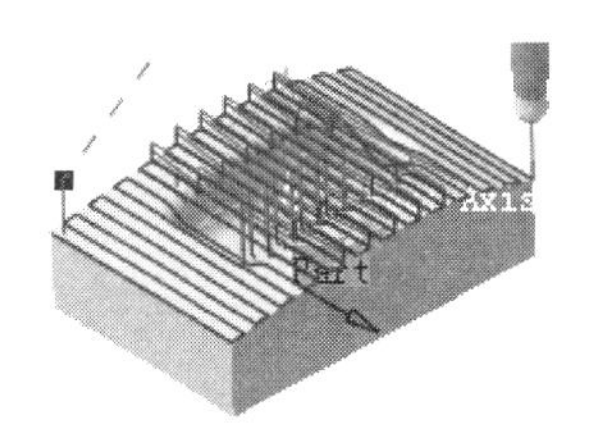

图 4.11.33 刀路轨迹（一）

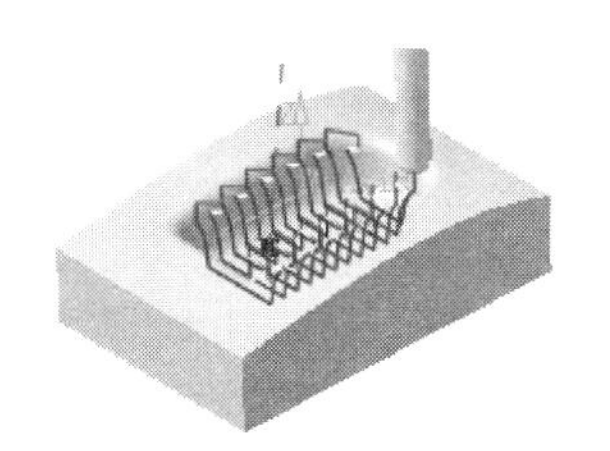

图 4.11.34 刀路轨迹（二）

2. 检查刀具长度

检查刀具长度的一般操作步骤如下。

Step1. 打开文件 D:\cat2016.9\work\ch04\ch04.11\ch04.11.06\Edit02.CATProcess。

Step2. 选择命令。在特征树中右击“Tool path”节点，在系统弹出的快捷菜单中选择 Tool path 对象 ▸ → Check Tool Length 命令，系统弹出图 4.11.35 所示的“Tool length check”对话框。

Step3. 单击“Tool length check”对话框中的 应用 按钮，系统弹出图 4.11.36 所示的“Tool length results”对话框，该对话框中显示了检查的结果。

图 4.11.36 所示对话框中各选项说明如下。

- Display tool 复选框：选中该复选框，图形区中显示刀具。
- Input data 区域：该区域中显示输入数据。

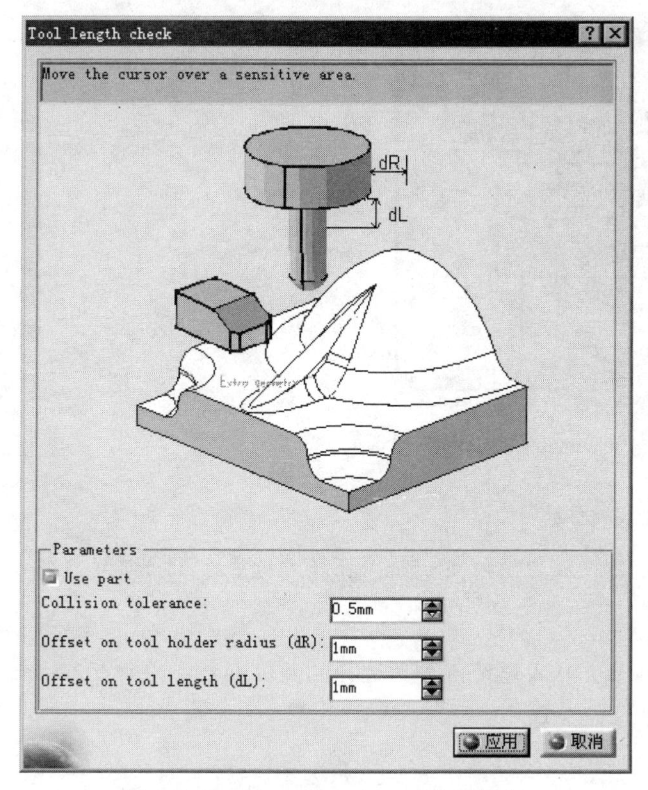

图 4.11.35 “Tool length check”对话框

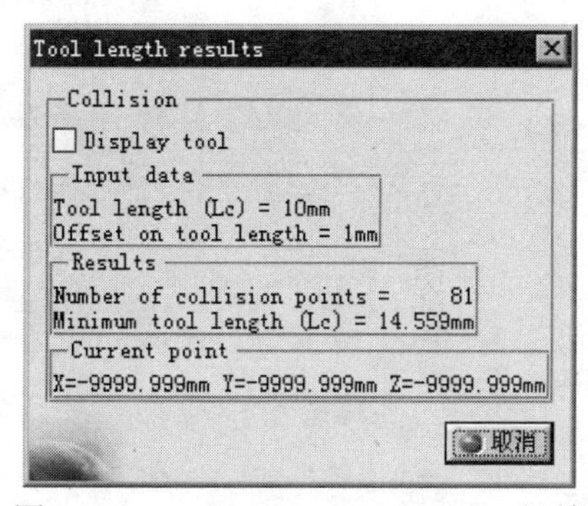

图 4.11.36 “Tool length results”对话框

- ☑ Tool length (Lc) 文本：显示加工刀具切削刃的长度。
- ☑ Offset on tool length 文本：显示刀具偏移量。

- Results 区域：该区域显示分析结果。
  - ☑ Number of collision points 文本：显示刀具碰撞点的个数。
  - ☑ Minimum tool length (Lc) 文本：显示最短的刀具长度。

3．建立几何特征

打开文件 D:\cat2016.9\work\ch04.11.06\Edit02.CATProcess，然后在特征树中右击“Tool path”节点，在系统弹出的快捷菜单中选择 Tool path 对象 → Geometry creation 命令，弹出图 4.11.37 所示的“Geometry Creation”对话框。

利用“Geometry Creation”对话框可以建立需要的几何特征。

图 4.11.37 所示“Geometry Creation”对话框中各选项按钮的说明如下。

- Destination : 文本框：用于选择插入几何特征的位置。
- Selection 区域：用于选择刀位点。
  - ☑ 按钮，用于选择刀路的起点。

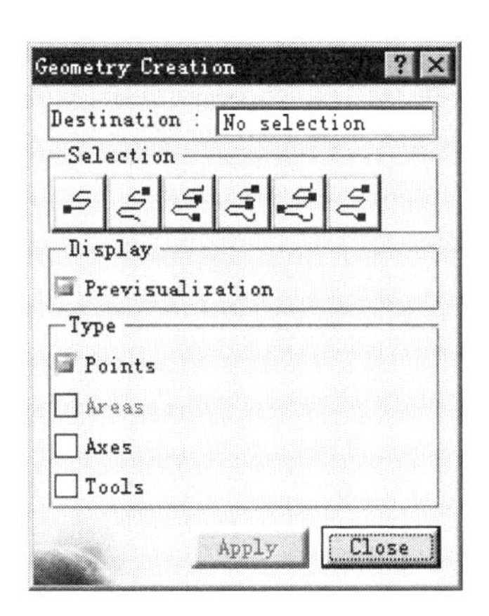

图 4.11.37 “Geometry Creation”对话框

- ☑ 按钮，用于选择刀路的终点。
- ☑ 按钮，选择一个刀位点，从刀路起点到所选择的刀位点之间的所有刀位点被选中。
- ☑ 按钮，选择一个刀位点，从刀路终点到所选择的刀位点之间的所有刀位点被选中。
- ☑ 按钮，选择两个刀位点，其间的所有刀位点被选中。
- ☑ 按钮，选择整条刀路中的所有刀位点。

- Display 区域：用于选择是否显示刀具。
  - ☑ Previsualization 复选框：选中该复选框，图形区中显示刀具。
- Type 区域：选择建立几何特征的类型。
  - ☑ Points 复选框，建立刀位点所在位置的点元素。
  - ☑ Areas 复选框，在所选择的刀位点上的刀路建立直线及曲线。
  - ☑ Axes 复选框，建立刀具轴线。
  - ☑ Tools 复选框，建立刀具。

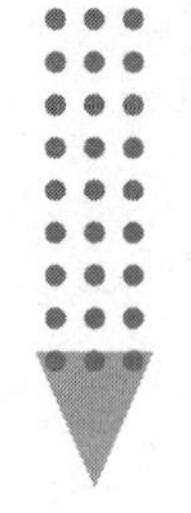

第5章 车削加工

本章提要　本章将通过范例来介绍车削加工的方法，其中包括粗车加工、沟槽车削加工、凹槽车削加工、轮廓精车加工、顺序车削加工、斜升粗车加工，以及螺纹车削加工等。在学习本章以后，希望读者能够熟练掌握这些车削加工方法。

5.1 概　　述

进入车削加工工作台的方法：选择下拉菜单 开始 → 加工 → Lathe Machining 命令。下面将介绍车削加工工作台中常用的下拉菜单及工具栏按钮。

1. 工具栏

工具栏中的命令按钮为快速选择命令及设置工作环境提供了极大的方便。车削加工工作台中最主要的工具栏是图 5.1.1 所示的“Machining Operations”工具栏，其含义和作用请务必记牢。

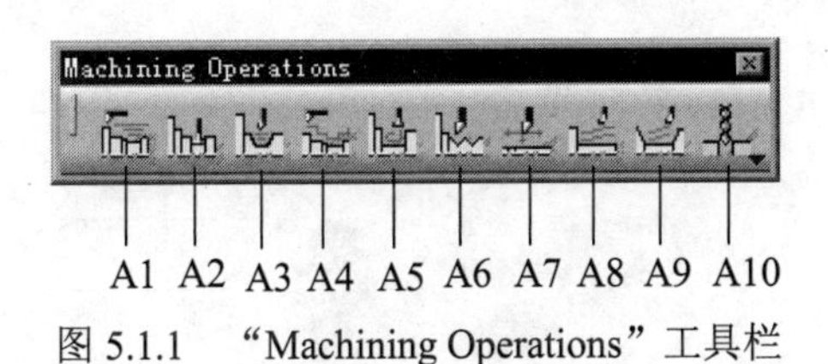

图 5.1.1　“Machining Operations”工具栏

图 5.1.1 所示“Machining Operations”工具栏中各按钮的说明如下。

A1：Rough Turning operation，车削粗加工操作。

A2：Groove Turning operation，沟槽粗加工操作。

A3：Recess Turning operation，凹槽加工操作。

A4：Profile Finish Turning operation，轮廓精加工操作。

A5：Groove Finish Turning operation，沟槽精加工操作。

A6：Thread Turning operation，螺纹车削操作。

A7：Sequential Turning operation，顺序加工操作。

A8：Ramp Rough Turning operation，斜升粗加工操作。

A9：Ramp Recess Turning operation，斜升凹槽加工操作。

A10：Drilling，轴向加工操作。

2．下拉菜单

车削加工工作台中的“插入”下拉菜单如图 5.1.2 所示。下拉菜单中的命令与工具栏中的命令按钮是一一对应的，这里不再赘述。

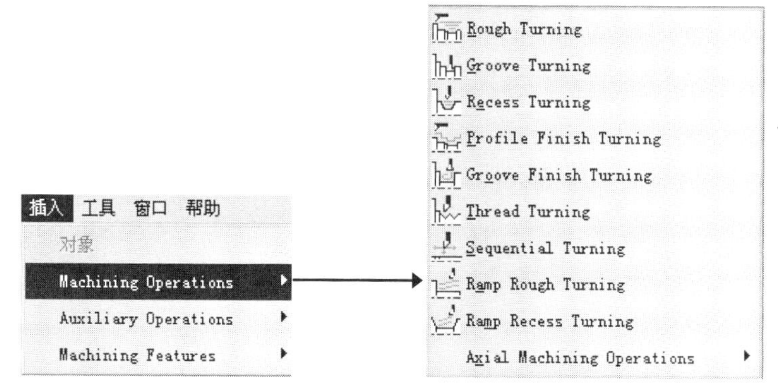

图 5.1.2　“插入”下拉菜单

5.2　粗车加工

粗车加工包括纵向粗车加工（Longitudinal）、端面粗车加工（Face）和平行轮廓粗车加工（Parallel Contour）三种形式。下面以图 5.2.1 所示的零件为例介绍粗车加工的一般过程。

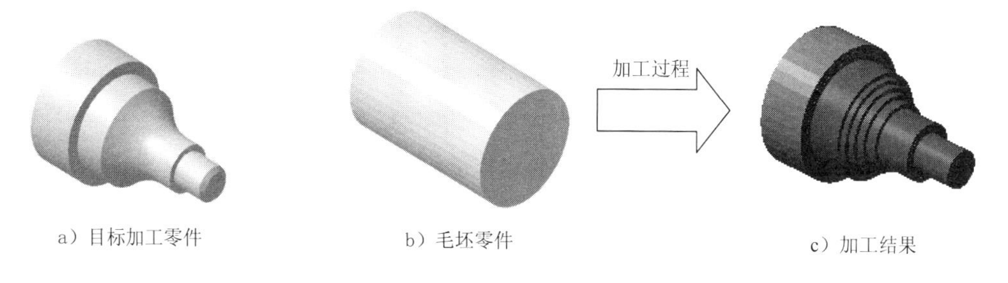

a）目标加工零件　b）毛坯零件　c）加工结果

图 5.2.1　粗车加工

Task1．打开模型文件并进入加工模块

Step1．打开模型文件 D:\cat2016.9\work\ch05.02\rough_turning.CATProduct。

Step2．选择下拉菜单 开始 → 加工 → Lathe Machining 命令，进入“Lathe Machining”工作台。

Task2．零件操作定义

Step1．进入零件操作定义对话框。在图 5.2.2 所示的特征树中双击“Part Operation.1”

节点，系统弹出“Part Operation”对话框。

Step2. 机床设置。单击“Part Operation”对话框中的“Machine”按钮，系统弹出“Machine Editor”对话框，单击其中的“Horizontal Lathe Machine”按钮，保持系统默认设置，然后单击 确定 按钮，完成机床的选择。

Step3. 定义加工坐标系。

（1）单击“Part Operation”对话框中的按钮，系统弹出“Default reference machining axis for Part Operation.1”对话框。

（2）在对话框的 Axis Name : 文本框中输入坐标系名称“machining axis.1”。

（3）单击对话框中的 Z 轴感应区，系统弹出如图 5.2.3 所示的“Direction Z”对话框。在“Direction Z”对话框中设置图 5.2.3 所示的参数，单击 确定 按钮，完成 Z 轴的定义。

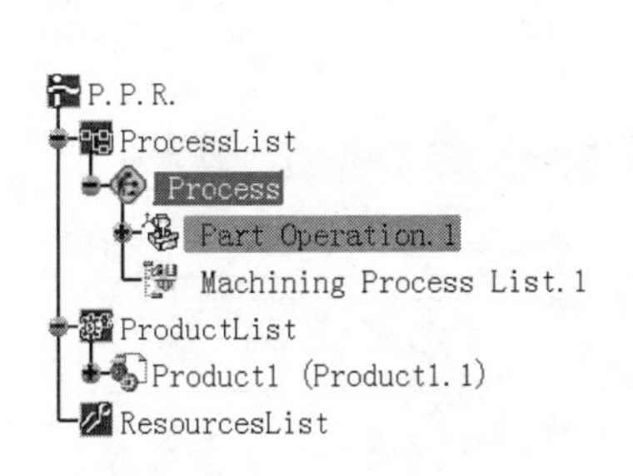

图 5.2.2 特征树

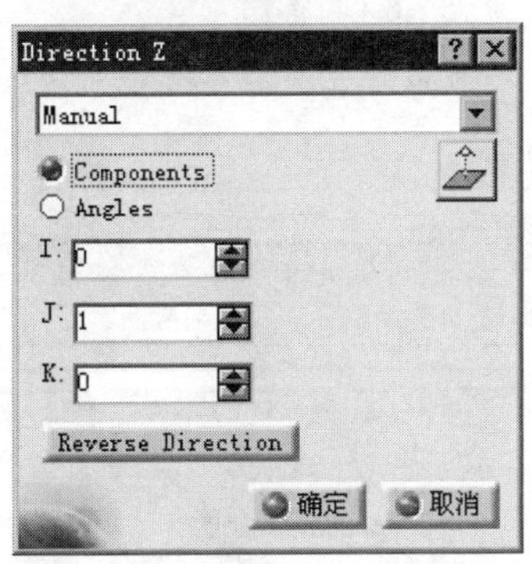

图 5.2.3 “Direction Z”对话框

（4）单击对话框中的 X 轴感应区，系统弹出图 5.2.4 所示的“Direction X”对话框。在“Direction X”对话框中设置图 5.2.4 所示的参数，单击 确定 按钮，完成 X 轴的定义。

（5）单击“machining axis.1”对话框中的 确定 按钮，完成坐标系的定义（图 5.2.5）。

图 5.2.4 “Direction X”对话框

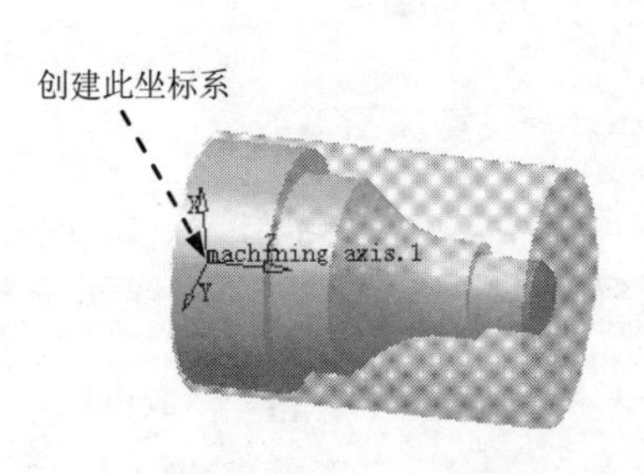

图 5.2.5 定义坐标系

Step4. 定义目标加工零件。

（1）单击“Part Operation”对话框中的按钮。

（2）选择图 5.2.6 所示的零件作为目标加工零件，在图形区空白处双击鼠标左键，系统回到“Part Operation”对话框。

Step5. 定义毛坯零件。

（1）单击“Part Operation”对话框中的按钮。

（2）选择图 5.2.7 所示的零件作为毛坯零件，在图形区空白处双击鼠标左键，系统回到“Part Operation”对话框。

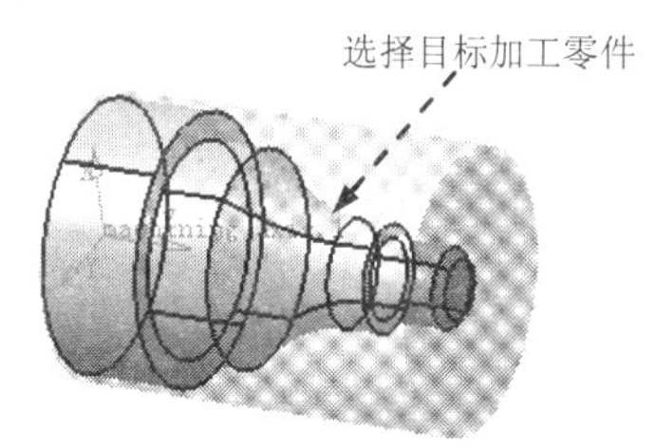

图 5.2.6 目标加工零件

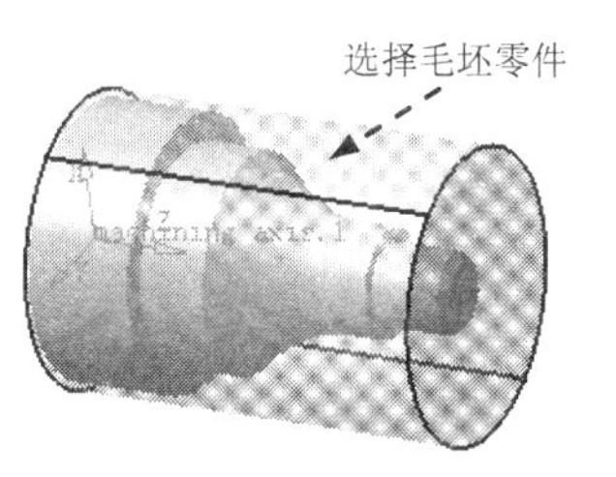

图 5.2.7 毛坯零件

Step6. 定义换刀点。单击“Part Operation”对话框中的 Position 选项卡，然后设置图 5.2.8 所示的参数。

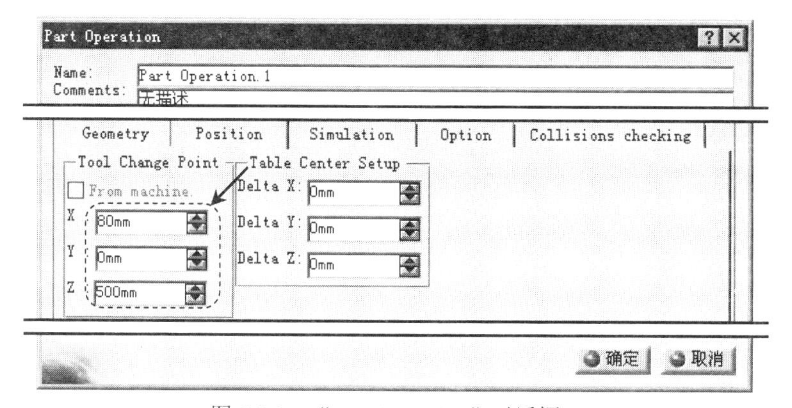

图 5.2.8 “Part Operation”对话框

Step7. 单击“Part Operation”对话框中的 确定 按钮，完成零件操作的定义。

Task3. 纵向粗车加工

Stage1. 设置加工参数

Step1. 在特征树中选中“Manufacturing Program.1”节点，然后选择下拉菜单 插入 → Machining Operations → Rough Turning 命令，插入一个粗车加工操作，系统弹出图 5.2.9 所示的“Rough Turning.1”对话框（一）。

图 5.2.9 所示“Rough turning.1”对话框(一)中各按钮的说明如下。

- Stock offset:（毛坯偏置）文本框：用来设定毛坯的实际位移量。
- Part offset:（零件偏置）文本框：用来设定零件的实际位移量。
- Axial part offset:（轴向零件偏置）文本框：用来设定零件轮廓沿着轴向的实际位移量。

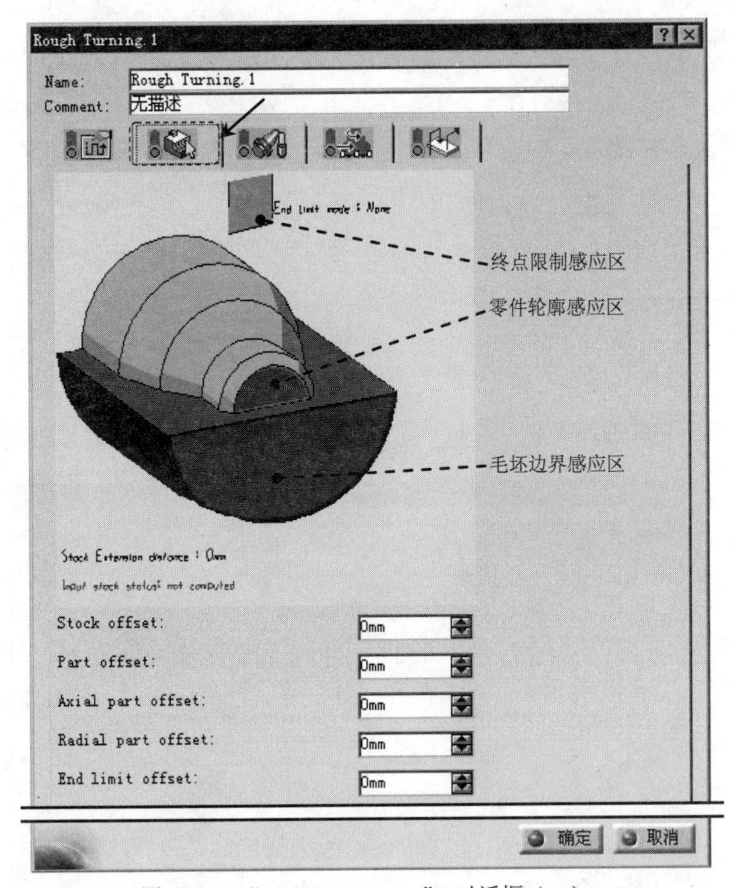

图 5.2.9 “Rough Turning.1” 对话框（一）

- Radial part offset:（径向零件偏置）文本框：用来设定零件轮廓沿着径向的实际位移量。
- End limit offset:（终点限制元素偏置）文本框：用来设定加工终点限制元素的实际位移量。

Step2. 定义几何参数。

（1）定义零件轮廓。单击几何参数选项卡，然后单击“Rough Turning.1”对话框（一）中的零件轮廓感应区，系统弹出“Edge Selection”工具条。在图形区选择图 5.2.10 所示的曲线串作为零件轮廓。单击“Edge Selection”工具条中的 OK 按钮，系统返回到“Rough Turning.1”对话框（一）。

（2）定义毛坯边界。单击“Rough Turning.1”对话框（一）中的毛坯边界感应区，系统弹出“Edge Selection”工具条。在图形区选择图 5.2.11 所示的直线作为毛坯边界。单击“Edge Selection”工具条中的 OK 按钮，系统返回到“Rough Turning.1”对话框（一）。

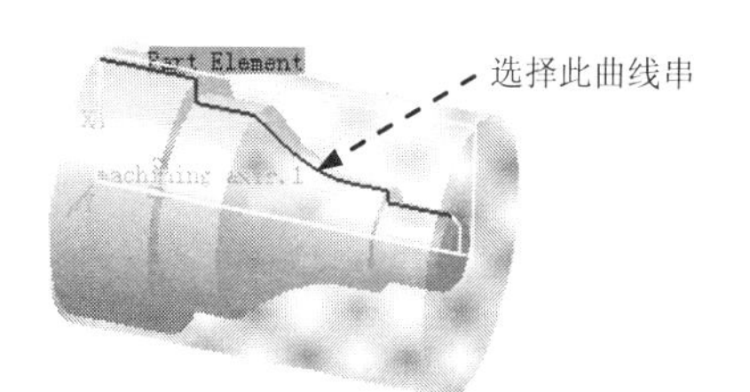

图 5.2.10　定义零件轮廓

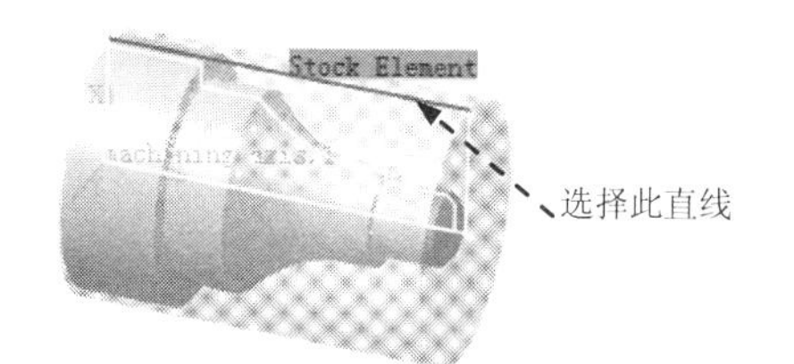

图 5.2.11　定义毛坯边界

Step3. 定义刀具参数。

（1）进入“刀具参数”选项卡。在“Rough Turning.1”对话框（一）中单击（刀具参数）选项卡（图 5.2.12）。

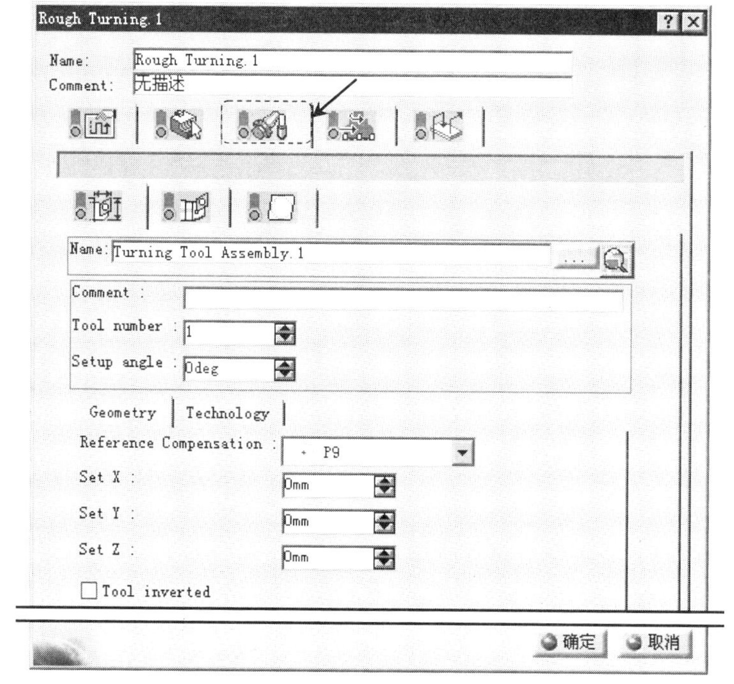

图 5.2.12　“刀具参数”选项卡

图 5.2.12 所示“刀具参数”选项卡中各按钮的说明如下。

- ：刀具装配选项卡。
  - ☑ Comment :（注释），对选取的刀具有一定的说明作用。
  - ☑ Tool number :（刀具编号），对选取的刀具进行编号。
  - ☑ Setup angle :（安装角度），可调整刀具的安装角度。
  - ☑ Geometry（几何参数），包括 X 轴、Y 轴和 Z 轴移动量的设置。
    - ◆ Reference Compensation :（补偿参考），设置刀具补偿的参考类型。
    - ◆ Set X :（X 轴方向），X 轴移动量。

◆ Set Y :（Y 轴方向），Y 轴移动量。
◆ Set Z :（Z 轴方向），Z 轴移动量。

☑ Technology（技术参数），设置刀具装配的技术参数，对轨迹计算无影响。

◆ Number of components :（组件数目），设置刀具装配中包含的组件数目。
◆ Pref. output point 1 :（优先输出点 1），定义第 1 个优先输出点的类型，可从下拉列表中进行选择。
◆ Pref. output point 2 :（优先输出点 2），定义第 2 个优先输出点的类型。
◆ Pref. output point 3 :（优先输出点 3），定义第 3 个优先输出点的类型。

☑ Tool inverted，刀具倒转。

（2）选择刀具装配。选用系统默认的刀具“Turning Tool Assembly.1”。

说明： 车削加工刀具包括刀柄和刀片，在这里称为刀具装配。

（3）选择刀柄。在“Rough Turning.1”对话框（一）中单击（刀柄）选项卡（图 5.2.13），选用系统默认的外圆车刀，单击 More>> 按钮可查看更多参数。

图 5.2.13 所示“刀柄”选项卡中各选项的说明如下。

- ：外圆车刀柄。
- ：内孔车刀柄。
- ：外沟槽车刀柄。
- ：内沟槽车刀柄。

☑ Geometry，几何参数设置。

◆ Hand style :（刀柄形式），包含 Left hand（左手）、Right hand（右手）和 Neutral（中立）3 个选项。
◆ Holder capability :（刀柄能力），该下拉列表用于设定刀具刀柄的特性，包括 Surface、Traverse 和 Shortest 3 个选项。
◆ Cutting edge angle (Kr):（主偏角），该文本框用于设定刀具主偏角的大小。
◆ Insert angle (a):（刀尖角度），该文本框用于设定刀尖角度的大小。
◆ Insert length (l):（刀片长度），该文本框用于设定刀具刀片边的长度。
◆ Clearance angle :（后角），该文本框用于设定刀具后角的大小。
◆ Shank cut width (f):（刀柄切削宽度），该文本框用于设定切削部分的宽度。
◆ Shank height (h):（刀柄高度），该文本框用于设定刀柄的高度尺寸。
◆ Shank length 1 (l1):（刀柄长度 1），该文本框用于设定刀柄的总长。
◆ Shank length 2 (l2):（刀柄长度 2），该文本框用于设定安装刀片部分的长度。
◆ Shank width (b):（刀柄宽度），该文本框用于设定刀柄尾部的宽度。

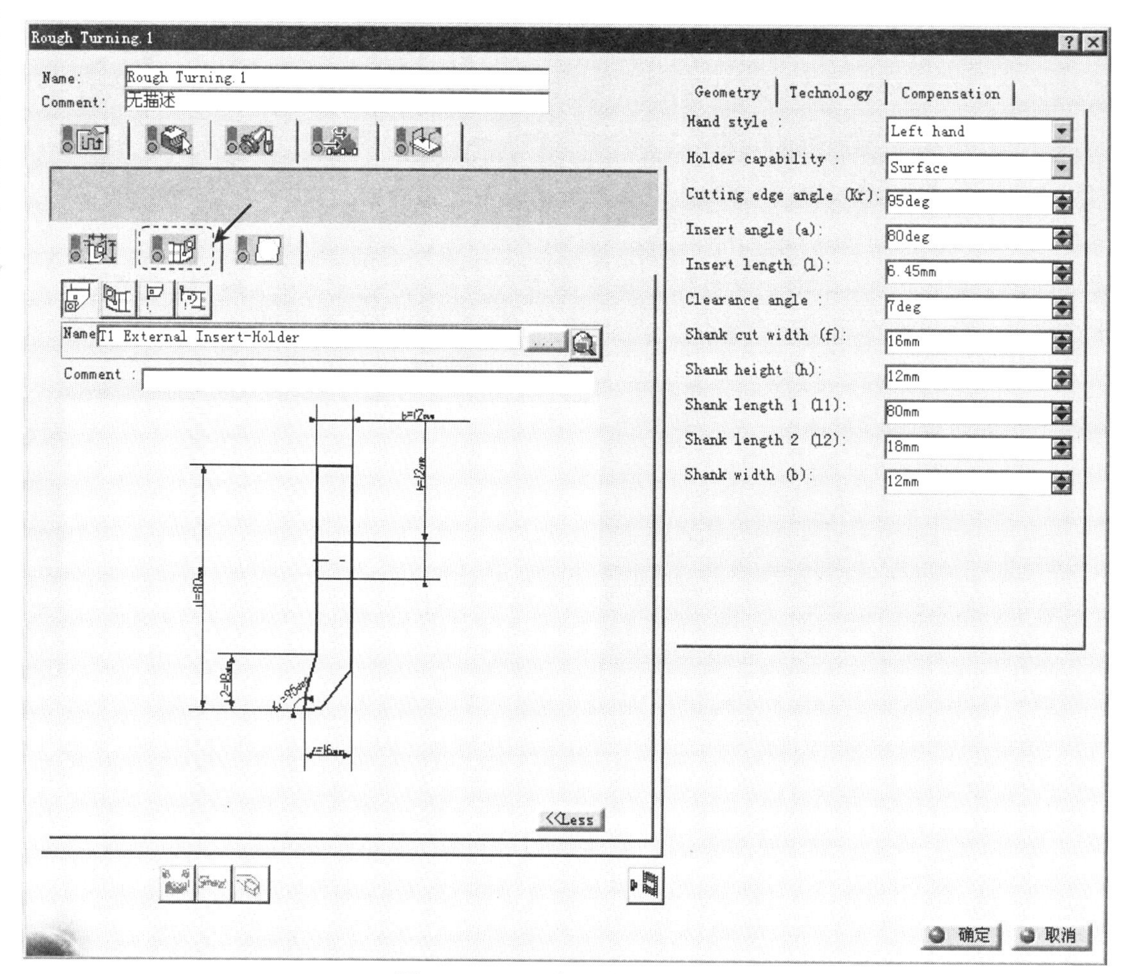

图 5.2.13 “刀柄”选项卡

（4）设置刀柄技术参数。单击刀柄选项卡右侧更多参数中的 Technology （技术参数）选项卡（图 5.2.14），选用系统默认的参数。

（5）设置刀具补偿参数。单击刀柄选项卡右侧更多参数中的 Compensation 选项卡（图 5.2.15），在“刀具补偿”选项卡的列表框中选择 P3 选项，右击，在弹出的快捷菜单中选择“Add”命令，系统弹出“Compensation Definition”对话框，输入刀具补偿号的数值 1，单击 确定 按钮，完成刀具补偿参数的设置。

图 5.2.14 所示“技术参数”选项卡中各选项的说明如下。

- ☑ Max machining length :（最大加工长度）：该选项用于设定刀具的最大加工长度。
- ☑ Max life time :（最大寿命）：该选项可设定刀具的最大使用寿命。
- ☑ Coolant syntax :（切削液）文本框：该文本框用于描述有关切削液的设置。
- ☑ Weight syntax :（重量）文本框：该文本框用于描述刀具的重量。

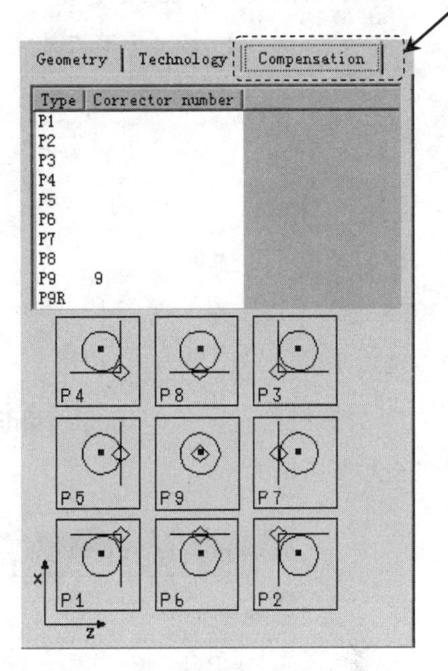

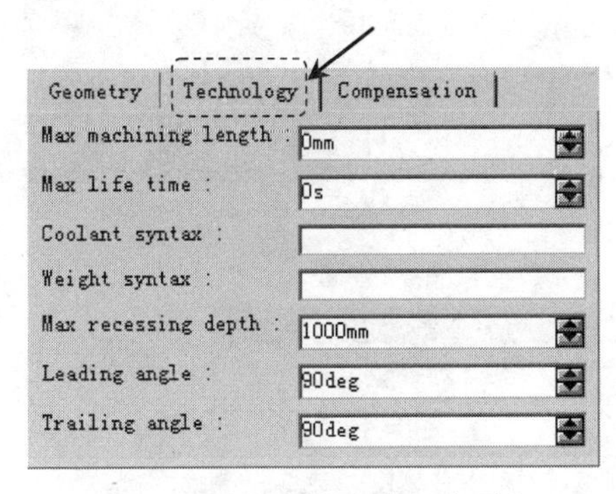

图 5.2.14 “技术参数”选项卡

图 5.2.15 “刀具补偿”选项卡

- ☑ Max recessing depth :（最大开槽深度）文本框：该文本框用于定义最大开槽深度。
- ☑ Leading angle :（引入角度）文本框：该文本框用于定义刀具切入时的角度。
- ☑ Trailing angle :（引出角度）文本框：该文本框用于定义刀具切出时的角度。

（6）设置刀片参数。在“Rough Turning.1”对话框（一）中单击（刀片参数）选项卡（图 5.2.16），选用菱形刀片类型，其他参数采用系统默认设置值。

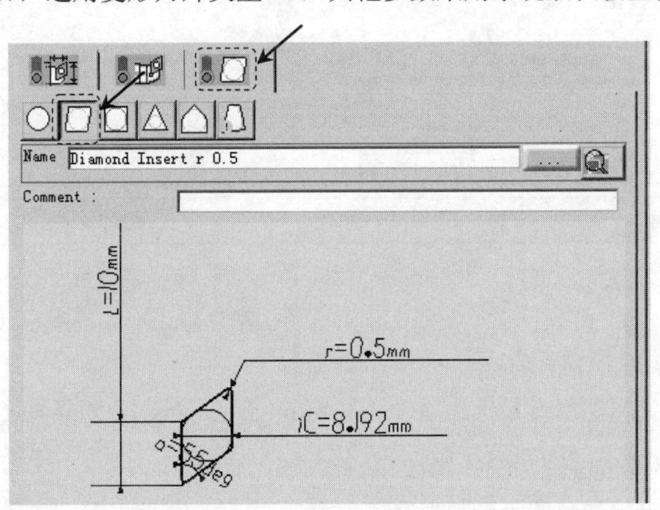

图 5.2.16 “刀片参数”选项卡

图 5.2.16 所示“刀片参数”选项卡中各按钮的说明如下。

- ：Round Insert（圆形刀片）。

- ：Diamond Insert（菱形刀片）。
- ：Square Inser（方形刀片）。
- ：Triangular Insert（三角形刀片）。
- ：Trigon Insert（尖槽刀片）。
- ：Groove Insert（沟槽刀片）。

Step4. 定义进给量。

（1）进入“进给量”选项卡。在“Rough Turning.1”对话框（一）中单击（进给量）选项卡。

（2）设置进给量。在“Rough Turning.1”对话框（一）的（进给量）选项卡中设置图 5.2.17 所示的参数。

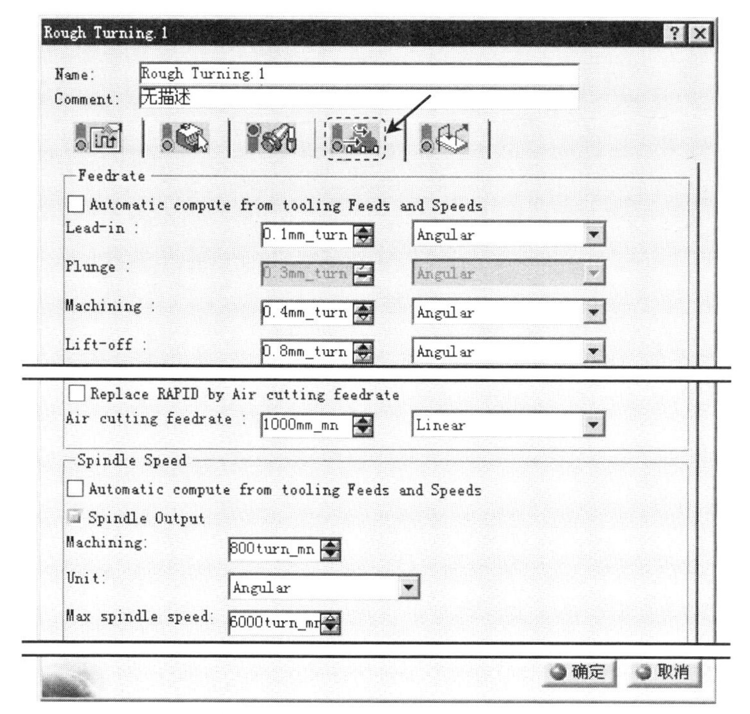

图 5.2.17 “进给量”选项卡

Step5. 定义刀具路径参数。

（1）进入“刀具路径参数”选项卡。在“Rough Turning.1”对话框（一）中单击（刀具路径参数）选项卡（图 5.2.18）。

图 5.2.18 所示“刀具路径参数”选项卡中各选项的说明如下。

- Strategy（加工策略）选项卡：该选项卡用于设置加工策略参数。
- Roughing mode:（粗加工模式）下拉列表：用于选择粗车加工模式，包括 Longitudinal（纵向）、Face（端面）和 Parallel Contour（平行轮廓）3 种。

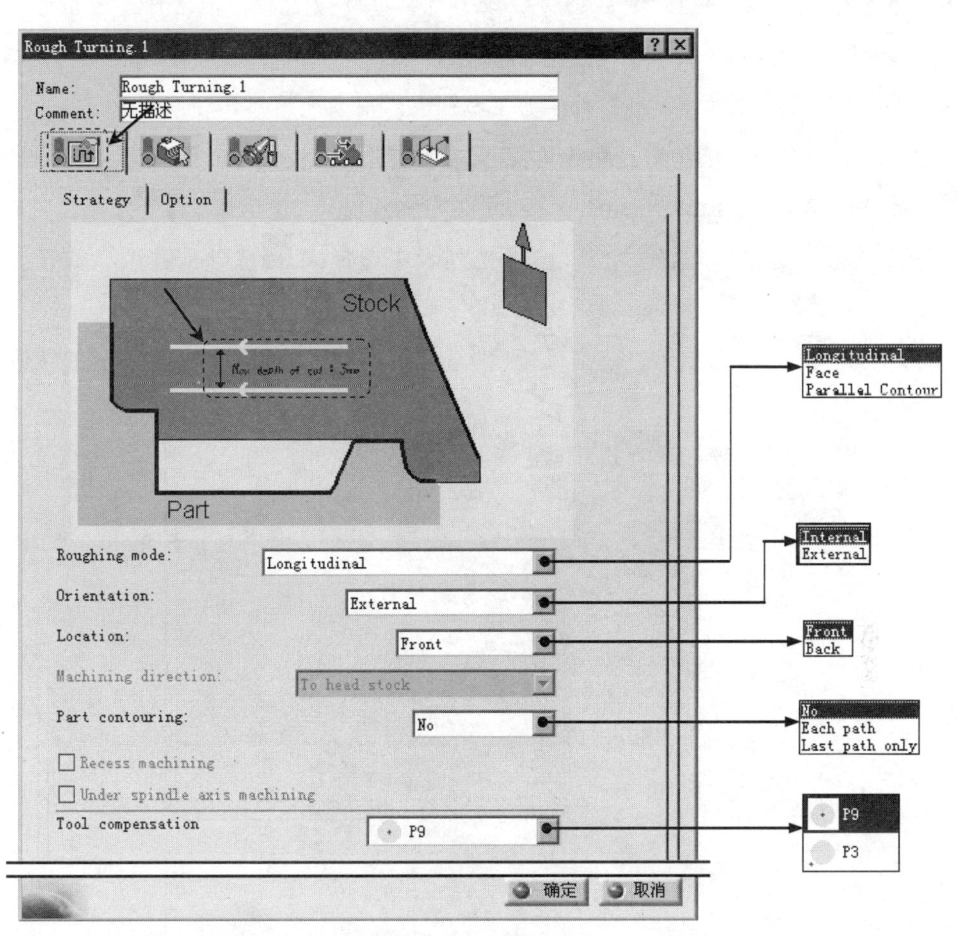

图 5.2.18 “刀具路径参数”选项卡

- Orientation:（方位）下拉列表：用于选择加工方位，包括 Internal（内部）、External（外部）和 Frontal（端面）3 个选项。

说明：方位选项的多少和粗加工模式有关。

- Location:（位置）下拉列表：用于设置加工的位置，包括 Front（前端）和 Back（后端）两个选项。
- Machining direction:（加工方向）下拉列表：该下拉列表仅用于 Parallel Contour（平行轮廓）加工模式下定义加工刀路的方向。
- Part contouring:（零件轮廓加工）下拉列表：该下拉列表在选择 Longitudinal（纵向）和 Face（端面）两种加工模式下可用，包括 No（不加工）、Each path（每次走刀）和 Last path only（仅最后一刀）3 个选项。
- Recess machining（凹槽加工）复选框：如果在纵向加工模式中设置每次走刀都仿形或最后一刀仿形，或在平行轮廓加工模式下需要加工凹槽，则激活该复选框。

- □Under spindle axis machining（在主轴线下加工）复选框：激活该复选框可在主轴线以下进行加工。
- Tool compensation（刀具补偿）下拉列表：用于选择刀具补偿代号。

（2）设置Strategy选项卡。单击Strategy选项卡，双击图 5.2.18 所示的Max depth of cut : 3mm区域，在弹出的“Edit Parameter”对话框中输入值 4，单击确定按钮，完成最大切削深度的设置；在Tool compensation下拉列表中选择P3选项；其余参数设置如图 5.2.18 所示。

（3）设置Option选项卡。单击Option选项卡，然后设置图 5.2.19 所示的参数。

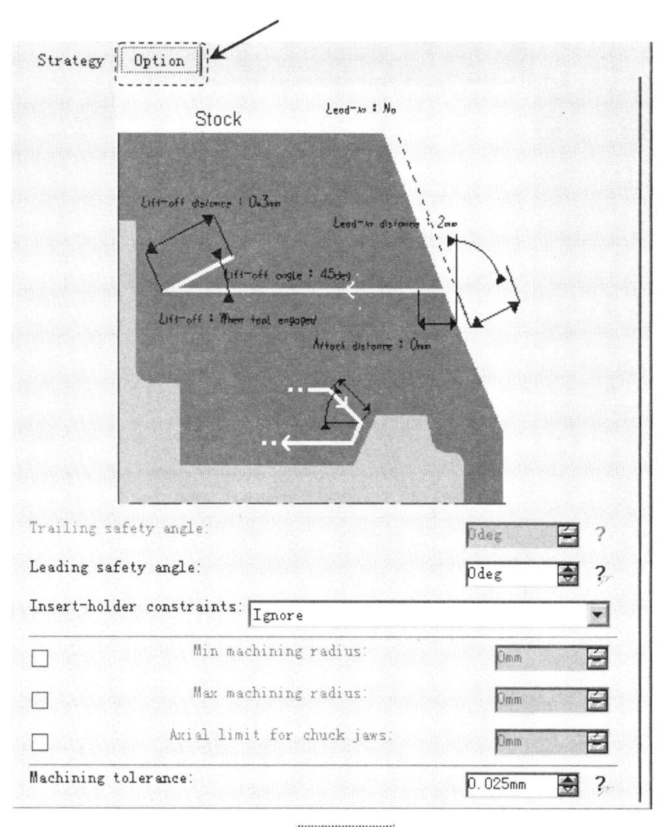

图 5.2.19 Option选项卡

图 5.2.19 所示Option选项卡中各按钮的说明如下。

- Lead-in : No字样（Lead-in: No）：切入。切入是以较小的进给速度垂直于工件进给。右击“Lead-in”字样，弹出的快捷菜单中有No（无）、Each path（每次走刀都有切入）和Last path only（仅最后一刀有切入）3 个选项。
- Lead-in distance : 2mm字样(Lead-in distance :2mm)：切入长度。双击该字样，在弹出的“Edit Parameter”对话框中可定义切入长度。
- Lift-off : When tool engaged字样（Lift-off : When tool engaged）：切出。右击“Lead-off”字

样，弹出的快捷菜单中有 None (无)、When tool engaged（刀具占用时）和 Each path（每次走刀都有切入）3 个选项。

- Lift-off distance : 0.3mm 字样（Lift-off distance :0.3mm）：切出长度。双击该字样，在弹出的“Edit Parameter”对话框中可定义切出长度。
- Lift-off angle : 45deg 字样（Lift-off angle : 45deg）：切出角度。双击该字样，在弹出的“Edit Parameter”对话框中可定义切出角度。

Step6. 定义进刀/退刀路径。

（1）进入进刀/退刀路径选项卡。在“Rough Turning.1”对话框（一）中单击进刀/退刀路径选项卡。

（2）定义进刀路径。

① 激活进刀。在 Macro Management 区域的列表框中选择 Approach 选项，右击，在弹出的快捷菜单中选择 Activate 命令。

② 在 Mode: 下拉列表中选择 Build by user 选项，然后单击“Remove all motion”按钮和“Add Horizontal motion”按钮。

（3）定义退刀路径。

① 激活退刀。在 Macro Management 区域的列表框中选择 Retract 选项，右击，在弹出的快捷菜单中选择 Activate 命令。

② 在 Mode: 下拉列表中选择 Build by user 选项，然后单击“Remove all motion”按钮和“Add Tangent motion”按钮。

Stage2．刀路仿真

Step1. 在“Rough Turning.1”对话框（一）中单击“Tool Path Replay”按钮，系统弹出“Rough Turning.1”对话框（二），且在图形区显示刀路轨迹，如图 5.2.20 所示。

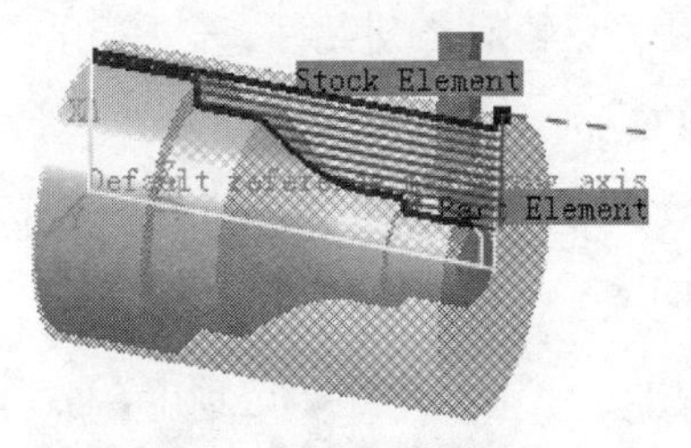

图 5.2.20　显示刀路轨迹

Step2. 在“Rough Turning.1”对话框（二）中单击按钮，然后单击按钮，观察刀具切削毛坯零件的运行情况。

Step3. 在“Rough Turning.1”对话框（二）中单击 确定 按钮，然后在“Rough Turning.1”对话框（一）中单击 确定 按钮。

Task4．端面粗车加工

Step1. 在特征树中选择“Rough Turning.1（Computed）”节点，然后选择下拉菜单 插入 → Machining Operations ▸ → Rough Turning 命令，插入一个粗车加工操作，系统弹出“Rough Turning.2”对话框（一）。

Step2. 定义几何参数。

（1）定义零件轮廓。单击几何参数选项卡，然后单击“Rough Turning.2”对话框（一）中的零件轮廓感应区，系统弹出“Edge Selection”工具条，在图形区选择图 5.2.21 所示的直线作为零件轮廓，然后单击“Edge Selection”工具条中的 OK 按钮，系统返回到“Rough Turning.2”对话框（一）。

（2）定义毛坯边界。单击“Rough Turning.2”对话框（一）中的毛坯边界感应区，系统弹出“Edge Selection”工具条，在图形区选择图 5.2.22 所示的直线作为毛坯边界，单击“Edge Selection”工具条中的 OK 按钮，系统返回到“Rough Turning.2”对话框（一）。

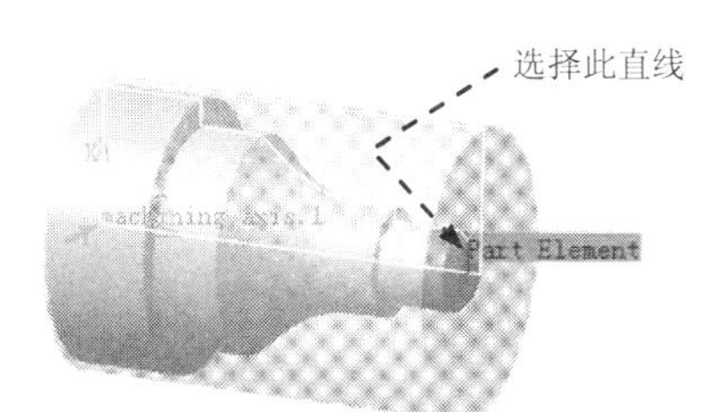

图 5.2.21　零件轮廓

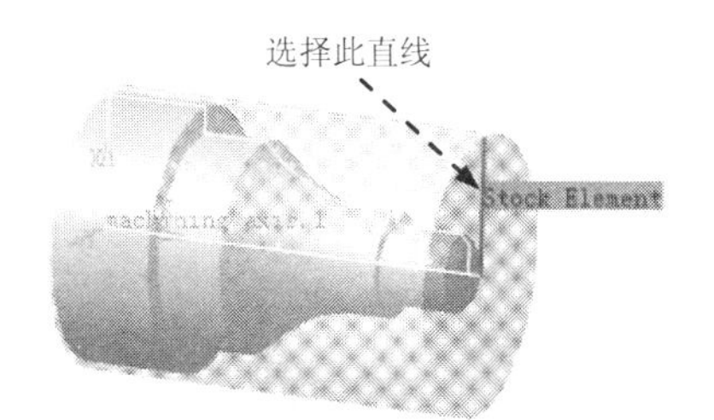

图 5.2.22　毛坯边界

Step3. 定义刀具参数。

（1）进入刀具参数选项卡。在“Rough Turning.2”对话框（一）中单击刀具参数选项卡。

（2）选择刀具。选用系统默认的刀具“Turning Tool Assembly.1”。

Step4. 定义进给量。采用系统默认的进给量。

Step5. 定义刀具路径参数。

（1）进入“刀具路径参数”选项卡。在“Rough Turning.2”对话框（一）中单击（刀具路径参数）选项卡（图 5.2.18）。

（2）设置 Strategy 选项卡。单击 Strategy 选项卡，然后在 Roughing mode: 下拉列表中选择 Face，在 Orientation: 下拉列表中选择 External，在 Location: 下拉列表中选择 Front，其他参数采用系统默认的设置值。

Step6. 定义进刀/退刀路径。进刀/退刀路径采用系统默认的设置值。

Step7. 在“Rough Turning.2”对话框（一）中单击“Tool Path Replay”按钮，系统弹出“Rough Turning.2”对话框（二），且在图形区显示刀路轨迹，如图 5.2.23 所示。

图 5.2.23 显示刀路轨迹

Step8. 在“Rough Turning.2”对话框（二）中单击按钮，然后单击按钮，观察刀具切削毛坯零件的运行情况。

Step9. 在“Rough Turning.2”对话框（二）中单击 确定 按钮，然后在“Rough Turning.2”对话框（一）中单击 确定 按钮。

Task5. 保存模型文件

保存模型文件，文件名为“rough_turning”。

5.3 沟槽车削加工

沟槽车削主要用于加工棒料的沟槽部分。刀具切削毛坯时垂直于回转体轴线进行切割，所用刀具的两侧都有切削刃。下面以图 5.3.1 所示的零件为例介绍沟槽车削加工的一般过程。

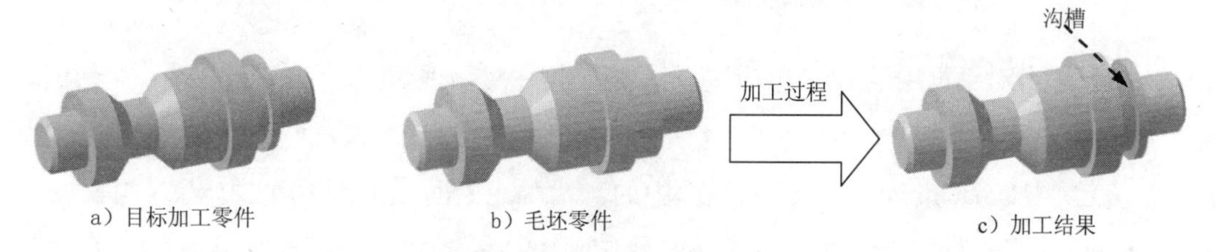

图 5.3.1 沟槽车削加工

Task1. 打开加工模型文件

Step1. 打开文件 D:\cat2016.9\work\ch05.03\groove_turning.CATProduct。

Step2. 选择下拉菜单 开始 → 加工 → Lathe Machining 命令，进入“Lathe Machining”工作台。

Task2. 零件操作定义

Step1. 进入零件操作定义对话框。在特征树中双击“Part Operation.1”节点，系统弹出“Part Operation”对话框。

Step2. 机床设置。单击“Part Operation”对话框中的“Machine”按钮，系统弹出“Machine Editor”对话框，单击其中的“Horizontal Lathe Machine”按钮，保持系统默

认设置，然后单击确定按钮，完成机床的选择。

Step3. 定义加工坐标系

（1）单击“Part Operation”对话框中的按钮，系统弹出“Default reference machining axis for Part Operation.1”对话框。

（2）在对话框的 Axis Name : 文本框中输入坐标系名称“machining axis.1”。

（3）单击对话框中的坐标原点感应区，在图形上选取图 5.3.2 所示的圆，系统将选择该圆圆心作为加工坐标系的原点。

（4）单击“machining axis.1”对话框中的 Z 轴感应区，系统弹出图 5.3.3 所示的“Direction Z”对话框。在“Direction Z”对话框中设置图 5.3.3 所示的参数，单击确定按钮，完成 Z 轴的定义。

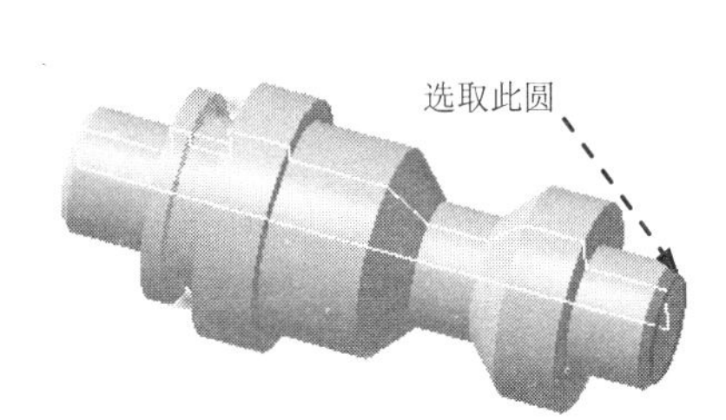

图 5.3.2　定义坐标原点

图 5.3.3　“Direction Z”对话框

（5）单击对话框中的 X 轴感应区，系统弹出图 5.3.4 所示的“Direction X”对话框。在“Direction X”对话框中设置图 5.3.4 所示的参数，单击确定按钮，完成 X 轴的定义。

（6）单击“machining axis.1”对话框中的确定按钮，完成坐标系的定义（图 5.3.5）。

Step4. 定义目标加工零件。

（1）单击“Part Operation”对话框中的按钮。

（2）选择图 5.3.6 所示的零件作为目标加工零件，在图形区空白处双击鼠标左键，系统回到“Part Operation”对话框。

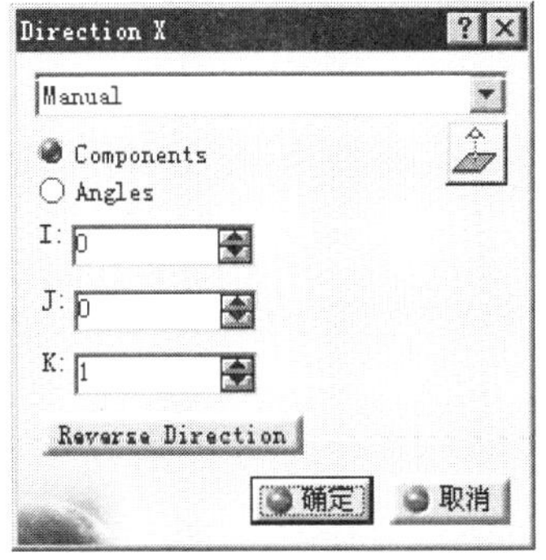

图 5.3.4　“Direction X”对话框

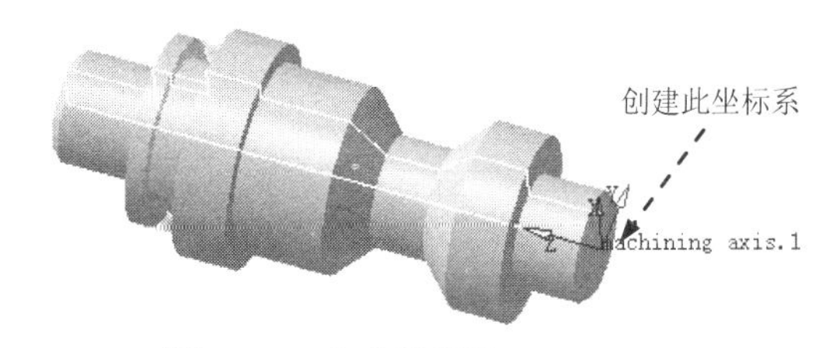

图 5.3.5　定义坐标系

Step5. 定义毛坯零件。

（1）单击“Part Operation”对话框中的按钮。

（2）选择图 5.3.7 所示的零件作为毛坯零件，在图形区空白处双击鼠标左键，系统返回到“Part Operation”对话框。

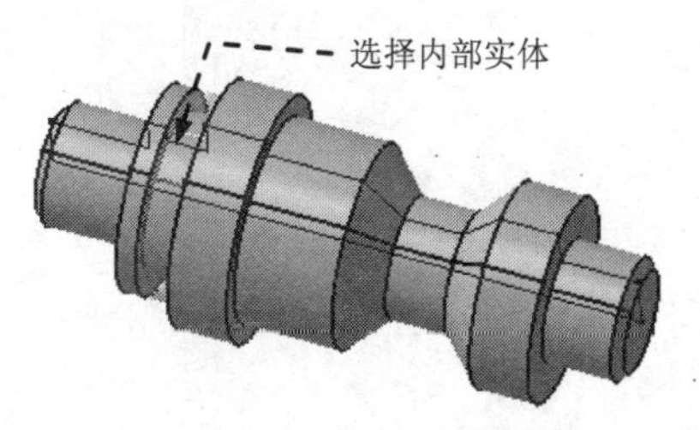

图 5.3.6 目标加工零件

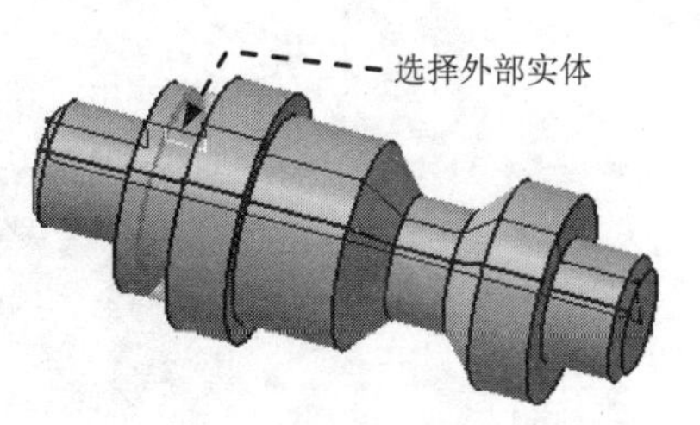

图 5.3.7 毛坯零件

Step6. 定义换刀点。单击“Part Operation”对话框中的 Position 选项卡，然后设置图 5.3.8 所示的参数。

Step7. 单击“Part Operation”对话框中的 确定 按钮，完成零件定义操作。

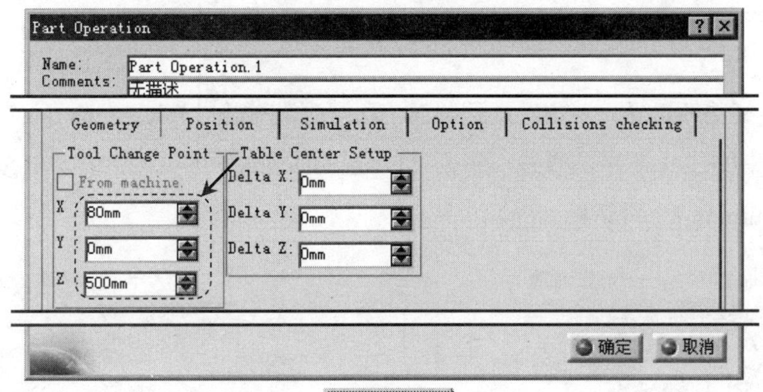

图 5.3.8 Position 选项卡

Task3. 设置加工参数

Stage1. 定义几何参数

Step1. 在特征树中选择“Manufacturing Program.1”节点，然后选择下拉菜单 插入 → Machining Operations → Groove Turning 命令，插入一个沟槽车削加工操作，系统弹出“Groove Turning.1”对话框（一）。

Step2. 定义沟槽轮廓。单击“Groove Turning.1”对话框（一）中的（几何参数）选项卡（图 5.3.9），然后单击沟槽轮廓感应区，系统弹出“Edge Selection”工具条。在图形区中选择图 5.3.10 所示的曲线串，单击“Edge Selection”工具条中的 OK 按钮，系统返回“Groove Turning.1”对话框（一）。

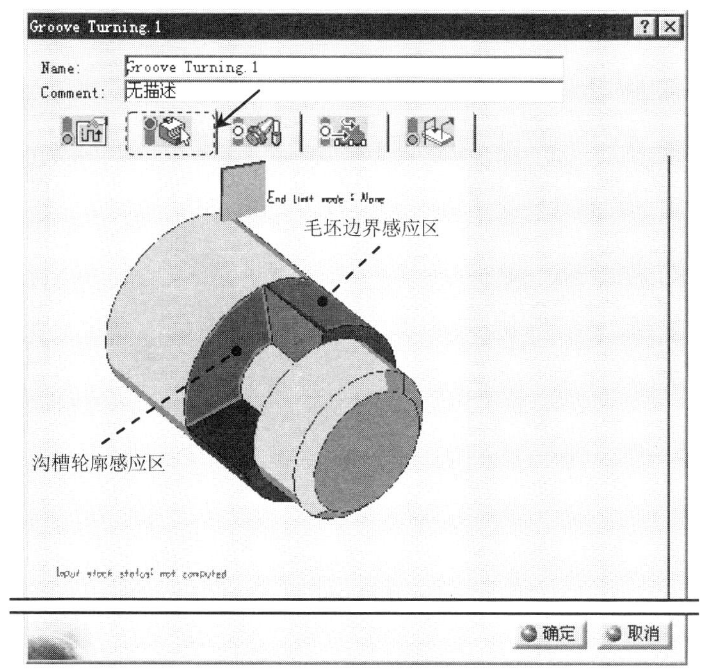

图 5.3.9 “几何参数”选项卡

Step3. 定义毛坯边界。单击毛坯边界感应区，系统弹出“Edge Selection”工具条。在图形区中选择图 5.3.11 所示的直线，单击“Edge Selection”工具条中的 OK 按钮，系统返回“Groove Turning.1”对话框（一）。

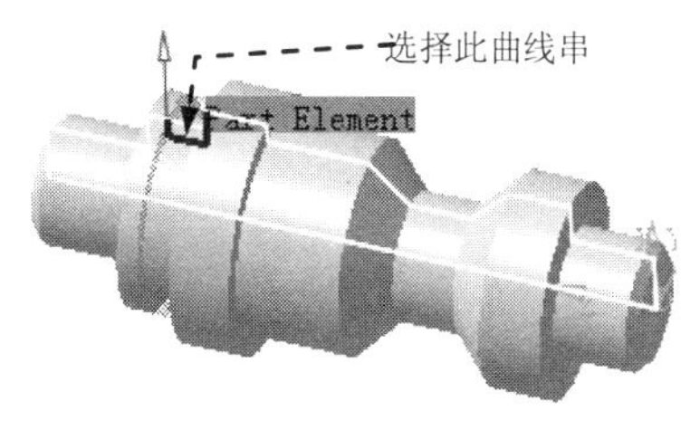

图 5.3.10 定义沟槽轮廓

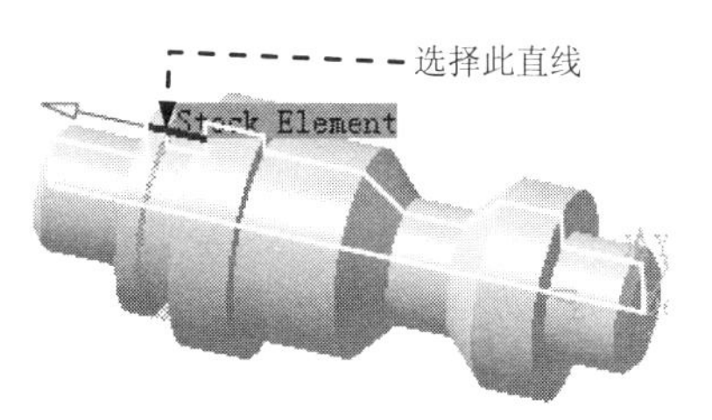

图 5.3.11 定义毛坯边界

Stage2. 定义刀具参数

Step1. 进入刀具参数选项卡。在“Groove Turning.1”对话框（一）中单击刀具参数选项卡。

Step2. 在刀具装配选项卡和刀柄选项卡中采用系统默认的设置。

Step3. 定义刀片参数

（1）单击刀片参数选项卡，采用系统默认的刀片（Groove Insert）。

（2）单击 More>> 按钮，在 Geometry 选项卡中设置图 5.3.12 所示的刀片参数。

（3）其他选项卡中的参数均采用系统默认的设置值。

Geometry | Technology | Feeds & Speeds

Bottom angle :	0deg
Left flank angle :	2.5deg
Right flank angle :	2.5deg
Left nose radius (r1):	0.2mm
Right nose radius (r2):	0.2mm
Height (l):	6mm
Thickness :	2.5mm
Insert width (la):	3mm
Clearance angle :	6deg

图 5.3.12　定义刀片参数

Stage3．定义进给量

Step1．进入“进给量”选项卡。在“Groove Turning.1”对话框（一）中单击（进给量）选项卡。

Step2．设置进给量。在“Groove Turning.1”对话框（一）的（进给量）选项卡中设置图 5.3.13 所示的参数。

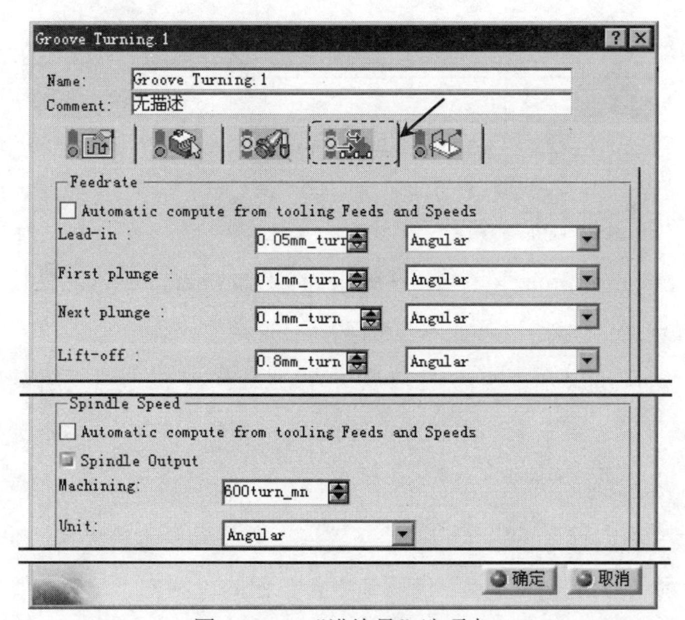

图 5.3.13　“进给量”选项卡

Stage4．定义刀具路径参数

Step1．进入“刀具路径参数”选项卡。在“Groove Turning.1”对话框（一）中单击（刀具路径参数）选项卡（图 5.3.14）。

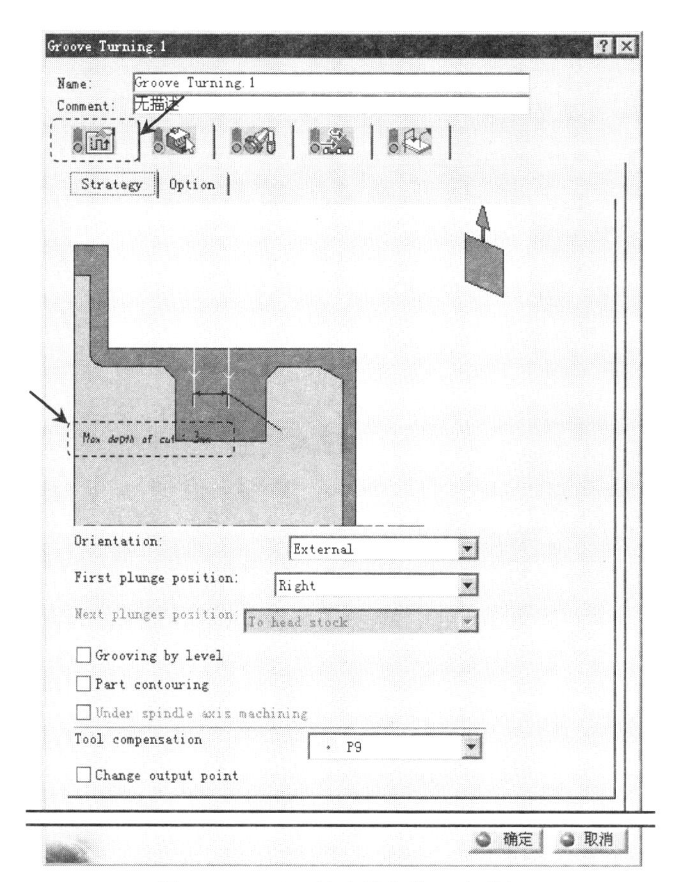

图 5.3.14 “刀具路径参数”选项卡

Step2. 定义“Strategy（加工策略）”参数。单击 Strategy 选项卡，再双击图 5.3.14 所示的“Max depth of cut ：3mm”区域，在弹出的“Edit Parameter”对话框（一）中输入值 2.5，单击 确定 按钮；然后设置如图 5.3.14 所示的参数。

Step3. 定义“Option（加工选项）”参数。在 Option 选项卡中采用系统默认的设置。

说明：在 Option 选项卡中选中 Chip break 复选框后，可以在切槽过程中断屑和清除切屑，而且还需要设置 Chip plunge distance:（断屑切入距离）文本框、Chip break retract distance:（断屑退出距离）文本框和 Chip break clear distance:（断屑安全距离）文本框的值。

图 5.3.14 所示“刀具路径参数”选项卡中各按钮的说明如下。

- Orientation:（方位）下拉列表：该下拉列表用于选择沟槽的方位，包括 Internal（内部）、External（外部）、Frontal（端面）和 Other（其他）4 个选项。
- First plunge position:（第一次切入位置）下拉列表：该下拉列表用于选择开始切入的位置，包括 Right、Center 和 Left 3 个选项。
- Next plunges position:（下一次切入位置）下拉列表：选择下一次切入的位置，在

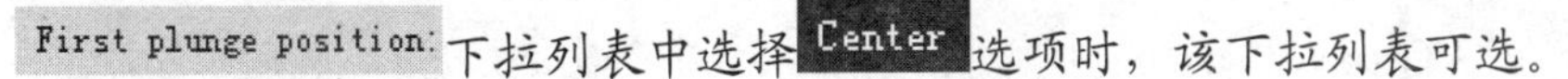
First plunge position: 下拉列表中选择 Center 选项时，该下拉列表可选。

- Grooving by level（分层切削）复选框：如果需要分层加工沟槽，则应选中该复选框。
- □Part contouring（零件轮廓）复选框：如果要在沟槽加工完成时进行轮廓精加工，则应选中该复选框。
- □Under spindle axis machining（在主轴线下加工）复选框：如果需要在主轴线下加工，则应选中该复选框。
- Tool compensation（刀具补偿）下拉列表：该下拉列表用于选择刀具补偿代号。
- □Change output point（改变输出点）复选框：选中该复选框后，刀具输出点的变换可以自动地管理。

Stage5．定义进刀/退刀路径

Step1．进入进刀/退刀路径选项卡。在“Groove Turning.1”对话框（一）中单击进刀/退刀路径选项卡。

Step2．定义进刀路径。

（1）激活进刀。在 Macro Management 区域的列表框中选择 Approach，右击，在弹出的快捷菜单中选择 Activate 命令。

（2）在 Mode: 下拉列表中选择 Build by user 选项，然后单击“Remove all motion”按钮和“Add Horizontal motion”按钮。

Step3．定义退刀路径。

（1）激活退刀。在 Macro Management 区域的列表框中选择 Retract，右击，在弹出的快捷菜单中选择 Activate 命令。

（2）在 Mode: 下拉列表中选择 Build by user 选项，然后单击“Remove all motion”按钮和“Add Horizontal motion”按钮。

Task4．刀路仿真

Step1．在“Groove Turning.1”对话框（一）中单击“Tool Path Replay”按钮，系统弹出“Groove Turning.1”对话框（二），且在图形区显示刀路轨迹，如图 5.3.15 所示。

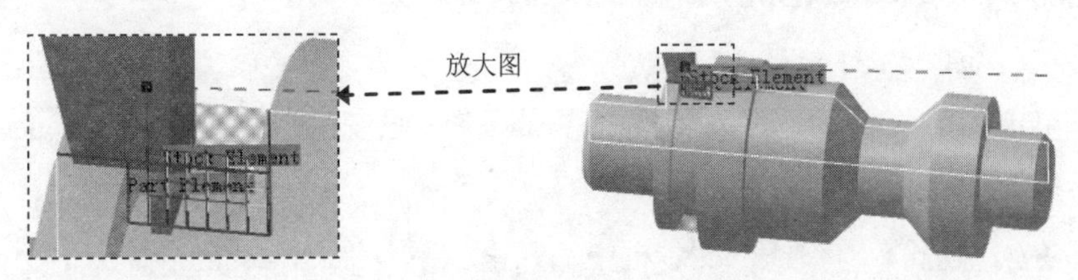

图 5.3.15 显示刀路轨迹

Step2. 在“Groove Turning.1”对话框（二）中单击按钮，然后单击按钮，观察刀具切削毛坯零件的运行情况。

Step3. 在“Groove Turning.1”对话框（二）中单击 确定 按钮，然后在“Groove Turning.1”对话框（一）中单击 确定 按钮。

Task5. 保存模型文件

保存模型文件，文件名为“groove_turning”。

5.4 凹槽车削加工

下面以图 5.4.1 所示的零件为例介绍凹槽车削加工的一般过程。

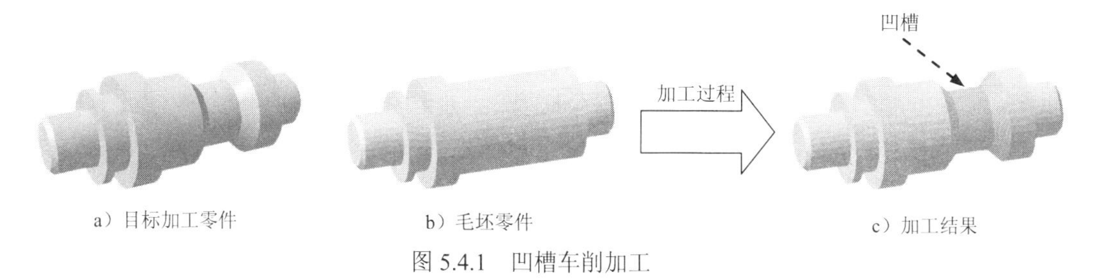

图 5.4.1 凹槽车削加工

Task1. 打开加工模型文件

Step1. 打开文件 D:\cat2016.9\work\ch05.04\recess_turning.CATProduct。

Step2. 选择下拉菜单 开始 → 加工 → Lathe Machining 命令，进入“Lathe Machining”工作台。

Task2. 零件操作定义

Step1. 进入零件操作定义对话框。在特征树中双击“Part Operation.1”节点，系统弹出“Part Operation”对话框。

Step2. 机床设置。单击“Part Operation”对话框中的“Machine”按钮，系统弹出“Machine Editor”对话框，单击其中的“Horizontal Lathe Machine”按钮，保持系统默认设置，然后单击 确定 按钮，完成机床的选择。

Step3. 定义加工坐标系。

（1）单击“Part Operation”对话框中的按钮，系统弹出“Default reference machining axis for Part Operation.1”对话框。

（2）在对话框的 Axis Name : 文本框中输入坐标系名称“machining axis.1”。

（3）单击对话框中的坐标原点感应区，在图形区选取图 5.4.2 所示的圆，系统将选择

该圆圆心作为加工坐标系的原点。

（4）单击对话框中的 Z 轴感应区，系统弹出图 5.4.3 所示的“Direction Z”对话框。设置图 5.4.3 所示的参数，单击 确定 按钮，完成 Z 轴的定义。

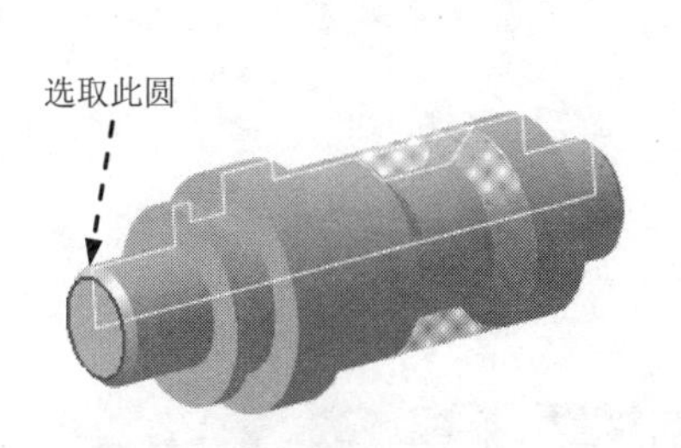

图 5.4.2　选择坐标原点

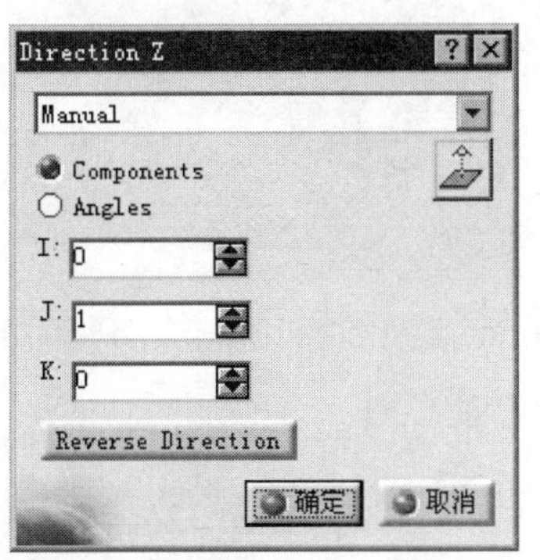

图 5.4.3　“Direction Z”对话框

（5）单击对话框中的 X 轴感应区，系统弹出图 5.4.4 所示的“Direction X”对话框。设置图 5.4.4 所示的参数，单击 确定 按钮，完成 X 轴的定义。

（6）单击“machining axis.1”对话框中的 确定 按钮，完成坐标系的定义（图 5.4.5）。

图 5.4.4　“Direction X”对话框

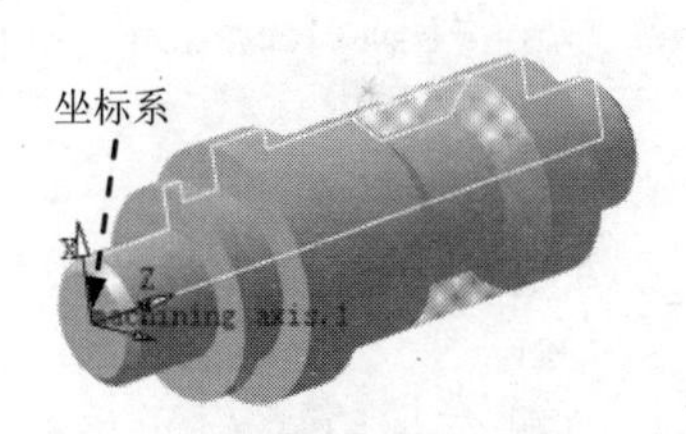

图 5.4.5　定义坐标系

Step4. 定义目标加工零件。

（1）单击“Part Operation”对话框中的按钮。

（2）选择图 5.4.6 所示的零件作为目标加工零件，在图形区空白处双击鼠标左键，系统回到“Part Operation”对话框。

Step5. 定义毛坯零件。

（1）单击“Part Operation”对话框中的按钮。

（2）选择图 5.4.7 所示的零件作为毛坯零件，在图形区空白处双击鼠标左键，系统返回到“Part Operation”对话框。

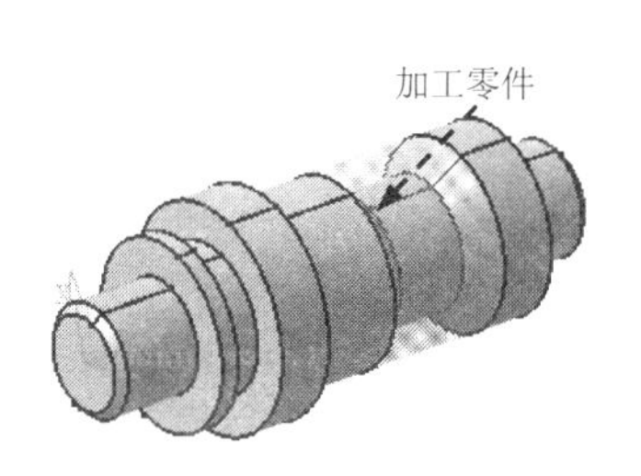

图 5.4.6 加工零件

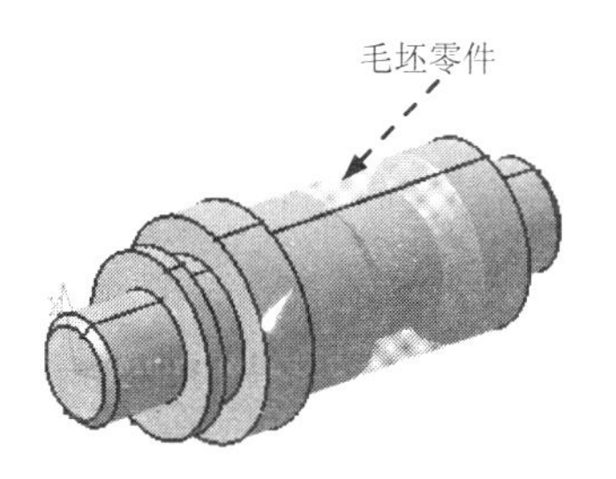

图 5.4.7 毛坯零件

Step6. 定义换刀点。单击“Part Operation”对话框中的 Position 选项卡，然后设置图 5.4.8 所示的参数。

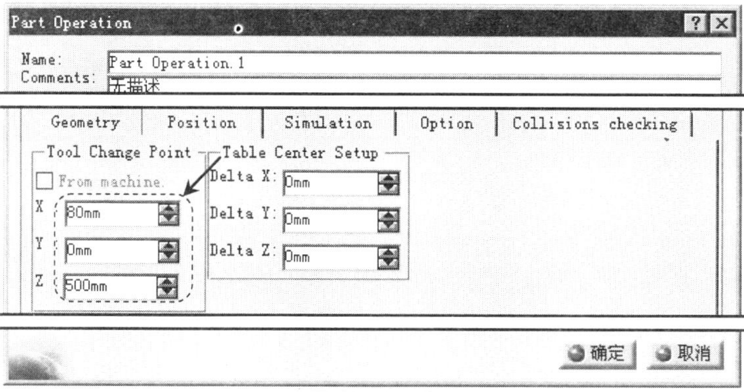

图 5.4.8 Position 选项卡

Step7. 单击“Part Operation”对话框中的 确定 按钮，完成零件操作定义。

Task3. 设置加工参数

Stage1. 定义几何参数

Step1. 在特征树中选中“Manufacturing Program.1”节点，然后选择下拉菜单 插入 → Machining Operations → Recess Turning 命令，插入一个凹槽车削加工操作，系统弹出“Recess Turning.1”对话框（一）。

Step2. 定义凹槽轮廓。单击“Recess Turning.1”对话框（一）中的 （几何参数）选项卡（图 5.4.9），然后单击凹槽轮廓感应区，系统弹出“Edge Selection”工具条。在图形区中选择如图 5.4.10 所示的线串，单击“Edge Selection”工具条中的 OK 按钮，系统返回“Recess Turning.1”对话框（一）。

Step3. 定义毛坯边界。单击毛坯边界感应区，系统弹出“Edge Selection”工具条。在图形区中选择图 5.4.11 所示的曲线，单击“Edge Selection”工具条中的 OK 按钮，系统返回“Recess Turning.1”对话框（一）。

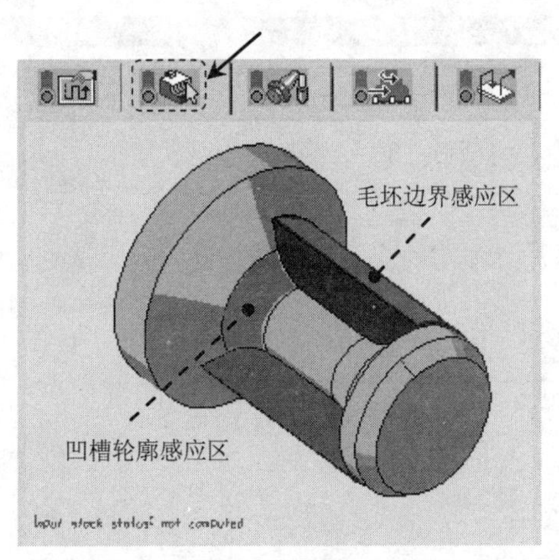

图 5.4.9 “几何参数”选项卡

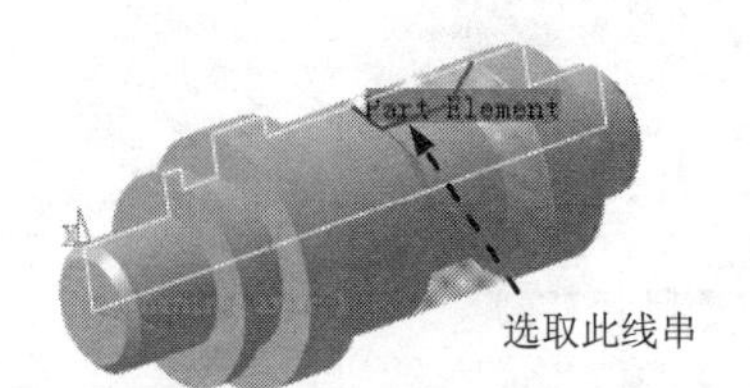

图 5.4.10 定义凹槽轮廓

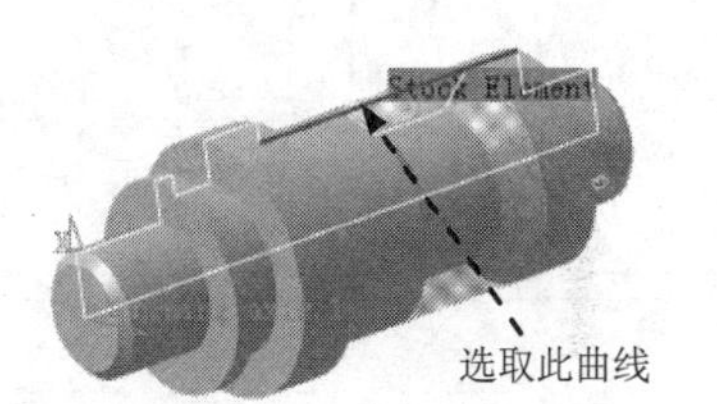

图 5.4.11 定义毛坯边界

Stage2. 定义刀具参数

Step1. 进入“刀具参数”选项卡。在“Recess Turning.1”对话框（一）中单击（刀具参数）选项卡（图 5.4.12）。

Step2. 在“刀具”选项卡中采用系统默认参数设置。

Step3. 定义刀柄。

（1）单击刀柄选项卡，选用刀柄。

（2）单击 More>> 按钮，在 Geometry 选项卡的 Hand style : 下拉列表中选择 Neutral 选项，其余参数设置如图 5.4.12 所示。

（3）其他选项卡中的参数均采用系统默认的设置值。

Step4. 定义刀片参数。

（1）单击刀片选项卡，采用刀片（Groove Insert）。

（2）单击 More>> 按钮，在 Geometry 选项卡中设置图 5.4.13 所示的刀片参数。

（3）在 Technology 选项卡（图 5.4.14）和 Feeds & Speeds 选项卡（图 5.4.15）中采用系统默认的设置。

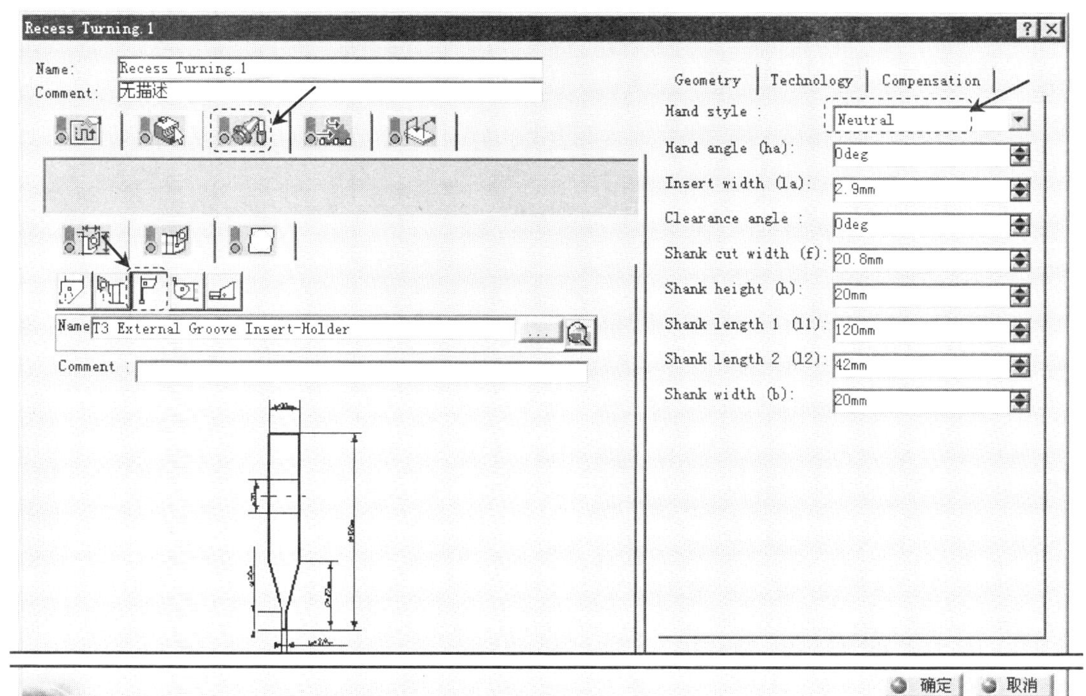

图 5.4.12 “Recess Turning.1”对话框（一）

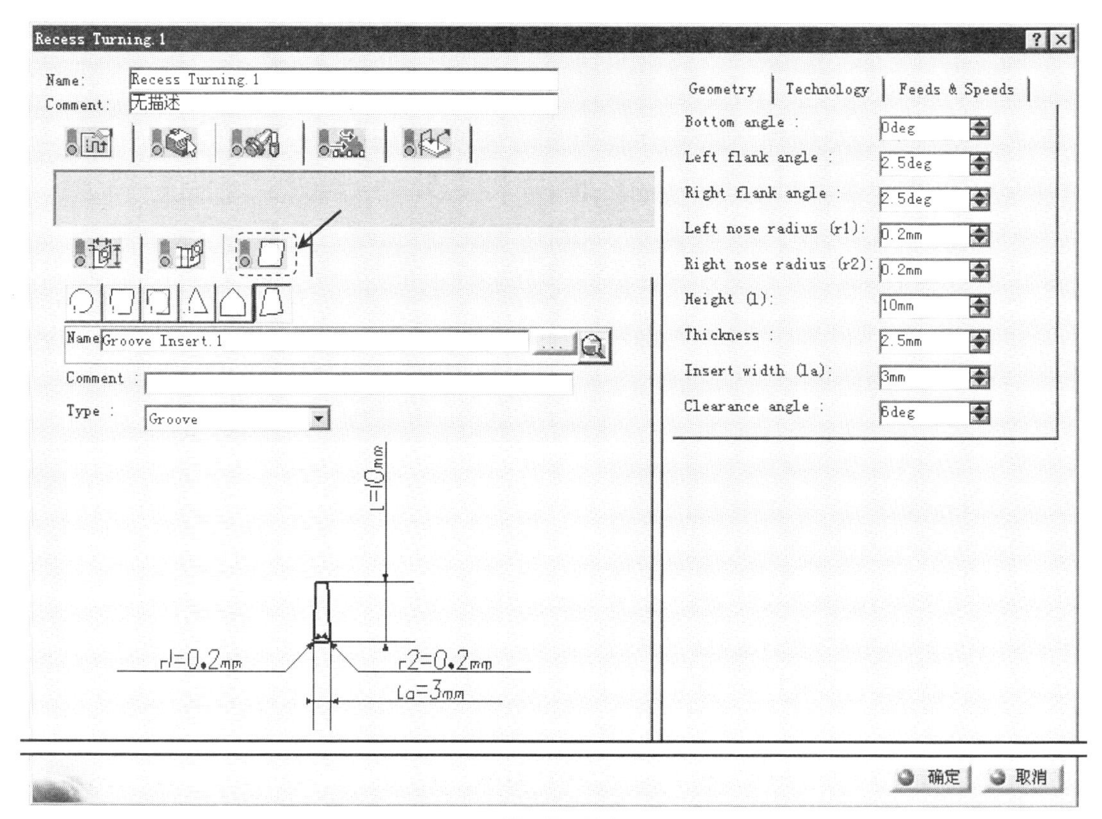

图 5.4.13 Geometry 选项卡

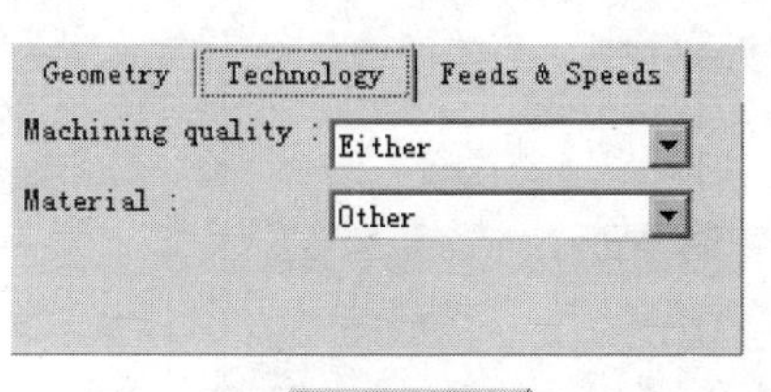

图 5.4.14 Technology选项卡

Geometry | Technology | Feeds & Speeds
Finishing cutting speed : 0m_mn
Finishing feedrate per tooth : 0mm_turn
Roughing cutting speed : 0m_mn
Roughing feedrate per tooth : 0mm_turn
Max machining feedrate : 100000mm_mn

图 5.4.15 Feeds & Speeds选项卡

图 5.4.13～图 5.4.15 所示各选项卡中各选项的说明如下。

- Geometry（几何参数）选项卡：该选项卡用于设置刀片的一般参数。
  - ☑ Bottom angle :（底角）文本框，用于定义刀片底角。
  - ☑ Left flank angle :（左侧角）文本框，用于定义刀片左侧面的角度。
  - ☑ Right flank angle :（右侧角）文本框，用于定义刀片右侧面的角度。
  - ☑ Left nose radius (r1):（左刀尖半径）文本框，用于定义刀片的左刀尖半径。
  - ☑ Right nose radius (r2):（右刀尖半径）文本框，用于定义刀片的右刀尖半径。
  - ☑ Height (l):（刀片高度）文本框，用于定义刀片高度。
  - ☑ Thickness :（厚度）文本框，用于定义刀片厚度。
  - ☑ Insert width (la):（刀片宽度）文本框，用于定义刀片宽度。
  - ☑ Clearance angle :（后角）文本框，用于定义刀片后角。
- Technology（技术参数）选项卡：该选项卡用于设置刀片的技术参数。
  - ☑ Machining quality :（切削质量）下拉列表，用于选择加工质量。
  - ☑ Material :（材料）下拉列表，用于选择刀片的材料。
- Feeds & Speeds（进给量和切削速度）选项卡：用于设置刀具的进给量和切削速度。
  - ☑ Finishing cutting speed :（精加工切削速度）文本框，用于定义精加工时的切削速度。
  - ☑ Finishing feedrate per tooth :（精加工每齿进给量）文本框，用于定义精加工时每齿的进给量。
  - ☑ Roughing cutting speed :（粗加工切削速度）文本框，用于定义粗加工切削速度。
  - ☑ Roughing feedrate per tooth :（粗加工每齿进给量）文本框，用于定义粗加工每齿进给量。
  - ☑ Max machining feedrate :（最大进给量）文本框，用于定义最大进给量。

Stage3．定义进给量

Step1．进入“进给量”选项卡。在“Recess Turning.1”对话框（一）中单击 （进

给量）选项卡。

Step2. 设置进给量。在“Recess Turning.1”对话框（一）的（进给量）选项卡中设置图 5.4.16 所示的参数。

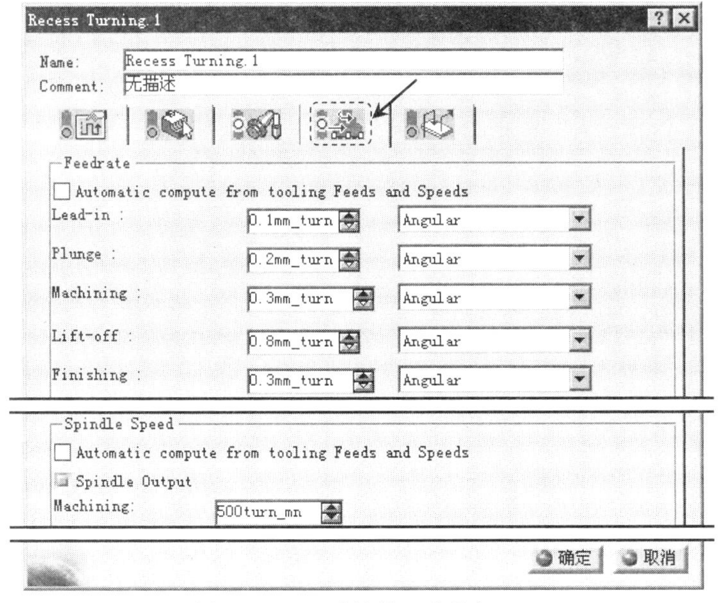

图 5.4.16 “进给量”选项卡

Stage4. 定义刀具路径参数

Step1. 进入“刀具路径参数”选项卡。在“Recess Turning.1”对话框（一）中单击（刀具路径参数）选项卡（图 5.4.17）。

Step2. 定义 Strategy 参数。单击 Strategy 选项卡，然后双击其中的“Max depth of cut ：3mm”字样，在弹出的“Edit Parameter”对话框中输入值 0.5，然后单击 确定 按钮。其他参数的设置如图 5.4.17 所示。

Step3. 定义 Option 参数。在 Option 选项卡中采用系统默认的设置。

说明：图 5.4.17 所示的“刀具路径参数”选项卡的 Recessing mode:（凹槽车削加工模式）下拉列表中提供了以下 3 种进给方式。

- One way（单向切削）选项，选择该模式后，加工时单向进给，一次往复切除一层多余的材料。
- Zig zag（往复切削）选项，选择该模式后，加工时双向进给，往复时均去除多余的材料。
- Parallel Contour（平行轮廓切削）选项，选择该模式加工时，刀具沿零件轮廓轨迹加工去除多余的材料。

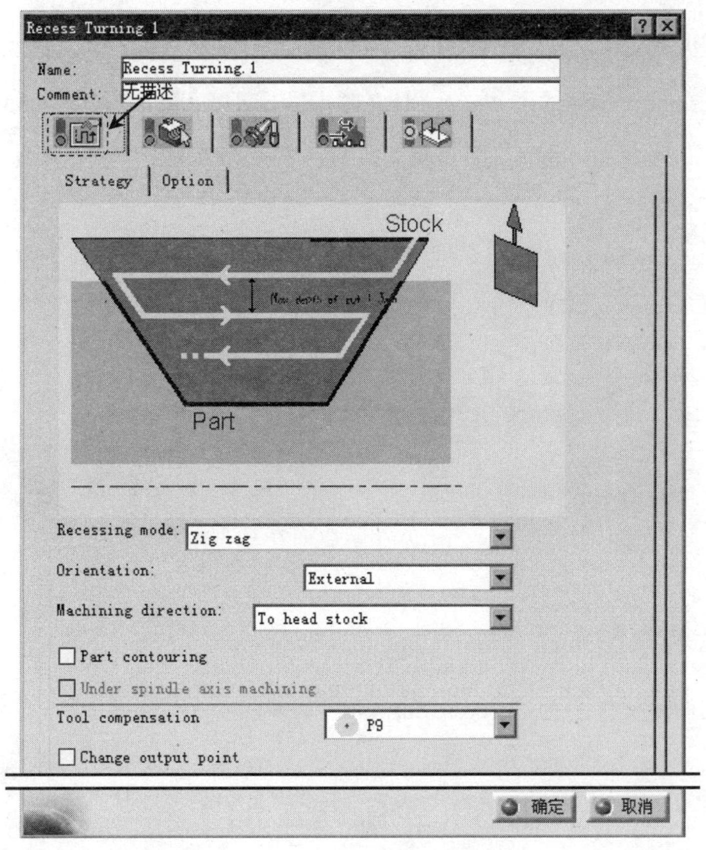

图 5.4.17 “刀具路径参数”选项卡

Stage5. 定义进刀/退刀路径

Step1. 进入“进刀/退刀路径”选项卡。在“Recess Turning.1”对话框（一）中单击（进刀/退刀路径）选项卡。

Step2. 定义进刀路径。

（1）激活进刀。在 Macro Management 区域的列表框中选择 Approach 选项，然后右击，在弹出的快捷菜单中选择 Activate 命令。

（2）在 Mode: 下拉列表中选择 Build by user 选项，然后单击“Remove all motion”按钮和“Add Horizontal motion”按钮。

Step3. 定义退刀路径。

（1）激活退刀。在 Macro Management 区域的列表框中选择 Retract 选项，然后右击，在弹出的快捷菜单中选择 Activate 命令。

（2）在 Mode: 下拉列表中选择 Build by user 选项，然后单击“Remove all motion”按钮和“Add Horizontal motion”按钮。

Task4．刀路仿真

Step1．在“Recess Turning.1”对话框（一）中单击“Tool Path Replay”按钮，系统弹出“Recess Turning.1”对话框（二），且在图形区显示刀路轨迹，如图 5.4.18 所示。

Step2．在“Recess Turning.1”对话框（二）中单击按钮，然后单击按钮，观察刀具切削毛坯零件的运行情况。

Step3．在“Recess Turning.1”对话框（二）中单击 确定 按钮，然后在“Recess Turning.1”对话框（一）中单击 确定 按钮。

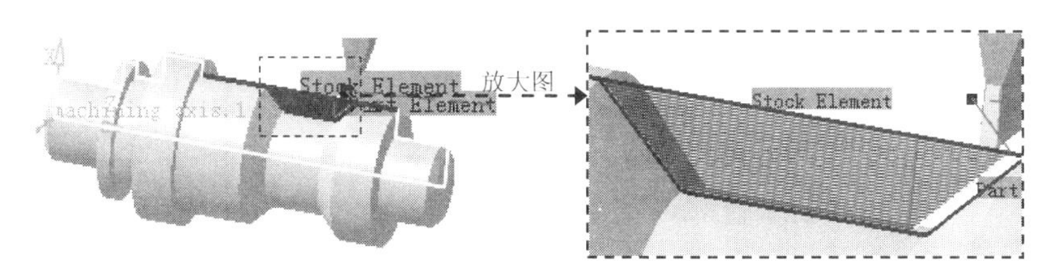

图 5.4.18　显示刀路轨迹

Task5．保存模型文件

保存模型文件，文件名为“recess _turning”。

5.5　轮廓精车加工

下面以图 5.5.1 所示的零件为例来说明轮廓精车加工的一般操作过程。

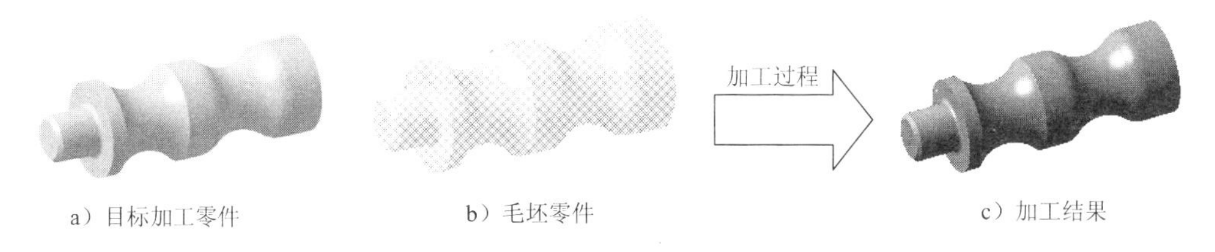

a）目标加工零件　　b）毛坯零件　　c）加工结果

图 5.5.1　轮廓精车加工

Task1．打开模型文件并进入加工模块

Step1．打开模型文件 D:\cat2016.9\work\ch05.05\profile_finishing.CATProduct。

Step2．选择下拉菜单 开始 → 加工 → Lathe Machining 命令，进入“Lathe Machining”工作台。

Task2．零件操作定义

Step1．进入零件操作定义对话框。在特征树中双击“Part Operation.1”节点，系统弹出

“Part Operation”对话框。

Step2. 机床设置。单击“Part Operation”对话框中的“Machine”按钮，系统弹出“Machine Editor”对话框，采用系统默认设置，然后单击确定按钮，完成机床的选择。

Step3. 定义加工坐标系。

（1）单击“Part Operation”对话框中的按钮，系统弹出“Default reference machining axis for Part Operation.1”对话框。

（2）在对话框的 Axis Name : 文本框中输入坐标系名称“machining axis.1”。

（3）单击对话框中的坐标原点感应区，选择图 5.5.2 所示的圆，系统自动将所选择的圆的圆心作为加工坐标系的原点。此时，“Default reference machining axis for Part Operation.1”对话框变成“machining axis.1”对话框。

（4）单击对话框中的 Z 轴感应区，系统弹出图 5.5.3 所示的“Direction Z”对话框。在“Direction Z”对话框中设置图 5.5.3 所示的参数，然后单击确定按钮，完成 Z 轴的定义。

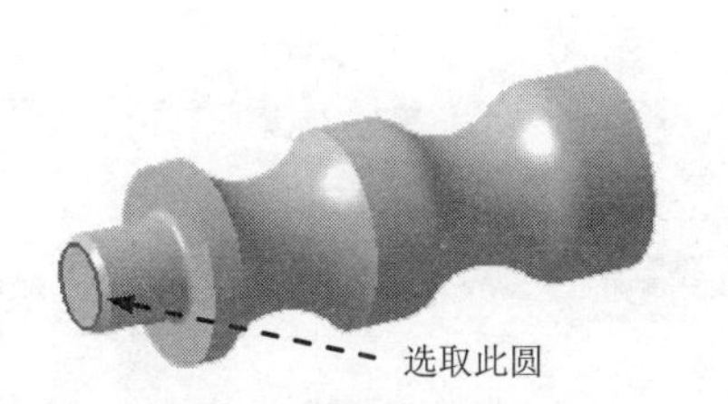

图 5.5.2　定义坐标原点

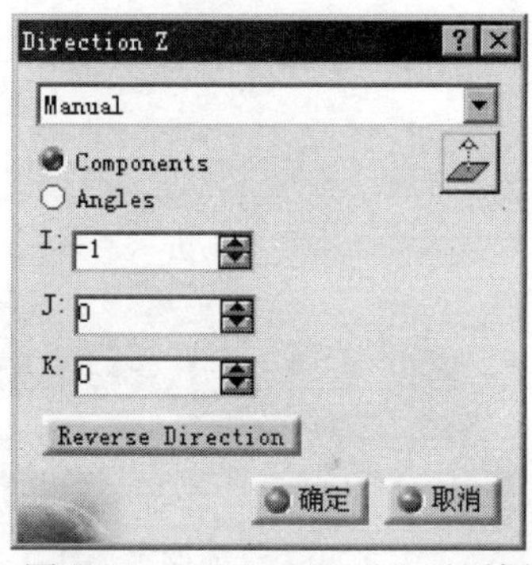

图 5.5.3　“Direction Z”对话框

（5）单击“machining axis.1”对话框中的 X 轴感应区，系统弹出图 5.5.4 所示的“Direction X”对话框。在“Direction X”对话框中设置图 5.5.4 所示的参数，然后单击确定按钮，完成 X 轴的定义。

（6）单击“machining axis.1”对话框中的确定按钮，系统回到“Part Operation”对话框。

Step4. 定义目标加工零件。

（1）单击“Part Operation”对话框中的按钮。

（2）在图 5.5.5 所示的特征树中右击“rough（rough.1）”，在弹出的快捷菜单中选择隐藏/显示命令。

（3）选择图 5.5.6 所示的零件作为目标加工零件，在图形区空白处双击鼠标左键，系统回到“Part Operation”对话框。

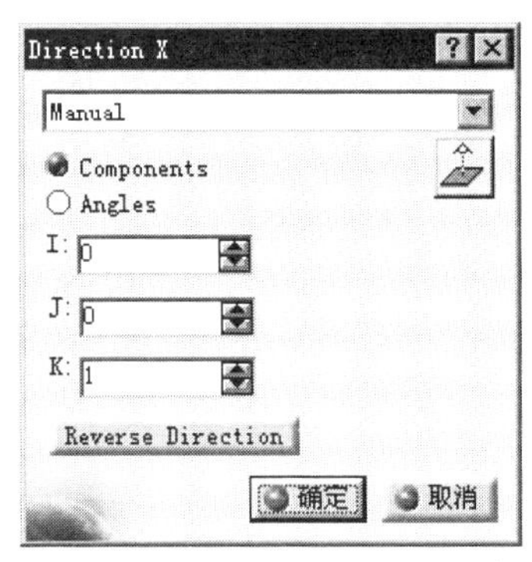

图 5.5.4 “Direction X”对话框

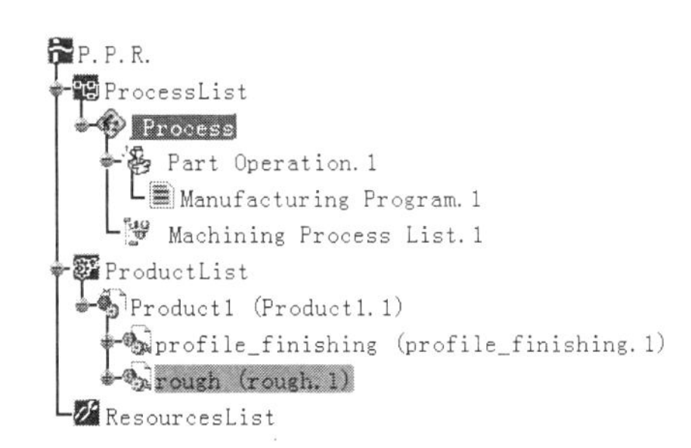

图 5.5.5 特征树

Step5. 定义毛坯零件。

（1）单击“Part Operation”对话框中的按钮。

（2）在特征树中右击“rough（rough.1）”，在弹出的快捷菜单中选择隐藏/显示命令。

（3）选择图 5.5.7 所示的零件作为毛坯零件，在图形区空白处双击鼠标左键，系统回到“Part Operation”对话框。

说明：本例中毛坯零件比目标加工零件在径向的尺寸略大。

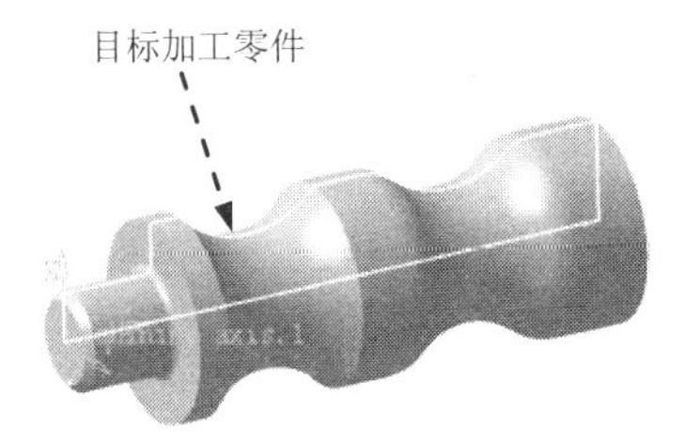

图 5.5.6 目标加工零件

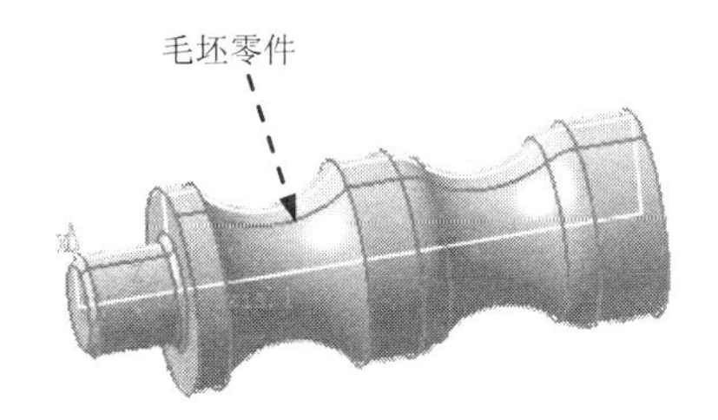

图 5.5.7 毛坯零件

Step6. 定义换刀点。单击“Part Operation”对话框（图 5.5.8）中的 Position 选项卡，然后设置“Tool Change Point”中的参数。

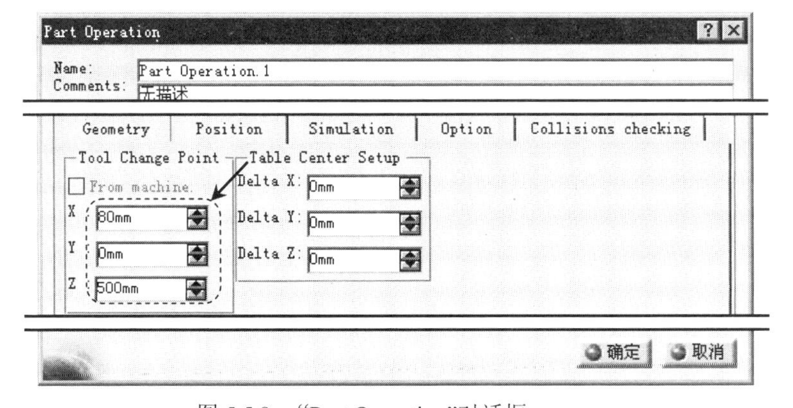

图 5.5.8 “Part Operation”对话框

Step7. 单击“Part Operation”对话框中的 确定 按钮，完成零件定义操作。

Task3. 设置加工参数

Step1. 在特征树中选中“Manufacturing Program.1”节点，然后选择下拉菜单 插入 → Machining Operations ▸ → Profile Finish Turning 命令，插入一个轮廓精车加工操作，系统弹出图 5.5.9 所示的“Profile Finish Turning.1”对话框（一）。

Step2. 定义几何参数。

定义零件轮廓。单击几何参数选项卡，然后单击“Profile Finish Turning.1”对话框（一）中的零件轮廓感应区，系统弹出“Edge Selection”工具条。在图形区选择图 5.5.10 所示的曲线作为零件轮廓。单击“Edge Selection”工具条中的 OK 按钮，系统返回到“Profile Finish Turning.1”对话框（一）。

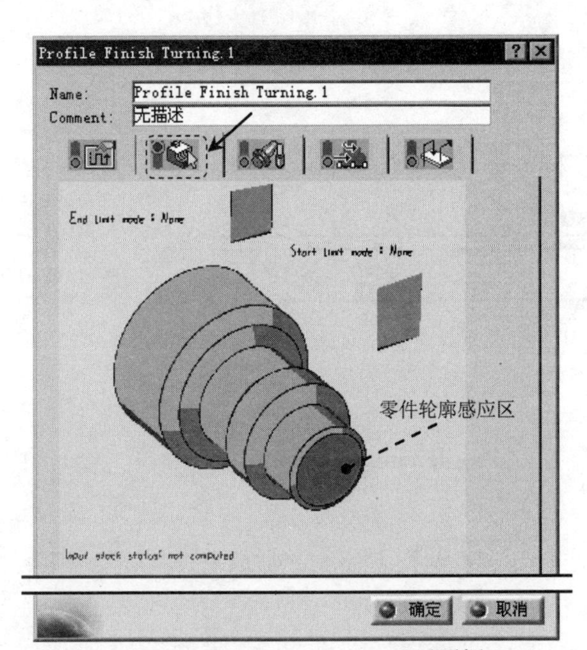

图 5.5.9 “Profile Finish Turning.1”对话框（一）

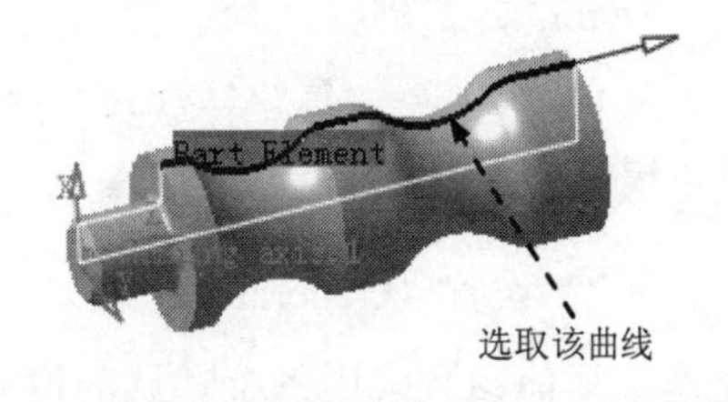

图 5.5.10 定义零件轮廓

Step3. 定义刀具参数。

（1）进入刀具参数选项卡。在“Profile Finish Turning.1”对话框（一）中单击刀具参数选项卡。

（2）定义刀柄。单击刀柄选项卡，采用系统默认的刀柄参数。

（3）定义刀片。在刀片选项卡中，采用系统默认的刀片参数。

Step4. 定义进给量。

（1）进入“进给量”选项卡。在“Profile Finish Turning.1”对话框（一）中单击（进给量）选项卡。

（2）设置进给量。在“Profile Finish Turning.1”对话框（一）的 （进给量）选项卡中设置图 5.5.11 所示的参数。

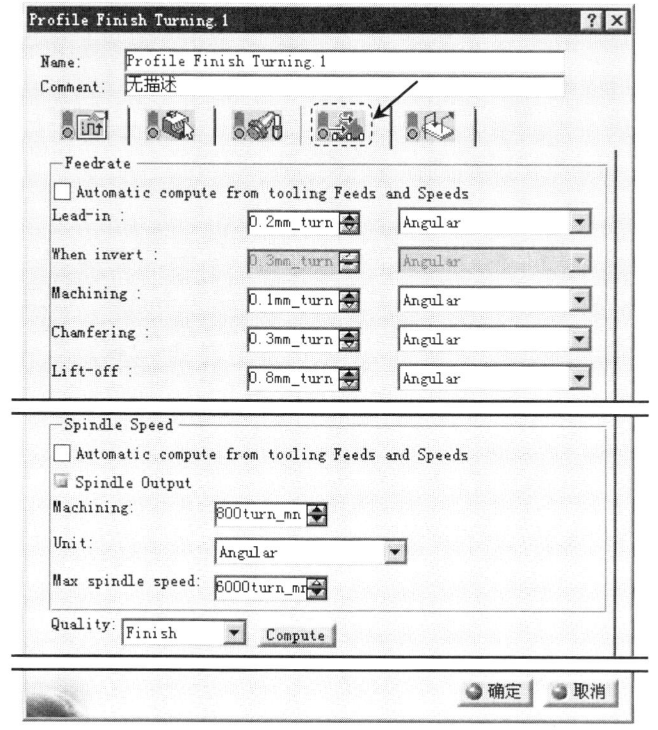

图 5.5.11　“进给量”选项卡

Step5. 定义刀具路径参数。

（1）进入“刀具路径参数”选项卡。在“Profile Finish Turning.1”对话框（一）中单击 （刀具路径参数）选项卡（图 5.5.12）。

（2）设置“General（一般）”参数。单击 General 选项卡，然后选中 Recess machining 复选框，其他参数采用系统默认的设置值。

（3）其他选项卡中的参数采用系统默认的设置值。

图 5.5.12 所示的“刀具路径参数”选项卡中各选项的说明如下。

- 在 Machining （加工）选项卡中可以设置切入切出类型，图 5.5.13 和图 5.5.14 所示分别为直线切入切出和圆弧切入切出的走刀路线。
- 在 Corner Processing （拐角处理）选项卡中可以设置处理阶梯轴拐角轮廓的方式，图 5.5.15 所示为不处理拐角轮廓；图 5.5.16 所示为所有的拐角（需设置角度，默认值为 90deg）加工成倒角；图 5.5.17 所示为所有拐角加工成圆角的方式。将拐角加工成倒角时要设置倒角的长度；将拐角加工成圆角时要设置圆角的半径。

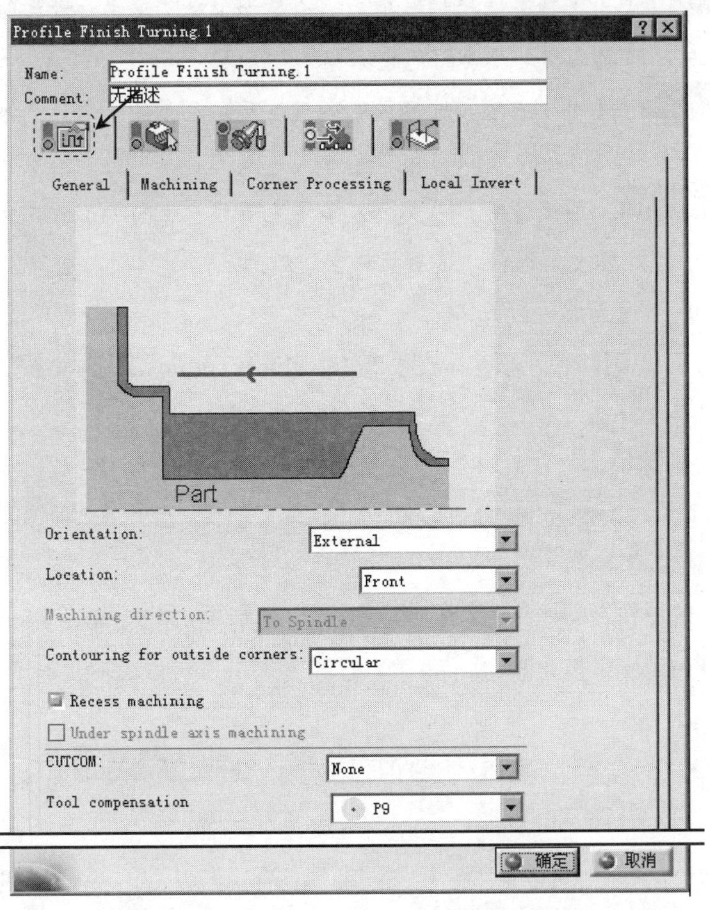

图 5.5.12 “刀具路径参数”选项卡

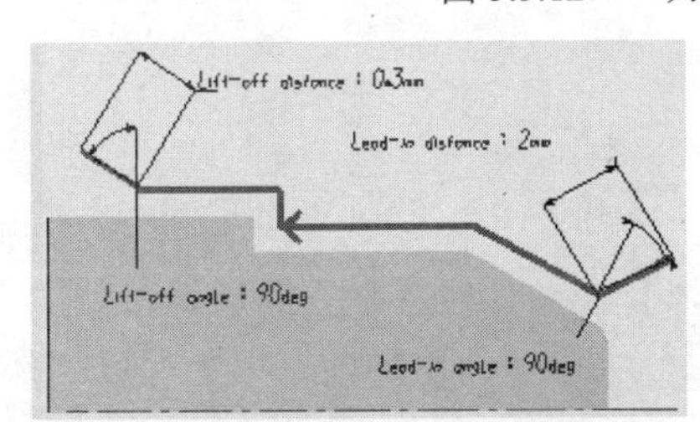

图 5.5.13 直线切入切出路线

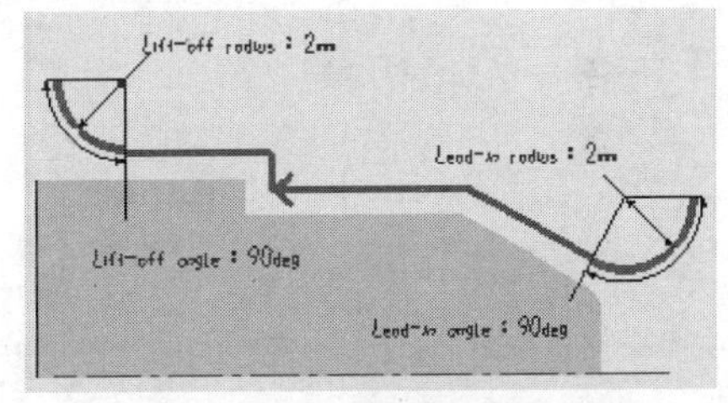

图 5.5.14 圆弧切入切出路线

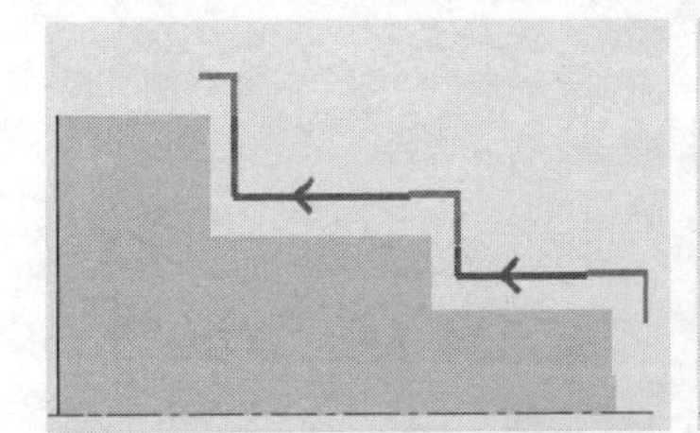

图 5.5.15 不处理拐角轮廓

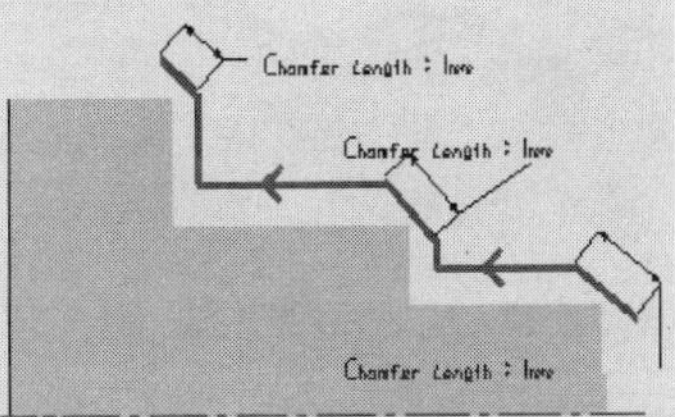

图 5.5.16 所有拐角加工成倒角

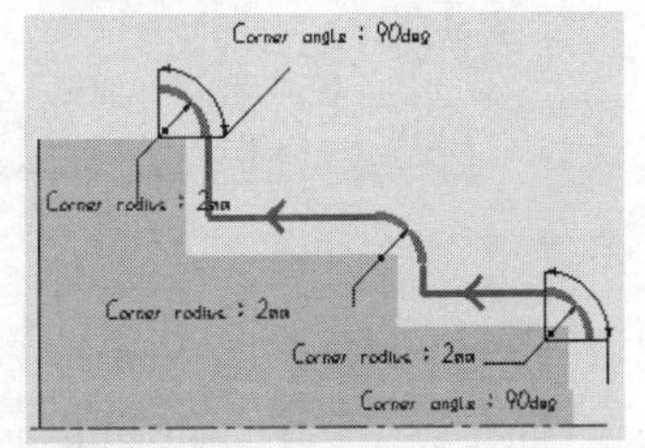

图 5.5.17 所有拐角加工成圆角

- 在 Local Invert （局部反向）选项卡中可以对局部反向元素的加工进行设定，系统提供了以下 3 种反向策略。

☑ None（无）选项，选择该选项后，轮廓加工对于反向元素按照反向路线进行加工，即忽略反向元素的定义。

☑ Overlap（重叠）选项，选择该选项后，反向元素的给定长度被加工两次，正常加工一次，反向加工一次。

☑ Thickness（预留厚度）选项，选择该选项后，正向加工时在反向加工元素上预留给定厚度的材料，这层材料在随后的反向加工时被去除。

Step6. 定义进刀/退刀路径。

（1）进入进刀/退刀路径选项卡。在“Profile Finish Turning.1”对话框（一）中单击进刀/退刀路径选项卡。

（2）定义进刀路径。

① 激活进刀。在 Macro Management 区域的列表框中选择 Approach 选项，右击，在弹出的快捷菜单中选择 Activate 命令。

② 在 Mode: 下拉列表中选择 Build by user 选项，然后单击“Remove all motion”按钮和“Add Tangent motion”按钮。

（3）定义退刀路径。

① 激活退刀。在 Macro Management 区域的列表框中选择 Retract 选项，然后右击，在弹出的快捷菜单中选择 Activate 命令。

② 在 Mode: 下拉列表中选择 Build by user 选项，然后单击“Remove all motion”按钮和“Add Horizontal motion”按钮。

Task4. 刀路仿真

Step1. 在“Profile Finish Turning.1”对话框（一）中单击“Tool Path Replay”按钮，系统弹出“Profile Finish Turning.1”对话框（二），且在图形区显示刀路轨迹，如图 5.5.18 所示。

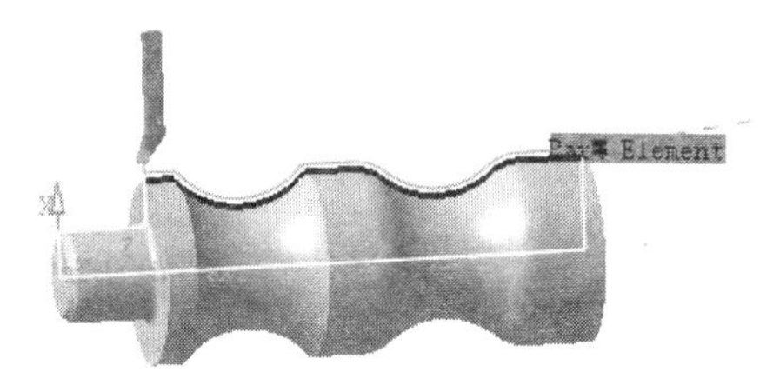

图 5.5.18 显示刀路轨迹

Step2. 在“Profile Finish Turning.1”对话框（二）中单击按钮，然后单击按钮，观察刀具切削毛坯零件的运行情况。

Step3. 单击“Profile Finish Turning.1”对话框（二）中的 确定 按钮，然后单击“Profile Finish Turning.1”对话框（一）中的 确定 按钮。

Task5. 保存模型文件

在服务器上保存模型文件，文件名为“profile_finishing”。

5.6 沟槽精车加工

下面以图 5.6.1 所示的零件为例来说明沟槽精车加工的一般操作过程。

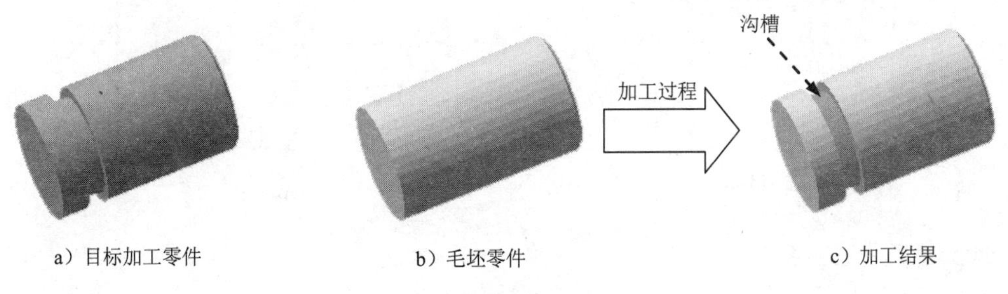

图 5.6.1 沟槽精车加工

Task1. 打开模型文件并进入加工模块

Step1. 打开模型文件 D:\cat2016.9\work\ch05.06\ groove_finishing.CATProduct。

Step2. 选择下拉菜单 开始 → 加工 → Lathe Machining 命令，进入“Lathe Machining”工作台。

Task2. 零件操作定义

Step1. 进入零件操作定义对话框。在图 5.6.2 所示的特征树中双击“Part Operation.1”节点，系统弹出“Part Operation”对话框。

Step2. 机床设置。单击“Part Operation”对话框中的“Machine”按钮，系统弹出“Machine Editor”对话框，采用系统默认的设置，然后单击 确定 按钮，完成机床的选择。

Step3. 定义加工坐标系。

（1）单击“Part Operation”对话框中的按钮，系统弹出“Default reference machining axis for Part Operation.1”对话框。

（2）在对话框的 Axis Name : 文本框中输入坐标系名称“machining axis.1”。

（3）单击对话框中的 X 轴，系统弹出图 5.6.3 所示的“Direction X”对话框，设置图 5.6.3 所示的参数，然后单击 确定 按钮，完成 X 轴的定义。

（4）单击“machining axis.1”对话框中的 确定 按钮。

Step4. 定义目标加工零件。

（1）单击“Part Operation”对话框中的按钮。

（2）选择图 5.6.4 所示的零件作为目标加工零件，在图形区空白处双击鼠标左键，系统回到“Part Operation”对话框。

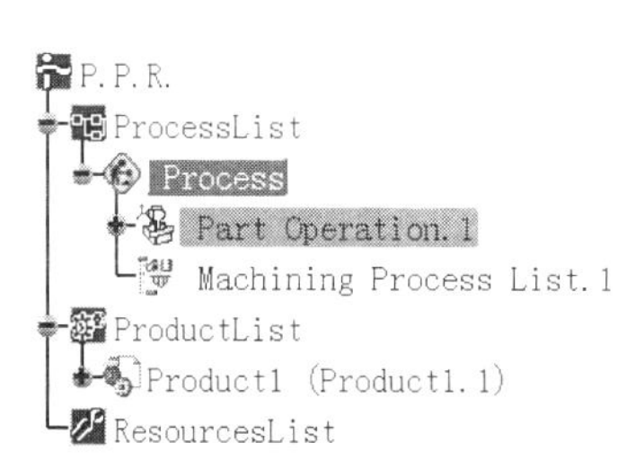

图 5.6.2　特征树

图 5.6.3　“Direction X”对话框

Step5. 定义毛坯零件。

（1）单击“Part Operation”对话框中的按钮。

（2）选择图 5.6.5 所示的零件作为毛坯零件，在图形区空白处双击鼠标左键，系统返回到“Part Operation”对话框。

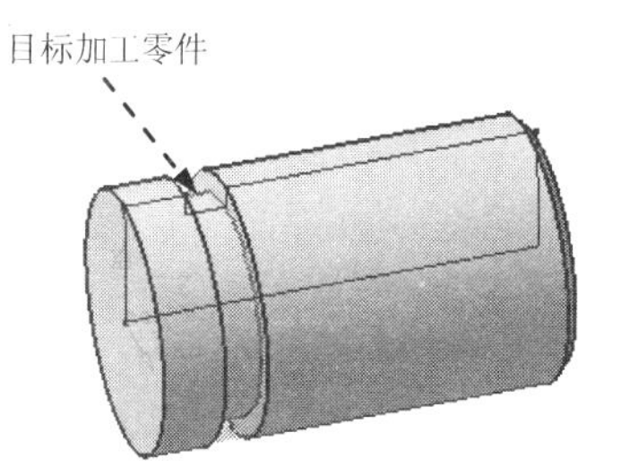

图 5.6.4　目标加工零件

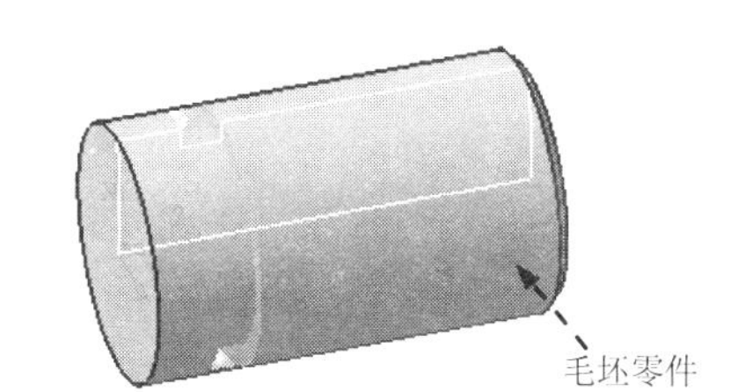

图 5.6.5　毛坯零件

Step6. 定义换刀点。单击“Part Operation”对话框中的 Position 选项卡，然后设置图 5.6.6 所示的参数。

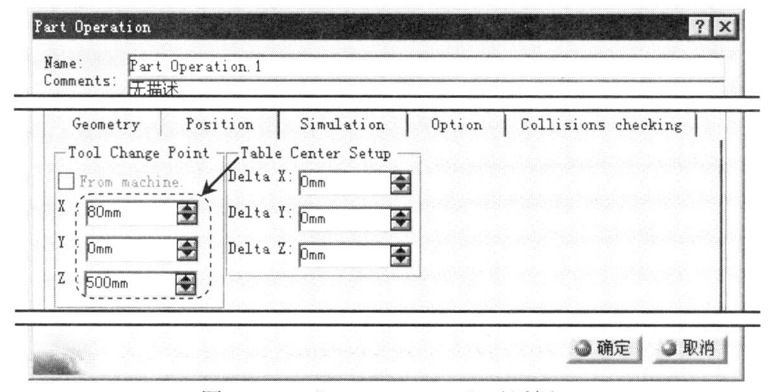

图 5.6.6　“Part Operation”对话框

Step7. 单击“Part Operation”对话框中的 确定 按钮，完成零件定义操作。

Task3. 设置加工参数

Step1. 在特征树中选中“Manufacturing Program.1”节点，然后选择下拉菜单 插入 ➡ Machining Operations ▸ ➡ Groove Finish Turning 命令，插入一个沟槽精车加工操作，系统弹出图 5.6.7 所示的“Groove Finish Turning.1”对话框（一）。

Step2. 定义几何参数，定义零件轮廓。单击几何参数选项卡，然后单击“Groove Finish Turning.1”对话框（一）中的零件轮廓感应区，系统弹出“Edge Selection”工具条。在图形区选择图 5.6.8 所示的曲线作为零件轮廓。单击“Edge Selection”工具条中的 OK 按钮，系统返回到“Groove Finish Turning.1”对话框（一）。

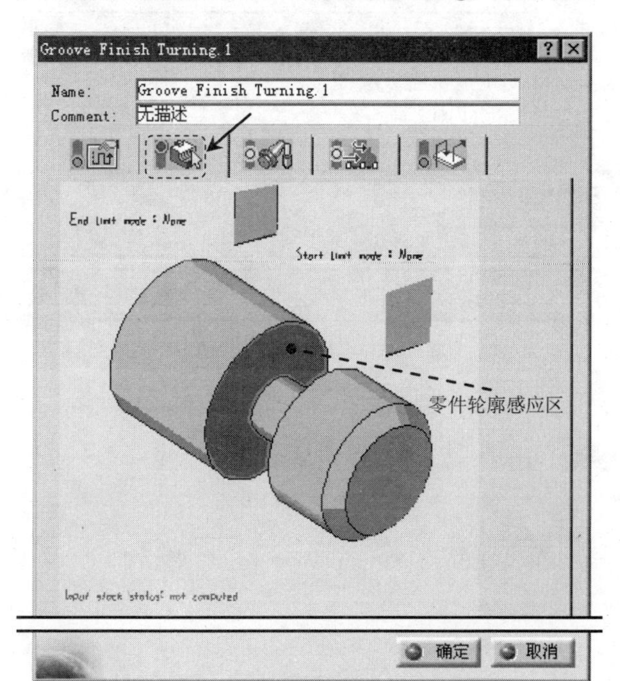

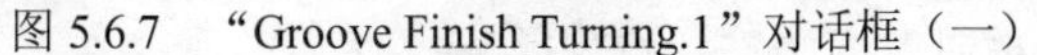

图 5.6.7 “Groove Finish Turning.1”对话框（一）

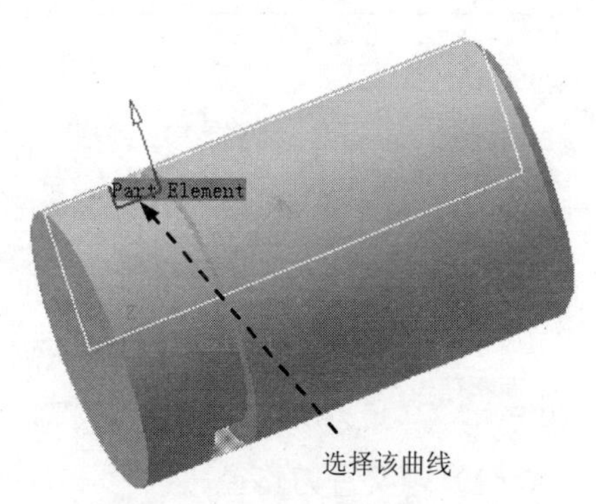

图 5.6.8 定义零件轮廓

Step3. 定义刀具参数。

（1）进入“刀具参数”选项卡。在“Groove Finish Turning.1”对话框（一）中单击（刀具参数）选项卡。

（2）定义刀柄。单击刀柄选项卡，采用系统默认的设置。

（3）定义刀片。单击刀头选项卡，然后单击 More>> 按钮，设置图 5.6.9 所示的参数。

Step4. 定义进给量。

（1）进入“进给量”选项卡。在“Groove Finish Turning.1”对话框（一）中单击

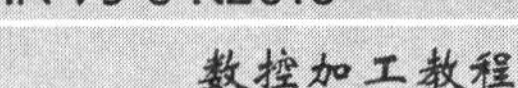

（进给量）选项卡。

（2）设置进给量。在“Groove Finish Turning.1”对话框（一）的（进给量）选项卡中设置图 5.6.10 所示的参数。

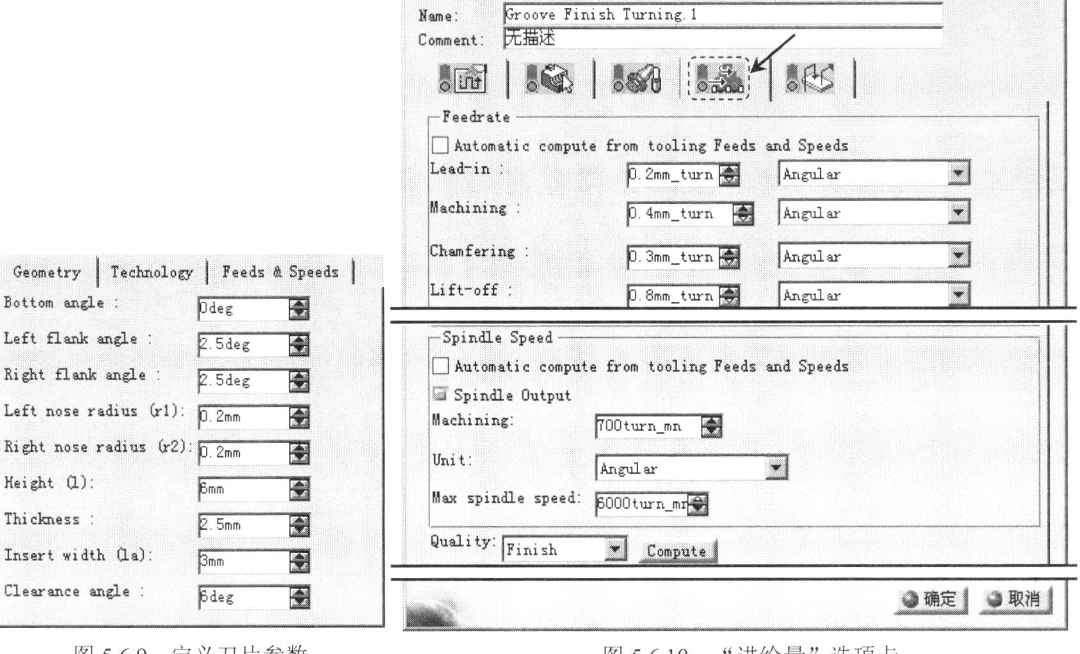

图 5.6.9　定义刀片参数　　　　图 5.6.10　“进给量”选项卡

Step5. 定义刀具路径参数。进入“刀具路径参数”选项卡。在“Groove Finish Turning.1”对话框（一）中单击（刀具路径参数）选项卡，参数采用系统默认设置。

Step6. 定义进刀/退刀路径。

（1）进入“进刀/退刀路径”选项卡。在“Groove Finish Turning.1”对话框（一）中单击（进刀/退刀路径）选项卡。

（2）定义进刀路径。

① 激活进刀。在 Macro Management 区域的列表框中选择 Approach，然后右击，在弹出的快捷菜单中选择 Activate 命令。

② 在 Mode: 下拉列表中选择 Build by user 选项，然后单击“Remove all motions”按钮和“Add Tangent motion”按钮。

（3）定义退刀路径。

① 激活退刀。在 Macro Management 区域的列表框中选择 Retract，然后右击，在弹出的快捷菜单中选择 Activate 命令。

② 在 Mode: 下拉列表中选择 Build by user 选项，然后单击“Remove all motions”按钮和“Add Horizontal motion”按钮。

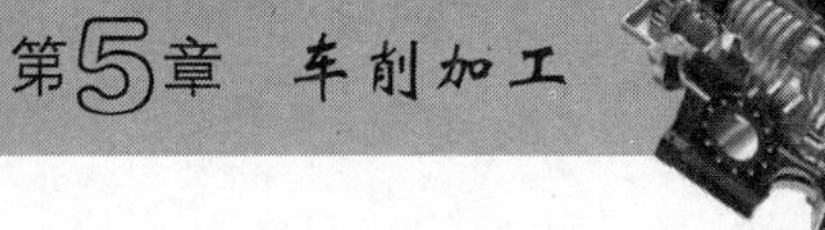

Task4．刀路仿真

Step1．在“Groove Finish Turning.1”对话框（一）中单击“Tool Path Replay”按钮，系统弹出“Groove Finish Turning.1”对话框（二），且在图形区显示刀路轨迹，如图 5.6.11 所示。

Step2．在“Groove Finish Turning.1”对话框（二）中单击按钮，然后单击按钮，观察刀具切削毛坯零件的运行情况。

Step3．确定无误后单击“Groove Finish Turning.1”对话框（二）中的确定按钮，然后单击“Groove Finish Turning.1”对话框（一）中的确定按钮。

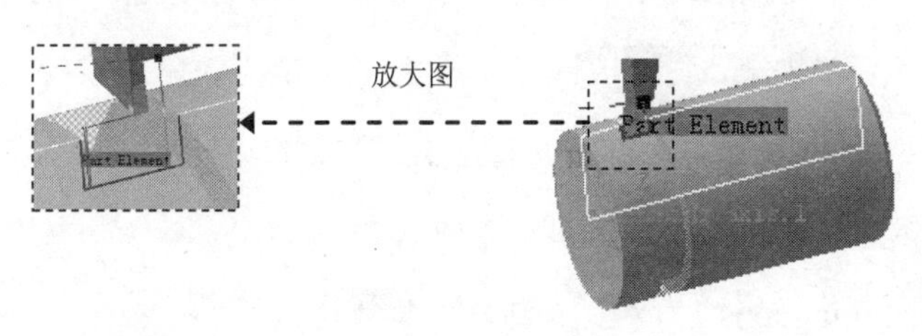

图 5.6.11 显示刀路轨迹

Task5．保存模型文件

保存模型文件，文件名为“groove_finishing”。

5.7 顺序车削

下面以图 5.7.1 所示的零件为例来说明顺序车削加工的一般操作过程。

a）目标加工零件 b）毛坯零件 c）加工结果

图 5.7.1 顺序车削

Task1．打开模型文件并进入加工模块

Step1．打开模型文件 D:\cat2016.9\work\ch05.07\profile_finishing\CATProduct。

Step2．选择下拉菜单 开始 → 加工 → Lathe Machining 命令，进入“Lathe Machining”工作台。

Task2．零件操作定义

Step1．进入零件操作定义对话框。在特征树中双击“Part Operation.1”节点，系统弹出

“Part Operation”对话框。

Step2. 机床设置。单击“Part Operation”对话框中的“Machine”按钮，系统弹出“Machine Editor”对话框，采用系统默认设置，然后单击确定按钮，完成机床的选择。

Step3. 定义加工坐标系。

（1）单击“Part Operation”对话框中的按钮，系统弹出“Default reference machining axis for Part Operation.1”对话框。

（2）在对话框的 Axis Name : 文本框中输入坐标系名称“machining axis.1”。

（3）单击对话框中的 Z 轴，系统弹出图 5.7.2 所示的“Direction Z”对话框，设置图 5.7.2 所示的参数，然后单击确定按钮，完成 Z 轴的定义。

（4）单击对话框中的 X 轴，系统弹出图 5.7.3 所示的“Direction X”对话框，设置图 5.7.3 所示的参数，然后单击确定按钮，完成 X 轴的定义。

（5）单击“machining axis.1”对话框中的确定按钮。

图 5.7.2 “Direction Z”对话框

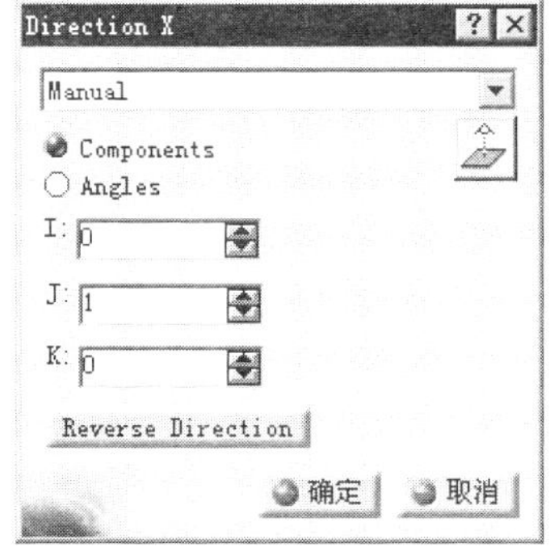

图 5.7.3 “Direction X”对话框

Step4. 定义目标加工零件。

（1）单击“Part Operation”对话框中的按钮。

（2）在特征树中右击“rough（rough.1）”节点，在弹出的快捷菜单中选择隐藏/显示命令。

（3）选择图 5.7.4 所示的零件作为目标加工零件，在图形区空白处双击鼠标左键，系统回到“Part Operation”对话框。

Step5. 定义毛坯零件。

（1）单击“Part Operation”对话框中的按钮。

（2）在特征树中右击“rough（rough.1）”节点，在弹出的快捷菜单中选择隐藏/显示命令。

（3）选择图 5.7.5 所示的零件作为毛坯零件，在图形区空白处双击鼠标左键，系统返回到“Part Operation”对话框。

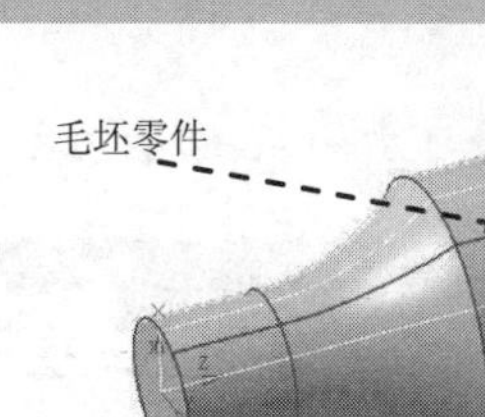

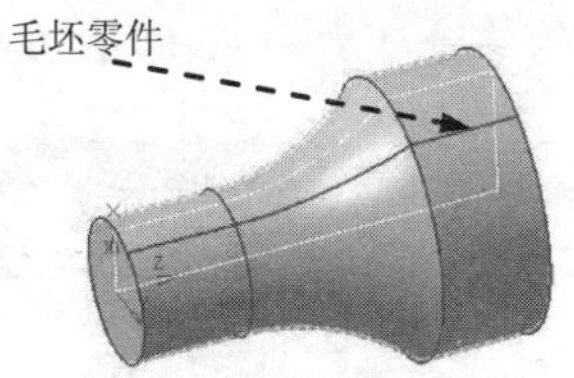

图 5.7.4 目标加工零件　　　　图 5.7.5 毛坯零件

说明：选取的毛坯零件即图形区透明显示的零件。如果在图形区中不容易选取，可在图 5.7.6 所示的特征树中选择“零件几何体”节点。

Step6. 定义换刀点。单击“Part Operation”对话框中的 Position 选项卡，然后设置图 5.7.7 所示的参数。

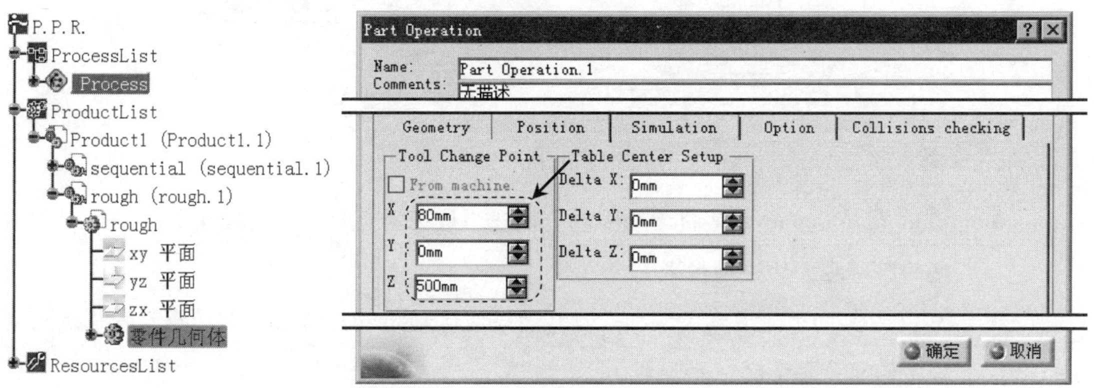

图 5.7.6 特征树　　　　图 5.7.7 “Part Operation”对话框

Step7. 单击“Part Operation”对话框中的 确定 按钮，完成零件定义操作。

Task3. 设置加工参数

Step1. 在特征树中选中“Manufacturing Program.1”节点，然后选择下拉菜单 插入 → Machining Operations ▸ → Sequential Turning 命令，插入一个顺序车削加工操作，系统弹出图 5.7.8 所示的“Sequential Turning.1”对话框（一）。

图 5.7.8 所示 “Sequential Turning.1”对话框（一）中各按钮的说明如下。

- 按钮：该按钮用于编辑已设定的进给运动。
- 按钮：该按钮用于删除选择的进给运动。
- 按钮：该按钮用于上移选定的进给运动。
- 按钮：该按钮用于下移选定的进给运动。
- （刀具的标准进给运动）按钮：该运动是刀具运行开始所必需的，刀具从起始位置开始运动时，其运动终点是由一个或两个阻碍元素来确定的。
- （刀具的增量运动）按钮：刀具的增量运动是刀具基于当前位置的运动，运动

的轨迹可由两点之间的距离、直线和距离、距离和角度或轴向和径向距离定义。

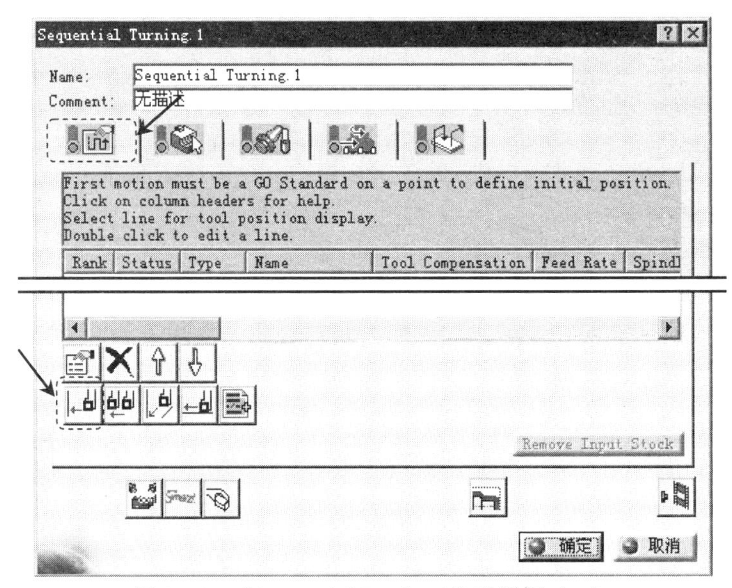

图 5.7.8 “Sequential Turning.1”对话框（一）

- （刀具沿方向矢量的进给运动）按钮：该运动是刀具沿着给定的方向运动到给定的阻碍元素的运动形式。
- （刀具的跟随运动）按钮：刀具的跟随运动是刀具沿着当前的驱动轨迹运动到给定的阻碍元素的运动形式。

Step2. 进入刀具路径参数选项卡。在“Sequential Turning.1”对话框（一）中单击刀具路径选项卡。

Step3. 定义标准走刀运动（一）。

（1）在“Sequential Turning.1”对话框（一）中单击按钮，系统弹出图 5.7.9 所示的“Go standard.1 n_ 1”对话框。

（2）单击“Go standard.1 n_ 1”对话框中的阻碍元素 1 感应区，选择图 5.7.10 所示的点作为阻碍元素 1，系统回到“Go standard.1 n_ 1”对话框。

说明：所选择的点是在模型文件中提前创建的。

（3）单击“Go standard.1 n_ 1”对话框中的 确定 按钮。

Step4. 定义标准走刀运动（二）。

（1）在“Sequential Turning.1”对话框（一）中单击按钮，系统弹出“Go standard.2 n_ 2”对话框。

（2）单击“Go standard.2 n_2”对话框中的阻碍元素 1 感应区，在图形区中选取图 5.7.11 所示的直线 1 作为阻碍元素 1；单击“Go standard.2 n_ 2”对话框中的阻碍元素 2 感应区，在图形区中选取图 5.7.11 所示的直线 2 作为阻碍元素 2。

（3）单击“Go standard.2 n_ 2”对话框中的 确定 按钮。

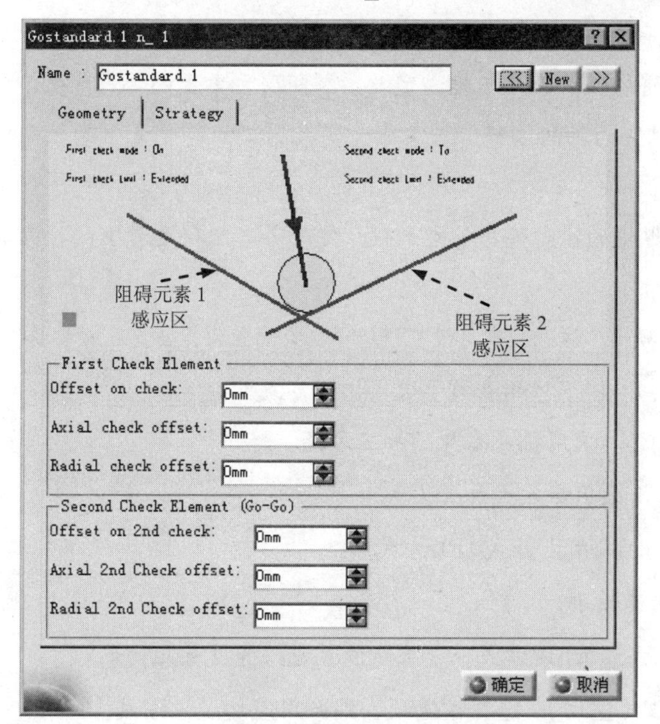

图 5.7.9 “Go standard.1 n_ 1”对话框

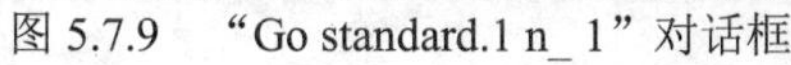

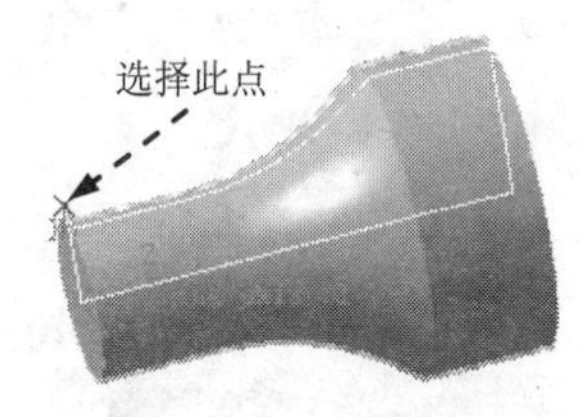

图 5.7.10 阻碍元素 1

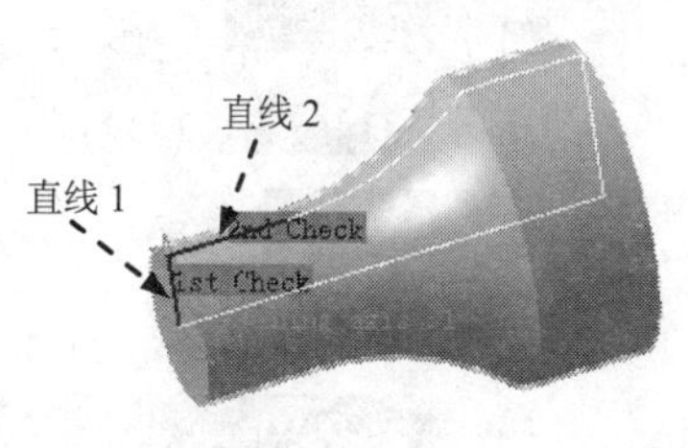

图 5.7.11 定义阻碍元素

图 5.7.9 所示“Go standard.1 n_ 1”对话框中各按钮的说明如下。

- Geometry (几何参数) 选项卡：主要用于设定毛坯边界和需要加工的零件轮廓及其偏置量。
- First check mode : On 字样（First check mode : On）：第一阻碍模式。右击该字样，在弹出的快捷菜单中可以选择 To （接近阻碍元素）、On （在阻碍元素上）和 Past （超过阻碍元素）三个选项。
- First check Limit : Extended 字样（First check Limit :Extended）：第一阻碍限制。右击该字样，在弹出的快捷菜单中可以选择第一阻碍限制的位置，包括 Extended （延长）和 Actual （实际）两个选项。
- Second check mode : To 字样（Second check mode : To）：第二阻碍模式。右击该字样，在弹出的快捷菜单中可以选择 To （接近阻碍元素）、On （在阻碍元素上）和 Past （超过阻碍元素）三个选项。
- Second check Limit : Extended 字样（Second check Limit :Extended）：第二阻碍限制。右击该字样，在弹出的快捷菜单中可以选择第二阻碍限制的位置，包括 Extended （延长）和 Actual （实际）两个选项。
- Offset on check: 文本框（第一阻碍的偏移）：定义第一阻碍元素上的偏移量大小。
- Axial check offset: 文本框（第一阻碍的轴向偏移）：定义第一阻碍元素上的轴向偏移量

大小。

- Radial check offset（第一阻碍的径向偏移）文本框：定义第一阻碍元素上的径向偏移量大小。
- Offset on 2nd check:（第二阻碍的偏移）文本框：定义第二阻碍元素上的偏移量大小。
- Axial 2nd Check offset:（第二阻碍的轴向偏移）文本框：定义第二阻碍元素上的轴向偏移量大小。
- Radial 2nd Check offset:（第二阻碍的径向偏移）文本框：定义第二阻碍元素上的径向偏移量大小。
- Strategy（加工策略）选项卡：该选项卡可设置进给量、空间阻碍、公差及刀具补偿。
- Feedrate mode:（切削方式）：该下拉列表用于选择切削方式。
  - ☑ Machining（切削加工），采用机床本身的加工方式。
  - ☑ Lead-In（导入式），采用导入式加工方式。
  - ☑ Lift-Off（上升式），采用上升式加工方式。
  - ☑ Rapid（高速），快速切削。
  - ☑ Other value（其他方式），该方式下可重新设置进给速度及几何形状。
  - ☑ Air Cutting Feedrate（空切），选择该选项，则采用空切进给方式。

Step5. 定义沿方向矢量的进给运动。

（1）在“Sequential Turning.1”对话框（一）中单击按钮，系统弹出图 5.7.12 所示的“Go InDirv.1 n_3”对话框。

（2）单击“Go InDirv.1 n_3”对话框中的驱动元素感应区，在图形区中选取图 5.7.13 所示的直线 1 作为驱动元素；单击“Go InDirv.1 n_3”对话框中的阻碍元素感应区，在图形区中选取图 5.7.13 所示的直线 2 作为阻碍元素。

（3）右击图 5.7.12 所示的“First check mode：On”区域，在系统弹出的快捷菜单中选择To选项。

（4）单击“Go InDirv.1 n_3”对话框中的 确定 按钮。

图 5.7.12 所示“Go InDirv.1 n_ 3”对话框中各按钮的说明如下。

- Drive element type : Line 字样（Drive Element type：Line）：驱动元素类型。右击该字样，在弹出的快捷菜单中可以选择驱动元素类型，包括Line（直线）和Angle（角度）两种类型。选择Angle（角度）类型时，“Go InDirv.1 n_ 3”对话框中的Angle:文本框被激活，需在其中输入角度值。
- Drive direction : Same 字样（Drive direction ： Same）：驱动方向。右击该字样，在弹出的快捷菜单中可以选择驱动方向类型，包括Same（相同）和Inverted（相反）两种类型。

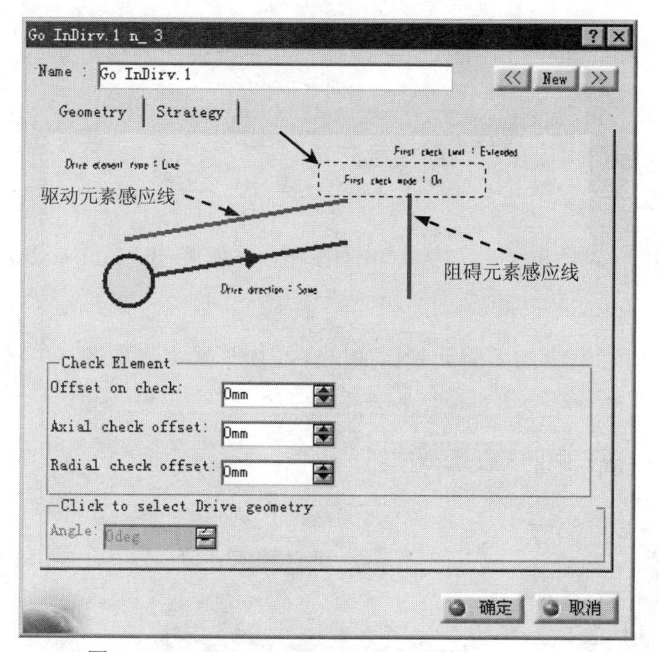

图 5.7.12 “Go InDirv.1 n_ 3”对话框

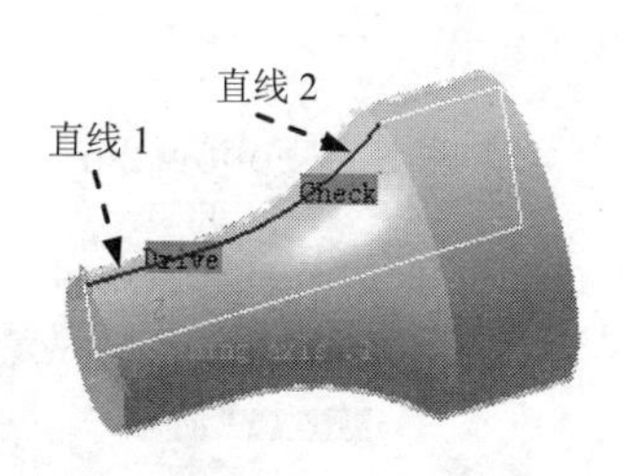

图 5.7.13 驱动元素和阻碍元素

Step6. 定义跟随运动（一）。

（1）在“Sequential Turning.1”对话框（一）中单击按钮，系统弹出图 5.7.14 所示的“Follow.1 n_4”对话框。

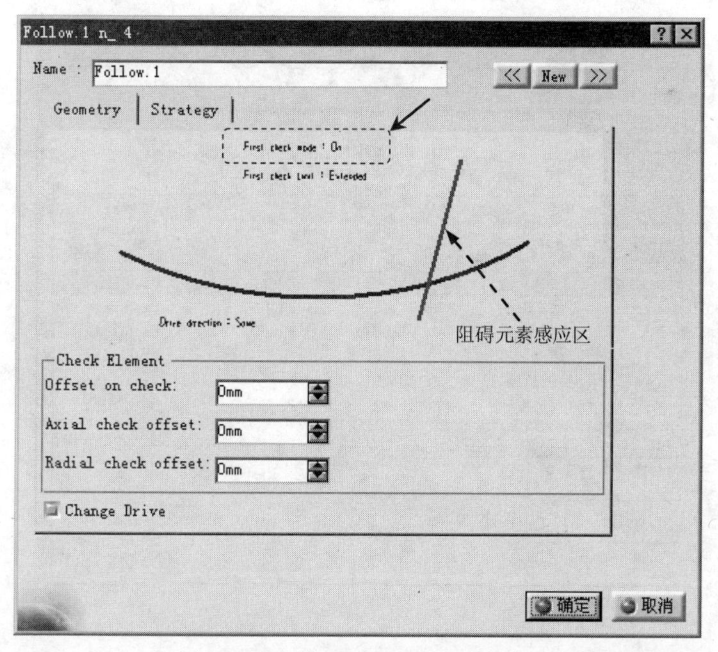

图 5.7.14 “Follow.1 n_ 4”对话框

（2）单击“Follow.1 n_4”对话框中的阻碍元素感应区，在图形区中选取图 5.7.15 所

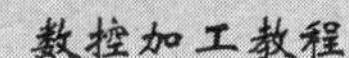

示的边线作为阻碍元素（一）。

（3）右击图 5.7.14 所示的“First check mode：To”区域，在系统弹出的快捷菜单中选择 Past 选项。

（4）单击“Follow.1 n_4”对话框中的 确定 按钮。

Step7. 定义跟随运动（二）。

（1）在“Sequential Turning.1”对话框（一）中单击按钮，系统弹出“Follow.2 n_5”对话框。

（2）单击“Follow.2 n_5”对话框中的阻碍元素感应区，在图形区中选取图 5.7.16 所示的边线作为阻碍元素（二）。

（3）单击“Follow.2 n_5”对话框中的 确定 按钮。

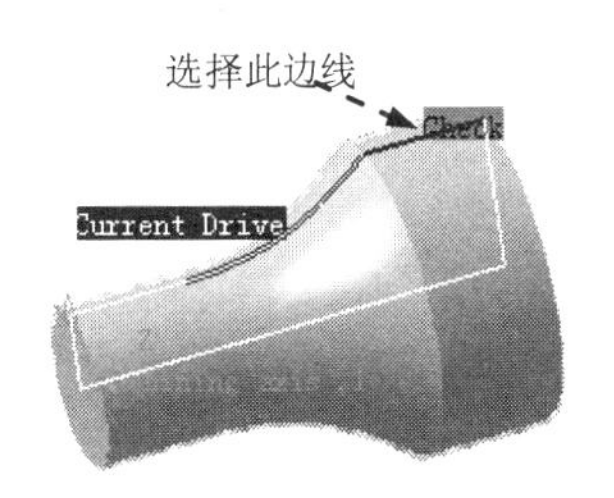

图 5.7.15 阻碍元素（一）

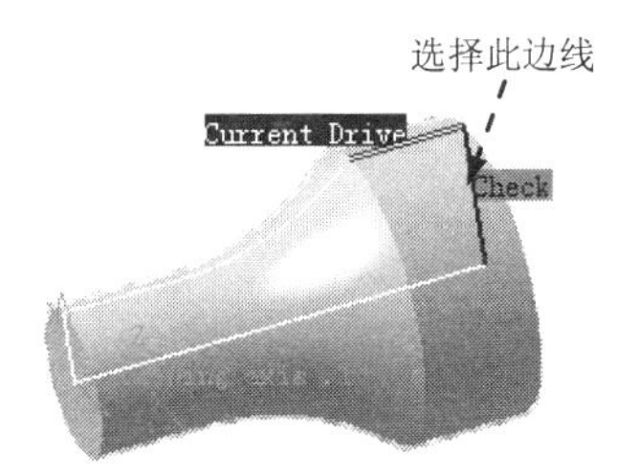

图 5.7.16 阻碍元素（二）

（4）完成定义后的“刀具路径参数”选项卡，如图 5.7.17 所示。

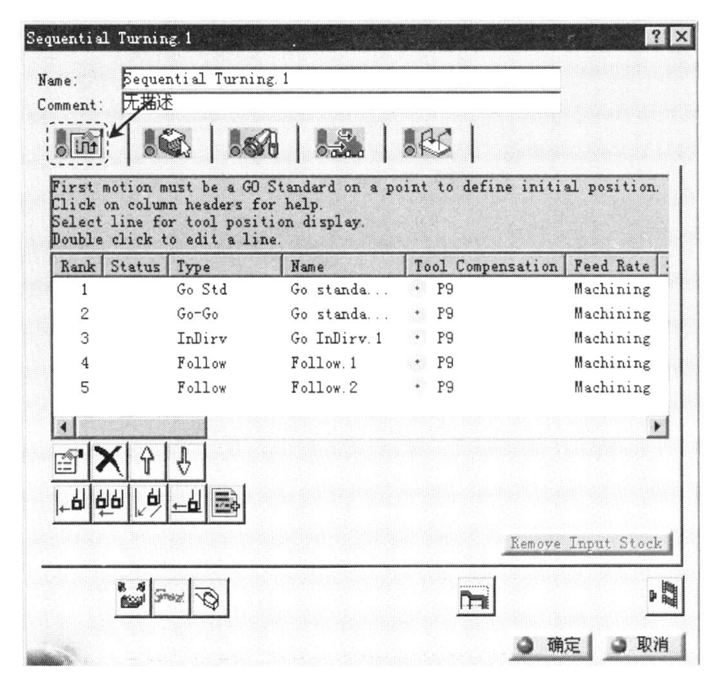

图 5.7.17 “刀具路径参数”选项卡

Step8. 定义几何参数。单击几何参数选项卡，采用系统默认的参数。

Step9. 定义刀具参数。单击刀具参数选项卡，采用系统默认的参数。

Step10. 定义进给量。

（1）进入“进给量”选项卡。在“Sequential Turning.1”对话框（二）中单击（进给量）选项卡。

（2）设置进给量。在“Sequential Turning.1”对话框（二）中设置图 5.7.18 所示的参数。

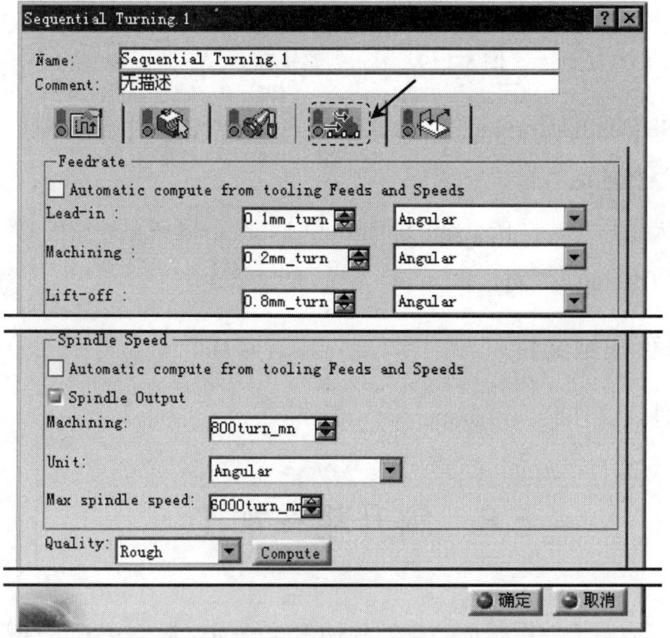

图 5.7.18 “Sequential Turning.1”对话框（二）

Step11. 定义进刀/退刀路径。

（1）进入“进刀/退刀路径”选项卡。在“Sequential Turning.1”对话框（一）中单击（进刀/退刀路径）选项卡。

（2）定义进刀路径。

① 激活进刀。在Macro Management区域的列表框中选择Approach选项，然后右击，在弹出的快捷菜单中选择Activate命令。

② 在Mode:下拉列表中选择Build by user选项，然后单击“Remove all motions”按钮和“Add Tangent motion”按钮。

（3）定义退刀路径。

① 激活退刀。在Macro Management区域的列表框中选择Retract选项，然后右击，在弹出的快捷菜单中选择Activate命令。

② 在Mode:下拉列表中选择Build by user选项，然后单击“Remove all motions”按钮和“Add Horizontal motion”按钮。

Task4. 刀路仿真

Step1. 在"Sequential Turning.1"对话框（二）中单击"Tool Path Replay"按钮，系统弹出"Sequential Turning.1"对话框（三），且在图形区显示刀路轨迹，如图 5.7.19 所示。

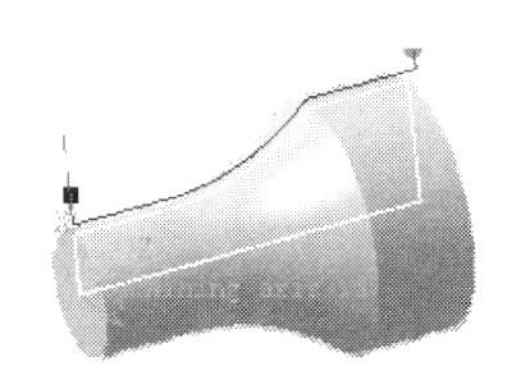

图 5.7.19 显示刀路轨迹

Step2. 在"Sequential Turning.1"对话框（三）中单击按钮，然后单击按钮，观察刀具切削毛坯零件的运行情况。

Step3. 确定无误后单击"Sequential Turning.1"对话框（三）中的 确定 按钮，然后单击"Sequential Turning.1"对话框（二）中的 确定 按钮。

Task5. 保存模型文件

保存模型文件，文件名为"sequential_turning"。

5.8 斜升粗车加工

斜升粗车加工适用于使用圆形陶瓷刀片加工较硬的材料，其刀路沿着一定的角度倾斜提升。下面以图 5.8.1 所示的零件为例来说明斜升粗车加工的一般操作过程。

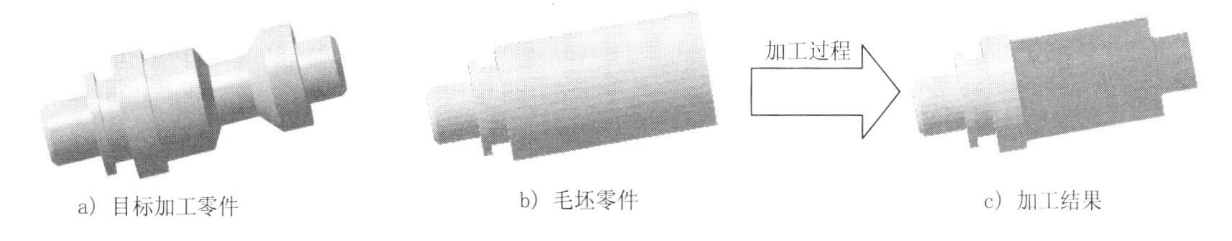

a）目标加工零件　b）毛坯零件　c）加工结果

图 5.8.1 斜升粗车加工

Task1. 打开模型文件并进入加工模块

Step1. 打开模型文件 D:\cat2016.9\work\ch05.08\ramp_rough.CATProduct。

Step2. 选择下拉菜单 开始 → 加工 → Lathe Machining 命令，进入"Lathe Machining"工作台。

Task2. 零件操作定义

Step1. 进入零件操作定义对话框。在特征树中双击"Part Operation.1"节点，系统弹出

“Part Operation”对话框。

Step2. 机床设置。单击“Part Operation”对话框中的“Machine”按钮，系统弹出“Machine Editor”对话框，其他选项采用系统默认设置，然后单击 确定 按钮，完成机床的选择。

Step3. 定义加工坐标系。

（1）单击“Part Operation”对话框中的按钮，系统弹出“Default reference machining axis for Part Operation.1”对话框。

（2）在对话框的 Axis Name : 文本框中输入坐标系名称“machining axis.1”。

（3）选择图 5.8.2 所示的端面圆的圆心为加工坐标系的原点。此时 “Default reference machining axis for Part Operation.1”对话框变成“machining axis.1”对话框。

（4）单击“machining axis.1”对话框中的 Z 轴，系统弹出图 5.8.3 所示的“Direction Z”对话框，设置图 5.8.3 所示的参数，单击 确定 按钮，完成 Z 轴的定义。

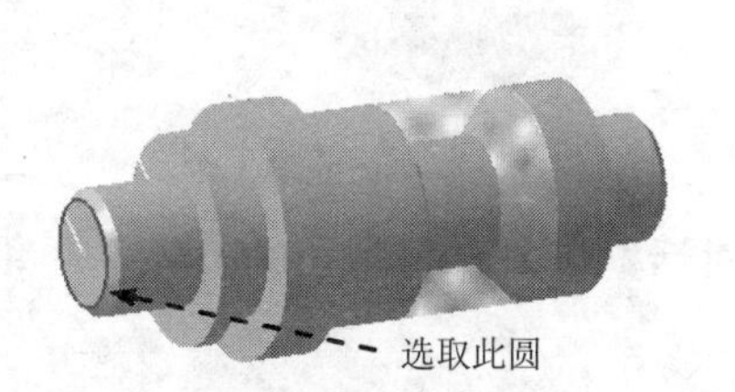

图 5.8.2　选取坐标原点

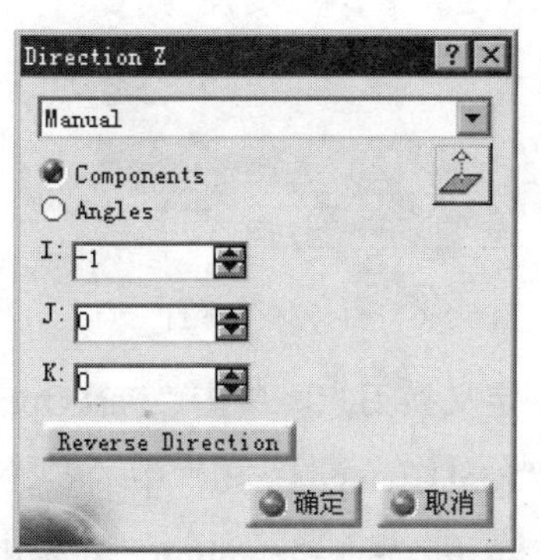

图 5.8.3 “Direction Z”对话框

（5）单击对话框中的 X 轴，系统弹出图 5.8.4 所示的“Direction X”对话框，设置图 5.8.4 所示的参数，单击 确定 按钮，完成 X 轴的定义。

（6）单击“machining axis.1”对话框中的 确定 按钮。

Step4. 定义目标加工零件。

（1）单击“Part Operation”对话框中的按钮。

（2）在图 5.8.5 所示的特征树中右击“rough（rough.1）”，在弹出的快捷菜单中选择 隐藏/显示 命令。

（3）选择图 5.8.6 所示的零件作为目标加工零件，在图形区空白处双击鼠标左键，系统回到“Part Operation”对话框。

Step5. 定义毛坯零件。

（1）单击“Part Operation”对话框中的按钮。

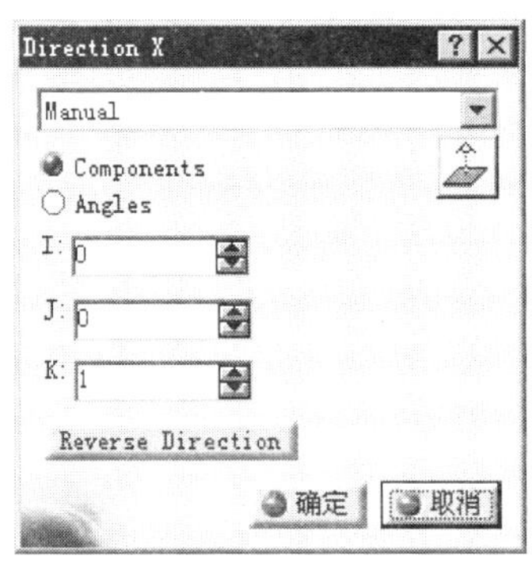

图 5.8.4 “Direction X”对话框

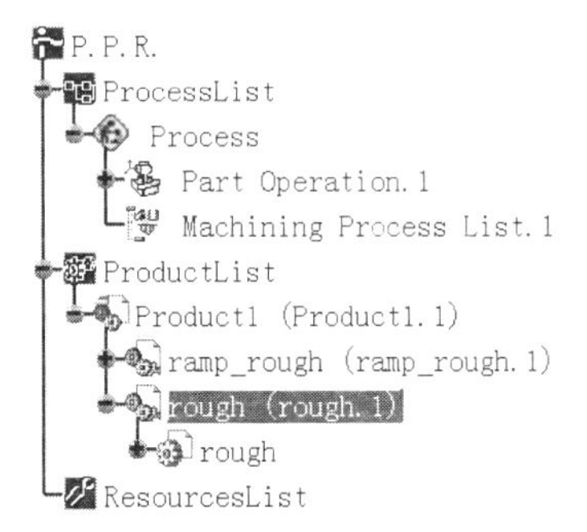

图 5.8.5 特征树

（2）在特征树中右击“rough（rough.1）”，在弹出的快捷菜单中选择 隐藏/显示 命令。

（3）选择图 5.8.7 所示的零件作为毛坯零件，在图形区空白处双击鼠标左键，系统回到“Part Operation”对话框。

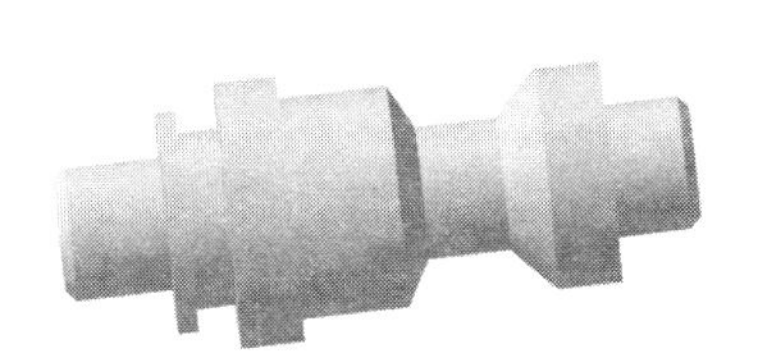

图 5.8.6 目标加工零件

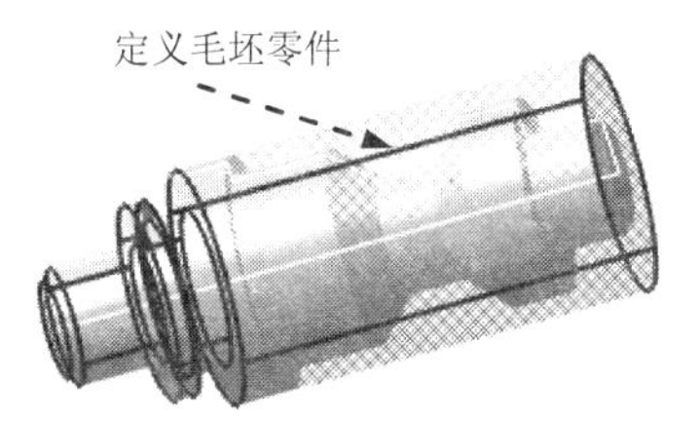

图 5.8.7 毛坯零件

Step6. 定义换刀点。单击“Part Operation”对话框（图 5.8.8）中的 Position 选项卡，然后设置“Tool Change Point”中的参数。

Step7. 单击“Part Operation”对话框中的 确定 按钮，完成零件定义操作。

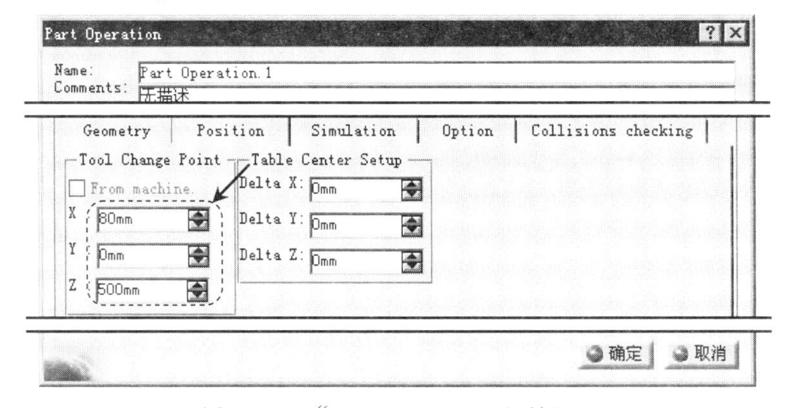

图 5.8.8 “Part Operation”对话框

Task3. 设置加工参数

Step1. 在特征树中选择 Manufacturing Program.1 节点，然后选择下拉菜单 插入 → Machining Operations → Ramp Rough Turning 命令，插入一个斜升粗车加工操作，系统弹出图 5.8.9 所示的“Ramp Rough Turning.1”对话框（一）。

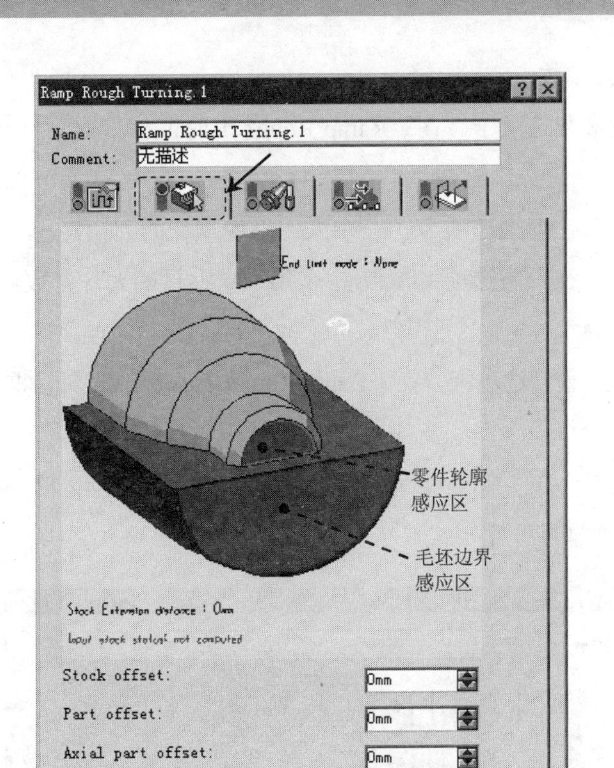

图 5.8.9 “Ramp Rough Turning.1”对话框（一）

Step2. 定义几何参数。

（1）定义零件轮廓。单击几何参数选项卡，然后单击“Ramp Rough Turning.1”对话框（一）中的零件轮廓感应区，系统弹出“Edge Selection”工具条。在图形区选择图5.8.10所示的曲线串作为零件轮廓。单击“Edge Selection”工具条中的OK按钮，系统返回到“Ramp Rough Turning.1”对话框（一）。

（2）定义毛坯边界。单击“Ramp Rough Turning.1”对话框（一）中的毛坯边界感应区，系统弹出“Edge Selection”工具条。在图形区选择图5.8.11所示的直线作为毛坯边界。单击“Edge Selection”工具条中的OK按钮，系统返回到“Ramp Rough Turning.1”对话框（一）。

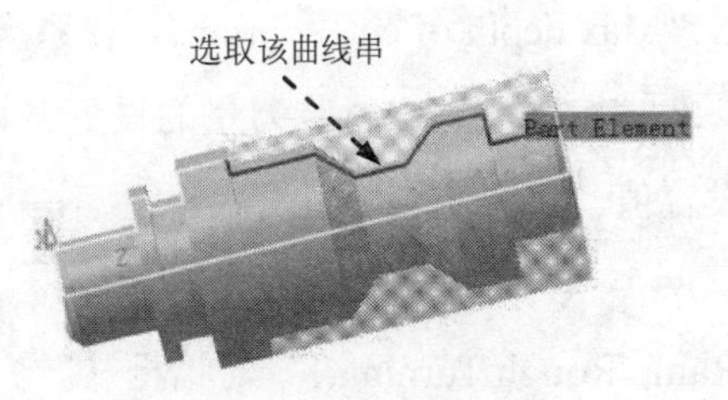

图 5.8.10 定义零件轮廓

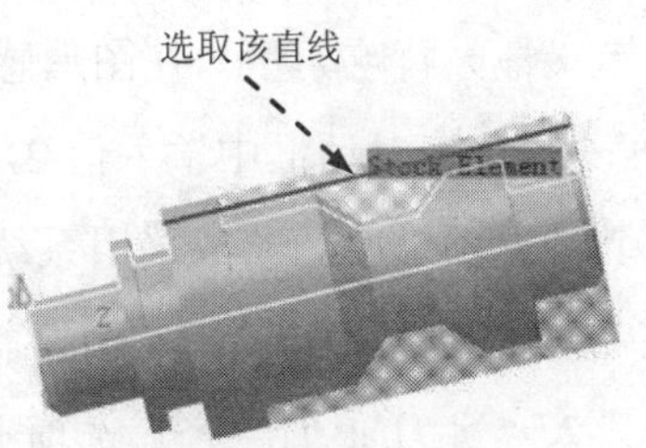

图 5.8.11 定义毛坯边界

Step3. 定义刀具参数。

（1）进入刀具参数选项卡。在“Ramp Rough Turning.1”对话框（一）中单击刀具参数选项卡 。

（2）定义刀柄。在刀柄选项卡 中采用系统默认的刀柄。

（3）定义刀片。在刀头选项卡 中采用系统默认的刀片参数。

Step4. 定义进给量。

（1）进入“进给量”选项卡。在“Ramp Rough Turning.1”对话框（一）中单击 （进给量）选项卡。

（2）设置进给量。在“Ramp Rough Turning.1”对话框（一）的 （进给量）选项卡中设置图 5.8.12 所示的参数。

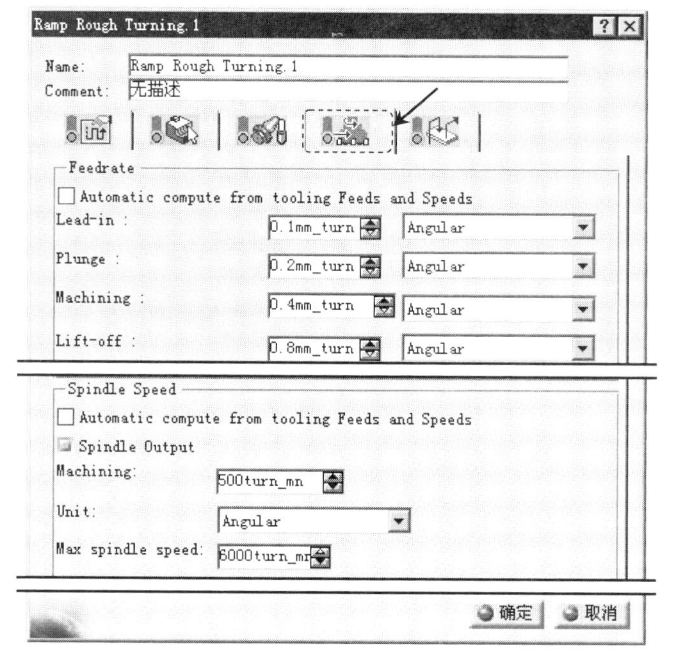

图 5.8.12 “进给量”选项卡

Step5. 定义刀具路径参数。

（1）进入“刀具路径参数”选项卡。在“Ramp Rough Turning.1”对话框（一）中单击 （刀具路径参数）选项卡（图 5.8.13）。

（2）定义最大背吃刀量。在图形感应区双击“Max depth of cut ：3mm”，在系统弹出的“Edit Parameter”对话框中输入值 2，单击 确定 按钮，完成背吃刀量的设置。

（3）其他选项卡中的参数采用系统默认的设置值。

Step6. 定义进刀/退刀路径。

（1）进入“进刀/退刀路径”选项卡。在“Ramp Rough Turning.1”对话框（一）中单

击 （进刀/退刀路径）选项卡。

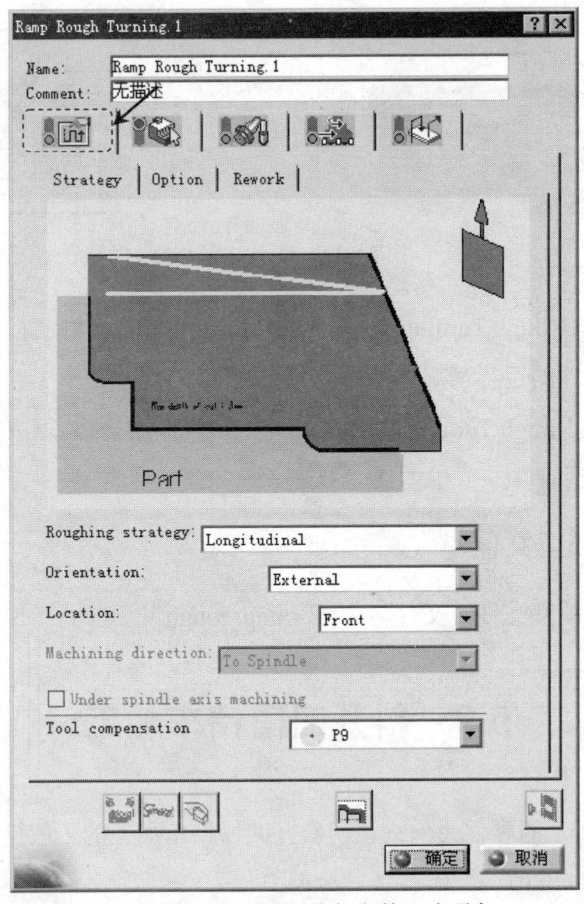

图 5.8.13 “刀具路径参数”选项卡

（2）定义进刀路径。

① 激活进刀。在Macro Management区域的列表框中选择Approach选项，右击，在弹出的快捷菜单中选择Activate命令。

② 在Mode:下拉列表中选择Build by user选项，然后单击“Remove all motion”按钮和“Add Tangent motion”按钮。

（3）定义退刀路径。

① 激活退刀。在Macro Management区域的列表框中选择Retract选项，右击，在弹出的快捷菜单中选择Activate命令。

② 在Mode:下拉列表中选择Build by user选项，然后单击“Remove all motion”按钮和“Add Horizontal motion”按钮。

Task4. 刀路仿真

Step1. 在“Ramp Rough Turning.1”对话框（一）中单击“Tool Path Replay”按钮，

系统弹出“Ramp Rough Turning.1”对话框（二），且在图形区显示刀路轨迹，如图 5.8.14 所示。

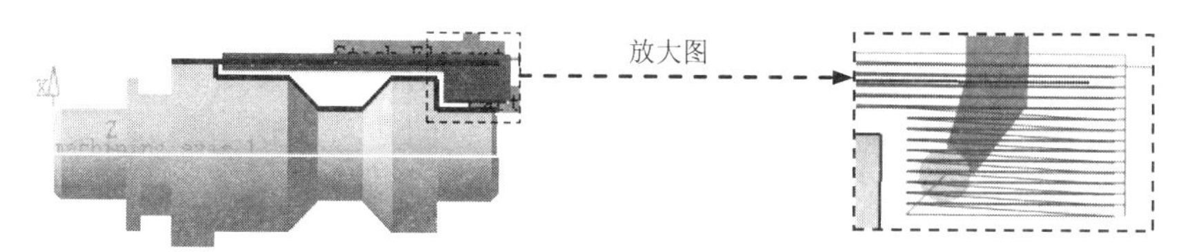

图 5.8.14 显示刀路轨迹

Step2. 在“Ramp Rough Turning.1”对话框（二）中单击按钮，然后单击按钮，观察刀具切削毛坯零件的运行情况。

Step3. 在“Ramp Rough Turning.1”对话框（二）中单击 确定 按钮，然后单击“Ramp Rough Turning.1”对话框（一）中的 确定 按钮。

Task5. 保存模型文件

在服务器上保存模型文件，文件名为“ ramp_rough”。

5.9 斜升凹槽精车加工

下面以图 5.9.1 所示的零件为例来说明斜升凹槽精车加工的一般操作过程。

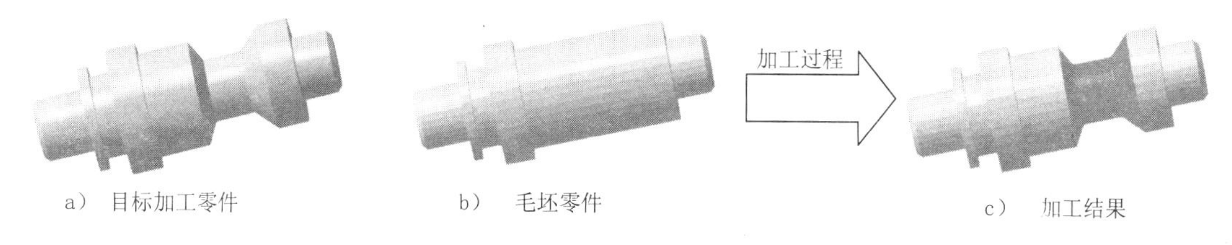

图 5.9.1 斜升凹槽精车加工

Task1. 打开模型文件并进入加工模块

Step1. 打开模型文件 D:\cat2016.9\work\ch05.09\ramp_recess.CATProduct。

Step2. 选择下拉菜单 开始 → 加工 → Lathe Machining 命令，进入“Lathe Machining”工作台。

Task2. 零件操作定义

Step1. 进入零件操作定义对话框。在图 5.9.2 所示的特征树中双击“Part Operation.1”节点，系统弹出“Part Operation”对话框。

Step2. 机床设置。单击“Part Operation”对话框中的“Machine”按钮，系统弹出

“Machine Editor”对话框，采用系统默认设置，然后单击 确定 按钮，完成机床的选择。

Step3. 定义加工坐标系。

（1）单击“Part Operation”对话框中的按钮，系统弹出“Default reference machining axis for Part Operation.1”对话框。

（2）在对话框的 Axis Name : 文本框中输入坐标系名称“machining axis.1”。

（3）单击“Part Operation”对话框中的坐标原点感应区，选择图 5.9.3 所示的圆的圆心为加工坐标系的原点。此时“Default reference machining axis for Part Operation.1”对话框变成“machining axis.1”对话框。

（4）单击“Part Operation”对话框中的 Z 轴感应区，系统弹出图 5.9.4 所示的“Direction Z”对话框。在“Direction Z”对话框中设置图 5.9.4 所示的参数，单击 确定 按钮，完成 Z 轴的定义。

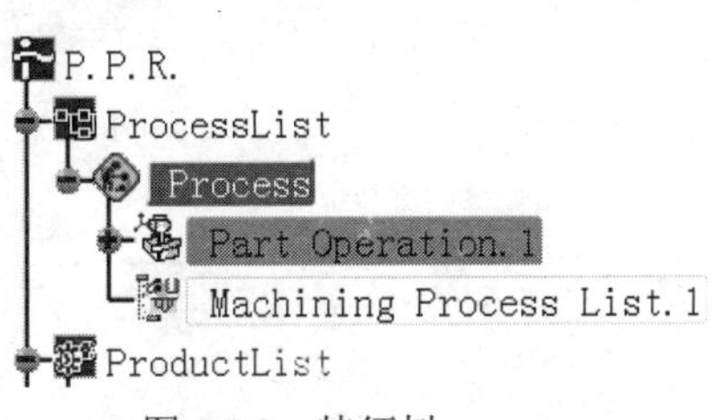

图 5.9.2 特征树

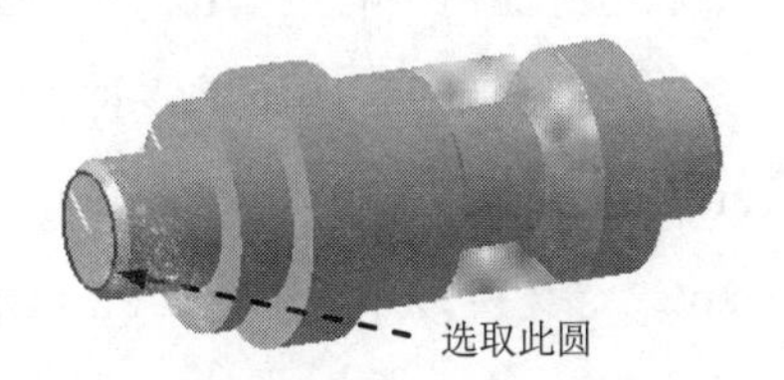

图 5.9.3 选取圆

（5）单击“Part Operation”对话框中的 X 轴感应区，系统弹出图 5.9.5 所示的“Direction X”对话框。在“Direction X”对话框中设置图 5.9.5 所示的参数，单击 确定 按钮，完成 X 轴的定义。

（6）单击“machining axis.1”对话框中的 确定 按钮。

图 5.9.4 “Direction Z”对话框

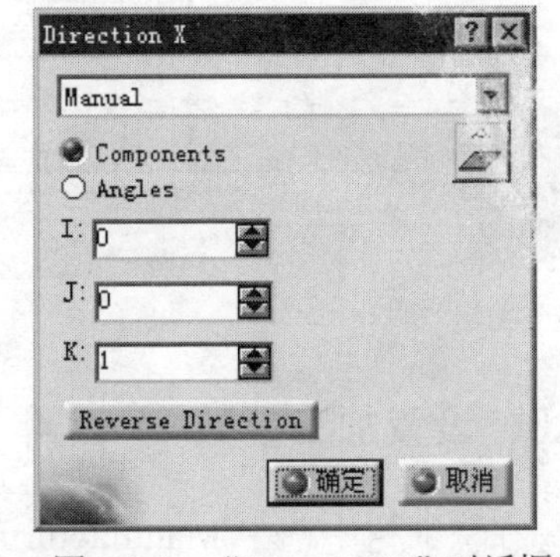

图 5.9.5 “Direction X”对话框

Step4. 定义目标加工零件。

（1）单击“Part Operation”对话框中的按钮。

（2）在图 5.9.6 所示的特征树中右击“rough（rough.1）”，在弹出的快捷菜单中选择隐藏/显示命令。

（3）选择图 5.9.7 所示的零件作为目标加工零件，在图形区空白处双击鼠标左键，系统回到“Part Operation”对话框。

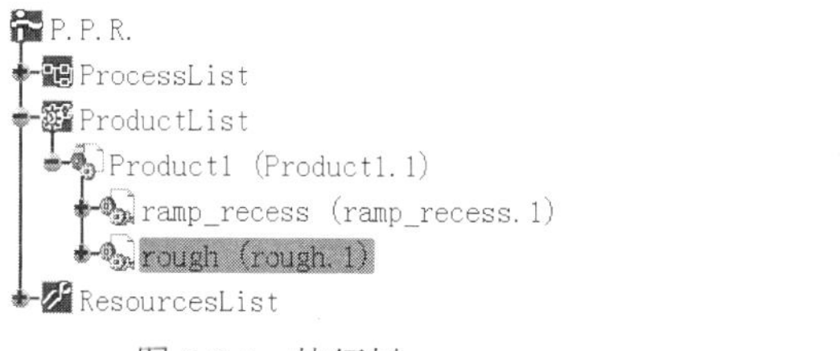

图 5.9.6　特征树

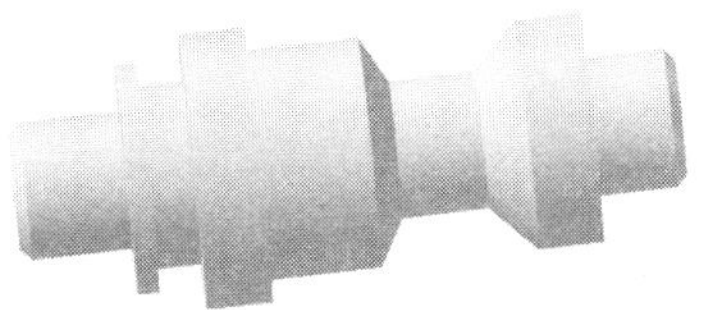

图 5.9.7　目标加工零件

Step5. 定义毛坯零件。

（1）单击“Part Operation”对话框中的按钮。

（2）在特征树中右击“rough（rough.1）”，在弹出的快捷菜单中选择隐藏/显示命令。

（3）选择图 5.9.8 所示的零件作为毛坯零件，在图形区空白处双击鼠标左键，系统回到“Part Operation”对话框。

Step6. 定义换刀点。单击“Part Operation”对话框（图 5.9.9）中的Position选项卡，然后设置“Tool Change Point”中的参数。

Step7. 单击“Part Operation”对话框中的确定按钮，完成零件定义操作。

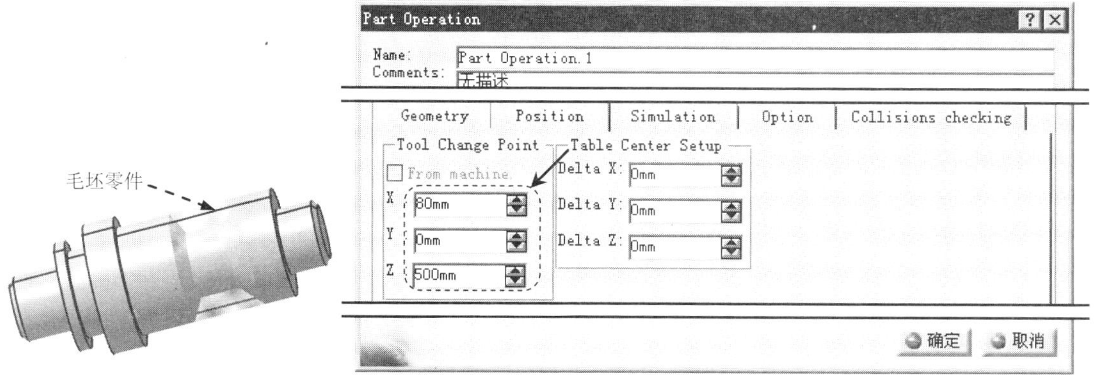

图 5.9.8　毛坯零件

图 5.9.9　“Part Operation”对话框

Task3. 设置加工参数

Step1. 在特征树中选中 Manufacturing Program.1 节点，然后选择下拉菜单插入 → Machining Operations ▸ → Ramp Recess Turning命令，插入一个斜升凹槽车削加工操作，系统弹出图 5.9.10 所示的“Ramp Recess Turning.1”对话框（一）。

Stcp2. 定义几何参数。

（1）定义零件轮廓。单击几何参数选项卡，然后单击“Ramp Recess Turning.1”

对话框（一）中的零件轮廓感应区，系统弹出“Edge Selection”工具条。在图形区选择图5.9.11所示的曲线串作为零件轮廓。单击“Edge Selection”工具条中的 OK 按钮，系统返回到“Ramp Recess Turning.1”对话框（一）。

（2）定义毛坯边界。单击“Ramp Recess Turning.1”对话框（一）中的毛坯边界感应区，系统弹出“Edge Selection”工具条。在图形区选择图5.9.12所示的直线作为毛坯边界。单击“Edge Selection”工具条中的 OK 按钮，系统返回到“Ramp Recess Turning.1”对话框（一）。

Step3. 定义刀具参数。

（1）进入刀具参数选项卡。在“Ramp Recess Turning.1”对话框（一）中单击刀具参数选项卡 。

（2）定义刀柄。在刀柄选项卡 中采用系统默认的刀柄。

（3）定义刀片。在刀头选项卡 中采用系统默认的刀片参数。

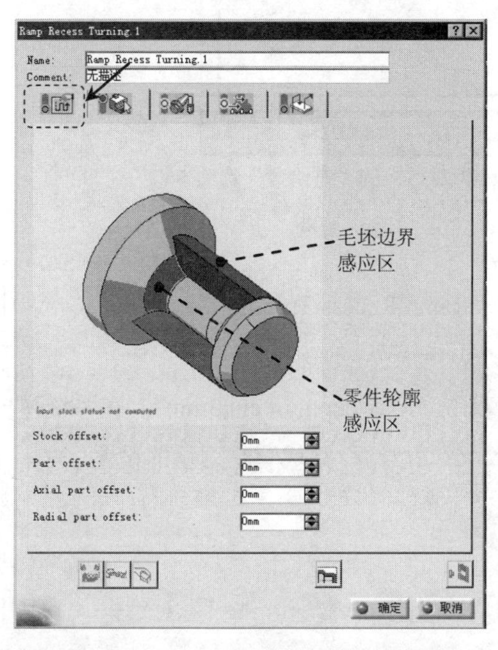

图 5.9.10 “Ramp Recess Turning.1”对话框（一）

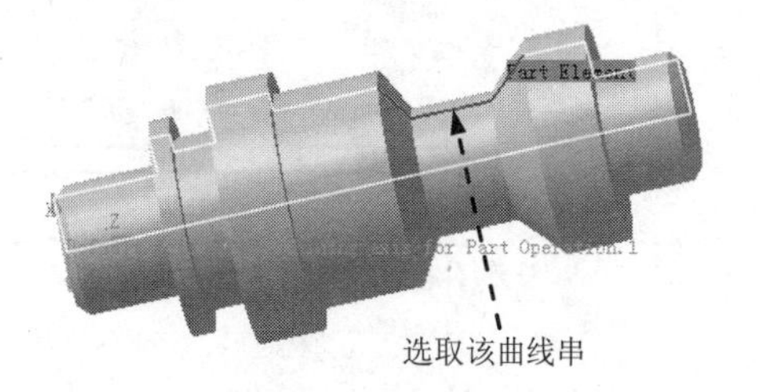

图 5.9.11 定义零件轮廓

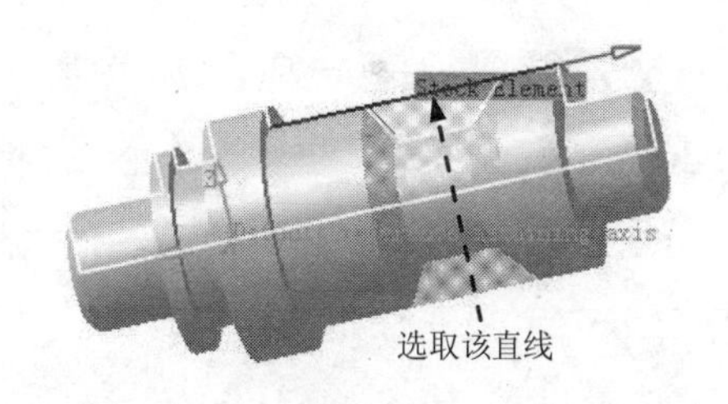

图 5.9.12 定义毛坯边界

Step4. 定义进给量。

（1）进入“进给量”选项卡。在“Ramp Recess Turning.1”对话框（一）中单击 （进给量）选项卡。

（2）设置进给量。在“Ramp Recess Turning.1”对话框（一）的 （进给量）选项卡中设置图5.9.13所示的参数。

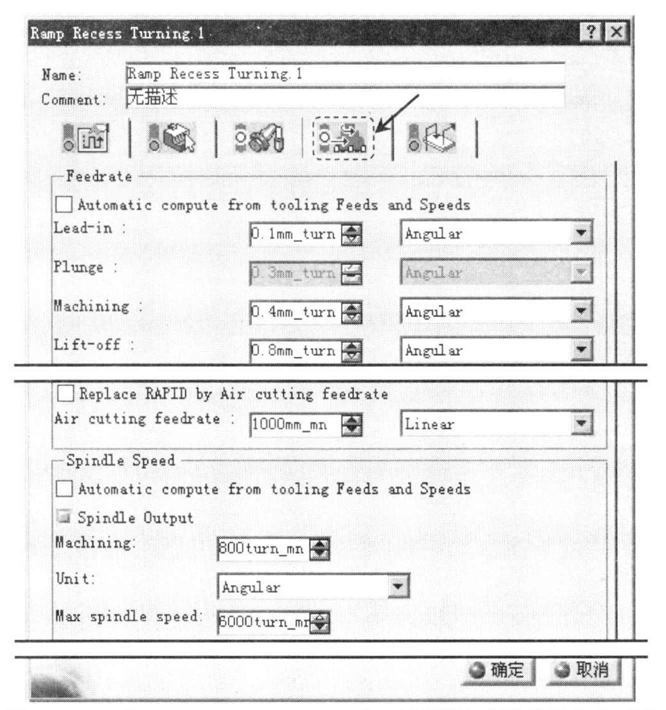

图 5.9.13 “Ramp Recess Turning.1”对话框的“进给量”选项卡

Step5. 定义刀具路径参数。

（1）进入“刀具路径参数”选项卡。在“Ramp Recess Turning.1”对话框（一）中单击 （刀具路径参数）选项卡（图 5.9.14）。

（2）定义最大背吃刀量。在图形感应区双击“Max depth of cut:3mm”，在系统弹出的“Edit Parameter”对话框中输入值 2，单击 确定 按钮，完成背吃刀量的设置。

（3）其他选项卡中的参数采用系统默认设置值。

Step6. 定义进刀/退刀路径。

（1）进入“进刀/退刀路径”选项卡。在“Ramp Recess Turning.1”对话框（一）中单击 （进刀/退刀路径）选项卡。

（2）定义进刀路径。

① 激活进刀。在 Macro Management 区域的列表框中选择 Approach，右击，在弹出的快捷菜单中选择 Activate 命令。

② 在 Mode: 下拉列表中选择 Build by user 选项，然后单击“Remove all motion”按钮 和“Add Tangent motion”按钮。

（3）定义退刀路径。

① 激活退刀。在 Macro Management 区域的列表框中选择 Retract，右击，在弹出的快捷菜单中选择 Activate 命令。

② 在 Mode: 下拉列表中选择 Build by user 选项，然后单击“Remove all motion”按钮“”和“Add Horizontal motion”按钮。

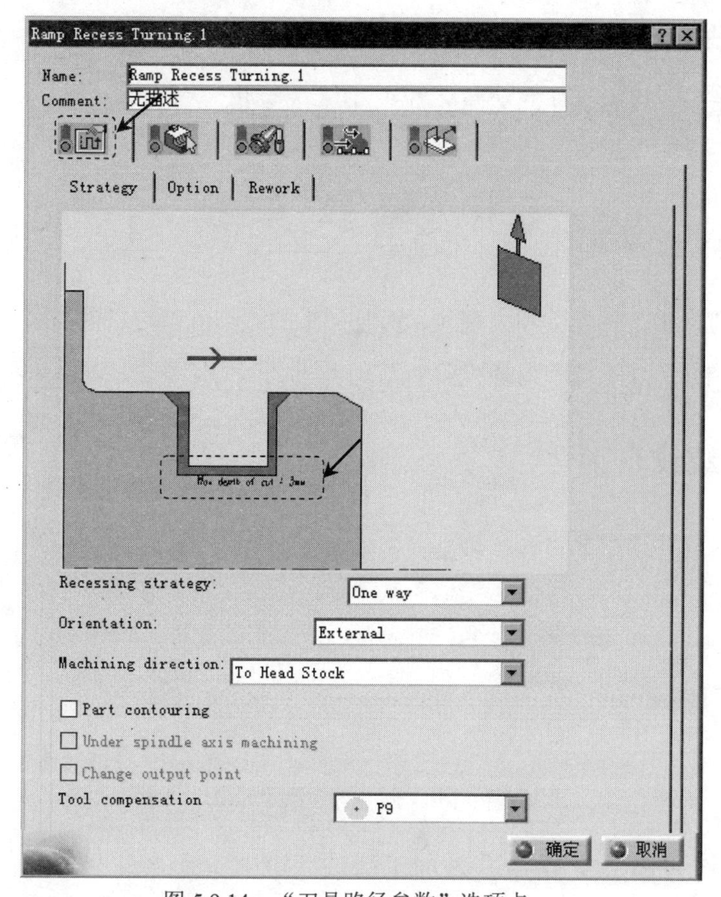

图 5.9.14　“刀具路径参数”选项卡

Task4．刀路仿真

Step1．在“Ramp Recess Turning.1”对话框（一）中单击“Tool Path Replay”按钮，系统弹出“Ramp Recess Turning.1”对话框（二），且在图形区显示刀路轨迹，如图 5.9.15 所示。

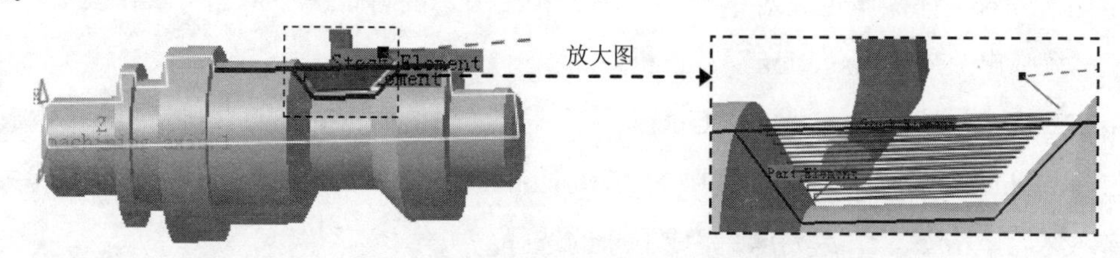

图 5.9.15　显示刀路轨迹

Step2．在“Ramp Recess Turning.1”对话框（二）中单击按钮，然后单击按钮，观察刀具切削毛坯零件的运行情况。

Step3. 在“Ramp Recess Turning.1”对话框（二）中单击 确定 按钮，然后在“Ramp Recess Turning.1”对话框（一）中单击 确定 按钮。

Task5. 保存模型文件

在服务器上保存模型文件，文件名为“ramp_recess”。

5.10 螺 纹 车 削

螺纹车削可以加工外螺纹和内螺纹，而且加工的螺纹可以是贯通的，也可以是不贯通的。下面将分别介绍外螺纹和内螺纹的加工。

5.10.1 外螺纹车削

下面以图 5.10.1 所示的零件为例来说明外螺纹加工的一般操作过程。

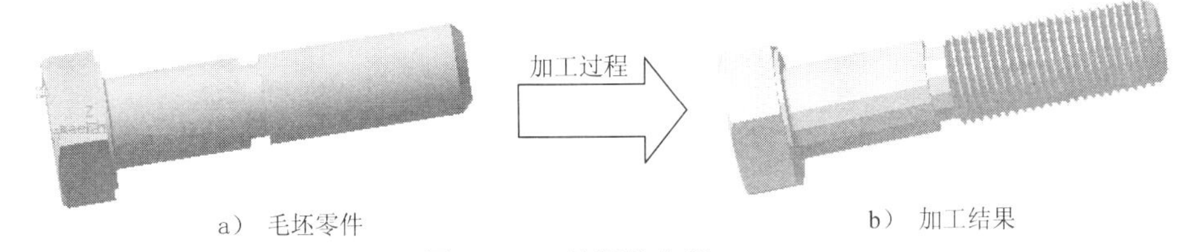

a） 毛坯零件　　b） 加工结果

图 5.10.1 外螺纹车削

Task1. 打开模型文件并进入加工模块

Step1. 打开模型文件 D:\cat2016.9\work\ch05.10.01\thread _turning.CATPart。

Step2. 选择下拉菜单 开始 → 加工 → Lathe Machining 命令，进入“Lathe Machining”工作台。

Task2. 零件操作定义

Step1. 进入零件操作定义对话框。在图 5.10.2 所示的特征树中双击“Part Operation.1”节点，系统弹出“Part Operation”对话框。

Step2. 机床设置。单击“Part Operation”对话框中的“Machine”按钮，系统弹出“Machine Editor”对话框，单击其中的“Horizontal Lathe Machine”按钮，保持系统默认设置，然后单击 确定 按钮，完成机床的选择。

Step3. 定义加工坐标系。

（1）单击“Part Operation”对话框中的按钮，系统弹出“Default reference machining axis for Part Operation.1”对话框。

（2）在对话框中的 Axis Name : 文本框中输入坐标系名称“machining axis.1”。

（3）其他选项均采用系统默认设置，然后单击 确定 按钮，完成坐标系的定义。

Step4. 定义毛坯零件。

（1）单击“Part Operation”对话框中的按钮。

（2）选择图 5.10.3 所示的零件作为毛坯零件，在图形区空白处双击鼠标左键，系统回到“Part Operation”对话框。

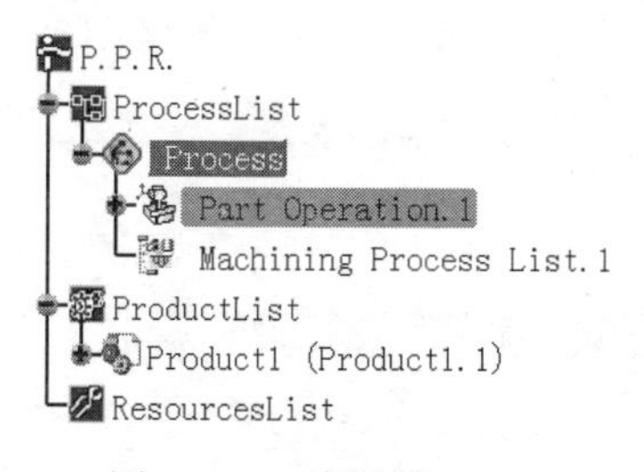

图 5.10.2 特征树

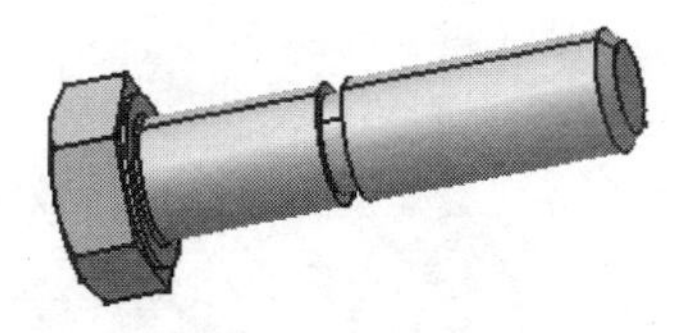

图 5.10.3 毛坯零件

Step5. 定义换刀点。单击“Part Operation”对话框中的 Position 选项卡，然后设置图 5.10.4 所示的参数。

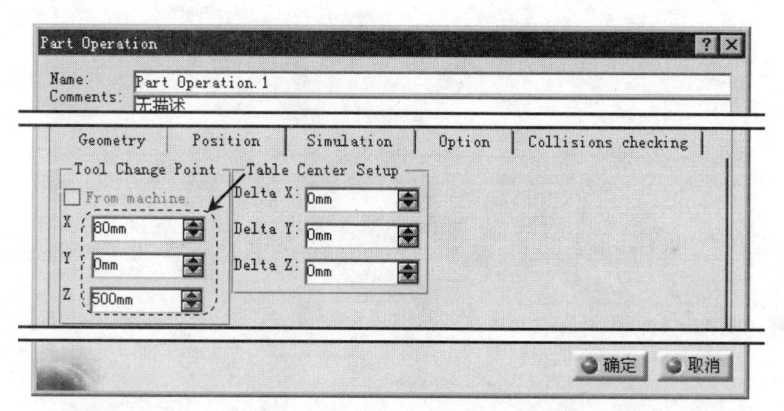

图 5.10.4 “Part Operation”对话框

Step6. 单击“Part Operation”对话框中的 确定 按钮，完成零件定义操作。

Task3. 外螺纹加工

Stage1. 设置加工参数

Step1. 在特征树中选中 Manufacturing Program.1 节点，然后选择下拉菜单 插入 → Machining Operations ▸ → Thread Turning 命令，插入一个螺纹车削加工操作，系统弹出图 5.10.5 所示的“Thread Turning.1”对话框（一）。

图 5.10.5 所示“Thread Turning.1”对话框中各选项的说明如下。

- Start Limit mode : None 字样（Start limit mode : None）：起始限制模式。右击该字样，在弹

出的快捷菜单中可以选择起始限制元素的相对位置，包括None(无)、In（接近阻碍元素）、On(在阻碍元素上) 和Out（超过阻碍元素）4个选项。

- End limit mode : None 字样（End limit mode ： None）：结束限制模式。右击该字样，在弹出的快捷菜单中可以选择结束限制元素的相对位置，包括None(无)、In（接近阻碍元素）、On（在阻碍元素上)和Out（超过阻碍元素）4个选项。
- Start limit offset: 文本框（起始限制元素偏移）：用于设置起始限制元素偏移量。
- End limit offset: 文本框（结束限制元素偏移）：用于设置结束限制元素偏移量。
- Length: 文本框（螺纹加工长度）：用于设置螺纹加工长度。当定义了起始限制和结束限制后，该文本框不可用。

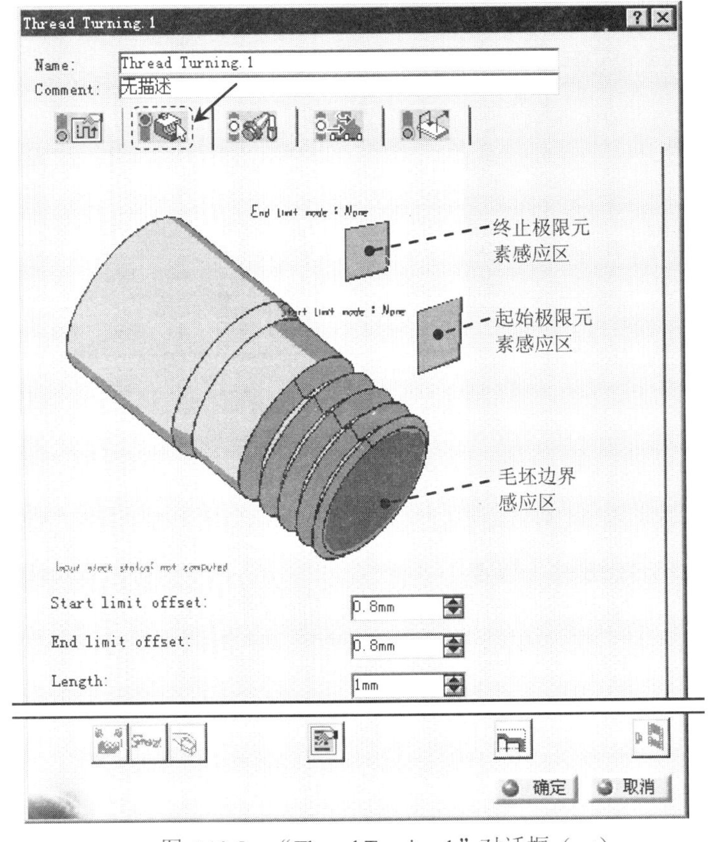

图 5.10.5 “Thread Turning.1”对话框（一）

Step2. 定义几何参数。

（1）定义毛坯边界。单击“Threading Turning.1”对话框（一）中的毛坯边界感应区，系统弹出“Edge Selection”工具条，在图形区选择图 5.10.6 所示的直线作为毛坯边界，单击“Edge Selection”工具条中的 OK 按钮，系统返回到“Thread Turning.1”对话框（一）。

（2）定义螺纹起点。在“Threading turning.1”对话框（一）中右击“Start limit mode”，在系统弹出的快捷菜单中选择 On 命令，单击起始极限元素感应区，选择图 5.10.7 所示直线的端点 1，系统返回到“Thread Turning.1”对话框（一）。

（3）定义螺纹终点。在“Thread Turning.1”对话框（一）中右击“End limit mode”，在系统弹出的快捷菜单中选择 On 命令，单击终止极限元素感应区，选择图 5.10.7 所示直线的端点 2，系统返回到“Thread Turning.1”对话框（一）。

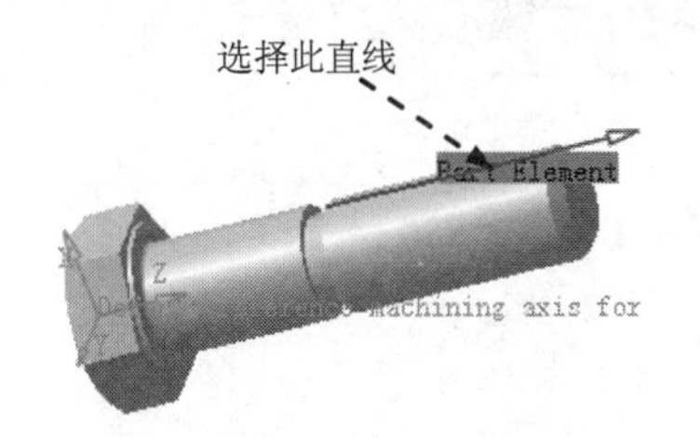

图 5.10.6 定义毛坯边界

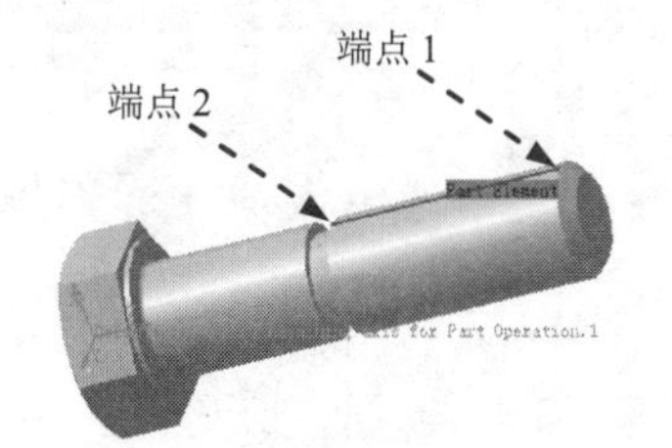

图 5.10.7 定义螺纹起点和终点

Step3. 定义刀具参数。

（1）进入“刀具参数”选项卡。在“Thread Turning.1”对话框（一）中单击（刀具参数）选项卡（图 5.10.8）。

（2）选择刀具。在图 5.10.8 中单击（刀片）选项卡，在右下角单击 More>> 按钮，在弹出的对话框中选择螺纹轮廓 Thread profile 为 ISO 类型（图 5.10.8），其他刀具参数均采用系统默认设置值。

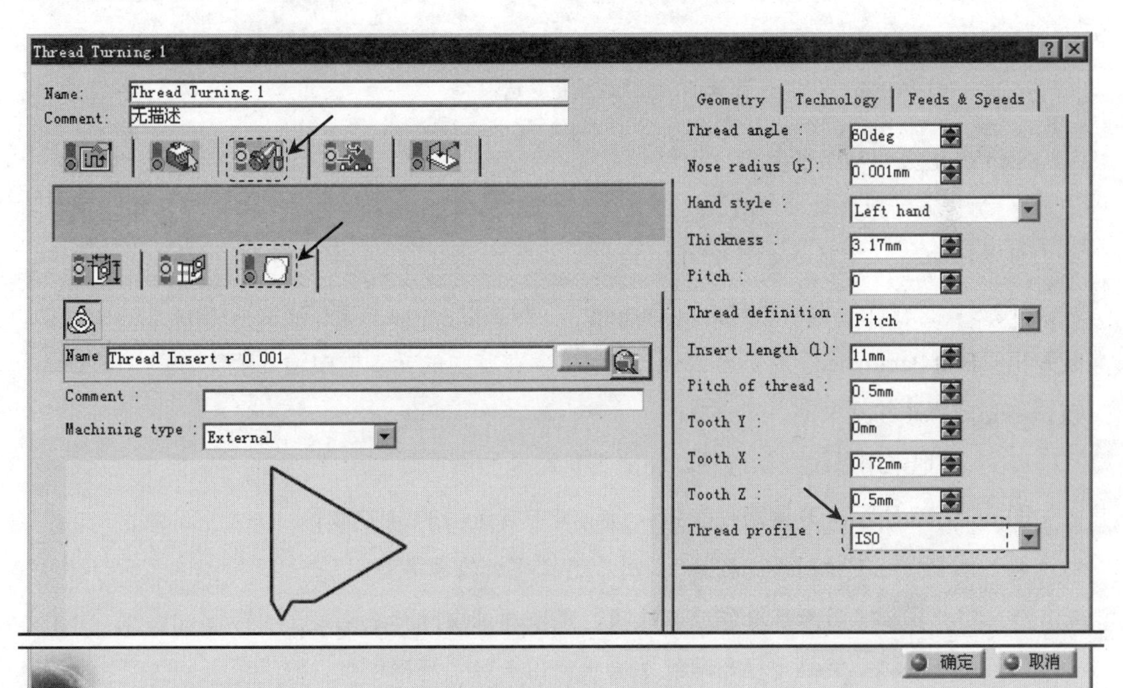

图 5.10.8 “刀片”选项卡

Step4. 定义进给量。

（1）进入“进给量”选项卡。在“Thread Turning.1”对话框（一）中单击（进给量）选项卡。

（2）设置进给量。在“Thread Turning.1”对话框（一）的（进给量）选项卡中设置图 5.10.9 所示的参数。

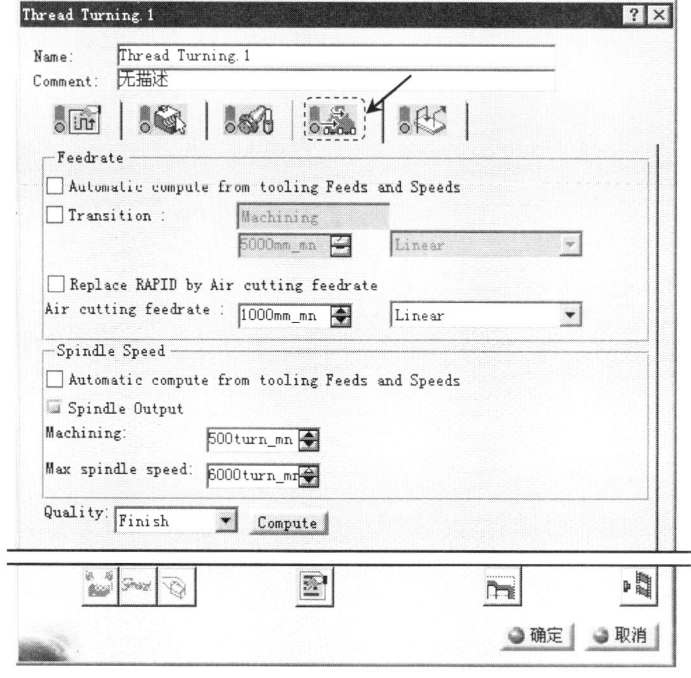

图 5.10.9 “进给量”选项卡

Step5. 定义刀具路径参数。

（1）进入“刀具路径参数”选项卡。在“Thread Turning.1”对话框（一）中单击（刀具路径参数）选项卡（图 5.10.10）。

（2）定义螺距。双击“Thread Turning.1”对话框（一）中的“Pitch：1mm”字样，系统弹出“Edit Parameter”对话框（图 5.10.11），在其中的文本框中输入值 1，单击 确定 按钮，完成螺距的定义。

（3）其他采用系统默认选项，完成刀具路径的设置。

图 5.10.10 所示“刀具路径参数”选项卡中各选项的说明如下。

- Profile: 下拉列表（轮廓）：用于选择螺纹轮廓类型。
  - ☑ ISO（国际标准螺纹）选项，用于加工国际标准螺纹。
  - ☑ Trapezoidal（梯形螺纹）选项，用于加工梯形螺纹。
  - ☑ UNC（统一标准粗牙螺纹）选项，用于加工统一标准粗牙螺纹。
  - ☑ Gas（管螺纹）选项，用于加工管螺纹。
  - ☑ Other（其他螺纹）选项，用于加工其他螺纹。

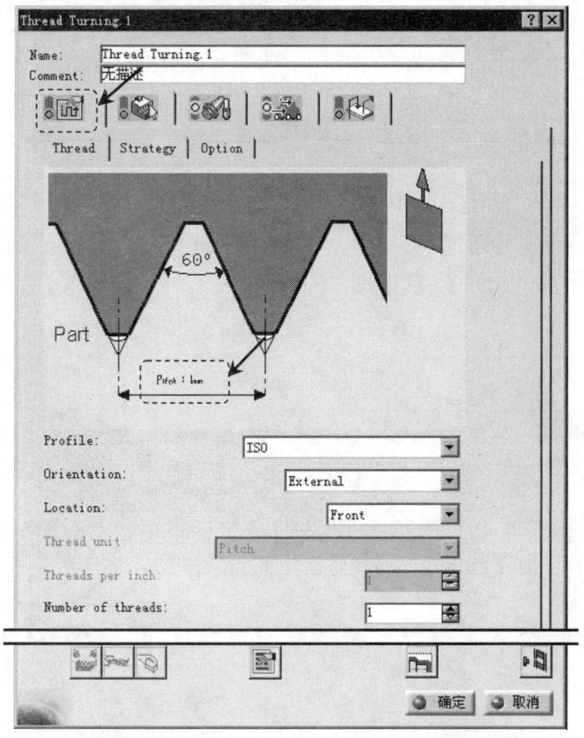

图 5.10.10 “刀具路径参数”选项卡

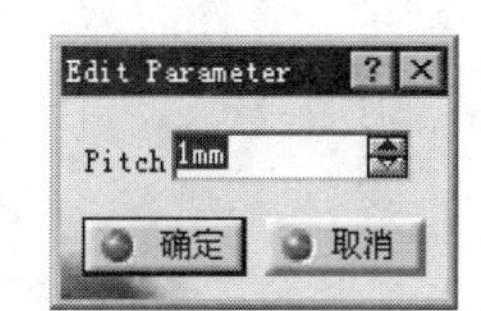

图 5.10.11 “Edit Parameter”对话框

- Orientation: 下拉列表（方位）：用于选择螺纹的方位，包括 Internal （内部）和 External （外部）两个选项。
- Location: 下拉列表（位置）：用于选择螺纹的位置，包括 Front （前端）和 Back （后端）两个选项。
- Thread unit: 下拉列表（螺纹单位）：包含 Pitch （螺距）和 Threads per inch 文本框（每英寸牙数）两个选项。对于 ISO 和梯形螺纹，自动设置成 Pitch 选项；对于 UNC 和管螺纹自动设置成 Threads per inch 选项；对于其他种类的螺纹，需要用户自己设置螺纹的单位。
- Threads per inch: （每英寸牙数）文本框：定义螺纹在每英寸长度的螺牙数目。
- Number of threads: （螺纹头数）文本框：用于定义螺纹的头数。

Step6. 定义进刀/退刀路径。

（1）进入“进刀/退刀路径”选项卡。在“Thread Turning.1”对话框（一）中单击（进刀/退刀路径）选项卡。

（2）定义进刀路径。

① 激活进刀。在 Macro Management 区域的列表框中选择 Approach 选项，然后右击，在弹出的快捷菜单中选择 Activate 命令。

② 在 Mode: 下拉列表中选择 Build by user 选项，然后单击“Remove all motion”按钮和“Add Tangent motion”按钮。

（3）定义退刀路径。

① 激活退刀。在 Macro Management 区域的列表框中选择 Retract 选项，右击，在弹出的快捷菜单中选择 Activate 命令。

② 在 Mode: 下拉列表中选择 Build by user 选项，然后单击“Remove all motion”按钮和“Add Horizontal motion”按钮。

Stage2．刀路仿真

Step1. 在“Thread Turning.1”对话框（一）中单击“Tool Path Replay”按钮，系统弹出“Thread Turning.1”对话框（二）。

Step2. 在“Thread Turning.1”对话框（二）中单击按钮，然后单击按钮，观察刀具切削毛坯零件的运行情况。

Step3. 在“Thread Turning.1”对话框（二）中单击 确定 按钮，然后在“Thread Turning.1”对话框（一）中单击 确定 按钮。

Task4．保存模型文件

在服务器上保存模型文件，文件名为“thread_turning”。

5.10.2 内螺纹加工

下面以图 5.10.12 所示的零件为例来说明内螺纹加工的一般操作过程。

a） 加工前

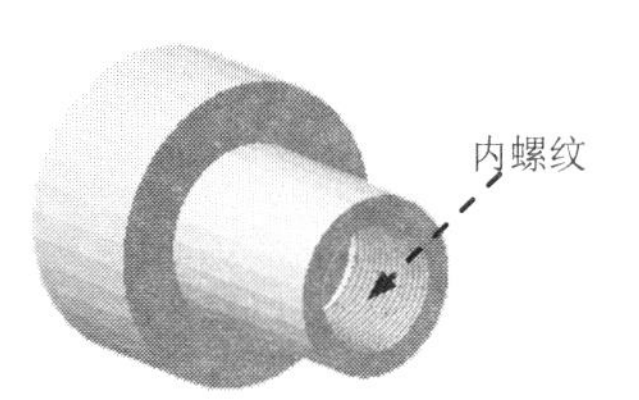

b） 加工后

图 5.10.12 内螺纹加工

Task1．打开模型文件并进入加工模块

Step1. 打开模型文件 D:\cat2016.9\work\ch05.10.02\screw_cap.CATPart。

Step2. 选择下拉菜单 开始 → 加工 → Lathe Machining 命令，进入“Lathe Machining”工作台。

Task2．零件操作定义

Step1. 进入零件操作定义对话框。在图 5.10.13 所示的特征树中双击“Part Operation.1”节点，系统弹出“Part Operation”对话框。

Step2. 机床设置。单击“Part Operation”对话框中的“Machine”按钮，系统弹出“Machine Editor”对话框，单击其中的“Horizontal Lathe Machine”按钮，其他选项保持系统默认设置，然后单击 确定 按钮，完成机床的选择。

Step3. 定义加工坐标系。

（1）单击“Part Operation”对话框中的按钮，系统弹出“Default reference machining axis for Part Operation.1”对话框。

（2）在对话框的 Axis Name: 文本框中输入坐标系名称“machining axis.1”。

（3）单击对话框中的 Z 轴，系统弹出“Direction Z”对话框。在“Direction Z”对话框中设置图 5.10.14 所示的参数，单击 确定 按钮，完成 Z 轴的定义。

（4）单击对话框中的 X 轴，系统弹出“Direction X”对话框。在“Direction X”对话框中设置图 5.10.15 所示的参数，然后单击 确定 按钮，完成 X 轴的定义。

Step4. 定义毛坯零件。

（1）单击“Part Operation”对话框中的按钮。

（2）选择图 5.10.16 所示的零件作为毛坯零件，在图形区空白处双击鼠标左键，系统回到“Part Operation”对话框。

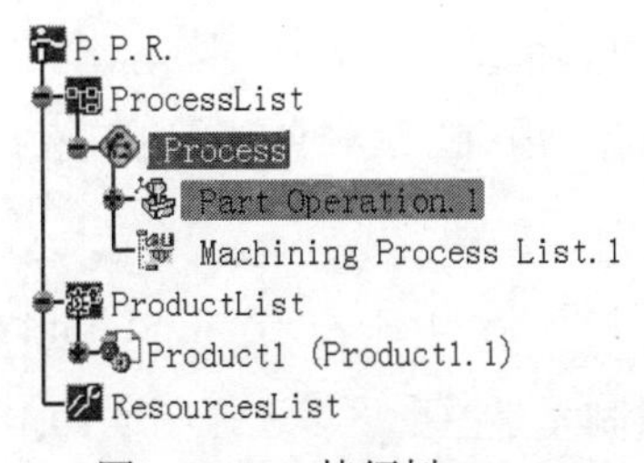

图 5.10.13　特征树

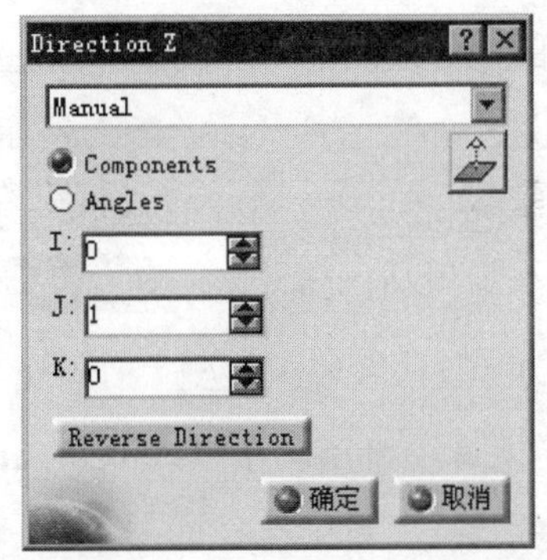

图 5.10.14　“Direction Z”对话框

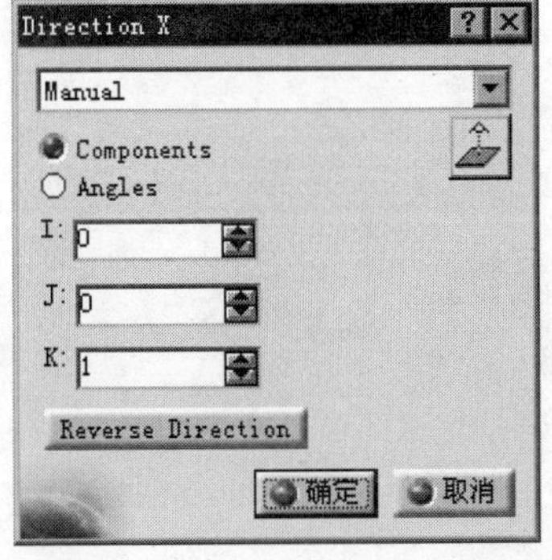

图 5.10.15　“Direction X”对话框

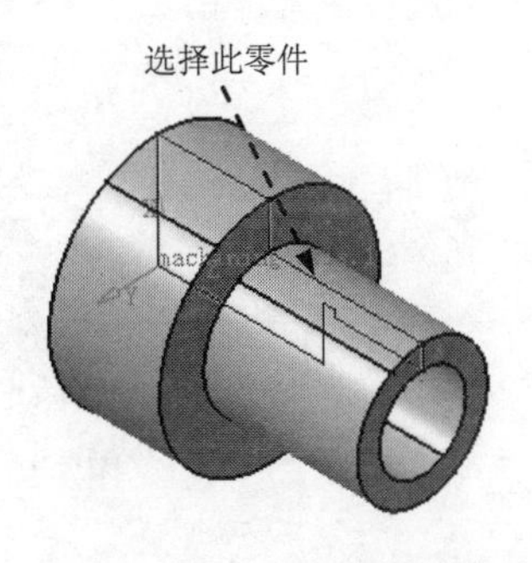

图 5.10.16　定义毛坯零件

Step5. 定义换刀点。单击“Part Operation”对话框中的 Position 选项卡，然后设置图 5.10.17 所示的参数。

Step6. 单击“Part Operation”对话框中的 确定 按钮，完成零件定义操作。

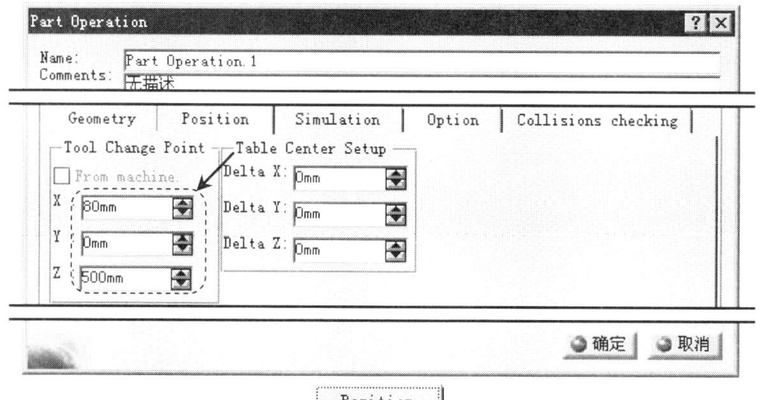

图 5.10.17 Position 选项卡

Task3. 内螺纹加工

Step1. 在特征树中选中“Manufacturing Program.1”节点，然后选择下拉菜单 插入 → Machining Operations ▸ → Thread Turning 命令，插入一个螺纹加工操作，系统弹出“Thread Turning.1”对话框（一）。

Step2. 定义几何参数。

（1）定义毛坯边界。单击“Threading Turning.1”对话框（一）中的毛坯边界感应区，系统弹出“Edge Selection”工具条。在图形区选择图 5.10.18 所示的直线作为毛坯边界。单击“Edge Selection”工具条中的 OK 按钮，系统返回到“Thread Turning.1”对话框（一）。

（2）定义螺纹起点。在“Threading Turning.1”对话框（一）中右击“Start limit mode”字样，在系统弹出的快捷菜单中选择 Out 命令，单击起始限制元素感应区，选择图 5.10.18 所示直线的端点 1，系统返回到“Thread Turning.1”对话框（一）。

（3）定义螺纹终点。在“Thread Turning.1”对话框（一）中右击“End limit mode”，在系统弹出的快捷菜单中选择 On 命令，单击终止限制元素感应区，选择图 5.10.18 所示直线的端点 2，系统返回到“Thread Turning.1”对话框（一）。

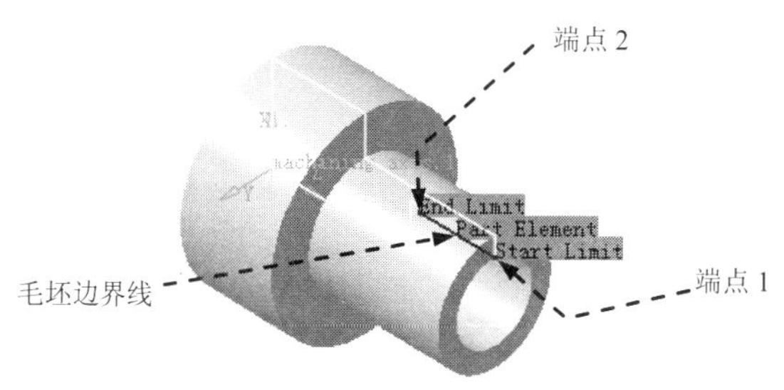

图 5.10.18 定义螺纹起点和终点

Step3. 定义刀具参数。

（1）进入“刀具参数”选项卡。在“Thread Turning.1”对话框（一）中单击（刀具参数）选项卡。

（2）选择刀柄。在“Thread Turning.1”对话框（一）中单击（刀柄）选项卡，然后选择“T2 Internal Thread Insert-Holder”刀柄。

（3）选择刀片。在刀具参数选项卡中单击（刀片）选项卡，在右下角单击More>>按钮，在Thread profile下拉列表中选择ISO选项，其他刀具参数采用系统默认设置值（图5.10.19）。

Step4. 定义进给量。

（1）进入“进给量”选项卡。在“Thread Turning.1”对话框（一）中单击（进给量）选项卡。

（2）设置进给量。在“Thread Turning.1”对话框（一）的（进给量）选项卡中设置图5.10.20所示的参数。

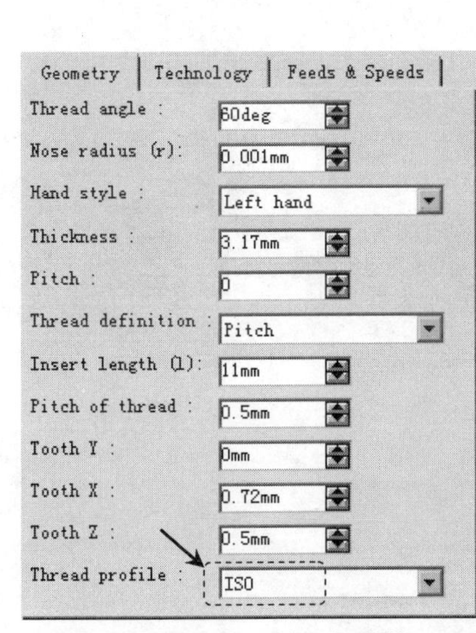

图 5.10.19 定义刀片几何参数

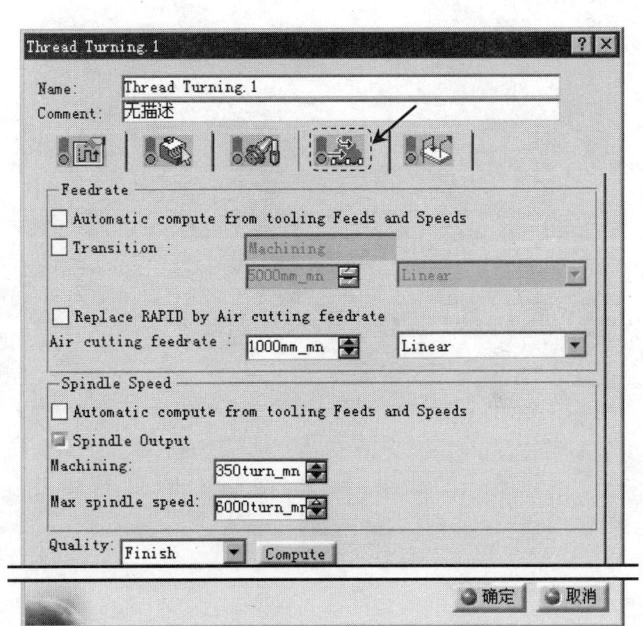

图 5.10.20 “进给量”选项卡

Step5. 定义刀具路径参数。

（1）进入刀具路径参数选项卡。在“Thread Turning.1”对话框（一）中单击选项卡。

（2）在Orientation:后的下拉列表中选择Internal选项。

（3）定义螺距。双击“Thread Turning.1”对话框（一）中的“Pitch：1mm”字样，在系统弹出的“Edit Parameter”对话框中输入值3，然后单击确定按钮。

（4）其他选项采用系统默认设置，完成刀具路径参数的设置。

Step6. 定义进刀/退刀路径。进入进刀/退刀路径选项卡。在“Thread Turning.1”对话框（一）中单击进刀/退刀路径选项卡。采用系统默认设置。

Step7. 刀路仿真。

（1）在“Thread Turning.1”对话框（一）中单击“Tool Path Replay”按钮，系统弹出“Thread Turning.1”对话框（二）。

（2）在“Thread Turning.1”对话框（二）中单击按钮，然后单击按钮，观察刀具切削毛坯零件的运行情况。

Step8. 在“Thread Turning.1”对话框（二）中单击 确定 按钮，然后在“Thread Turning.1”对话框（一）中单击 确定 按钮。

Task4. 保存模型文件

在服务器上保存模型文件，文件名为“screw_cap”。

第 6 章 数控加工综合范例

本章提要 本章列举了一些综合实例，如圆盘、凹模、凸模等。从这些例子中可以看出，对于一些复杂零件的数控加工，零件模型加工工序的安排是至关重要的。在学习本章后，希望读者能够了解一些对于复杂零件采用多工序加工的方法及设置。

6.1 圆 盘 加 工

在机械加工中，从毛坯零件到目标零件的加工一般都要经过多道工序。工序安排是否合理对加工后零件的质量有较大的影响，因此在加工之前需要根据零件的特征制定好加工的工艺。下面以一个圆盘零件为例介绍多工序铣削的加工方法，该零件的加工工艺路线如图 6.1.1 和图 6.1.2 所示。

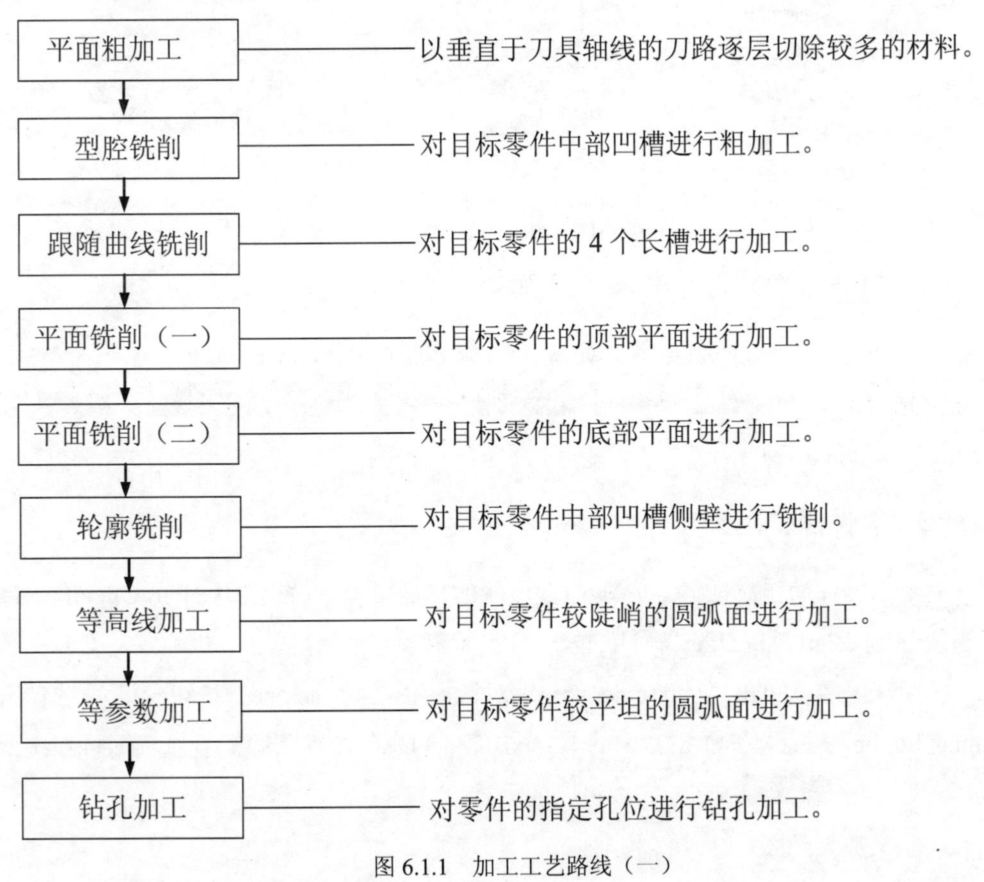

图 6.1.1 加工工艺路线（一）

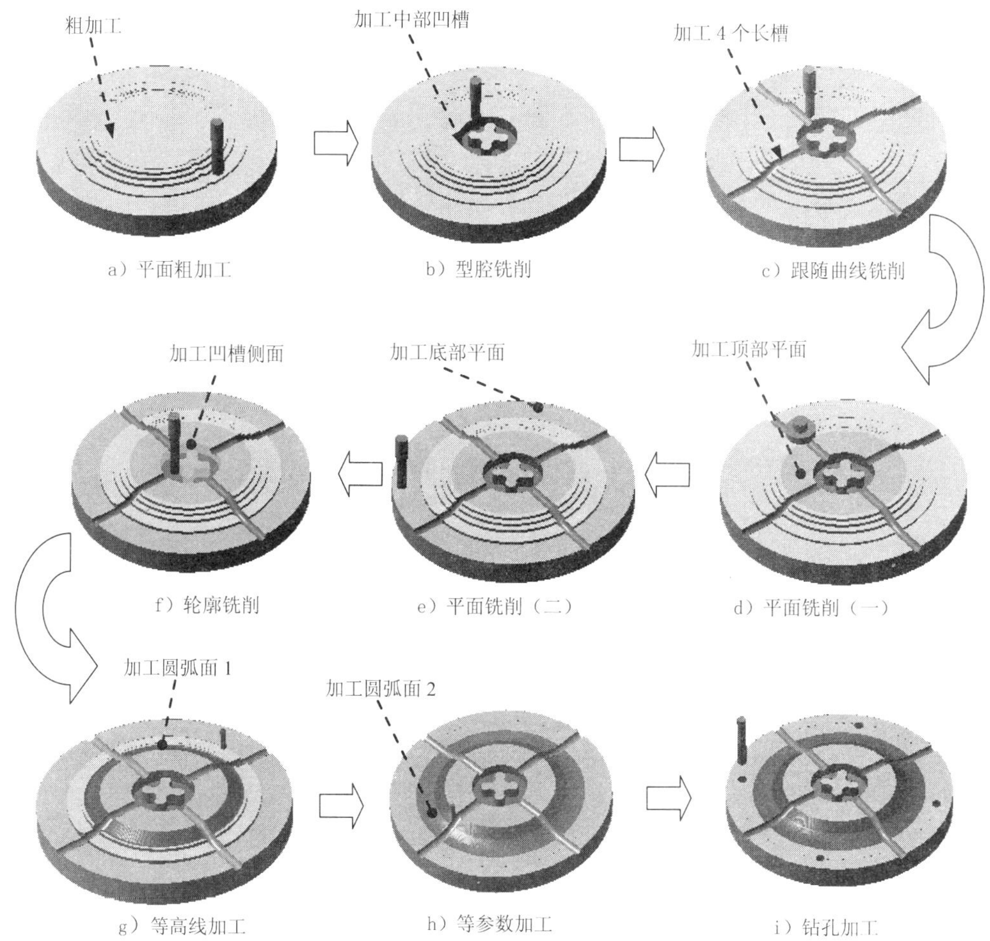

图 6.1.2 加工工艺路线（二）

Task1. 打开模型文件并进入加工模块

Step1. 打开模型文件 D:\cat2016.9\work\ch06.01\disk.CATProduct。

Step2. 选择下拉菜单 开始 → 加工 → Prismatic Machining 命令，进入“Prismatic Machining”工作台。

Task2. 零件操作定义

Step1. 进入零件操作对话框。在图 6.1.3 所示的特征树（一）中双击“Part Operation.1”节点，系统弹出“Part Operation”对话框。

Step2. 机床设置。单击“Part Operation”对话框中的“Machine”按钮，系统弹出“Machine Editor”对话框，单击其中的“3-axis Machine”按钮，其他选项保持系统默认设置，然后单击 确定 按钮，完成机床的选择。

Step3. 定义加工坐标系。

（1）单击“Part Operation”对话框中的按钮，系统弹出“Default reference machining axis for Part Operation.1”对话框。

（2）在对话框的 Axis Name : 文本框中输入坐标系名称“MyAxis”。

（3）单击对话框中的坐标原点感应区，然后在图形区选取图 6.1.4 所示的圆，系统将选取圆的圆心作为加工坐标系的原点，创建图 6.1.5 所示的加工坐标系。此时“Default reference machining axis for Part Operation.1”对话框变为“MyAxis”对话框。

（4）单击“MyAxis”对话框中的 确定 按钮，完成加工坐标系的定义。

图 6.1.3 特征树（一）

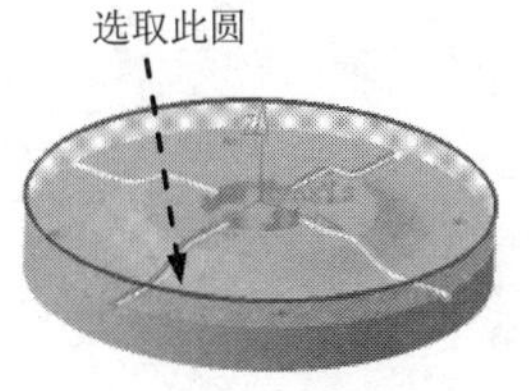

图 6.1.4 选取圆

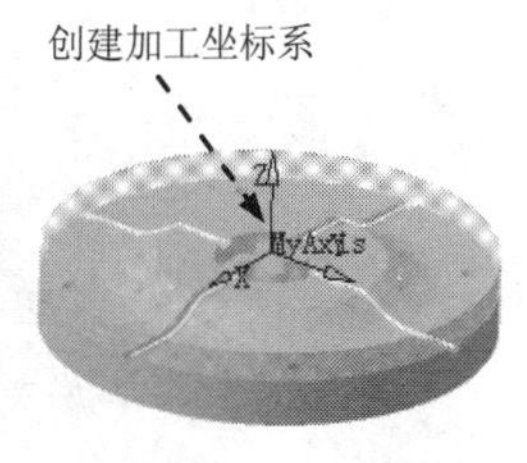

图 6.1.5 创建加工坐标系

Step4. 选择加工目标零件。

（1）在图 6.1.6 所示的特征树（二）中右击“rough（rough.1）”节点，在弹出的快捷菜单中选择 隐藏/显示 命令。

（2）单击“Part Operation”对话框中的按钮。

（3）选取图 6.1.7 所示的零件模型作为加工目标零件，在图形区空白处双击鼠标左键，系统回到“Part Operation”对话框。

说明：也可以在特征树中选择“disk”节点下的“零件几何体”作为目标加工零件。

Step5. 选择毛坯零件。

（1）在图 6.1.6 所示的特征树（二）中右击“rough（rough.1）”节点，在弹出的快捷菜单中选择 隐藏/显示 命令。

（2）单击“Part Operation”对话框中的按钮。

（3）选取图 6.1.8 所示的零件作为毛坯零件，在图形区空白处双击鼠标左键，系统回到“Part Operation”对话框。

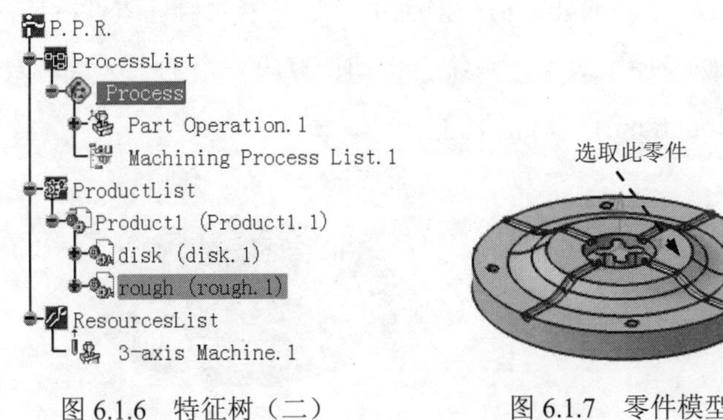

图 6.1.6 特征树（二）

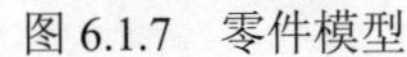

图 6.1.7 零件模型

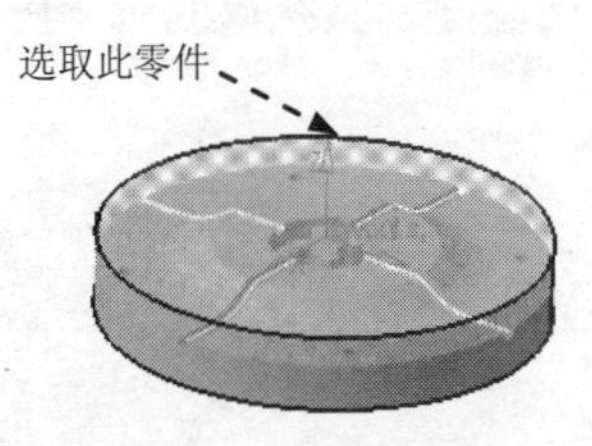

图 6.1.8 毛坯零件

Step6．定义安全平面。

（1）单击“Part Operation”对话框中的按钮。

（2）选择参照面。在图形区选取图 6.1.9 所示的毛坯上表面作为安全平面参照，系统创建一个安全平面。

（3）右击系统创建的安全平面，在弹出的快捷菜单中选择 Offset... 命令，系统弹出“Edit Parameter”对话框，在其中的 Thickness 文本框中输入值 10，单击 确定 按钮，完成安全平面的创建，如图 6.1.10 所示。

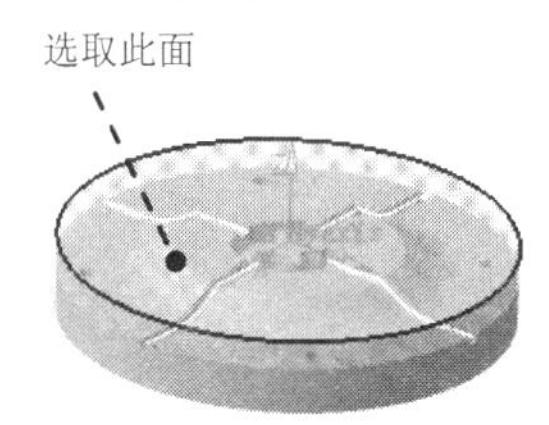

图 6.1.9 选取安全平面参照

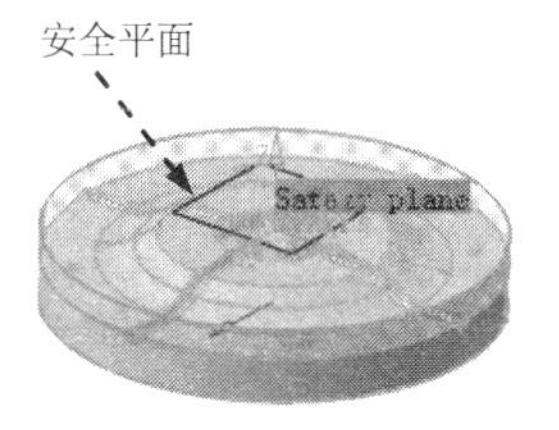

图 6.1.10 创建安全平面

Step7．单击“Part Operation”对话框中的 确定 按钮，完成零件定义操作。

Task3．平面粗加工

Stage1．设置加工参数

Step1．定义几何参数。

（1）在特征树中选择“Manufacturing Program.1”节点，然后选择下拉菜单 插入 → Machining Operations → Roughing Operations → Prismatic Roughing 命令，插入一个平面粗加工操作，系统弹出“Prismatic roughing.1”对话框（一）。

（2）定义毛坯。单击选项卡，然后单击“Prismatic roughing.1”对话框（一）中的毛坯零件（Rough stock）感应区，该对话框消失。在图形区选取图 6.1.11 所示的零件作为毛坯零件，系统返回到“Prismatic roughing.1”对话框（一）。

（3）隐藏毛坯零件。在特征树中右击“rough（rough.1）”节点，在弹出的快捷菜单中选择 隐藏/显示 命令。

（4）定义加工区域。单击“Prismatic roughing.1”对话框（一）中的目标零件感应区，在图形区选取图 6.1.12 所示的零件作为加工对象，系统会自动计算出一个加工区域。双击鼠标左键，系统返回到“Prismatic roughing.1”对话框（一）。

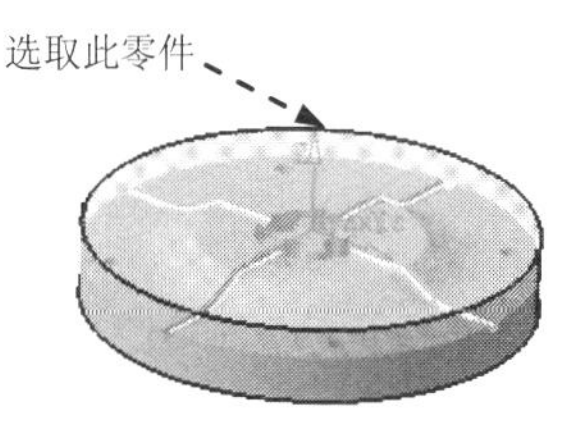

图 6.1.11 毛坯零件

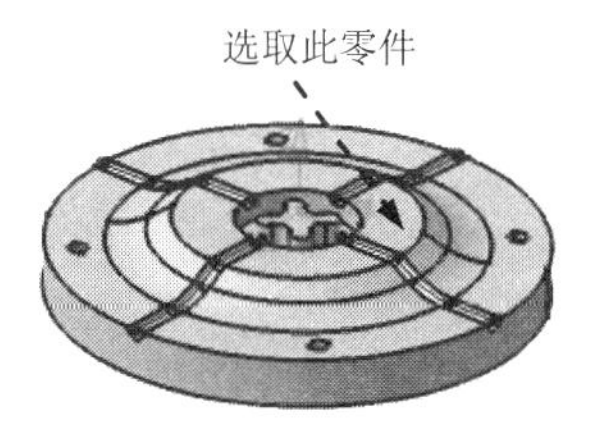

图 6.1.12 加工对象

Step2. 定义刀具参数。

（1）进入刀具参数选项卡。在“Prismatic roughing.1”对话框（一）中单击选项卡。

（2）选择刀具类型。在“Prismatic roughing.1”对话框（一）中单击按钮，选择面铣刀作为加工刀具。

（3）刀具命名。在“Prismatic roughing.1”对话框（一）的 Name 文本框中输入“T1 End Mill D20”。

（4）设置刀具参数。

① 在“Prismatic roughing.1”对话框（一）中单击 More>> 按钮，取消选中 □ Ball-end tool 复选框，单击 Geometry 选项卡，然后设置图 6.1.13 所示的刀具参数。

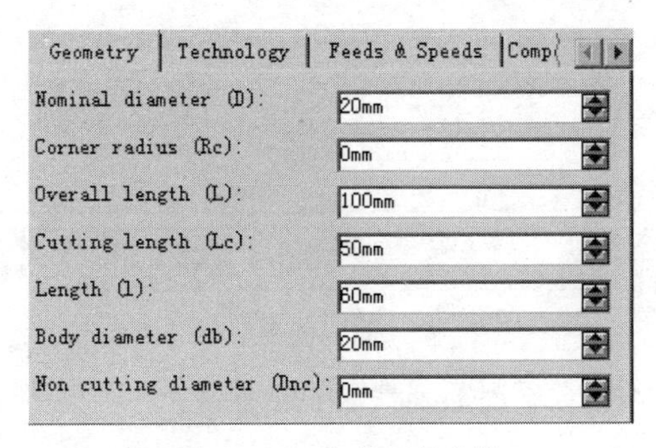

图 6.1.13　定义刀具参数

② 其他选项卡中的参数均采用默认的设置值。

Step3. 定义进给量。

（1）进入“进给量”选项卡。在“Prismatic roughing.1”对话框（一）中单击（进给量）选项卡。

（2）设置进给量。在“Prismatic roughing.1”对话框（一）的（进给量）选项卡中设置图 6.1.14 所示的参数。

Step4. 定义刀具路径参数。

（1）进入“刀具路径参数”选项卡。在“Prismatic roughing.1”对话框（一）中单击（刀具路径参数）选项卡。

（2）设置加工参数。单击 Machining 选项卡，在 Tool path style: 下拉列表中选择 Helical 选项，在 Machining mode: 下拉列表中选择 By area 和 Outer part 选项，在 Helical movement: 下拉列表中选择 Inward 选项，其他选项采用系统默认设置。

（3）定义径向参数。单击 Radial 选项卡，然后在 Stepover: 下拉列表中选择 Overlap ratio 选项，在 Tool diameter ratio: 文本框中输入值 75。

（4）定义轴向参数。单击 Axial 选项卡，然后在 Maximum cut depth: 文本框中输入值 5。

Prismatic roughing.1
Name: Prismatic roughing.1
Comment: 无描述
Feedrate
Automatic compute from tooling Feeds and Speeds
Approach: 100mm_mn
Machining: 500mm_mn
Retract: 3000mm_mn
Transition: Machining
5000mm_mn
Slowdown rate: 100
Unit: Linear
Spindle Speed
Automatic compute from tooling Feeds and Speeds
Spindle output
Machining: 1500turn_mn
Unit: Angular
确定 Preview 取消

图 6.1.14 “进给量”选项卡

（5）其他选项卡中的参数采用系统默认的设置值。

Step5. 定义进刀/退刀路径。

（1）进入进刀/退刀路径选项卡。在“Prismatic roughing.1”对话框（一）中单击 选项卡。

（2）在 Macro Management 区域的列表框中选择 Automatic，选中 Optimize retract 复选框，在 Axial safety distance: 文本框中输入值 10，在 Mode: 下拉列表中选择 Ramping 选项，在 Ramping angle: 文本框中输入值 10；其余参数采用系统默认设置值。

（3）在 Macro Management 区域的列表框中选择 Pre-motions，然后单击 按钮。

（4）在 Macro Management 区域的列表框中选择 Post-motions，然后单击 按钮。

Stage2．刀路仿真

Step1. 在“Prismatic roughing.1”对话框（一）中单击“Tool Path Replay”按钮，系统弹出“Prismatic roughing.1”对话框（二），且在图形区显示刀路轨迹，如图 6.1.15 所示。

图 6.1.15 显示刀路轨迹

Step2. 在“Prismatic roughing.1”对话框（二）中单击确定按钮，然后在“Prismatic roughing.1”对话框（一）中单击确定按钮。

Task4．型腔铣削

Step1. 在特征树中选择“Prismatic roughing.1（Computed）”节点，选择下拉菜单插入 → Machining Operations ▸ → Pocketing命令，系统弹出“Pocketing.1”对话框。

Step2. 定义几何参数。

（1）单击“Pocketing.1”对话框（一）中的选项卡，然后单击对话框中的Open Pocket（Open Pocket）字样，使其变成Closed Pocket（Close Pocket）字样。

（2）定义加工底平面和侧面。将鼠标移动到“Pocketing.1”对话框中的零件底面感应区，该区域的颜色由深红色变为橙黄色，单击该区域，对话框消失，系统要求用户选择一个平面作为型腔加工的区域。在图形区选取图 6.1.16 所示的型腔底平面，系统返回到“Pocketing.1”对话框（一），此时“Pocketing.1”对话框中的型腔底平面和侧面颜色变为深绿色。

（3）定义加工上平面。单击“Pocketing.1”对话框（一）中的顶面感应区，在图形区选取图 6.1.17 所示的零件上平面，系统返回到“Pocketing.1”对话框（一）。

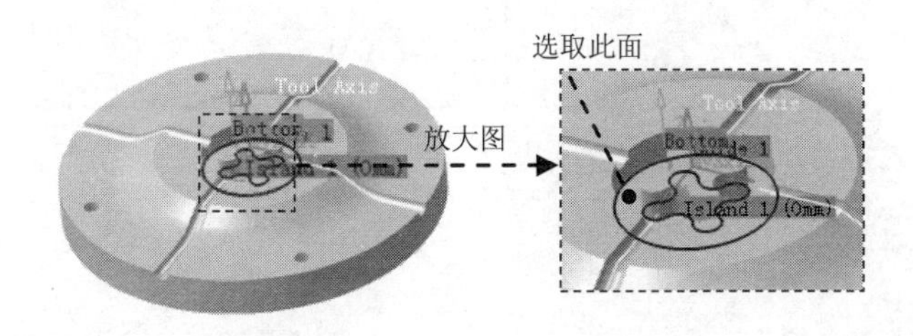

图 6.1.16　定义型腔底平面

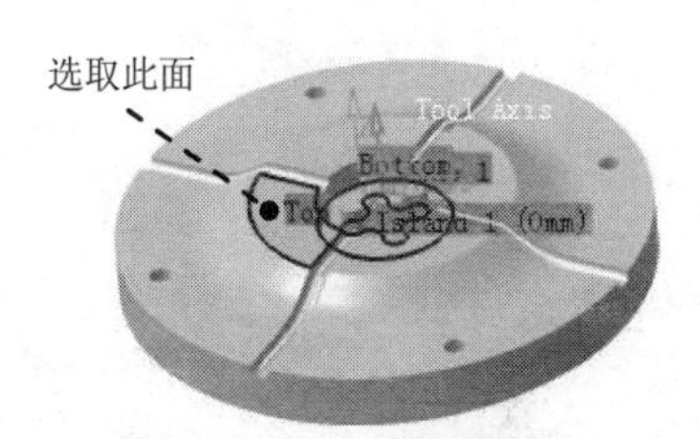

图 6.1.17　定义加工上平面

（4）定义侧面加工余量。双击“Pocketing.1”对话框（一）中的Offset on Contour : 0mm（Offset on Contour：0mm）字样，在系统弹出“Edit Parameter”对话框中输入值 0.2，单击确定按钮，系统返回到“Pocketing.1”对话框（一）。

（5）定义顶面加工余量。双击“Pocketing.1”对话框（一）中的Offset on Top : 0mm（Offset on Top：0mm）字样，在系统弹出“Edit Parameter”对话框中输入值 1，单击确定按钮，系统返回到“Pocketing.1”对话框（一）。

Step3. 定义刀具参数。

（1）进入“刀具参数”选项卡。在“Pocketing.1”对话框（一）中单击（刀具参数）选项卡。

（2）选择刀具类型。在“Pocketing.1”对话框（一）中单击按钮，选择面铣刀作为加工刀具。

（3）刀具命名。在“Pocketing.1”对话框（一）的 Name 文本框中输入“T2 End Mill D16”。

（4）设置刀具参数。

① 在“Pocketing.1”对话框（一）中单击 More>> 按钮，取消选中 □Ball-end tool 复选框，单击 Geometry 选项卡，然后设置图 6.1.18 所示的刀具参数。

② 其他选项卡中的参数均采用默认的设置值。

Step4. 定义进给量。

（1）进入“进给量”选项卡。在“Pocketing.1”对话框（一）中单击 （进给量）选项卡。

（2）设置进给量。在“Pocketing.1”对话框（一）的 （进给量）选项卡中设置图 6.1.19 所示的参数。

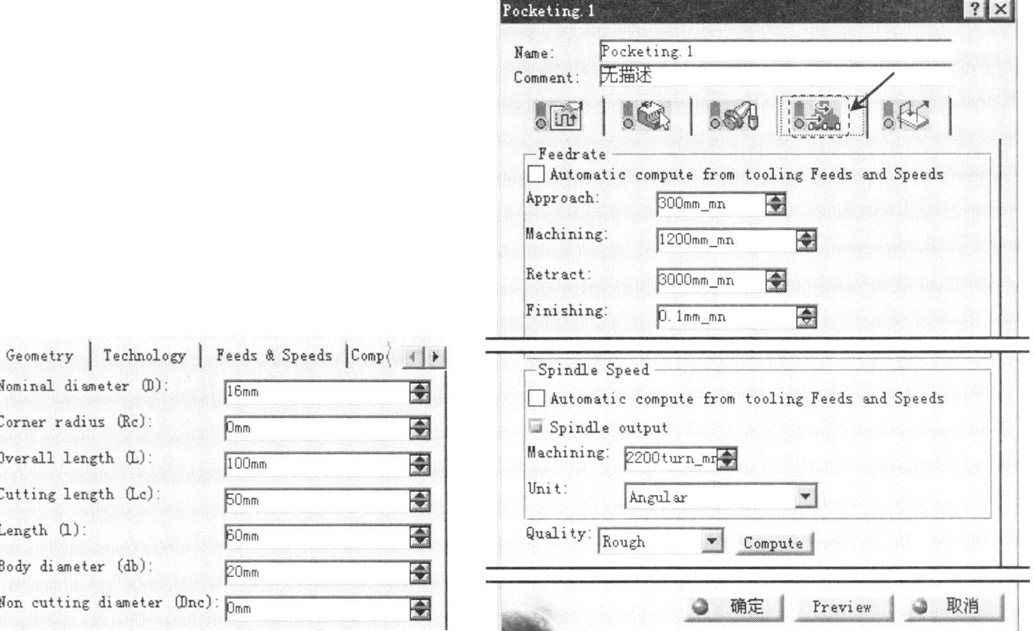

图 6.1.18 定义刀具参数

图 6.1.19 “进给量”选项卡

Step5. 定义刀具路径参数。

（1）进入刀具路径参数选项卡。在“Pocketing.1”对话框（一）中单击 选项卡。

（2）定义刀具路径类型。在“Pocketing.1”对话框（一）的 Tool path style: 下拉列表中选择 Outward helical 选项。

（3）定义加工参数。在“Pocketing.1”对话框（一）中单击 Machining 选项卡，然后在 Direction of cut: 下拉列表中选择 Climb 选项，其他选项采用系统默认设置。

（4）定义径向参数。单击 Radial 选项卡，然后在 Mode: 下拉列表中选择 Tool diameter ratio 选项，在 Percentage of tool diameter: 文本框中输入值 50，其他选项采用系统默认设置。

（5）定义轴向参数。单击 Axial 选项卡，然后在 Mode: 下拉列表中选择 Number of levels 选项，在 Number of levels: 文本框中输入值 5，其他选项采用系统默认设置。

（6）其他参数采用系统默认的设置值。

Step6. 定义进刀/退刀路径。

（1）进入进刀/退刀路径选项卡。在“Pocketing.1”对话框（一）中单击选项卡。

（2）激活进刀。在 Macro Management 区域的列表框中选择 Approach，右击，在弹出的快捷菜单中选择 Activate 命令（系统默认激活）。

（3）定义进刀路径。在 Macro Management 区域的列表框中选择 Approach，然后在 Mode: 下拉列表中选择 Ramping 选项，选择螺旋进刀类型。

（4）激活退刀。在 Macro Management 区域的列表框中选择 Retract，右击，在弹出的快捷菜单中选择 Activate 命令（系统默认激活）。

（5）定义退刀路径。在 Macro Management 区域的列表框中选择 Retract，然后在 Mode: 下拉列表中选择 Build by user 选项，依次单击“remove all motions”按钮和“Add Axial motion up to a plane”按钮，设置一个到安全平面的直线退刀运动。

Step7. 刀路仿真。在“Pocketing.1”对话框中单击“Tool Path Replay”按钮，系统弹出“Pocketing.1”对话框（二），且在图形区显示刀路轨迹，如图 6.1.20 所示。

Step8. 在“Pocketing.1”对话框（二）中单击 确定 按钮，然后单击“Pocketing.1”对话框（一）中的 确定 按钮。

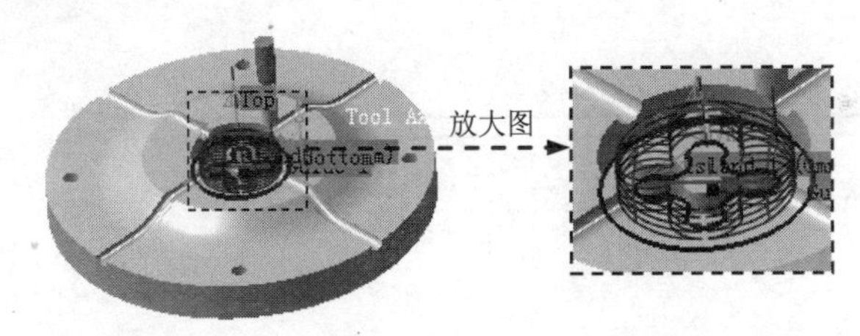

图 6.1.20 显示刀具轨迹

Task5. 跟随曲线铣削

Stage1. 跟随曲线铣削（一）

Step1. 定义几何参数。

（1）在特征树中选中“Pocketing.1（Computed）”节点，然后选择下拉菜单 插入 → Machining Operations ▸ → Curve Following 命令，插入一个跟随曲线铣削加工操作，系统弹出图 6.1.21 所示的“Curve Following.1”对话框（一）。

（2）定义加工区域。

① 单击几何参数选项卡，然后单击“Curve Following.1”对话框（一）中的引

导曲线感应区，系统弹出“Edge Selection”工具条。

② 在图形区选取图 6.1.22 所示的曲线(靠近曲线的端点处单击)，单击“Edge Selection”工具条中的 OK 按钮，系统返回到“Curve Following.1”对话框（一）。

说明：所选引导曲线为模型中已有曲线。选择引导曲线后回到“Curve Following.1”对话框，此时引导曲线上会出现蓝色箭头指出驱动刀具的方向，默认为指向坐标系原点。单击此箭头即可改变方向。

③ 在“Curve Following.1”对话框（一）中双击图 6.1.21 所示的“0mm”尺寸，在弹出的“Edge Parameter”对话框的 Axial Offset 1 文本框中输入值-8，单击 确定 按钮。

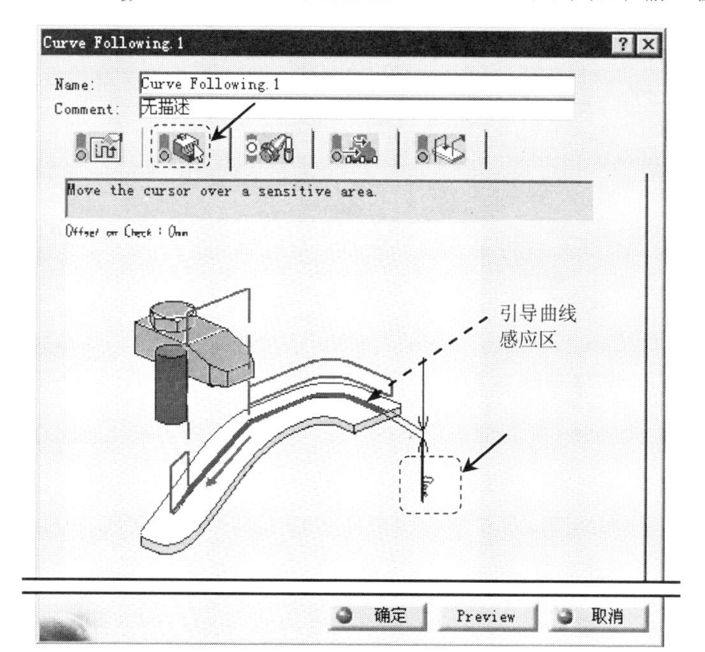

图 6.1.21 “Curve Following.1”对话框（一）

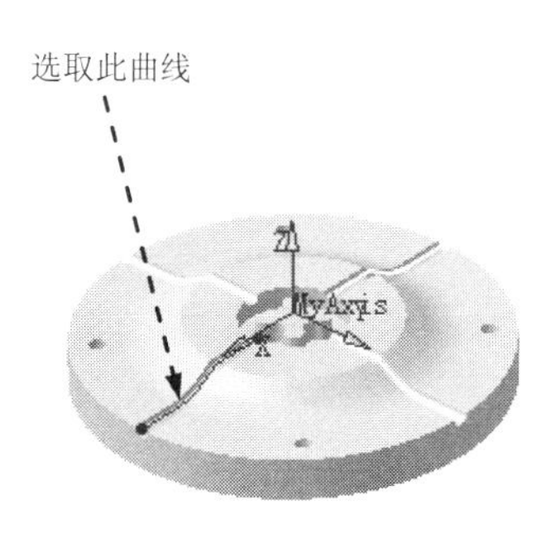

图 6.1.22 选取引导曲线 1

Step2. 定义刀具参数。

（1）进入刀具参数选项卡。在“Curve Following.1”对话框（一）中单击 选项卡。

（2）选择刀具类型。在“Curve Following.1”对话框（一）中单击 按钮，选择面铣刀作为加工刀具。

（3）刀具命名。在“Curve Following.1”对话框（一）的 Name 文本框中输入“T3 End Mill D16B”。

（4）设置刀具参数。

① 在“Curve Following.1”对话框（一）中单击 More>> 按钮，单击 Geometry 选项卡，然后设置图 6.1.23 所示的刀具参数。

② 其他选项卡中的参数均采用默认的设置值。

Step3. 定义进给量。

（1）进入“进给量”选项卡。在“Curve Following.1”对话框（一）中单击（进给量）选项卡。

（2）设置进给量。在“Curve Following.1”对话框（一）的（进给量）选项卡中设置图 6.1.24 所示的参数。

Step4. 定义刀具路径参数。

（1）进入刀具路径参数选项卡。在“Curve Following.1”对话框（一）中单击刀具路径参数选项卡。

（2）定义刀具路径类型。在“Curve Following.1”对话框（一）的 Tool path style: 下拉列表中选择 Zig-zag 选项。

（3）定义轴向参数。单击 Axial 选项卡，设置图 6.1.25 所示参数。

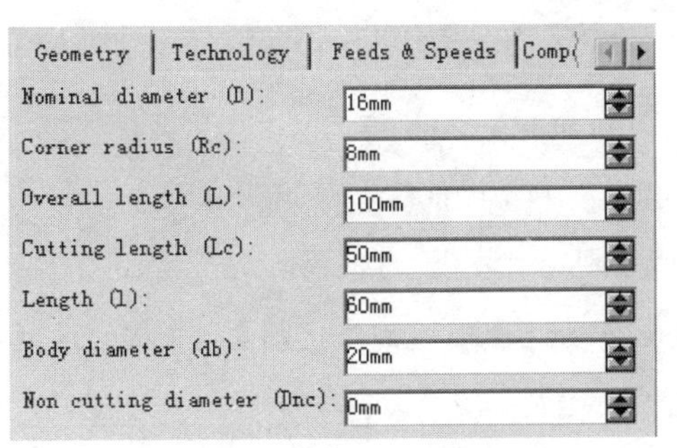

图 6.1.23 定义刀具参数

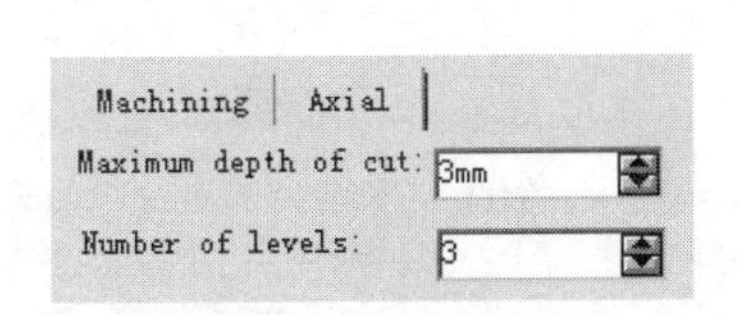

图 6.1.25 定义轴向参数

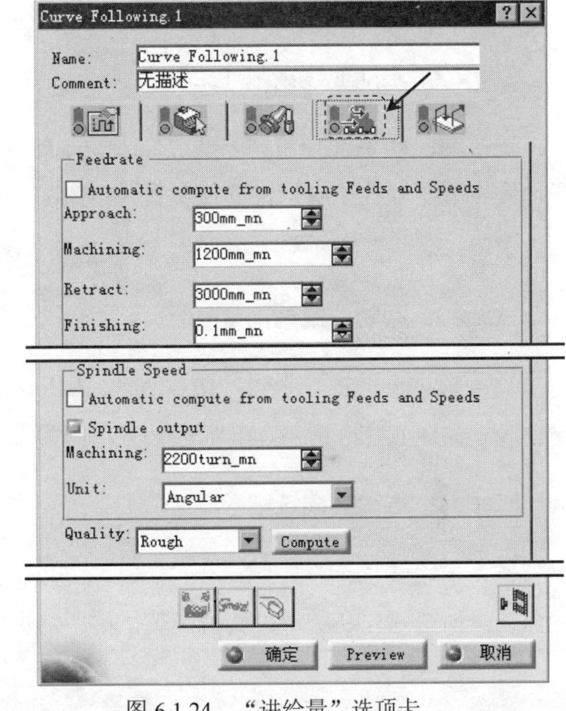

图 6.1.24 “进给量”选项卡

Step5. 定义进刀/退刀路径。

（1）进入进刀/退刀路径选项卡。在“Curve Following.1”对话框（一）中单击选项卡。

（2）定义进刀路径。在 Macro Management 区域的列表框中选择 Approach，然后在 Mode: 下拉列表中选择 Build by user 选项，依次单击“remove all motions”按钮、“Add Tangent motion”按钮和“Add Axial Motion up to a plane”按钮，设置进刀运动。

（3）定义退刀路径。在 Macro Management 区域的列表框中选择 Retract，然后在 Mode: 下拉列表中选择 Build by user 选项，然后依次单击“remove all motions”按钮和“Add Axial

motion up to a plane”按钮，设置退刀运动。

Step6. 在“Curve Following.1”对话框（一）中，单击“Tool Path Replay”按钮，系统弹出“Curve Following.1”对话框（二），且在图形区显示刀路轨迹，如图 6.1.26 所示。

Step7. 在“Curve Following.1”对话框（二）中单击 确定 按钮，然后单击“Curve Following.1”对话框（一）中的 确定 按钮。

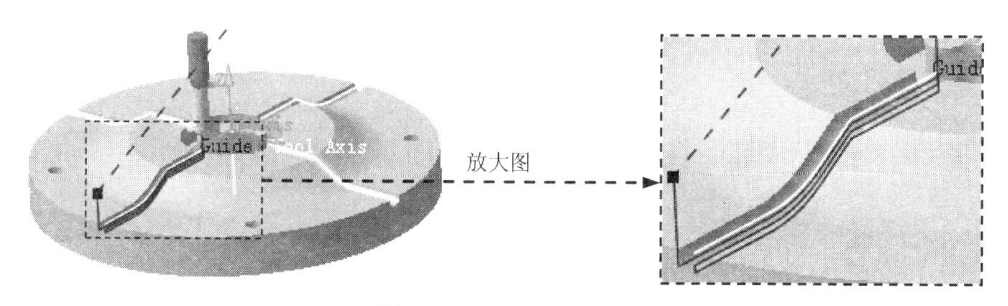

图 6.1.26 显示刀路轨迹

Stage2. 跟随曲线铣削（二）

参考 Stage1 的操作步骤，在“Curve Following.1”节点下插入跟随曲线铣削（二），引导曲线 2 如图 6.1.27 所示，其他参数采用跟随曲线铣削（一）中的设置。

说明：除了引导曲线的不同外，其余参数系统会自动继承跟随曲线铣削（一）中的设置。

Stage3. 跟随曲线铣削（三）

参考 Stage1 的操作步骤，在“Curve Following.2”节点下插入跟随曲线铣削（三），引导曲线 3 如图 6.1.28 所示，其他参数采用跟随曲线铣削（一）中的设置。

Stage4. 跟随曲线铣削（四）

参考 Stage1 的操作步骤，在“Curve Following.3”节点下插入跟随曲线铣削（四），引导曲线 4 如图 6.1.29 所示，其他参数采用跟随曲线铣削（一）中的设置。

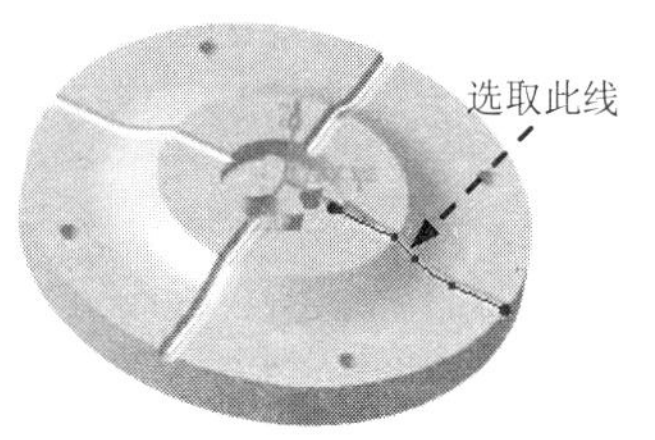

图 6.1.27 选取引导曲线 2

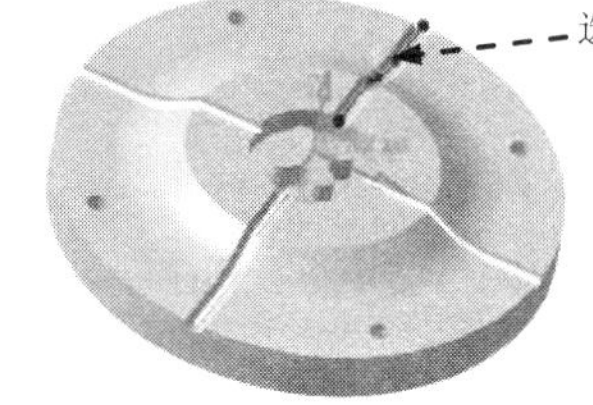

图 6.1.28 选取引导曲线 3

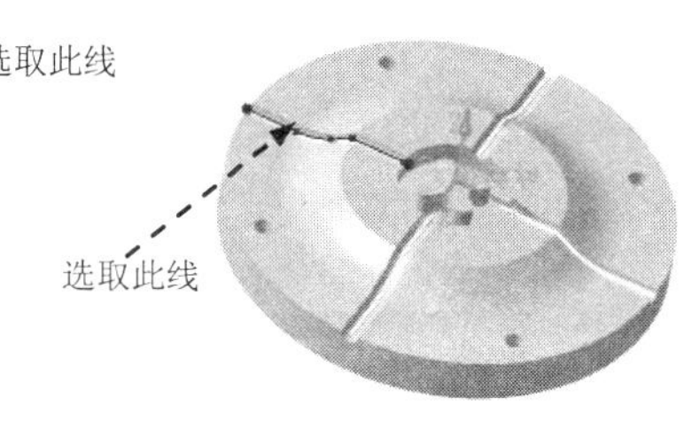

图 6.1.29 选取引导曲线 4

Task6. 平面铣削（一）

Step1. 定义几何参数。

（1）在特征树中选中“Curve Following.4（Computed）”节点，然后选择下拉菜单

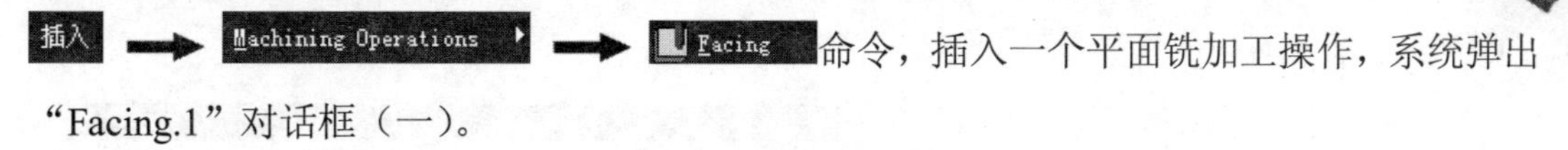

命令，插入一个平面铣加工操作，系统弹出“Facing.1”对话框（一）。

（2）定义加工底面。单击几何参数选项卡，将鼠标移动到“Facing.1”对话框（一）中的底面感应区上，该区域的颜色由深红色变为橙黄色，单击该区域，对话框消失，系统要求用户选择一个平面作为平面铣削的区域。在图形区选择如图 6.1.30 所示的模型表面（选取模型顶部 4 个面中的任意一个），系统返回到“Facing.1”对话框（一），此时“Facing.1”对话框（一）中的底面和侧面感应区的颜色变为深绿色。

（3）定义加工侧面。右击侧面感应区，在弹出的快捷菜单中选择 Remove 命令，此时侧面感应区的颜色变为深红色；再次右击侧面感应区，在弹出的快捷菜单中选择 By Boundary of Faces 命令，然后在图形区依次选取图 6.1.31 所示曲面（共 8 个面），双击图形区空白处，系统返回到“Facing.1”对话框（一）。

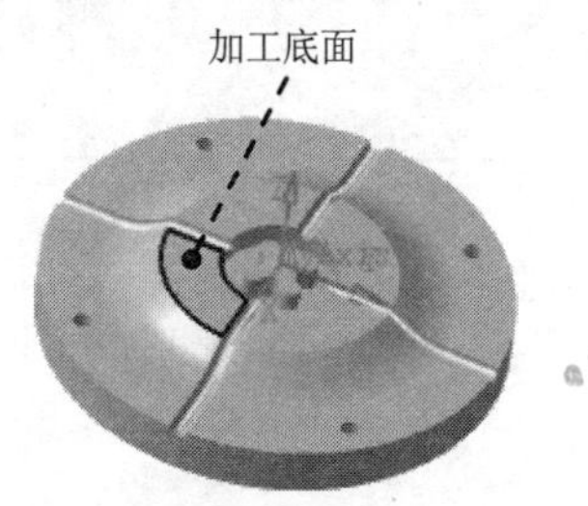

图 6.1.30 选取加工底面

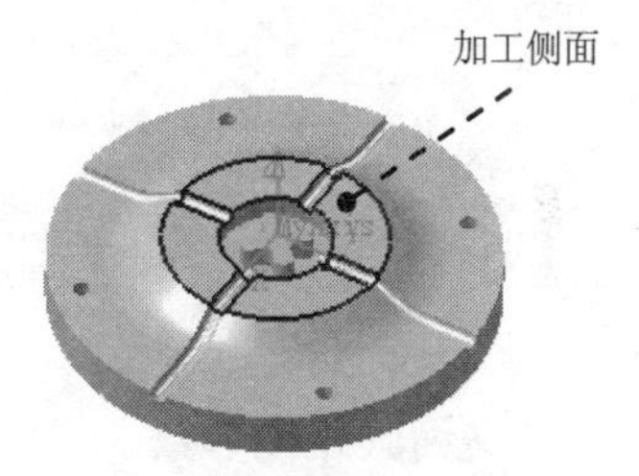

图 6.1.31 选取加工侧面

（4）定义侧面加工余量。双击“Facing.1”对话框（一）中的 Offset on Contour : 0.2mm（Offset on Contour：0.2mm）字样，在系统弹出的“Edit Parameter”对话框中输入值-6，单击 确定 按钮，系统返回到“Facing.1”对话框（一）。

说明：这里设置侧面加工余量为负值，是为了确保零件顶面被完整加工。

Step2. 定义刀具参数。

（1）进入刀具参数选项卡。在“Facing.1”对话框（一）中单击选项卡。

（2）选择刀具类型。在“Facing.1”对话框（一）中单击按钮，选择面铣刀作为加工刀具。

（3）刀具命名。在“Facing.1”对话框（一）的 Name 文本框中输入“T4 Face Mill D50”。

（4）设置刀具参数。在“Facing.1”对话框（一）中单击 More>> 按钮，单击 Geometry 选项卡，然后设置图 6.1.32 所示的刀具参数。其他选项卡中的参数均采用默认的设置值。

Step3. 定义进给量。

（1）进入“进给量”选项卡。在“Facing.1”对话框（一）中单击（进给量）选项卡。

（2）设置进给量。在“Facing.1”对话框（一）的（进给量）选项卡中设置图

6.1.33 所示的参数。

Geometry | Technology | Feeds & Speeds | Comp

Nominal diameter (D): 50mm
Corner radius (Rc): 5mm
Overall length (L): 30mm
Cutting length (Lc): 5mm
Length (l): 15mm
Body diameter (db): 25mm
Outside diameter (Da): 50mm
Cutting angle (A): 90deg
Non cutting diameter (Dnc): 0mm

图 6.1.32　定义刀具参数

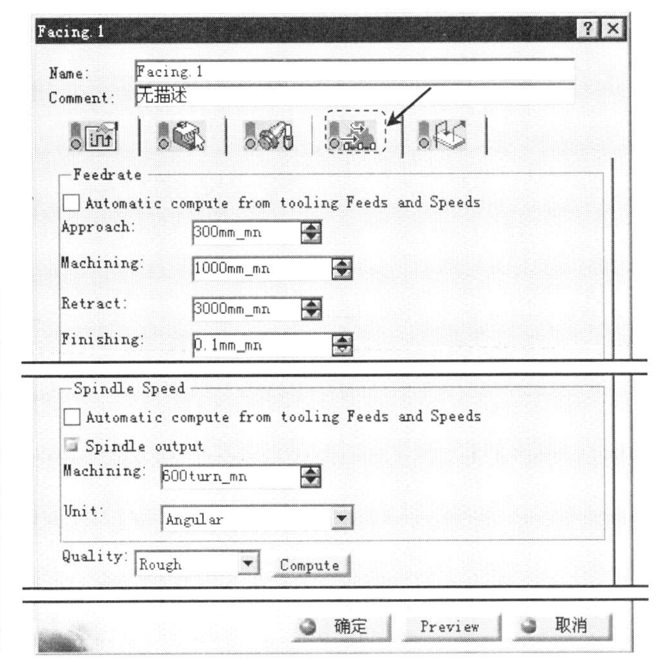

图 6.1.33　“进给量”选项卡

Step4. 定义刀具路径参数。

（1）进入刀具路径参数选项卡。在“Facing.1”对话框（一）中单击选项卡。

（2）定义刀具路径类型。在“Facing.1”对话框（一）的 Tool path style: 下拉列表中选择Back and forth选项。

（3）定义加工参数。采用系统默认设置。

（4）定义径向参数。单击Radial选项卡，然后在 Mode: 下拉列表中选择Tool diameter ratio选项，在 Percentage of tool diameter: 文本框中输入值 50，其他选项采用系统默认设置。

（5）定义轴向参数。单击Axial选项卡，然后在 Mode: 下拉列表中选择Number of levels选项，在 Number of levels: 文本框中输入值 1。

（6）其他选项卡中的参数采用系统默认设置值。

Step5. 定义进刀/退刀路径。

（1）进入进刀/退刀路径选项卡。在“Facing.1”对话框（一）中单击选项卡。

（2）激活进刀。在 Macro Management 区域的列表框中选择 Approach，右击，在弹出的快捷菜单中选择Activate命令将其激活（系统默认激活）。

（3）定义进刀类型。

①在 Macro Management 区域的列表框中选择 Approach，然后在 Mode: 下拉列表中选择Build by user选项，依次单击“remove all motions”按钮、“Add Circular motion”按钮和“Add Axial motion up to a plane”按钮，设置进刀运动，如图 6.1.34 所示。

②双击图 6.1.34 所示的“10mm”尺寸，在弹出的“Edit Parameter”对话框的Radius文本框中输入值 30，并单击确定按钮。

（4）激活退刀。在Macro Management区域的列表框中选择Retract，右击，在弹出的快捷菜单中选择Activate命令将其激活（系统默认激活）。

（5）定义退刀路径。在Macro Management区域的列表框中选择Retract，然后在Mode:下拉列表中选择Axial选项，选择直线退刀类型。

Step6. 刀路仿真。在“Facing.1”对话框（一）中单击“Tool Path Replay”按钮，系统弹出“Facing.1”对话框（二），且在图形区显示刀路轨迹，如图 6.1.35 所示。

Step7. 在“Facing.1”对话框（二）中单击确定按钮，然后单击“Facing.1”对话框（一）中的确定按钮。

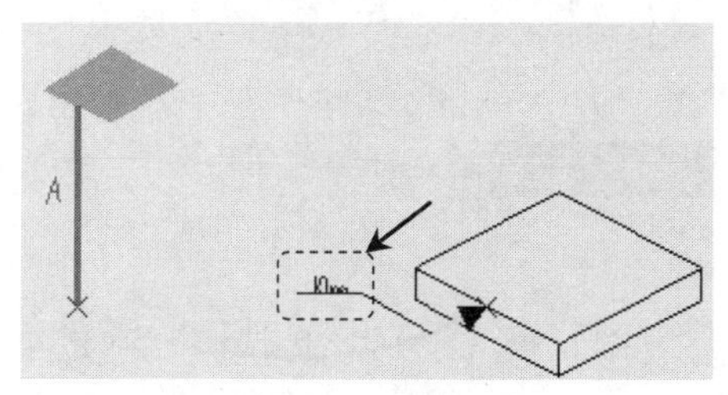

图 6.1.34 定义进刀类型

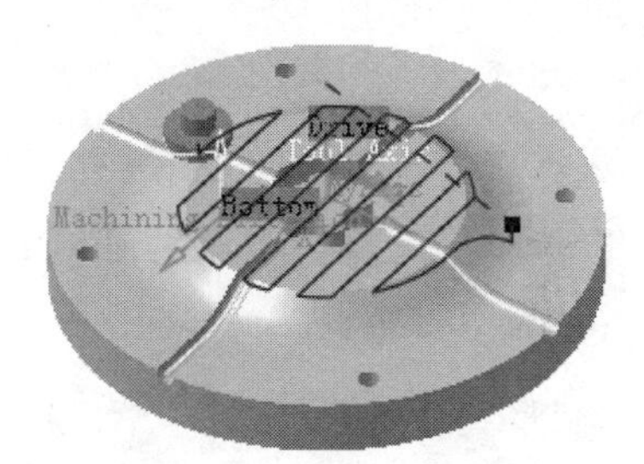
图 6.1.35 显示刀路轨迹

Task7. 平面铣削（二）

Stage1. 平面铣削（1）

Step1. 定义几何参数。

（1）在特征树中选中“Facing.1（Computed）”节点，然后选择下拉菜单插入 ➡ Machining Operations ▸ ➡ Facing命令，插入一个平面铣加工操作，系统弹出“Facing.2”对话框（一）。

（2）定义加工底面。单击几何参数选项卡，将鼠标移动到“Facing.2”对话框（一）中的底面感应区上，该区域的颜色由深红色变为橙黄色，单击该区域，对话框消失，系统要求用户选择一个平面作为平面铣削的区域。在图形区选取图 6.1.36 所示的模型表面，系统返回到“Facing.2”对话框（一），此时“Facing.2”对话框（一）中的底面和侧面感应区的颜色变为深绿色。

（3）定义加工侧面。右击侧面感应区，在弹出的快捷菜单中选择Remove命令，此时侧面感应区的颜色变为深红色；再次右击侧面感应区，在弹出的快捷菜单中选择By Boundary of Faces命令，然后在图形区依次选取图 6.1.37 所示的曲面（共 3 个面），双击图形区空白处，系统返回到“Facing.2”对话框（一）。

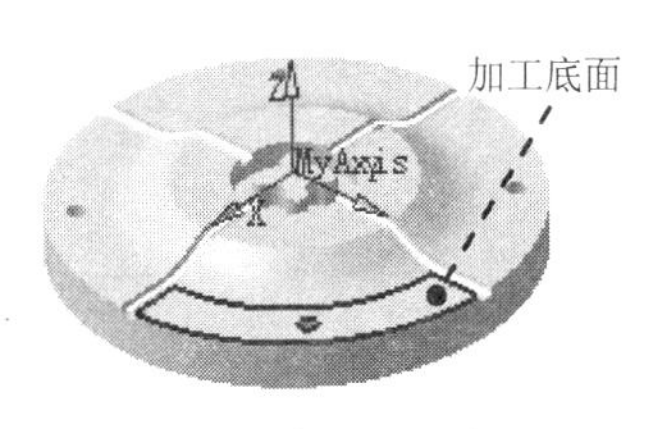

图 6.1.36　选取加工底面

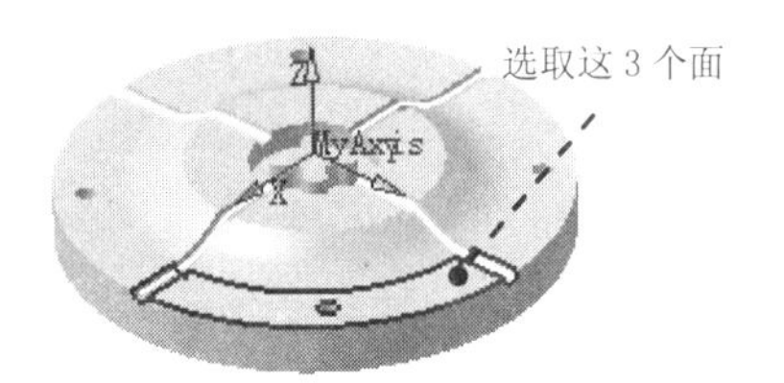

图 6.1.37　选取加工侧面

（4）定义侧面加工余量。双击“Facing.2”对话框（一）中的 Offset on Contour : -6mm （Offset on Contour：-6mm）字样，在系统弹出的“Edit Parameter”对话框中输入值 8，单击 确定 按钮，系统返回到“Facing.2”对话框（一）。

说明：这里设置侧面加工余量的大小为刀具的半径值。

Step2. 定义刀具参数。

（1）进入刀具参数选项卡。在“Facing.2”对话框（一）中单击 选项卡。

（2）选择刀具类型。在“Facing.2”对话框（一）中单击 ... 按钮，系统弹出图 6.1.38 所示的“Search Tool”对话框，在列表中选择 T2 End Mill D16 作为加工刀具。

Step3. 定义进给量。

（1）进入“进给量”选项卡。在“Facing.2”对话框（一）中单击 （进给量）选项卡。

（2）设置进给量。在“Facing.2”对话框（一）的 （进给量）选项卡中设置图 6.1.39 所示的参数。

图 6.1.38　选择刀具

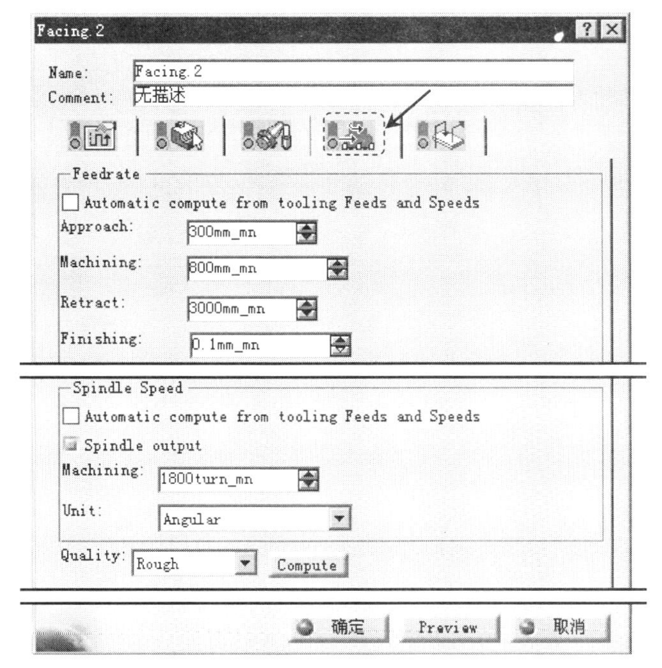

图 6.1.39　“进给量”选项卡

Step4. 定义刀具路径参数。

（1）进入刀具路径参数选项卡。在“Facing.2”对话框（一）中单击选项卡。

（2）定义刀具路径类型。在“Facing.2”对话框（一）的Tool path style:下拉列表中选择Inward helical选项。

（3）定义加工参数。在“Facing.2”对话框（一）中单击Machining选项卡，然后在Direction of cut:下拉列表中选择Climb选项，其他选项采用系统默认设置。

（4）定义径向参数。单击Radial选项卡，然后在Mode:下拉列表中选择Tool diameter ratio选项，在Percentage of tool diameter:文本框中输入值50，其他选项采用系统默认设置。

（5）定义轴向参数。单击Axial选项卡，然后在Mode:下拉列表中选择Number of levels选项，在Number of levels:文本框中输入值1。

（6）其他选项卡中的参数采用系统默认的设置值。

Step5. 定义进刀/退刀路径。

（1）进入进刀/退刀路径选项卡。在“Facing.2”对话框（一）中单击选项卡。

（2）定义退刀路径。在Macro Management区域的列表框中选择Retract，然后在Mode:下拉列表中选择Build by user选项，依次单击“remove all motions”按钮和“Add Axial motion up to a plane”按钮，设置退刀运动。

说明：这里只需要设置退刀运动，因为进刀运动已经从上一个加工操作“Facing.1”中继承过来，不需要调整。

Step6. 刀路仿真。在“Facing.2”对话框（一）中单击“Tool Path Replay”按钮，系统弹出“Facing.2”对话框（二），且在图形区显示刀路轨迹，如图6.1.40所示。

Step7. 在“Facing.2”对话框（二）中单击 确定 按钮，然后单击“Facing.2”对话框（一）中的 确定 按钮。

Stage2. 平面铣削（2）

参考Stage1的操作步骤，在“Facing.2”节点下插入平面铣削（2），加工底面如图6.1.41所示，加工侧面（共3个面）如图6.1.42所示，其他参数采用平面铣削（1）中的设置，刀路轨迹如图6.1.43所示。

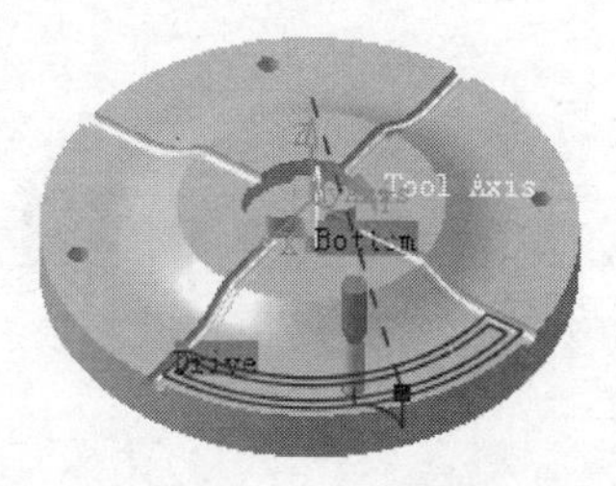

图6.1.40 显示刀路轨迹

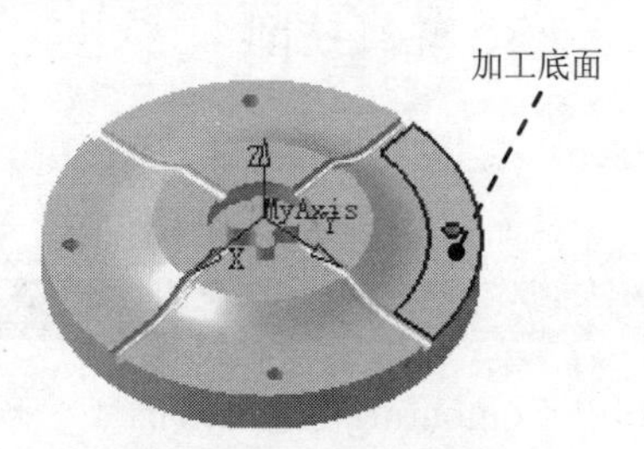

图6.1.41 选取加工底面

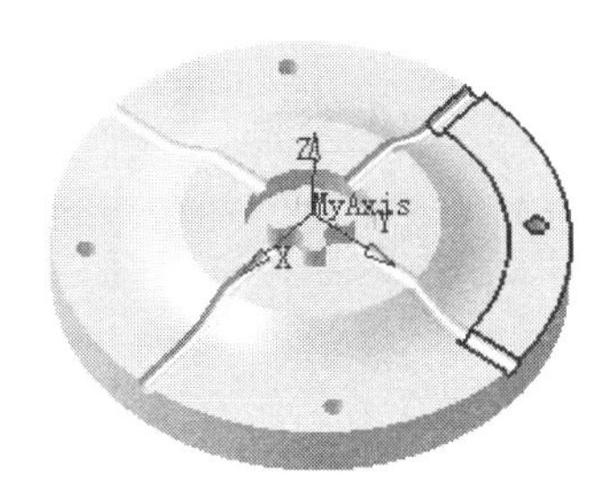

图 6.1.42　选取加工侧面

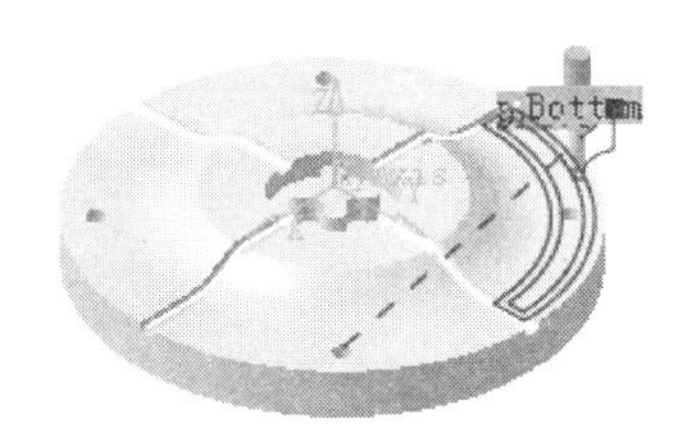

图 6.1.43　显示刀路轨迹

Stage3．平面铣削（3）

参考 Stage1 的操作步骤，在“Facing.3”节点下插入平面铣削（3），加工底面如图 6.1.44 所示，加工侧面（共 3 个面）如图 6.1.45 所示，其他参数采用平面铣削（1）中的设置，刀路轨迹如图 6.1.46 所示。

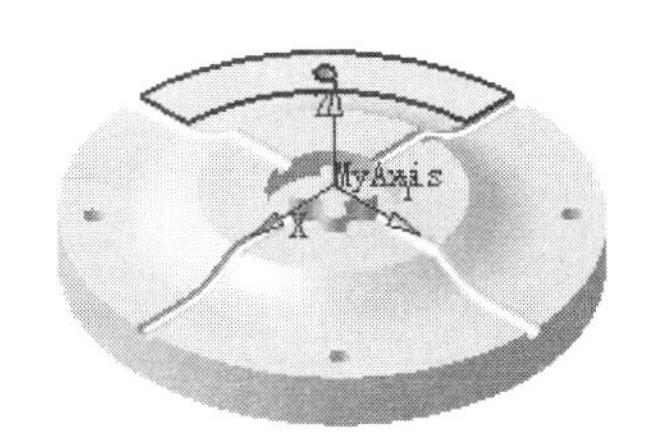

图 6.1.44　选取加工底面

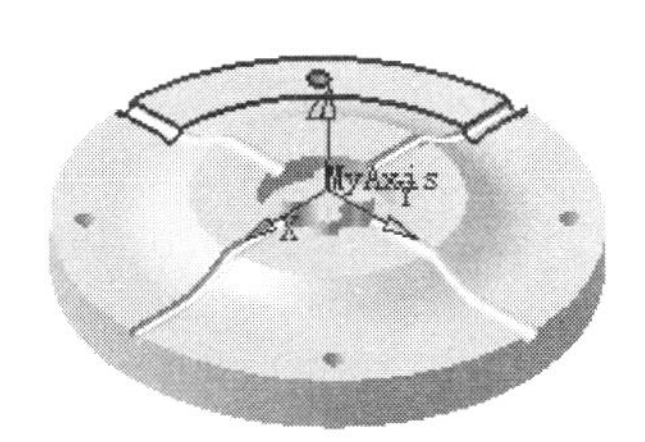

图 6.1.45　选取加工侧面

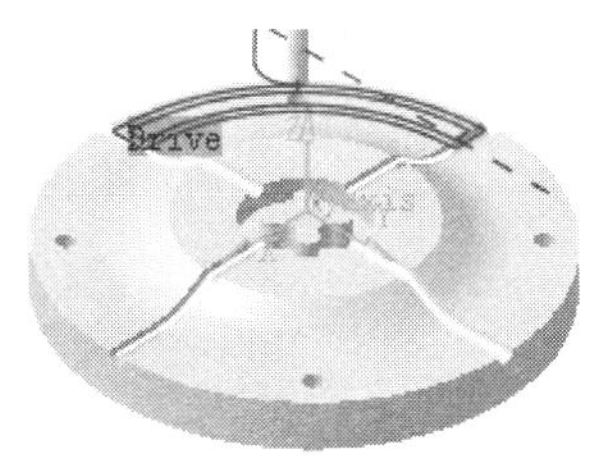

图 6.1.46　显示刀路轨迹

Stage4．平面铣削（4）

参考 Stage1 的操作步骤，在“Facing.4”节点下插入平面铣削（4），加工底面如图 6.1.47 所示，加工侧面（共 3 个面）如图 6.1.48 所示，其他参数采用平面铣削（1）中的设置，刀路轨迹如图 6.1.49 所示。

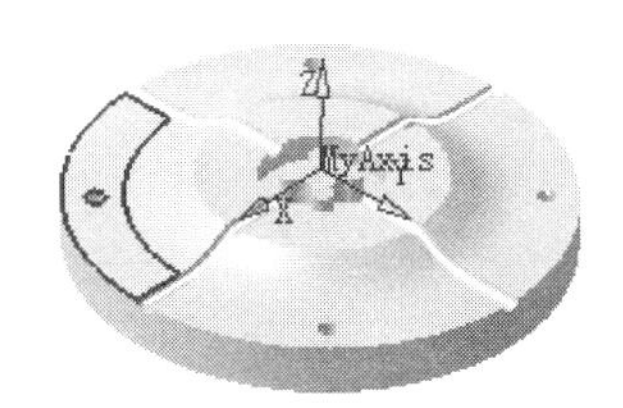

图 6.1.47　选取加工底面

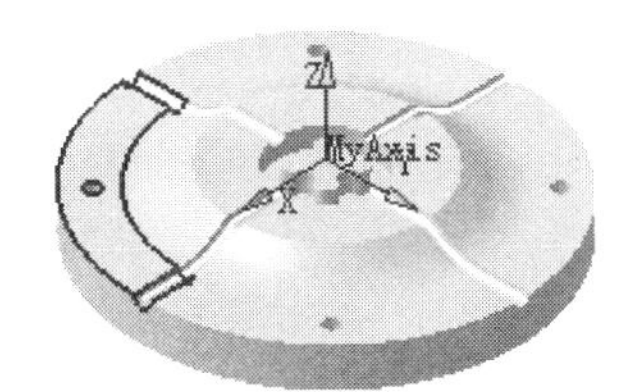

图 6.1.48　选取加工侧面

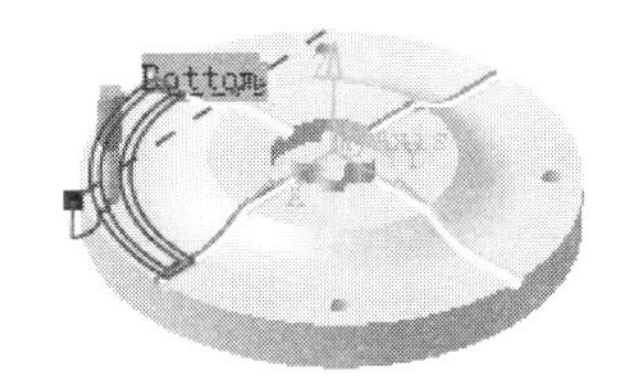

图 6.1.49　显示刀路轨迹

Task8．轮廓铣削

Step1．定义几何参数。

（1）在特征树中选中“Facing.5（Computed）”节点，然后选择下拉菜单 插入 → Machining Operations ▸ → Profile Contouring 命令，插入一个轮廓铣削加工操作，系统弹出“Profile Contouring.1”对话框（一）。

（2）定义加工底面。单击几何参数选项卡 ，移动鼠标到“Profile Contouring.1”

对话框（一）中的底面感应区上，该区域的颜色由深红色变为橙黄色，单击该区域，对话框消失，在图形区选择图 6.1.50 所示的模型面为加工底面，此时系统自动判断的轮廓“Guide 1”如图 6.1.50 所示。

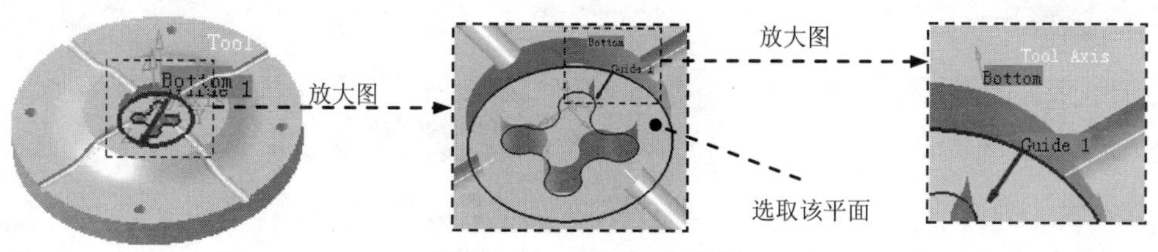

图 6.1.50 选取加工底面

（3）添加侧面轮廓。右击侧面感应区，在弹出的快捷菜单中选择 By Boundary of Faces 命令，然后在图形区选取图 6.1.51a 所示模型表面，此时结果如图 6.1.51a 所示；单击轮廓 2 “Guide 2”上的箭头，使其指向该轮廓外侧，如图 6.1.51b 所示；双击图形区空白处，系统返回到“Profile Contouring.1”对话框（一）。

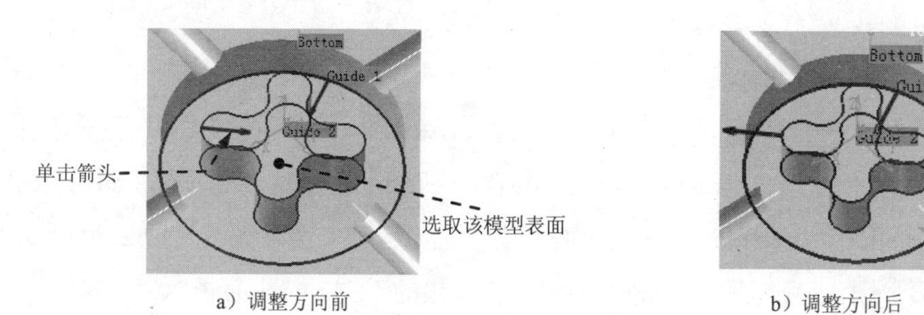

a）调整方向前　　b）调整方向后

图 6.1.51 添加侧面轮廓

（4）定义侧面余量。双击“Profile Contouring.1”对话框（一）中的 Offset on Contour : 8mm（Offset on Contour：8mm）字样，在系统弹出的“Edit Parameter”对话框中输入值 0，单击 确定 按钮，系统返回到“Profile Contouring.1”对话框（一）。

Step2. 定义刀具参数

（1）进入刀具参数选项卡。在“Profile Contouring.1”对话框（一）中单击刀具参数选项卡 。

（2）选择刀具类型。系统自动选取了“T2 End Mill D 16”刀具，这里不做调整。

（3）其他选项卡中的参数均采用默认的设置值。

Step3．定义进给量

（1）进入进给量选项卡。在“Profile Contouring.1”对话框（一）中单击进给量选项卡 。

（2）设置进给量。系统自动继承了上一个加工操作的进给量设置，这里不做调整。

Step4．定义刀具路径参数

（1）进入刀具路径参数选项卡。在“Profile Contouring.1”对话框（一）中单击刀具路径参数选项卡。

（2）定义加工参数。在“Profile Contouring.1”对话框（一）的 Tool path style: 下拉列表中选择 One way 选项。

（3）定义步进间距。在“Profile Contouring.1”对话框（一）中单击 Stepover 选项卡，在 Axial Strategy (Da) 区域的 Mode: 下拉列表中选择 Number of levels 选项，然后在 Number of levels: 文本框中输入值 1。

（4）其他参数采用系统默认设置值。

Step5．定义进刀/退刀路径

（1）进入进刀/退刀路径选项卡。在“Profile Contouring.1”对话框（一）中单击进刀/退刀路径选项卡。

（2）激活进刀。在 Macro Management 区域的列表框中选择 Approach，右击，在弹出的快捷菜单中选择 Activate 命令将其激活（系统默认激活）。

（3）定义进刀类型。

① 在 Macro Management 区域的列表框中选择 Approach，然后在 Mode: 下拉列表中选择 Build by user 选项，依次单击“remove all motions”按钮、“Add Circular motion”按钮和“Add Axial motion up to a plane”按钮，设置进刀运动，结果如图 6.1.52 所示。

② 双击图 6.1.52 所示的“10mm”尺寸，在弹出的“Edit Parameter”对话框的 Radius 文本框中输入值 5，并单击 确定 按钮。

（4）激活退刀。在 Macro Management 区域的列表框中选择 Retract，右击，在弹出的快捷菜单中选择 Activate 命令将其激活（系统默认激活）。

（5）定义退刀路径。

① 在 Macro Management 区域的列表框中选择 Retract，然后在 Mode: 下拉列表中选择 Build by user 选项，依次单击“remove all motions”按钮、“Add Circular motion”按钮和“Add Axial motion up to a plane”按钮，设置进刀运动，结果如图 6.1.52 所示。

② 双击图 6.1.52 所示的“10mm”尺寸，在弹出的“Edit Parameter”对话框的 Radius 文本框中输入值 5，并单击 确定 按钮。

（6）激活连接进刀。在 Macro Management 区域的列表框中选择 Linking Approach，右击，在弹出的快捷菜单中选择 Activate 命令将其激活（系统同时会把 Linking Retract 激活）。

（7）定义连接进刀路径。在 Macro Management 区域的列表框中选择 Linking Approach，然后在 Mode: 下拉列表中选择 Build by user 选项，依次单击“remove all motions”按钮和“Add Axial motion up to a plane”按钮，设置连接进刀运动。

（8）定义连接退刀路径。在Macro Management区域的列表框中选择Linking Retract，然后在Mode:下拉列表中选择Build by user选项，依次单击“remove all motions”按钮和“Add Axial motion up to a plane”按钮，设置连接退刀运动。

Step6. 刀路仿真。在“Profile Contouring.1”对话框（一）中单击“Tool Path Replay”按钮，系统弹出“Profile Contouring.1”对话框（二），且在图形区显示刀路轨迹（图 6.1.53）。

Step7. 在“Profile Contouring.1”对话框（二）中单击确定按钮，然后单击“Profile Contouring.1”对话框（一）中的确定按钮。

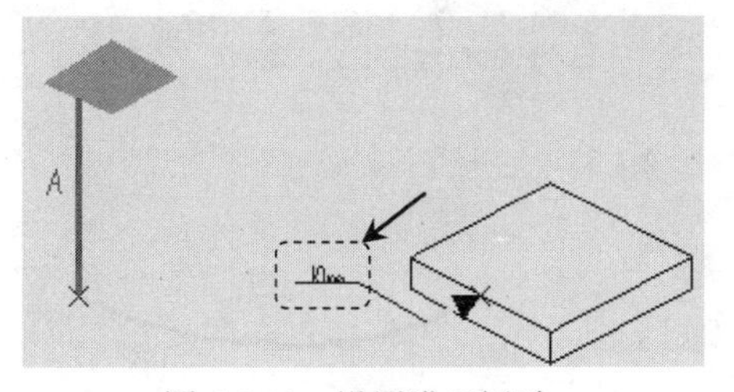

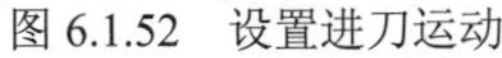
图 6.1.52 设置进刀运动

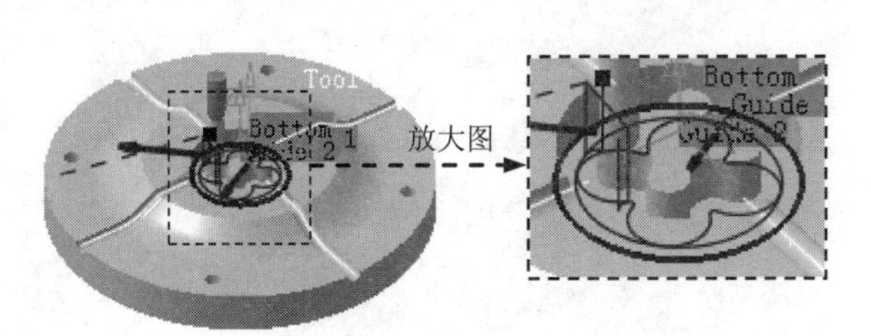

图 6.1.53 显示刀路轨迹

Task9. 等高线加工

Step1. 切换工作台。选择下拉菜单开始 → 加工 → Surface Machining命令，进入“Surface Machining”工作台。

Step2. 在特征树中选择“Profile Contouring.1（Computed）”节点，然后选择下拉菜单插入 → Machining Operations → ZLevel命令，插入一个等高线加工操作，系统弹出“ZLevel.1”对话框（一）。

Step3. 定义几何参数。

（1）单击“ZLevel.1”对话框（一）中的几何参数选项卡。

（2）右击“ZLevel.1”对话框（一）中的零件感应区，在弹出的快捷菜单中选择Select faces...命令，然后在图形区中选取图 6.1.54 所示的模型表面（共 4 个面）作为加工表面，双击图形区空白处，系统返回到“ZLevel.1”对话框（一）。

（3）设置加工余量。双击“ZLevel.1”对话框（一）中的Offset on part: 1mm（Offset on part: 1mm）字样，在系统弹出的“Edit Parameter”对话框中输入值 0，然后单击确定按钮。

Step4. 定义刀具参数。

（1）进入刀具参数选项卡。在“ZLevel.1”对话框（一）中单击选项卡。

（2）选择刀具类型。在“ZLevel.1”对话框（一）中单击按钮，选择面铣刀作为加工刀具。

（3）刀具命名。在“ZLevel.1”对话框（一）的Name文本框中输入“T5 End Mill D 8”。

（4）设置刀具参数。

① 在“ZLevel.1”对话框（一）中单击 More>> 按钮，单击 Geometry 选项卡，然后设置图 6.1.55 所示的刀具参数。

② 其他选项卡中的参数均采用默认的设置值。

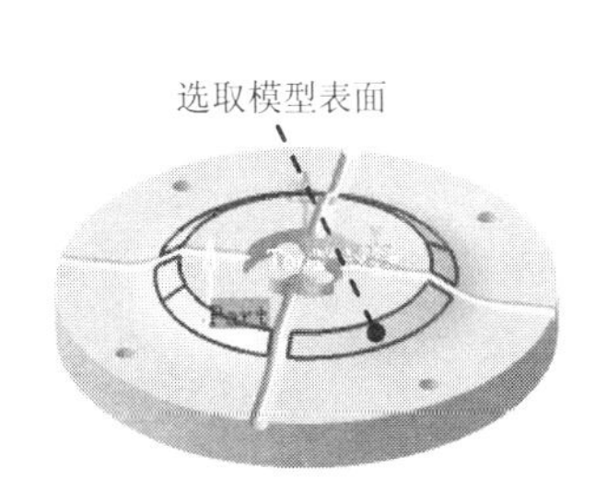

图 6.1.54　选取加工表面

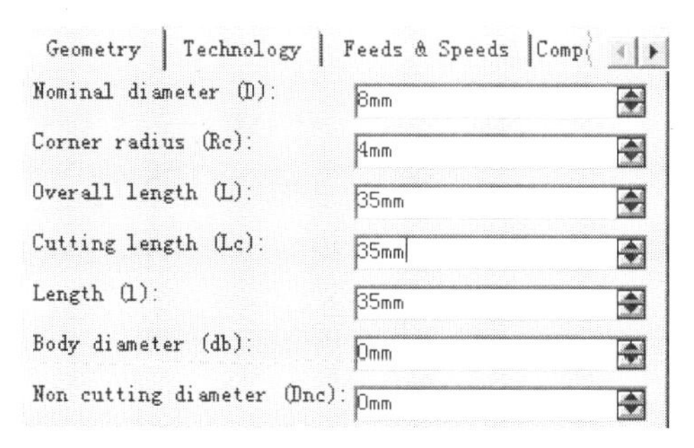

图 6.1.55　定义刀具参数

Step5. 定义进给量。

（1）进入“进给量”选项卡。在“ZLevel.1”对话框（一）中单击（进给量）选项卡。

（2）设置进给量。在“ZLevel.1”对话框（一）的（进给量）选项卡中设置如图 6.1.56 所示的参数。

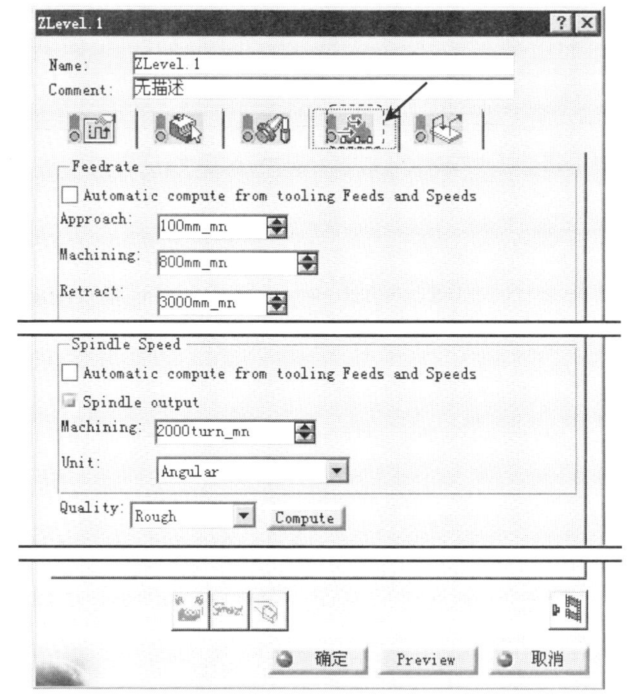

图 6.1.56　“进给量”选项卡

Step6. 定义刀具路径参数。

（1）进入刀具路径参数选项卡。在“ZLevel.1”对话框（一）中单击选项卡。

（2）定义加工参数。在“ZLevel.1”对话框（一）中单击 Machining: 选项卡，然后在

Machining tolerance: 文本框中输入值 0.01，其他选项采用系统默认设置。

（3）定义轴向参数。在“ZLevel.1”对话框（一）中单击 Axial 选项卡，在 Stepover: 下拉列表中选择 Via scallop height 选项，其他参数设置如图 6.1.57 所示。

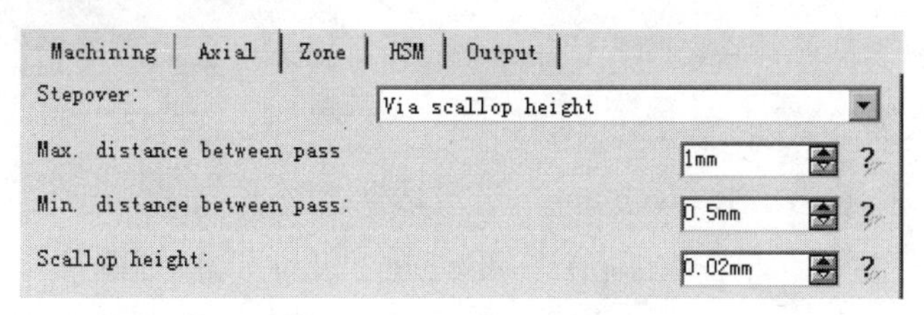

图 6.1.57 设置轴向参数

Step7. 定义进刀/退刀路径。

（1）进入进刀/退刀路径选项卡。在“ZLevel.1”对话框（一）中单击选项卡。

（2）激活进刀。在 Macro Management 区域的列表框中选择 Approach 选项，右击，在弹出的快捷菜单中选择 Activate 命令（系统默认激活）。

（3）定义进刀方式。在 Macro Management 区域的列表框中选择 Approach 选项，然后在 Mode: 下拉列表中选择 Ramping 选项；双击图 6.1.58 所示的尺寸“1.2mm”，在弹出的“Edit Parameter”对话框中输入值 10，单击 确定 按钮；双击尺寸“15deg”，在弹出的“Edit Parameter”对话框中输入值 10，单击 确定 按钮。

（4）激活退刀。在 Macro Management 区域的列表框中选择 Retract，右击，在弹出的快捷菜单中选择 Activate 命令（系统默认激活）。

（5）定义退刀方式。在 Macro Management 区域的列表框中选择 Retract，然后在 Mode: 下拉列表中选择 Build by user 选项；依次单击“remove all motions”按钮和“Add Axial motion”按钮。

Step8. 刀路仿真。在“ZLevel.1”对话框（一）中单击“Tool Path Replay”按钮，系统弹出“ZLevel.1”对话框（二），且在图形区显示刀路轨迹，如图 6.1.59 所示。

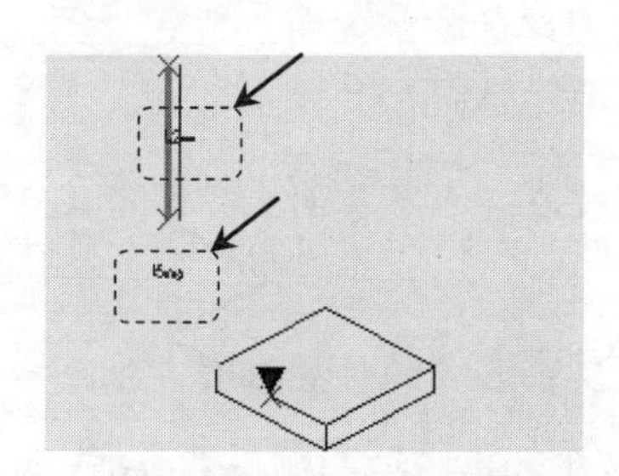

图 6.1.58 定义进刀方式

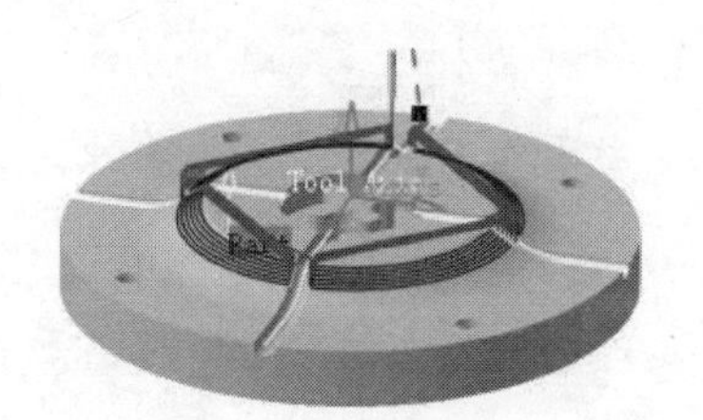

图 6.1.59 显示刀具轨迹

Step9. 在“ZLevel.1”对话框（二）中单击 确定 按钮，然后单击“ZLevel.1”对话框（一）中的 确定 按钮。

Task10．等参数加工

Step1．在特征树中选择“ZLevel.1（Computed）”节点，然后选择下拉菜单 插入 → Machining Operations ▸ → Multi Axis Machining Operations ▸ → Isoparametric Machining 命令，插入一个等参数加工操作，系统弹出“Isoparametric Machining.1”对话框（一）。

Step2．定义几何参数。

（1）单击“Isoparametric Machining.1”对话框（一）中的 选项卡。

（2）定义加工区域。单击“Isoparametric Machining.1”对话框（一）中的加工曲面感应区，在图形区依次选择图 6.1.60 所示的面 1、面 2、面 3 和面 4 作为加工区域，在图形区空白处双击鼠标左键，返回“Isoparametric Machining.1”对话框（一）。

（3）定义区域端点顺序。

① 单击“Isoparametric Machining.1”对话框（一）中的端点感应区，在图形区依次选取图 6.1.61 所示的点作为端点 1、端点 2、端点 3 和端点 4。

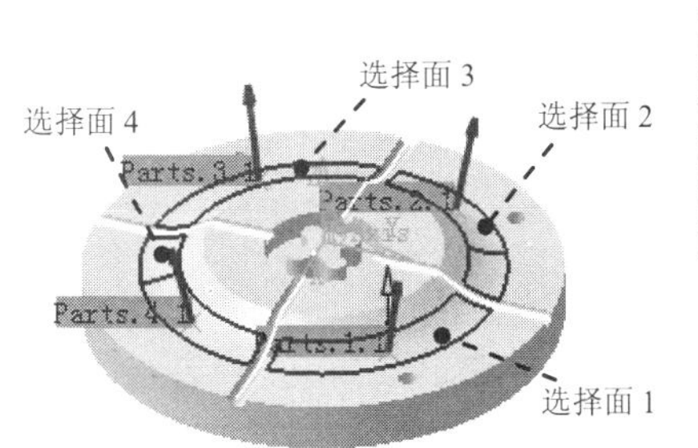

图 6.1.60　选取加工区域

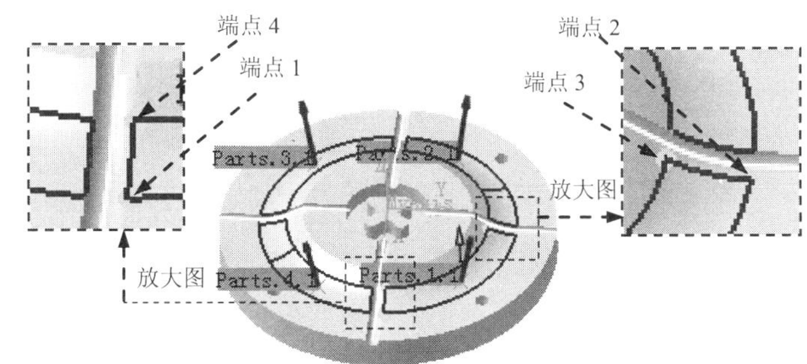

图 6.1.61　定义区域端点（一）

说明：

- 在“Isoparametric Machining.1”对话框（一）中单击端点感应区后，第一个曲面区域的边界会出现 4 个黄色的小圆点。这些小圆点用于定义刀路的起点和方向，依次选取后，加工曲面的边线“12”就是刀路的切削方向；边线“23”就是刀具的步进方向。
- 由于加工区域是 4 个单独的曲面，所以需要在 4 个加工面上分别定义点“1”“2”“3”和“4”。
- 每个加工面的点 1 都在该面的相同位置，其余各点的位置依次类推。

② 在定义第 1 个加工区域的 4 个端点后，第 2 个加工区域的端点被激活，此时参考①中的选择端点的顺序，依次选取第 2 个加工区域的 4 个端点，结果如图 6.1.62 所示。

③ 采用相同的选择顺序，完成其余两个加工区域的端点定义，结果如图 6.1.62 所示。

④ 在图形区空白处双击鼠标左键返回“Isoparametric Machining.1”对话框（一）。

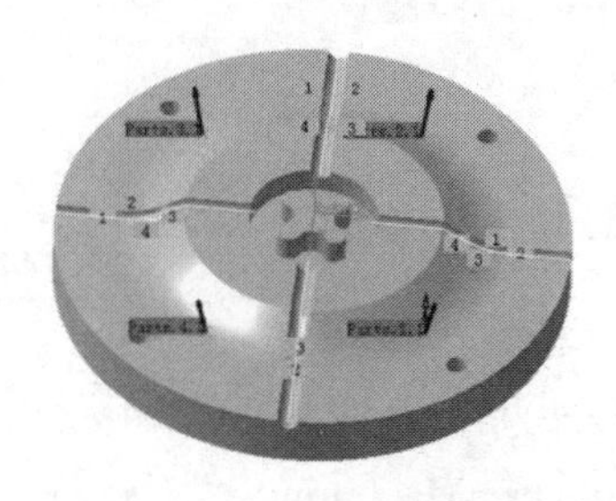

图 6.1.62 定义区域端点（二）

（4）在Collision Checking选项组中选中On cutting part of tool单选项，其他选项采用系统默认设置。

Step3. 定义刀具参数。系统自动采用 Task9 中设置的刀具“T5 End Mill D 8”。

Step4. 定义进给量。系统自动采用 Task9 中设置的进给量，这里不进行调整。

Step5. 定义刀具路径参数。

（1）进入刀具路径参数选项卡。在“Isoparametric Machining.1”对话框中单击选项卡。

（2）定义加工参数。在“Isoparametric Machining.1”对话框（一）中单击Machining选项卡，在Tool path style:下拉列表中选择Zig-zag选项，在Machining tolerance:文本框中输入值0.01，其他选项采用系统默认设置。

（3）定义径向参数。在“Isoparametric Machining.1”对话框（一）中单击Radial选项卡，然后在Stepover:下拉列表中选择Scallop height选项，在Scallop height:文本框中输入值0.02，其他选项采用系统默认设置。

（4）定义刀轴参数。在“Isoparametric Machining.1”对话框（一）中单击Tool Axis选项卡，在Tool axis mode:下拉列表中选择Fixed axis。

Step6. 定义进刀/退刀路径。

（1）进入进刀/退刀路径选项卡。在“Isoparametric Machining.1”对话框（一）中单击选项卡。

（2）激活进刀。在Macro Management区域的列表框中选择Approach，右击，在弹出的快捷菜单中选择Activate命令。

（3）定义进刀方式。

① 在Macro Management区域的列表框中选择Approach，然后在Mode:下拉列表中选择Build by user选项。

②依次单击“remove all motions”按钮、“Add Circular motion”按钮和“Add Axial motion up to a plane”按钮，设置进刀运动。

（4）激活退刀。在Macro Management区域的列表框中选择Retract，右击，在弹出的快捷菜单中选择 Activate 命令。

（5）定义退刀方式。

① 在 Macro Management 区域的列表框中选择 Retract ，然后在 Mode: 下拉列表中选择 Build by user 选项。

② 单击对话框中的“Add Axial motion up to a plane”按钮，设置退刀运动。

Step7. 刀路仿真。在“Isoparametric Machining.1”对话框（一）中单击“Tool Path Replay”按钮，系统弹出“Isoparametric Machining.1”对话框（二），且在图形区显示刀路轨迹，如图 6.1.63 所示。

Step8. 在“Isoparametric Machining.1”对话框（二）中单击 确定 按钮，然后单击“Isoparametric Machining.1”对话框（一）中的 确定 按钮。

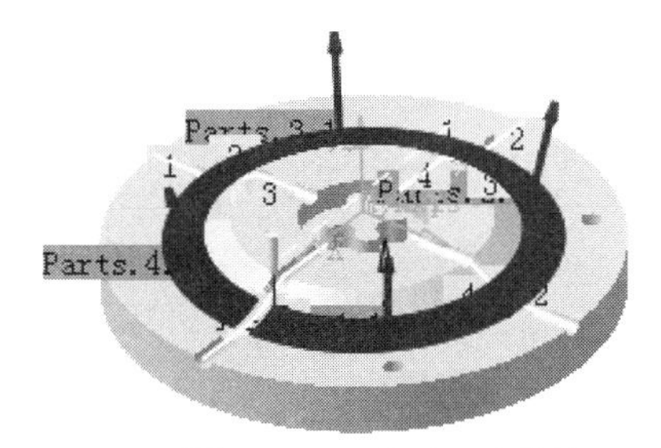

图 6.1.63 显示刀路轨迹

Task11. 钻孔加工

Step1. 定义几何参数。

（1）在特征树中选中“Isoparametric Machining.1（Computed）”节点，然后选择下拉菜单 插入 → Machining Operations → Axial Machining Operations → Drilling 命令，插入一个钻孔加工操作，系统弹出“Drilling.1”对话框（一）。

（2）定义加工区域。

① 单击几何参数选项卡，然后单击“Drilling.1”对话框（一）中的 Extension : Blind （Extensison ： Blind）字样，将其改变为 Extension : Through （Extensison ： Through）字样。

② 单击“Drilling.1”对话框（一）中的孔侧壁感应区，系统弹出图 6.1.64 所示的“Pattern Selection”窗口，选择其中的“圆形阵列.1”。在图形区空白处双击鼠标左键，系统返回到“Drilling.1”对话框（一）。

Step2. 定义刀具参数。

（1）进入刀具参数选项卡。在“Drilling.1”对话框（一）中单击刀具参数选项卡。

（2）定义刀具类型。在“Drilling.1”对话框（一）中单击按钮。

（3）刀具命名。在“Drilling.1”对话框（一）的 Name 文本框中输入“T6 Drill D 16”。

（4）设置刀具参数。

① 在“Drilling.1”对话框中单击 More>> 按钮，单击 Geometry 选项卡，然后设置图 6.1.65 所示的刀具参数。

② 其他选项卡中的参数均采用默认的设置值。

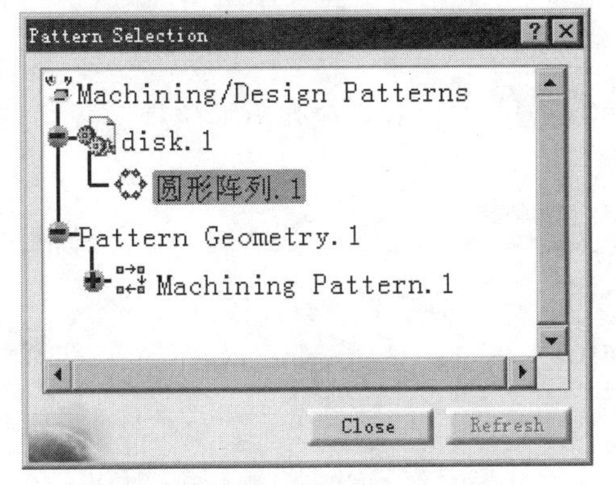

图 6.1.64 “Pattern Selection”窗口

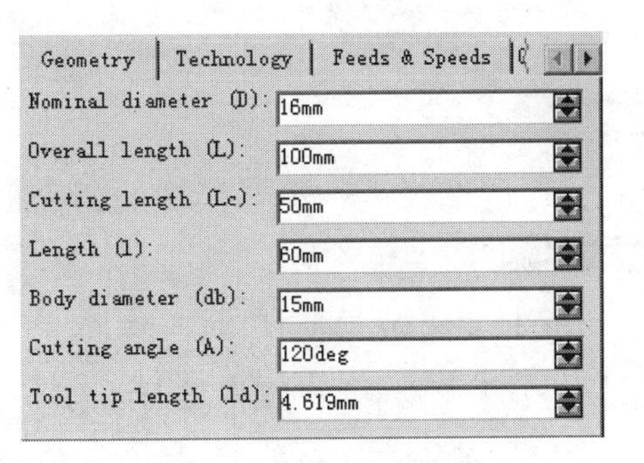

图 6.1.65 定义刀具参数

Step3. 定义进给量。

（1）进入“进给量”选项卡。在“Drilling.1”对话框（一）中单击（进给量）选项卡。

（2）设置进给量。在“Drilling.1”对话框（一）的（进给量）选项卡中设置图 6.1.66 所示的参数。

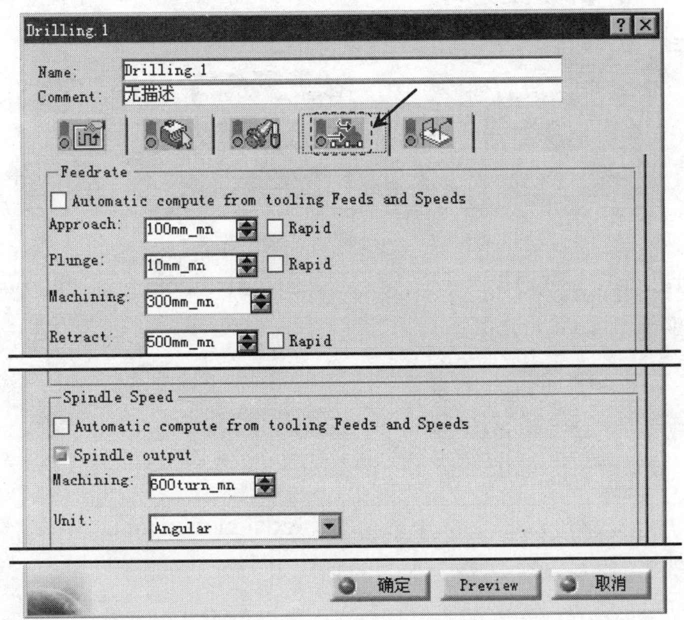

图 6.1.66 “进给量”选项卡

Step4. 定义刀具路径参数。

（1）进入刀具路径参数选项卡。在“Drilling.1”对话框（一）中单击选项卡。

（2）定义钻孔类型。在“Drilling.1”对话框（一）的 Depth mode : 下拉列表中选择 By shoulder (Ds)

选项。

（3）其他参数采用系统默认设置值。

Step5. 定义进刀/退刀路径。

（1）进入进刀/退刀路径选项卡。在“Drilling.1”对话框（一）中单击选项卡。

（2）定义进刀路径。

① 在Macro Management区域的列表框中选择Approach，右击，在弹出的快捷菜单中选择Activate命令。

② 在Macro Management区域的列表框中选择Approach，然后在Mode:下拉列表中选择Build by user选项。

③ 单击“Drilling.1”对话框（一）中的“Add Axial motion up to a plane”按钮，添加一个从安全平面的轴向进刀运动。

（3）定义退刀路径。

① 在Macro Management区域的列表框中选择Retract，右击，在弹出的快捷菜单中选择Activate命令。

② 在Macro Management区域的列表框中选择Retract，然后在Mode:下拉列表中选择Build by user选项。

③ 单击“Drilling.1”对话框（一）中的“Add Axial motion up to a plane”按钮，添加一个至安全平面的轴向退刀运动。

（4）定义连接进刀路径。

① 在Macro Management区域的列表框中选择Linking Approach，右击，在弹出的快捷菜单中选择Activate命令（系统同时会激活连接退刀路径Linking Retract）。

② 在Macro Management区域的列表框中选择Linking Approach，然后在Mode:下拉列表中选择Build by user选项。

③ 单击“Drilling.1”对话框（一）中的“Add Axial motion up to a plane”按钮，添加一个至安全平面的轴向进刀运动。

（5）定义连接退刀路径。

①在Macro Management区域的列表框中选择Linking Retract，然后在Mode:下拉列表中选择Build by user选项。

②单击“Drilling.1”对话框（一）中的“Add Axial motion up to a plane”按钮，添加一个从安全平面的轴向退刀运动。

Step6. 刀路仿真。在“Drilling.1”对话框（一）中单击“Tool Path Replay”按钮，系统弹出“Drilling.1”对话框（二），且在图形区显示刀路轨迹，如图 6.1.67 所示。

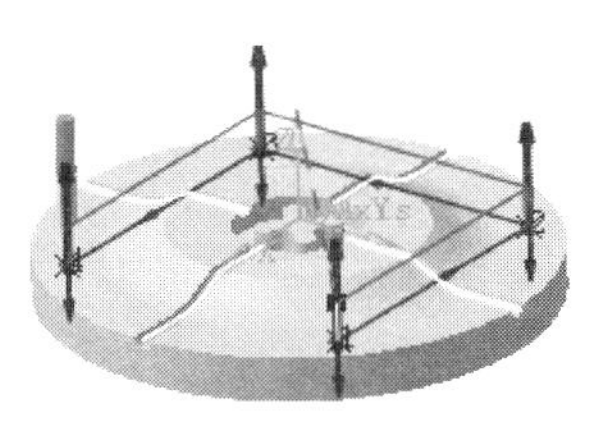

图 6.1.67　显示刀路轨迹

Step7. 在“Drilling.1”对话框（二）中单击确定按钮，然后单击“Drilling.1”对话

框（一）中的确定按钮。

Task12．保存文件

在服务器上保存模型文件，文件名为“disk”。

6.2 凹模加工（一）

在机械加工中，从毛坯零件到目标零件的加工一般都要经过多道工序。工序安排得是否合理对加工后零件的质量有较大的影响，因此在加工之前需要根据零件的特征制定好加工的工艺。

下面以凹模零件为例介绍多工序铣削的加工方法，该凹模的加工工艺路线如图 6.2.1 和图 6.2.2 所示。

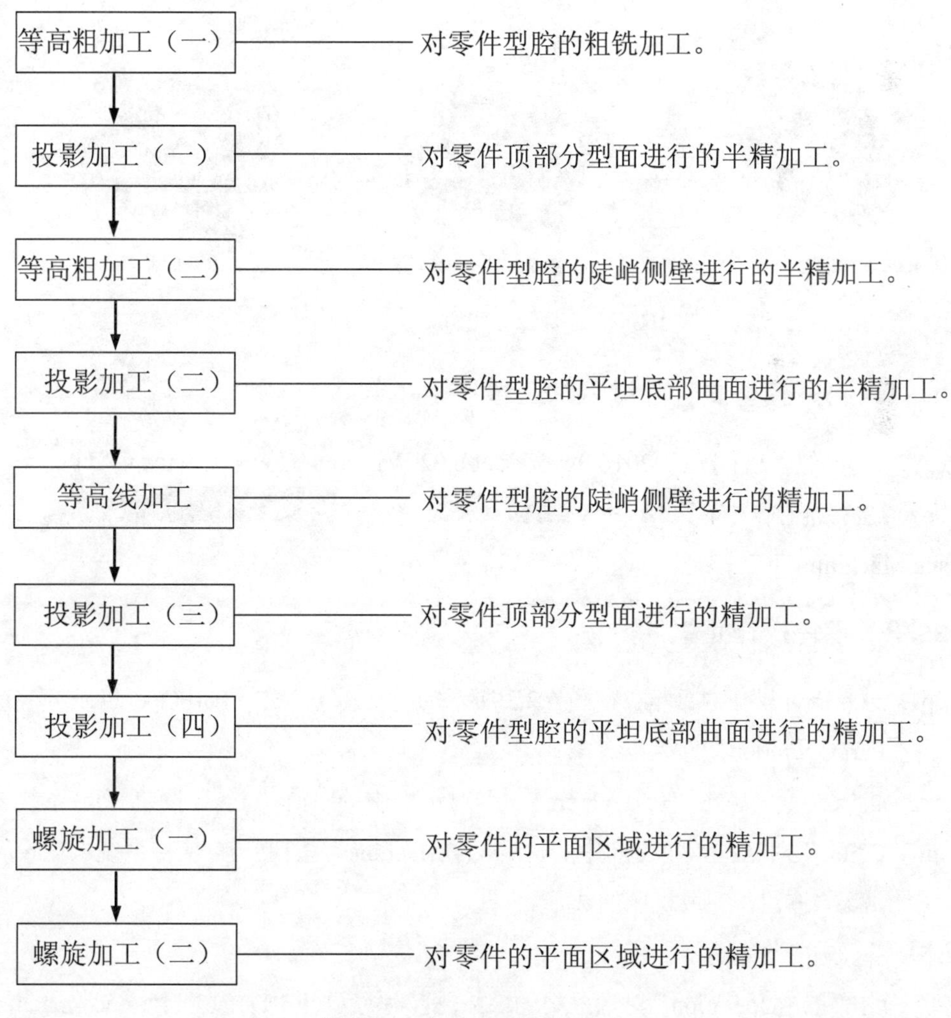

图 6.2.1　加工工艺路线（一）

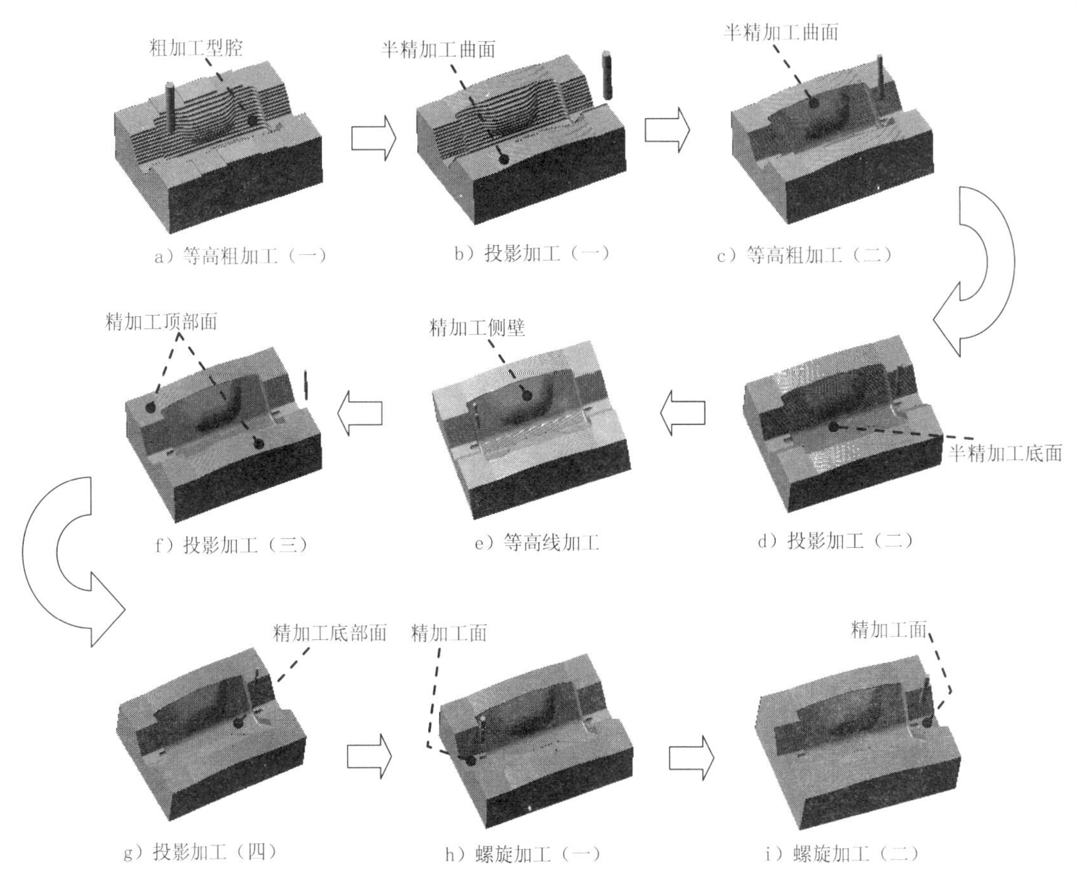

图 6.2.2 加工工艺路线（二）

Task1．打开模型文件并进入加工模块

Step1．打开模型文件 D:\cat2016.9\work\ch06.02\Wastebin_Cover_Cavity. CATPart。

Step2．选择下拉菜单 开始 → 加工 → Surface Machining 命令，进入“Surface Machining”工作台。

Task2．零件操作定义

Step1．进入零件操作对话框。在图 6.2.3 所示的特征树中双击“Part Operation.1”节点，系统弹出“Part Operation”对话框。

Step2．机床设置。单击“Part Operation”对话框中的“Machine”按钮，系统弹出“Machine Editor”对话框，单击其中的“3-axis Machine”按钮，保持系统默认设置，然后单击 确定 按钮，完成机床的选择。

Step3．定义加工坐标系。

（1）单击“Part Operation”对话框中的按钮，系统弹出“Default reference machining

axis for Part Operation.1”对话框。

（2）在对话框的 Axis Name : 文本框中输入坐标系名称“MyAxis.1”并按下 Enter 键，此时“Default reference machining axis for Part Operation.1”对话框变为“MyAxis.1”对话框。

（3）采用系统默认的坐标原点，单击对话框中的 Z 轴感应区，弹出“Direction Z”对话框，单击 Reverse Direction 按钮，然后单击 确定 按钮返回到“MyAxis.1”对话框，单击 确定 按钮，完成图 6.2.4 所示的加工坐标系的定义。

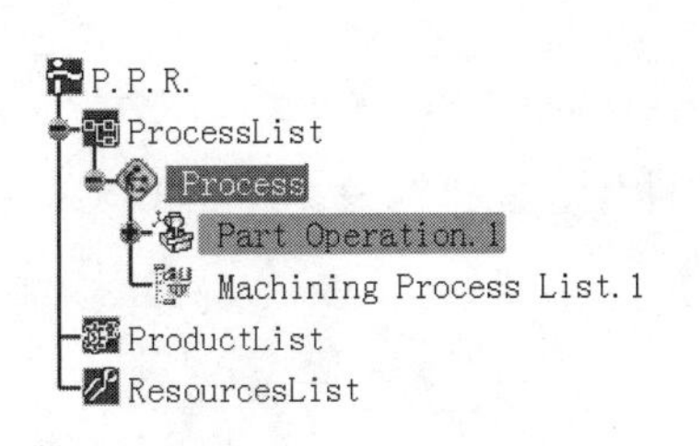

图 6.2.3 特征树

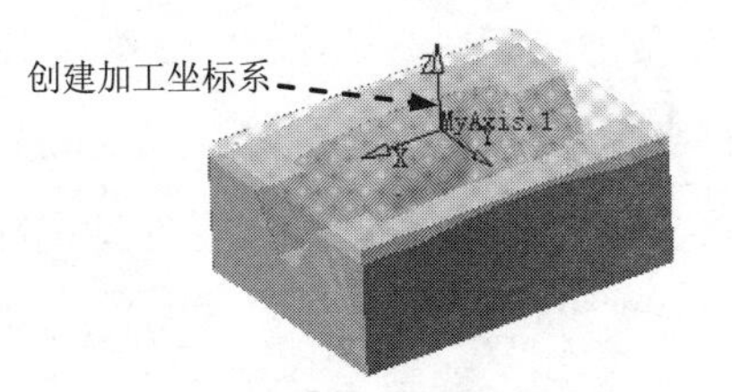

图 6.2.4 创建加工坐标系

Step4. 定义毛坯零件。

（1）单击“Part Operation”对话框中的按钮。

（2）选择图形区中透明显示的模型作为毛坯零件（要先将毛坯零件显示出来），在图形区空白处双击鼠标左键，系统回到“Part Operation”对话框。

Step5. 定义加工目标零件。

（1）在特征树中右击“Rough Stock.1”节点，在弹出的快捷菜单中选择 隐藏/显示 命令。

（2）单击“Part Operation”对话框中的按钮。

（3）选择图 6.2.5 所示的模型作为加工目标零件，在图形区空白处双击鼠标左键，系统回到“Part Operation”对话框。

Step6. 定义安全平面。

（1）单击“Part Operation”对话框中的按钮。

（2）选择参照面。选取图 6.2.6 所示的模型表面作为安全平面参照，系统创建一个安全平面。

（3）右击系统创建的安全平面，在弹出的快捷菜单中选择 Offset... 命令，系统弹出“Edit Parameter”对话框，在其中的 Thickness 文本框中输入值 20。单击 确定 按钮，完成安全平面的定义。

图 6.2.5 加工目标零件

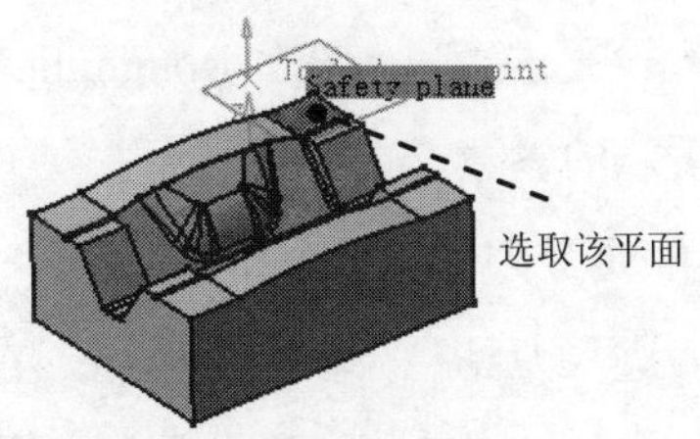

图 6.2.6 定义安全平面

Step7. 单击“Part Operation”对话框中的 确定 按钮，完成零件定义操作。

Task3. 等高粗加工

Step1. 定义几何参数。

（1）在特征树中选择“Manufacturing Program.1”节点，然后选择下拉菜单 插入 → Machining Operations → Roughing Operations → Roughing 命令，插入一个等高粗加工操作，系统弹出“Roughing.1”对话框（一）。

（2）定义加工区域。单击 选项卡，然后单击“Roughing.1”对话框（一）中的目标零件感应区，在图形区选择整个目标加工零件作为加工对象，在图形区空白处双击鼠标左键，系统返回到“Roughing.1”对话框（一）。

Step2. 定义刀具参数。

（1）进入刀具参数选项卡。在“Roughing.1”对话框（一）中单击 选项卡。

（2）选择刀具类型。在“Roughing.1”对话框（一）中单击 按钮，选择面铣刀作为加工刀具。

（3）刀具命名。在“Roughing.1”对话框（一）的 Name 文本框中输入“T1 End Mill D 16”，然后按 Enter 键。

（4）设置刀具参数。在“Roughing.1”对话框（一）中取消选中 □ Ball-end tool 复选框，单击 More>> 按钮，单击 Geometry 选项卡，然后设置图 6.2.7 所示的刀具参数。

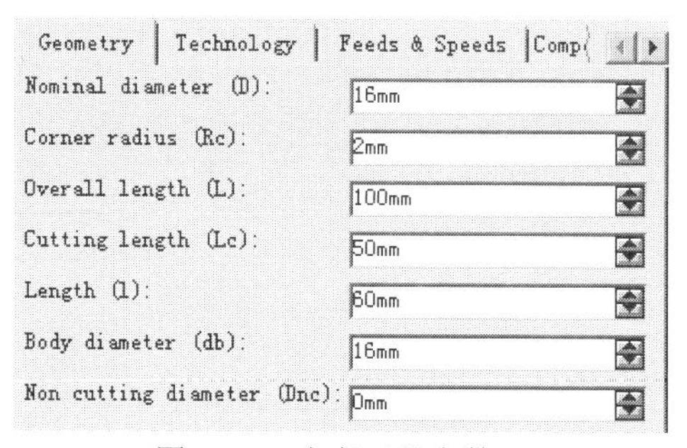

图 6.2.7 定义刀具参数

Step3. 定义进给量。

（1）进入“进给量”选项卡。在“Roughing.1”对话框（一）中单击 （进给量）选项卡。

（2）设置进给量。在“Roughing.1”对话框（一）的 （进给量）选项卡中设置图 6.2.8 所示的参数。

Step4. 定义刀具路径参数。

（1）进入刀具路径参数选项卡。在“Roughing.1”对话框中单击 选项卡。

（2）定义加工参数。单击 Machining: 选项卡，在 Machining mode: 下拉列表中选择 By Area 和

Outer part and pockets选项。在Tool path style:下拉列表中选择Helical选项， 其他选项采用系统默认设置。

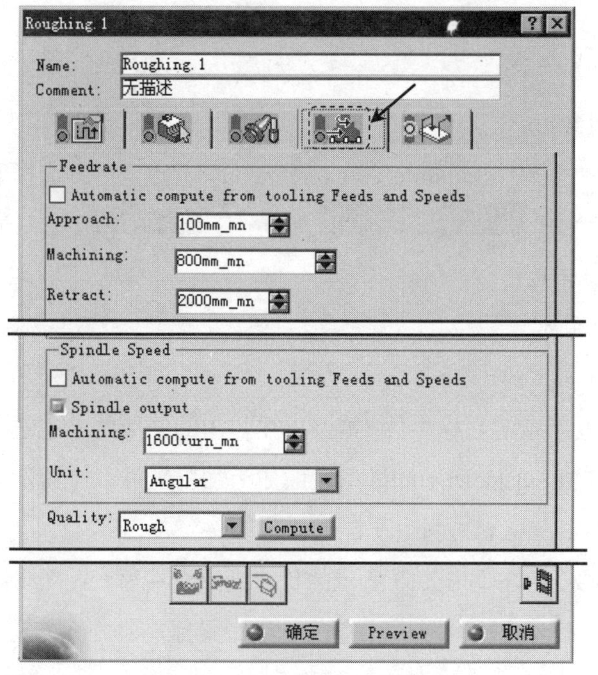

图 6.2.8 “进给量”选项卡

（3）定义径向参数。单击Radial选项卡，然后在Stepover:下拉列表中选择Overlap ratio选项，在Tool diameter ratio文本框中输入值 50。

（4）定义轴向参数。单击Axial选项卡，然后在Maximum cut depth:文本框中输入值 5。

（5）其他选项卡中的参数采用系统默认的设置值。

Step5. 定义进刀/退刀路径。

（1）进入进刀/退刀路径选项卡。在“Roughing.1”对话框（一）中单击选项卡。

（2）在Macro Management区域的列表框中选择Automatic选项，在Mode:下拉列表中选择Ramping选项，在Ramping angle:文本框中输入值 5。

（3）在Macro Management区域的列表框中选择Pre-motions选项，然后单击按钮。

（4）在Macro Management区域的列表框中选择Post-motions选项，然后单击按钮。

Step6. 在“Roughing.1”对话框（一）中单击“Tool Path Replay”按钮，系统弹出“Roughing.1”对话框（二），且在图形区显示刀路轨迹，如图 6.2.9 所示。

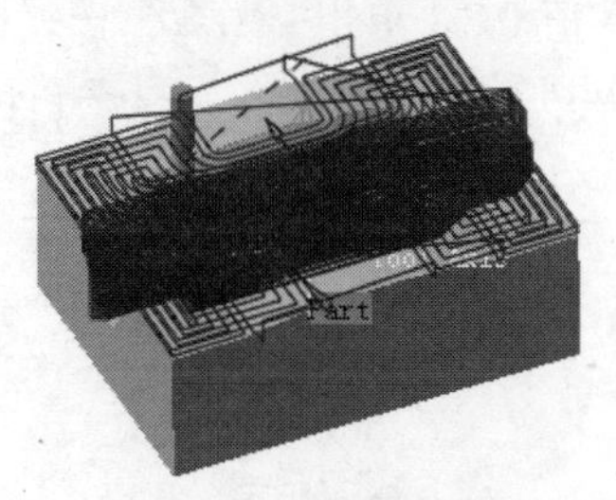

图 6.2.9 显示刀路轨迹

Step7. 在“Roughing.1”对话框（二）中单击 确定 按钮，然后在“Roughing.1”对话框（一）中单击 确定 按钮。

Task4. 投影加工（一）

Step1. 设置几何参数。

（1）在特征树中选择“Roughing.1（Computed）”节点，然后选择下拉菜单 插入 → Machining Operations ▸ → Sweeping Operations ▸ → Sweeping 命令，插入一个投影加工操作，系统弹出“Sweeping.1”对话框（一）。

（2）定义加工区域。

① 单击几何参数选项卡 。

② 右击图 6.2.10 所示的目标零件感应区，在弹出的快捷菜单中选择 Select faces... 命令，然后在图形区中选取图 6.2.11 所示的模型表面作为加工区域，在图形区空白处双击鼠标左键，系统返回到“Sweeping.1”对话框（一）。

③ 设置检查区域。单击图 6.2.10 所示的检查区域感应区，在图形区中选取图 6.2.12 所示的模型表面作为检查区域，在图形区空白处双击鼠标左键，系统返回到“Sweeping.1”对话框（一）。

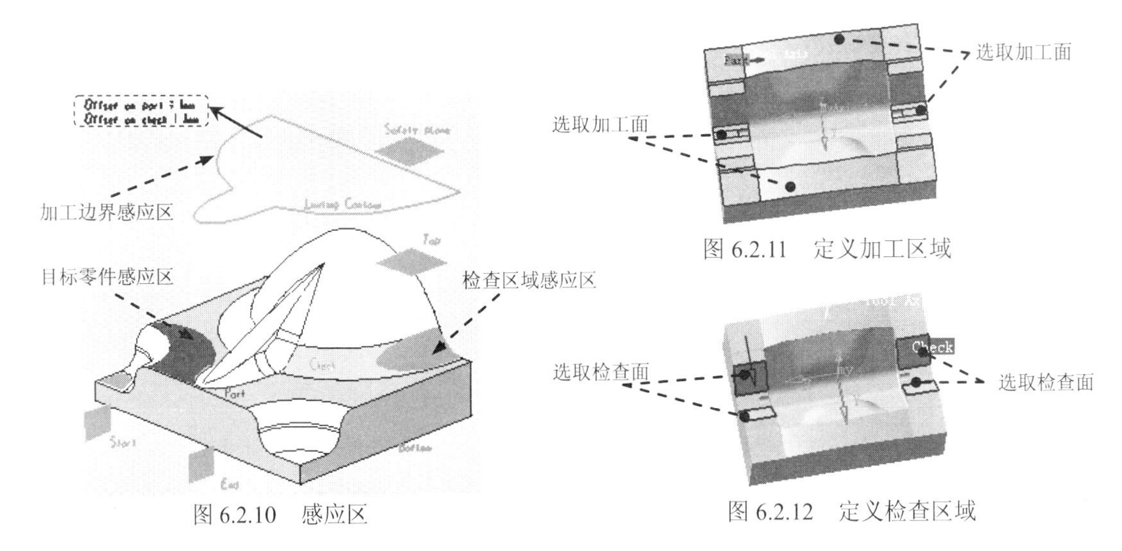

图 6.2.10 感应区

图 6.2.11 定义加工区域

图 6.2.12 定义检查区域

④ 设置加工余量。双击图 6.2.10 所示的“Offset on part：1mm”的字样，在系统弹出的“Edit Parameter”对话框中输入值 0.3，单击 确定 按钮；双击图 6.2.10 所示的“Offset on check：1mm”的字样，在系统弹出的“Edit Parameter”对话框中输入值 0.5，单击 确定 按钮。

Step2. 定义刀具参数。系统自动沿用了上一把刀具“T1 End Mill D 16”，这里不做调整。

Step3. 定义进给量。

（1）进入进给量选项卡。在“Sweeping.1”对话框（一）中单击选项卡。

（2）设置进给量。在“Sweeping.1”对话框（一）的选项卡中取消选中Feedrate区域的□Automatic compute from tooling Feeds and Speeds复选框，在Machining:文本框中输入值 1200；取消选中Spindle Speed区域的□Automatic compute from tooling Feeds and Speeds复选框，在Machining:文本框中输入值 1600。其余参数采用系统默认的设置值。

Step4. 设置刀具路径参数。

（1）进入刀具路径参数选项卡。在“Sweeping.1”对话框（一）中单击选项卡。

（2）定义加工参数。单击Machining:选项卡，然后在Tool path style:下拉列表中选择Zig-zag选项。

（3）定义径向参数。单击Radial选项卡，在Stepover:下拉列表中选择Constant选项，在Max. distance between pass:文本框中输入值 3。

（4）定义轴向参数。单击Axial选项卡，在Multi-pass:下拉列表中选择Number of levels and Maximum cut depth，在Number of levels:文本框中输入值 1，在Maximum cut depth:文本框中输入值 1。

Step5. 定义进刀/退刀路径。采用系统默认的参数设置。

Step6. 刀路仿真。在“Sweeping.1”对话框（一）中单击“Tool Path Replay”按钮，系统弹出“Sweeping.1”对话框（二），且在图形区显示刀路轨迹，如图 6.2.13 所示。

Step7. 在“Sweeping.1”对话框（二）中单击确定按钮，然后在“Sweeping.1”对话框（一）中单击确定按钮。

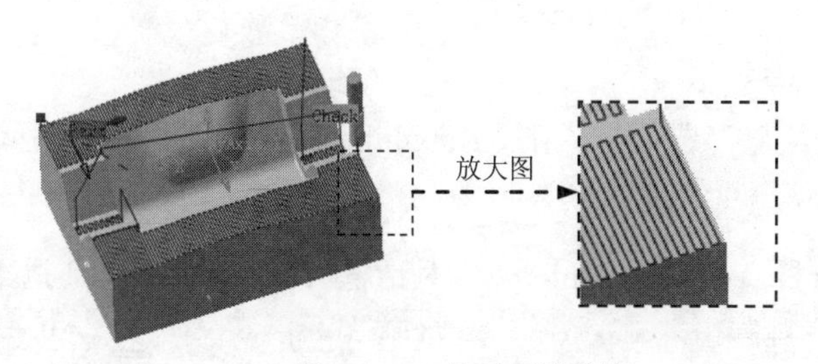

图 6.2.13　显示刀路轨迹

Task5. 等高粗加工

Step1. 定义几何参数。

（1）在特征树中选择“Sweeping.1（Computed）”节点，然后选择下拉菜单插入 → Machining Operations ▸ → Roughing Operations ▸ → Roughing命令，插入一个等高粗加工操作，系统弹出“Roughing.2”对话框（一）。

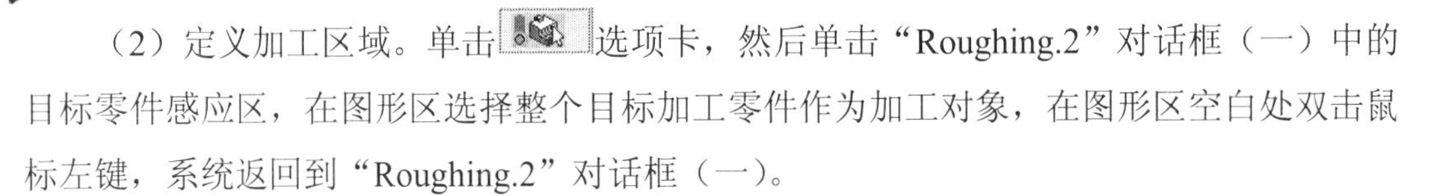

（2）定义加工区域。单击 选项卡，然后单击“Roughing.2”对话框（一）中的目标零件感应区，在图形区选择整个目标加工零件作为加工对象，在图形区空白处双击鼠标左键，系统返回到“Roughing.2”对话框（一）。

（3）定义加工边界。单击“Roughing.2”对话框（一）中的加工边界感应区，在图形区选择图 6.2.14 所示的模型边线，在图形区空白处双击鼠标左键，系统返回到“Roughing.2”对话框（一）。

Step2. 定义刀具参数。

（1）进入刀具参数选项卡。在“Roughing.2”对话框（一）中单击 选项卡。

（2）选择刀具类型。在“Roughing.2”对话框（一）中单击 按钮，选择面铣刀作为加工刀具。

（3）刀具命名。在“Roughing.2”对话框（一）的 Name 文本框中输入“T2 End Mill D 10”，然后按 Enter 键。

（4）设置刀具参数。在“Roughing.2”对话框（一）中选中 Ball-end tool 复选框，单击 More>> 按钮，单击 Geometry 选项卡，然后设置图 6.2.15 所示的刀具参数。

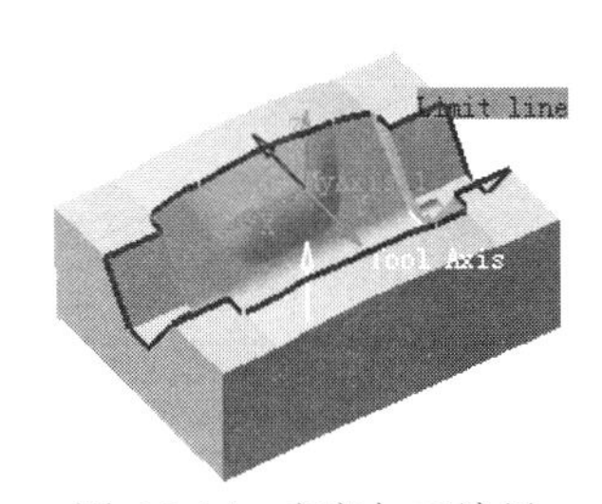

图 6.2.14　定义加工边界

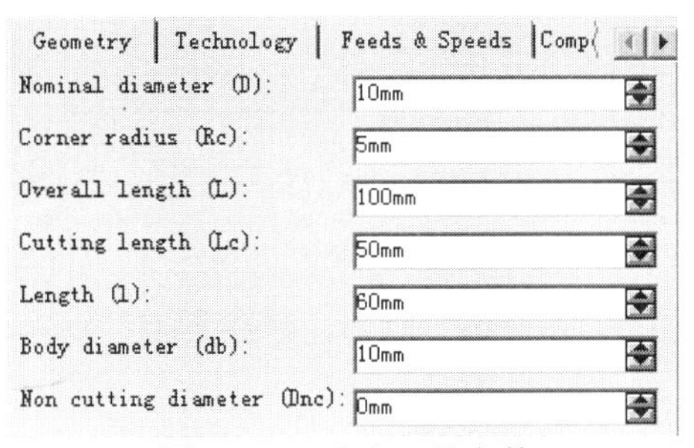

图 6.2.15　定义刀具参数

Step3. 定义进给量。

（1）进入“进给量”选项卡。在“Roughing.2”对话框（一）中单击 （进给量）选项卡。

（2）设置进给量。在“Roughing.2”对话框（一）的 （进给量）选项卡中取消选中 Feedrate 区域的 □Automatic compute from tooling Feeds and Speeds 复选框，在 Machining: 文本框中输入值 1200；取消选中 Spindle Speed 区域的 □Automatic compute from tooling Feeds and Speeds 复选框，在 Machining: 文本框中输入值 3000。其余参数采用系统默认设置值。

Step4. 定义刀具路径参数。

（1）进入刀具路径参数选项卡。在“Roughing.2”对话框（一）中单击 选项卡。

（2）定义加工参数。单击 Machining: 选项卡，在 Machining mode: 下拉列表中选择 By Area 和 Outer part and pockets 选项。在 Tool path style: 下拉列表中选择 Contour only 选项，其他选项采用系统默认设置。

（3）定义径向参数。单击 Radial 选项卡，然后在 Stepover: 下拉列表中选择 Overlap ratio 选项，在 Tool diameter ratio 文本框中输入值 50。

（4）定义轴向参数。单击 Axial 选项卡，然后在 Maximum cut depth: 文本框中输入值 2。

（5）其他选项卡采用系统默认的设置。

Step5. 定义进刀/退刀路径。

（1）进入进刀/退刀路径选项卡。在“Roughing.2”对话框（一）中单击 选项卡。

（2）在 Macro Management 区域的列表框中选择 Automatic 选项，在 Mode: 下拉列表中选择 Ramping 选项，在 Ramping angle: 文本框中输入值 5。

（3）在 Macro Management 区域的列表框中选择 Pre-motions 选项，然后单击 按钮。

（4）在 Macro Management 区域的列表框中选择 Post-motions 选项，然后单击 按钮。

Step6. 在“Roughing.2”对话框（一）中单击“Tool Path Replay”按钮，系统弹出“Roughing.2”对话框（二），且在图形区显示刀路轨迹，如图 6.2.16 所示。

Step7. 在“Roughing.2”对话框（二）中单击 确定 按钮，然后在“Roughing.2”对话框（一）中单击 确定 按钮。

Task6. 投影加工（二）

Step1. 设置几何参数。

（1）在特征树中选择“Roughing.2（Computed）”节点，然后选择下拉菜单 插入 → Machining Operations → Sweeping Operations → Sweeping 命令，插入一个投影加工操作，系统弹出“Sweeping.2”对话框（一）。

（2）定义加工区域。

① 单击几何参数选项卡 。

② 单击“Sweeping.2”对话框中的目标零件感应区，然后在图形区中选取整个目标加工零件，在图形区空白处双击鼠标左键，系统返回到“Sweeping.2”对话框（一）。

③ 设置加工边界。右击“Sweeping.2”对话框（一）中的加工边界感应区，在系统弹出的快捷菜单中选择 By Boundary of Faces 命令，然后在图形区中选取图 6.2.17 所示的模型表面，在图形区空白处双击鼠标左键，系统返回到“Sweeping.2”对话框（一）。

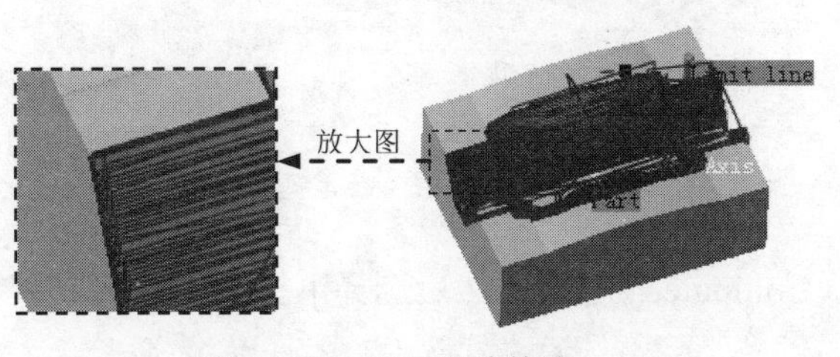

图 6.2.16　显示刀路轨迹

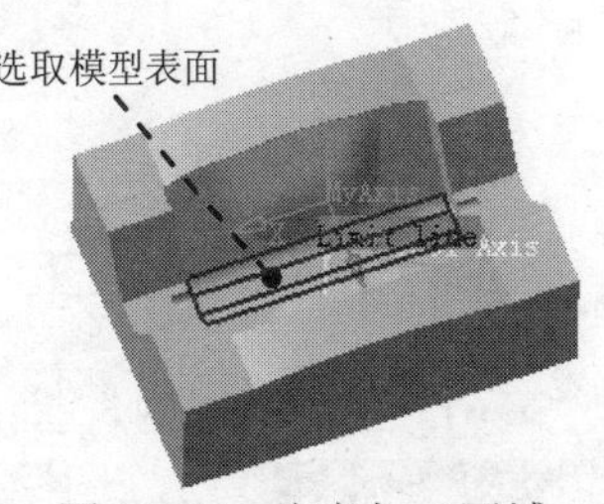

图 6.2.17　定义加工区域

Step2. 定义刀具参数。系统自动沿用了上一把刀具“T2 End Mill D 10”，这里不做调整。

Step3. 定义进给量。

（1）进入进给量选项卡。在“Sweeping.2”对话框（一）中单击选项卡。

（2）设置进给量。在“Sweeping.2”对话框（一）的选项卡中取消选中Feedrate区域的□Automatic compute from tooling Feeds and Speeds复选框，在Machining:文本框中输入值1200，取消选中Spindle Speed区域的□Automatic compute from tooling Feeds and Speeds复选框，在Machining:文本框中输入值3000。其余参数采用系统默认设置值。

Step4. 设置刀具路径参数。

（1）进入刀具路径参数选项卡。在“Sweeping.2”对话框（一）中单击选项卡。

（2）定义加工参数。单击Machining选项卡，然后在Tool path style:下拉列表中选择Zig-zag选项。

（3）定义径向参数。单击Radial选项卡，在Stepover:下拉列表中选择Constant选项，在Max. distance between pass:文本框中输入值2。

（4）定义轴向参数。单击Axial选项卡，在Multi-pass:下拉列表中选择Number of levels and Maximum cut depth，在Number of levels:文本框中输入值1，在Maximum cut depth:文本框中输入值1。

（5）定义区域参数。单击Zone选项卡，在Zone:下拉列表中选择Horizontal zones选项，在Max. horizontal slope:文本框中输入值45。

Step5. 定义进刀/退刀路径。采用系统默认的参数设置。

Step6. 刀路仿真。在“Sweeping.2”对话框（一）中单击“Tool Path Replay”按钮，系统弹出“Sweeping.2”对话框（二），且在图形区显示刀路轨迹（图6.2.18）。

Step7. 在“Sweeping.2”对话框（二）中单击 确定 按钮，然后在“Sweeping.2”对话框（一）中单击 确定 按钮。

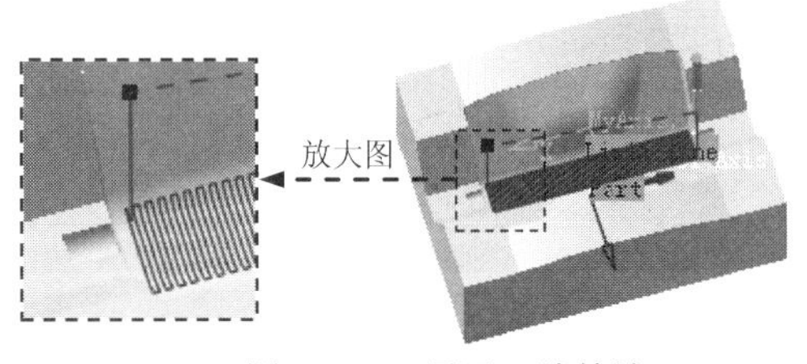

图6.2.18　显示刀路轨迹

Task7. 等高线加工（一）

Step1. 在特征树中选择“Sweeping.2（Computed）”节点，然后选择下拉菜单插入 → Machining Operations ▸ → ZLevel命令，插入一个等高线加工操作，系统弹出“ZLevel.1”

对话框（一）。

Step2. 定义几何参数。

（1）单击“ZLevel.1”对话框（一）中的几何参数选项卡。

（2）设置加工区域。单击“ZLevel.1”对话框（一）中的目标零件感应区，选择整个目标零件模型作为加工对象，在图形区空白处双击鼠标左键，系统返回到“ZLevel.1”对话框（一）。

（3）设置加工余量。双击“ZLevel.1”对话框（一）中的 Offset on part : 0.3mm （Offset on part：0.3mm）字样，在系统弹出的“Edit Parameter”对话框中输入值 0，单击 确定 按钮，系统返回到“ZLevel.1”对话框（一）。

Step3. 定义刀具参数。

（1）进入刀具参数选项卡。在“ZLevel.1”对话框（一）中单击选项卡。

（2）选择刀具类型。在“ZLevel.1”对话框（一）中单击按钮，选择面铣刀作为加工刀具。

（3）刀具命名。在“ZLevel.1”对话框（一）的 Name 文本框中输入“T3 End Mill D 6”并按下 Enter 键。

（4）设置刀具参数。在“ZLevel.1”对话框（一）中选中 Ball-end tool 复选框，单击 More>> 按钮，单击 Geometry 选项卡，然后设置图 6.2.19 所示的刀具参数，其他选项卡中的参数均采用系统默认的设置值。

Step4. 定义进给量。

（1）进入“进给量”选项卡。在“ZLevel.1”对话框（一）中单击（进给量）选项卡。

（2）设置进给量。在“ZLevel.1”对话框（一）的（进给量）选项卡中设置图 6.2.20 所示的参数。

Step5. 定义刀具路径参数。

（1）进入刀具路径参数选项卡。在“ZLevel.1”对话框（一）中单击选项卡。

（2）定义加工参数。在“ZLevel.1”对话框（一）中单击 Machining 选项卡，然后在 Machining tolerance: 文本框中输入值 0.01，在 Cutting mode: 下拉列表中选择 Climb 选项，其他选项采用系统默认设置。

（3）定义轴向参数。在“ZLevel.1”对话框（一）中单击 Axial 选项卡，在 Stepover: 下拉列表中选择 Via scallop height 选项，在 Max. distance between pass: 文本框中输入值 1，在 Min. distance between pass: 文本框中输入值 0.1，在 Scallop height: 文本框中输入值 0.01。

（4）定义区域参数。单击 Zone 选项卡，在 Max. horizontal slope: 文本框中输入值 15。

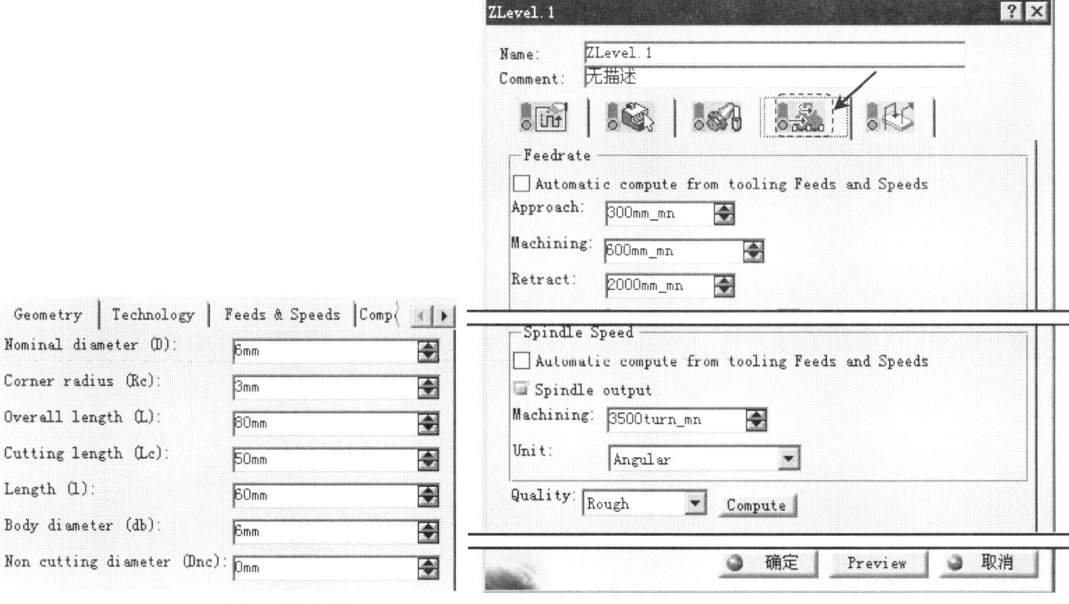

图 6.2.19 定义刀具参数　　　图 6.2.20 “进给量”选项卡

Step6. 定义进刀/退刀路径。采用系统默认的参数设置。

Step7. 刀路仿真。在“ZLevel.1”对话框（一）中单击“Tool Path Replay”按钮，系统弹出“ZLevel.1”对话框（二），且在图形区显示刀路轨迹，如图 6.2.21 所示。

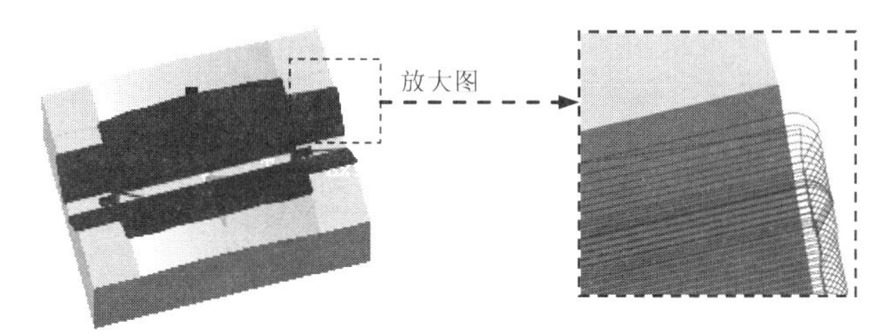

图 6.2.21 显示刀路轨迹

Step8. 在“ZLevel.1”对话框（二）中单击 确定 按钮，然后单击“ZLevel.1”对话框（一）中的 确定 按钮。

Task8. 投影加工（三）

Step1. 设置几何参数。

（1）在特征树中选择“ZLevel.1（Computed）”节点，然后选择下拉菜单 插入 → Machining Operations → Sweeping Operations → Sweeping 命令，插入一个投影加工操作，系统弹出“Sweeping.3”对话框（一）。

（2）定义加工区域。

①单击几何参数选项卡。

②右击“Sweeping.3”对话框（一）中的目标零件感应区，在弹出的快捷菜单中选择 Select faces... 命令，然后在图形区中选取图 6.2.22 所示的模型表面作为加工区域，在图形区空白处双击鼠标左键，系统返回到“Sweeping.3”对话框（一）。

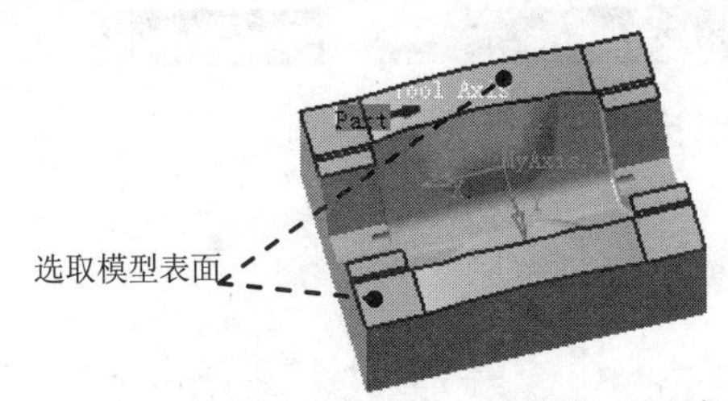

图 6.2.22　定义加工区域

Step2. 定义刀具参数。系统自动沿用了上一把刀具“T3 End Mill D 6”，这里不做调整。

Step3. 定义进给量。

（1）进入进给量选项卡。在“Sweeping.3”对话框（一）中单击选项卡。

（2）设置进给量。在“Sweeping.3”对话框（一）的选项卡中取消选中 Feedrate 区域的 □ Automatic compute from tooling Feeds and Speeds 复选框，在 Machining: 文本框中输入值 1500；取消选中 Spindle Speed 区域的 □ Automatic compute from tooling Feeds and Speeds 复选框，在 Machining: 文本框中输入值 3500。其余参数采用系统默认设置值。

Step4. 设置刀具路径参数。

（1）进入刀具路径参数选项卡。在“Sweeping.3”对话框（一）中单击选项卡。

（2）定义加工参数。单击 Machining 选项卡，然后在 Tool path style: 下拉列表中选择 Zig-zag 选项，在 Machining tolerance: 文本框中输入值 0.01。

（3）定义径向参数。单击 Radial 选项卡，在 Stepover: 下拉列表中选择 Via scallop height 选项，在 Max. distance between pass: 文本框中输入值 2，在 Min. distance between pass: 文本框中输入值 0.2，在 Scallop height: 文本框中输入值 0.01。

（4）定义轴向参数。单击 Axial 选项卡，在 Multi-pass: 下拉列表中选择 Number of levels and Maximum cut depth，在 Number of levels: 文本框中输入值 1，在 Maximum cut depth: 文本框中输入值 1。

（5）定义区域参数。单击 Zone 选项卡，在 Zone: 下拉列表中选择 All 选项。

Step5. 定义进刀/退刀路径。采用系统默认的参数设置。

Step6. 刀路仿真。在“Sweeping.3”对话框（一）中单击“Tool Path Replay”按钮，系统弹出“Sweeping.3”对话框（二），且在图形区显示刀路轨迹；如图 6.2.23 所示。

Step7. 在“Sweeping.3”对话框（二）中单击 确定 按钮，然后在“Sweeping.3”对话框（一）中单击 确定 按钮。

Task9．投影加工（四）

Step1．设置几何参数。

（1）在特征树中选择“Sweeping.3（Computed）”节点，然后选择下拉菜单 插入 → Machining Operations ▸ → Sweeping Operations ▸ → Sweeping 命令，插入一个投影加工操作，系统弹出“Sweeping.4”对话框（一）。

（2）定义加工区域。

① 单击几何参数选项卡。

② 单击“Sweeping.4”对话框（一）中的目标零件感应区，在图形区选取整个目标零件，在图形区空白处双击鼠标左键，系统返回到“Sweeping.3”对话框（一）。

③右击“Sweeping.4”对话框（一）中的加工边界感应区，在弹出的快捷菜单中选择 By Boundary of Faces 命令，然后在图形区中选取图 6.2.24 所示的模型表面（共 9 个面），在图形区空白处双击鼠标左键，系统返回到“Sweeping.4”对话框（一）。

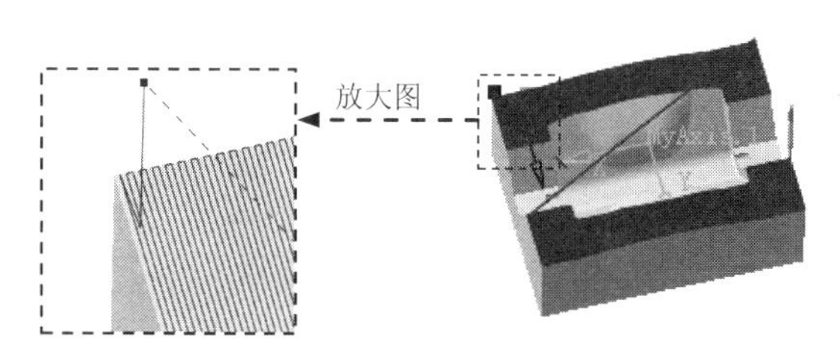

图 6.2.23　显示刀路轨迹

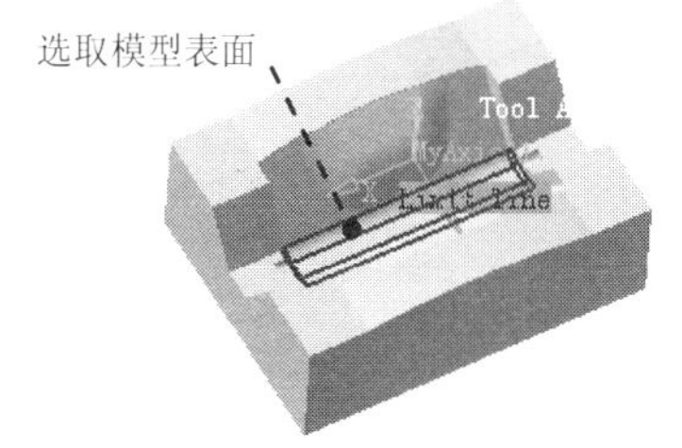

图 6.2.24　定义加工区域

Step2．定义刀具参数。系统自动沿用了上一把刀具“T3 End Mill D 6”，这里不做调整。

Step3．定义进给量。

（1）进入“进给量”选项卡。在“Sweeping.4”对话框（一）中单击（进给量）选项卡。

（2）设置进给量。在“Sweeping.4”对话框（一）的（进给量）选项卡中取消选中 Feedrate 区域的 □ Automatic compute from tooling Feeds and Speeds 复选框，在 Machining: 文本框中输入值 1500；取消选中 Spindle Speed 区域的 □ Automatic compute from tooling Feeds and Speeds 复选框，在 Machining: 文本框中输入值 3500。其余参数采用系统默认设置值。

Step4．设置刀具路径参数。

（1）进入刀具路径参数选项卡。在“Sweeping.4”对话框（一）中单击选项卡。

（2）定义加工参数。单击 Machining: 选项卡，然后在 Tool path style: 下拉列表中选择 Zig-zag 选项，在 Machining tolerance: 文本框中输入值 0.01。

（3）定义径向参数。单击 Radial 选项卡，在 Stepover: 下拉列表中选择 Via scallop height 选项，在 Max. distance between pass: 文本框中输入值 1，在 Min. distance between pass: 文本框中

输入值 0.2，在 Scallop height: 文本框中输入值 0.01。

（4）定义轴向参数。单击 Axial 选项卡，在 Multi-pass: 下拉列表中选择 Number of levels and Maximum cut depth，在 Number of levels: 文本框中输入值 1，在 Maximum cut depth: 文本框中输入值 1。

（5）定义区域参数。单击 Zone 选项卡，在 Zone: 下拉列表中选择 Horizontal zones 选项，在 Max. horizontal slope: 文本框中输入值 15。

Step5. 定义进刀/退刀路径。采用系统默认的参数设置。

Step6. 刀路仿真。在“Sweeping.4”对话框（一）中单击“Tool Path Replay”按钮，系统弹出“Sweeping.4”对话框（二），且在图形区显示刀路轨迹，如图 6.2.25 所示。

Step7. 在“Sweeping.4”对话框（二）中单击 确定 按钮，然后在“Sweeping.4”对话框（一）中单击 确定 按钮。

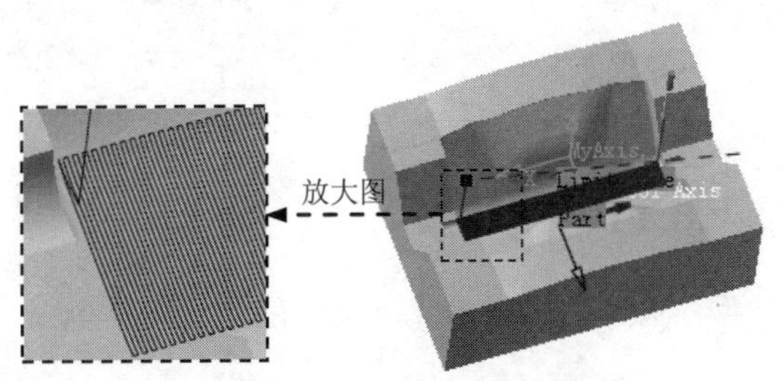

图 6.2.25 显示刀路轨迹

Task10. 螺旋加工

Stage1. 螺旋加工（1）

Step1. 在特征树中选择“Sweeping.4（Computed）”节点，然后选择下拉菜单 插入 → Machining Operations ▸ → Spiral Milling 命令，系统弹出“Sprial milling.1”对话框（一）。

Step2. 定义几何参数。

（1）单击“Sprial milling.1”对话框（一）中的 选项卡。

（2）定义加工区域。单击“Sprial milling.1”对话框（一）中的目标零件感应区，在图形区选取整个目标零件，在图形区空白处双击鼠标左键，系统返回到“Sprial milling.1”对话框（一）。

（3）定义加工边界。右击“Sprial milling.1”对话框中的加工边界感应区，在弹出的快捷菜单中选择 By Boundary of Faces 命令，然后在图形区中选取图 6.2.26 所示的模型表面，在图形区空白处双击鼠标左键，系统返回到“Sprial milling.1”对话框（一）。

Step3. 定义刀具参数

（1）进入刀具参数选项卡。在“Sprial milling.1”对话框（一）中单击 选项卡。

（2）选择刀具类型。在“Sprial milling.1”对话框（一）中单击按钮，选择面铣刀作为加工刀具。

（3）刀具命名。在“Sprial milling.1”对话框（一）的 Name 文本框中输入“T4 End Mill D 10”并按 Enter 键。

（4）设置刀具参数。在“Sprial milling.1”对话框中取消选中□Ball-end tool 复选框，单击 More>> 按钮，单击 Geometry 选项卡，然后设置图 6.2.27 所示的刀具参数。

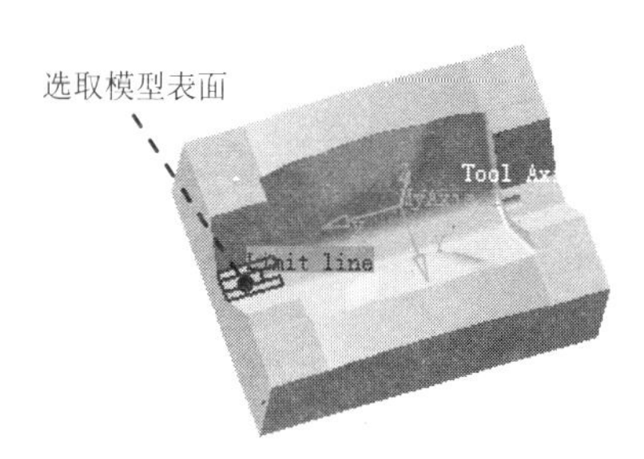

图 6.2.26　定义加工边界

Geometry | Technology | Feeds & Speeds | Comp

Nominal diameter (D):	10mm
Corner radius (Rc):	0mm
Overall length (L):	80mm
Cutting length (Lc):	50mm
Length (l):	60mm
Body diameter (db):	10mm
Non cutting diameter (Dnc):	0mm

图 6.2.27　定义刀具参数

Step4. 定义进给量。

（1）进入“进给量”选项卡。在“Sprial milling.1”对话框（一）中单击（进给量）选项卡。

（2）设置进给量。在“Sprial milling.1”对话框（一）的（进给量）选项卡中取消选中 Feedrate 区域的□Automatic compute from tooling Feeds and Speeds 复选框，在 Machining: 文本框中输入值 1200；取消选中 Spindle Speed 区域的□Automatic compute from tooling Feeds and Speeds 复选框，在 Machining: 文本框中输入值 2500。其余参数采用系统默认设置值。

Step5. 定义刀具路径参数。

（1）进入刀具路径参数选项卡。在“Sprial milling.1”对话框（一）中单击选项卡。

（2）定义刀具路径类型。在“Sprial milling.1”对话框（一）的 Tool path style: 下拉列表中选择 Helical 选项。

（3）定义切削参数。在“Sprial milling.1”对话框（一）中单击 Machining 选项卡，然后在 Cutting mode: 下拉列表中选择 Climb 选项，选中 Always stay on bottom 复选框，其他选项采用系统默认设置。

（4）定义径向参数。单击 Radial 选项卡，然后在 Max. distance between pass: 文本框中输入值 5，其他选项采用系统默认设置。

（5）定义轴向参数。单击 Axial 选项卡，然后在 Mode: 下拉列表中选择 Number of levels 选项，在 Number of levels: 文本框中输入值 1，其他选项采用系统默认设置。

Step6. 定义进刀/退刀路径。采用系统默认的设置。

Step7. 刀路仿真。在“Sprial milling.1”对话框（一）中单击“Tool Path Replay”按钮，系统弹出“Sprial milling.1”对话框（二），且在图形区显示刀路轨迹，如图 6.2.28 所示。

Step8. 在“Sprial milling.1”对话框（二）中单击确定按钮，然后单击“Sprial milling.1”对话框（一）中的确定按钮。

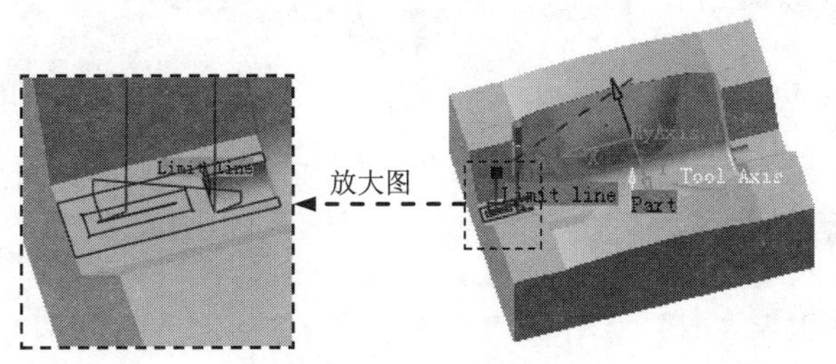

图 6.2.28 显示刀路轨迹

Stage2．螺旋加工（2）

Step1. 复制和粘贴加工操作。

（1）在特征树中右击“Sprial milling.1（Computed）”节点，然后在系统弹出的快捷菜单中选择复制命令。

（2）再次右击“Sprial milling.1（Computed）”节点，然后在系统弹出的快捷菜单中选择粘贴命令。

（3）在特征树中双击新增加的“Sprial milling.2（Computed）”节点，系统弹出“Sprial milling.2”对话框（一）。

Step2. 定义几何参数。

（1）单击“Sprial milling.2”对话框（一）中的选项卡。

（2）定义加工边界。右击“Sprial milling.2”对话框（一）中的加工边界感应区，在弹出的快捷菜单中选择Remove命令；再次右击加工边界感应区，在弹出的快捷菜单中选择By Boundary of Faces命令，然后在图形区中选取图 6.2.29 所示的模型表面，在图形区空白处双击鼠标左键，系统返回到“Sprial milling.2”对话框（一）。

Step3. 定义其余参数。其余参数的设置与 Sprial milling.1 相同，此处不做调整。

Step4. 刀路仿真。在“Sprial milling.2”对话框（一）中单击“Tool Path Replay”按钮，系统弹出“Sprial milling.2”对话框（二），且在图形区显示刀路轨迹，如图 6.2.30 所示。

Step5. 在“Sprial milling.2”对话框（二）中单击确定按钮，然后单击“Sprial milling.2”对话框（一）中的确定按钮。

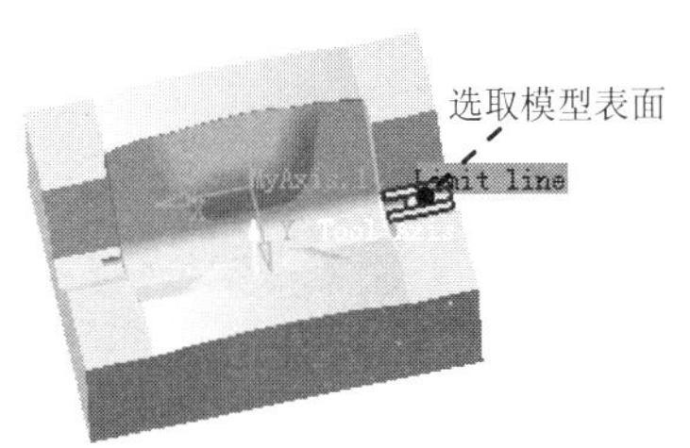

图 6.2.29　定义加工边界

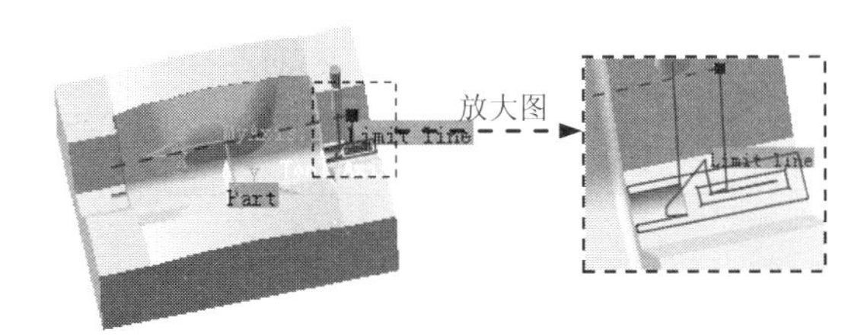

图 6.2.30　显示刀路轨迹

Task11. 保存文件

在服务器上保存模型文件，文件名为“Wastebin_Cover_Cavity”。

6.3　凹模加工（二）

在机械零件的加工中，加工工艺的制定是十分重要的，一般先是进行粗加工，再进行精加工。粗加工时，刀具进给量大，机床主轴的转速较低，以便切除大量的材料，提高加工的效率。在进行精加工时，刀具的进给量小，主轴的转速较高，加工的精度高，以达到零件加工精度的要求。该凹模的加工工艺路线如图 6.3.1 和图 6.3.2 所示。

图 6.3.1　加工工艺图（一）

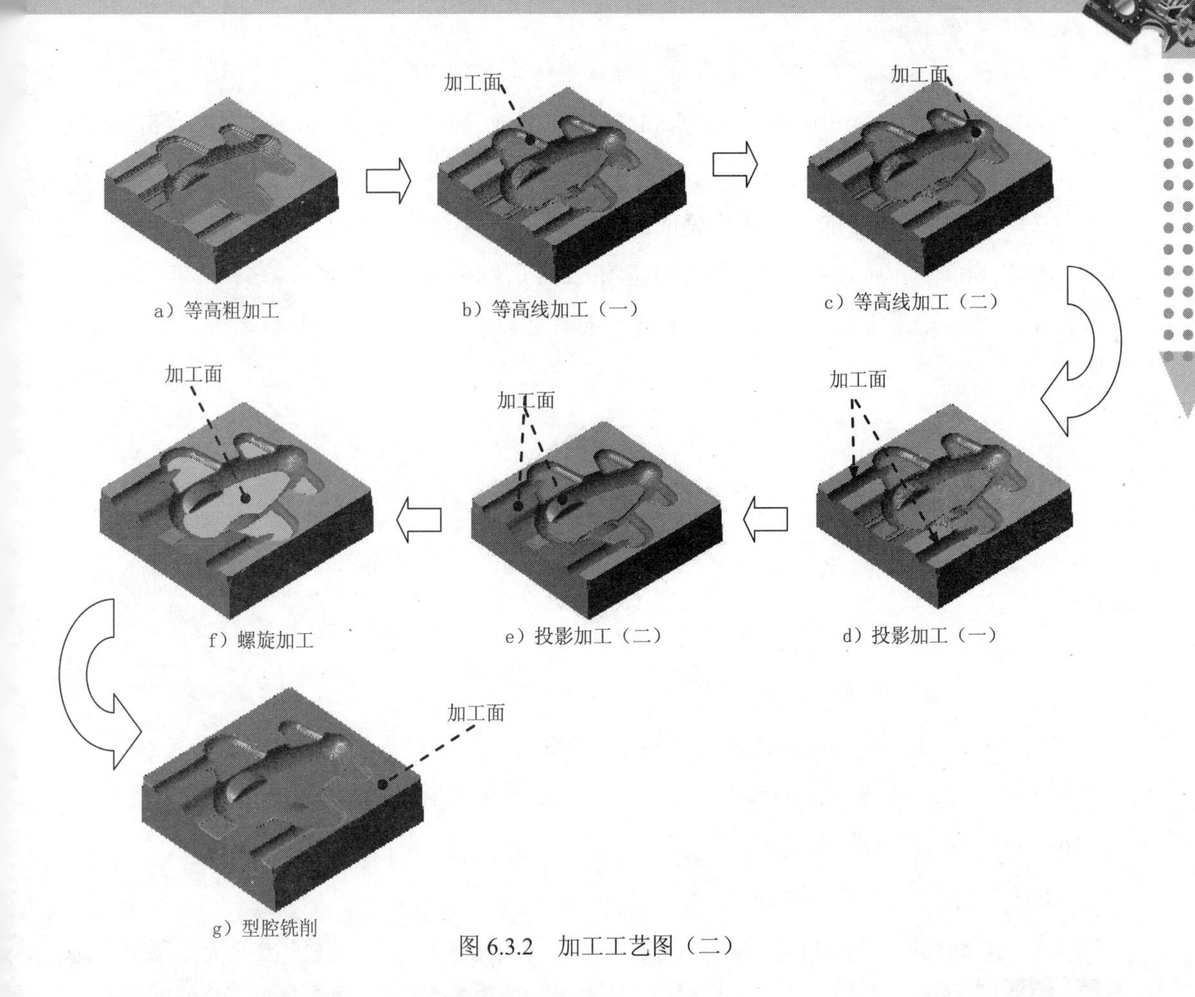

图 6.3.2　加工工艺图（二）

Task1．打开模型文件并进入加工模块

Step1．打开模型文件 D:\cat2016.9\work\ch06.03\Toy_plane_Cavity.CATPart。

Step2．选择下拉菜单 开始 ➡ 加工 ➡ Surface Machining 命令，进入"Surface Machining"工作台。

Task2．零件操作定义

Step1．进入零件操作对话框。在特征树中双击"Part Operation.1"节点，系统弹出"Part Operation"对话框。

Step2．机床设置。单击"Part Operation"对话框中的"Machine"按钮，系统弹出"Machine Editor"对话框，单击其中的"3-axis Machine"按钮，保持系统默认设置，然后单击 确定 按钮，完成机床的选择。

Step3．定义加工坐标系。

（1）单击"Part Operation"对话框中的按钮，系统弹出"Default reference machining axis for Part Operation.1"对话框。

（2）在对话框的 Axis Name : 文本框中输入坐标系名称“Machining_Axis.1”并按 Enter 键，此时“Default reference machining axis for Part Operation.1”对话框变为“Machining_Axis.1”对话框。

（3）单击对话框中的坐标原点感应区，然后在图形区选取图 6.3.3 所示的点作为加工坐标系的原点（显示毛坯零件），系统创建图 6.3.4 所示的加工坐标系。

（4）单击 确定 按钮，完成加工坐标系的定义。

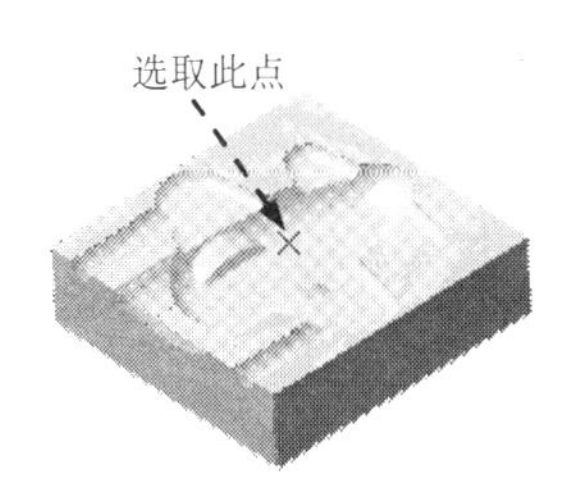

图 6.3.3　选取加工坐标系原点

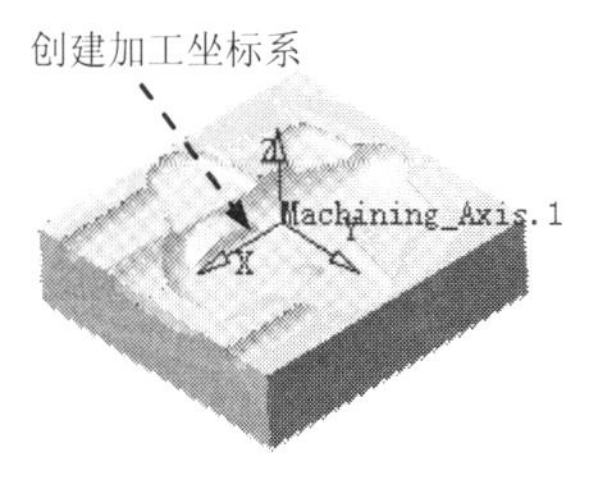

图 6.3.4　创建加工坐标系

Step4. 选择毛坯零件。

（1）单击“Part Operation”对话框中的按钮。

（2）选择图 6.3.5 所示的零件作为毛坯零件，在图形区空白处双击鼠标左键，系统回到“Part Operation”对话框。

Step5. 选择加工目标零件。

（1）在图 6.3.6 所示的特征树中右击“Rough stock.1”节点，在弹出的快捷菜单中选择 隐藏/显示 命令。

（2）单击“Part Operation”对话框中的按钮。

（3）选择图 6.3.7 所示的零件模型作为加工目标零件，在图形区空白处双击鼠标左键，系统回到“Part Operation”对话框。

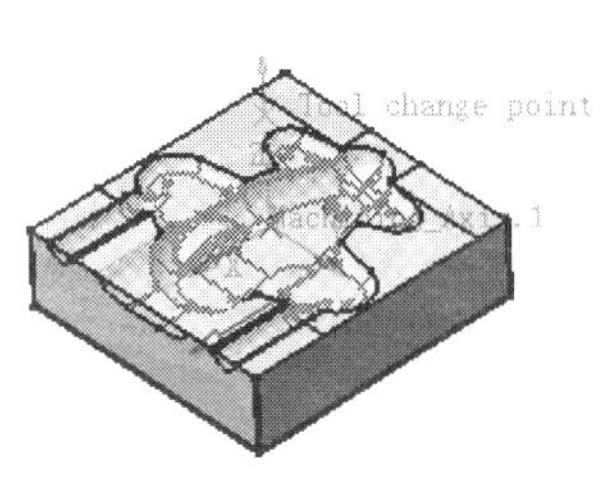
图 6.3.5　毛坯零件

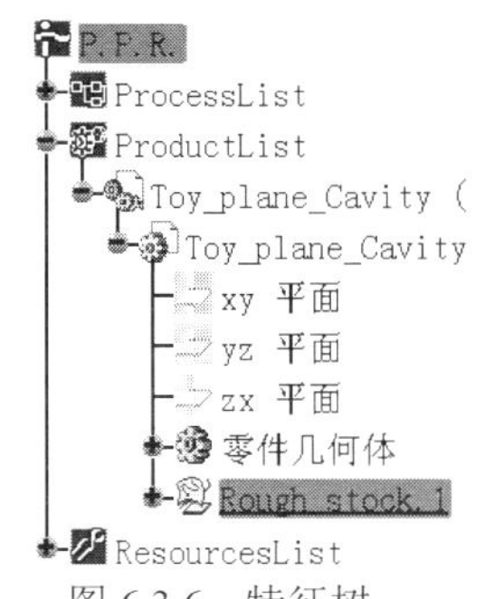

图 6.3.6　特征树

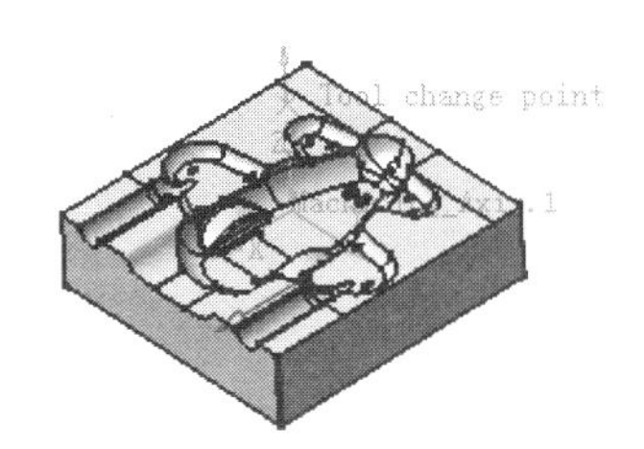
图 6.3.7 加工目标零件

Step6. 定义安全平面。

（1）单击“Part Operation”对话框中的按钮。

（2）选择参照面。在图形区选取图 6.3.8 所示的目标零件表面作为安全平面参照，系

统创建一个安全平面。

（3）右击系统创建的安全平面，在弹出的快捷菜单中选择Offset...命令，系统弹出“Edit Parameter”对话框，在其中的Thickness文本框中输入值10。单击确定按钮，完成安全平面的创建（图6.3.9）。

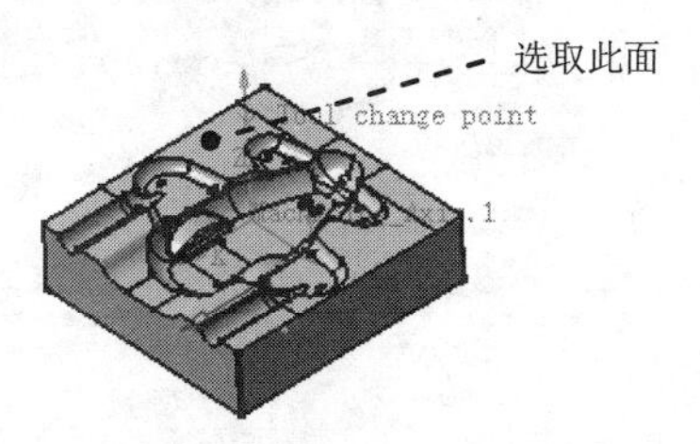

图6.3.8 选取安全平面参照

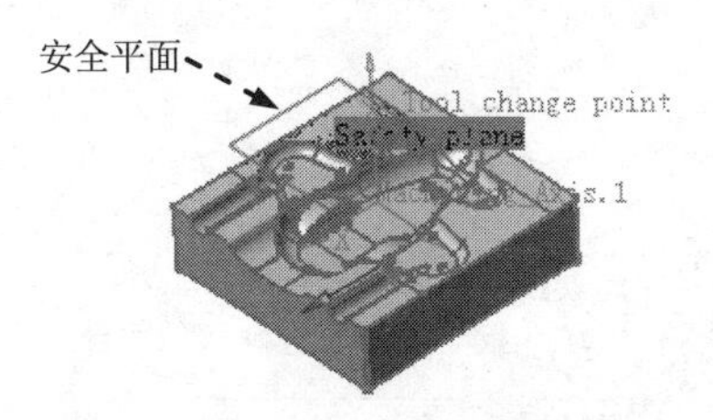

图6.3.9 创建安全平面

Step7. 单击“Part Operation”对话框中的确定按钮，完成零件定义操作。

Task3. 等高粗加工

Step1. 定义几何参数。

（1）在特征树中选择“Manufacturing Program.1”节点，然后选择下拉菜单插入 → Machining Operations → Roughing Operations → Roughing命令，插入一个等高粗加工操作，系统弹出“Roughing.1”对话框（一）。

（2）定义加工区域。单击选项卡，然后单击“Roughing.1”对话框（一）中的目标零件感应区，在图形区选择整个目标加工零件作为加工对象，在图形区空白处双击鼠标左键，系统返回到“Roughing.1”对话框（一）。

Step2. 定义刀具参数。

（1）进入刀具参数选项卡。在“Roughing.1”对话框（一）中单击选项卡。

（2）选择刀具类型。在“Roughing.1”对话框（一）中单击按钮，选择面铣刀作为加工刀具。

（3）刀具命名。在“Roughing.1”对话框（一）的Name文本框中输入“T1 End Mill D 10”。

（4）设置刀具参数。在“Roughing.1”对话框（一）中取消选中□Ball-end tool复选框，单击More>>按钮，单击Geometry选项卡，然后设置图6.3.10所示的刀具参数。

Step3. 定义进给量。

（1）进入“进给量”选项卡。在“Roughing.1”对话框（一）中单击（进给量）选项卡。

（2）设置进给量。在“Roughing.1”对话框（一）的（进给量）选项卡中设置图6.3.11所示的参数。

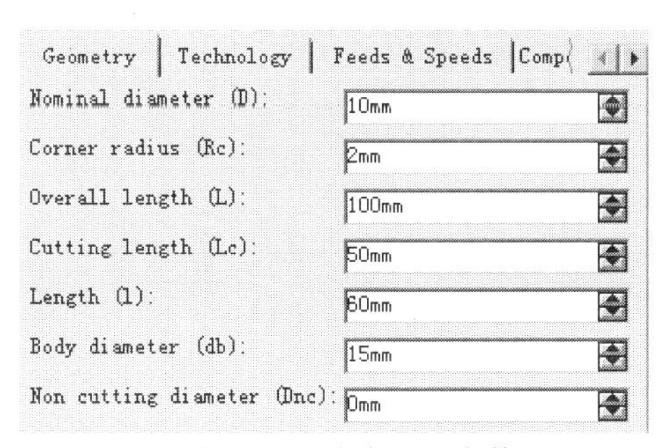

图 6.3.10　定义刀具参数

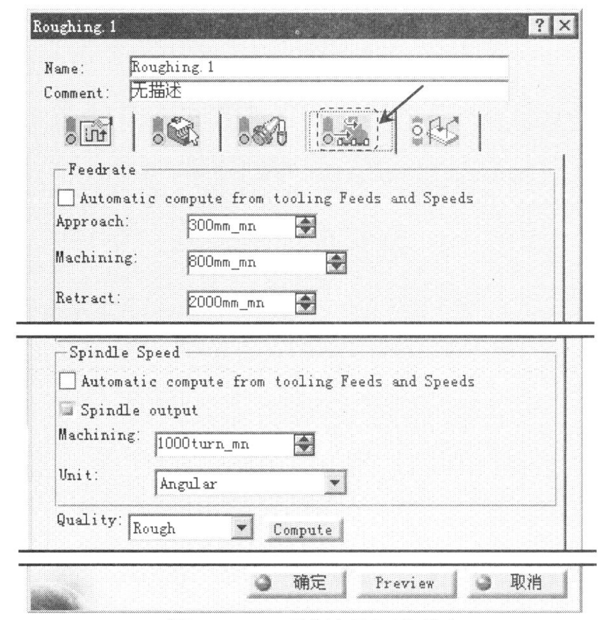

图 6.3.11　“进给量”选项卡

Step4. 定义刀具路径参数。

（1）进入刀具路径参数选项卡。在“Roughing.1”对话框（一）中单击选项卡。

（2）定义加工参数。单击 Machining: 选项卡，在 Machining mode: 下拉列表中选择 By Area 和 Outer part and pockets 选项。在 Tool path style: 下拉列表中选择 Helical 选项， 其他选项采用系统默认设置。

（3）定义径向参数。单击 Radial 选项卡，然后在 Stepover: 下拉列表中选择 Overlap length 选项，在 Overlap length 文本框中输入值 2。

（4）定义轴向参数。单击 Axial 选项卡，然后在 Maximum cut depth: 文本框中输入值 2。

（5）其他选项卡中的参数采用系统默认的设置值。

Step5. 定义进刀/退刀路径。

（1）进入进刀/退刀路径选项卡。在“Roughing.1”对话框（一）中单击选项卡。

（2）在 Macro Management 区域的列表框中选择 Automatic，然后在 Mode: 下拉列表中选择 Ramping 选项，在 Ramping angle: 文本框中输入值 5。

（3）在 Macro Management 区域的列表框中选择 Pre-motions，然后单击按钮。

（4）在 Macro Management 区域的列表框中选择 Post-motions，然后单击按钮。

Step6. 在“Roughing.1”对话框（一）中单击“Tool Path Replay”按钮，系统弹出“Roughing.1”对话框（二），且在图形区显示刀路轨迹，如图 6.3.12 所示。

Step7. 在“Roughing.1”对话框（二）中单击 确定 按钮，然后在“Roughing.1”对话框（一）中单击 确定 按钮。

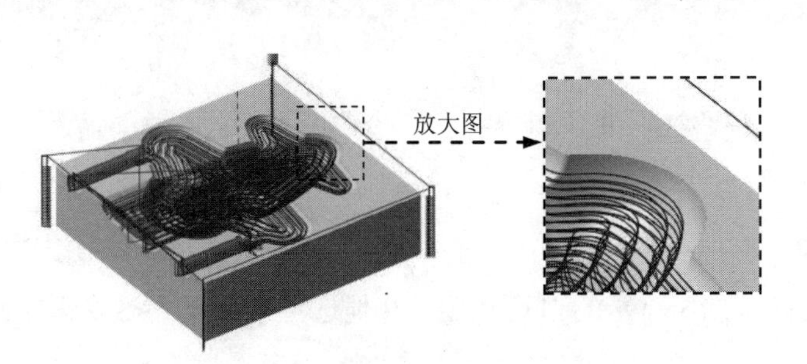

图 6.3.12　显示刀路轨迹

Task4．等高线加工（一）

Step1．在特征树中选择“Roughing.1（Computed）”节点，然后选择下拉菜单 插入 ➡ Machining Operations ▸ ➡ ZLevel 命令，插入一个等高线加工操作，系统弹出“ZLevel.1”对话框（一）。

Step2．定义几何参数。

（1）单击“ZLevel.1”对话框（一）中的 （几何参数）选项卡。

（2）设置加工区域。单击图 6.3.13 所示的目标零件感应区，选择整个目标零件模型作为加工对象，在图形区空白处双击鼠标左键，系统返回到“ZLevel.1”对话框（一）。

（3）设置加工顶面。单击图 6.3.13 所示的顶面感应区，在图形区选取图 6.3.14 所示的模型表面，系统返回到“ZLevel.1”对话框（一）。

（4）设置加工余量。双击图 6.3.13 所示的 Offset on part : 1mm （Offset on part：1mm）字样，在系统弹出的“Edit Parameter”对话框中输入值 0.5，单击 确定 按钮，系统返回到“ZLevel.1”对话框（一）。

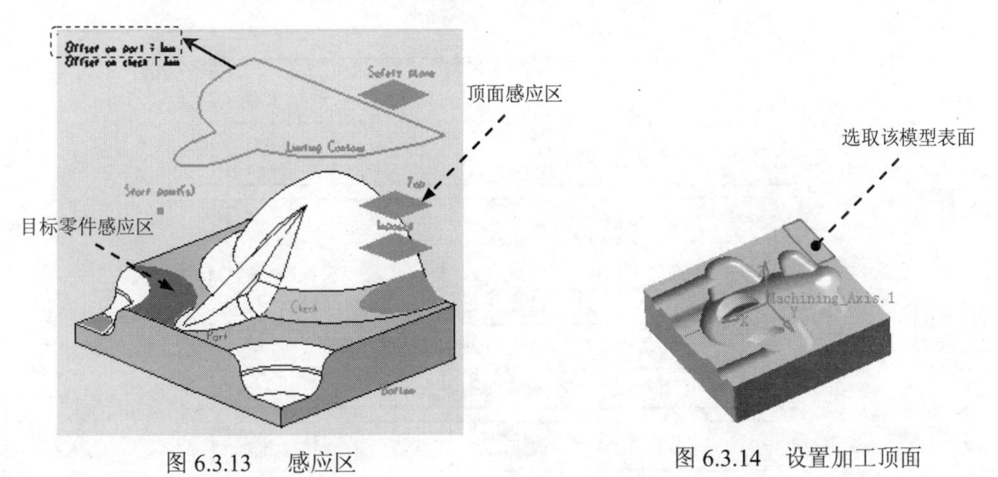

图 6.3.13　感应区　　　图 6.3.14　设置加工顶面

Step3．定义刀具参数。

（1）进入刀具参数选项卡。在“ZLevel.1”对话框（一）中单击 选项卡。

（2）选择刀具类型。在“ZLevel.1”对话框（一）中单击 按钮，选择面铣刀作为加工刀具。

（3）刀具命名。在“ZLevel.1”对话框（一）的 Name 文本框中输入“T2 End Mill D 6”并按下 Enter 键。

（4）设置刀具参数。在“ZLevel.1”对话框（一）中单击 More>> 按钮，单击 Geometry 选项卡，然后设置图 6.3.15 所示的刀具参数，其他选项卡中的参数均采用默认的设置值。

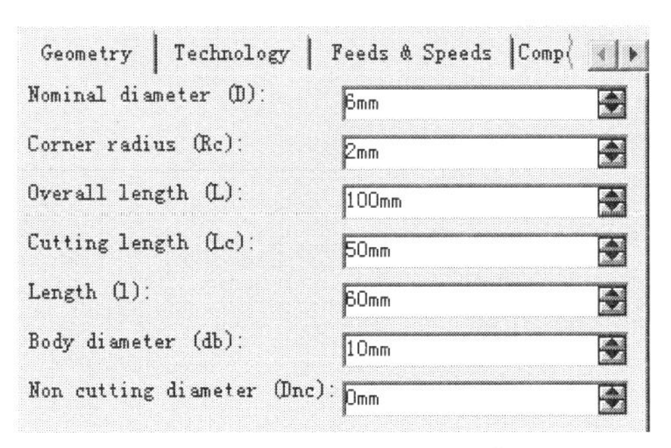

图 6.3.15　定义刀具参数

Step4. 定义进给量。

（1）进入“进给量”选项卡。在“ZLevel.1”对话框（一）中单击（进给量）选项卡。

（2）设置进给量。在“ZLevel.1”对话框（一）的（进给量）选项卡中设置图 6.3.16 所示的参数。

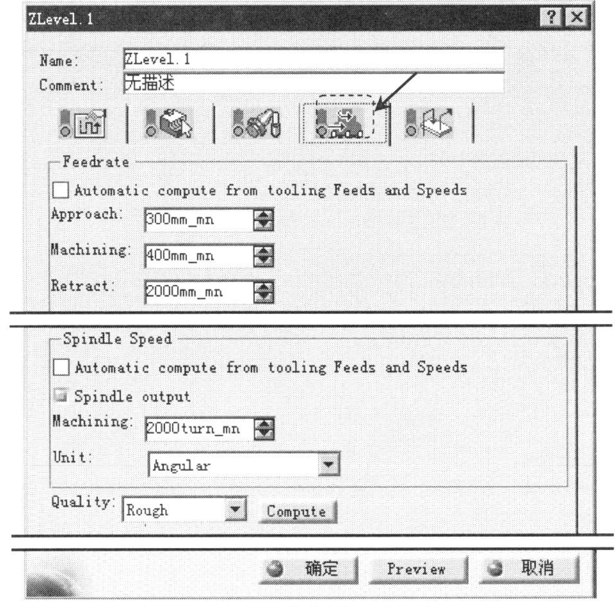

图 6.3.16　“进给量”选项卡

Step5. 定义刀具路径参数。

（1）进入刀具路径参数选项卡。在“ZLevel.1”对话框（一）中单击选项卡。

（2）定义加工参数。在“ZLevel.1”对话框（一）单击 Machining: 选项卡，然后在

Machining tolerance: 文本框中输入值 0.1，在 Cutting mode: 下拉列表中选择 Either 选项，其他选项采用系统默认设置。

（3）定义轴向参数。在“ZLevel.1”对话框（一）中单击 Axial 选项卡，在 Stepover: 下拉列表中选择 Constant 选项，在 Distance between pass 文本框中输入值 0.5，在 Scallop height: 文本框中输入值 0.25。

Step6. 定义进刀/退刀路径。采用系统默认的参数设置。

Step7. 刀路仿真。在“ZLevel.1”对话框（一）中单击“Tool Path Replay”按钮，系统弹出“ZLevel.1”对话框（二），且在图形区显示刀路轨迹，如图 6.3.17 所示。

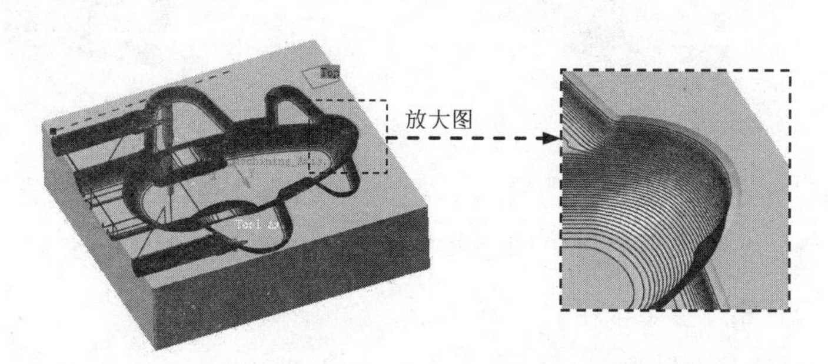

图 6.3.17 显示刀路轨迹

Step8. 在“ZLevel.1”对话框（二）中单击 确定 按钮，然后单击“ZLevel.1”对话框（一）中的 确定 按钮。

Task5. 等高线加工（二）

Step1. 复制和粘贴加工操作。

（1）在特征树中右击“ZLevel.1（Computed）”节点，然后在系统弹出的快捷菜单中选择 复制 命令。

（2）再次右击“ZLevel.1（Computed）”节点，然后在系统弹出的快捷菜单中选择 粘贴 命令。

（3）在特征树中双击新增加的“ZLevel.2（Computed）”节点，系统弹出“ZLevel.2”对话框（一）。

Step2. 定义几何参数。

（1）单击“ZLevel.2”对话框（一）中的几何参数选项卡。

（2）设置加工余量。双击图 6.3.18 所示的 Offset on part : 0.5mm（Offset on part：0.5mm）字样，在系统弹出的“Edit Parameter”对话框中输入值 0，单击 确定 按钮，系统返回到“ZLevel.2”对话框（一）。

（3）定义检查区域。单击图 6.3.18 所示的检查区域感应区，在图形区选取图 6.3.19 所示的模型表面，在图形区空白处双击鼠标左键，系统返回到“ZLevel.2”对话框（一）。

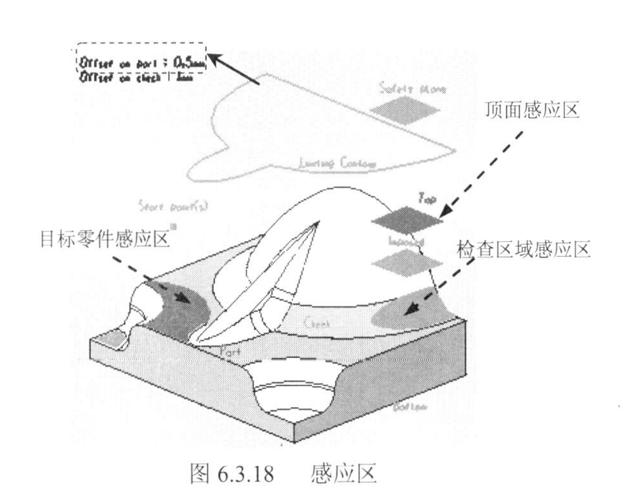

图 6.3.18 感应区

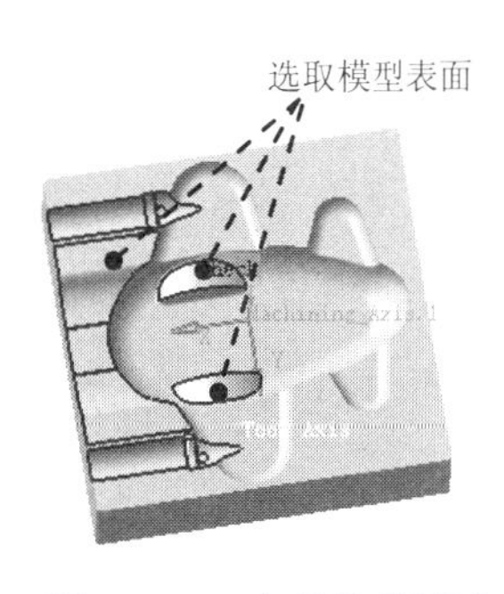

图 6.3.19 定义检查区域

Step3. 定义刀具参数。系统自动沿用了刀具“T2 End Mill D 6”，这里不做调整。

Step4. 定义进给量。系统自动沿用前一个操作的设置，这里不做调整。

Step5. 定义刀具路径参数。

（1）进入刀具路径参数选项卡。在“ZLevel.2”对话框（一）中单击选项卡。

（2）定义加工参数。在“ZLevel.2”对话框（一）中单击 Machining: 选项卡，然后在 Machining tolerance: 文本框中输入值 0.01，在 Cutting mode: 下拉列表中选择 Either 选项，其他选项采用系统默认设置。

（3）定义轴向参数。在“ZLevel.2”对话框（一）中单击 Axial 选项卡，在 Stepover: 下拉列表中选择 Constant 选项，在 Distance between pass 文本框中输入值 0.2，在 Scallop height: 文本框中输入值 0.01。

Step6. 定义进刀/退刀路径。采用系统默认的参数设置。

Step7. 刀路仿真。在“ZLevel.2”对话框（一）中单击“Tool Path Replay”按钮，系统弹出“ZLevel.2”对话框（二），且在图形区显示刀路轨迹，如图 6.3.20 所示。

Step8. 在“ZLevel.2”对话框（二）中单击 确定 按钮，然后单击“ZLevel.2”对话框（一）中的 确定 按钮。

Task6. 投影加工(一)

Step1. 设置几何参数。

（1）在特征树中选择“ZLevel.2（Computed）”节点，然后选择下拉菜单 插入 → Machining Operations ▸ → Sweeping Operations ▸ → Sweeping 命令，插入一个投影加工操作，系统弹出“Sweeping.1”对话框（一）。

（2）定义加工区域。

① 单击几何参数选项卡。

② 右击“Sweeping.1”对话框（一）的目标零件感应区，在弹出的快捷菜单中选择 Select faces... 命令，然后在图形区中选取图 6.3.21 所示的模型表面作为加工区域，在图形区空白处双击鼠标左键，系统返回到“Sweeping.1”对话框（一）。

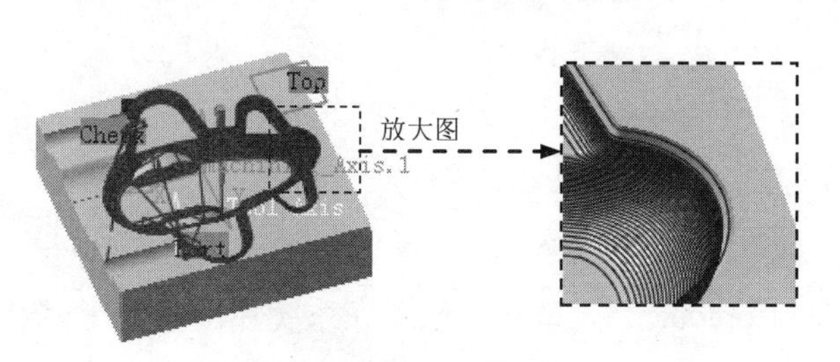

图 6.3.20 显示刀路轨迹

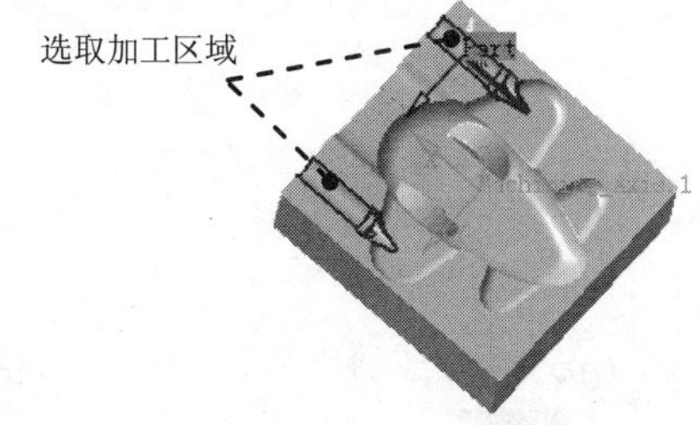

图 6.3.21 定义加工区域

Step2. 定义刀具参数。系统自动沿用了上一把刀具“T2 End Mill D 6”，这里不做调整。

Step3. 定义进给量。

（1）进入“进给量”选项卡。在“Sweeping.1”对话框（一）中单击（进给量）选项卡。

（2）设置进给量。在“Sweeping.1”对话框（一）的（进给量）选项卡中取消选中 Feedrate 区域的 □Automatic compute from tooling Feeds and Speeds 复选框，在 Machining: 文本框中输入值 600；取消选中 Spindle Speed 区域的 □Automatic compute from tooling Feeds and Speeds 复选框，在 Machining: 文本框中输入值 2200。其余参数采用系统默认设置值。

Step4. 设置刀具路径参数。

（1）进入刀具路径参数选项卡。在“Sweeping.1”对话框（一）中单击选项卡。

（2）定义加工参数。单击 Machining: 选项卡，然后在 Tool path style: 下拉列表中选择 Zig-zag 选项，在 Machining tolerance: 文本框中输入值 0.01。

（3）定义径向参数。单击 Radial 选项卡，在 Stepover: 下拉列表中选择 Via scallop height 选项，在 Max. distance between pass: 文本框中输入值 0.5，在 Min. distance between pass: 文本框中输入值 0.1，在 Scallop height: 文本框中输入值 0.01。

（4）定义轴向参数。单击 Axial 选项卡，在 Multi-pass: 下拉列表中选择 Number of levels and Maximum cut depth，在 Number of levels: 文本框中输入值 1，在 Maximum cut depth: 文本框中输入值 1。

Step5. 定义进刀/退刀路径。采用系统默认的参数设置。

Step6. 刀路仿真。在“Sweeping.1”对话框（一）中单击“Tool Path Replay”按钮，系统弹出“Sweeping.1”对话框（二），且在图形区显示刀路轨迹，如图 6.3.22 所示。

Step7. 在“Sweeping.1”对话框（二）中单击 确定 按钮，然后在“Sweeping.1”对话框（一）中单击 确定 按钮。

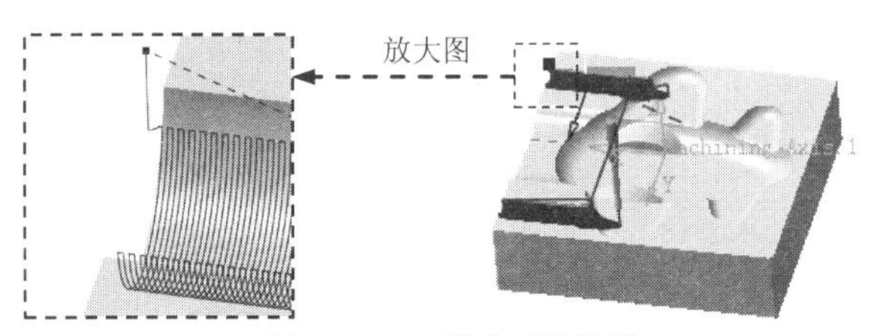

图 6.3.22　显示刀路轨迹

Task7．投影加工(二)

Step1．复制和粘贴加工操作。

（1）在特征树中右击“Sweeping.1（Computed）”节点，然后在系统弹出的快捷菜单中选择复制命令。

（2）再次右击“Sweeping.1（Computed）”节点，然后在系统弹出的快捷菜单中选择粘贴命令。

（3）在特征树中双击新增加的“Sweeping.2（Computed）”节点，系统弹出“Sweeping.2”对话框（一）。

Step2．设置几何参数。

（1）单击几何参数选项卡。

（2）右击“Sweeping.2”对话框（一）的目标零件感应区，在弹出的快捷菜单中选择Remove命令；再次右击目标零件感应区，在弹出的快捷菜单中选择Select faces ...命令，然后在图形区中选取图 6.3.23 所示的模型表面作为加工区域，在图形区空白处双击鼠标左键，系统返回到“Sweeping.2”对话框（一）。

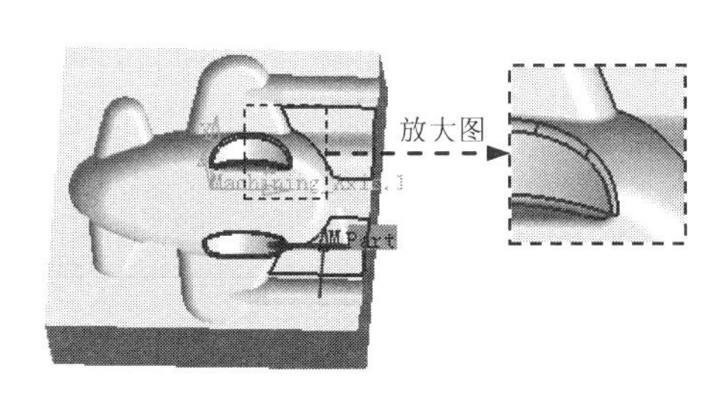

图 6.3.23　定义加工区域

Step3．定义刀具参数。系统自动沿用了上一把刀具“T2 End Mill D 6”，这里不做调整。

Step4．定义进给量。系统自动沿用前一个操作的设置，这里不做调整。

Step5．设置刀具路径参数。

（1）进入刀具路径参数选项卡。在“Sweeping.2”对话框（一）中单击选项卡。

（2）定义切削方向。单击图 6.3.24 中所示的切削方向感应区，系统弹出“Maching”对话框，在图形区选取图 6.3.25 所示的模型边线定义切削方向，单击“Maching”对话框中

的[确定]按钮，系统返回到“Sweeping.2”对话框（一）。

（3）其余选项卡中的参数采用系统默认设置值。

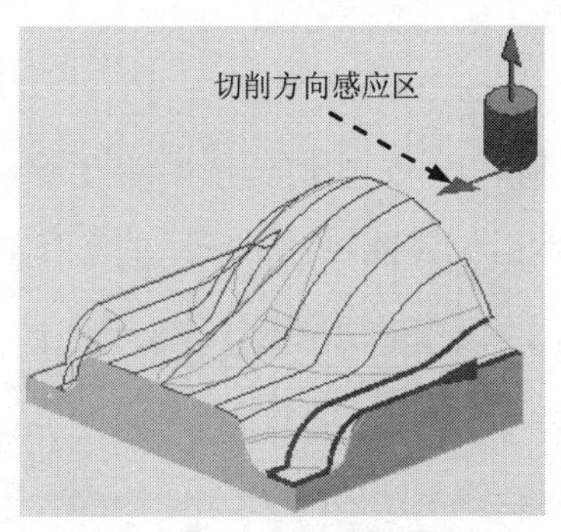

图 6.3.24 切削方向感应区

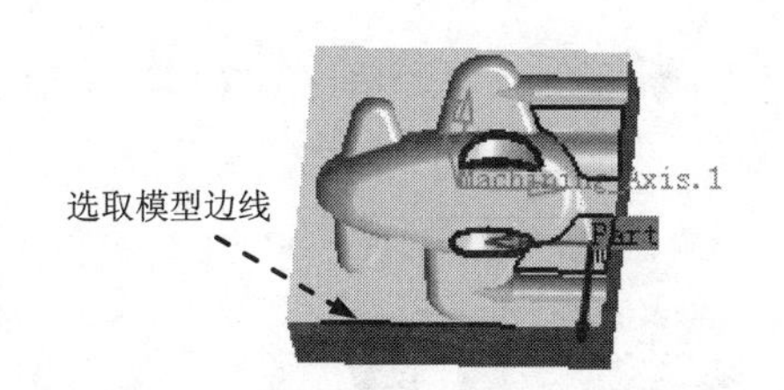

图 6.3.25 定义切削方向

Step6. 定义进刀/退刀路径。采用系统默认的参数设置。

Step7. 刀路仿真。在“Sweeping.2”对话框（一）中单击“Tool Path Replay”按钮，系统弹出“Sweeping.2”对话框（二），且在图形区显示刀路轨迹，如图 6.3.26 所示。

Step8. 在“Sweeping.2”对话框（二）中单击[确定]按钮，然后在“Sweeping.2”对话框（一）中单击[确定]按钮。

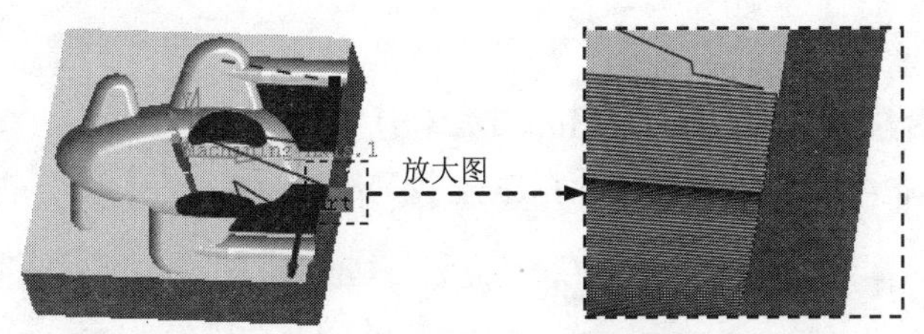

图 6.3.26 显示刀路轨迹

Task8. 螺旋加工

Step1. 在特征树中选择“Sweeping.2（Computed）”节点，然后选择下拉菜单 插入 → Machining Operations ▸ → Spiral Milling 命令，系统弹出“Sprial milling.1”对话框（一）。

Step2. 定义几何参数。

（1）单击“Sprial milling.1”对话框（一）中的选项卡。

（2）定义加工区域。右击“Sprial milling.1”对话框（一）中的目标零件感应区，在弹出的快捷菜单中选择 Select faces... 命令，然后在图形区中选取图 6.3.27 所示的模型表面作为加工区域，在图形区空白处双击鼠标左键，系统返回到“Sprial milling.1”对话框（一）。

Step3. 定义刀具参数

（1）进入刀具参数选项卡。在“Sprial milling.1”对话框（一）中单击选项卡。

（2）选择刀具类型。在“Sprial milling.1”对话框（一）中单击按钮，选择面铣刀作为加工刀具。

（3）刀具命名。在“Sprial milling.1”对话框（一）的 Name 文本框中输入“T3 End Mill D 8”并按下 Enter 键。

（4）设置刀具参数。在“Sprial milling.1”对话框（一）中取消选中 □ Ball-end tool 复选框，单击 More>> 按钮，单击 Geometry 选项卡，然后设置图 6.3.28 所示的刀具参数。

图 6.3.27　定义加工区域

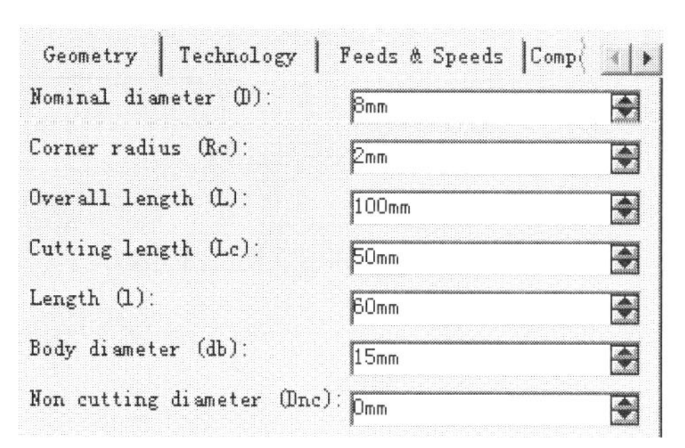

图 6.3.28　设置刀具参数

Step4. 定义进给量。

（1）进入“进给量”选项卡。在“Sprial milling.1”对话框（一）中单击（进给量）选项卡。

（2）设置进给量。在“Sprial milling.1”对话框（一）的（进给量）选项卡中取消选中 Feedrate 区域的 □ Automatic compute from tooling Feeds and Speeds 复选框，在 Machining: 文本框中输入值 600；取消选中 Spindle Speed 区域的 □ Automatic compute from tooling Feeds and Speeds 复选框，在 Machining: 文本框中输入值 2200。其余参数采用系统默认设置值。

Step5. 定义刀具路径参数。

（1）进入刀具路径参数选项卡。在“Sprial milling.1”对话框（一）中单击选项卡。

（2）定义刀具路径类型。在“Sprial milling.1”对话框（一）的 Tool path style: 下拉列表中选择 Helical 选项。

（3）定义切削参数。在“Sprial milling.1”对话框（一）中单击 Machining 选项卡，然后在 Cutting mode: 下拉列表中选择 Climb 选项，在 Offset on contour: 文本框中输入值 2，选中 Always stay on bottom 复选框，其他选项采用系统默认设置。

（4）定义径向参数。单击 Radial 选项卡，然后在 Max. distance between pass: 文本框中输入值 3，其他选项采用系统默认设置。

（5）定义轴向参数。单击 Axial 选项卡，在 Number of levels: 文本框中输入值 1，其他选项采用系统默认设置。

Step6. 定义进刀/退刀路径。

（1）进入进刀/退刀路径选项卡。在“Sprial milling.1”对话框（一）中单击进刀/退刀路径选项卡。

（2）定义退刀路径。在 Macro Management 区域的列表框中选择 Retract，然后在 Mode: 下拉列表中选择 Build by user 选项，依次单击按钮和按钮，设置退刀运动。

Step7. 刀路仿真。在“Sprial milling.1”对话框（一）中单击“Tool Path Replay”按钮，系统弹出“Sprial milling.1”对话框（二），且在图形区显示刀路轨迹，如图 6.3.29 所示。

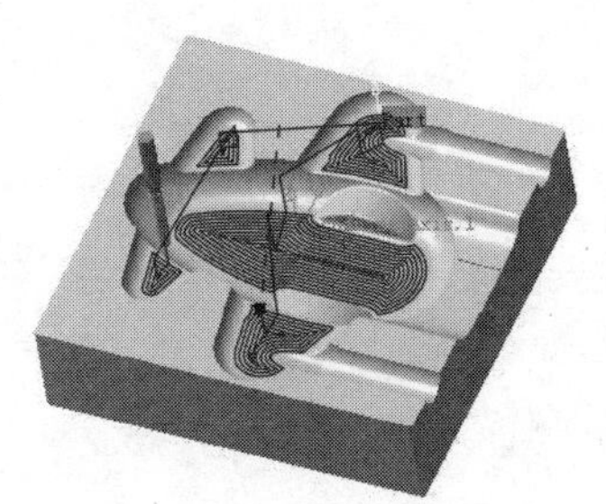

图 6.3.29 显示刀路轨迹

Step8. 在“Sprial milling.1”对话框（二）中单击 确定 按钮，然后单击“Sprial milling.1”对话框（一）中的 确定 按钮。

Task9. 型腔铣削(一)

Step1. 在特征树中选择“Sprial milling.1 (Computed)”节点，然后选择下拉菜单 插入 → Machining Operations → Pocketing 命令，系统弹出“Pocketing.1”对话框（一）。

Step2. 定义加工底部。

（1）单击“Pocketing.1”对话框（一）中的选项卡。

（2）单击“Pocketing.1”对话框（一）中的底面感应区，在图形区选取图 6.3.30 所示的模型表面，系统返回到“Pocketing.1”对话框（一）。

Step3. 定义刀具参数。

（1）进入刀具参数选项卡。在“Pocketing.1”对话框（一）中单击选项卡。

（2）选择刀具类型。在“Pocketing.1”对话框（一）中单击按钮，选择面铣刀作为加工刀具。

（3）刀具命名。在“Pocketing.1”对话框（一）的 Name 文本框中输入“T4 End Mill D 10”并按下 Enter 键。

（4）定义刀具参数。在“Pocketing.1”对话框（一）中取消选中 □Ball-end tool 复选框，单击 More>> 按钮，单击 Geometry 选项卡，然后设置图 6.3.31 所示的刀具参数。

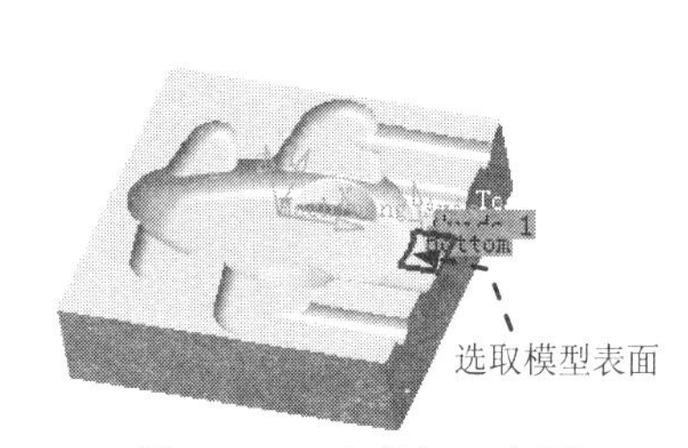

图 6.3.30　定义加工底面

Geometry | Technology | Feeds & Speeds | Comp	
Nominal diameter (D):	10mm
Corner radius (Rc):	0mm
Overall length (L):	100mm
Cutting length (Lc):	50mm
Length (l):	60mm
Body diameter (db):	10mm
Non cutting diameter (Dnc):	0mm

图 6.3.31　定义刀具参数

Step4. 定义进给量。

（1）进入进给量设置选项卡。在“Pocketing.1”对话框（一）中单击选项卡。

（2）设置进给量。在“Pocketing.1”对话框（一）的选项卡中取消选中Feedrate区域的□ Automatic compute from tooling Feeds and Speeds复选框，在Machining:文本框中输入值 800；取消选中 Spindle Speed 区域的□ Automatic compute from tooling Feeds and Speeds复选框，在Machining:文本框中输入值 2000。其余参数采用系统默认设置值。

Step5. 定义刀具路径参数。

（1）进入刀具路径参数选项卡。在“Pocketing.1”对话框（一）中单击选项卡。

（2）定义刀具路径类型。在“Pocketing.1”对话框（一）的 Tool path style: 下拉列表中选择 Inward helical 选项。

（3）定义切削参数。在“Pocketing.1”对话框（一）中单击 Machining 选项卡，然后在 Direction of cut: 下拉列表中选择 Climb 选项，其他选项采用系统默认设置。

（4）定义径向参数。单击 Radial 选项卡，在 Mode: 下拉列表中选择 Tool diameter ratio 选项，在 Overhang: 文本框中输入值 60，其他选项采用系统默认设置。

（5）定义轴向参数。单击 Axial 选项卡，然后在 Mode: 下拉列表中选择 Number of levels 选项，在 Number of levels: 文本框中输入值 1，其他选项采用系统默认设置。

Step6. 定义进刀/退刀路径。

（1）进入进刀/退刀路径选项卡。在“Pocketing.1”对话框（一）中单击选项卡。

（2）定义进刀路径。在 Macro Management 区域的列表框中选择 Approach，然后在 Mode: 下拉列表中选择 Build by user 选项，依次单击按钮、按钮和按钮。

（3）定义退刀路径。在 Macro Management 区域的列表框中选择 Retract，然后在 Mode: 下拉列表中选择 Build by user 选项，依次单击按钮和按钮。

Step7. 刀路仿真。在“Pocketing.1”对话框（一）中单击“Tool Path Replay”按钮，系统弹出“Pocketing.1”对话框（二），且在图形区显示刀路轨迹，如图 6.3.32 所示。

Step8. 在“Pocketing.1”对话框（二）中单击确定按钮，然后单击“Pocketing.1”对话框（一）中的确定按钮。

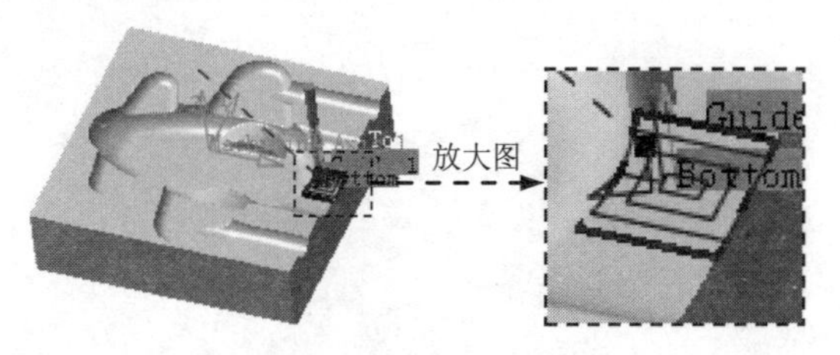

图 6.3.32 显示刀路轨迹

Task10．型腔铣削(二)

Step1. 复制和粘贴加工操作。

（1）在特征树中右击“Pocketing.1（Computed）”节点，然后在系统弹出的快捷菜单中选择复制命令。

（2）再次右击“Pocketing.1（Computed）”节点，然后在系统弹出的快捷菜单中选择粘贴命令。

（3）在特征树中双击新增加的“Pocketing.2（Computed）”节点，系统弹出“Pocketing.2”对话框（一）。

Step2. 设置几何参数。

（1）定义加工区域。

① 单击几何参数选项卡。

② 右击图 6.3.33 所示的底面感应区。在弹出的快捷菜单中选择Remove命令；然后单击底面感应区，在图形区中选取图 6.3.34 所示的模型表面，系统返回到“Pocketing.2”对话框（一）。

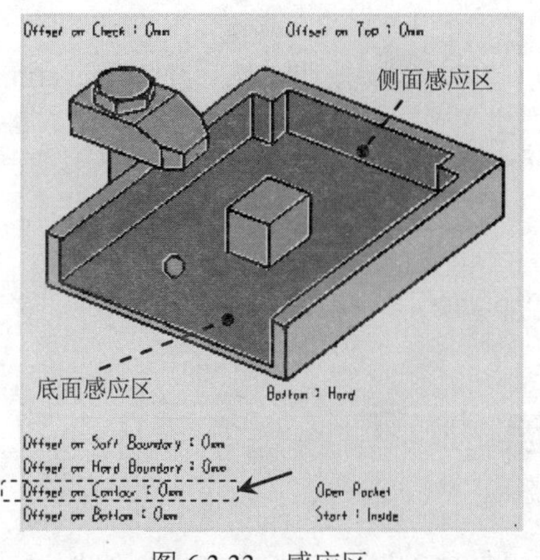

图 6.3.33 感应区

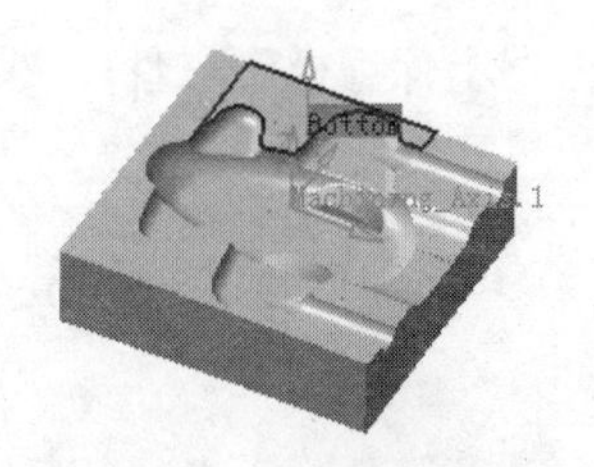

图 6.3.34 定义加工底面

③ 右击图 6.3.33 所示的侧面感应区，在弹出的快捷菜单中选择Remove All Contours命令；

再次右击侧面感应区，在弹出的快捷菜单中选择 By Boundary of Faces 命令，然后在图形区中选取图 6.3.35 所示的模型表面。在图形区空白处双击鼠标左键，系统返回到“Pocketing.2”对话框（一）。

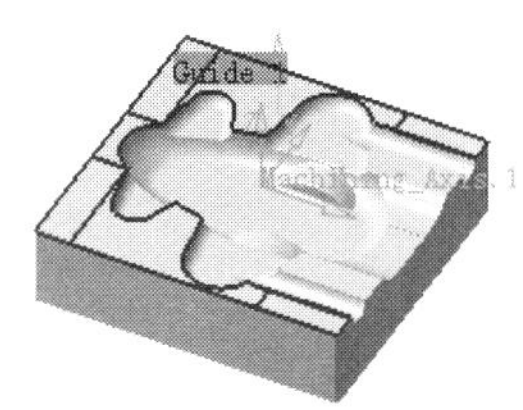

图 6.3.35 定义加工侧面

（2）定义轮廓余量。双击图 6.3.33 所示的“Offset on Contour：0mm”字样，在系统弹出的“Edit Parameter”对话框中输入值-5，然后单击 确定 按钮。

Step3. 定义刀具参数。系统自动沿用了上一把刀具“T4 End Mill D 10”，这里不做调整。

Step4. 定义进给量。系统自动沿用前一个操作的设置，这里不做调整。

Step5. 设置刀具路径参数。系统自动沿用前一个操作的设置，这里不做调整。

Step6. 定义进刀/退刀路径。系统自动沿用前一个操作的设置，这里不做调整。

Step7. 刀路仿真。在“Pocketing.2”对话框（一）中单击“Tool Path Replay”按钮，系统弹出“Pocketing.2”对话框（二），且在图形区显示刀路轨迹，如图 6.3.36 所示。

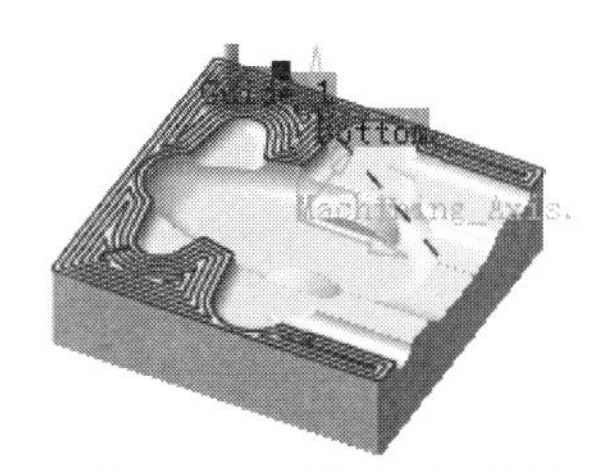

图 6.3.36 显示刀路轨迹

Step8. 在“Pocketing.2”对话框（二）中单击 确定 按钮，然后在“Pocketing.2”对话框（一）中单击 确定 按钮。

Task11. 保存文件

在服务器上保存模型文件，文件名为“toy_plane”。

6.4 凸模加工

目前，随着塑料产品越来越多，模具的使用也越来越多。模具的型腔形状往往都十分复杂，加工的精度要求也较高，一般的传统加工工艺设备难以满足模具加工的要求，但随着 CAM 和数控技术的发展，已有效地解决了这一个难题。本节以一个简单的凸模加工为例介绍模具的加工。

该凸模的加工工艺路线如图 6.4.1 和图 6.4.2 所示。

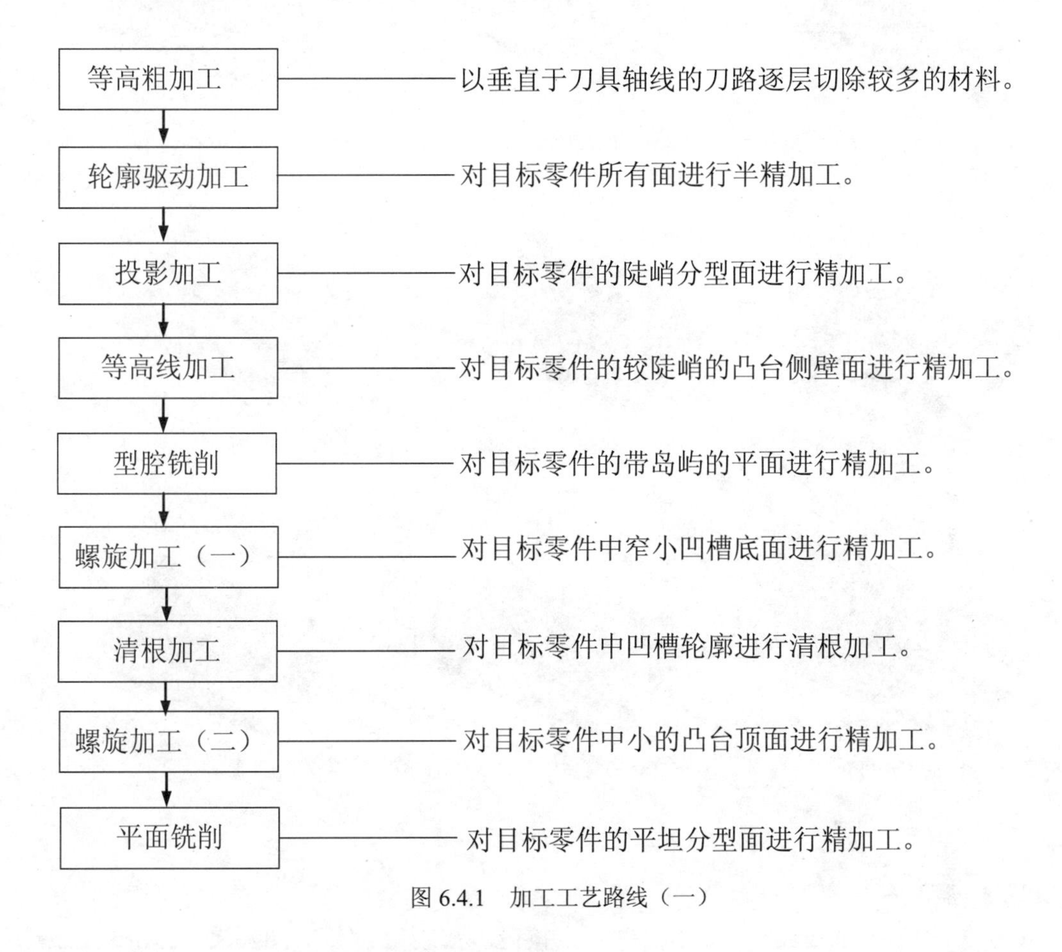

图 6.4.1　加工工艺路线（一）

Task1．打开模型文件并进入加工模块

Step1．打开模型文件 D:\cat2016.9\work\ch06.04\Soap_Box_Female.CATProduct。

Step2．选择下拉菜单 开始 → 加工 → Surface Machining 命令，进入“Surface Machining”工作台。

Task2．零件操作定义

Step1．进入零件操作对话框。在特征树中双击“Part Operation.1”节点，系统弹出“Part Operation”对话框。

Step2．机床设置。单击“Part Operation”对话框中的“Machine”按钮，系统弹出“Machine Editor”对话框，单击其中的“3-axis Machine”按钮，保持系统默认设置，然后单击 确定 按钮，完成机床的选择。

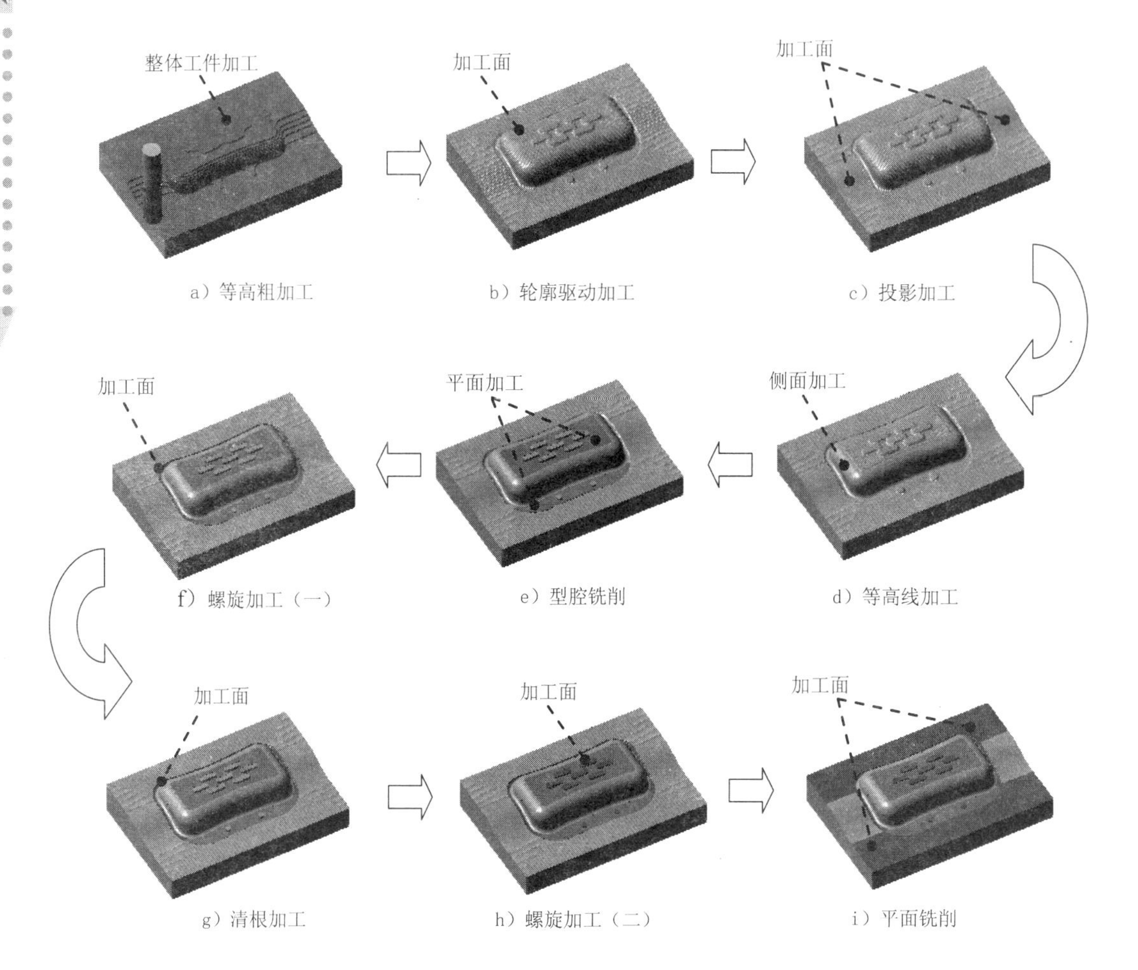

图 6.4.2　加工工艺路线（二）

Step3. 定义加工坐标系。

（1）单击“Part Operation”对话框中的按钮，系统弹出“Default reference machining axis for Part Operation.1”对话框。

（2）在对话框的 Axis Name : 文本框中输入坐标系名称“MyAxis”并按 Enter 键，此时对话框名称变为“MyAxis”。

（3）单击对话框中的坐标原点，然后在图形区选取图 6.4.3 所示的点作为加工坐标系的原点，系统创建图 6.4.4 所示的加工坐标系，单击 确定 按钮，完成加工坐标系的定义。

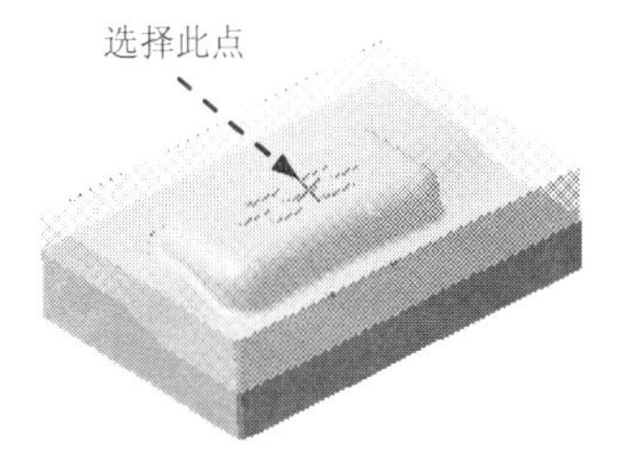

图 6.4.3　选取坐标原点

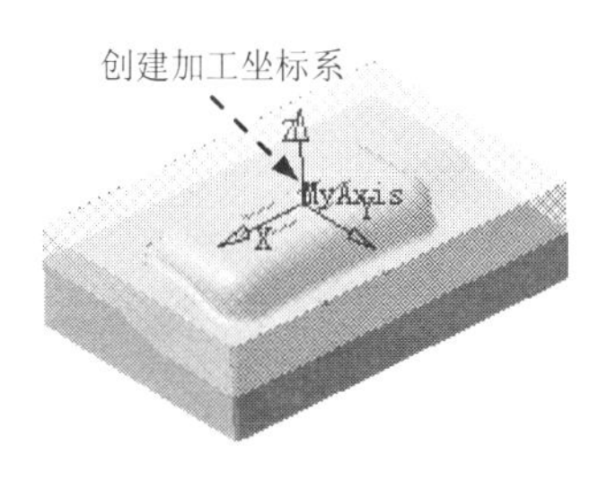

图 6.4.4　创建加工坐标系

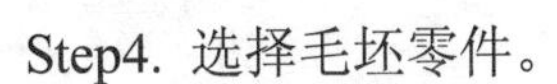

Step4. 选择毛坯零件。

（1）单击“Part Operation”对话框中的按钮。

（2）选择图 6.4.5 所示的零件作为毛坯零件，在图形区空白处双击鼠标左键，系统回到“Part Operation”对话框。

Step5. 选择加工目标零件。

（1）在图 6.4.6 所示的特征树中右击 “Rough（Rough.1）”节点，在弹出的快捷菜单中选择隐藏/显示命令。

（2）单击“Part Operation”对话框中的按钮。

（3）选择图 6.4.7 所示的零件模型作为加工目标零件，在图形区空白处双击鼠标左键，系统回到“Part Operation”对话框。

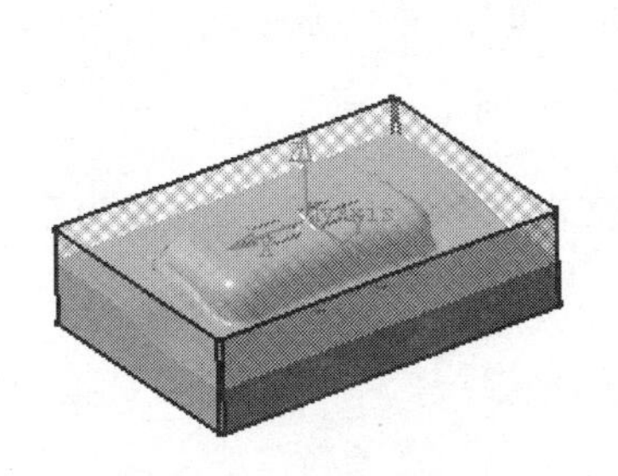

图 6.4.5 毛坯零件

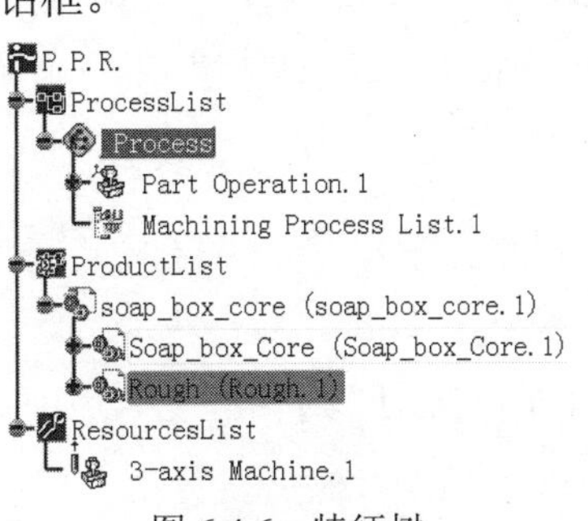

图 6.4.6 特征树

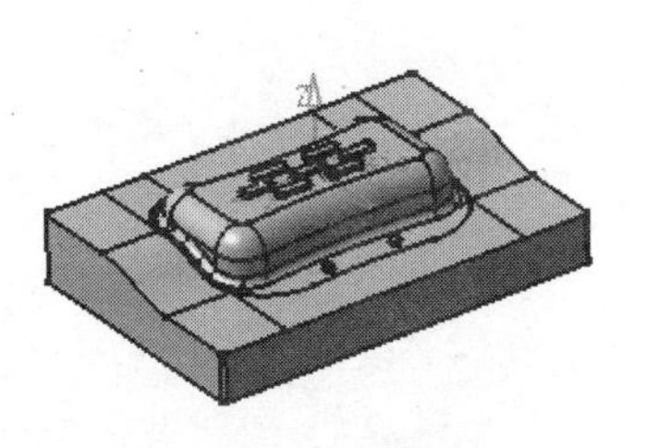

图 6.4.7 零件模型

Step6. 定义安全平面。

（1）单击“Part Operation”对话框中的按钮。

（2）选择参照面。在图形区选取图 6.4.8 所示的零件表面作为安全平面参照，系统创建一个安全平面。

（3）右击系统创建的安全平面，在弹出的快捷菜单中选择Offset...命令，系统弹出“Edit Parameter”对话框，在其中的Thickness文本框中输入值 15，单击确定按钮，完成安全平面的创建（图 6.4.9）。

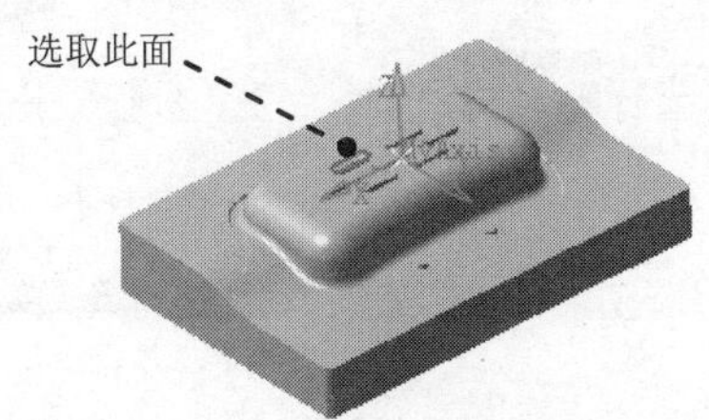

图 6.4.8 选取安全平面参照

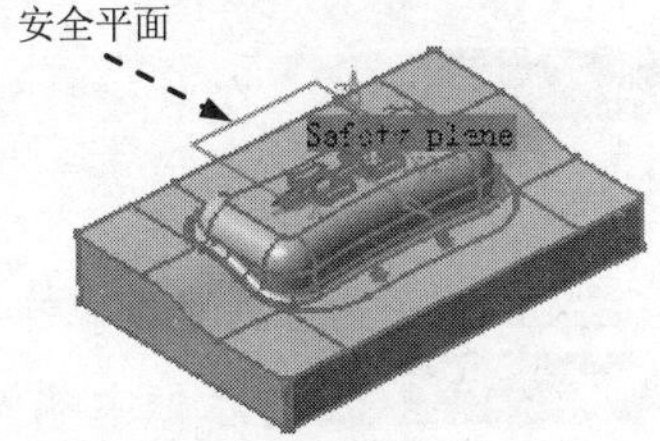

图 6.4.9 创建安全平面

Step7. 单击“Part Operation”对话框中的确定按钮，完成零件定义操作。

Task3. 等高粗加工

Step1. 定义几何参数。

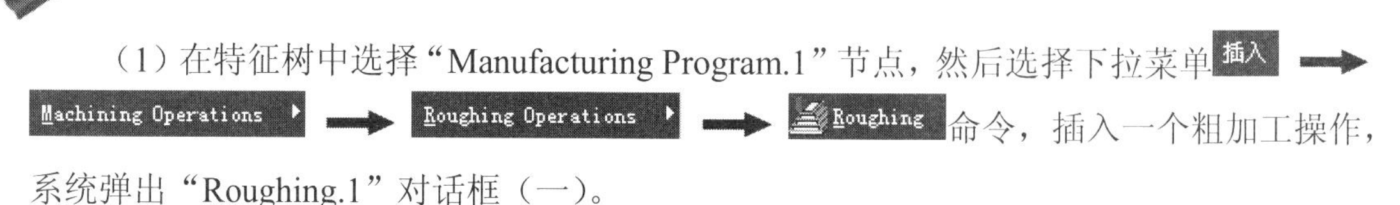

（1）在特征树中选择“Manufacturing Program.1”节点，然后选择下拉菜单 插入 → Machining Operations ▸ → Roughing Operations ▸ → Roughing 命令，插入一个粗加工操作，系统弹出“Roughing.1”对话框（一）。

（2）定义加工区域。单击 选项卡，然后单击“Roughing.1”对话框（一）中的目标零件感应区，在图形区选择整个目标加工零件作为加工对象，在图形区空白处双击鼠标左键，系统返回到“Roughing.1”对话框（一）。

（3）在 Tool/Rough Stock 区域的 Position: 下拉列表中选择 Outside 选项，在 Offset (% _): 文本框中输入值 50。

Step2. 定义刀具参数。

（1）进入刀具参数选项卡。在“Roughing.1”对话框（一）中单击 选项卡。

（2）选择刀具类型。在“Roughing.1”对话框（一）中单击 按钮，选择面铣刀作为加工刀具。

（3）刀具命名。在“Roughing.1”对话框（一）的 Name 文本框中输入“T1 End Mill D 20”，然后按 Enter 键。

（4）设置刀具参数。在“Roughing.1”对话框（一）中取消选中 □ Ball-end tool 复选框，单击 More>> 按钮，单击 Geometry 选项卡，然后设置图 6.4.10 所示的刀具参数。

Step3. 定义进给量。

（1）进入“进给量”选项卡。在“Roughing.1”对话框（一）中单击 （进给量）选项卡。

（2）设置进给量。在“Roughing.1”对话框（一）的 （进给量）选项卡中设置图 6.4.11 所示的参数。

Step4. 定义刀具路径参数。

（1）进入刀具路径参数选项卡。在“Roughing.1”对话框（一）中单击 选项卡。

（2）定义加工参数。单击 Machining: 选项卡，在 Machining mode: 下拉列表中选择 By Area 和 Outer part and pockets 选项。在 Tool path style: 下拉列表中选择 Helical 选项， 其他选项采用系统默认设置。

（3）定义径向参数。单击 Radial 选项卡，然后在 Stepover: 下拉列表中选择 Overlap ratio 选项，在 Tool diameter ratio 文本框中输入值 50。

（4）定义轴向参数。单击 Axial 选项卡，然后在 Maximum cut depth: 文本框中输入值 2。

（5）其他选项卡采用系统默认设置。

Step5. 定义进刀/退刀路径。

（1）进入进刀/退刀路径选项卡。在“Roughing.1”对话框（一）中单击 选项卡。

（2）在 Macro Management 区域的列表框中选择 Automatic，然后在 Definition 选项卡中

选中 Optimize retract 复选框，在 Mode: 下拉列表中选择 Ramping 选项，在 Ramping angle: 文本框中输入值 5。

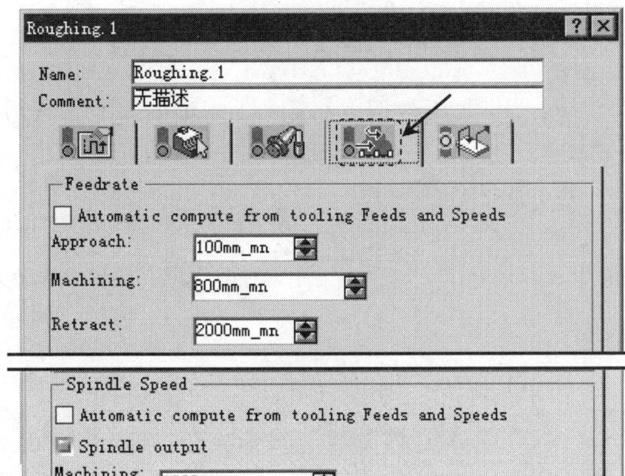

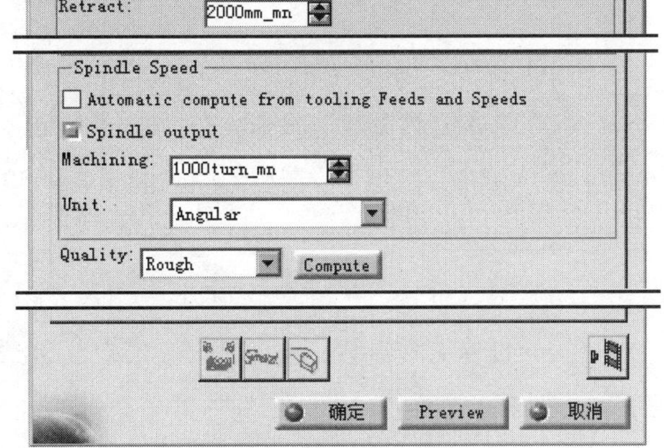

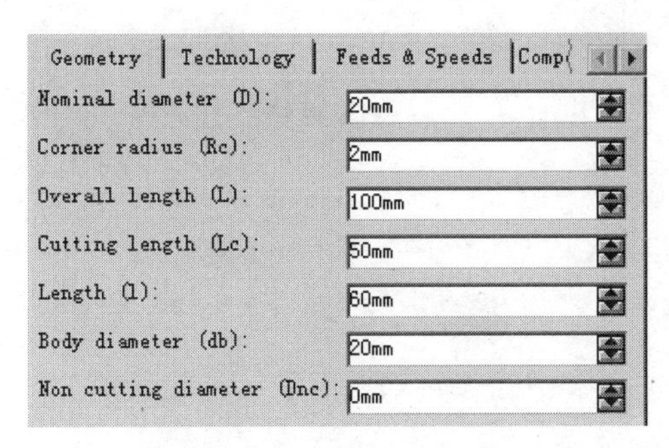

图 6.4.10 定义刀具参数

图 6.4.11 “进给量”选项卡

（3）在 Macro Management 区域的列表框中选择 Pre-motions，然后单击按钮。

（4）在 Macro Management 区域的列表框中选择 Post-motions，然后单击按钮。

Step6. 在“Roughing.1”对话框（一）中单击“Tool Path Replay”按钮，系统弹出“Roughing.1”对话框（二），且在图形区显示刀路轨迹，如图 6.4.12 所示。

Step7. 在“Roughing.1”对话框（二）中单击 确定 按钮，然后在“Roughing.1”对话框（一）中单击 确定 按钮。

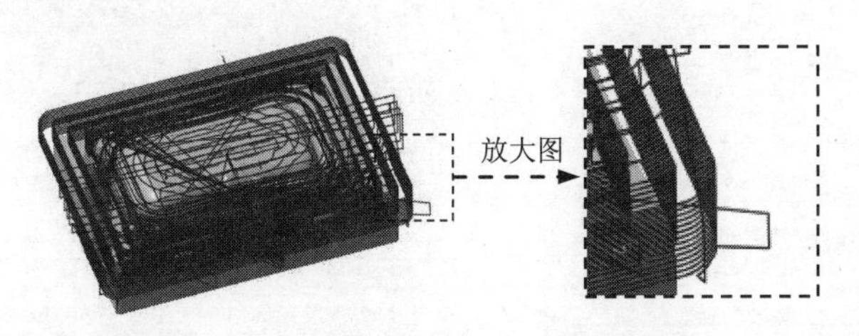

图 6.4.12 显示刀路轨迹

Task4. 轮廓驱动加工

Step1. 在特征树中选择“Roughing.1（Computed）”节点，然后选择下拉菜单 插入 → Machining Operations ▸ → Contour-driven 命令，插入一个轮廓驱动加工操作，系统弹出

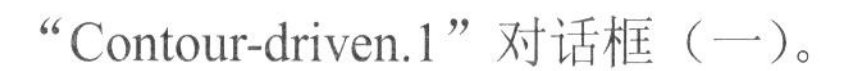
“Contour-driven.1”对话框（一）。

Step2. 定义加工区域。

（1）单击“Contour-driven.1”对话框（一）中的选项卡。

（2）单击“Contour-driven.1”对话框（一）中的目标零件感应区，在图形区选择整个目标加工零件作为加工对象，在图形区空白处双击鼠标左键，系统返回到“Contour-driven.1”对话框（一）。

（3）定义加工余量。双击“Contour-driven.1”对话框（一）中的 Offset on part: 1mm （Offset on part：1mm）字样，在系统弹出的“Edit parameter”对话框中输入值 0.5 并单击 确定 按钮。

Step3. 定义刀具参数。

（1）进入刀具参数选项卡。在“Contour-driven.1”对话框（一）中单击选项卡。

（2）选择刀具类型。在“Contour-driven.1”对话框（一）中单击按钮，选择面铣刀作为加工刀具。

（3）刀具命名。在 Name 文本框中输入“T2 End Mill D 6”并按下 Enter 键。

（4）设置刀具参数。选中 Ball-end tool 复选框，单击 More>> 按钮，单击 Geometry 选项卡，然后设置图 6.4.13 所示的刀具参数， 其他选项卡中的参数均采用默认的设置值。

Step4. 定义进给量。

（1）进入“进给量”选项卡。在“Contour-driven.1”对话框（一）中单击（进给量）选项卡。

（2）设置进给量。在“Contour-driven.1”对话框（一）的（进给量）选项卡中设置图 6.4.14 所示的参数。

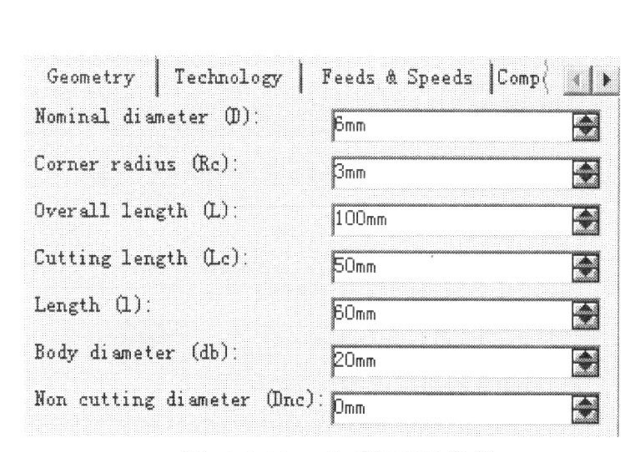

图 6.4.13 定义刀具参数

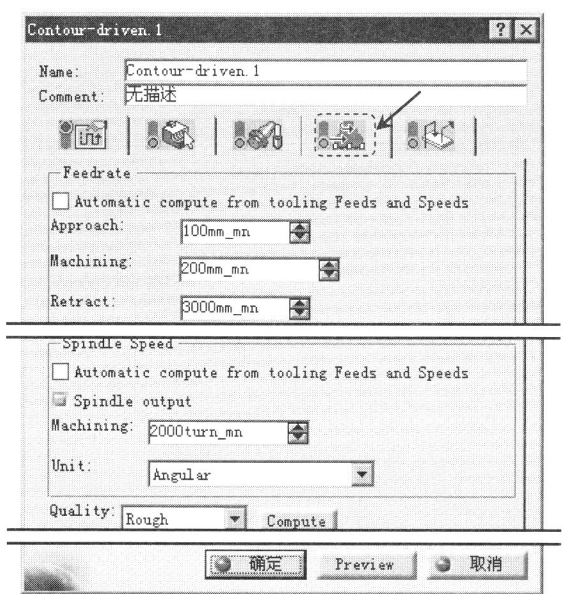

图 6.4.14 “进给量”选项卡

Step5. 设置刀具路径参数。

（1）进入刀具路径参数选项卡。在“Contour-driven.1”对话框（一）中单击选项卡。

（2）定义引导线。

① 在“Contour-driven.1”对话框（一）的Guiding strategy区域选中Parallel contour单选项（图 6.4.15）。

② 单击对话框中的引导线 1 感应区，系统弹出“Edge Selection”工具条。在图形区选取图 6.4.16 所示的封闭曲线串，单击图 6.4.16 所示的箭头使其指向零件内部，单击“Edge Selection”工具条中的OK按钮完成引导线 1 的定义。

（3）定义加工参数。单击Machining选项卡，然后在Tool path style:下拉列表中选择One-way same选项，其他选项采用系统默认设置。

（4）定义径向参数。单击Radial选项卡，然后在Stepover:下拉列表中选择Constant 3D选项，在Distance between paths:文本框中输入值 2。

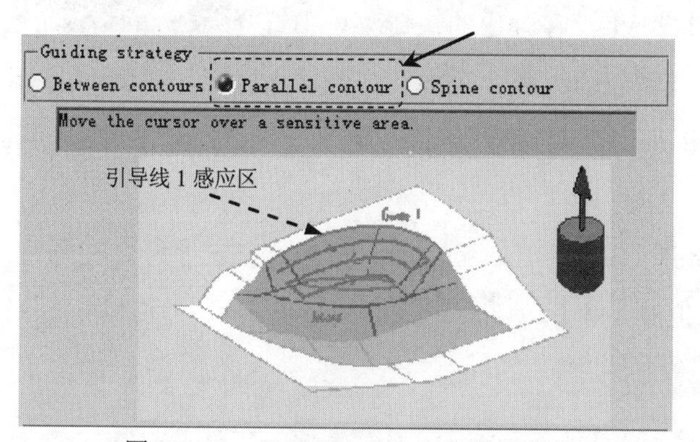

图 6.4.15 “Parallel contour”单选项

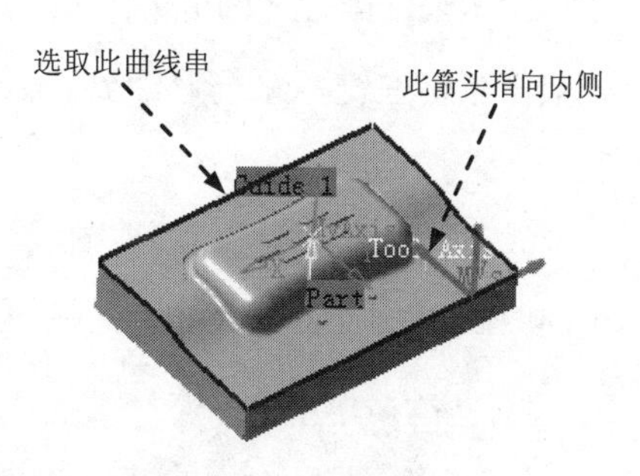

图 6.4.16 选取引导线

（5）定义轴向参数。单击Axial选项卡，在Multi-pass:下拉列表中选择Number of levels and Maximum cut depth，在Number of levels:文本框中输入值 1，在Maximum cut depth:文本框中输入值 1。

（6）定义策略参数。单击Strategy选项卡，在Initial tool position:下拉列表中选择Past，在Maximum width to machine:文本框中输入值 100，在Direction:下拉列表中选择To contour。

Step6. 定义进刀/退刀路径。采用系统默认的参数设置。

Step7. 在“Contour-driven.1”对话框（一）中单击“Tool Path Replay”按钮，系统弹出“Contour-driven.1”对话框（二），且在图形区显示刀路轨迹，如图 6.4.17 所示。

Step8. 在“Contour-driven.1”对话框（二）中单击确定按钮，然后单击“Contour-driven.1”对话框（一）中的确定按钮。

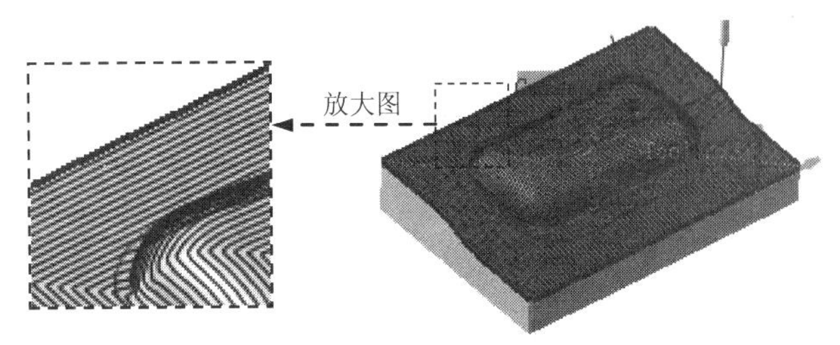

图 6.4.17　显示刀路轨迹

Task5．投影加工

Step1．设置几何参数。

（1）在特征树中选择“Contour-driven.1（Computed）”节点，然后选择下拉菜单 插入 → Machining Operations ▸ → Sweeping Operations ▸ → Sweeping 命令，插入一个投影加工操作，系统弹出“Sweeping.1”对话框（一）。

（2）定义加工区域。

① 单击几何参数选项卡 。

② 右击图 6.4.18 所示的目标零件感应区，在弹出的快捷菜单中选择 Select faces... 命令，然后在图形区中选取图 6.4.19 所示的模型表面（共 2 个面）作为加工区域，在图形区空白处双击鼠标左键，系统返回到“Sweeping.1”对话框（一），确认 Part autolimit 复选框已选中。

③ 设置加工余量。双击图 6.4.18 所示的“Offset on part：0.5mm”的字样，在系统弹出的“Edit Parameter”对话框中输入值 0，单击 确定 按钮。

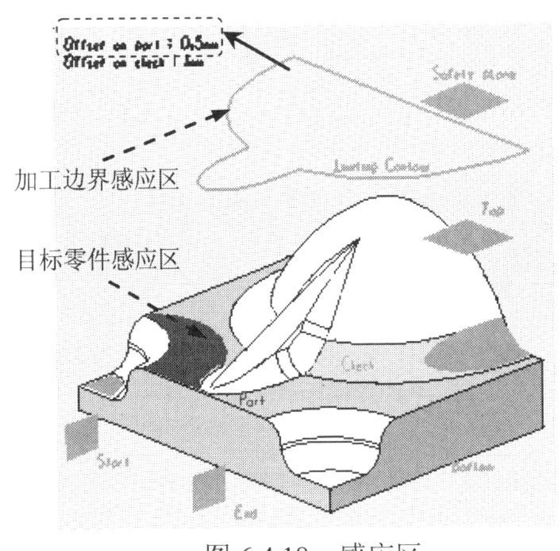

图 6.4.18　感应区

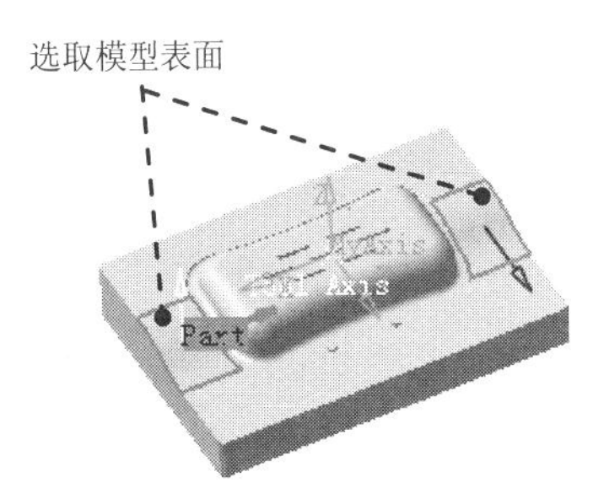

图 6.4.19　定义加工区域

Step2．定义刀具参数。系统自动沿用了上一把刀具“T2 End Mill D 6”，这里不做调整。

Step3．定义进给量。

（1）进入“进给量”选项卡。在“Sweeping.1”对话框（一）中单击 （进给量）选项卡。

（2）设置进给量。在“Sweeping.1”对话框（一）的（进给量）选项卡中设置图 6.4.20 所示的参数。

Step4. 设置刀具路径参数。

（1）进入刀具路径参数选项卡。在“Sweeping.1”对话框（一）中单击选项卡。

（2）定义加工参数。单击 Machining: 选项卡，然后在 Tool path style: 下拉列表中选择 Zig-zag 选项。在 Machining tolerance: 文本框中输入值 0.01。

（3）定义径向参数。单击 Radial 选项卡，在 Stepover: 下拉列表中选择 Via scallop height 选项，在 Max. distance between pass: 文本框中输入值 2，在 Min. distance between pass: 文本框中输入值 0.1，在 Scallop height: 文本框中输入值 0.01。

（4）定义轴向参数。单击 Axial 选项卡，在 Multi-pass: 下拉列表中选择 Number of levels and Maximum cut depth，在 Number of levels: 文本框中输入值 1，在 Maximum cut depth: 文本框中输入值 1。

Step5. 定义进刀/退刀路径。

（1）进入进刀/退刀路径选项卡。在“Sweeping.1”对话框（一）中单击进刀/退刀路径选项卡。

（2）定义退刀路径。在 Macro Management 区域的列表框中选择 Retract，然后在 Mode: 下拉列表中选择 Along tool axis 选项，双击图 6.4.21 所示的尺寸“6mm”，在系统弹出的“Edit Parameter”对话框中输入值 40，单击 确定 按钮。

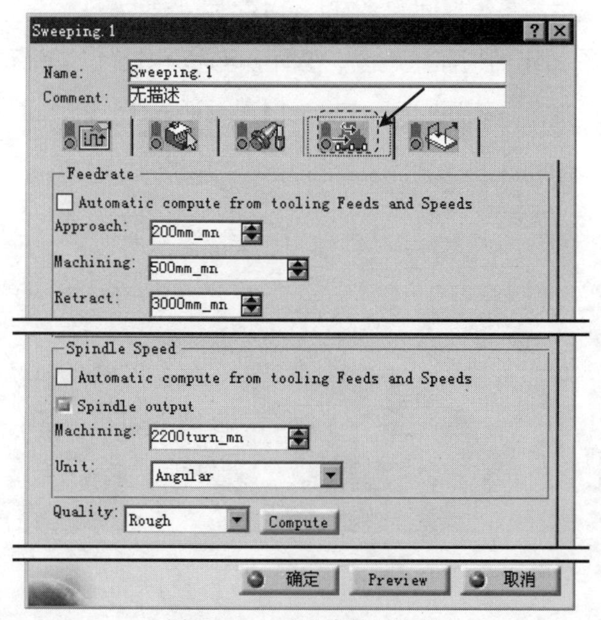

图 6.4.20 “进给量”选项卡

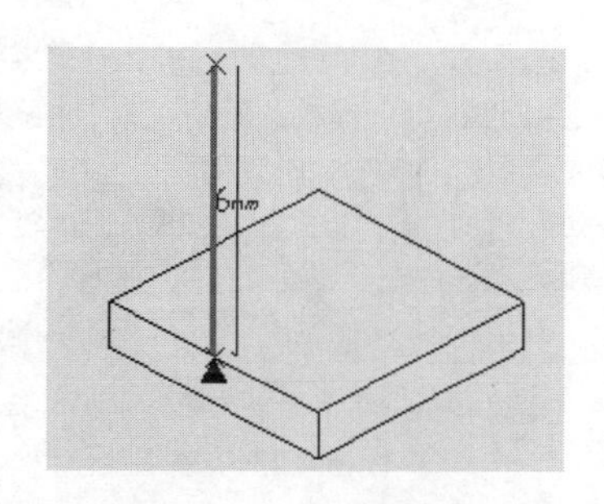

图 6.4.21 定义退刀路径

Step6. 刀路仿真。在“Sweeping.1”对话框（一）中单击“Tool Path Replay”按钮，

系统弹出“Sweeping.1”对话框（二），且在图形区显示刀路轨迹，如图 6.4.22 所示。

Step7. 在“Sweeping.1”对话框（二）中单击 确定 按钮，然后在“Sweeping.1”对话框（一）中单击 确定 按钮。

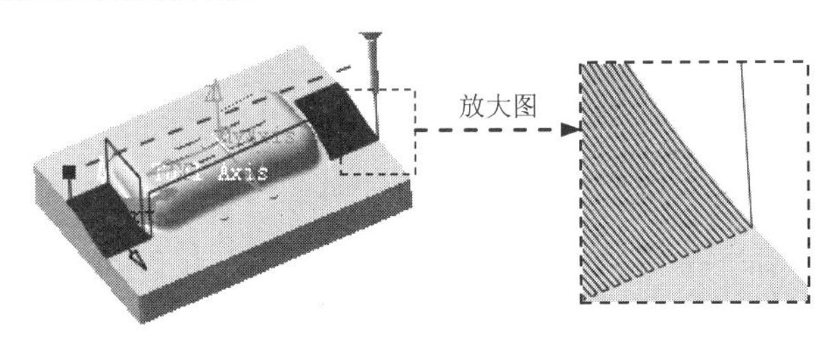

图 6.4.22　显示刀路轨迹

Task6. 等高线加工

Step1. 在特征树中选择“Sweeping.1（Computed）”节点，然后选择下拉菜单 插入 → Machining Operations ▶ → ZLevel 命令，插入一个等高线加工操作，系统弹出“ZLevel.1”对话框（一）。

Step2. 定义几何参数。

（1）单击“ZLevel.1”对话框（一）中的几何参数选项卡。

（2）设置加工区域。单击图 6.4.23 所示的目标零件感应区，选择整个零件模型作为加工对象，在图形区空白处双击鼠标左键，系统返回到“ZLevel.1”对话框（一）。

（3）设置加工边界。单击图 6.4.23 所示的加工边界感应区，在图形区选取图 6.4.24 所示的边线，在图形区空白处双击鼠标左键，系统返回到“ZLevel.1”对话框（一）。

（4）设置加工顶面。单击图 6.4.23 所示的顶面感应区，在图形区选取图 6.4.24 所示的模型表面，在图形区空白处双击鼠标左键，系统返回到“ZLevel.1”对话框（一）。

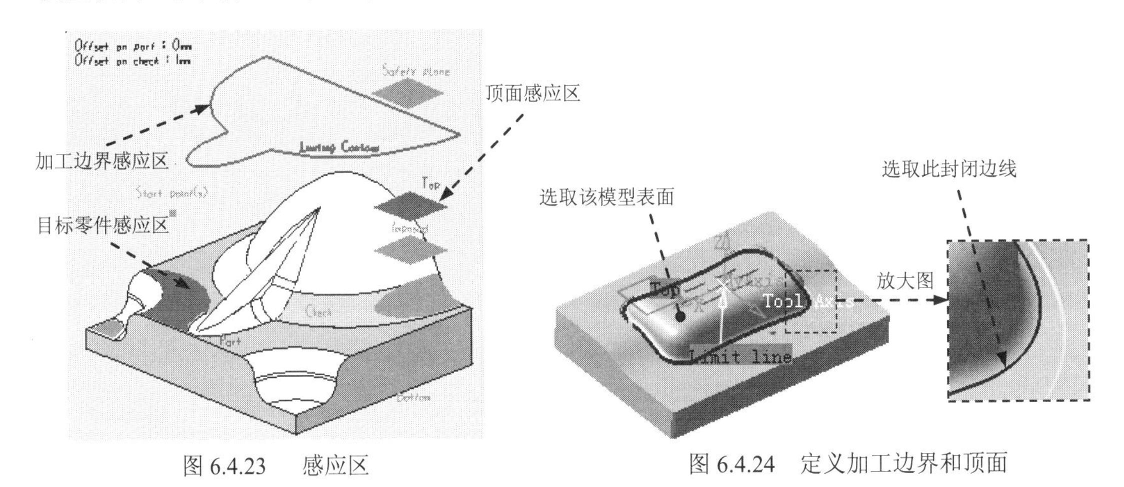

图 6.4.23　感应区　　图 6.4.24　定义加工边界和顶面

Step3. 定义刀具参数。系统自动沿用了上一把刀具“T2 End Mill D 6”，这里不做调整。

Step4. 定义进给量。在“ZLevel.1”对话框（一）中单击 选项卡，取消选中 Feedrate

区域的 □Automatic compute from tooling Feeds and Speeds 复选框，取消选中 Spindle Speed 区域的 □Automatic compute from tooling Feeds and Speeds 复选框，其余选项采用系统默认的设置。

Step5. 定义刀具路径参数。

（1）进入刀具路径参数选项卡。在“ZLevel.1”对话框（一）中单击 选项卡。

（2）定义加工参数。在“ZLevel.1”对话框（一）单击 Machining: 选项卡，然后在 Machining tolerance: 文本框中输入值 0.01，在 Cutting mode: 下拉列表中选择 Either 选项，其他选项采用系统默认设置。

（3）定义轴向参数。在“ZLevel.1”对话框（一）中单击 Axial 选项卡，在 Stepover: 下拉列表中选择 Via scallop height 选项，在 Max. distance between pass: 文本框中输入值 2，在 Min. distance between pass: 文本框中输入值 0.1，在 Scallop height: 文本框中输入值 0.01。

（4）定义区域参数。在“ZLevel.1”对话框（一）单击 Zone 选项卡，然后在 Max. horizontal slope: 文本框中输入值 0。

Step6. 定义进刀/退刀路径。

（1）进入进刀/退刀路径选项卡。在“ZLevel.1”对话框（一）中单击 选项卡。

（2）定义进刀方式。在 Macro Management 区域的列表框中选择 Approach，然后在 Mode: 下拉列表中选择 Ramping 选项。

（3）定义退刀方式。在 Macro Management 区域的列表框中选择 Retract，在 Mode: 下拉列表中选择 Build by user 选项，然后依次单击 按钮、 按钮添加轴向退刀；双击对话框中图示区的“10mm”尺寸，在系统弹出的“Edit Parameter”对话框中输入值 40，单击 确定 按钮。

Step7. 刀路仿真。在“ZLevel.1”对话框（一）中单击“Tool Path Replay”按钮，系统弹出“ZLevel.1”对话框（二），且在图形区显示刀路轨迹，如图 6.4.25 所示。

Step8. 在“ZLevel.1”对话框（二）中单击 确定 按钮，然后单击“ZLevel.1”对话框（一）中的 确定 按钮。

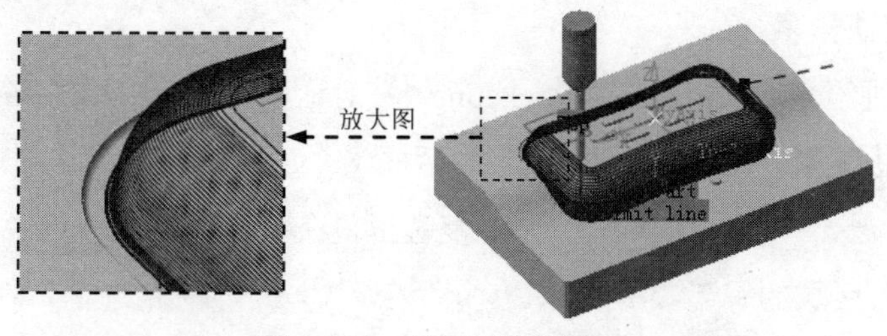

图 6.4.25 显示刀路轨迹

Task7. 型腔铣削

Stage1. 型腔铣削（1）

Step1. 在特征树中选择“ZLevel.1（Computed）”节点，然后选择下拉菜单

插入 → Machining Operations ▸ → Pocketing 命令，系统弹出“Pocketing.1”对话框（一）。

Step2. 定义几何参数。

（1）单击“Pocketing.1”对话框（一）中的 选项卡，单击“Pocketing.1”对话框（一）中的底面感应区，在图形区选取如图 6.4.26 所示的模型平面，系统返回到“Pocketing.1”对话框（一）。

（2）定义加工顶面。单击“Pocketing.1”对话框（一）中的顶面感应区，在图形区选取图 6.4.26 所示的模型平面（小凸台的顶面），系统返回到“Pocketing.1”对话框（一）。

Step3. 定义刀具参数。

（1）进入刀具参数选项卡。在“Pocketing.1”对话框（一）中单击 选项卡。

（2）选择刀具类型。在“Pocketing.1”对话框（一）中单击 按钮，选择面铣刀作为加工刀具。

（3）刀具命名。在“Pocketing.1”对话框（一）的 Name 文本框中输入“T3 End Mill D 4”并按 Enter 键。

（4）设置刀具参数。在“Pocketing.1”对话框（一）中单击 More>> 按钮，取消选中 □ Ball-end tool 复选框，单击 Geometry 选项卡，然后设置图 6.4.27 所示的刀具参数。

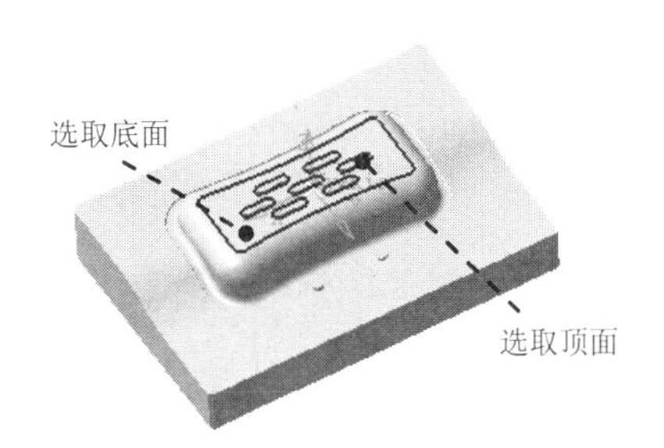

图 6.4.26 定义几何参数

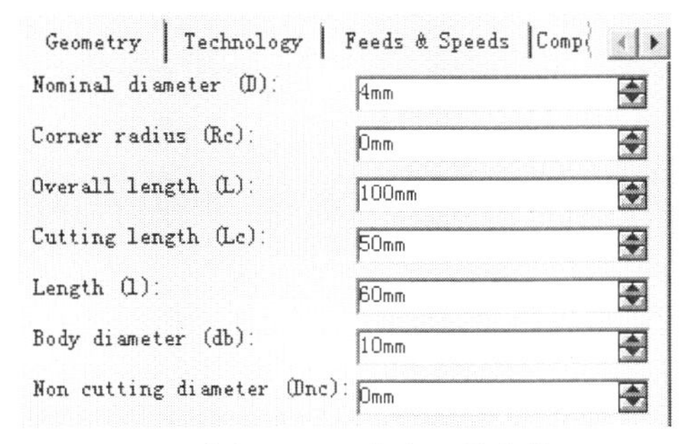

图 6.4.27 定义刀具参数

Step4. 定义进给量。

（1）进入进给量选项卡。在“Pocketing.1”对话框（一）中单击 选项卡。

（2）设置进给量。在“Pocketing.1”对话框（一）的 选项卡中取消选中 Feedrate 区域的 □ Automatic compute from tooling Feeds and Speeds 复选框，在 Machining: 文本框中输入值 800；取消选中 Spindle Speed 区域的 □ Automatic compute from tooling Feeds and Speeds 复选框，在 Machining: 文本框中输入值 3500。其余参数采用系统默认设置值。

Step5. 定义刀具路径参数。

（1）进入刀具路径参数选项卡。在“Pocketing.1”对话框（一）中单击 选项卡。

（2）定义刀具路径类型。在“Pocketing.1”对话框（一）的 Tool path style: 下拉列表中选择 Inward helical 选项。

（3）定义加工参数。在“Pocketing.1”对话框（一）中单击Machining选项卡，然后在Direction of cut:下拉列表中选择Climb选项，在Machining tolerance:文本框中输入值0.01，其他选项采用系统默认设置。

（4）定义径向参数。单击Radial选项卡，然后在Mode:下拉列表中选择Tool diameter ratio选项，在Percentage of tool diameter:文本框中输入值50，选中Always stay on bottom复选框，其他选项采用系统默认设置。

（5）定义轴向参数。单击Axial选项卡，然后在Mode:下拉列表中选择Number of levels选项，在Number of levels:文本框中输入值2，其他选项采用系统默认设置。

（6）其他参数采用系统默认设置值。

Step6. 定义进刀/退刀路径。

（1）进入进刀/退刀路径选项卡。在“Pocketing.1”对话框（一）中单击选项卡。

（2）定义进刀路径。在Macro Management区域的列表框中选择Approach选项，然后在Mode:下拉列表中选择Build by user选项，依次单击按钮、按钮和按钮，结果如图6.4.28所示；双击图6.4.28所示的“10mm”尺寸，在系统弹出的“Edit Parameter”对话框（一）中输入值3，单击确定按钮。

（3）定义退刀路径。在Macro Management区域的列表框中选择Retract选项，然后在Mode:下拉列表中选择Build by user选项，依次单击按钮、按钮。

（4）定义层间进刀路径。在Macro Management区域的列表框中选择Return between levels Approach选项，右击，在弹出的快捷菜单中选择Activate命令；然后在Mode:下拉列表中选择Build by user选项，依次单击按钮、按钮和按钮；双击图6.4.28所示的“10mm”尺寸，在系统弹出的“Edit Parameter”对话框中输入值3，单击确定按钮。

（5）定义层间退刀路径。在Macro Management区域的列表框中选择Return between levels Retract选项，然后在Mode:下拉列表中选择Build by user选项，依次单击按钮、按钮。

Step7. 刀路仿真。在“Pocketing.1”对话框（一）中单击“Tool Path Replay”按钮，系统弹出“Pocketing.1”对话框（二），且在图形区显示刀路轨迹，如图6.4.29所示。

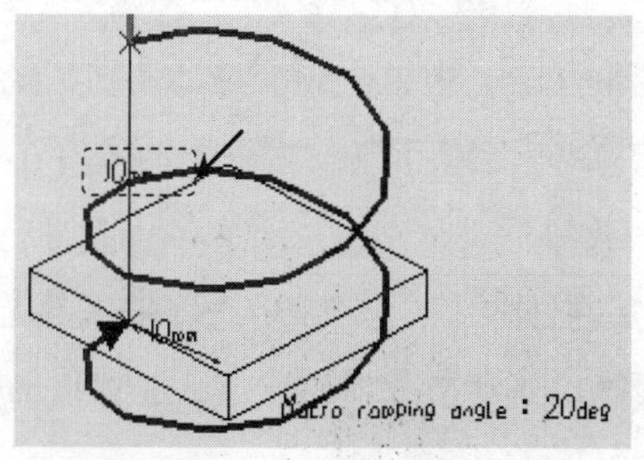

图6.4.28 定义进刀路径

图6.4.29 显示刀路轨迹

Step8. 在“Pocketing.1”对话框（二）中单击 确定 按钮，然后单击“Pocketing.1”对话框（一）中的 确定 按钮。

Stage2. 型腔铣削（2）

Step1. 在特征树中选择“Pocketing.1（Computed）”节点，然后选择下拉菜单 插入 → Machining Operations ▸ → Pocketing 命令，系统弹出“Pocketing.2”对话框（一）。

Step2. 定义几何参数。单击“Pocketing.2”对话框（一）中的 选项卡，单击“Pocketing.2”对话框（一）中的底面感应区，在图形区选取图 6.4.30 所示的模型表面，系统返回到“Pocketing.2”对话框（一）。

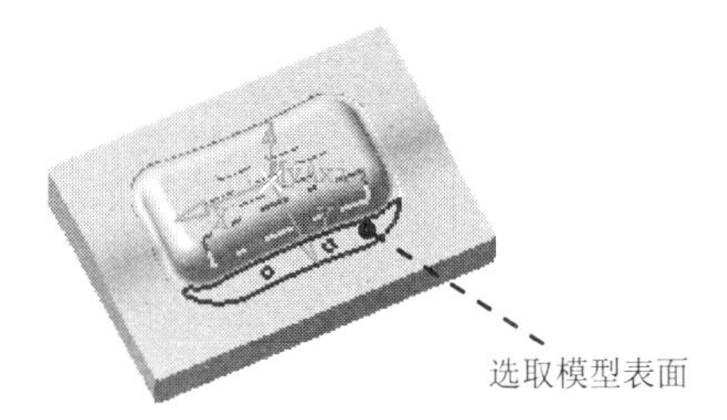

图 6.4.30 定义加工底面

Step3. 定义刀具参数。系统自动沿用了上一把刀具“T3 End Mill D 4”，这里不做调整。

Step4. 定义进给量。

（1）进入进给量设置选项卡。在“Pocketing.2”对话框（一）中单击 选项卡。

（2）设置进给量。在“Pocketing.2”对话框（一）的 选项卡中取消选中 Feedrate 区域的 □ Automatic compute from tooling Feeds and Speeds 复选框，在 Machining: 文本框中输入值 800；取消选中 Spindle Speed 区域的 □ Automatic compute from tooling Feeds and Speeds 复选框，在 Machining: 文本框中输入值 3500。其余参数采用系统默认设置值。

Step5. 定义刀具路径参数。

（1）进入刀具路径参数选项卡。在“Pocketing.2”对话框（一）中单击 选项卡。

（2）定义刀具路径类型。在“Pocketing.2”对话框（一）的 Tool path style: 下拉列表中选择 Outward helical 选项。

（3）定义加工参数。在“Pocketing.2”对话框（一）中单击 Machining 选项卡，然后在 Direction of cut: 下拉列表中选择 Climb 选项，在 Machining tolerance: 文本框中输入值 0.01，其他选项采用系统默认设置。

（4）定义径向参数。单击 Radial 选项卡，然后在 Mode: 下拉列表中选择 Tool diameter ratio 选项，在 Percentage of tool diameter: 文本框中输入值 50，选中 Always stay on bottom 复选框，其他选项采用系统默认设置。

（5）定义轴向参数。单击Axial选项卡，然后在Mode:下拉列表中选择Number of levels选项，在Number of levels:文本框中输入值1，其他选项采用系统默认设置。

（6）其他参数采用系统默认设置值。

Step6. 定义进刀/退刀路径。

（1）进入进刀/退刀路径选项卡。在“Pocketing.2”对话框（一）中单击选项卡。

（2）定义进刀路径。在Macro Management区域的列表框中选择Approach，然后在Mode:下拉列表中选择Build by user选项，依次单击按钮、按钮和按钮；双击图6.4.31所示的“10mm”尺寸，在系统弹出的“Edit Parameter”对话框中输入值3，单击确定按钮。

（3）定义退刀路径。在Macro Management区域的列表框中选择Retract，然后在Mode:下拉列表中选择Build by user选项，依次单击按钮、按钮。

Step7. 刀路仿真。在“Pocketing.2”对话框（一）中单击“Tool Path Replay”按钮，系统弹出“Pocketing.2”对话框（二），且在图形区显示刀路轨迹，如图6.4.32所示。

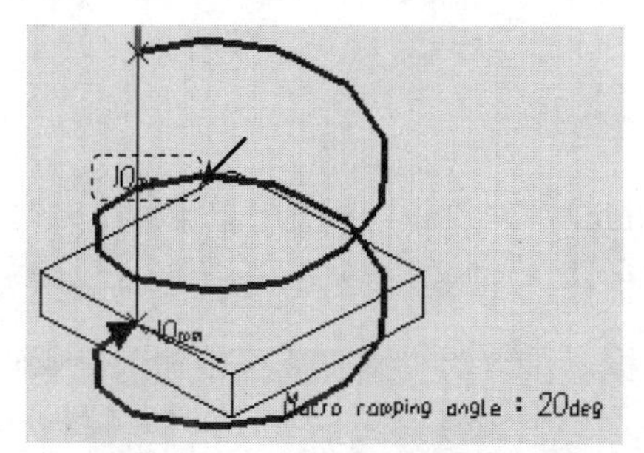

图6.4.31 定义进刀路径

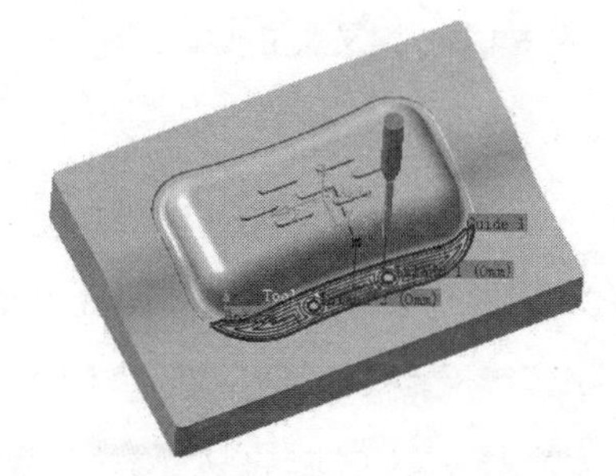

图6.4.32 显示刀路轨迹

Step8. 在“Pocketing.2”对话框（二）中单击确定按钮，然后单击“Pocketing.2”对话框（一）中的确定按钮。

Task8. 螺旋加工（一）

Step1. 在特征树中选择“Pocketing.2（Computed）”节点，然后选择下拉菜单插入 ➡ Machining Operations ▸ ➡ Spiral Milling命令，系统弹出“Sprial milling.1”对话框（一）。

Step2. 定义几何参数。

（1）单击“Sprial milling.1”对话框（一）中的选项卡。

（2）定义加工区域。右击“Sprial milling.1”对话框（一）中的目标零件感应区，在弹出的快捷菜单中选择Select faces...命令，然后在图形区中选取图6.4.33所示的模型表面作为加工区域，在图形区空白处双击鼠标左键，系统返回到“Sprial milling.1”对话框（一）。

Step3. 定义刀具参数。

（1）进入刀具参数选项卡。在“Sprial milling.1”对话框（一）中单击选项卡。

（2）选择刀具类型。在“Sprial milling.1”对话框（一）中单击 按钮，选择面铣刀作为加工刀具。

（3）刀具命名。在“Sprial milling.1”对话框（一）的 Name 文本框中输入“T4 End Mill D 2”并按 Enter 键。

（4）设置刀具参数。在“Sprial milling.1”对话框（一）中单击 More>> 按钮，单击 Geometry 选项卡，然后设置图 6.4.34 所示的刀具参数。

图 6.4.33 定义加工区域

Geometry | Technology | Feeds & Speeds | Comp

Nominal diameter (D):	2mm
Corner radius (Rc):	1mm
Overall length (L):	50mm
Cutting length (Lc):	15mm
Length (l):	20mm
Body diameter (db):	10mm
Non cutting diameter (Dnc):	0mm

图 6.4.34 定义刀具参数

Step4. 定义进给量。

（1）进入进给量设置选项卡。在“Sprial milling.1”对话框（一）中单击 选项卡。

（2）设置进给量。在“Sprial milling.1”对话框（一）的 选项卡中取消选中 Feedrate 区域的 ☐ Automatic compute from tooling Feeds and Speeds 复选框，在 Machining: 文本框中输入值 400；取消选中 Spindle Speed 区域的 ☐ Automatic compute from tooling Feeds and Speeds 复选框，在 Machining: 文本框中输入值 10000。其余参数采用系统默认设置值。

Step5. 定义刀具路径参数。

（1）进入刀具路径参数选项卡。在“Sprial milling.1”对话框（一）中单击 选项卡。

（2）定义刀具路径类型。在“Sprial milling.1”对话框（一）的 Tool path style: 下拉列表中选择 Helical 选项。

（3）定义切削参数。在“Sprial milling.1”对话框（一）中单击 Machining 选项卡，然后在 Cutting mode: 下拉列表中选择 Climb 选项，其他选项采用系统默认设置。

（4）定义径向参数。单击 Radial 选项卡，然后在 Max. distance between pass: 文本框中输入值 0.1，其他选项采用系统默认设置。

（5）定义轴向参数。单击 Axial 选项卡，在 Number of levels: 文本框中输入值 1，其他选项采用系统默认设置。

（6）定义区域参数。单击 Zone 选项卡，然后在 Max. frontal slope: 文本框中输入值 45。

Step6. 定义进刀/退刀路径。这里采用系统默认的设置。

Step7. 刀路仿真。在“Sprial milling.1”对话框（一）中单击“Tool Path Replay”按钮 ，系统弹出“Sprial milling.1”对话框（二），且在图形区显示刀路轨迹，如图 6.4.35 所示。

Step8. 在“Sprial milling.1”对话框（二）中单击 确定 按钮，然后单击“Sprial milling.1”对话框（一）中的 确定 按钮。

Task9. 清根加工

Step1. 在特征树中选择“Sprial milling.1（Computed）”节点，然后选择下拉菜单 插入 → Machining Operations → Pencil 命令，系统弹出“Pencil.1”对话框（一）。

Step2. 定义几何参数。

（1）定义加工对象。单击“Pencil.1”对话框（一）中的 选项卡，单击“Pencil.1”对话框（一）中的目标零件感应区，在图形区选取整个零件模型为加工对象，在图形区空白处双击鼠标左键，系统返回到“Pencil.1”对话框（一）。

（2）定义加工边界。单击“Pencil.1”对话框（一）中的加工边界感应区，在图形区中选取图 6.4.36 所示的边线，在图形区空白处双击鼠标左键，系统返回到“Pencil.1”对话框（一）。

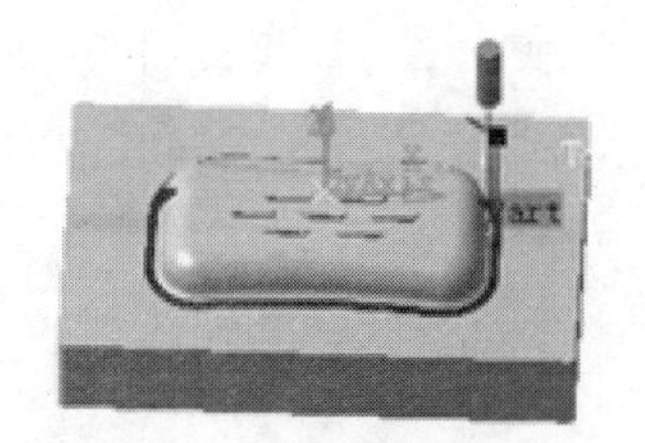

图 6.4.35 显示刀路轨迹

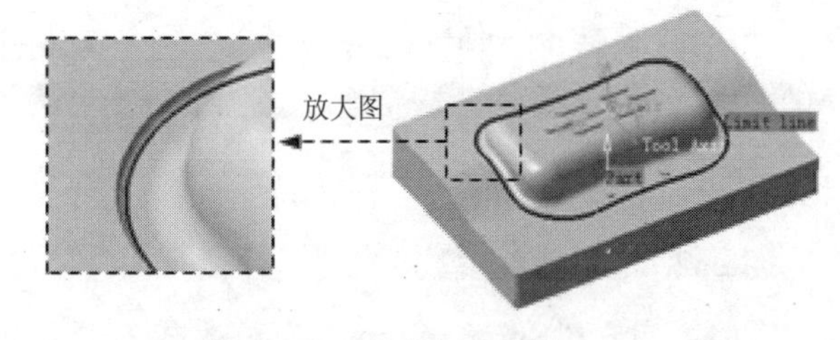

图 6.4.36 定义加工边界

（3）定义加工边界参数。在 Limit Definition 区域的 Side to machine: 下拉列表中选择 Outside 选项，其余选项采用系统默认设置。

Step3. 定义刀具参数。系统自动沿用了上一把刀具“T4 End Mill D2”，这里不做调整。

Step4. 定义进给量。

（1）进入进给量设置选项卡。在“Pencil.1”对话框（一）中单击 选项卡。

（2）设置进给量。在“Pencil.1”对话框（一）的 选项卡中取消选中 Feedrate 区域的 □ Automatic compute from tooling Feeds and Speeds 复选框，在 Machining: 文本框中输入值 400；取消选中 Spindle Speed 区域的 □ Automatic compute from tooling Feeds and Speeds 复选框，在 Machining: 文本框中输入值 10000。其余参数采用系统默认设置值。

Step5. 定义刀具路径参数。

（1）进入刀具路径参数选项卡。在“Pencil.1”对话框（一）中单击 选项卡。

（2）定义切削参数。在“Pencil.1”对话框（一）中单击 Machining 选项卡，然后在 Axial direction: 下拉列表中选择 Down 选项，其他选项采用系统默认设置。

（3）定义轴向参数。这里采用系统默认设置。

Step6. 定义进刀/退刀路径。采用系统默认的进退刀设置。

Step7. 刀路仿真。在“Pencil.1”对话框（一）中单击“Tool Path Replay”按钮，系统弹出“Pencil.1”对话框（二），且在图形区显示刀路轨迹，如图 6.4.37 所示。

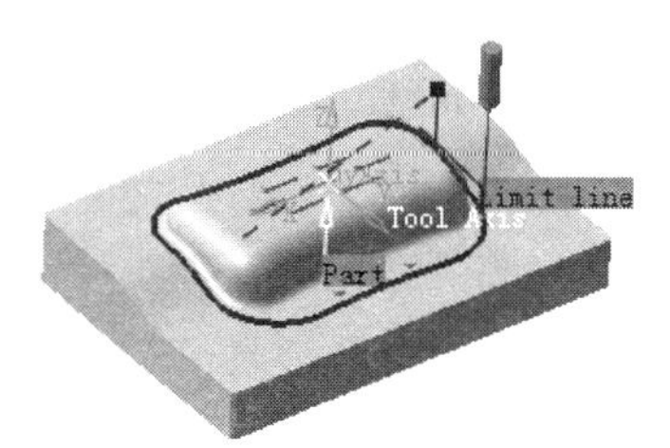

图 6.4.37　显示刀路轨迹

Step8. 在“Pencil.1”对话框（二）中单击 确定 按钮，然后单击“Pencil.1”对话框（一）中的 确定 按钮。

Task10. 螺旋加工（二）

Step1. 在特征树中选择“Pencil.1（Computed）”节点，然后选择下拉菜单 插入 → Machining Operations → Spiral Milling 命令，系统弹出“Sprial milling.2”对话框（一）。

Step2. 定义几何参数。

（1）单击“Sprial milling.2”对话框（一）中的 选项卡。

（2）定义加工区域。右击“Sprial milling.2”对话框（一）中的目标零件感应区，在弹出的快捷菜单中选择 Select faces... 命令，然后在图形区中选取图 6.4.38 所示的模型表面作为加工区域，在图形区空白处双击鼠标左键，系统返回到“Sprial milling.2”对话框（一）。

Step3. 定义刀具参数。

（1）进入刀具参数选项卡。在“Sprial milling.2”对话框（一）中单击 选项卡。

（2）选择刀具类型。在“Sprial milling.2”对话框（一）中单击 按钮，选择面铣刀作为加工刀具。

（3）刀具命名。在“Sprial milling.2”对话框（一）的 Name 文本框中输入“T5 End Mill D 8”并按下 Enter 键。

（4）设置刀具参数。在“Sprial milling.2”对话框（一）中取消选中 □ Ball-end tool 复选框，单击 More>> 按钮，单击 Geometry 选项卡，然后设置图 6.4.39 所示的刀具参数。

图 6.4.38 定义加工区域

Geometry	Technology	Feeds & Speeds	Comp

Nominal diameter (D):	8mm
Corner radius (Rc):	2mm
Overall length (L):	100mm
Cutting length (Lc):	50mm
Length (l):	60mm
Body diameter (db):	15mm
Non cutting diameter (Dnc):	0mm

图 6.4.39 定义刀具参数

Step4. 定义进给量。

（1）进入进给量选项卡。在“Sprial milling.2”对话框（一）中单击选项卡。

（2）设置进给量。在“Sprial milling.2”对话框（一）的选项卡中取消选中Feedrate区域的□ Automatic compute from tooling Feeds and Speeds复选框，在Machining:文本框中输入值 800；取消选中Spindle Speed区域的□ Automatic compute from tooling Feeds and Speeds复选框，在Machining:文本框中输入值 3000。其余参数采用系统默认设置值。

Step5. 定义刀具路径参数。

（1）进入刀具路径参数选项卡。在“Sprial milling.2”对话框（一）中单击选项卡。

（2）定义刀具路径类型。在“Sprial milling.2”对话框（一）的Tool path style:下拉列表中选择Helical选项。

（3）定义切削参数。在“Sprial milling.2”对话框（一）中单击Machining选项卡，然后在Cutting mode:下拉列表中选择Climb选项，其他选项采用系统默认设置。

（4）定义径向参数。单击Radial选项卡，然后在Max. distance between pass:文本框中输入值 3，其他选项采用系统默认设置。

（5）定义轴向参数。单击Axial选项卡，在Number of levels:文本框中输入值 1，其他选项采用系统默认的设置。

Step6. 定义进刀/退刀路径。这里采用系统默认的设置。

Step7. 刀路仿真。在“Sprial milling.2”对话框（一）中单击“Tool Path Replay”按钮，系统弹出“Sprial milling.2”对话框（二），且在图形区显示刀路轨迹，如图 6.4.40 所示。

Step8. 在“Sprial milling.2”对话框（二）中单击确定按钮，然后单击“Sprial milling.2”对话框（一）中的确定按钮。

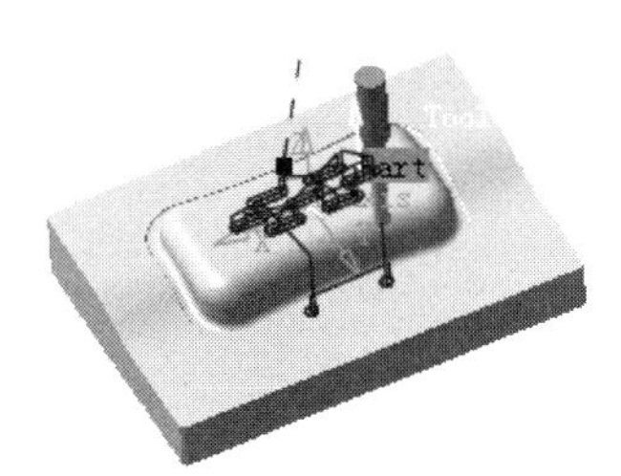

图 6.4.40　显示刀路轨迹

Task11．平面铣削

Stage1．平面铣削（1）

Step1．切换加工工作台。选择下拉菜单 开始 → 加工 → Prismatic Machining 命令，切换到“Prismatic Machining”工作台。

Step2．定义几何参数。

（1）在特征树中选择“Sprial milling.2（Computed）”节点，然后选择下拉菜单 插入 → Machining Operations → Facing 命令，插入一个平面铣加工操作，系统弹出“Facing.1”对话框（一）。

（2）定义加工平面。单击“Facing.1”对话框（一）中的底面感应区，在图形区选择图 6.4.41 所示的模型表面，系统返回到“Facing.1”对话框（一）。

（3）定义侧面轮廓。右击“Facing.1”对话框（一）中的侧面感应区，在弹出的快捷菜单中选择 By Boundary of Faces 命令，然后在图形区依次选取图 6.4.42 所示模型表面（3 个），双击图形区空白处，系统返回到“Facing.1”对话框（一）。

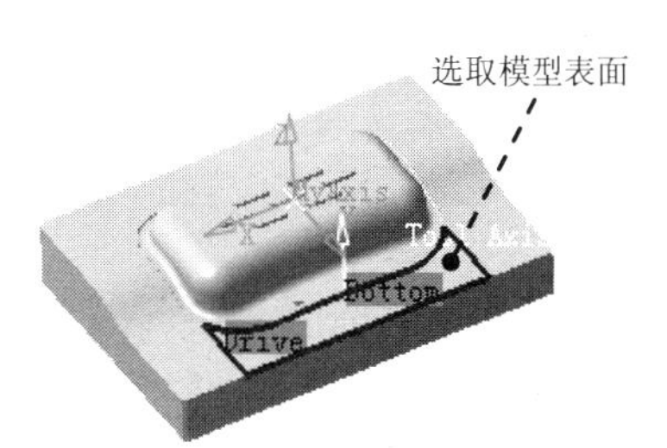

图 6.4.41　选取加工平面

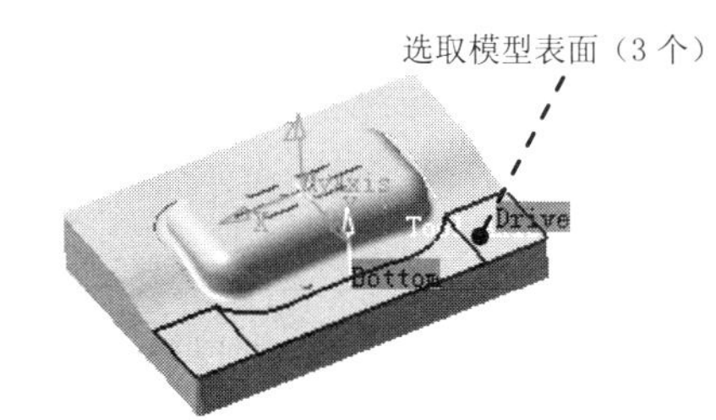

图 6.4.42　定义侧面轮廓

Step3．定义刀具参数。系统自动沿用了上一把刀具“T5 End Mill D 8”，这里不做调整。

Step4．定义进给量。

（1）进入进给量设置选项卡。在“Facing.1”对话框（一）中单击 选项卡。

（2）设置进给量。在“Facing.1”对话框（一）的 选项卡中取消选中 Feedrate 区域的 ☐ Automatic compute from tooling Feeds and Speeds 复选框，在 Machining: 文本框中输入值 800；取消选中 Spindle Speed 区域的 ☐ Automatic compute from tooling Feeds and Speeds 复选框，在 Machining: 文本框中

输入值 3000。其余参数采用系统默认的设置值。

Step5. 定义刀具路径参数。

（1）进入刀具路径参数选项卡。在“Facing.1”对话框（一）中单击选项卡。

（2）定义刀具路径类型。在“Facing.1”对话框（一）的 Tool path style: 下拉列表中选择 Inward helical 选项。

（3）定义切削参数。在“Facing.1”对话框（一）中单击 Machining 选项卡，然后在 Direction of cut: 下拉列表中选择 Climb 选项，其他选项采用系统默认设置。

（4）定义径向参数。单击 Radial 选项卡，然后在 Mode: 下拉列表中选择 Tool diameter ratio 选项，在 Percentage of tool diameter: 文本框中输入值 50，在 Overhang: 文本框中输入值 25，其他选项采用系统默认设置。

（5）定义轴向参数。单击 Axial 选项卡，然后在 Mode: 下拉列表中选择 Number of levels 选项，在 Number of levels 文本框中输入值 1。

（6）其他选项卡中的参数采用系统默认设置值。

Step6. 定义进刀/退刀路径。这里采用系统默认的设置。

Step7. 刀路仿真。在“Facing.1”对话框（一）中单击“Tool Path Replay”按钮，系统弹出“Facing.1”对话框（二），且在图形区显示刀路轨迹，如图 6.4.43 所示。

Step8. 在“Facing.1”对话框（二）中单击 确定 按钮，然后单击“Facing.1”对话框（一）中的 确定 按钮。

Stage2. 平面铣削（2）

Step1. 在特征树中选择“Facing.1 （Computed）”节点，然后选择下拉菜单 插入 → Machining Operations ▸ → Facing 命令，插入一个平面铣加工操作，系统弹出“Facing.2”对话框（一）。

Step2. 参考 Stage1.平面铣削（1）的操作方法，选取图 6.4.44 所示的平面为加工底面，选取图 6.4.45 所示的三个平面为加工轮廓，其他设置与“Facing.1”相同。

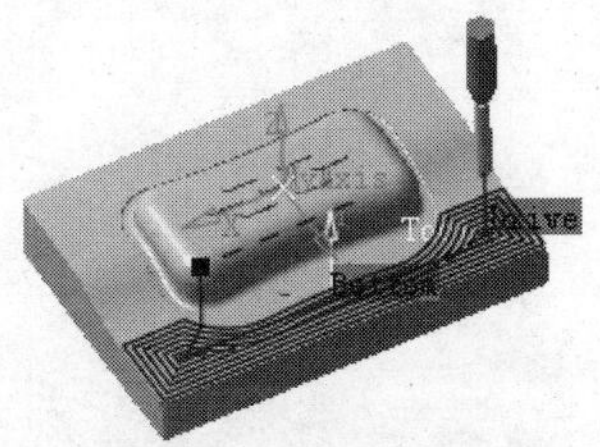

图 6.4.43 显示刀路轨迹

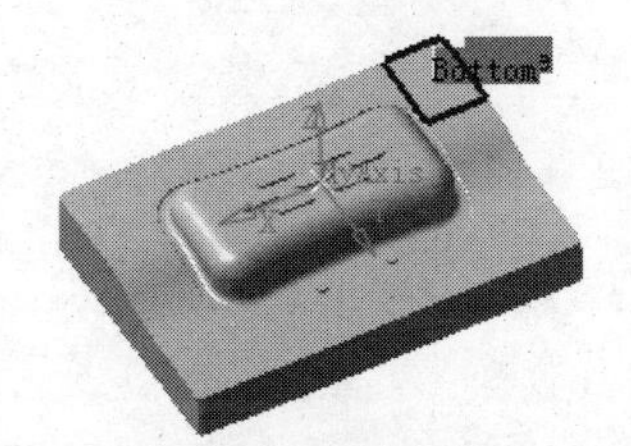

图 6.4.44 选取加工底面

Step3. 生成的刀路轨迹如图 6.4.46 所示。在“Facing.2”对话框（二）中单击 确定 按钮，然后在“Facing.2”对话框（一）中单击 确定 按钮。

图 6.4.45 选取加工轮廓

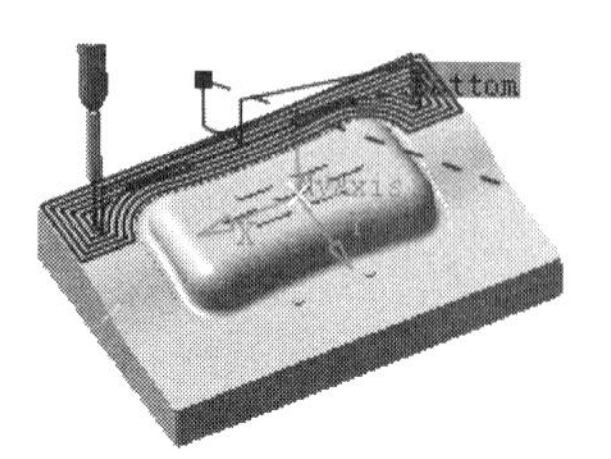

图 6.4.46 显示刀路轨迹

Task12．保存文件

在服务器上保存模型文件，文件名为“Soap_Box”。

读者意见反馈卡

尊敬的读者：

感谢您购买机械工业出版社出版的图书！

我们一直致力于CAD、CAPP、PDM、CAM和CAE等相关技术的跟踪，希望能将更多优秀作者的宝贵经验与技巧介绍给您。当然，我们的工作离不开您的支持。如果您在看完本书之后，有什么好的意见和建议，或是有一些感兴趣的技术话题，都可以直接与我联系。

策划编辑：丁锋

读者购书回馈活动：

活动一：本书“附赠资源”中含有该“读者意见反馈卡”的电子文档，请认真填写本反馈卡，并发E-mail给我们。E-mail: 兆迪科技 zhanygjames@163.com，丁锋 fengfener@qq.com。

活动二：扫一扫右侧二维码，关注兆迪科技官方公众微信（或搜索公众号 zhaodikeji），参与互动，也可进行答疑。

凡参加以上活动，即可获得兆迪科技免费奉送的价值48元的在线课程一门，同时有机会获得价值780元的精品在线课程。

书名：CATIA V5-6R2016 数控加工教程

1. 读者个人资料：

姓名：________性别：___年龄：____职业：________职务：________学历：______

专业：_______单位名称：___________________电话：___________手机：_________

邮寄地址：__________________________邮编：____________E-mail: ____________

2. 影响您购买本书的因素（可以选择多项）：

□内容　□作者　□价格

□朋友推荐　□出版社品牌　□书评广告

□工作单位（就读学校）指定　□内容提要、前言或目录　□封面封底

□购买了本书所属丛书中的其他图书　□其他____________

3. 您对本书的总体感觉：

□很好　□一般　□不好

4. 您认为本书的语言文字水平：

□很好　□一般　□不好

5. 您认为本书的版式编排：

□很好　□一般　□不好

6. 您认为CATIA其他哪些方面的内容是您所迫切需要的？

____

7. 其他哪些CAD/CAM/CAE方面的图书是您所需要的？

____

8. 您认为我们的图书在叙述方式、内容选择等方面还有哪些需要改进？

____

____